高等学校教材

机械制图

杨新文　武晓丽　主编

陈天麒　主审

中国铁道出版社

2015年·北京

内 容 简 介

本教材根据教育部“卓越工程师教育培养计划”对工程技术人才培养的要求，结合我们多年来对机械制图课程教学改革和建设的成果及经验编写而成。教材由机械制图和计算机绘图两部分组成。

机械制图部分有机件的表达方法，零件构型设计，零件图，连接，常用件画法，部件装配图，机械产品的设计过程，展开图等共8章；AutoCAD 绘图部分有 AutoCAD 基础操作，绘制和编辑二维图形，图层、块、图案填充，文字、表格与尺寸标注，创建与编辑三维模型，三维模型转换为多面投影图，设计中心、数据查询及打印图形等共7章。全书共计15章，书后还附有附录部分，便于学生查询。

本书可作为高等学校机械类各专业机械制图教材，也可供自学者和其他专业的师生参考。

图书在版编目(CIP)数据

机械制图/杨新文，武晓丽主编. —北京：中国铁道出版社，2012. 2 (2015.3 重印)
高等学校教材
ISBN 978-7-113-14117-2

Ⅰ. ①机… Ⅱ. ①杨… ②武… Ⅲ. ①机械制图－高等学校－教材 Ⅳ. ①TH126

中国版本图书馆 CIP 数据核字(2012)第 012308 号

书　　名：**机械制图**
作　　者：杨新文　武晓丽　主编

策　　划：阚济存
责任编辑：阚济存　**编辑部电话**：010-51873133　**电子信箱**：td51873133@163. com
编辑助理：杜丽君
封面设计：崔　欣
责任校对：张玉华
责任印制：李　佳

出版发行：中国铁道出版社（100054，北京市西城区右安门西街8号）
网　　址：http://www. tdpress. com
印　　刷：三河市兴达印务有限公司
版　　次：2012年2月第1版　　2015年3月第2次印刷
开　　本：787 mm×1 092 mm　1/16　印张：20.75　字数：520千
印　　数：3001～4500册
书　　号：ISBN 978-7-113-14117-2
定　　价：39.00元

前　言

教育部提出了“卓越工程师教育培养计划”,要求培养创新能力强、适应经济社会发展需要的高质量创新型工程技术人才。“工程图学”课程作为工科类各专业的专业基础课之一,其教学内容的改革应注重培养学生的工程意识和素养。为此在总结了我们多年来“工程图学”课程的教学经验及改革成果的基础上,编写了“工程图学”系列教材。包括:《工程图学基础》、《工程图学基础习题集》、《机械制图》及《机械制图习题集》。

在编写教材过程中,我们贯彻精选教学内容,注重实践与能力培养的原则。内容方面在保持工程图学理论性和系统性的同时,尽可能做到简明、实用。通过教材例题、配套习题以及综合性构形设计作业等,开阔学生思路、拓宽基础,培养几何抽象能力和学生运用理论解决实际工程问题的能力。

本教材的特点有以下几点:

1. 合理编排了教学内容。以够用为原则突出实用性注重系统性,对传统的画法几何及机械制图内容进行了优化组合。内容由浅入深、由易到难、由简及繁,符合知识学习的认知规律。

2. 突出了利用计算机绘图的教学和练习。使学生了解计算机绘图的有关知识,熟练掌握计算机绘图的技能——利用 AutoCAD 绘制二维机械工程图样和一般机械零件的三维建模。处理好绘尺规图、徒手绘图训练与计算机绘图的关系,既要加强计算机绘图的教学与训练,同时也不能忽视传统手工绘图的要求与规范。

3. 注重能力的培养。工程图学是一门实践性很强的课程,在实践环节中,除了传统的对照模型,进行尺规绘图外。加强了机械零件的测绘和计算机绘图,通过对实物测绘和计算机三维建模使学生进一步贴近生产实际,培养学生的空间思维能力、动手能力、几何构形能力和形体分析能力。

4. 加强了学生对图形标注尺寸能力的培养。针对以往学生标注尺寸能力较弱的问题,将标注尺寸从基本体到组合体、零部件一线贯穿,突破以往重图形轻尺寸的不足。

5. 教材贯彻国家发布的《技术制图》与《机械制图》等最新标准,按照课程内容的需要,将有关标准编排在附录中,以供学生学习时参考使用。

6. 有配套的习题集,为培养学生的手工绘图、计算机绘图、三维造型能力提供了保证。

本书由兰州交通大学杨新文和武晓丽任主编。参加本书编写的人员有:杨新文(第一篇第一章、第六章,第二篇第十章,第十四章)、武晓丽(第一篇第七章)、李艳敏(第一篇第四章、第五章)、刘荣珍(第一篇第二章、第八章,第二篇第九章)、韩进(第一篇第三章)、赵军(第二篇第十二章、第十三章)、蔡江民(第二篇第十一章)张惠(附录部分)。另外,李雪、闫彩云、魏家沛、姚玉换、李崇参与了本书文字图形的编辑和绘制。全书由陈天麒副教授主审。

与本书配套的《机械制图习题集》同时出版供选用。为满足多媒体教学的需要,还研制了与本书配套的电子挂图、模型库,需选用的学校可与出版社联系订购。

在本书的编写过程中,参考了部分同类的教材,在此谨向作者致谢。由于时间仓促,编者水平有限,书中难免存在缺点和错误,敬请广大读者批评指正。

编　者

2011 年 7 月

目　录

第一篇　机 械 制 图

第二篇　计算机绘图

第一篇 机械制图

第一章 机件的各种表达方法

生产中要求工程图样完整而清晰地表达出各种机件的形状。但由于机件的形状多种多样、千变万化，其复杂程度差别很大，所以仅用前面所介绍的主、俯、左三视图表达，往往会出现虚线过多、图线重叠、层次不清等情况，远远不能满足机件表达的要求。为此，国家标准规定了机件的各种表达方法，以满足实际生产的需要。本章重点介绍机件常用表达方法。

第一节 视 图

为了便于看图，视图通常用来表达机件的外部形状，所以一般只画出机件的可见部分，必要时才用虚线表达其不可见部分。国家标准 GB/T 4458.1—2002《机械制图 图样画法 视图》规定的视图种类有基本视图、向视图、局部视图和斜视图 4 种。

一、基本视图

1. 基本视图的形成

在原有三投影面的基础上，再增设 3 个投影面，组成一个正六面体，六面体的 6 个面称作基本投影面。机件向基本投影面投射所得的视图，称作基本视图。这 6 个基本视图分别为主视图、俯视图、左视图、后视图、仰视图、右视图。各投影面如图 1-1 所示展开在一个平面上后，各基本视图的配置如图 1-2 所示。在同一张图纸内，按图 1-2 配置视图时，一律不标注视图的名称。

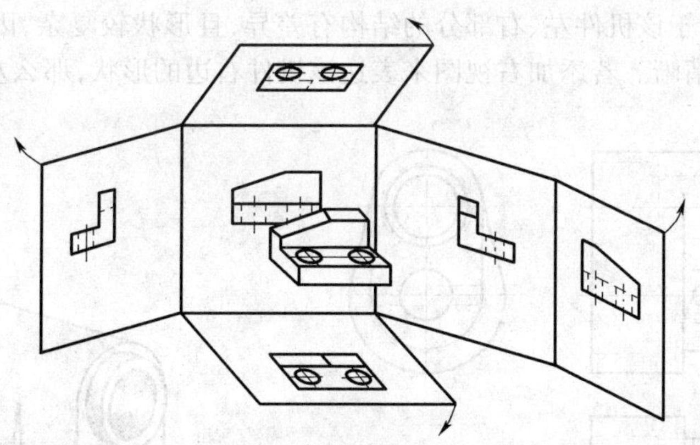

图 1-1　6 个基本视图的形成及投影面展开方法

6 个基本视图之间仍然符合“长对正、高平齐、宽相等”的投影规律，如图 1-3 所示。

2. 基本视图的选用原则及应用举例

确定机件表达方案时，主视图是必不可少的，其他视图的取舍，要根据机件的结构特点而

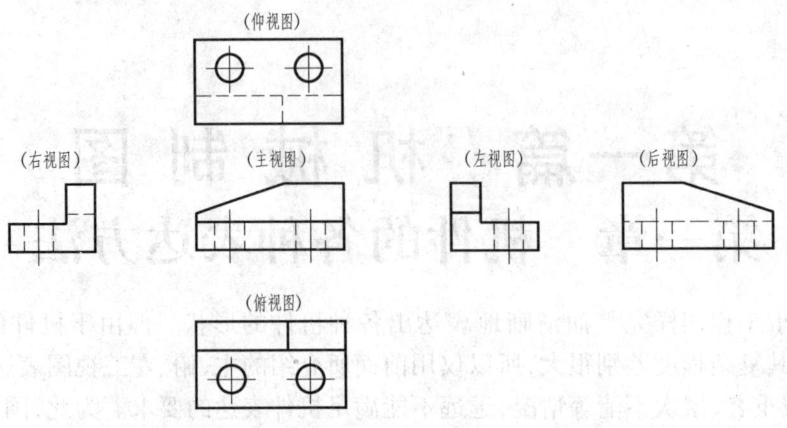

图1-2　6个基本视图的配置

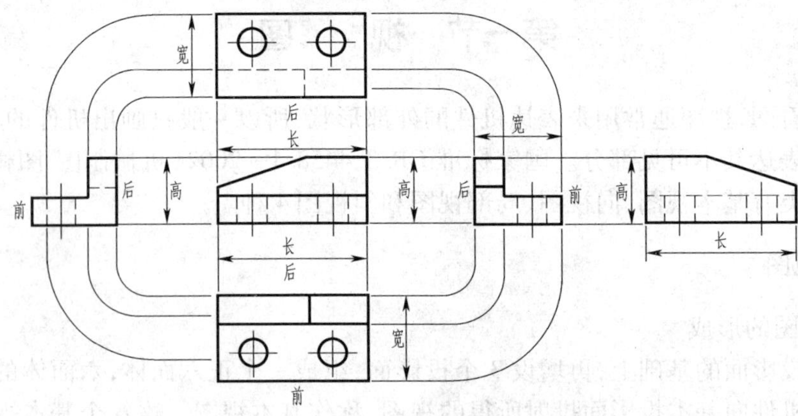

图1-3　6个基本视图间的投影关系

定。一般的原则是在完整、清晰地表达机件各部分形状的前提下，力求制图简便。图1-4为某机件的主、俯、左三视图，可以看出采用主、左两个视图，即可将机件的各部分形状表达完整，俯视图可以不画。但由于该机件左、右部分的结构有差异，且形状较复杂，因此左视图上虚线和实线重叠，影响图面清晰。若添加右视图来表达该机件右边的形状，那么左视图上用于表达机

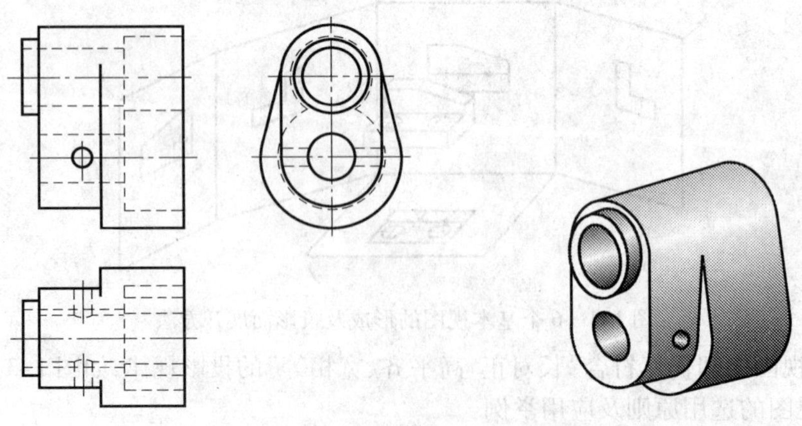

图1-4　用主、俯、左三视图表达机件

件右侧形状的虚线可不画，如图 1-5 所示。显然从完整、清晰的角度出发，图 1-5 的表达方案较图 1-4 的表达方案好。

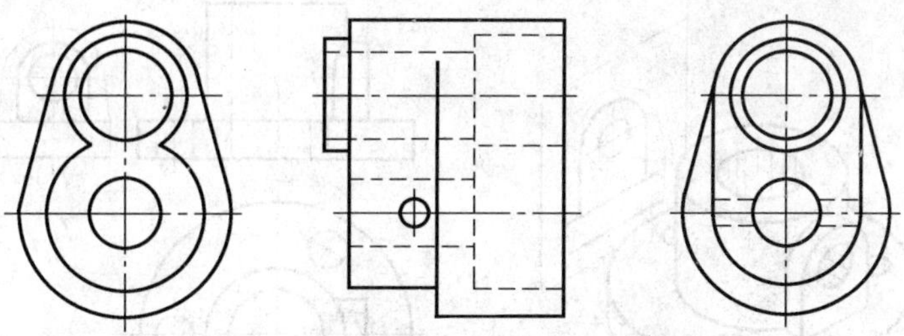

图 1-5　用主、左、右三视图表达机件

二、向 视 图

向视图是指未按投影关系配置的视图。绘图时由于考虑到各视图在图纸中的合理布局等问题，机件的基本视图若不按规定的位置（图 1-2）配置，可绘制向视图（图 1-6）。绘制向视图时，应在向视图的上方用大写拉丁字母标注视图名称"×"，并在相应的视图附近用箭头指明投射方向，并注写相同字母，如图 1-6 中的 *A*、*B*、*C* 三个向视图。

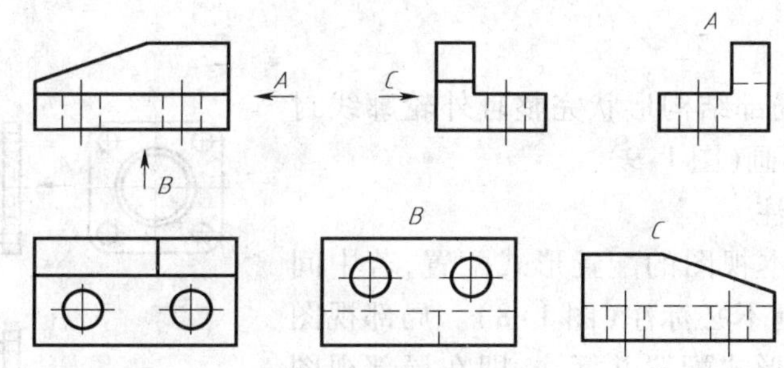

图 1-6　向视图的标注方法

应注意：若指明同一投射方向的箭头标注在不同视图上，其向视图所在的投影面应向外展开与箭头所在视图的投影面共面，再随该投影面展开与正投影面共面，如图 1-7（a）、（b）所示。

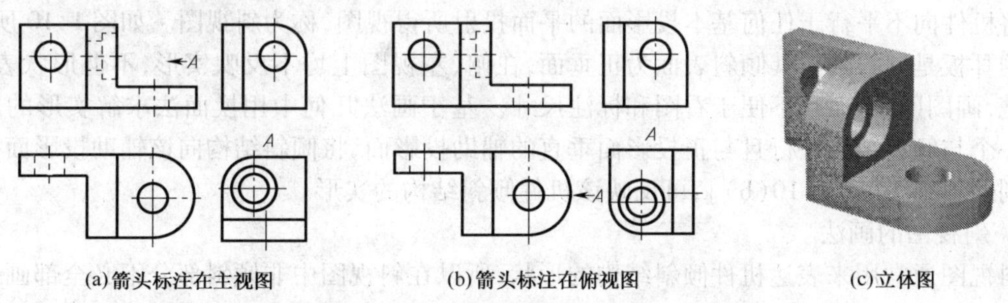

图 1-7　向视图投射方向的标注

三、局部视图

将机件的某一部分向基本投影面投射所得的视图称为局部视图。当采用一定数量的基本视图表达机件后，机件上仍有尚未表达清楚的局部结构，但又没有必要连带着已表达清楚的结构完整地画出一个基本视图时，可采用局部视图。如图 1-8 所示机件的左侧凸台。

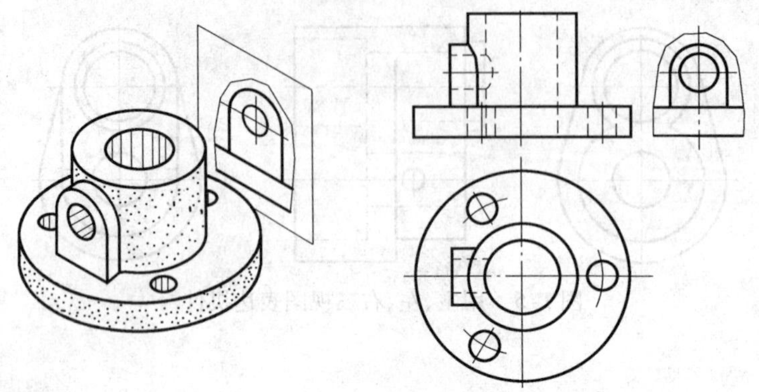

图 1-8　局部视图

1. 局部视图的画法

(1)画局部视图时，其断裂边界用波浪线或双折线绘制(图 1-8)。可将波浪线理解为机件断裂边界的投影，但要用细实线绘制，所以波浪线不应超出机件的外轮廓线，也不能画在机件的中空处。

(2)当所表达的局部结构形状完整且外轮廓线封闭时，波浪线可省略不画(图 1-9)。

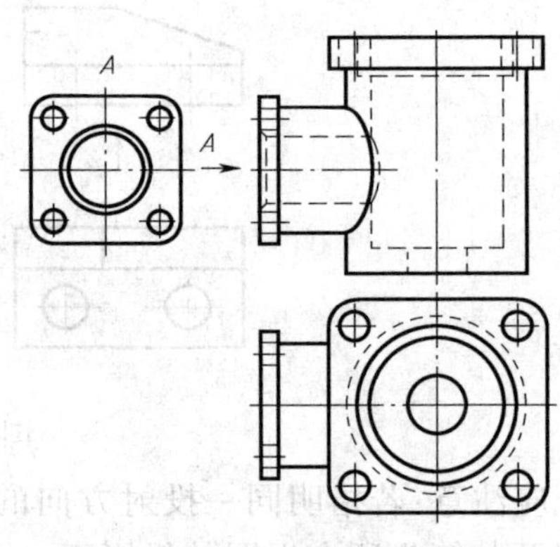

图 1-9　局部视图

2. 局部视图的标注

局部视图可按基本视图的配置形式配置，若中间没有其他图形隔开，则不必标注(图 1-8)。局部视图也可按向视图的配置形式配置并标注，即在局部视图上方用大写的拉丁字母标出视图的名称“×”，并在相应的视图附近用箭头指明投影方向，注上相同的字母。如图 1-9 中的“*A*”局部视图。

四、斜 视 图

将机件向不平行于任何基本投影面的平面投射所得视图，称为斜视图。如图 1-10 所示压紧杆的耳板是倾斜的。其倾斜表面为正垂面，在俯、左视图上均不反映实形，不但形状表达不够清楚，画图困难，而且不便于看图和标注尺寸。基于画法几何中用换面法求解实形的思想，添加一个与倾斜结构平行且与正投影面垂直的辅助投影面，将倾斜结构向该辅助投影面投射，所得到的斜视图[图 1-10(b)]，可反映该机件倾斜结构的实形。

1. 斜视图的画法

斜视图通常用来表达机件倾斜结构的形状，所以在斜视图中非倾斜部分不必全部画出，其断裂边界用波浪线(也可用双折线、双点画线)表示，如图 1-11 所示。

2. 斜视图的标注

斜视图通常按投影关系配置，也可按向视图的配置形式配置并标注。有时为方便作图允许将图形旋转某一角度后再画出，但在旋转后的斜视图上方需加注旋转符号“↷”或“↶”(旋转符号是半径为字高的半圆弧，箭头指向应与图形的实际旋转方向一致)，表示视图名称

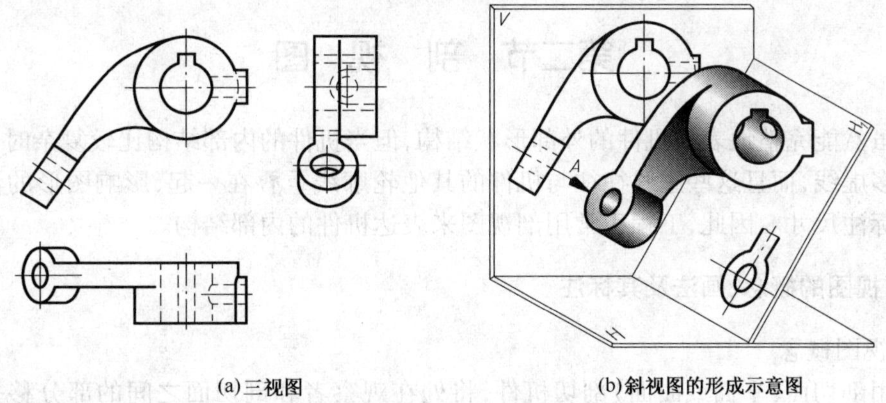

(a)三视图　(b)斜视图的形成示意图

图 1-10　机件斜视图的形成

的大写拉丁字母“×”应靠近旋转符号的箭头一侧[图 1-11(b)]。若要特别表明图形旋转角度时,可将角度值注写在字母之后。

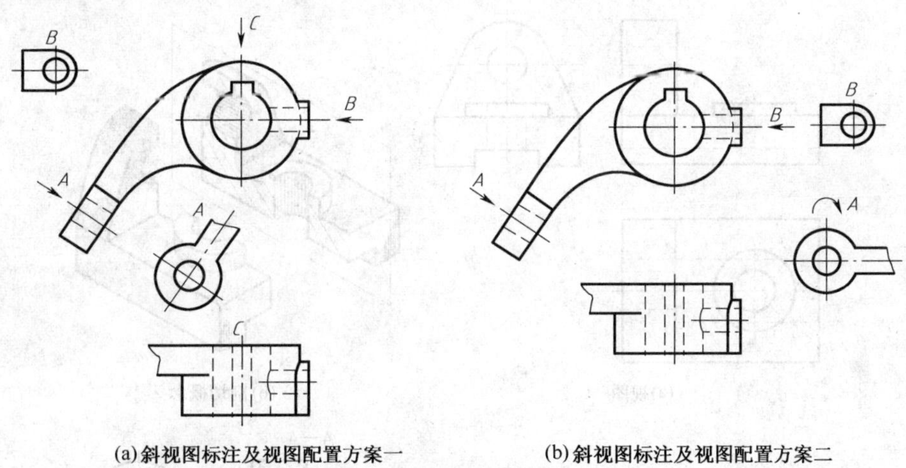

(a)斜视图标注及视图配置方案一　(b)斜视图标注及视图配置方案二

图 1-11　压紧杆斜视图的两种标注及配置方案

需要特别说明的是:表示视图名称的大写拉丁字母必须水平书写,指明投射方向的箭头必须与倾斜结构有积聚性的表面垂直[图 1-12(b)]。

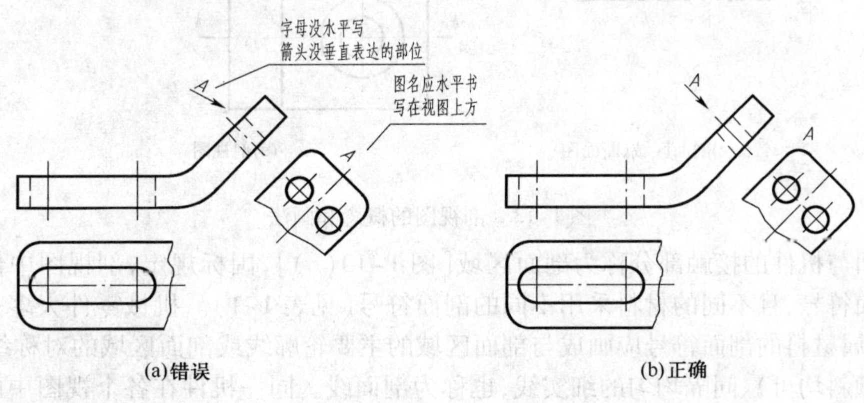

(a)错误　(b)正确

图 1-12　斜视图标注的正误对比

第二节　剖　视　图

视图虽然能完整地表达机件的外部形状结构，但当机件的内部结构比较复杂时，在视图中会出现很多虚线，而且这些虚线往往与机件的其他轮廓线重叠在一起，影响图形的清晰，不便于看图及标注尺寸。因此，工程中常用剖视图来表达机件的内部结构。

一、剖视图的概念、画法及其标注

1. 剖视图概念

假想用剖切面（平面或曲面）剖切机件，将处在观察者和剖切面之间的部分移去，而将其余部分向平行于剖切面的投影面投射所得的图形称为剖视图，简称剖视。如图 1-13(b)所示，用通过机件前后对称面的正平面，假想把机件剖开，移去剖切平面前的部分，再向正投影面投射，就得到了位于主视图位置上的剖视图［图 1-13(d)］。

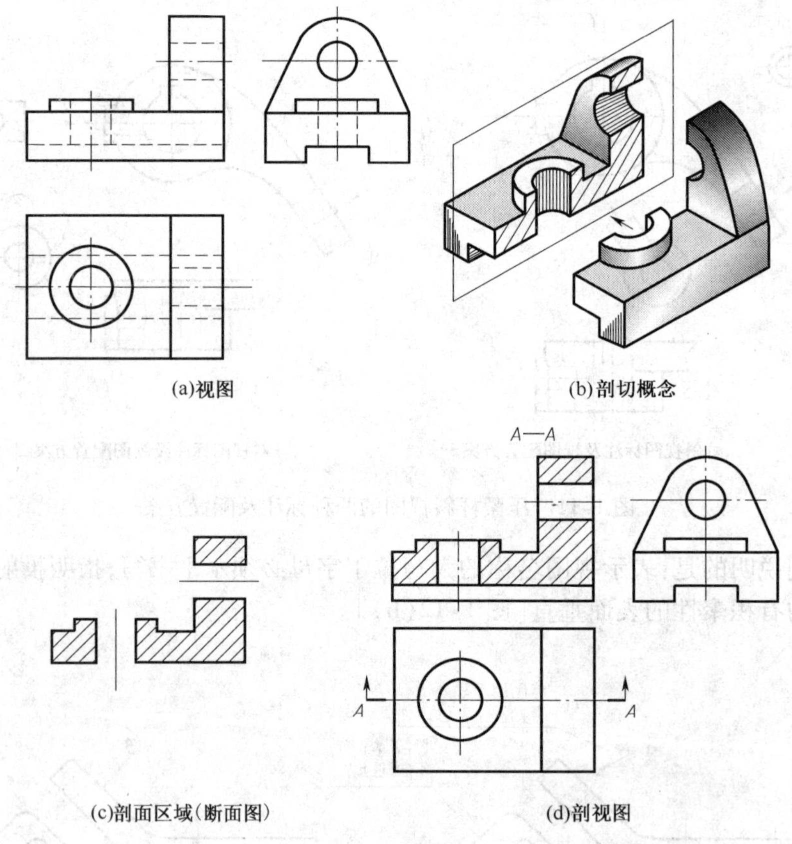

图 1-13　剖视图的概念和画法

剖切面与机件的接触部分称为剖面区域［图 1-13(c)］，国标规定，剖视图中剖面区域内应画上剖面符号，且不同的材料采用不同的剖面符号（见表 1-1）。机械零件大多是由金属材料制成，金属材料的剖面符号应画成与剖面区域的主要轮廓线或剖面区域的对称线成 45°（向左或向右倾斜均可）、间隔均匀的细实线，也称为剖面线。同一机件在各个视图中的剖面线应方向相同、间隔一致。在制图作业中，未指明材料的机件均按金属材料处理。

由于画剖视图的目的在于清楚地表达机件的内部结构形状。因此，画剖视图时，首先应根据机件的结构特点，考虑哪个视图应画成剖视图，采用何种剖切面，在什么位置剖切才能清楚、确切地表达出机件的内部结构形状。剖切面一般是平行于相应投影面的平面（必要时也可是柱面），而且应尽量使其通过较多的内部结构（孔或沟槽）的轴线或对称中心线。

2. 画剖视图的一般方法与步骤

（1）根据机件的结构特点确定剖切面的种类和位置［图 1-13（a）、（b）］。

（2）画出机件剖面区域的投影，再画上剖面符号［图 1-13（c）］。

（3）画出剖切面后所有可见部分的投影［图 1-13（d）］。

（4）标注剖切平面的位置、投射方向和剖视图名称，并按规定描深图线［图 1-13（d）］。

表 1-1　剖面符号

材料	剖面符号	材料	剖面符号	材料	剖面符号
金属材料（已有规定剖面符号者除外）		线圈绕组元件		混凝土	
非金属材料（已有规定剖面符号者除外）		转子、电枢、变压仆电抗器等的叠钢片		钢筋混凝土	
木材　纵剖面		型砂、添砂、砂轮、陶瓷及硬质合金刀片、粉末冶金		砖	
木材　横剖面		液体		基础周围混土	
玻璃及供观察用的其他透明材料		胶合板（不分层数）		格网（筛网、过滤网等）	

3. 剖视图的标注

为了便于看图，一般情况下剖视图均要进行标注，国标规定，剖视图的标注应包含三个要素（图 1-14）。

（1）在剖视图的上方用大写的拉丁字母标出剖视图的名称“x—x”。

（2）在相应的视图上用剖切线（细点画线）表示剖切位置，也可省略不画。

（3）在剖切面两端的起讫和转折位置画上剖切符号（约 5 ~ 10 mm 的粗短画），在表示剖切面起讫位置的粗短画外侧画出箭头表示剖视图的投射方向，并在旁边标注相应的字母“X”［图 1-13（d）］。粗短画不能与机件轮廓线相交。

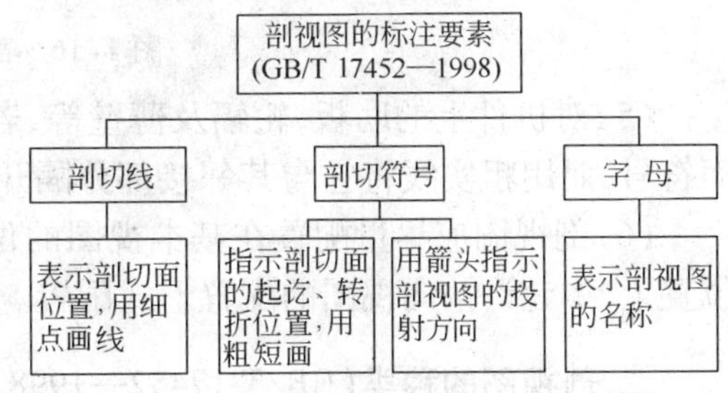

图 1-14　剖视图的标注要素

剖视图在下列情况下可以简化或省略标注：

（1）当剖视图按投影关系配置，中间又没有其他图形隔开时，可省略箭头。

（2）当单一剖切平面通过机件的对称面或基本对称面，且剖视图按投影关系配置，中间又没有其他图形隔开时可省略标注。

4. 画剖视图应注意的事项

(1)由于剖切是假想的,所以除剖视图以外的其他视图应按完整机件画出。

(2)通常不用虚线来表达机件的结构,但在不影响剖视图的清晰又可减少视图的情况下,在剖视图上可画少量虚线。

(3)应仔细分析剖切平面后的结构形状,避免误画或漏画剖切平面后的可见轮廓线(图1-15)。

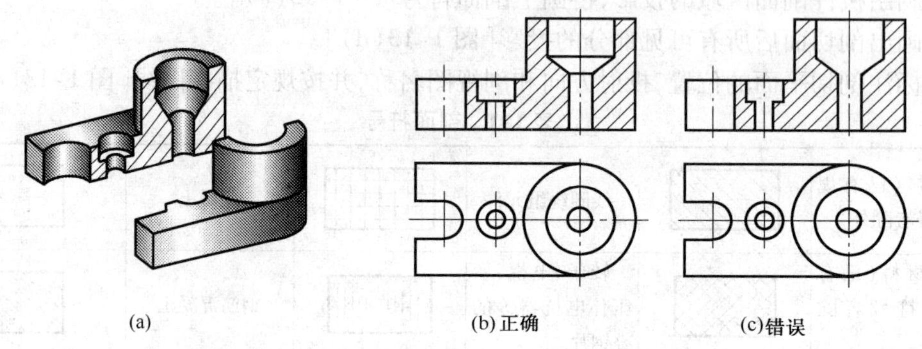

(a)　(b)正确　(c)错误

图1-15　不要漏画剖切平面后的可见轮廓线

(4)未剖开孔的轴线应在剖视图中画出[图1-16(a)]。

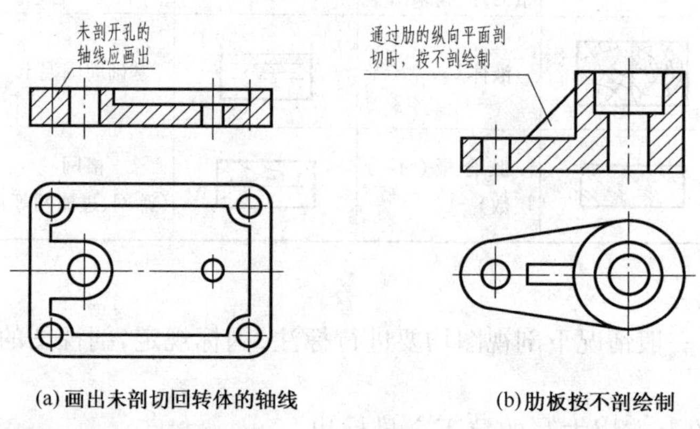

(a)画出未剖切回转体的轴线　(b)肋板按不剖绘制

图1-16　剖视图中的规定画法

(5)对机件上的肋板、轮辐及薄壁等,若剖切是沿其纵向平面剖切,则这些结构上不画剖面符号,而用粗实线将它与其邻接部分隔开[图1-16(b)]。

(6)剖视图应尽量配置在基本视图的位置上,也可按投影关系配置在与剖切符号对应的位置上,如允许按向视图的配置形式配置。

二、剖视图的种类(GB/T 17452—1998)

用剖视图表达机件时,按剖视图的表达内容及对机件内、外形结构的取舍、兼顾以及兼顾范围不同,国家标准GB/T 17452—1998《技术制图 图样画法 剖视图和断面图》规定的剖视图种类有全剖视图、半剖视图和局部剖视图3种。

1. 全剖视图

用剖切面把机件剖开后向相应投影面投射,画出所得剖视图称为全剖视图。当机件的外形比较简单(或外形已在其他视图上表达清楚),内部结构较复杂时,常采用全剖视图来表达机件的内部结构。

2. 半剖视图

如图 1-17 所示，当机件的内、外形结构都比较复杂，但具有对称平面时，为了减少视图数量，在一个图形上同时表达机件的内、外形结构，常采用剖切面把机件剖开后向相应投影面投射，以视图的对称中心线为界，一半画成剖视图以表达其内形结构，另一半画成视图以表达其外形结构，这种剖视图称为半剖视图。

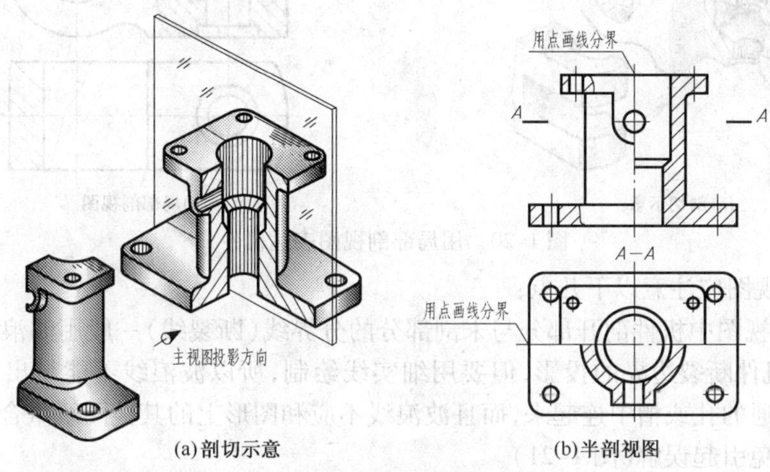

(a)剖切示意　(b)半剖视图

图 1-17　半剖视图的画法

所以当机件的内、外形结构都需要表达，同时该机件对称(图 1-18)或接近于对称，而其不对称部分已在其他视图中表达清楚时(图 1-18 中右边的小槽在俯视图表达清楚)，都可以采用半剖视图表达。采用半剖视图表达机件时，由于机件的内形结构已在剖视图中表达清楚，所以在视图的那一半中，表示内形结构的虚线不画。

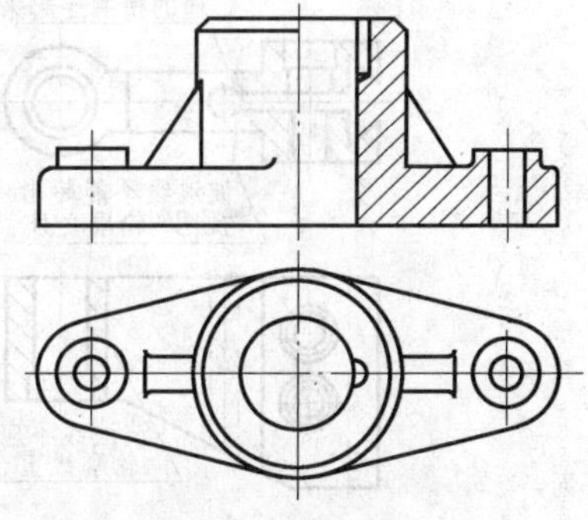

图 1-18　机件接近对称时用半剖视图表达

在半剖视图中，剖视图和视图必须以中心线为分界线，在分界线处不能出现轮廓线(粗实线或虚线)，如果在分界线处确实存在轮廓线，则应避免使用半剖视图，如图 1-19 的主视图中，若采用半剖视图，则轮廓线和对称线重合，故不能采用半剖视图。

(a)对称线与内部轮廓线重合　(b)对称线与内外部轮廓线均重合　(c)对称线与外部轮廓线重合

图 1-19　对称线与轮廓线重合时不宜采用半剖视图而采用局部剖视图

3. 局部剖视图

用剖切面剖开机件后向相应投影面投射，根据表达需要仅画出一部分剖视图，其他部分仍画成视图，称为局部剖视图（图1-20）。

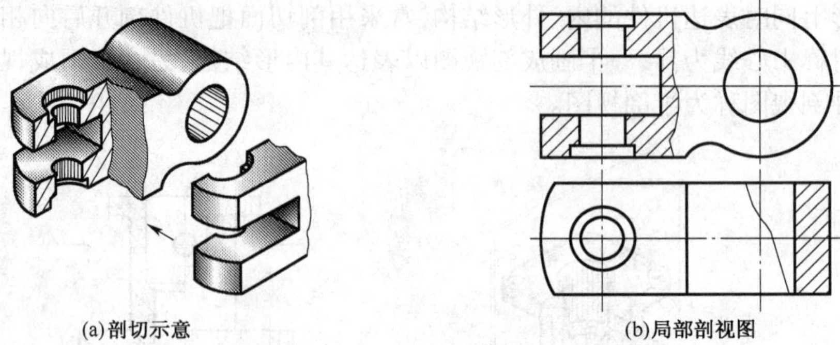

(a)剖切示意　　(b)局部剖视图

图1-20　用局部剖视图表达机件

画局部剖视图应注意以下几点：

（1）局部剖视图中机件剖开部分与未剖部分的分界线（断裂线）一般用波浪线表示。可将波浪线理解为机件断裂边界的投影，但要用细实线绘制，所以波浪线不能超出图形的外轮廓线，也不能在穿通的孔或槽中连起来，而且波浪线不应和图形上的其他图线重合或成为其他图线的延长线，以免引起误解（图1-21）。

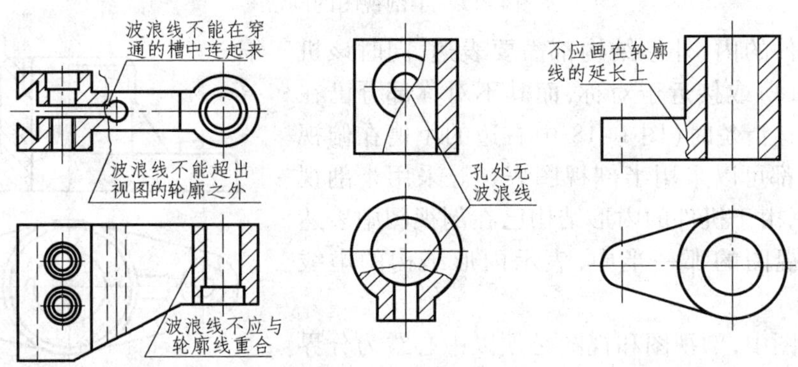

图1-21　波浪线的画法

（2）当被剖切结构为回转体时，允许将该结构的回转中心线作为局部剖视图与视图的分界线，如图1-22（a）、（b）所示摇杆臂左端。但摇杆臂右端因有凸台，在俯视图中的局部剖视图就不能这样画。

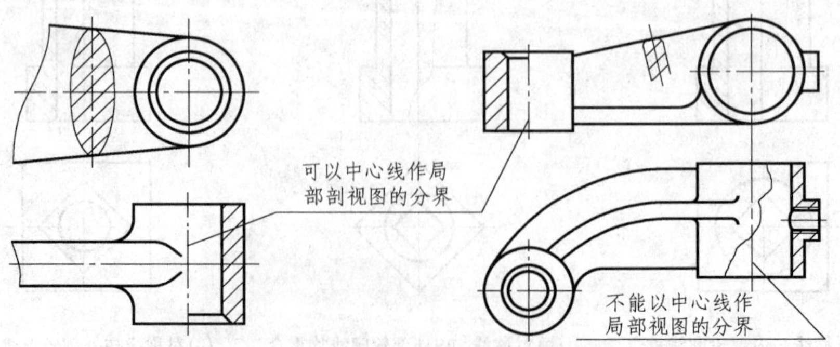

图1-22　中心线作为分界线的局部剖视图

局部剖视图是一种非常灵活的表达方法,常应用于下列情况:

(1)机件的内部结构只需局部地表达,不必或不宜画成全剖视图(图1-20)。

(2)机件的内、外形均需表达,且不宜画成半剖视图(图1-19)。

通常局部剖视图表达范围的大小取决于机件的内、外形结构。一般在不影响机件外部形状结构表达的情况下,局部剖视图可灵活地画在任一基本视图中,也可将局部剖视图单独画出。局部剖视图运用恰当,可使机件的表达简明清晰,但在同一视图中,局部剖视图的数量不宜过多,否则会使图形显得过于零碎,使机件失去整体感,不便于看图。

图1-23为一轴承座的表达方案。在主视图上,零件下部的外形较简单,内部结构的内腔需用剖视图表达,上部的圆柱形凸缘及其上3个螺孔的分布情况需用视图表达,故不宜采用全剖视图。左视图则相反,上部需剖开以表示其内部不同直径的孔,而下部则需表达机件左端的凸台外形。因而根据机件的形状结构特点和表达需要,在主、左视图中均画出了相应的局部剖视图。在这两个视图上尚未表达清楚的基座底面及其上的长圆形孔和右边的耳板等结构,采用"*B*"局部视图和"*A—A*"局部剖视图表达。

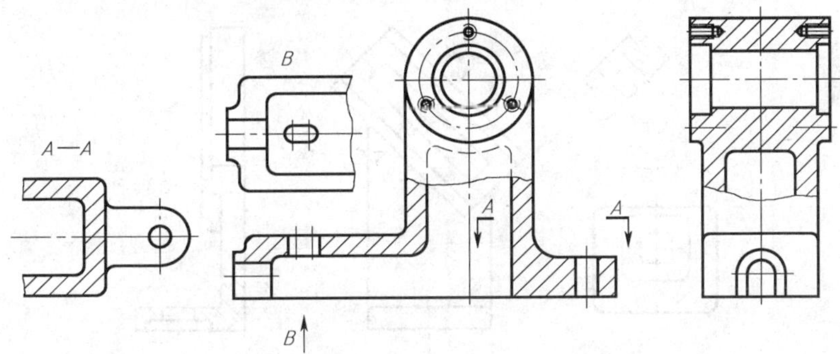

图1-23　轴承座的表达方案

三、剖切面的种类和常用剖切方法

剖切面可以是平面或柱面,但多采用平面。剖切机件时,根据机件结构的不同,常采用以下三种剖切方法,即单一剖切面剖切、几个平行的剖切平面剖切或几个相交的剖切面剖切。此处所述剖切面的种类和剖切方法不仅适用于剖视图,也适用于下一节的断面图。

1. 单一剖切面

(1)用单一的投影面平行平面剖切机件

前述各图例均采用这种剖切方法。

(2)用单一的投影面垂直平面剖切机件

当机件上有倾斜的内部结构需要表达时[图1-24(a)],可用单一的投影面垂直平面剖切机件,习惯上称为斜剖。采用斜剖时,需添加一个与剖切平面平行的辅助投影面,将剖切平面与辅助投影面之间的部分机件向辅助投影面投射得到剖视图。所得剖视图必须标注,如图1-24(b)中的"*A—A*"剖视图,而且应尽量按投射关系配置在与剖切符号相对应的位置上[图1-24(b)],必要时也可配置在其他适当位置(图1-25)。有时为了方便作图,在不致引起误解时,允许将图形旋转后画出,但应加注旋转符号,标注形式为"↷×—×"或"×—×↶",如图1-24(b)中的"*A—A*"剖视图也可如方框中所示将图形旋转画出。当需要标注图形的旋转角度时,应将角度值标注在图名×—×之后。

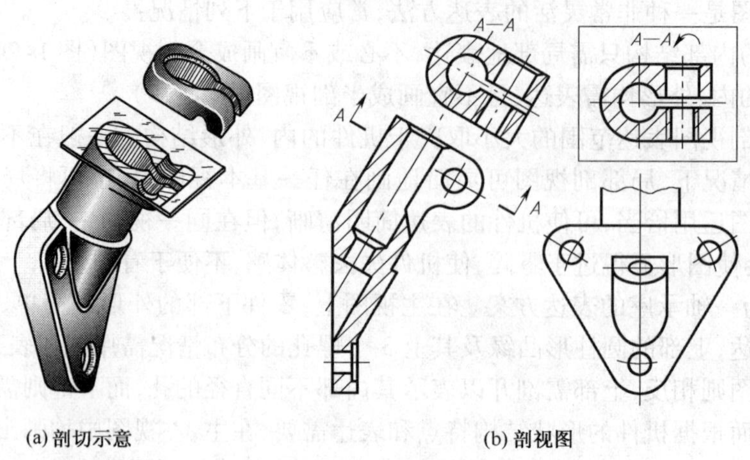

图 1-24　单一的投影面垂直平面剖切机件(一)

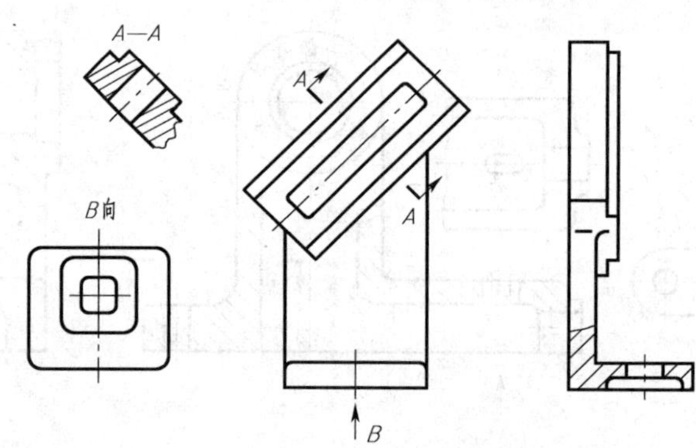

图 1-25　单一的投影面垂直平面剖切机件(二)

(3)用单一柱面剖切机件

对于在机件上沿圆周分布的孔、槽等结构，常采用圆柱面剖切。采用柱面剖切时，应将剖切柱面和机件的剖切结构展开成平行于投影面的平面后再向投影面投射得到剖视图，而且在剖视图的名称后需加注“展开”二字，如图 1-26 所示。

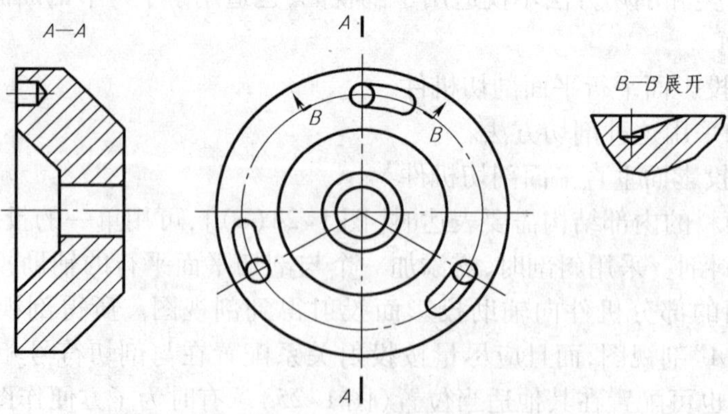

图 1-26　单一柱面剖切机件

2. 几个相互平行的剖切平面

如图 1-27 所示，采用两个或两个以上互相平行的剖切平面剖开机件。几个相互平行的剖切平面可与基本投影面平行，也可不平行。显然，几个相互平行的剖切平面剖切适用于内部孔、槽等结构不在同一剖切平面内的机件。

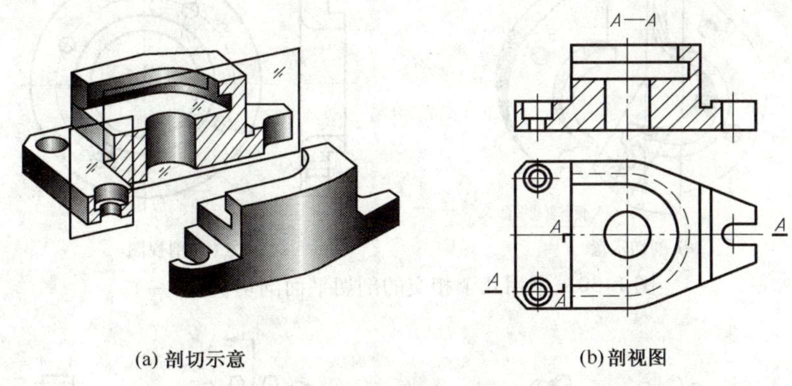

(a) 剖切示意 (b) 剖视图

图 1-27 采用两个互相平行的剖切平面剖切机件

画图时应注意以下几点：

①虽然是采用两个或两个以上相互平行的剖切平面剖切机件，但各剖切平面剖切后所得的剖视图是一个视图，所以画图时不应在剖视图中画出各剖切平面连接处分界线的投影[图 1-28(a)]。

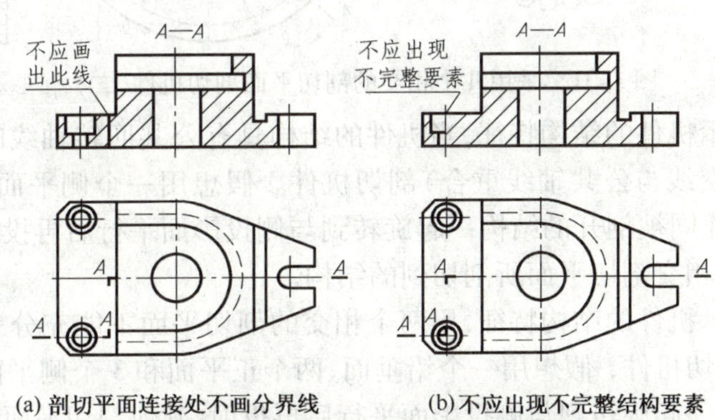

(a) 剖切平面连接处不画分界线 (b) 不应出现不完整结构要素

图 1-28 采用互相平行平面剖切时容易出现的错误

②在剖视图内不应出现不完整的结构要素[图 1-28(b)]。仅当两个要素在图形上具有公共对称线或轴线时才可各画一半，此时应以对称线或轴线为分界线(图 1-29)。

③在剖视图上方应标注剖视图名称"×—×"，在剖切平面的起讫和连接处应画出剖切符号(粗短画)，并标注相同字母"×"，剖切符号不应与图中轮廓线(粗实线或虚线)重合。若视图中连接处的位置有限，而又不致引起误解时可以省略字母。表示剖切面位置的剖切符号(粗短画)不能省略，仅当剖视图按投影关系配置，中间又没有其他视图隔开时可省略箭头。

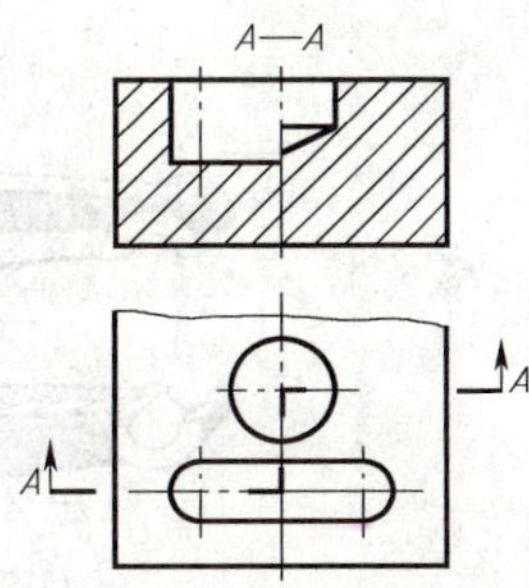

图 1-29 互相平行平面剖切的对称画法

3. 几个相交的剖切平面

当机件的内部结构用几个相互平行的剖切平面无法表达时，可采用几个相交的剖切平面。用几个相交的剖切平面获得的剖视图应旋转到一个投影平面上，如图 1-30 所示、图 1-31 所示。

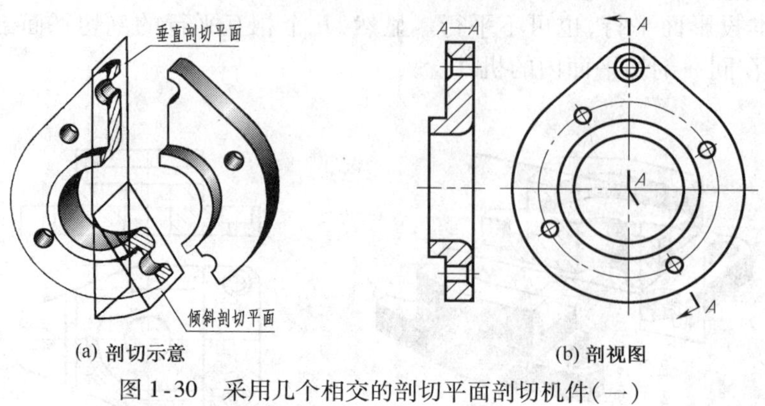

图 1-30　采用几个相交的剖切平面剖切机件(一)

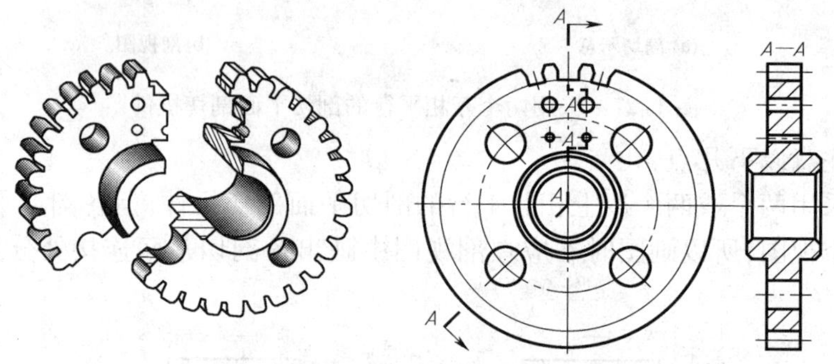

图 1-31　采用几个相交的剖切平面剖切机件(二)

根据图 1-30 所示机件的结构特征,当机件的结构具有公共回转轴线时,可采用两个相交的剖切面(两剖切面交线与公共轴线重合)剖切机件。假想用一个侧平面和一个正垂面剖切机件,然后将正垂面连同被剖开的结构一起旋转到与侧投影面平行后再投射,这样可在一个剖视图上反映出用两个相交剖切平面所剖切到的结构。

根据图 1-31 所示机件的结构特征,用两个相交的剖切平面不能充分表达机件结构时,可采用多个剖切平面剖切机件, 假想用一个铅垂面、两个正平面和 3 个侧平面剖切机件,将铅垂面连同被剖开的结构一起旋转到与侧投影面平行后再投射,其他剖切平面可直接投射,这样就可在一个剖视图上反映出多个相交剖切平面所剖切到的结构。

几个相交的剖切平面剖切不仅适用于盘盖类机件,也适用于摇杆类(图 1-32)等机件。

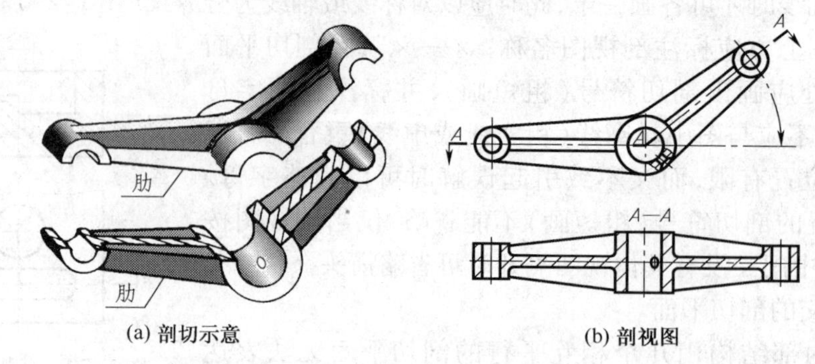

图 1-32　采用几个相交的剖切平面剖切(三)

画图时应注意以下几点:

①先假想按剖切位置剖开机件,然后将被剖切平面剖开的结构及其有关部分旋转到与选

定的投影面平行再进行投射，使剖开结构的投影反映实形（图 1-33）。而剖切平面后的其他结构应按原来的位置投射［图 1-32(b)中的油孔］。

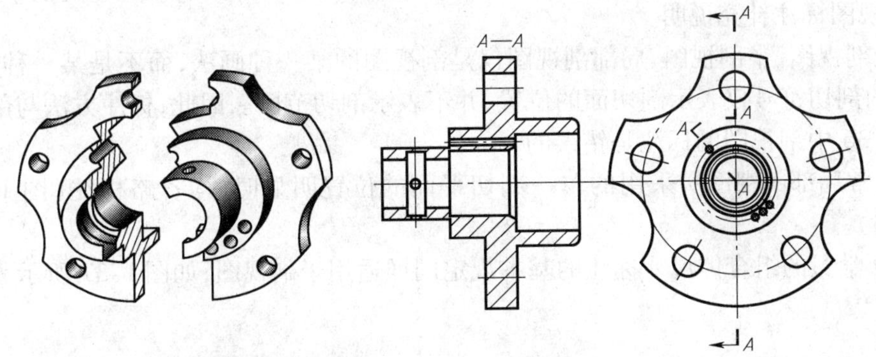

图 1-33　采用几个相交的剖切平面剖切（四）

②采用几个相交剖切平面剖切机件后，若产生不完整要素时，则该部分按不剖处理（图 1-34）。

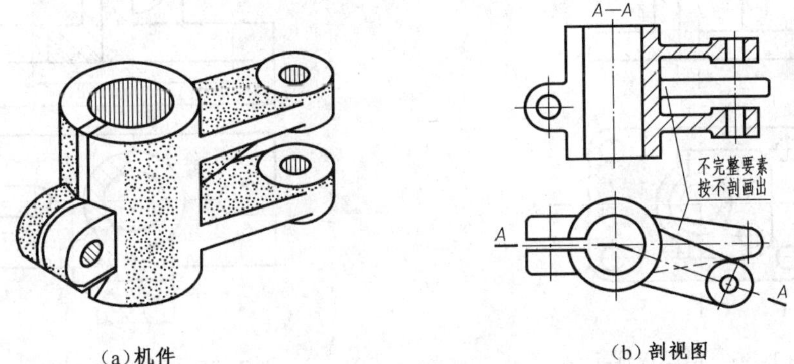

(a)机件　　(b)剖视图

图 1-34　采用两个相交的剖切平面剖切时出现不完整要素按不剖处理

③在剖视图上方应标注剖视图名称"×—×"，若采用展开画法，此时应标注为"×—×展开"（图 1-35）。在剖切平面的起、止和转折处应画出剖切符号（粗短画），并标注相同字母"×"。若转折处的位置有限，而又不致引起误解时，可省略字母。箭头仅表示剖视图的投射方向，与剖切平面的旋转方向无关，所以当剖视图按投射关系配置，中间又没有其他图形隔开时，可省略箭头。

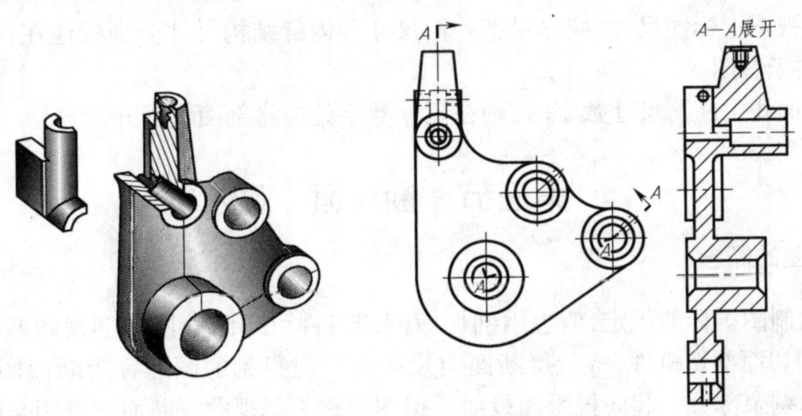

图 1-35　采用几个相交的剖切平面剖切（五）

四、剖视图标注的补充说明及尺寸注法

1. 剖视图标注补充说明

(1)全剖视图、半剖视图、局部剖视图仅是剖视图的某一种画法,而不是某一种剖切方法。剖视图中的剖切符号仅表示剖切面的位置,并不表示剖切范围。因此,标注方法与剖视图种类无关,图1-36中剖视图的标注是错误的。

(2)通常局部剖视图所采用的单一剖切平面的位置明显时,均省略标注(图1-20、图1-22、图1-23)。

在前面学习的组合体尺寸标注的基本规定同样适用于剖视图,如图1-37所示为剖视图的标注。

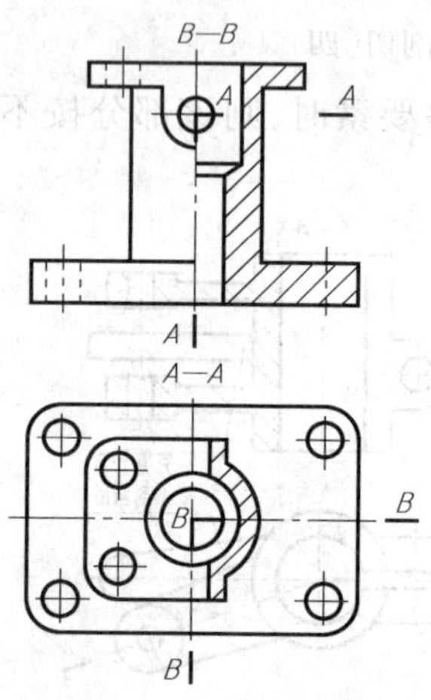

图1-36　错误标注示例

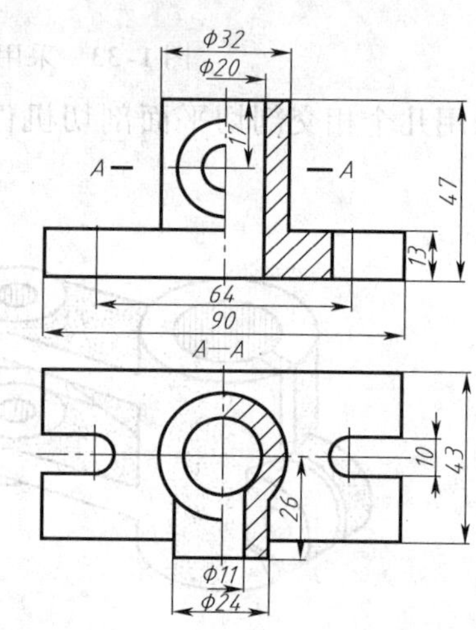

图1-37　剖视图中的尺寸标注

2. 尺寸注法

(1)同轴线的圆柱孔或圆锥孔的直径尺寸,一般应标注在剖视图上,尽量避免标注在投影为同心圆的视图上。但在特殊情况下,如在剖视图上标注直径尺寸确有困难时,可以标注在投影为圆的视图上。

(2)当采用半剖视图后,对于不能完整标注的尺寸,则尺寸线应略超过圆心或对称中心线,此时仅在尺寸线的一端画出箭头。

(3)在剖视图上标注尺寸,应尽量把外形尺寸和内部结构尺寸分别标注在视图的两侧,这样既清晰又便于看图。

(4)在剖面线中注写尺寸数字时,则在尺寸数字处应将剖面线断开。

第三节　断　面　图

一、断面图的概念

根据机械制图国标的规定,假想用剖切面剖切机件可得断面图和剖视图两种图形(图1-38),假想用剖切面剖切机件,将所得断面向投影面投射得到的图形称为断面图,将断面和剖切面后机件的剩余部分一起向投影面投射所得图形称为剖视图。断面图常用来配合视图表达机件(如肋、轮辐、轴的孔槽)断面的形状。

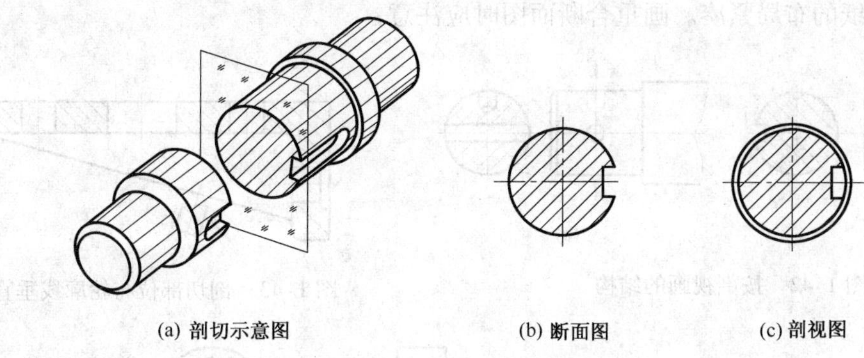

(a) 剖切示意图　(b) 断面图　(c) 剖视图

图 1-38　断面图与剖视图的区别

二、断面图的种类及画法

断面图分为移出断面图和重合断面图。

1. 移出断面图

画在视图外的断面图为移出断面图，简称移出断面（图 1-39）。

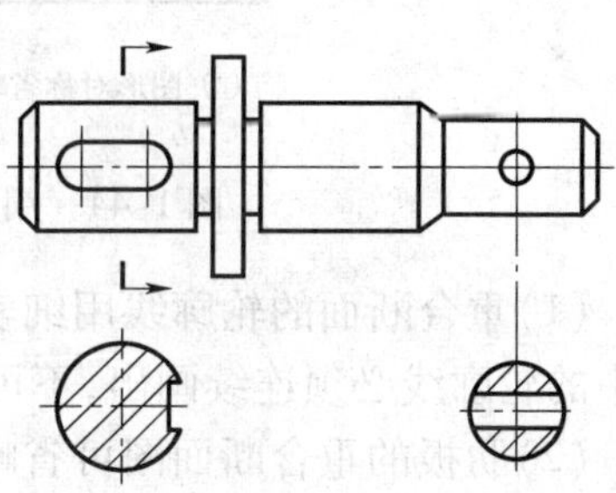

图 1-39　移出断面

(1) 移出断面的轮廓线用粗实线绘制。为便于看图，移出断面应尽量配置在剖切符号或剖切线（表示剖切位置的细点画线）的延长线上（图 1-39）。必要时也可配置在其他适当位置（图 1-46）。在不致引起误解时，允许将移出断面的图形旋转（图 1-40）。当断面图形对称时，可画在视图的中断处（图 1-41）。

(2) 当剖切平面通过回转面形成的孔或凹坑的轴线时，则这些结构应按剖视绘制，如图 1-42(a)、(b) 所示。当剖切平面通过非圆孔导致出现完全分离的两个断面时，则该结构应按剖视绘制（图 1-40）。

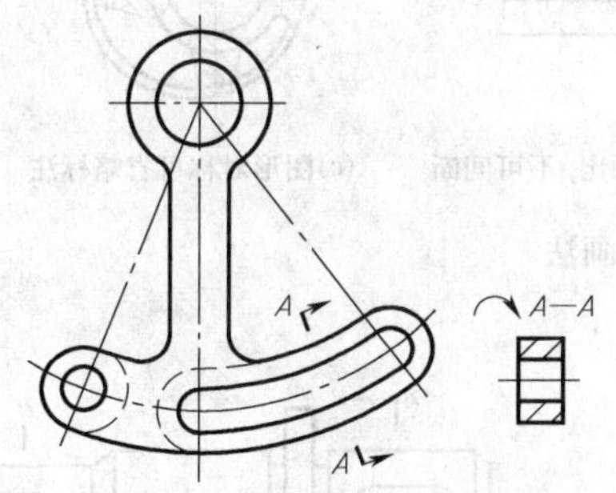

图 1-40　剖切后经旋转画出的断面图

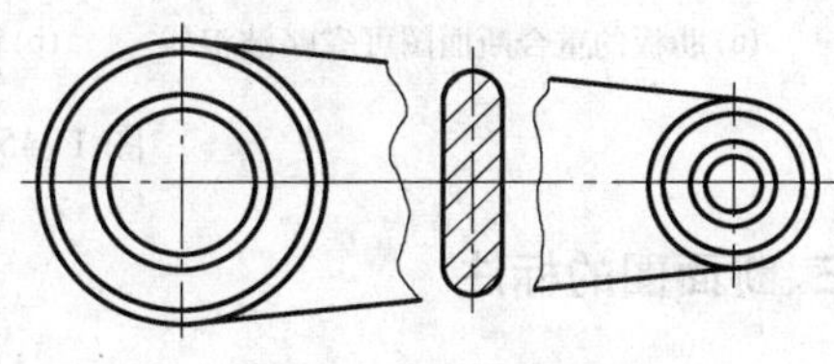

图 1-41　断面图画在机件的中断处

(3) 为了表示断面的实形，剖切平面应与被剖切部位的主要轮廓线垂直（图 1-43、图 1-44）或通过回转面的轴线。由两个或多个相交剖切平面剖切机件，所画断面图中间应断开（图 1-44）。

2. 重合断面

画在视图内的断面图称为重合断面图（图 1-45）。在不影响图形清晰的情况下，采用重合断面图可使图纸的布局紧凑。画重合断面图时应注意：

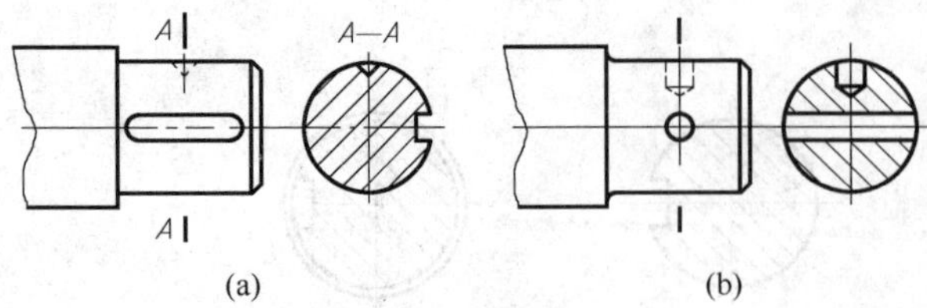

图 1-42　按剖视画的结构

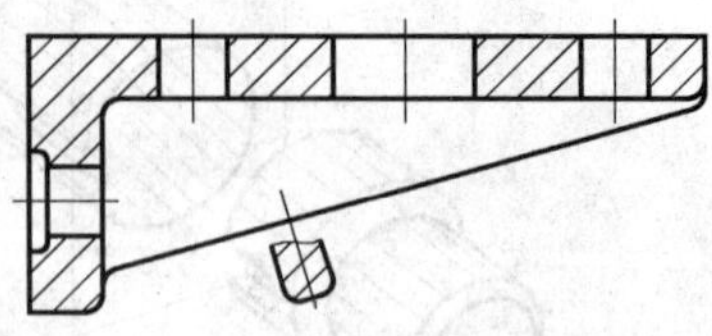

图 1-43　剖切部位与轮廓线垂直

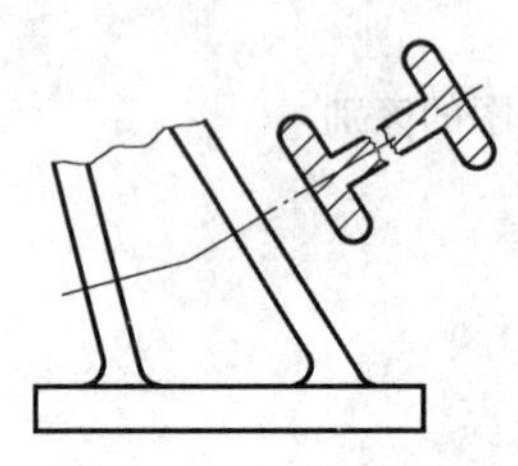

(a) 图形对称省略箭头

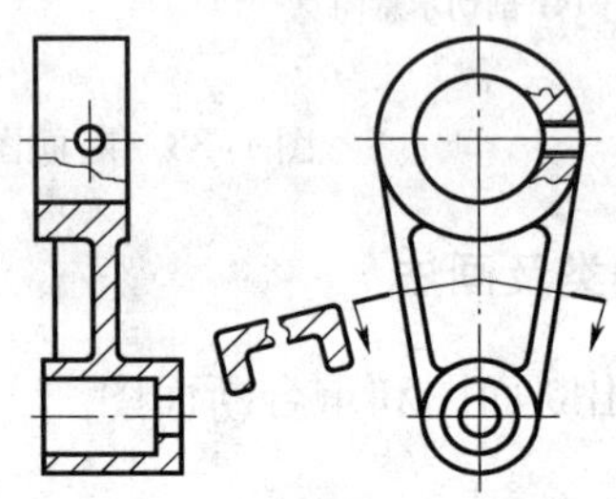

(b) 图形不对称标注箭头

图 1-44　用两个相交剖切平面剖切得到的移出断面画法

(1)重合断面的轮廓线用细实线绘制。当视图的轮廓线与重合断面的轮廓线重合时，视图中的轮廓线必须连续画出，不可间断。

(2)肋板的重合断面图可省略波浪线[图 1-45(a)]。

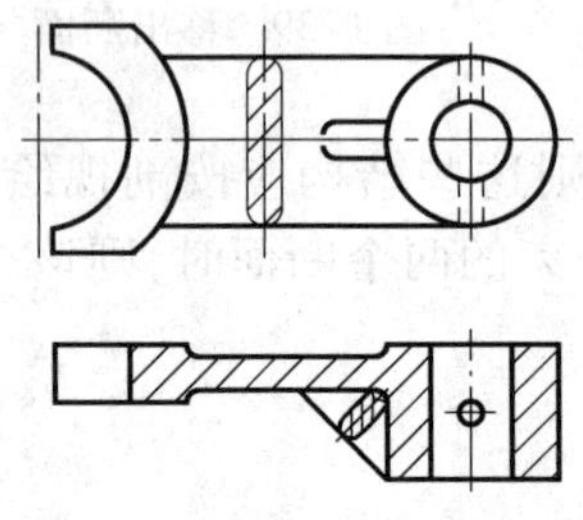

(a)肋板的重合断面图可省略波浪线

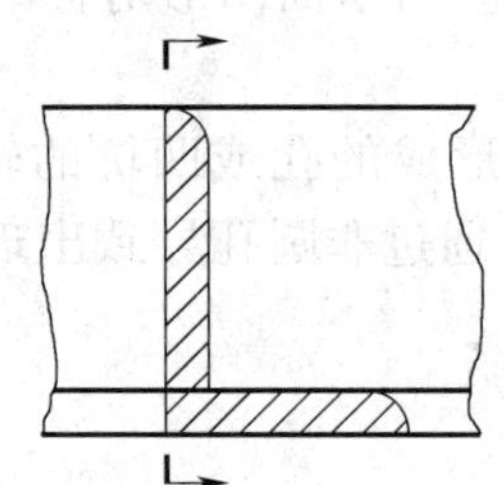

(b)轮廓线必须连续画出，不可间断

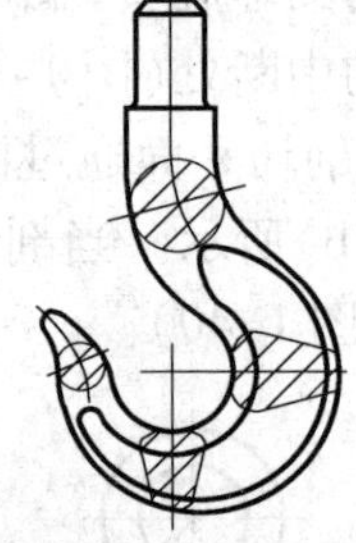

(c)图形对称可省略标注

图 1-45　重合断面的画法

三、断面图的标注

1. 移出断面图的标注

(1)一般应用大写的拉丁字母标注移出断面图的名称“×—×”，在相应的视图上用剖切符号表示剖切位置，用箭头表示投射方向，并标注相同的字母(图 1-46)。经过旋转后画出的移出断面图，其标注形式与斜剖相同(图 1-40)。

(2)配置在剖切符号延长线上的不对称移出断面图可省略标注字母，如图 1-39 所示。

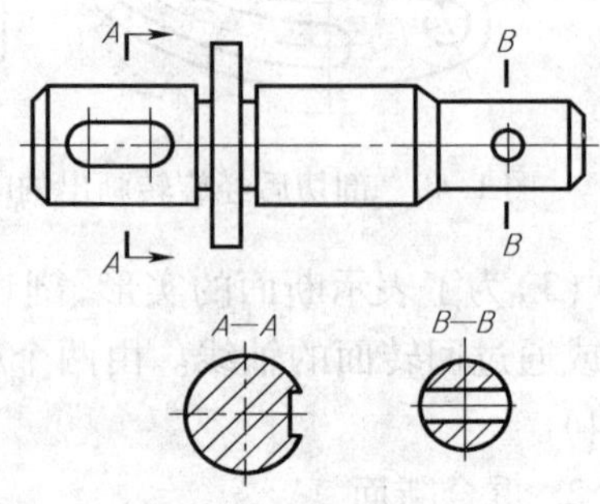

图 1-46　移出断面的标注

(3)对称的移出断面图配置在剖切符号延长线上[图1-39、图1-44(a)]或配置在视图中断处(图1-41),可省略标注。其他对称的移出断面图(图1-46中的"B—B"断面图)一般省略标注箭头。

(4)按投影关系配置的移出断面图(图1-42)可省略标注字母和箭头。

2. 重合断面图的标注

(1)配置在剖切符号延长线上的不对称重合断面图,只标剖切符号及投影方向(箭头)可省略字母[图1-45(b)]。

(2)对称的重合断面可省略标注[图1-45(a)、(c)]。

第四节　局部放大图和简化画法

一、局部放大图

将机件的部分结构用大于原图形所采用的比例画出的图形,称为局部放大图。机件的某些细小结构,在给定比例的视图中由于图形过小而表达不够清晰,或不便于标注尺寸,可采用局部放大图。如图1-47所示轴上的退刀槽和挡圈槽等。

局部放大图可画成视图、剖视图或断面图,它与原图形被放大部分的表达方法无关(图1-47)。绘制局部放大图时,应注意以下几点:

(1)局部放大图应尽量配置在被放大部位的附近。一般应在原图形上用细实线圈出被放大部位(除螺纹的牙型、齿轮和链轮的齿形)。

(2)当同一机件上有几处被放大的部位时,需用罗马数字依次标注被放大部位,并在局部放大图的上方各自标注相应的罗马数字和所采用的比例,其形式如图1-47所示。当机件上被放大的部分仅一处时,则只需在局部放大图上方注明所采用的比例(图1-48)。

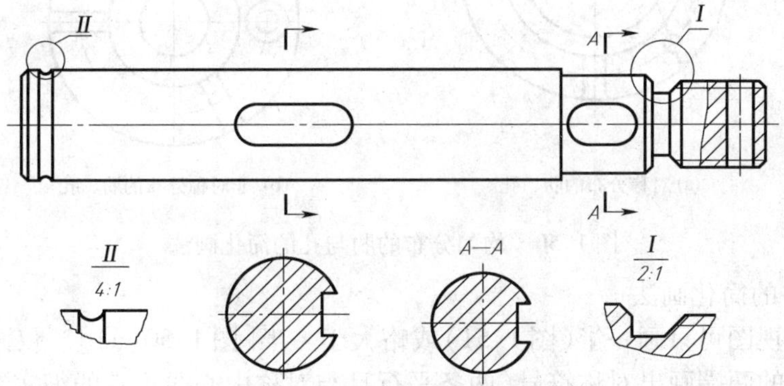

图1-47　用罗马数字标注放大部位

(3)局部放大图上标注的比例是指放大图形与机件实际大小之比,而不是与原图之比。

(4)同一机件上不同部位的局部放大图,当图形相同或对称时,只需画出一处(图1-49)。

(5)如果局部放大图上有剖面区域出现,那么剖面符号要与机件被放大部位的相同(图1-48、图1-49)。

(6)局部放大图一般常采用局部视图或局部剖视图表示,其断裂处一般用波浪线表示。

二、简化画法

制图时,在不影响对机件表达完整和清晰的前提下,应力求作图简便。为此国家标准规定

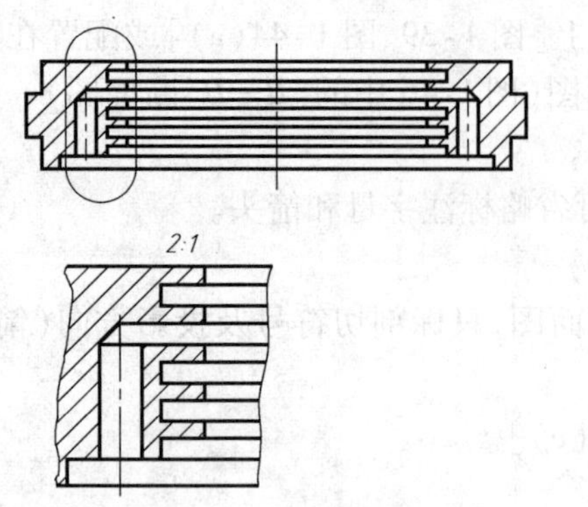

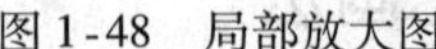

图 1-48　局部放大图

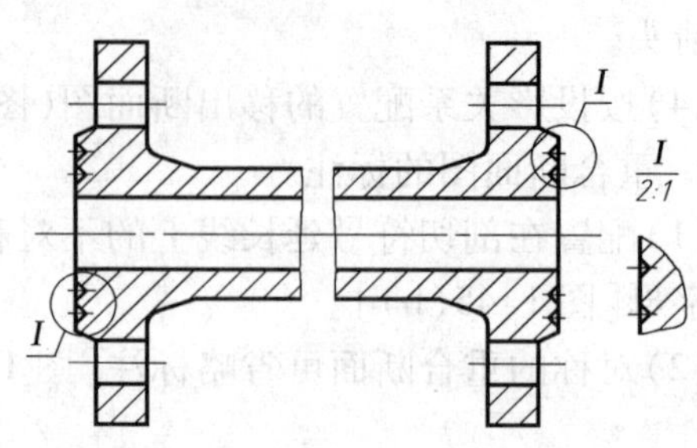

图 1-49　图形相同时仅画出一处

了一些简化画法及其他规定画法，现将几种常用的简化画法及其他规定画法介绍如下：

1. 均布肋、孔的简化画法

当零件回转体上均匀分布的肋、轮辐、孔等结构不处于剖切平面上时，可将这些结构假想绕回转体轴线旋转到剖切平面上画出，如图 1-50(a)、(b)所示。

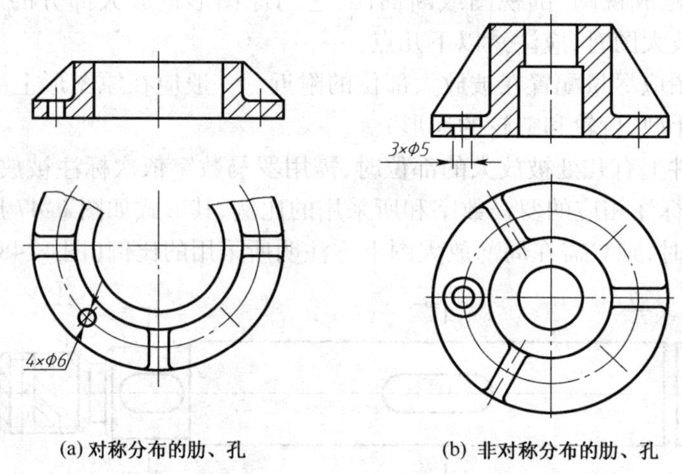

(a) 对称分布的肋、孔　　(b) 非对称分布的肋、孔

图 1-50　均匀分布的肋与孔的简化画法

2. 对称机件的简化画法

对称机件的视图可只画一半(图 1-51)或略大于一半[图 1-50(a)]。仅画出一半视图时，应在对称中心线的两端画出对称符号(两条平行且与对称中心线垂直的细实线)。

3. 相同要素的简化画法

(1)当机件具有若干相同结构(如齿、槽等)，并按一定规律分布时，只需画出几个完整的结构，其余用细实线连接(图 1-52)，但须注明该结构的总数。

(2)若干直径相同且成规律分布的孔(圆孔、螺孔、沉孔等)，可以仅画出一个或几个，其余只需用点画线表示其中心位置，但应注明孔的总数(图 1-53)。

4. 平面符号及滚花的简化画法

(1)当图形不能充分表达平面时，可用平面符号(相交的两条细实线)表示。图 1-54 为一轴端圆柱体被平面切割后在视图上的表示方法。如其他视图上已经将此平面表达清楚，则平面符号可以省略。

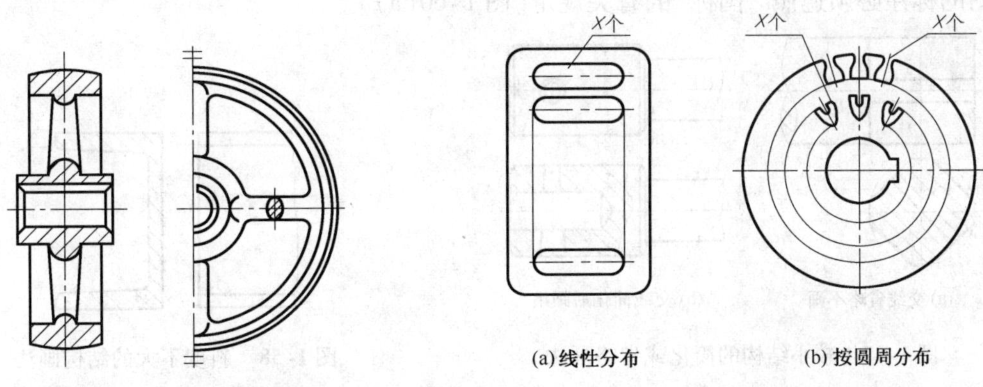

图1-51　对称机件的画法　　图1-52　相同要素的简化画法

(2)机件上的滚花部分,可以只在轮廓线附近用细实线示意画出一小部分,并在零件图上或技术要求中注明其具体要求(图1-55)。

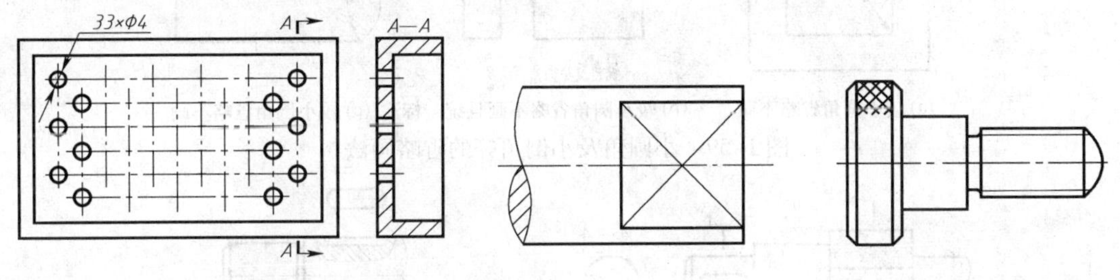

图1-53　成规律分布的孔的简化画法　　图1-54　平面符号　　图1-55　滚花的简化画法

5. 较长机件的断开画法

较长的机件(如轴、杆、连杆、型材等),当沿长度方向的形状一致[图1-56(a)]或按一定规律变化[图1-56(b)]时,可以断开后缩短绘制,但需标注实际尺寸。

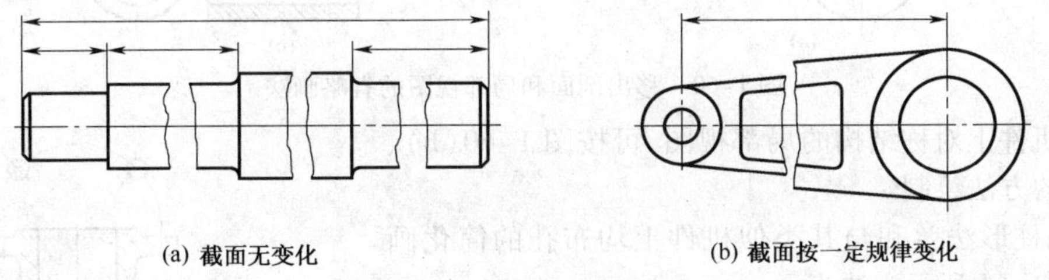

图1-56　较长机件的简化画法

6. 较小结构的简化或省略画法

(1)机件上较小的结构,如在一个视图中已表示清楚时,则在其他视图中可以简化或省略(图1-57)。

(2)机件上斜度不大的结构,如在一个图形中已表达清楚时,其他图形可以只按小端画出(图1-58)。

(3)在不致引起误解时,零件图中的小圆角、锐边的小倒角或45°小倒角允许省略不画,但必须注明尺寸或在技术要求中加以说明(图1-59)。

7. 移出剖面和局部视图的省略画法

(1)在不致引起误解的情况下,零件图中的移出剖面,允许省略剖面线,但剖切位置和剖面图的标注必须遵照“国标”的有关规定[图1-60(a)]。

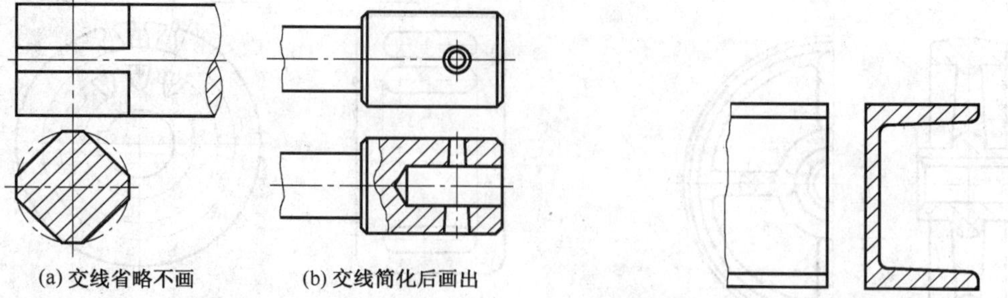

图1-57 较小结构的简化或省略画法

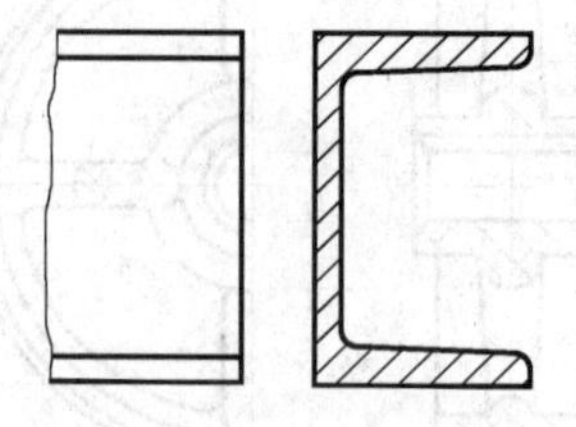

图1-58 斜度不大的结构画法

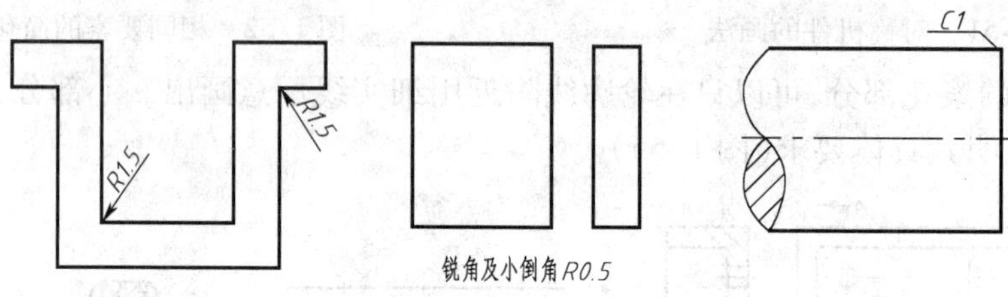

图1-59 小圆角及小倒角等的省略画法

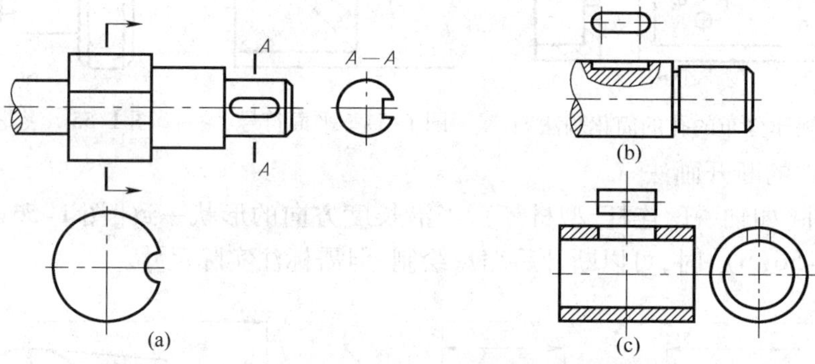

图1-60 移出剖面和局部视图的省略画法

(2)机件上对称结构的局部视图,可按图1-60(b)、(c)所示的方法绘制。

8. 圆柱形法兰和与其类似机件上均布孔的简化画法可按图1-61所示方法表示。

9. 用圆、圆弧或直线代替非圆表面交线

(1)图形中的过渡线应按图1-62(a)、(b)绘制。在不致引起误解时,过渡线和相贯线允许简化,例如可用圆弧或直线代替非圆曲线(图1-62)。

(2)与投影面倾斜角度小于或等于30°的圆或圆弧,其投影可用圆或圆弧代替椭圆,如图1-63所示。

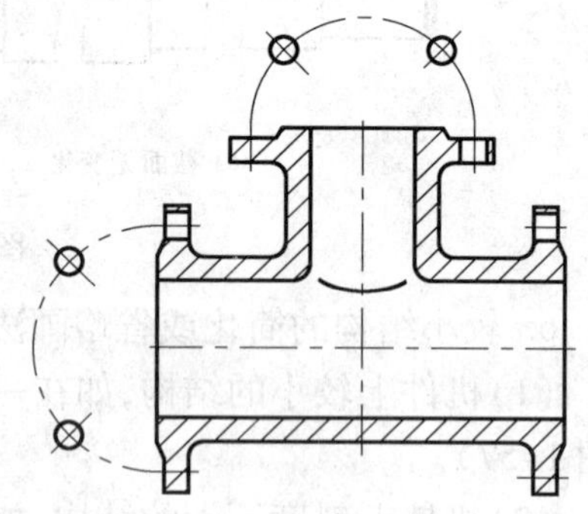

图1-61 圆柱形法兰上均布孔的画法

三、其他规定画法

1. 剖中剖

必要时,在剖视图的剖面中可再作一次剖切,但须画成局部剖视图。而且两个剖面的剖面

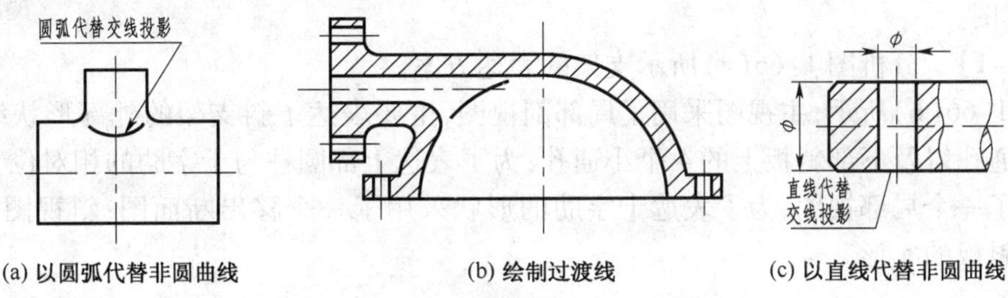

(a) 以圆弧代替非圆曲线　　(b) 绘制过渡线　　(c) 以直线代替非圆曲线

图 1-62　过渡线和相贯线的简化画法

线应方向相同,间隔一致,但要互相错开,并用引出线标注局部剖视图的名称,如图 1-64 中的"*B—B*"剖视图。

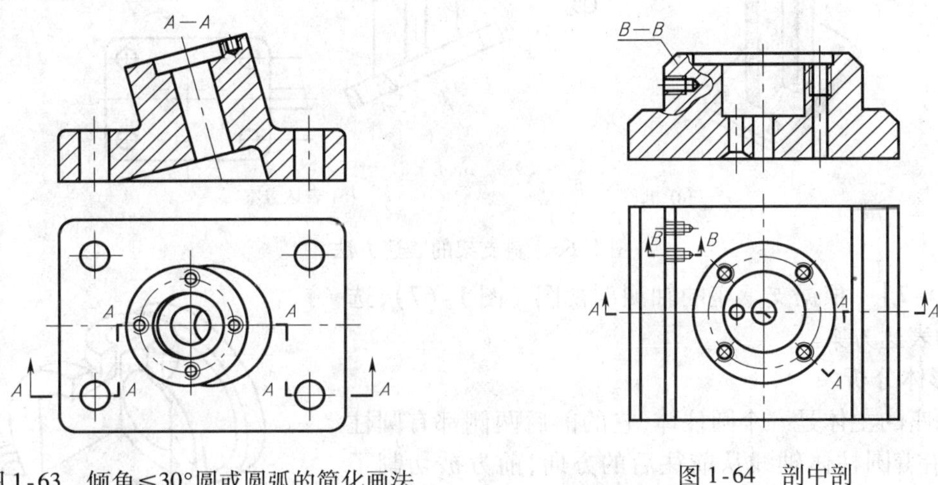

图 1-63　倾角≤30°圆或圆弧的简化画法　　图 1-64　剖中剖

2. 假想画法

在需要表示剖切平面前的结构时,这些结构的轮廓线用假想线(即双点画线)绘制,如图 1-65所示。

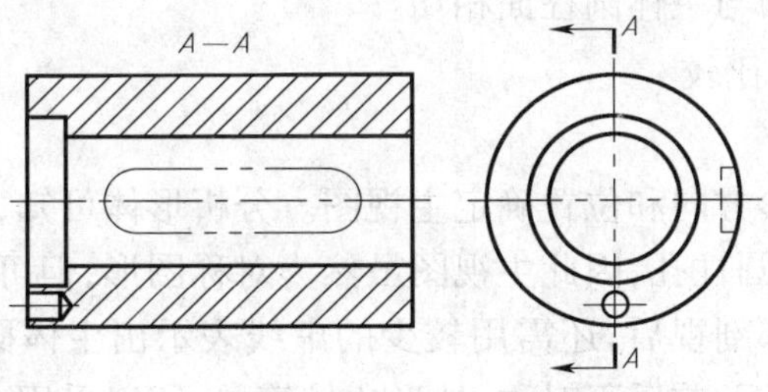

图 1-65　假想画法

第五节　机件的各种表达方法综合举例

前面所讲视图、剖视图、剖面等各种表达方法都有各自的特点和适用范围,当表达一个机件时，应根据机件的形状结构特征,适当地选用本章所介绍的机件常用表达方法,以一组视图完整、清楚地表达机件的形状。其原则是,用较少的视图完整、清楚地表达机件,力求制图简便，便于读图。

【例1-1】 分析图1-66(a)所示支架的表达方案。

如图1-66(b)所示，主视图采用了局部剖视图，主要表达了斜支架的外部形状结构、上部圆柱上的通孔以及下部斜板上的4个小通孔；为了表达上部圆柱与十字肋的相对位置关系，左视图采用了一个局部视图；为了表达十字肋的形状采用了一个移出断面图；斜视图"A ↶"表达了下部斜板的实形。

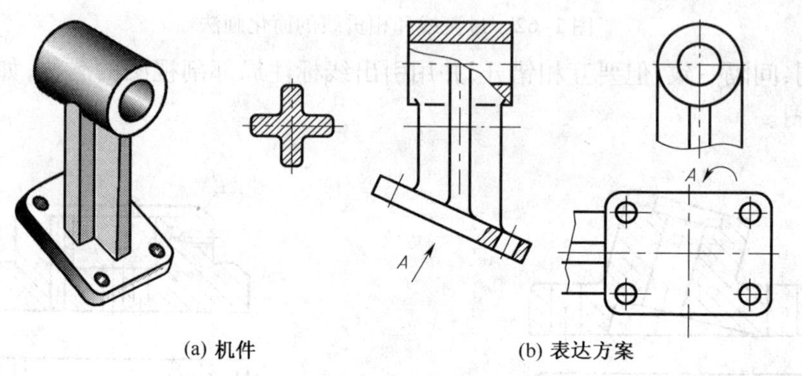

(a) 机件 (b) 表达方案

图1-66 斜支架的表达方法

【例1-2】 根据支承座的轴测剖视图（图1-67），选择适当的表达方案。

1. 形体分析

支承座的主体是一个圆柱体，它的前后两侧都有圆柱形凸缘；沿着圆柱体轴线从前往后的方向，前方被切割了一个上下壁为圆柱面而左右壁为侧平面的沉孔，后方有一个圆柱形通孔；圆柱体的顶部有一个圆柱凸台；支承座的底板下部有一长方形通槽，底板的左右两侧有带沉孔的圆柱形通孔；主体圆柱与底板之间由截面为十字形的肋板连接，十字形肋板左右两侧面与主体圆柱面相切。

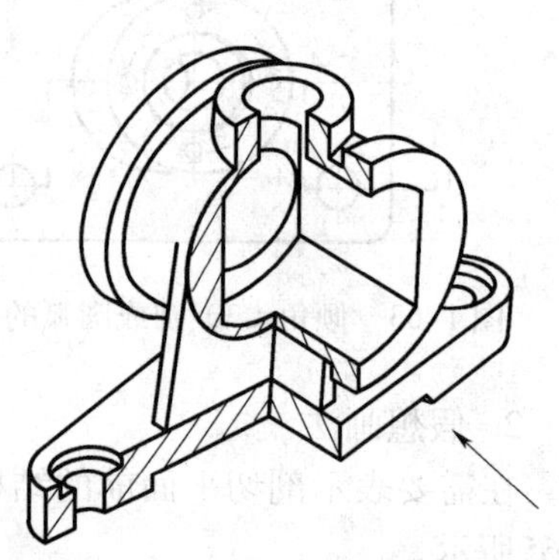

图1-67 轴承座

2. 表达方案的确定与比较

(1)方案一

按图1-68所示的投影方向和位置确定主视图。分析形体可知，需要表达的内部结构有上部的圆柱凸台和底板上的圆柱孔，因此主视图虽然为对称图形，但可采用局部剖视以表达局部内部结构；主视图采用局部剖视后，还需用较少的虚线表示出主体圆柱与"十"字形支承板的连接关系。左视图由于上下、前后不对称，外形比较简单，所以采用全剖视图，使主体内腔各个层次得以清楚地展现。

由于内部形状在主、左视图中已表达清楚，俯视图可只画外形，但为了完整地表达底板的形状，应画出它在俯视图中的虚线投影。为了更清楚地显示支承板的结构，添加了"$A—A$"移出剖面。

(2)方案二(图1-69)

方案二与方案一不同之处，只是俯视图直接采取了用水平面剖切后的"$A—A$"剖视图，就不需另画移出剖面，但圆柱凸台的外形却不能在俯视中表达了，因此，左视图则保留一小部分

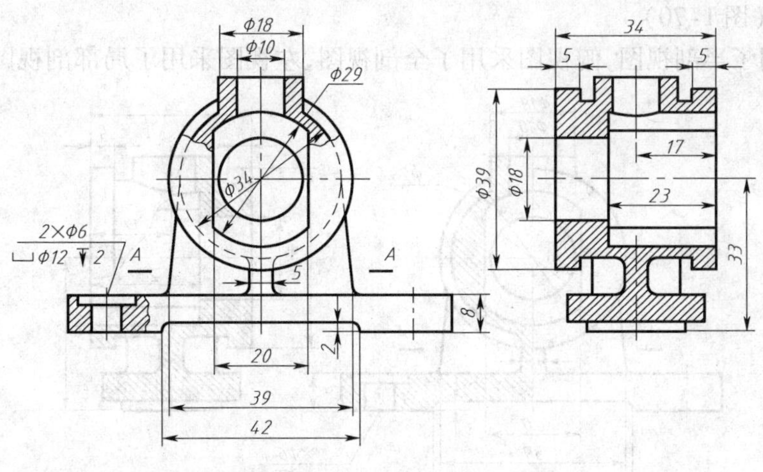

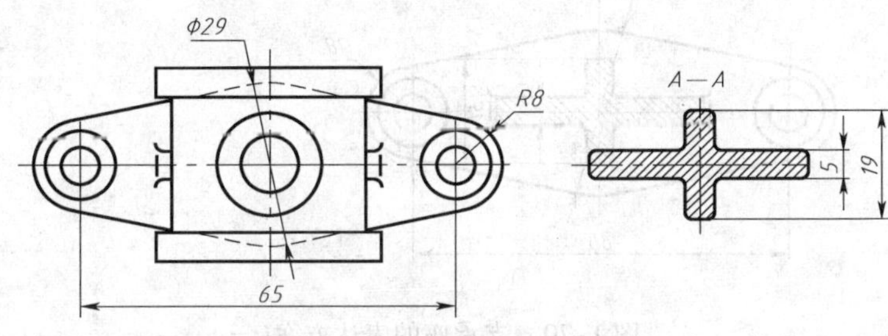

图 1-68　支承座的表达方案(一)

外形而画成局部剖视图,由相贯线来表达凸台的形状。

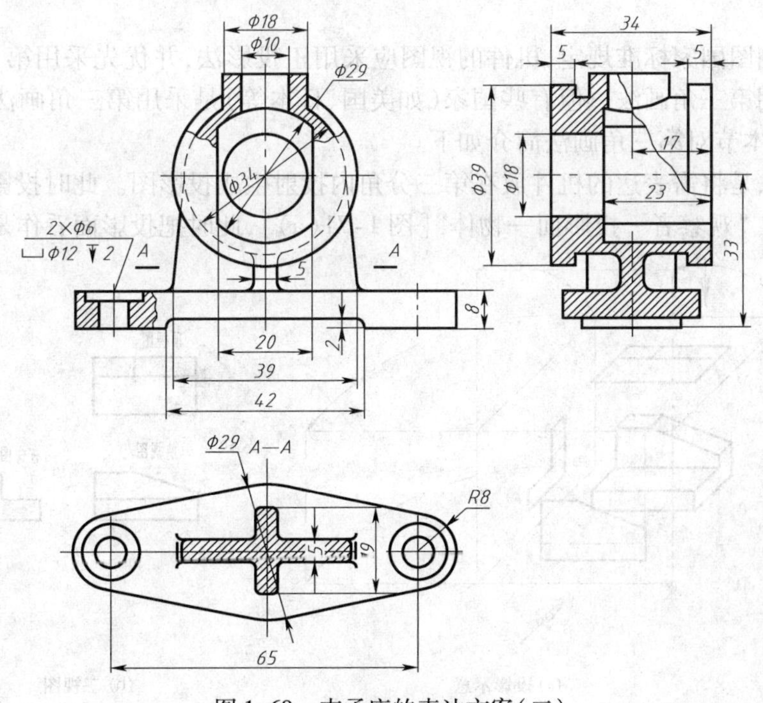

图 1-69　支承座的表达方案(二)

(3)方案三(图1-70)

主视图采用了半剖视图,俯视图采用了全剖视图,左视图采用了局部剖视图。

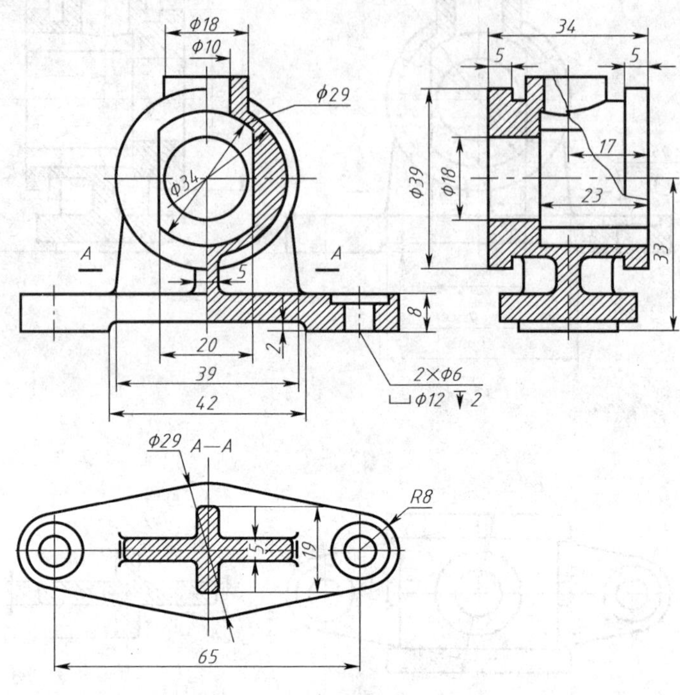

图1-70　支承座的表达方案(三)

第六节　第三角画法简介

我国机械制图国家标准规定,机件的视图应采用正投影法,并优先采用第一角画法绘制,必要时允许采用第三角画法。但有些国家(如美国、日本等)是采用第三角画法。为了便于国际间技术交流,本节对第三角画法简介如下。

第三角画法是将需表达的机件放在第三分角内投射生成投影图。此时投影面处在观察者和物体之间,即"观察者—投影面—物体"[图1-71(a)],此时把投影面看作是透明的投射生

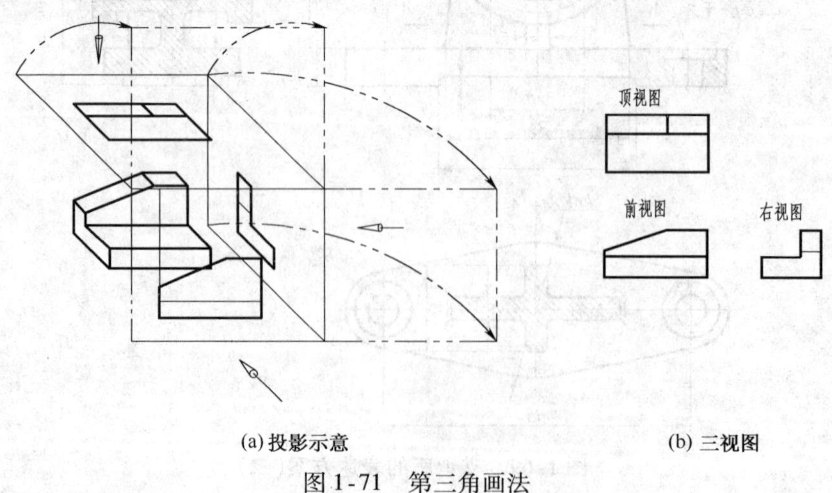

(a) 投影示意　　　(b) 三视图

图1-71　第三角画法

成投影图后，按图[1-71(a)]所示箭头方向将投影面展开，所得视图配置如图1-71(b)。显而易见，第一角画法与第三角画法的主要区别是视图的配置位置不同，其投影原理和投影规律不变。第三角画法也可将物体向6个基本投影面投射得到6个基本视图(图1-72)，展开后的6个基本视图的配置关系如图1-73所示，它们的名称和我国国家标准的规定有些不同，分别称之为前视图(在*V*面的投影)、顶视图(在*H*面上的投影)、右视图(在*W*面的投影)、左视图、底视图和后视图。

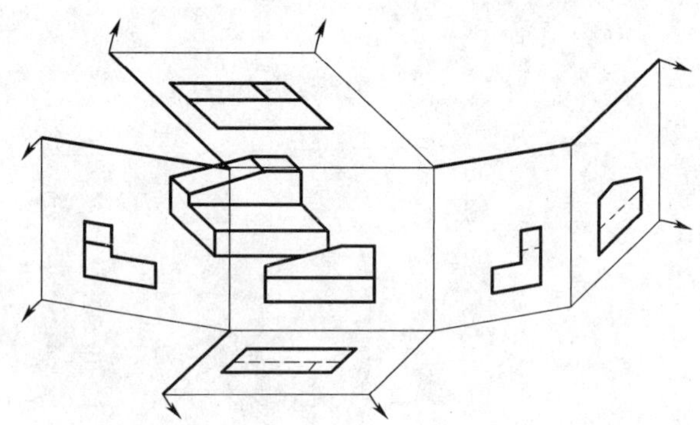

图1-72　第三角投影中6个基本视图的形成

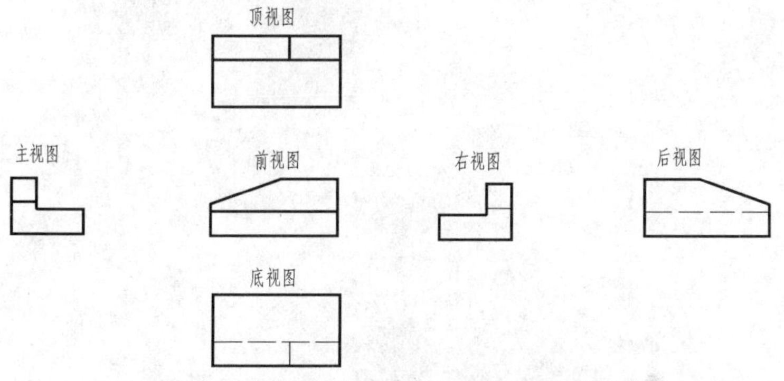

图1-73　第三角投影中6个基本视图的配置

按GB/T 14692—1993规定，采用第三角画法必须在图样标题栏附近画出第三角画法的识别符号，如图1-74(a)所示。当采用第一角画法时，在图样中一般不画第一角画法的识别符号，但必要时，第一角画法的识别符号如图1-74(b)所示。

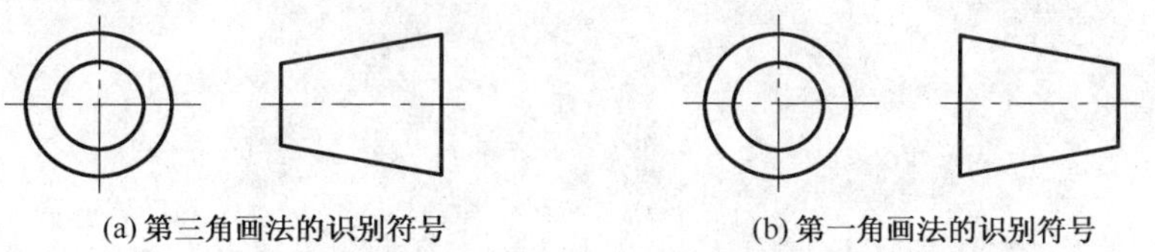

(a)第三角画法的识别符号　(b)第一角画法的识别符号

图1-74　第三角和第一角画法的识别符号

复习思考题

1. 按现行国家制图标准的规定，主要用于表达机件外部形状结构的视图共分为哪4种？
2. 向视图、局部视图、斜视图在图样中应如何配置和标注？在哪些情况下可以省略标注？

3. 剖视图有哪几种？各有什么特点？

4. 剖切方法有哪几种？剖切平面纵向剖切机件的肋板、轮辐及薄壁时，这些结构应如何画出？

5. 剖视图应如何标注？在什么情况下可以省略标注？

6. 断面图和剖视图有什么区别？断面图又分为哪两类？在画法上有什么区别？

7. 试述局部放大图所注的比例与实物基本视图间的比例关系。

第二章　机械零件构型设计基础

组合体是从几何分析的观点出发，分析其形状（即形体分析），绘制其视图，标注其尺寸。而零件则是从整体的功用出发，分析各组成部分的作用，并且把几何性的形体分析与工艺性的结构分析结合起来（即构型分析），绘制其视图，标注其尺寸。形体分析和构型分析有联系，但绝不能混同。没有形体分析就会对零件照猫画虎，画的似是而非；没有构型分析，就会将零件画成几何模型。因此从图样的完整性和正确性出发，结合本课程学习一些有关机械及其设计的常识，学会运用构型分析是非常必要的。

第一节　机械零件的合理构型

一、零、部件的基本概念

从制造的角度来看，任何机器都是由零件装配而成，比较复杂的机器，常常是由零件和机构组成部件，再由部件和零件组成机器。

1. 零件

机器中每一个单独加工的单元体称为零件。

2. 部件

按功能划分的装配单元称为部件，每个部件中包含若干零件，各零件间有确定的相对位置，可能实现某种相对运动（机构），也可能相对静止（构件），它们为完成同一功能而协同工作。有少数零件在装配机器时，不参加任何部件而单独作为一个装配单元与其他部件一起直接装配在机器上。因此，机器由若干部件和零件组成，部件由零件组成。

二、零件的合理构型

零件的形状各式各样，但构成零件形状的主要因素总是与零件的设计要求、加工方法、装配关系及使用和维护密切相关。也就是说，零件的构型不能脱离开零件在机器中的地位和作用，不能单纯从几何角度去构型。必须了解零件的形状与其加工过程、加工方法有何关系，零件之间通常有哪些装配关系等。在零件设计的实际过程中，除了考虑上述问题外，还应考虑强度、刚度和经济性等问题。由于在学习本教材时，还未学习与设计计算、校核计算有关的许多课程，所以本教材主要讨论如何根据零件的功能合理构型。我们把确定零件的合理形状称为零件的合理构型，简称构型。所谓合理形状是指在满足设计性能要求的前提下，尽可能使零件的形状简单、便于制造、结构紧凑、重量轻、成本低等。

1. 零件的构型原则

(1) 零件的形状、大小必须满足性能要求，即所设计的零件能在机器正常运转中，发挥它预期的作用。

(2) 组成零件的各基本体应尽可能简单，一般采用常见的回转体（圆柱、圆锥、球、圆环）和各种平面立体，尽量不采用不规则曲面。

(3) 构成零件的各基本体间应互相协调，使零件结构紧凑，便于制造，造型美观。

2. 零件的构型规律

任何零件都不是孤立存在的。它必须与其他零件组合成机器或机构,完成一定的工作任务。因此零件间必须有连接、定位、协调、配合等要求。根据对大量零件进行构型分析的结果表明,尽管零件的形状各式各样,但大体上总可以把它们分成三大组成部分,即“工作部分”、“安装部分”和“连接部分”。为了使零件满足一定的功能要求,零件必须要有“工作部分”;为了与其他零件连接、装配,还必须要有“安装部分”;“工作部分”和“安装部分”又通过“连接部分”连成一体。

图 2-1 是一个齿轮油泵的泵体,其中空腔部分用于容纳齿轮及支承齿轮轴,可看成是“工作部分”;泵体左侧的凸缘及其上面的螺纹孔,实现泵体与泵盖的连接,泵体下部的底板,实现泵体与基座的连接,所以是泵体的“安装部分”;将“工作部分”与“安装部分”连接起来的部分可看成是“连接部分”。

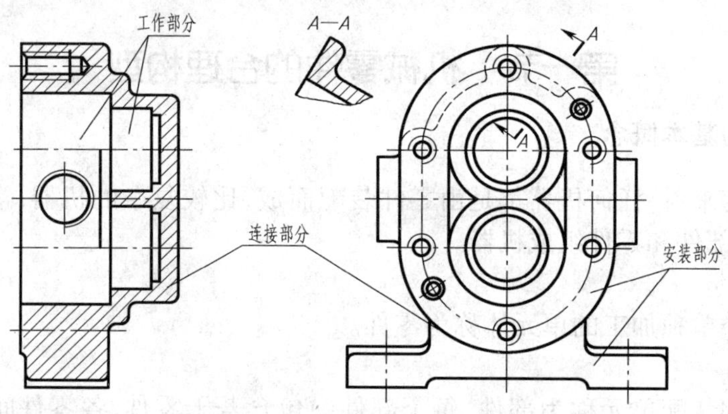

图 2-1　齿轮油泵泵体的构型分析

图 2-2 是两个支架类零件,它们也是由“工作部分”、“安装部分”和“连接部分”三部分组成。

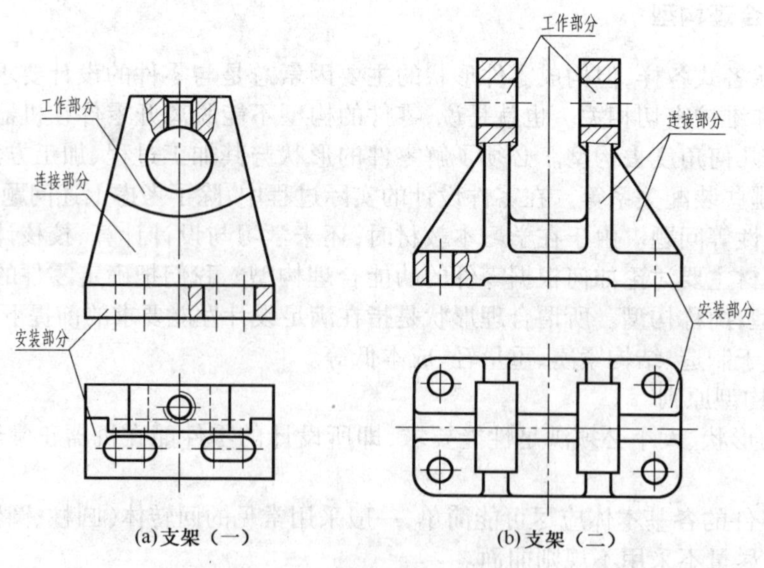

图 2-2　支架类零件的构型分析

再例如轮盘类零件中的齿轮，其轮齿部分可看成是"工作部分"；带有轴孔和键槽的轮毂是"安装部分"；而轮辐（或辐板）则是"连接部分"。与其类似的皮带轮、链轮等各种轮盘类零件的总体构型思路是相同的，仅仅是"工作部分"有所变化。以此类推，轴类零件，其安装传动或操纵零件（如齿轮、手柄等）的部分可看作是"工作部分"，通常这一部分的轴上带有键槽、平面等。支承在轴承上的部分是"安装部分"，其余可看作是连接部分[图2-3(a)]。

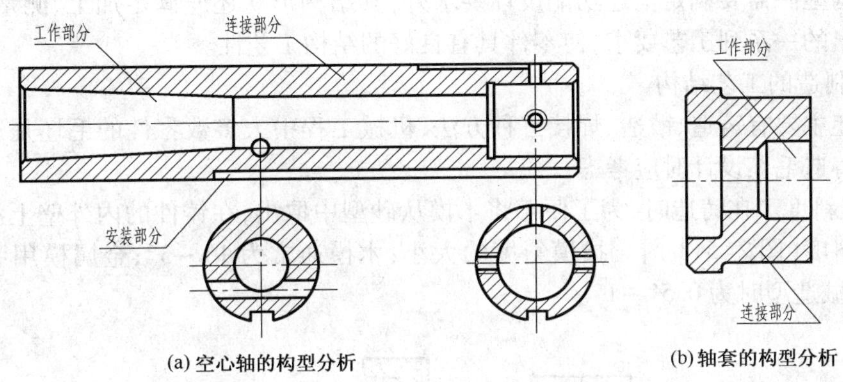

(a) 空心轴的构型分析　(b) 轴套的构型分析

图2-3　轴套类零件的构型分析

但并不是所有的零件都具备上述三个部分，有时由于工作条件或空间的限制，零件中的这三个组成部分中会有一个或两个发生变形或退化（主要是连接部分），致使其特征不太明显，但其构型规律仍然不变。如图2-4所示的盖类零件，其"工作部分"就是零件的内腔，零件上的凸缘、凸台、平面是"安装部分"，其外部形状起到连接"工作部分"和"安装部分"的作用，可看作是"连接部分"。又如图2-3(b)所示的套筒零件，只有"工作部分"和"连接部分"，其"安装部分"退化为台肩右侧的定位表面。有时若零件本身比较复杂，可能会有几个"工作部分"等等。一般情况下，"工作部分"、"安装部分"、"连接部分"这三部分是机械零件共有的形体特征，是具有普遍意义的零件构型规律。

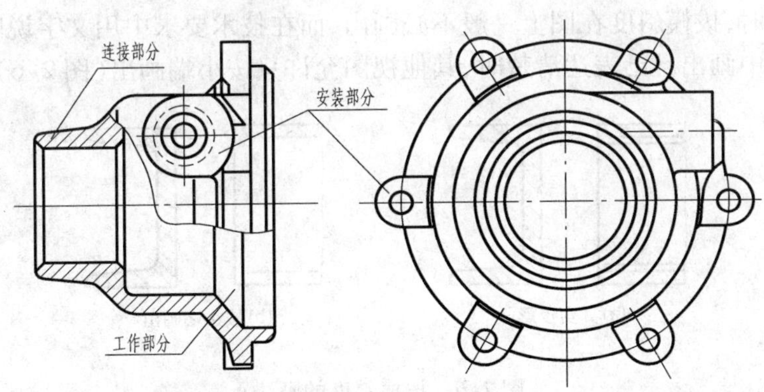

图2-4　阀盖的构形分析

总之，零件的形状各式各样，构型的情况也是各种各样的，尽管如此，按照零件的构型规律，总是可对任何零件的组成进行分析。这一点很重要，它能使我们把握住一个复杂零件的构型特征和过程，而不至于在设计零件时束手无策。所以合理构型及构型分析的观点是零件的形状、结构设计的必要过程。

第二节 与零件构型分析有关的几个问题

一、零件的工艺结构

零件的构型除需要满足上述功能设计要求外,其结构形状还应满足加工、测量、装配等制造过程所提出的一系列工艺要求,使零件具有良好的结构工艺性。

1. 毛坯制造的工艺结构

制造毛坯主要有铸造、锻造、焊接三种方法,机械工程中大多数零件的毛坯是通过铸造获得的。对于铸造毛坯设计时应考虑:

(1)拔模斜度。在铸造时,为了便于将木模从砂型中取出,在铸件的内外壁上沿拔模方向设计出拔摸斜度[图2-5(b)]。拔模斜度的大小:木模通常为1°~3°;金属模用手工造型时1°~2°;用机械造型时为0.5°~1°。

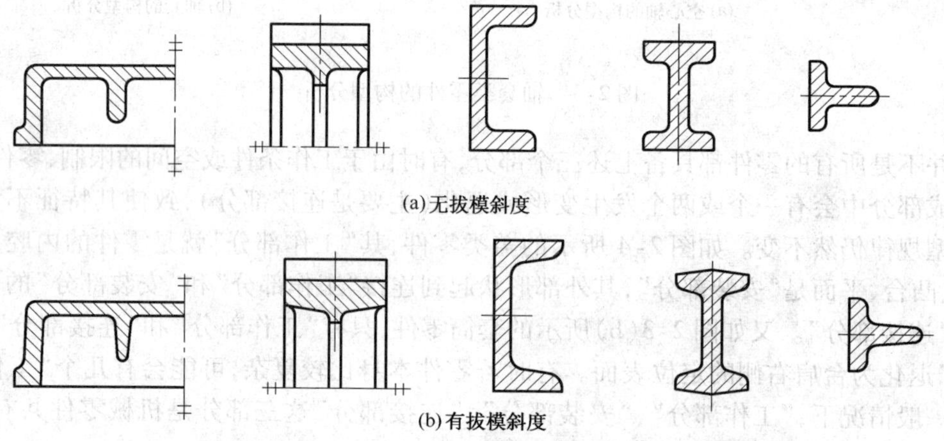

(a)无拔模斜度

(b)有拔模斜度

图2-5 铸件上的拔模斜度

绘制零件图时,拔模斜度在图上一般不必画出,而在技术要求中用文字说明。若拔模斜度已在某一个视图中画出且已表达清楚时,其他视图允许只按小端画出(图2-6)。

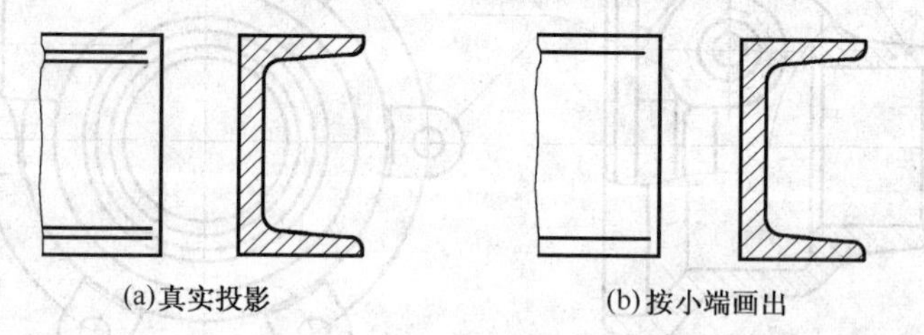

(a)真实投影

(b)按小端画出

图2-6 拔模斜度的画法

(2)铸造圆角。为满足铸造工艺要求,防止砂型在尖角处落砂,避免金属冷却时,因应力集中产生裂纹和缩孔,在铸件两表面相交处应做出圆角(图2-7)。

铸造圆角半径一般取壁厚的0.2~0.4倍,也可从机械设计手册中查取。同一铸件圆角半径的种类应尽可能少(图2-8)。铸造圆角半径在图中不标注,而是在技术要求中统一注写。

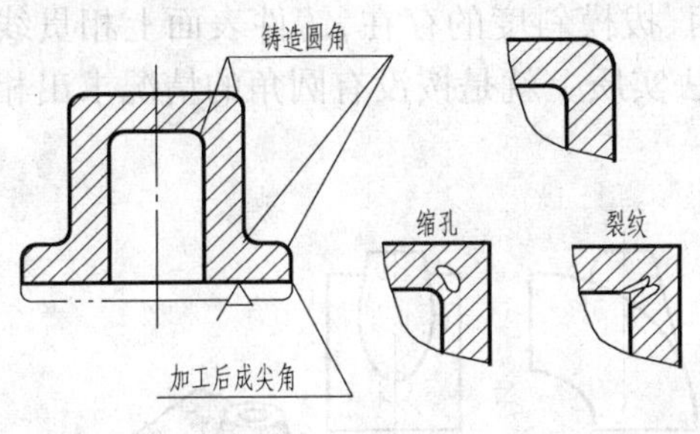

图 2-7　铸造圆角

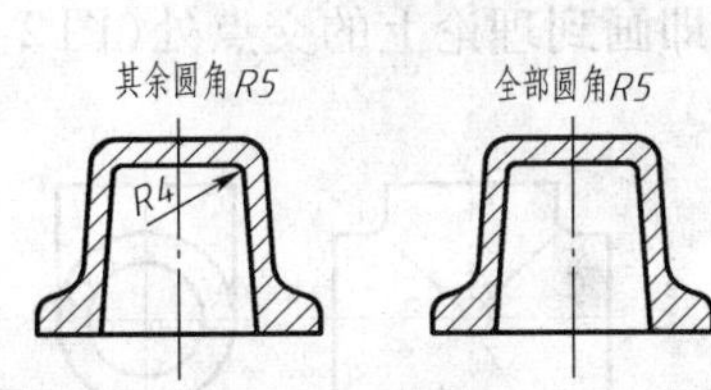

图 2-8　铸造圆角的标注

(3)铸件应壁厚均匀。铸件的壁厚不均匀时，由于厚薄部分的冷却速度不一样，容易形成缩孔或产生裂纹。所以在设计铸件时，壁厚应尽量均匀。

①使各处壁厚尽量一致，防止局部肥大(图 2-9)。在设计时，可用作内切圆的方法来检验，内切圆的直径差别不能大于 20% ~ 25%(图 2-9)。

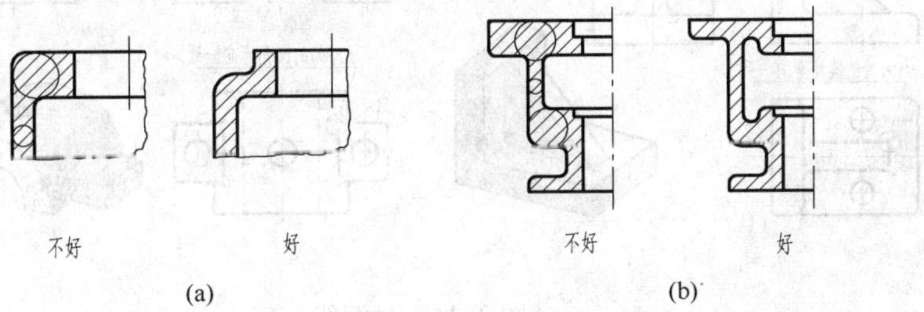

图 2-9　铸件壁厚应均匀

②不同壁厚的连接要逐渐过渡(图 2-10)。

③内部的壁厚应适当减少，从而使整个铸件能均匀冷却(图 2-11)。

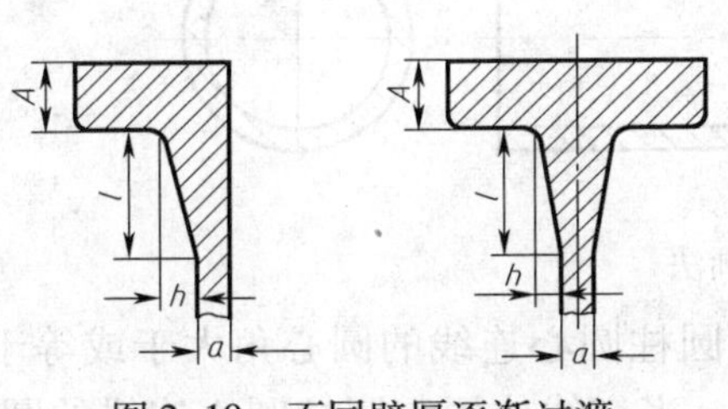

图 2-10　不同壁厚逐渐过渡

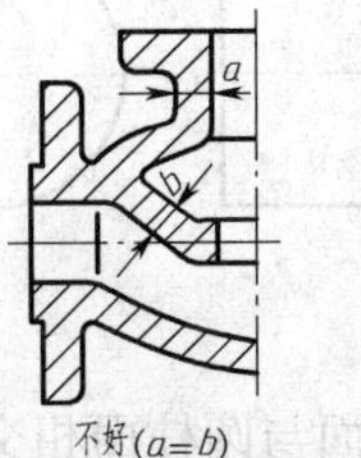

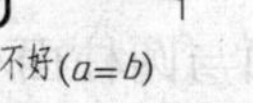

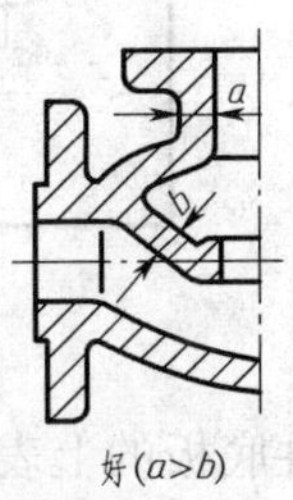

图 2-11　内部壁厚较小

④为补偿壁厚减薄后对铸件强度及刚度的影响，可增设加强肋(图 2-12)。肋的厚度通常为 0.2 ~ 0.9 壁厚，高度不大于壁厚的 5 倍。

(4)铸件各部分形状应尽量简化。为了便于制模、分型、清理，去除浇、冒口和机械加工，铸件外形应尽可能平直，内壁也应减少凸起或分支部分(图 2-13)。

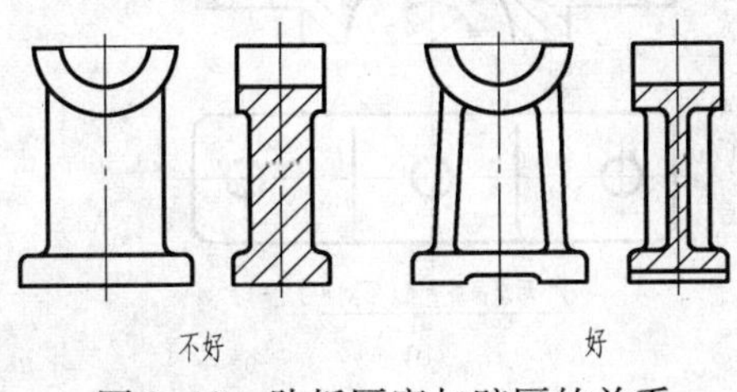

图 2-12　肋板厚度与壁厚的关系

图 2-13　铸件各部分形状应尽量简化

(5)过渡线的形成及画法。由于铸件上有圆角、拔模斜度的存在,铸件表面上相贯线就不十分明显了,称为过渡线(图2-14)。过渡线的画法实质上就是按没有圆角的情况求出相贯线的投影,即画到理论上的交点处(图2-15)。

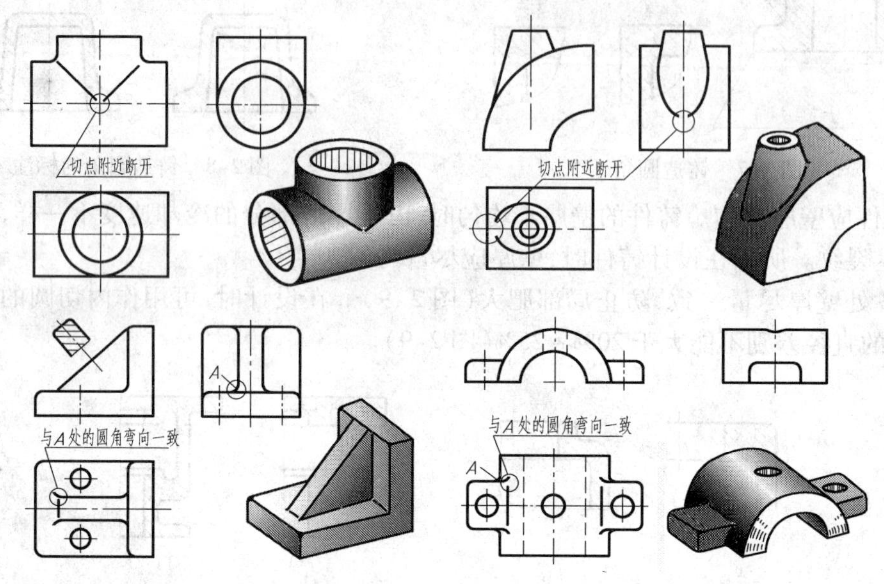

图2-14 过渡线

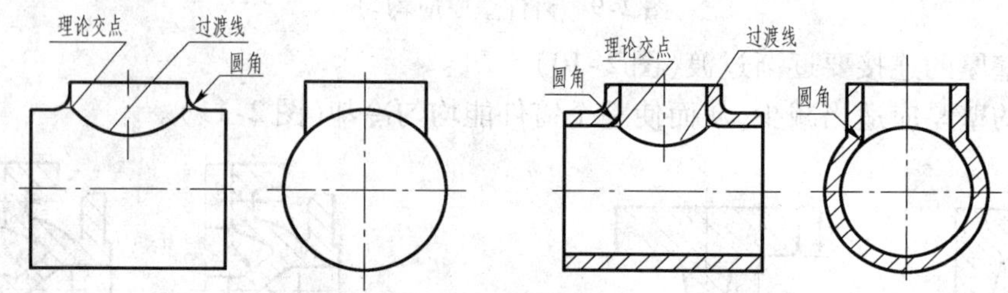

图2-15 过渡线画法

铸件底板的上表面与圆柱面相交,当交线位置与圆柱圆心连线的圆心角大于或等于60°时,过渡线按两端带小圆角的直线画出[图2-16(a)];当交线位置与圆柱圆心连线的圆心角小于45°时,过渡线按两端不到头的直线画出[图2-16(b)]。

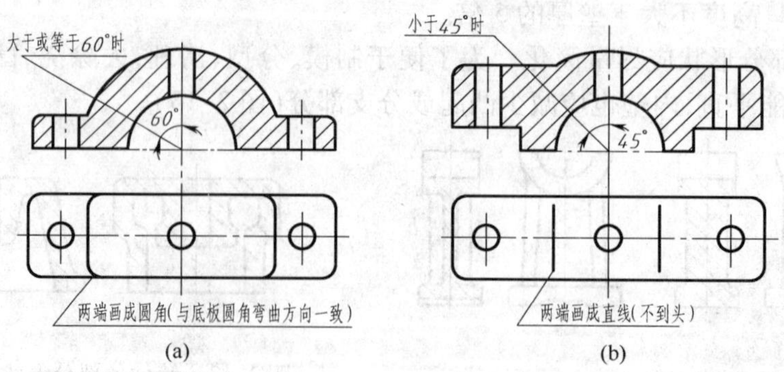

图2-16 圆柱面与平面相交时过渡线的画法

零件上的肋板与圆柱和底板相交(或相切)时,过渡线的画法取决于肋板的断面形状以及相交或相切的关系(图 2-17)。

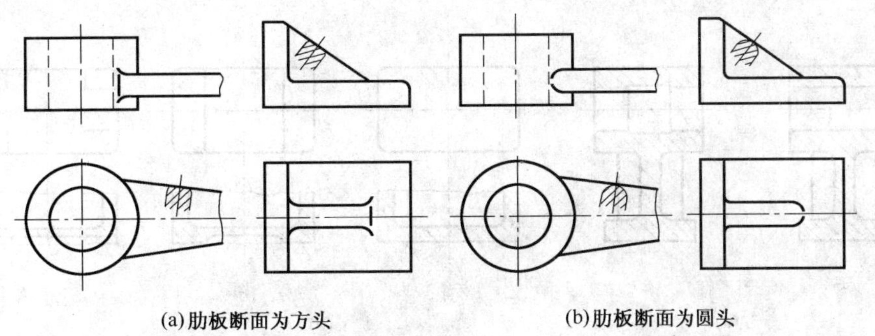

图 2-17　肋板过渡线的画法

2. 机械加工的工艺结构

(1)倒角。为了便于装配和保护装配表面,常将尖角加工成倒角。常见的倒角为 45°,也有 30°和 60°的。倒角大小的确定可根据轴或孔的直径尺寸查阅机械设计手册。倒角尺寸的常见注写方式如图 2-18 所示,图中 C 表示倒角为 45°。

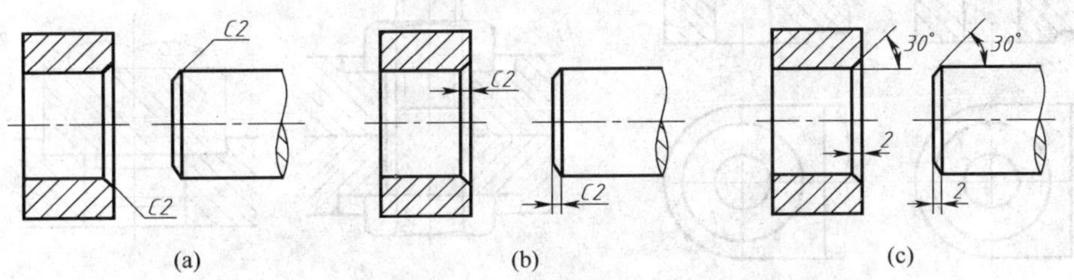

图 2-18　倒角的画法与标注

(2)退刀槽和砂轮越程槽。为了切削加工零件时便于退刀以及在装配时使其与相邻零件保证靠紧,常在零件的台肩处预先加工出退刀槽和砂轮越程槽(图 2-19)。它们的结构尺寸可根据轴或孔的直径尺寸查阅机械设计手册。

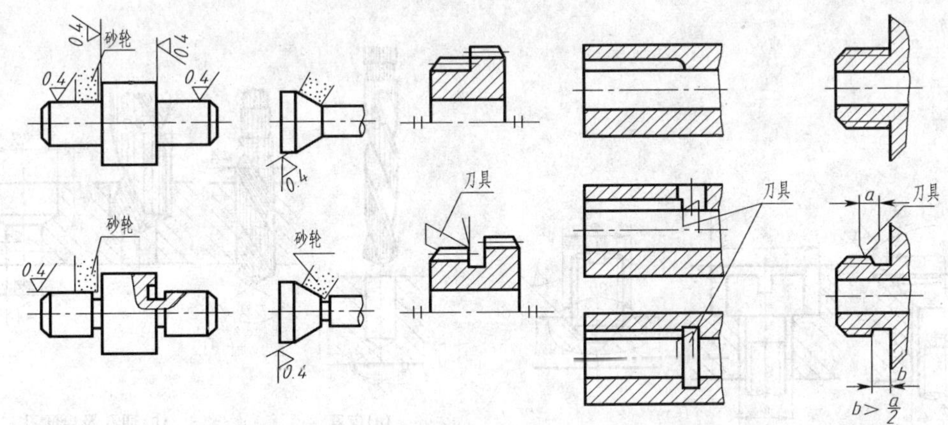

图 2-19　退刀槽和砂轮越程槽

(3)凸台、凹坑和沉孔。为了保证零件间的接触面接触良好,零件上凡与其他零件接触的表面一般都要加工，但为了减少加工面、降低加工费用并且保证接触良好，一般采用在零件上设计凸台或凹坑的方法尽量减少加工面（图 2-20）。为便于加工和保证加工质量，凸台应在同一平面上。

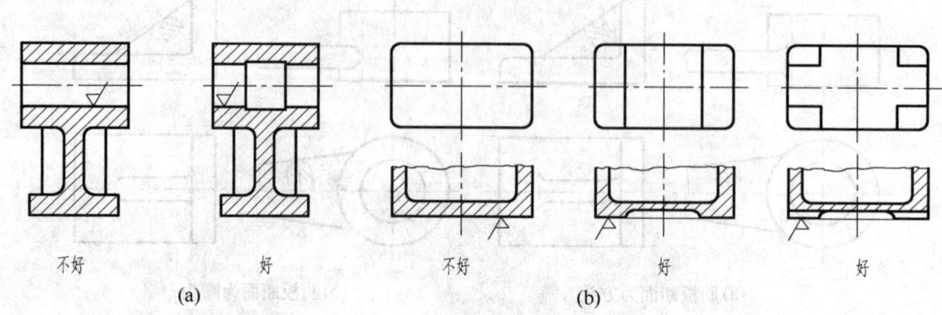

图 2-20　尽量减少加工面

在螺纹连接的支承面上，常加工出凹坑或凸台如图 2-21（a）所示。图 2-21（b）是螺栓连接常用的沉孔形式及其加工方法。图 2-22 是螺钉连接常用的沉孔形式。

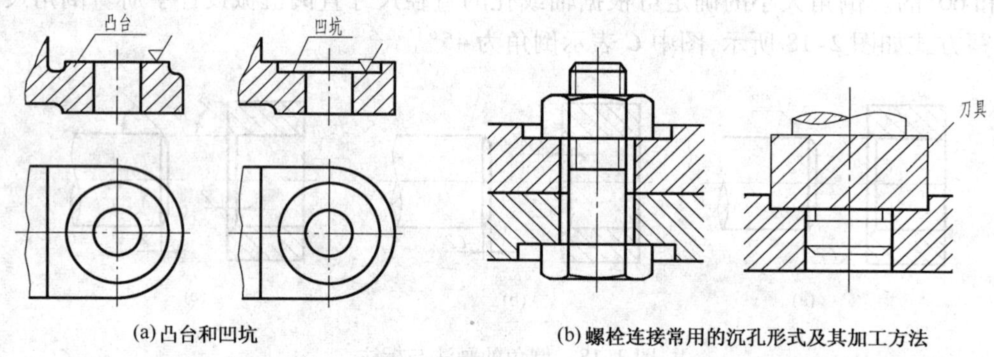

(a) 凸台和凹坑　　(b) 螺栓连接常用的沉孔形式及其加工方法

图 2-21　凸台、凹坑和沉孔

(4) 钻孔结构

①图 2-23 是用钻头加工盲孔（不通的孔）和两直径不同的通孔时的加工过程、画法和尺寸注法。

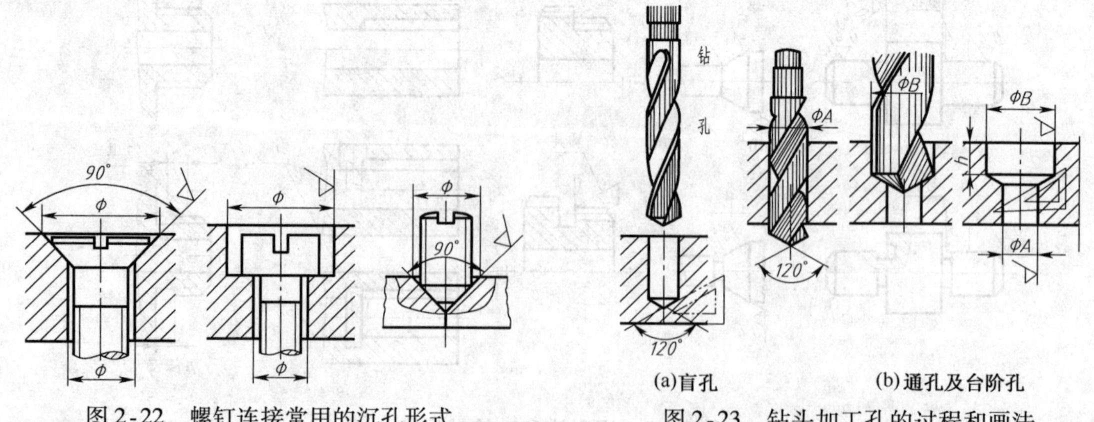

图 2-22　螺钉连接常用的沉孔形式

(a) 盲孔　　(b) 通孔及台阶孔

图 2-23　钻头加工孔的过程和画法

②用钻头在零件上钻孔时，要尽量使钻头垂直于被钻孔的零件表面，以保证钻孔准确和避

免钻头折断，如遇有斜面或曲面，应预先做出凸台或凹坑（图2-24）。同时还要保证钻孔工具的工作条件（图2-25）。

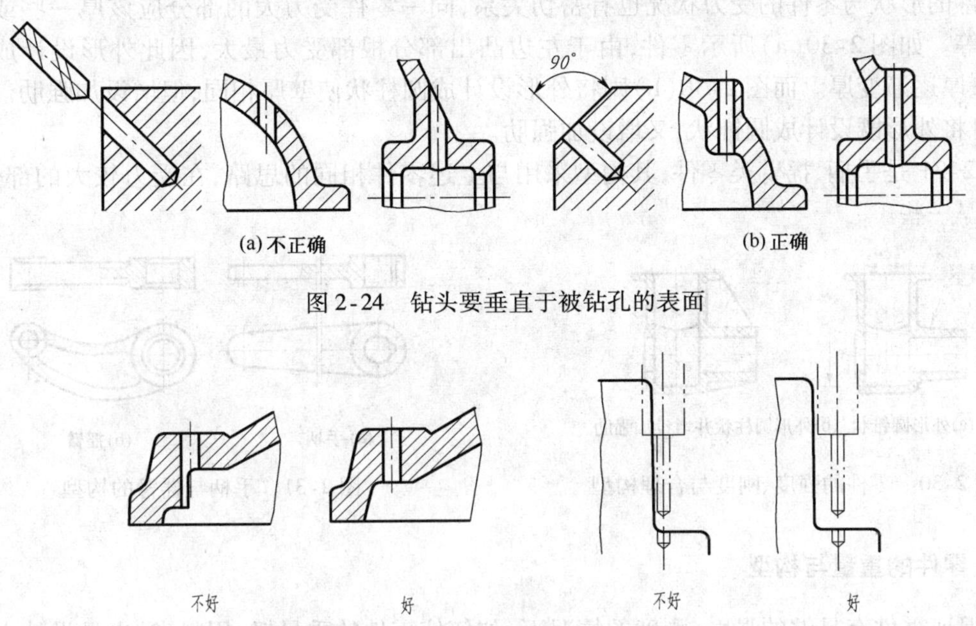

图2-24　钻头要垂直于被钻孔的表面

图2-25　保证钻孔的工作条件

③还需考虑钻孔加工的可能性，如图2-26(a)所示小孔无法加工，此时可在其上方设计一个工艺孔。图2-27(b)所示的 *C* 孔无法加工，可将其一侧打通，加工好 *C* 孔后用工艺堵塞封口［图2-27(a)］。

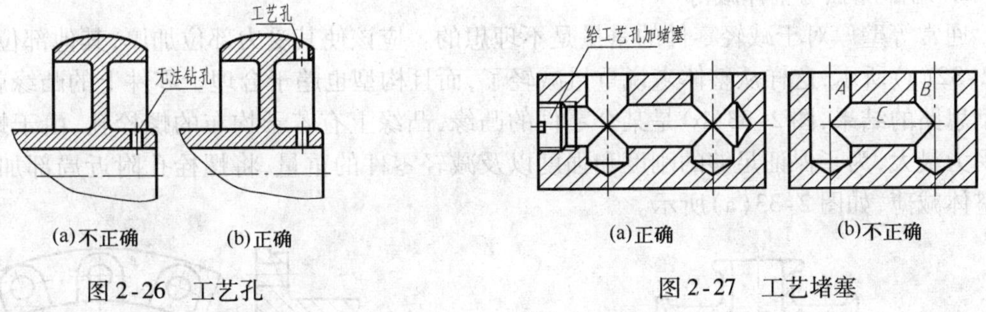

图2-26　工艺孔

图2-27　工艺堵塞

(5)为了便于加工，应尽量避免在内壁上作出加工面（图2-28）。同一轴线上的孔径不同时，必须依次递减，不应出现中间大两头小的情况（图2-29）。

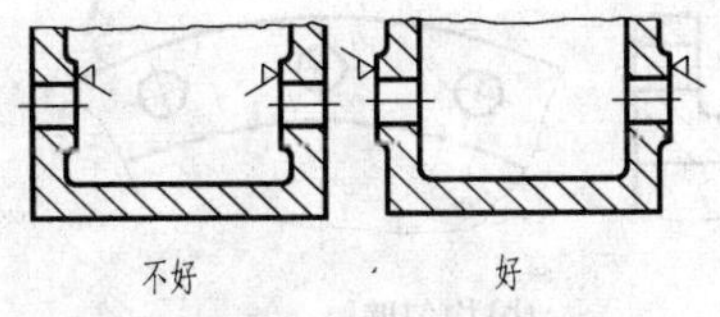

图2-28　避免在内壁上做出加工面

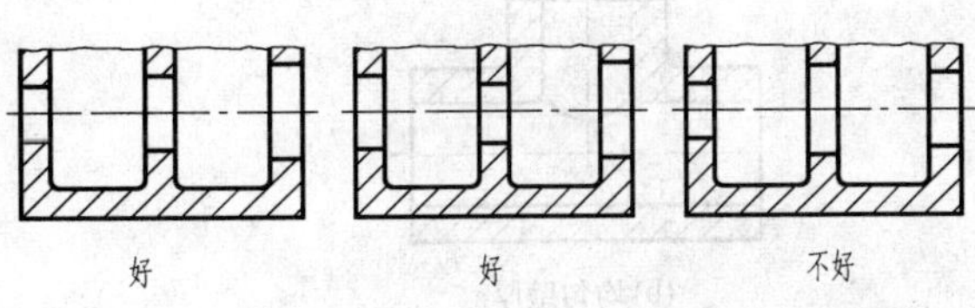

图2-29　同一轴线上的孔

二、零件的强度和刚度与构型

零件的形状与零件的受力状况也有密切关系,同一零件受力大的部分应该厚一些或增设加强肋等。如图 2-30(a)所示零件,由于左边凸出部分根部受力最大,因此外形设计成圆锥状,使壁厚逐渐变厚。而图 2-30(b)则将外形设计成圆柱状使壁厚相同,但增设加强肋。必要时,也可将外形既设计成圆锥状,又增设加强肋。

图 2-31 是手柄、摇臂类零件,其构型采用与上述零件相同的思路,在受力较大的部位,设计的宽厚一些。

(a)外形圆锥状 (b)外形圆柱状并增设加强肋

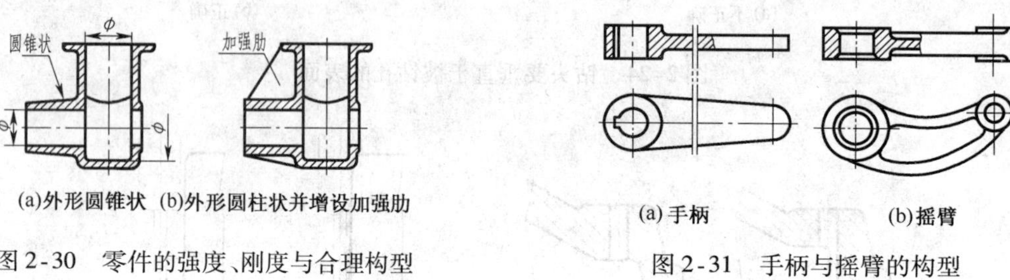

图 2-30　零件的强度、刚度与合理构型

(a) 手柄　(b) 摇臂

图 2-31　手柄与摇臂的构型

三、零件的重量与构型

在保证零件有足够的强度、刚度的情况下,如何使零件的重量轻,用料省,也是设计人员构型时,面临的一个必须考虑的问题。

1. 由内形定外形

箱体类和盖类零件的内腔形状确定后,根据内形向外扩展,采用相同壁厚[图 2-32(b)],在某些情况下也是可使零件的重量减轻的方法之一。

2. 局部加强与整体减薄

通常等壁厚对于减轻零件的重量是不理想的。应该使其受力部位加厚,其他部位减薄,如图 2-32(a)所示,这样从整体来说重量减轻了,而且构型也趋于合理。零件上的凸缘就是这种构型思路的结果,图 2-33(b)是某个零件的凸缘,凸缘上有若干均布的螺栓孔,由于螺栓孔附近受力最大,为了保证足够的刚度和强度以及减轻零件的重量,将螺栓孔附近局部加厚,而凸缘整体减薄,如图 2-33(a)所示。

(a)受力部位加厚,整体减薄

(b)均匀壁厚

图 2-32　合理构型

(a)受力部位加厚,整体减薄

(b)均匀壁厚

图 2-33　螺栓孔的局部合理构型

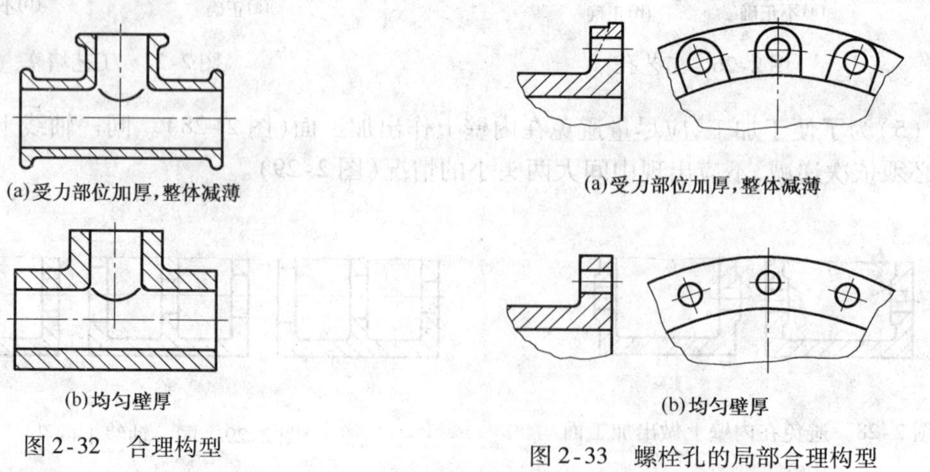

3. 去掉多余金属

图2-34的零件原形是一直径较大的圆柱凸缘，为了减轻零件的重量，在不影响强度和刚度的情况下，可考虑去掉多余部分，图2-34的几种构型方案都比较好。又如：轮盘类零件采用辐条、辐板形式，以及在辐板上开设减轻孔（图2-35）都是相同的构型思路。

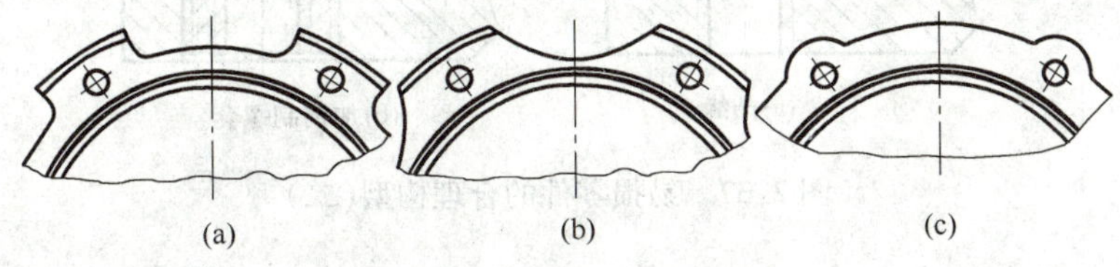

图2-34　凸缘的几种合理构型

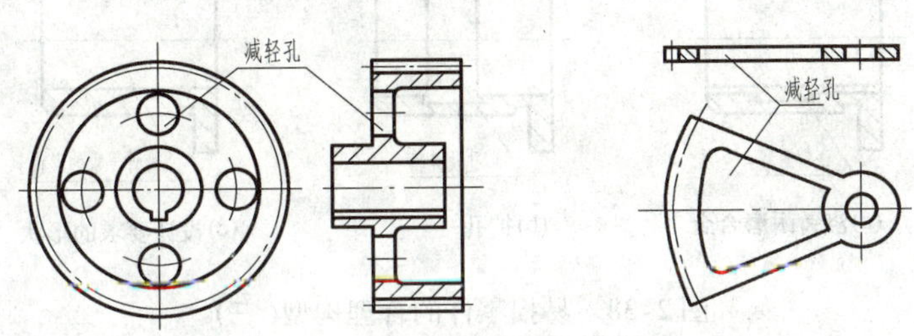

图2-35　减轻孔的作用

四、零件的使用寿命与构型

机器中有些零件经常磨损。如何提高这类零件的寿命是提高整机寿命的关键问题。如图2-36(a)所示调压阀，由于阀瓣在工作中常上下跳动，与阀体撞击，从而使阀体易于损坏。为此，在阀体内嵌入一个阀座[图2-36(b)]，需要时更换小阀座即可，这无形中提高了阀体的寿命。

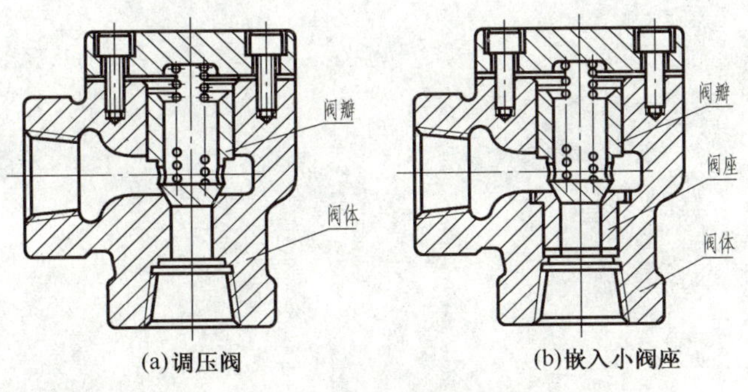

图2-36　易损零件的合理构型(一)

图2-37(a)是一铝制零件的连接凸缘，由于经常拆卸，螺纹部分极易损坏，致使整个零件报废。如果在铝制零件上嵌入　钢制螺套可相应提高整个零件的寿命。

有时为了使零件耐磨，还可先在零件上加工出一环形槽[图2-38(b)]，然后在槽中浇铸上一层耐磨合金[图2-38(a)]，以提高零件寿命。

任何一个零件都不是孤立存在的，它一定要与其他零件发生某种联系，这种联系体现在零件间的装配关系或某些特殊要求上，即零件间的配合关系、连接关系、传动关系以及定位、锁紧、密封等。因此,零件的构型与其装配关系有密切的联系,关于装配结构及其合理性和与装配有关的构型问题,见本教材后续章节的相关内容。

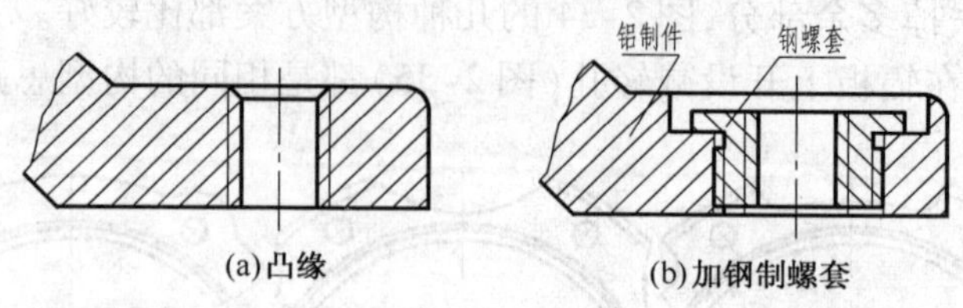

(a)凸缘　(b)加钢制螺套

图 2-37　易损零件的合理构型(二)

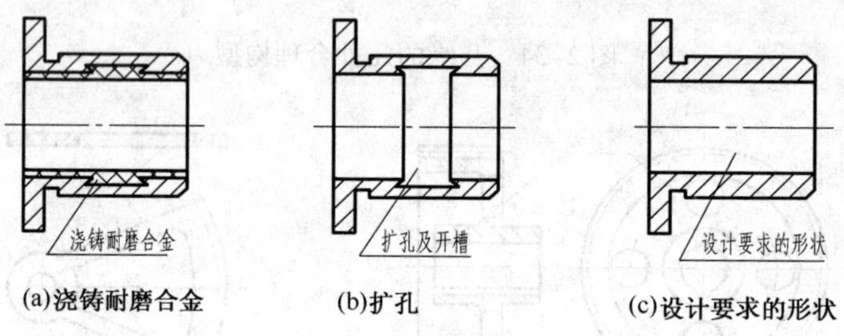

(a)浇铸耐磨合金　(b)扩孔　(c)设计要求的形状

图 2-38　易损零件的合理构型(三)

复习思考题

1. 零件上一般常见的工艺结构有哪一些?试简述零件上的倒角、退倒槽、沉孔、螺孔和键槽等常见结构的作用、画法和尺寸注法。

2. 为什么要进行构型分析?

第三章　零　件　图

第一节　零件的表达

在生产中,根据零件图制造零件,根据装配图把零件装配成机器或部件。因此,零件图是表达机器零件结构形状、尺寸及其技术要求的图样,是设计部门提交给生产部门的重要技术文件之一,是制造和检验零件的技术依据。本章主要讨论零件的表达、零件图中尺寸的合理标注、技术要求的标注以及典型零件的表达和构型等。

一、零件工作图的内容

一张完整的零件图(图 3-1)应包括下列四项内容:

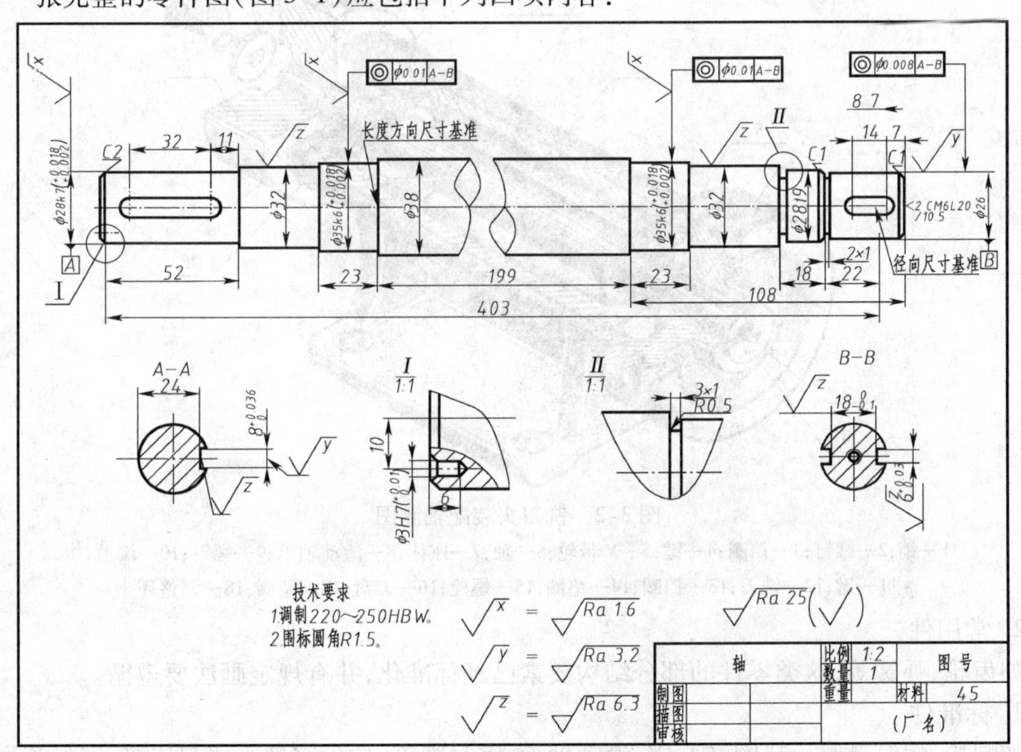

图 3-1　轴的零件图

1. 一组视图

用一组视图(包括视图、剖视图、断面图、局部放大图和简化画法等)完整、清晰地表达零件各部分的结构形状。

2. 完整的尺寸

零件图中应正确、完整、清晰、合理地标注出制造零件所需的全部尺寸,以确定零件各部分的大小及其相对位置。

3. 技术要求

零件图中必须用规定的代号、符号标注出或用文字简要地说明零件在制造时应达到的一些技术要求,如表面结构、尺寸公差、几何公差、材料的表面处理和热处理要求等。

4. 标题栏

标题栏的位置在零件图的右下角,标题栏中填写该零件的名称、材料、比例、图号,以及设计、制图、校核人员签名等内容。

二、零件的分类

根据零件的用途和作用把零件划分为三大类,它们分别是:

1. 一般零件

如图 3-2 所示的铣刀头是由 18 种零件组成,其中皮带轮 5、转轴 6、座体 7 等都是一般零件。按照零件的结构特征,一般零件又可细分为轴套类零件(如转轴)、箱体类零件(如座体)、轮盘类零件(如皮带轮)和叉架类零件。

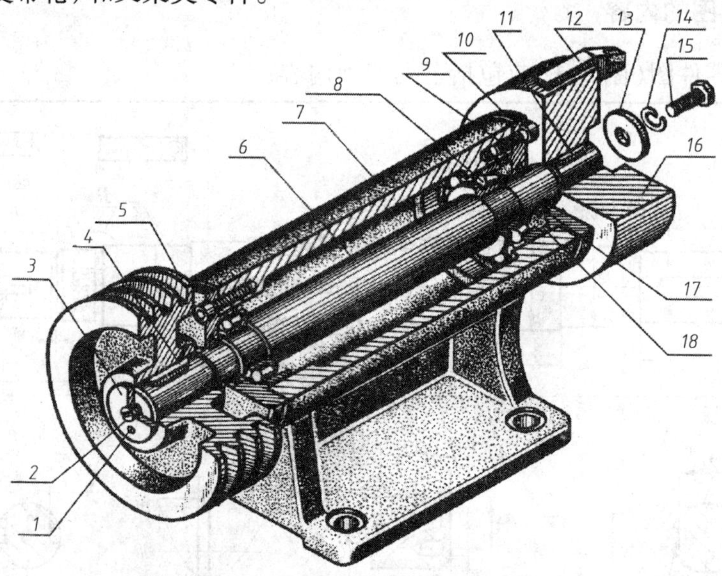

图 3-2 铣刀头装配轴测图

1—销;2—螺钉;3—挡圈;4—键;5—V 带轮;6—轴;7—座体;8—滚动轴承;9—螺钉;10—端盖;11—键;12—铣刀;13—挡圈;14—垫圈;15—螺栓;16—刀盘;17—毡圈;18—调整环

2. 常用件

如齿轮、弹簧等,这类零件的部分结构要素已经标准化,并有规定画法要遵循。

3. 标准件

如螺栓、螺钉、螺母、垫圈、键、销、滚动轴承、密封圈等,这类零件主要起连接、密封等作用。标准件由标准件厂专门生产,用户只需购买即可使用,至于标准件的所有尺寸只要根据其规定标记从设计手册查阅即可,所以不需绘制零件图,至于一般零件以及常用件则都需要绘制其零件图。

第二节 零件图的视图选择原则

在表达零件时应根据零件的结构特点,用恰当的表达方法及适当的图形数量正确、完整、清楚地表达零件内、外部结构形状,这一过程即零件表达方案的确定。所选的方案应力求制图简单,读图容易。为零件确定一个较好的表达方案,一般需要经过零件结构分析、主视图的选择以及其他视图的选择等。

一、零件的结构分析

零件的结构取决于零件在机器或部件中的功能以及零件的制造工艺要求。图3-1所示的铣刀头轴是图3-2所示铣刀头中的一个主要零件,它在铣刀头中的主要作用是由皮带轮通过键联接将扭矩传递给该轴,在左右滚子轴承的支承下,轴上的动力通过双键联接传递给铣刀盘,从而实现铣刀的铣削加工。根据其作用,铣刀轴左、右端均需加工出键槽,以便连接皮带轮与铣刀盘,皮带轮右端定位需在轴上该处设计出轴肩,铣刀盘左端定位需在轴上设计出轴肩,考虑工艺要求还设计出退刀槽。皮带轮左端定位是通过螺钉连接挡圈起定位作用,而铣刀盘右端是通过螺栓连接挡圈起定位作用,所以,该轴的最左和最右两侧需加工出中心螺孔,最左端还需加工出销孔以便于用销起到定位挡圈的作用;为了轴与轴承的配合,在配合处需加工出适当尺寸($\phi35$)的轴颈,并设计出向内的轴肩定位,轴承向外通过端盖起定位,所以,通过校核设计出$\phi32$的轴颈。

二、主视图的选择

主视图是一组视图的核心,主视图选择的是否合理,直接关系到其他视图的选择以及是否易于画图和便于读图。选择主视图时,应考虑下述两个方面的问题。

1. 确定零件的安放位置

零件的安放位置一般有两种:一种是零件在机器或部件中的工作位置;另一种是零件主要工作部位的主要加工位置。不管采用那一种方式都应使主视图尽量多的反映该零件的形状特征。

(1)工作位置安放原则

工作位置安放原则是按零件在机器或部件中工作时所处的位置确定的。如图3-4(a)所示尾座,主视图所反映的零件安放位置与零件在整台机器(图3-3)中的工作位置一致。该原则适用于结构复杂,加工工序较多,加工过程中装夹位置经常变化的零件。如支架类、箱体类零件。选择这种安放位置便于将零件图与装配图联系,便于把零件和机器(部件)联系起来分析零件的结构特征和尺寸。

图3-3　轴类零件的加工位置

值得指出的是有些零件的工作位置处于倾斜位置，如按其倾斜位置安放主视图则会给绘图与看图带来不便，所以一般将这些零件放正画出，并尽量使零件上的较多表面处于基本投影面的平行面的位置。

(2)加工位置安放原则

加工位置安放法是从制造过程中，特别是切削加工中，零件在机床上的装夹位置来考虑零件的放置位置。适用于主要结构为回转体的零件，如轴、套、轮和盘等零件，主要结构都在车床或磨床上加工完成。如图 3-3 所示为轴类零件的加工方法。如图 3-1 所示轴类零件的主视图所反映的零件安放位置符合加工位置原则，从而使零件在加工中，看图方便。

2. 确定投射方向

在确定零件的安放位置后，主视图的投射方向应按照国标规定的原则：尽量多的反映零件结构特征的那个方向作为主视图的投射方向，也就是较明显反映零件的主要结构形状和各部分相对位置的投影作为主视图的投射方向。如图 3-4 所示是机床尾座零件，主视图投射方向应选择 B 向投射方向。

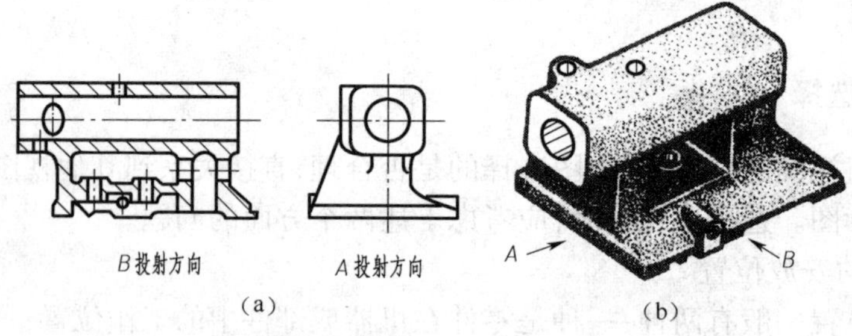

图 3-4　确定主视图的投射方向

三、选择其他视图

主视图确定后，一般来说还要根据零件的形状、结构特征选择其他视图才能完整地将零件表达清楚。其他视图的选取应按下列原则进行：

①优先选用基本视图，并尽可能地在基本视图上做适当的剖视、断面，在表达清楚的前提下，应使视图数量越少越好。

②基本视图之间以及采用局部视图或局部剖视图、断面图时，应尽量按投影关系配置。

③尽量避免使用虚线表达零件的轮廓。

④避免重复表达零件结构；另外，通过标注尺寸可表达清楚的结构，可考虑不再用视图重复表达，如图 3-1 中的中心孔的结构。

根据以上原则，在确定零件图的表达方案时，首先应确定主视图，之后运用组合体形体分析的方法分析该零件中还有哪些结构尚未表述清楚，针对这些结构选定所需的其他视图，每个视图的表达要有重点，基本视图没有表达清楚的次要结构、细小结构和局部形状可用局部视图、局部放大图、断面图等方法补充表达。

四、表达方案选择举例

【例 3-1】　试选择确定图 3-5 所示零件的表达方案。

【分析】 分析、了解零件的形状、结构特征。图 3-5 所示零件由 5 个简单形体组成，零件左右对称，底板下部有凹槽。属箱体类零件，内、外部结构形状都需表达。

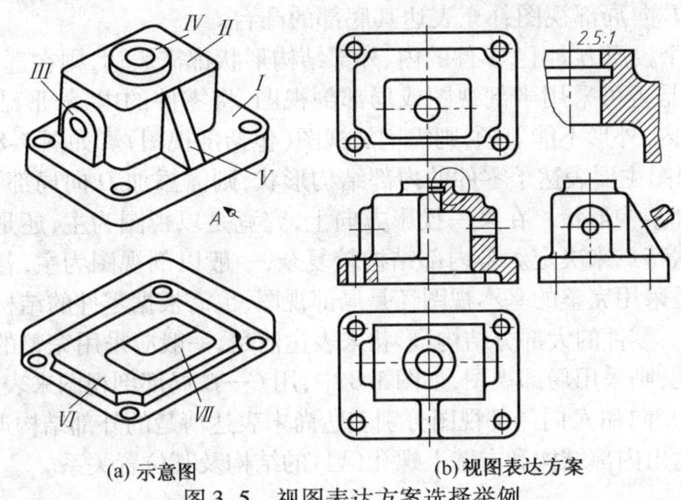

(a) 示意图　(b) 视图表达方案

图 3-5　视图表达方案选择举例

【选择表达方案】

(1) 主视图的投影方向按图 3-5(a) 中箭头 A 的方向，并按零件的自然位置放置。

(2) 共选用 4 个基本视图(主、俯、仰、左)和 1 个断面图来表达该零件，如图 3-5(b) 所示。由于零件左右对称，所以主视图采用半剖视图，在一个视图上同时表达零件的内、外部结构形状，主视图左侧的局部剖视图表达了底板上的通孔；俯、仰、左三个视图方向上均未做剖切，采用视图来表达，俯视图的表达重点是底板及基本体Ⅱ的形状特征、仰视图重点表达底板的凹槽和基本体Ⅱ的内腔形状、左视图重点表达基本体Ⅲ和肋板的形状特征；并用移出断面图(重合断面图亦可)表达肋板的断面形状。

【讨论】 当零件的几个部分按同一方向投影均未被遮住时，用一个视图就可以表达清楚，如图 3-5(b) 中的主视图。当同一投影方向上，零件的某一部分被遮住时，则应增加视图才能表达清楚。例如在图 3-5(a) 所示零件的内腔左、右两侧各加一凸台，则左视图方向就得再增加一个视图，视图数量及表达方法如图 3-6 所示。

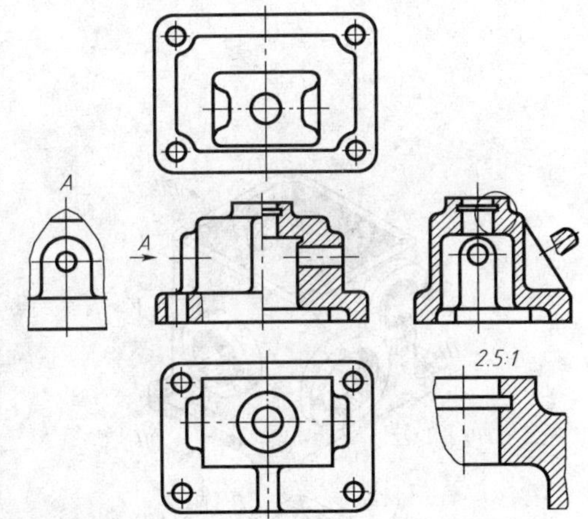

图 3-6　添加内部结构后的视图表达方案

【例 3-2】 试选择确定图 3-7 所示零件的表达方案。

【分析】 该零件由 8 部分简单形体组成，零件的内、外结构形状均较复杂，其外形前后相同，左右各异，上下不完全一样，而零件的内部结构形状也是前后基本相同，左右各异，因此在选择视图数量和表达方法时，最好考虑外形与内形结合起来表达。

【选择表达方案】

(1) 主视图的投影方向，如图 3-7 中箭头 A 的方向。零件安放位置按工作位置放置。

(2) 其他视图的选择，共选用 7 个视图(主、俯、左、C—C、D、E、F)来表达(图 3-8)。零件的前后方向，即主视图采用 A—A 剖切并画成局部剖视图，同时兼顾零件在该投影方向上内、外部结构的表达。用左视图（*B*—*B* 全剖视图）、*C*—*C* 局部剖视图、*D* 向和 *E* 向局部视图共同表达零件左右各异的内、外部结构。俯视图画成局部剖视图表达了零件上下方向的内、外部主要结构、形状，添加 *F* 向局部视图补充表达其底部的凸台。

【讨论】 当某个投影方向上，零件的内、外部结构形状都需表达，则在选择视图数量和表达方法时，应首先考虑是否可采用半剖视图或局部剖视图，将零件的内、外形结合起来表达，如图3-8中的主视图。若内、外形不能兼顾，则需增加视图（包括剖视图）。如图3-8所示零件，在左视图上用 *B*—*B* 全剖视图主要表达了零件的内部结构形状，则需添加 *D* 向局部视图补充表达该投影方向上零件的外部结构形状。在某一投影方向上，究竟是以视图为主，还是以剖视图为主，需根据零件的结构形状特点来决定。若内部结构较复杂，一般以剖视图为主，若外部形状较复杂，一般以视图为主。是采用完整的基本视图还是局部视图，也需根据零件的结构形状特点来决定。若在某个投影方向上，零件的大部分结构、形状未表达清楚，一般应采用完整的基本视图；若仅是部分形状未表达清楚，则采用局部视图，如图3-8中，用 *C*—*C* 局部剖视图来表达尚未表达清楚的内部结构形状Ⅶ；用 *E* 向和 *F* 向局部视图分别表达尚未表达清楚的外部结构形状Ⅶ和底座凸台；主视图中用虚线表达出内部结构和右壁上螺孔（Ⅶ）的结构及其位置关系。

五、特殊问题的处理

在选择确定零件的表达方案时，应处理好下面三个问题：

1. 零件内、外部结构形状的表达问题

当零件无对称平面，且外部结构形状简单时，宜采用全剖视图，如图3-6中的左视图；当零件有对称平面，且内、外部结构形状都很复杂时，宜采用半剖视图，在同一视图中，兼顾零件内、外形的表达，如图3-5中的主视图；当零件无对称平面，内、外部结构形状都很复杂，但内、外形投影不重叠时，宜采用局部剖视图，如图3-8中的主视图；若内、外形投影重叠，则应分别表达，如图3-8中的“*D*”局部视图与 *B*—*B* 全剖视图。

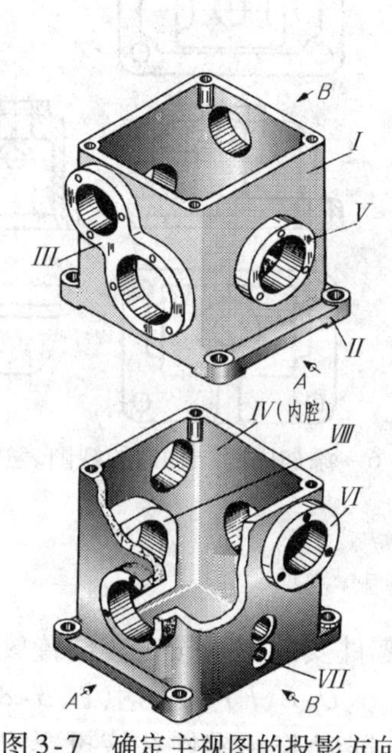

图3-7 确定主视图的投影方向

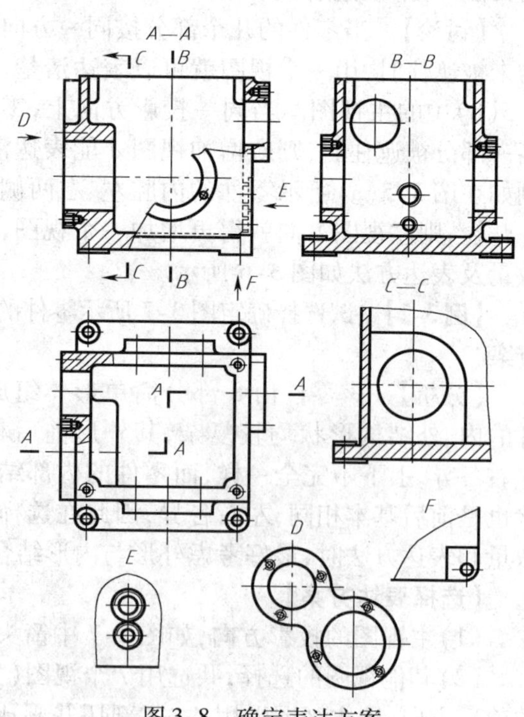

图3-8 确定表达方案

2. 集中与分散的表达问题

当局部视图、局部剖视图、斜视图等分散表达的图形,处于同一投影方向时,应尽可能地、适当地集中表达,并优先选用基本视图。当某一投影方向仅有一部分结构未表达清楚时,若采用局部图形分散表达,则更加清晰和简明,且重点突出。

3. 是否用虚线表达的问题

一般情况下,为了便于看图和标注尺寸,不提倡用虚线表达。但如果零件上的某部分结构的大小已确定,仅形状或位置没有表达完全,且不会造成看图困难时,可用虚线表达,如图3-8中的主视图。

六、零件表达方案的比较分析

零件的表达方案并不是唯一的,对于任一具体零件来讲,应该灵活应用上述原则选择表达方案,做到正确、完整、清晰和简捷地表达零件,在表达正确、完整的基础上,还要力求清晰和简捷,以便看图和画图。

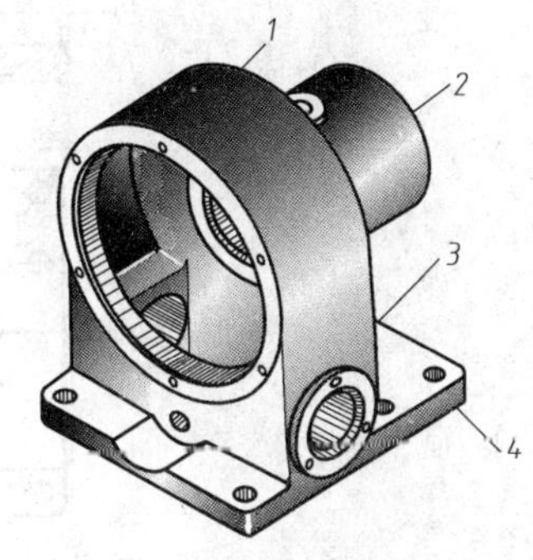

图3-9 涡轮减速器箱体

1—外壳;2—套筒;3—底板;4—肋板

【例3-3】 试比较图3-9所示涡轮减速器箱体的三个表达方案。

方案一(图3-10):共用了4个视图包括剖视图以及一个重合断面图。其中主视图采用全剖视图,主要反映了箱体的结构特征;俯、左视图均采用半剖视图,将内、外形结合起来表达,在左视图中,还用了简化画法表达前、后端面上螺孔的分布情况;C局部视图采用简化画法表达安装部分底板的凹槽。在此方案中视图配置简明、重点突出,是一个较优的表达方案。

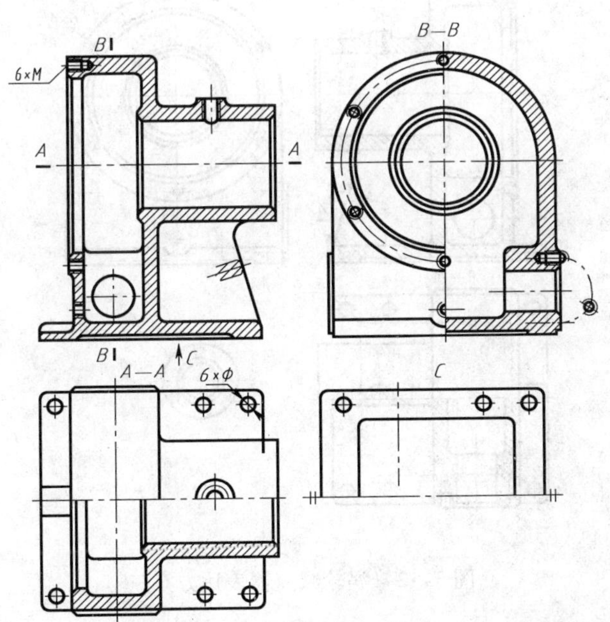

图3-10 涡轮减速器表达方案一

方案二(图3-11):共用了6个视图包括剖视图以及一个重合断面图。其主视图主要反映了零件的形状特征，采用了较多的局部视图，所以整个方案视图数量较多，显得零散，不够简明。

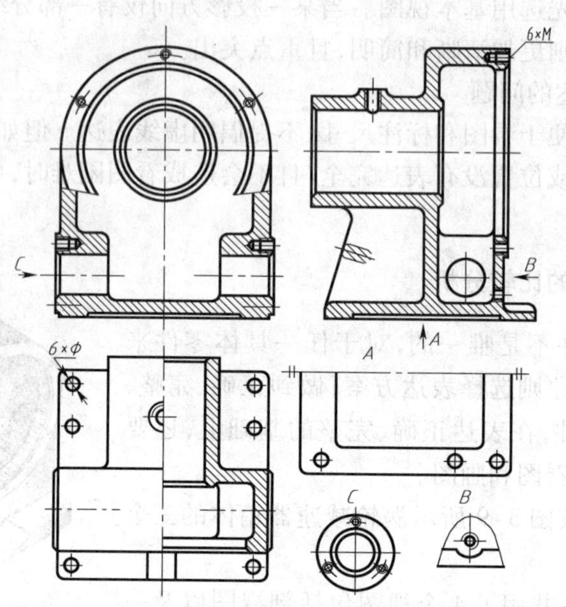

图 3-11　涡轮减速器表达方案二

方案三（图 3-12）：共用了 4 个视图和一个重合断面图。主视图与方案一相同，俯视图采用半剖视图表达箱体内腔底部的凸台，并用虚线表达了安装底板的凹槽，因此少用了一个局部视图。

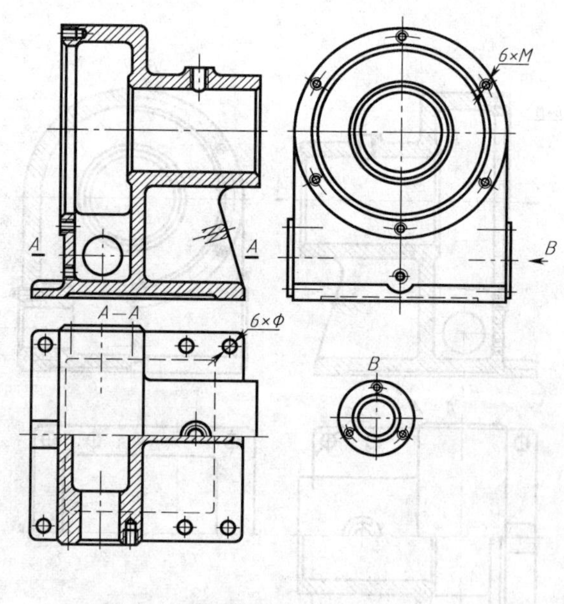

图 3-12　涡轮减速器表达方案三

对涡轮减速器箱体来讲，还会有第四、第五方案，所以说零件可选择的表达方案不是唯一的，确定表达方案时，应进行比较，择优而取。

第三节　零件图的尺寸标注

在零件图上标注尺寸，除了要符合正确、完整、清晰的要求外，还应尽可能做到合理。使之不但能符合设计要求，保证机器的使用性能，还能满足加工工艺要求，符合生产实际，便于零件的加工、测量和检验。所以在标注零件尺寸时，必须对零件进行构型分析才能够结合具体情况合理地选择零件的尺寸基准、标注形式，从而保证尺寸标注完整而且尽可能合理。

一、尺寸基准

尺寸基准是量度尺寸的起点。在标注尺寸时，应在零件的长、宽、高三个方向上至少各选一个基准。零件上较大的加工面、对称面、重要的端面、与其他零件的结合面、轴肩，轴和孔的轴线、对称中心线，圆心等都可作为尺寸基准，即基准可以是点、线面等几何元素。

1. 尺寸基准的分类

零件的尺寸基准通常分为两类：即设计基准和工艺基准。

(1)设计基准。根据零件在机器中的作用、装配关系以及机器的结构特点以及对零件的设计要求等，所选定的基准称为设计基准。

(2)工艺基准。满足零件在加工、测量和检验等方面的要求所选定的基准称为工艺基准。

零件有长、宽、高三个方向的尺寸。因此，每个方向应至少选一个尺寸基准为主要基准(一般是设计基准)，另外，根据加工、测量等的需要，还需选用一个或几个辅助基准(一般是工艺基准)。主要基准与辅助基准之间应有尺寸联系。

2. 尺寸基准的选择举例

在图3-2所示的铣刀头座体中，因为转轴通常需要两个轴承座孔($\phi80$)支承，因此，底面A为箱体高度方向的设计基准，轴承孔的中心高必须从设计基准出发直接标注。以保证轴承座孔到底面的高度；而宽度方向的设计基准为箱体的前后对称面B，因此，在标注底板上两对安装孔的定位尺寸时，应以对称面为基准进行标注，以保证其对轴承座孔的对称关系。底面A和对称面B都是满足设计要求的基准，该基准是为了实现铣刀头座体的功能及装配时的要求，所以是设计基准；但为了加工时有利于测量，底板上的4个安装孔的锪平孔的孔深尺寸(尺寸2)则不必从设计基准出发标注，而应从底板的顶面直接注出，因此顶面C为工艺基准，高度方向的设计基准(主要基准)与工艺基准(辅助基准)有尺寸联系(尺寸18)；箱体长度方向的基准为左右两端面，如图3-13所示。

二、合理标注尺寸

1. 零件的主要尺寸应直接注出

零件的尺寸一般分为主要尺寸和非主要尺寸。主要尺寸一般指零件的规格尺寸、确定该零件与其他零件相互位置的尺寸、有配合要求的尺寸、连接尺寸和安装尺寸等。主要尺寸是为了保证零件在机器中的正确位置和装配精度，以保证零件的使用性能。零件上的主要尺寸直接注出，能够直接提出尺寸公差、形位公差的要求，以保证设计要求。如图3-13所示轴承孔的

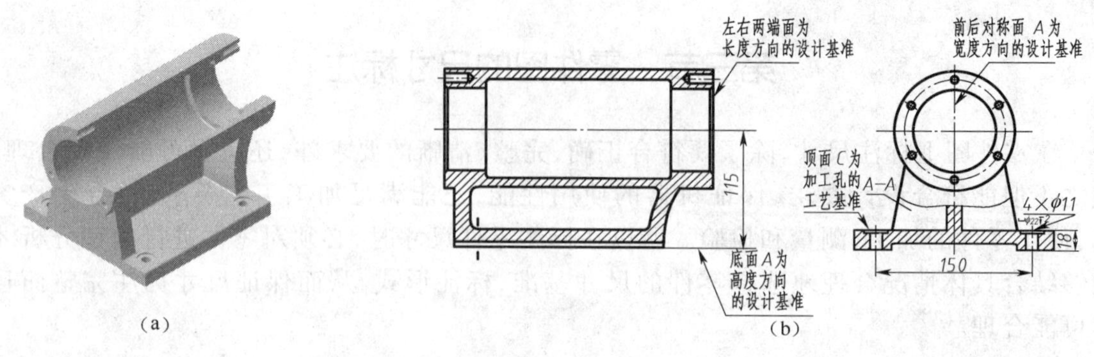

图 3-13 铣刀头座体尺寸基准的选择

中心高是主要尺寸，因此必须从底面(高度方向的设计基准)直接注出尺寸 115。同理，为了保证座体上的孔(4×ϕ11)与基座上的孔准确装配，该孔的定位尺寸也应从尺寸基准(前后对称面)直接标注尺寸 150。

2. 避免注成封闭尺寸链

封闭尺寸链是头尾相连，绕成一整圈的一组尺寸，每个尺寸是尺寸链中的一环，如图 3-14(a)所示。

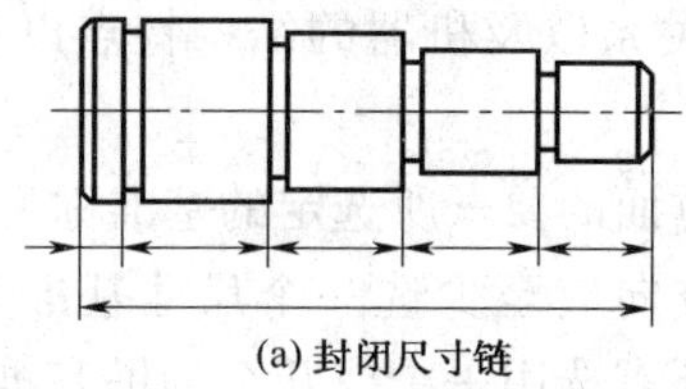

(a) 封闭尺寸链

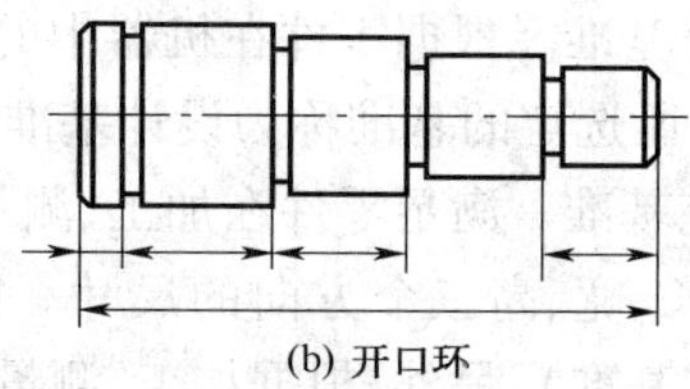

(b) 开口环

图 3-14 尺寸链

从加工角度来看，在一个尺寸链中，总有一个尺寸是在加工完其他尺寸后自然形成的，因此，应选其中一个不重要的尺寸空出不注，作为开口环，如图 3-14(b)所示，这样，使尺寸误差集中在开口环上，以保证重要尺寸的精度。而注成封闭尺寸链，会使零件在加工时难以保证设计要求。有时为了设计或加工的需要，也可注成封闭尺寸链，但应根据需要把某一环的尺寸数字加括号，作为参考尺寸，如图 3-15 所示。

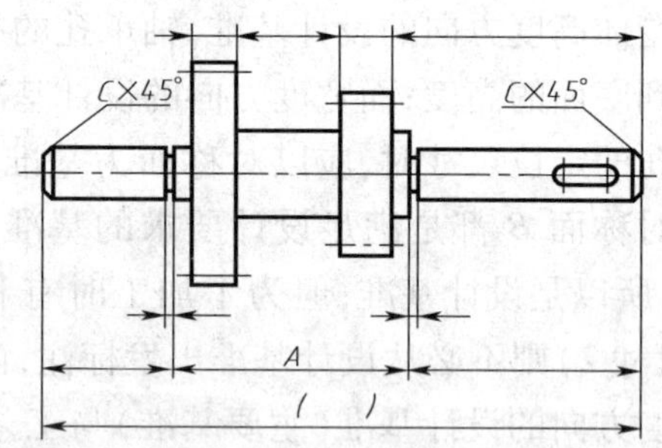

图 3-15 参考尺寸

3. 考虑工艺要求

非主要尺寸是指不影响零件的工作性能和装配精度的尺寸。这类尺寸应从便于加工、测量方面考虑标注。

(1) 标注尺寸要符合加工顺序。图 3-16 中的小轴是按加工顺序标注尺寸的，这样便于加工和检测。考虑到该零件在车床上要调头加工，因此其轴向尺寸分别以两端面为基准，而尺寸 51±0.1 则是主要尺寸(长度方向)需直接注出。如图 3-17 所示为该轴的加工工序。

(2) 同一加工方法的相关尺寸尽量集中标注。一个零件一般要经过几种加工方法(如车、铣、刨、磨、钻等)才能制成。标注尺寸时,应尽量将同一加工方法的相关尺寸集中标注。如图3-16轴上的键槽是铣削加工的,所以键槽的尺寸集中在两处(主视图上的3、45和断面图上的12、35.5)标注,这样便于加工时阅读和测量。

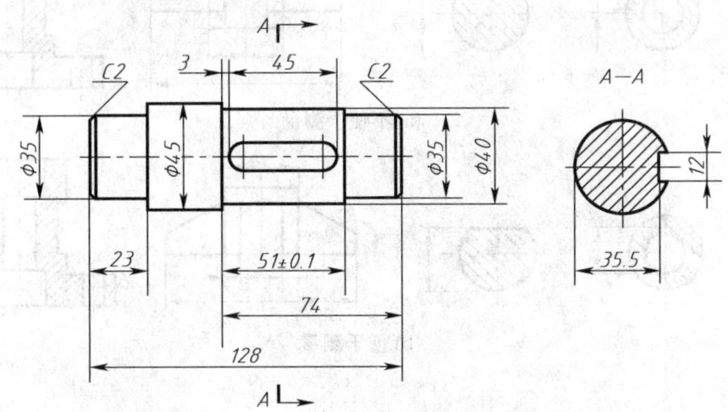

图3-16　按加工顺序标注轴的尺寸

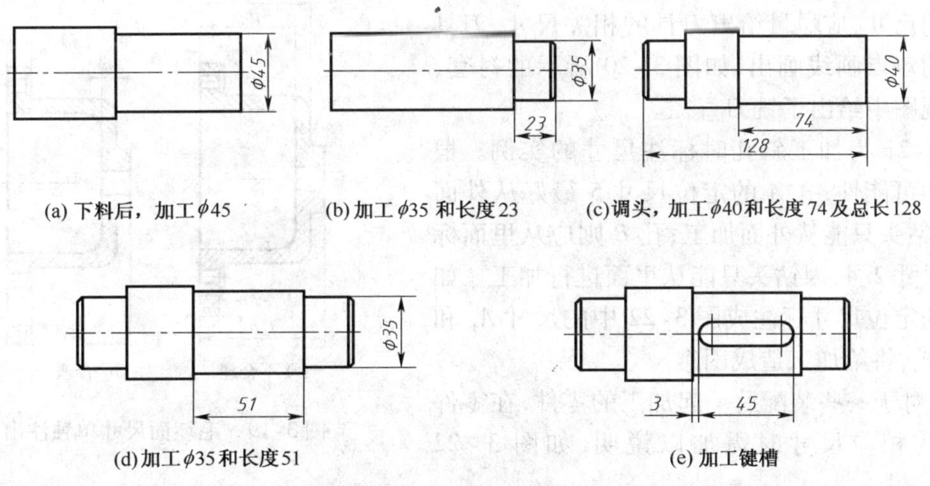

(a) 下料后,加工φ45　(b) 加工φ35和长度23　(c) 调头,加工φ40和长度74及总长128

(d) 加工φ35和长度51　(e) 加工键槽

图3-17　轴的加工顺序

(3)标注尺寸应考虑测量方便。标注尺寸时,在满足设计要求的前提下,应尽量考虑使用通用测量工具进行测量,避免或减少使用专用量具。如图3-18(a)中所注高度方向尺寸*A*在加工和检验时测量均较困难。图3-18(b)的标注形式,则使测量较为方便。又如图3-19(a)中的键槽尺寸,测量困难,若标注成图3-18(b)的形式,则便于测量。

(4)加工面与非加工面之间应按两组尺寸分别标注。毛坯面之间的尺寸一般应按基本体单独注出,不但便于铸造毛坯时制作木模而且可使毛坯的尺寸精度得到保证。对于经铸、锻后再机械加工的零件,毛坯面与加工基准面间最好只有一个尺寸联系。图3-19(b)为合理注法,其中88和8为铸造尺寸,毛坯面只有一个尺寸“20”与加工基准面相连系。图3-19(a)为不合理注法,因为所有尺寸都以零件的右端面为基准,而且不是同一种加工方法,当加工右端面时,要同时满足18、20、100、108和120几个尺寸的精度是困难的。

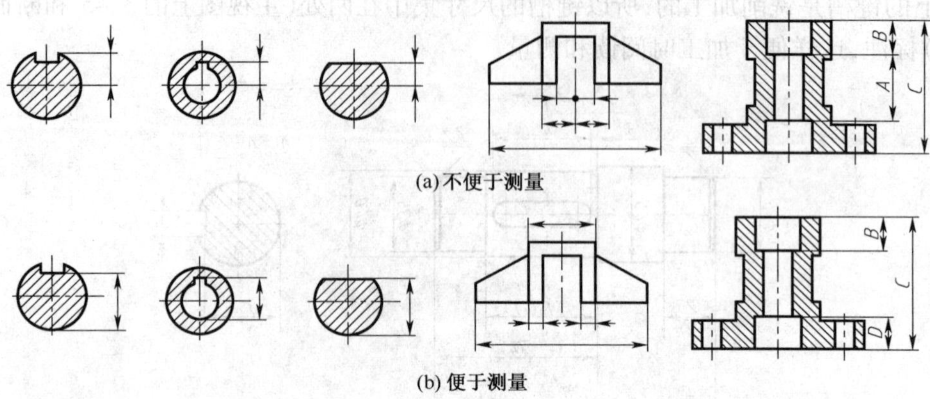

图 3-18 考虑测量方便的尺寸注法

(5)考虑刀具尺寸及加工的可能性。凡由刀具保证的尺寸,应尽量给出刀具的相关尺寸,刀具轮廓可用双点画线画出,如图 3-20 所示的衬套,在其左视图中给出了铣刀直径。

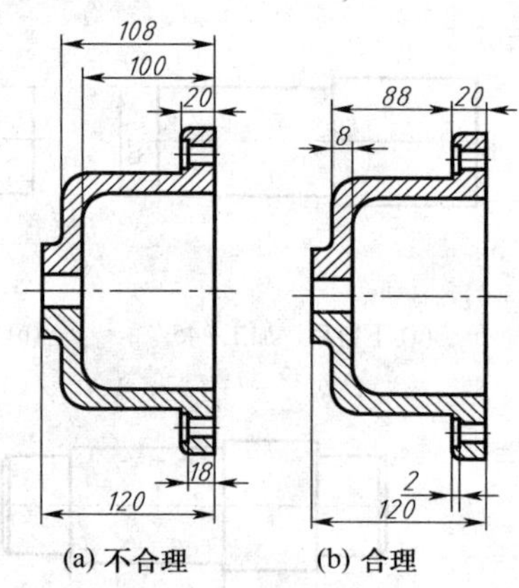

图 3-19 毛坯面尺寸单独注出

图 3-21 为加工斜孔时标注尺寸的实例。根据加工的可能性,孔 A 的定位尺寸 5 最好从外面标注,因钻头只能从外面加工;孔 B 则应从里面标注定位尺寸 2.4,因钻头只能从里面进行加工。如果将孔的定位尺寸标注成图 3-22 中的尺寸 A_1 和 B_1 的形式,将给加工造成困难。

(6)对于一些装配后一起加工的零件,在零件图上标注相应尺寸时需加以说明,如图 3-22 所示。

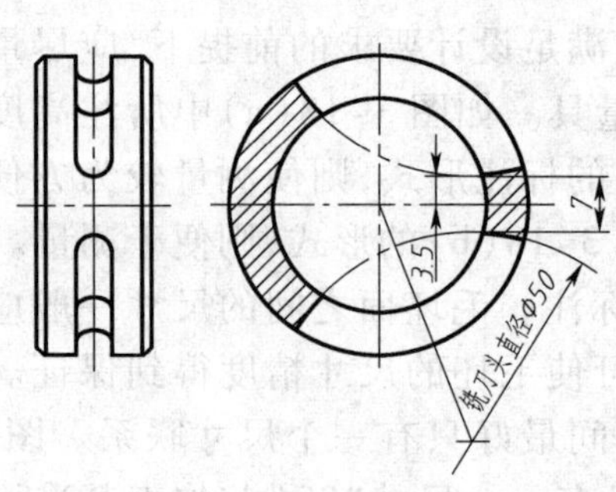

图 3-20 考虑刀具尺寸

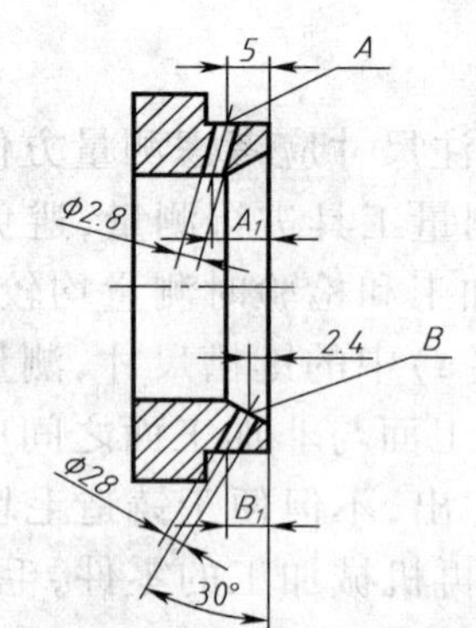

图 3-21 考虑加工的可能性

4. 零件中标准结构要素的标准

零件中的标准结构要素,如倒角、退刀槽和孔应按有关标准规定的形式标注如表(表 3-1 和表 3-2)。

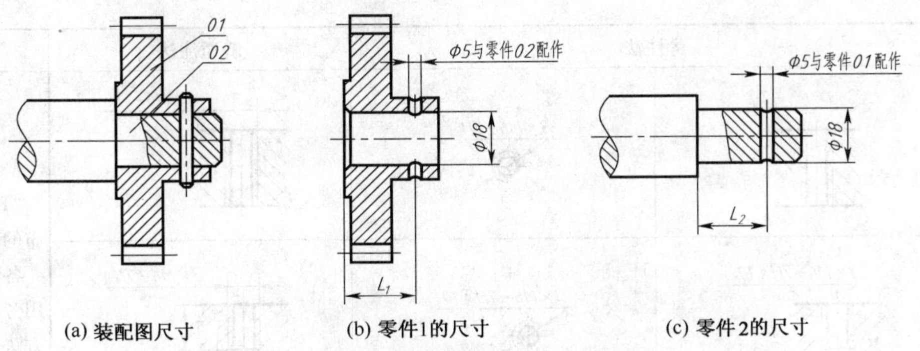

(a) 装配图尺寸　(b) 零件1的尺寸　(c) 零件2的尺寸

图 3-22　配作零件的尺寸注法

表 3-1　零件中的标准结构要素的标注(一)

结构类型		标注示例	说明
倒角	45°倒角注法	C1　C1　C1	倒角 45°时,可与倒角的轴向尺寸连注如 C_1 或 1×45°,倒角不是 45°时,要分开注出
	30°倒角注法	30°　1.5　30°　1.5	
退刀槽、越程槽注法		2×1　2×1　2×Φ8	退刀槽宽度应直接标出,其直径 ϕ8 可直接标出。也可注出切入深度

表 3-2　零件中的标准结构要素的标注(二)

类型	旁注法		普通注法	说明
光孔	4×Φ4▼10　C_1	4×Φ4▼10	4×Φ4　10	“▼”为孔深符号,“C”为 45°倒角符号
	4×Φ4 H7▼10　孔▼12	4×Φ4 H7▼10　孔▼12	4×Φ4H7　10　12	钻孔深度为 12,精加工(铰孔)深度为 10,H7 表示孔的配合要求

续上表

类型	旁注法		普通注法	说明
螺孔	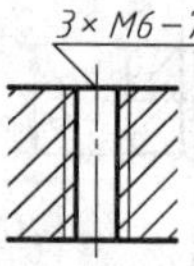 3×M6−7H	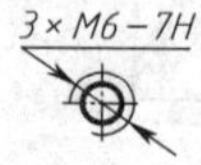 3×M6−7H	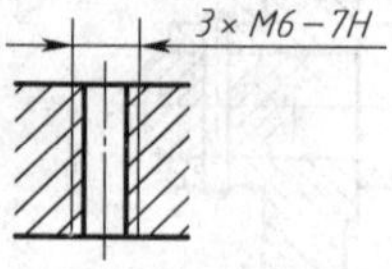 3×M6−7H	“EQS”为孔均布的缩写词；各类孔均可采用旁注加符号的方法进行简化标注，应注意：引出线应在装配时的装入端引出
	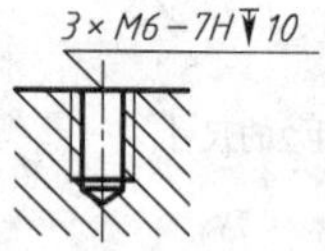 3×M6−7H↧10	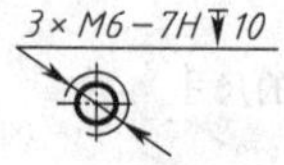 3×M6−7H↧10	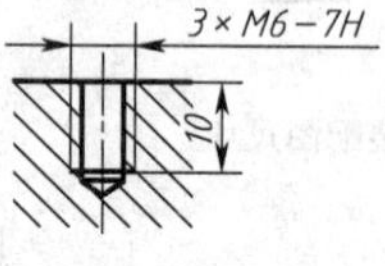 3×M6−7H 10	
	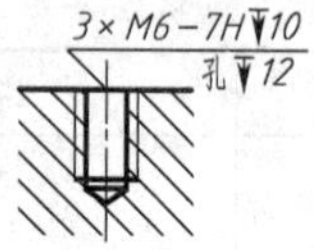 3×M6−7H↧10 孔↧12	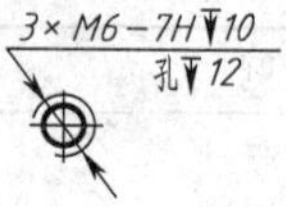 3×M6−7H↧10 孔↧12	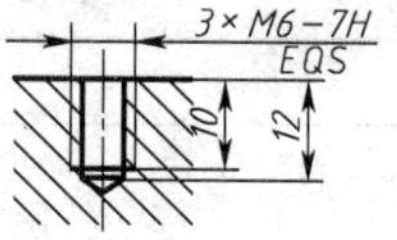 3×M6−7H EQS 10 12	
沉孔	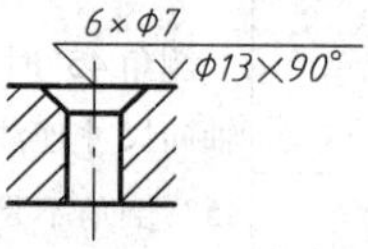 6×Φ7 ⌵Φ13×90°	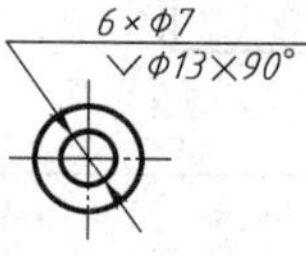 6×Φ7 ⌵Φ13×90°	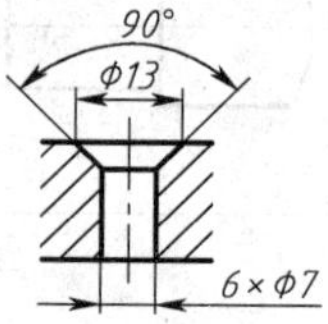 90° Φ13 6×Φ7	“⌵”为埋头孔符号，该孔为安装开槽沉头螺钉所用
	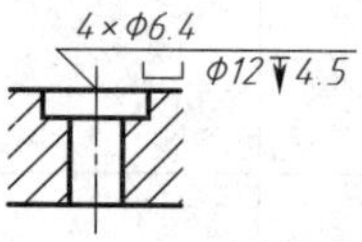 4×Φ6.4 ⌴Φ12↧4.5	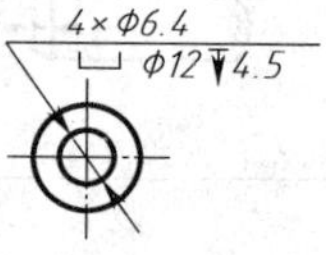 4×Φ6.4 ⌴Φ12↧4.5	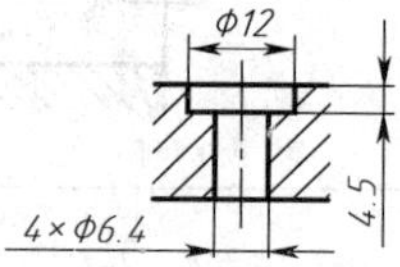 Φ12 4.5 4×Φ6.4	该孔为安装内六角圆柱头螺钉所用，承装头部的孔深应注出
	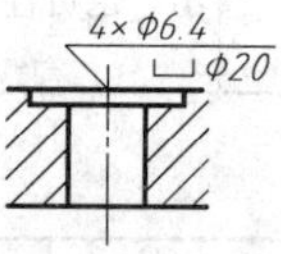 4×Φ6.4 ⌴Φ20	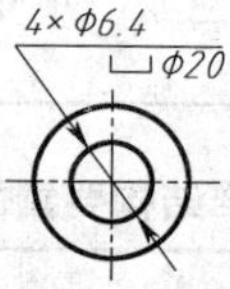 4×Φ6.4 ⌴Φ20	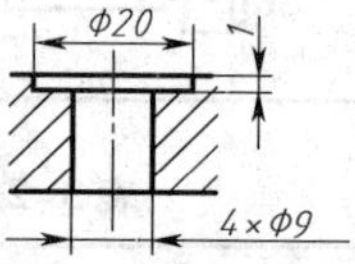 Φ20 1 4×Φ9	“⌴”为锪平，沉孔符号，锪孔通常只需锪出圆平面即可，因此沉孔深度一般不标

三、合理标注尺寸的步骤

零件不同于经过几何抽象的组合体，零件每一部分的形状和结构都与设计要求、工艺要求有关。因此，标注零件尺寸时，既要进行形体分析，把零件抽象成组合体，考虑各部分的定形和定位尺寸，以保证零件的尺寸“完整、清晰”，还要对零件进行构型分析，考虑该零件与其他零件的装配关系及该零件与加工工艺的关系，使零件的尺寸与其他零件的尺寸配合协调且符合加工要求等，满足尺寸标注合理的要求。

总之，要做到合理标注尺寸，必须具备一定的生产实际经验和专业知识，合理标注零件尺寸的方法和一般步骤可归纳如下：

①确定尺寸基准。

②考虑设计要求，直接标注主要尺寸。

③考虑工艺要求，标注一般结构尺寸。

④用形体分析法检查尺寸是否完整，补齐尺寸，避免产生封闭尺寸链。

【例3-4】　标注铣刀头轴（图3-1）的尺寸。

【分析】　铣刀头轴的形体分析较简单，都是同轴回转体，构型分析如图3-23(a)所示。

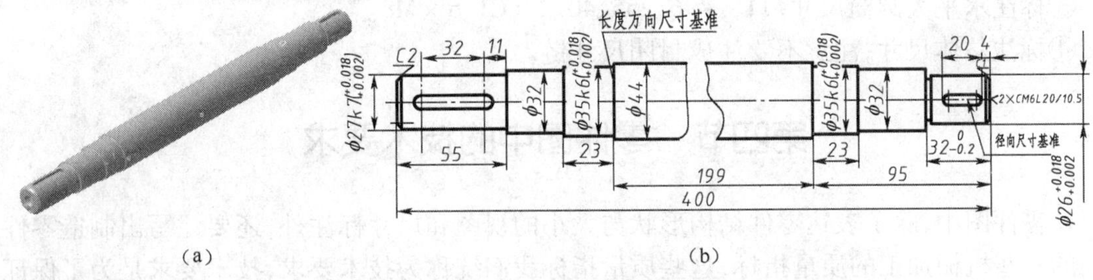

图3-23　铣刀头轴的尺寸标注

【标注分析】

如图3-23(a)所示，由于4段轴颈处（ϕ35、ϕ28、ϕ26）需要安装滚动轴承、皮带轮和铣刀盘，所以这4个尺寸是主要径向尺寸，并有尺寸公差的要求。为了使轴转动平稳，则要求这4段圆柱体在同一轴线上，因此，径向设计基准为轴线，而加工轴的工艺基准也为此轴线。所以，一般来说，标注轴套类零件的尺寸时，常以它的轴线为径向主要基准；而轴套类零件轴向设计基准常选择重要的端面、轴肩等。在铣刀头轴上ϕ35处轴颈是安装轴承的，轴承的轴向位置（由两处轴肩来保证）是保证该轴平稳转动的重要因素，因此，该处轴肩为轴向方向的设计基准（主要基准），从设计基准出发直接标注轴向主要尺寸199，轴向方向的其余尺寸按加工顺序标注，其他基准均为轴向方向的辅助基准，如以右端面为辅助基准，标注总长403、95、32，以左端面为辅助基准标注55，如图3-23(b)所示。

【例3-5】　标注铣刀头座体的尺寸（图3-24）。

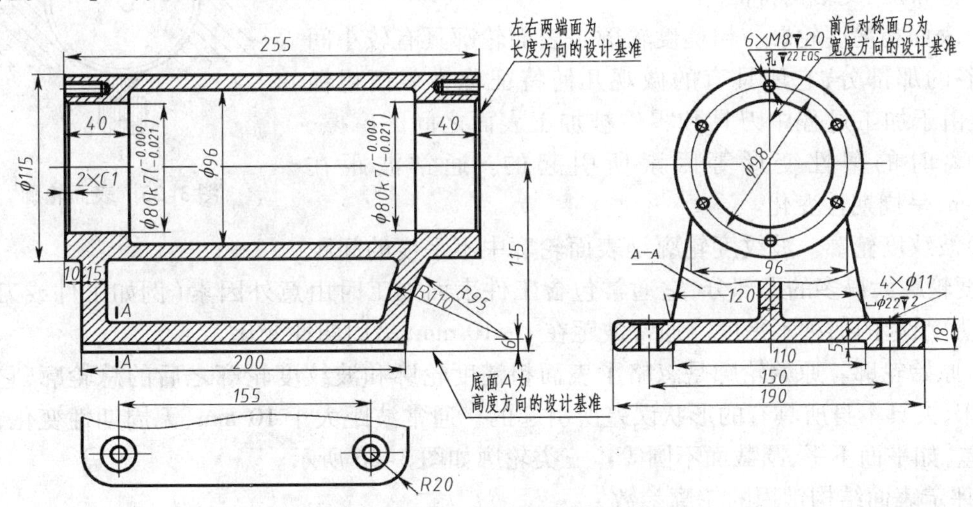

图3-24　铣刀头座体的尺寸标注

【标注步骤】

(1)由图3-2可知该座体零件在部件中的作用及装配关系，零件的结构形状特征，如图3-13(a)所示。据此确定零件长、宽、高三个方向的主要基准，如图3-24所示。

(2)分析座体与相邻零件的装配关系,直接标注主要尺寸115、ϕ80、155、100、ϕ98。

(3)采用形体分析法标注分析每部分的定形、定位尺寸,标注一般结构尺寸应遵照国标规定,如倒角尺寸、安装孔等。

①标注底板尺寸200、R20、190、4×ϕ11、18、5。

②标注支撑板、肋板尺寸120、15、96、10、6、R95、R110。

③标注水平大圆筒尺寸ϕ115、ϕ96、255、40、2×C1、6×M8。

④标注总体尺寸,注意不要注成封闭尺寸链。

第四节　零件图中的技术要求

在零件图中,除了表达零件结构形状与大小的视图和尺寸标注外,还要注写出制造零件应达到的一些机械加工的质量指标,这些质量指标我们统称为技术要求,技术要求是为了保证加工制造零件时的加工精度。在加工零件时,要使每个尺寸绝对准确,表面绝对平滑,这在制造工艺上是不可能做到的,同时在使用中也没有必要,对尺寸的准确度要求越高,表面要求越平滑,会使零件的制造成本大大增长,如何既保证零件的加工质量,又要降低成本是零件设计制定技术要求时必须考虑的问题。

零件的加工精度主要包括:表面结构、尺寸精度、形状和位置精度等。

一、零件的表面结构

1. 表面结构的基本概念

肉眼看到的零件表面不管加工的多么平滑,在微观条件下(放大镜或显微镜)观察都是高低不平的状况,如图3-25所示。实际表面的结构轮廓包含:表面原始轮廓(P轮廓)、表面波纹度轮廓(W轮廓)和表面粗糙度轮廓(R轮廓)三类结构特征。

图3-25　表面轮廓

(1)表面粗糙度轮廓。粗糙度轮廓是表面轮廓具有较小间距和峰谷的那部分,它所具有的微观几何特征称为表面粗糙度,它是由于加工过程中刀具和零件被加工表面之间的摩擦、切削分离时的塑性变形等因素所引起的。通常波距在1~10 mm,呈周期性变化。

(2)波纹度轮廓。波纹度轮廓是表面轮廓中不平度的间距比粗糙度轮廓大得多的那部分,它通常包含工件表面加工时由意外因素(例如工件或刀具的失控运动)引起的那种不平度。通常波距在1~10 mm,呈周期性变化。

(3)原始轮廓。原始轮廓是忽略了表面粗糙度轮廓和波纹度轮廓之后的总轮廓,它主要是由机床、夹具本身所具有的形状误差所引起的。通常波距大于10 mm、无周期性变化,属于形状误差,如平面不平、圆截面不圆等。三类轮廓如图3-26所示。

2. 评定表面结构常用的轮廓参数

零件的表面结构特性是粗糙度、波纹度和原始轮廓特性的统称。它是通过不同的测量与计算方法得出的一系列参数进行评定的,本书仅介绍评定粗糙度轮廓的主要参数。

(1)轮廓算术平均偏差 R_a

如图3-27所示,在零件表面的一段取样长度(用于判别具有表面粗糙度特征的一段基准

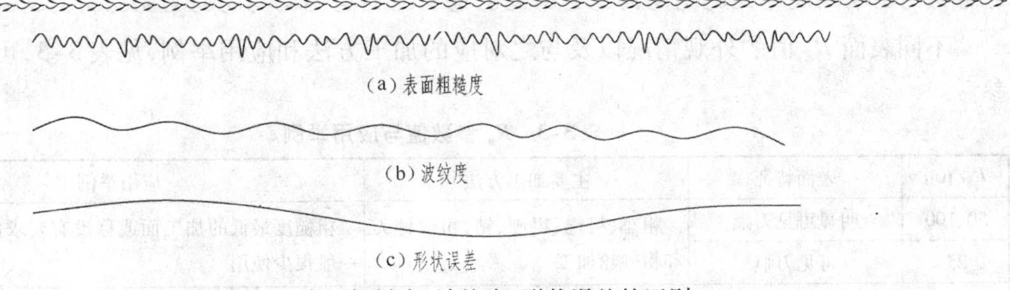

图 3-26　表面粗糙度、波纹度、形状误差的区别

线长度)内,轮廓偏距 y(表面轮廓上的点至基准线的距离)绝对值的算术平均值,称轮廓算术平均偏差,用 R_a 表示。

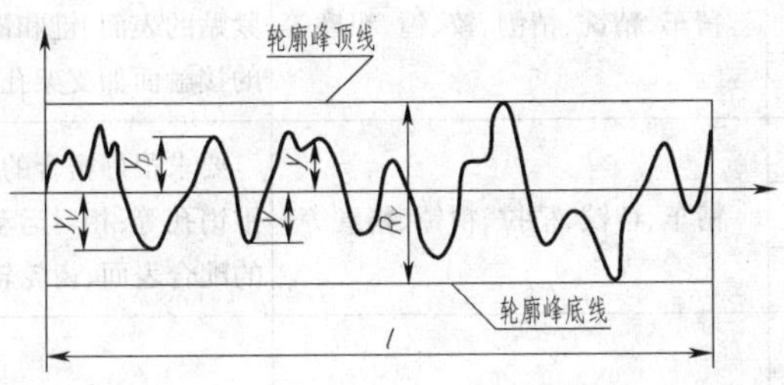

图 3-27　轮廓的形状曲线和表面粗糙度参数

$$R_a = 1/l \int_0^l |y(x)| \mathrm{d}x$$

或近似表示为:$R_a = 1/n \sum_{i=1}^{n} |y_i|$

(2) 轮廓微观不平十点高度 R_z

如图 3-27 所示,在取样长度内,5 个最大轮廓峰高(y_p)的平均值与 5 个最大轮廓谷深(y_v)的平均值之和,用 R_z 表示。

$$R_z = \sum_{i=1}^{5} y_{pi}/5 + \sum_{i=1}^{5} y_{vi}/5$$

3. 粗糙度参数值的选用

零件表面粗糙度参数值的选用,应该既满足零件表面的功用要求,又要考虑经济合理性。具体选用时,可参照生产实例,用类比法确定。轮廓算术平均偏差(R_a)是目前生产实际中评定表面结构采用最多的参数,它用电子轮廓仪测量,运算过程由仪器自动完成。R_a 值的优先选用值为 0.4、0.8、1.6、3.2、6.4、12.5、25,单位为 μm。R_a 值越小,表面质量就越高,但加工成本也越高。选用时应考虑下列问题:

①在满足使用要求的前提下,尽量选用较大的 R_a 值,以降低生产成本。

②在同一零件上,工作表面的 R_a 值应小于非工作表面的 R_a 值。

③受循环载荷的表面及容易引起应力集中的表面(如圆角、沟槽),R_a 值相对较小。

④尺寸和表面形状要求精确程度高的表面,R_a 值相对较小。配合性质相同时,小尺寸表面比大尺寸表面的 R_a 值相对较小;同一公差等级下,小尺寸比大尺寸、轴比孔的 R_a 值相对较小。

⑤运动速度高、单位压力大的摩擦表面比运动速度低,单位压力小的摩擦表面的 R_a 值相对较小。

不同表面 R_a 值的外观情况以及与之对应的加工方法和应用举例，见表 3-3，可供选用时参考。

表 3-3　R_a 参数值与应用举例

R_a/μm	表面特征	主要加工方法	应用举例
50、100	明显可见刀痕	粗车、粗铣、粗刨、钻、粗纹锉刀和粗砂轮加工	粗糙度最低的加工面或称没有要求的自由表面，一般很少使用
25	可见刀痕		
12.5	微见刀痕	粗车、刨、立铣、平铣、钻	不接触表面、不重要的接触面，如螺钉孔、倒角、机座底面等
6.3	可见加工痕迹	精车、精铣、精刨、铰、镗、粗磨等	没有相对运动的零件接触面，如箱、盖、套筒、要求紧贴的表面、键和键槽工作表面；相对运动速度不高的接触面如支架孔、衬套、带轮轴孔的工作表面等
3.2	微见加工痕迹		
1.6	看不见加工痕迹		
0.8	可辨加工痕迹方向	精车、精铰、精拉、精镗、精磨等	要求很好密合的接触面，如滚动轴承的配合表面、锥销孔等；相对运动速度较高的接触面，如滑动轴承的配合表面、齿轮轮齿的工作表面等
0.4	微辨加工痕迹方向		
0.2	不可辨加工痕迹方向		
0.1	暗光泽面	研磨、抛光、超级精细研磨等	精密量具的表面、极重要零件的摩擦面，如汽缸的内表面、精密机床的主轴颈、坐标镗床的主轴颈
0.05	亮光泽面		
0.025	镜状光泽面		
0.012	雾状镜面		

4. 表面结构的图形符号、代号及其标注方法

(1)表面结构的图形符号。表面结构的各种符号及其含义见表 3-4；各符号的比例、画法如图 3-28(a)～(e)所示。

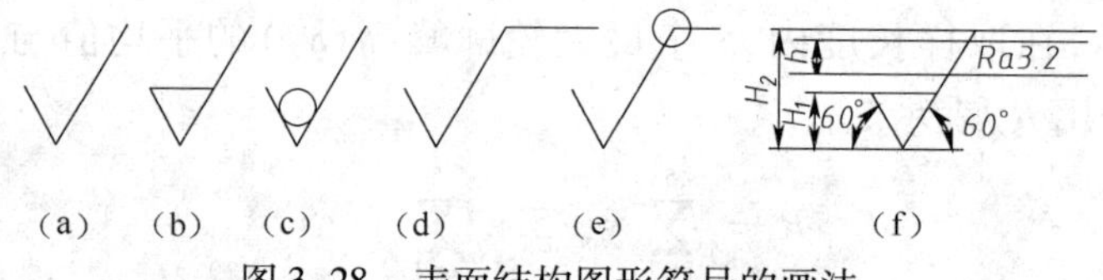

图 3-28　表面结构图形符号的画法

表 3-4　表面结构符号及其含义

符　号	意 义 及 说 明
	基本图形符号(简称基本符号)，表示未指定工艺方法的表面，仅用于简化代号的标注，没有补充说明时不能单独使用
	扩充图形符号(简称扩充符号)，基本符号加一短横线，表示表面是用去除材料的方法获得的。例如车、铣、钻、刨、磨等
	扩充图形符号(简称扩充符号)，基本符号加一小圆，表示表面是用不去除材料的方法获得的。例如：铸、锻、轧、冲压等；也可用于表示保持上道工序形成的表面
	完整图形符号(简称完整符号)，在上述三个符号的长边上加一横线，用于标注表面结构的补充信息
	带有补充注释的图形符号，在完整图形符号上加一小圆，表示某个视图上构成封闭轮廓的各表面具有相同的表面结构要求

(2)表面结构代号。表面结构代号由完整图形代号、参数代号(如 R_a、R_z)和参数值组成，如图 3-28(f)所示，其中 $d' = h/10$、$H_1 = 1.4h$、h = 字高 $H_2 = 2H_1$，d'为符号的线宽。在必要时，表面结构代号中还应标注补充要求，如取样长度、加工工艺、表面纹理及方向、加工余量等，如图 3-29 所示。图中各字母位置注写内容如下：

位置 a——注写参数代号、极限值、取样长度(或传输带)等，在参数代号与极限值间应插入空格(单位 μm)；

位置 b——注写两个或多个表面结构要求，如位置不够，图形符号应在垂直方向扩大；

位置 c——注写加工方法、镀覆、涂覆、表面处理或其他说明等；

位置 d——注写加工纹理方向符号，如"="、"⊥"等；

位置 e——注写所要求的加工余量(单位 mm)；

说明：

1)传输带是评定时两个滤波器之间的波长范围，通常波距<1 mm属于粗糙度轮廓，波距在 1～10 mm 时属于波纹度轮廓，波距>10 mm 属于原始轮廓。一般情况，若采用默认传输带，则 传输带或取样长度 一项省略不注。如图 3-28(f)中直接标注 R_a3.2。

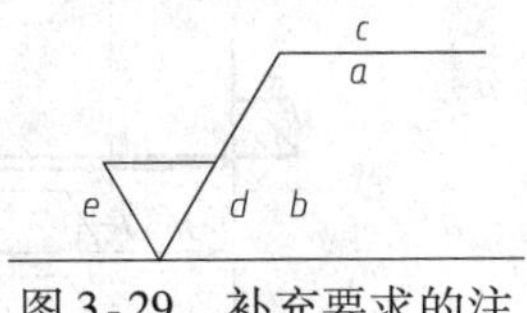

图 3-29　补充要求的注写位置及各项说明

2)参数极限值的标注规则

①当只标注一个参数值时，默认为参数的上限值，若要表达参数的单项下限值时，参数代号前应加注 L，如 LR_a3.2；同时表达双向极限时，上限值在上方，参数代号前应加注 U，下限值在下方，参数代号前应加注 L。在不引起分歧的情况下，也可不标注 U、L，见表 3-5。

②默认情况下，允许全部实测值的 16% 的测值超差，当要求所有的实测值均不超过规定值时，应在参数代号后面加注"max"的标记。

表 3-5　默认定义时表面结构代号示例及含义

代号示例	含　义
Ra0.8	表示不允许去除材料，R_a 的单项上限值为 0.8 μm
Ra1.6	表示去除材料，R_a 的单项上限值为 1.6 μm
Ra max1.6	表示去除材料，R_a 的所有实测值不超过 1.6 μm
URa3.2 LRa1.6	表示去除材料，R_a 的双向极限值，上限值为 3.2 μm，下限值为 1.6 μm

5. 表面结构在图样上的标注方法

表面结构要求，在同一图样上，每一表面一般只标注一次，并尽可能靠近有关的尺寸或公差。

(1)表面结构可标注在轮廓线或该轮廓的指引线上，其数值的注写应与尺寸数字的注写一致，如图 3-30(a)所示；必要时，表面结构也可用带箭头或黑点的指引线引出标注如图 3-30(b)所示。

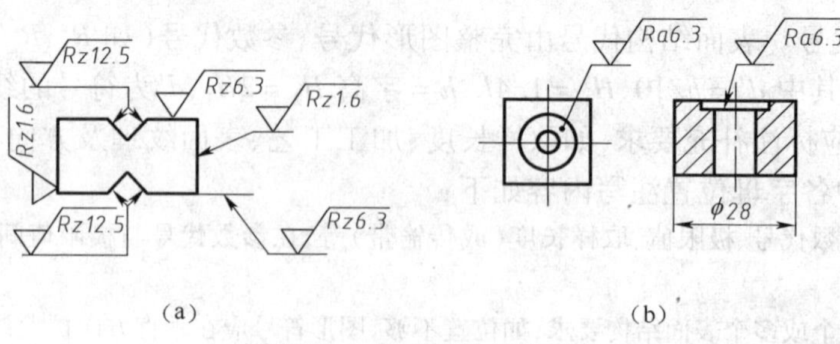

图 3-30　表面结构的注写方向

(2)在不致引起误解时,表面结构可以标注在尺寸线上,如图 3-31(a)所示,也可标注在几何公差的框格上方,如图 3-31(b)所示。

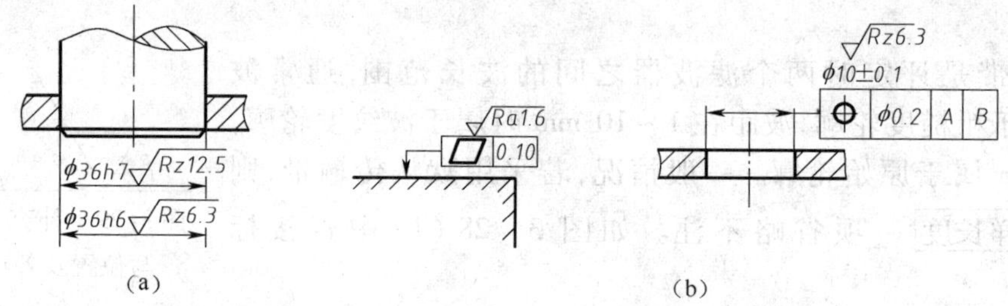

图 3-31　表面结构的标注

(3)如果棱柱或圆柱表面的表面结构有不同要求,应单独标注,如图 3-32 中 $R_a6.3$、$R_a3.2$,一般情况下只标注一次。

(4)表面结构要求的简化注法

①工件全部表面的表面结构相同时,可将其要求统一标注在图样的标题栏上方;如果多数表面具有相同的表面结构要求,也可将其标注在图样标题栏的上方,但要在其后加注圆括弧,括弧内容可采用两种形式,一种如图 3-33(a)所示,圆括弧内给出基本图形符号;另一种如图 3-33(b)所示,圆括弧内给出不同的表面结构要求,且不同的表面结构要求应标注在图中。

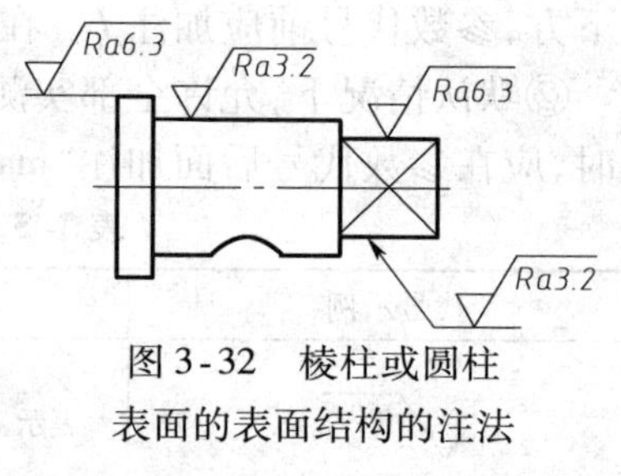

图 3-32　棱柱或圆柱表面的表面结构的注法

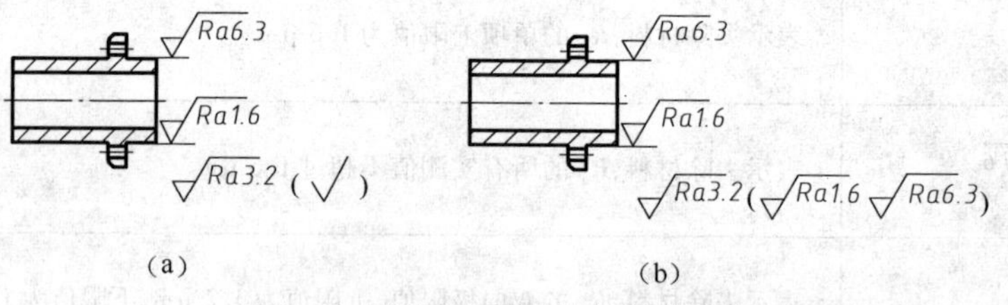

图 3-33　相同表面结构的简化注法

②当多个表面具有相同的表面结构要求,且标注空间有限时,可用带字母的完整符号标注在视图中,另外,应在图形或标题栏附近以等式的形式写出表面结构的对应值,如图 3-34 所示。

二、极限与配合

1. 基本概念

(1)零件的互换性

在同一规格的一批零件中任取其一,不需任何挑选或附加修配就能装到机器上,达到规定的性能要求，这样的一批零件就称为具有互换性的零件，例如自行车、手表的零件，就是按互换性要求生产的，当手表或自行车零件损坏后，修理人员很快就可用同样规格的零件换上，恢复手表和自行车的性能。零件具有互换性，不但给机器的装配、修理带来方便，更重要的是为机器的专业化、批量化生产提供了可能性。

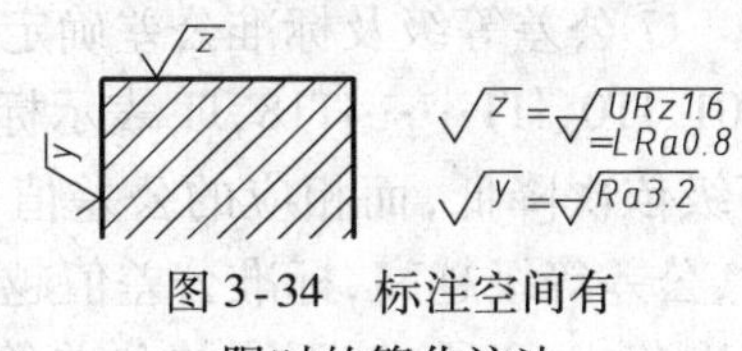

图 3-34　标注空间有限时的简化注法

零件具有互换性，必然要求零件尺寸的精确度，但这并不是要把尺寸制成独一的尺寸，而是要将其限定在一个合理的范围内，由此就产生了“极限与配合制度”。

(2)相关术语(图 3-35)

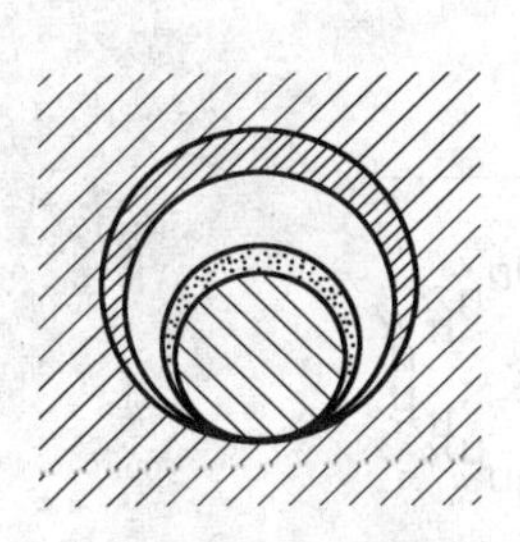

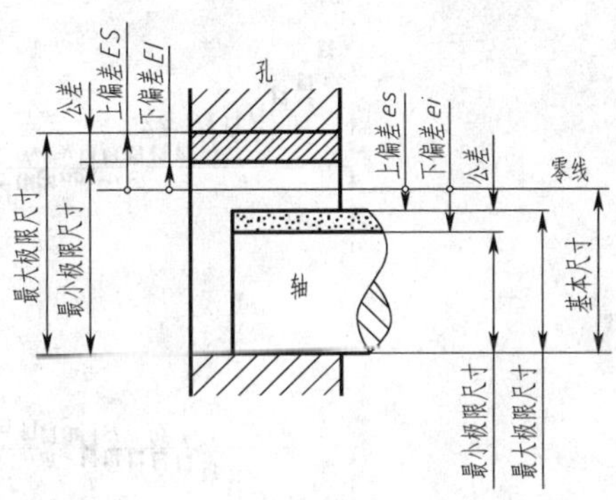

图 3-35　公差的有关术语

①基本尺寸：设计时确定的尺寸。

②实际尺寸：实际测量获得的尺寸。

③极限尺寸：允许尺寸变化的两个极限值。两个极限尺寸中较大的一个称为最大极限尺寸，较小的一个称为最小极限尺寸。

④尺寸偏差(简称偏差)：某一尺寸减其基本尺寸的代数差。最大极限尺寸减其基本尺寸的代数差称为上偏差；最小极限尺寸减其基本尺寸的代数差为下偏差；上、下偏差统称为极限偏差。偏差可以为正值、负值或零。

国家标准规定：孔的上偏差代号为 ES，下偏差代号为 EI；轴的上偏差代号为 es，下偏差代号为 ei。

⑤尺寸公差(简称公差)：尺寸的允许变动量。公差等于最大极限尺寸与最小极限尺寸的代数差的绝对值；也等于上偏差与下偏差的代数差的绝对值。

⑥公差带和公差带图

为便于分析，将尺寸公差与基本尺寸的关系，按比例放大画成简图，称为公差带图(图 3-36)。在公差带图中，上、下偏差的距离应成比例，公差带方框的左右长度则根据需要任意确定。一般用斜线表示孔的公差带，加点表示轴的公差带，如图在公差带图中，代表基本尺寸的一条直线称为零线，正偏差位于上方，负偏差位于下方，由代表上、下偏差的两条直线所限定的一个区域，叫公差带。在国标中，公差带包括了“公差带大小”与“公差带位置”两个特征，前者由标准公差等级确定后者由基本偏差确定。

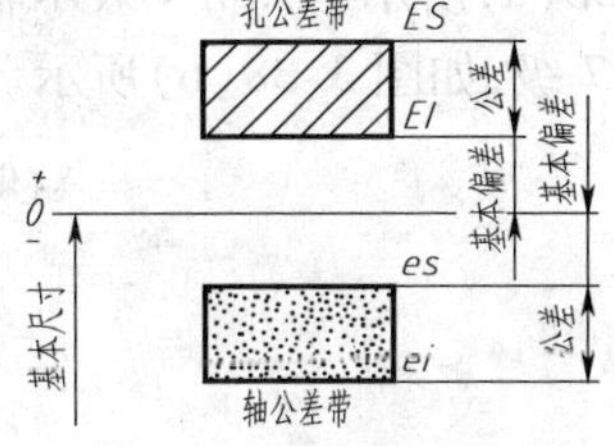

图 3-36　公差带图

⑦公差等级及标准公差确定尺寸精确的等级称作公差等级。国标将公差等级分为20级：IT01、IT0、IT1……IT18，IT表示标准公差，公差等级代号用阿拉伯数字表示。从IT01至IT18，等级依次降低，而相应的公差值依次增大。标准公差是基本尺寸的函数，对于一定的基本尺寸，公差等级越高，标准公差值越小，尺寸的精确程度越高。国家标准把≤500 mm的基本尺寸范围分成13段，按不同的公差等级列出了各段基本尺寸的公差值，可从附录中查取，其中，IT01～IT12用于配合尺寸，IT12～IT18用于非配合尺寸。

⑧基本偏差用来确定公差带相对于零线位置的上偏差或下偏差，一般指靠近零线的那个偏差。当公差带位于零线上方时，基本偏差为下偏差；位于零线下方时，基本偏差为上偏差。根据实际需要，国家标准分别对孔和轴各规定了28个基本偏差代号，如图3-37所示。

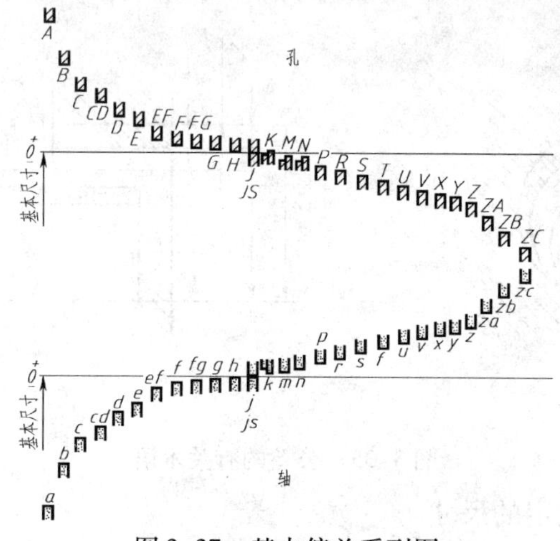

图3-37　基本偏差系列图

由图3-37的基本偏差系列图中可知：

基本偏差用拉丁字母（一个或两个）表示，大写字母代表孔，小写字母代表轴。轴的基本偏差从 *a*～*h* 为上偏差，从 *j*～*zc* 为下偏差。*js* 的上下偏差分别为+IT/2和-IT/2。*h* 的基本偏差为零，用于基轴制的基准轴。

孔的基本偏差从 *A*～*H* 为下偏差，从 *J*～*ZC* 为上偏差。*JS* 的上下偏差分别为+IT/2和-IT/2。*H* 的基本偏差为零，用于基孔制的基准孔。

⑨孔、轴的公差带代号公差带的位置已由基本偏差确定，公差带的大小由标准公差等级确定，因此，由基本偏差代号与标准公差等级的组合称为孔或轴的公差带代号。例如：ϕ50H8表示孔的公差带代号，基本尺寸为50，基本偏差代号为 *H*（即基准孔），公差等级为8级，如图3-38（a）所示。ϕ50*f*7表示轴的公差带代号所示，基本尺寸为50，基本偏差代号为 *f*，公差等级为7级，如图3-38（b）所示。

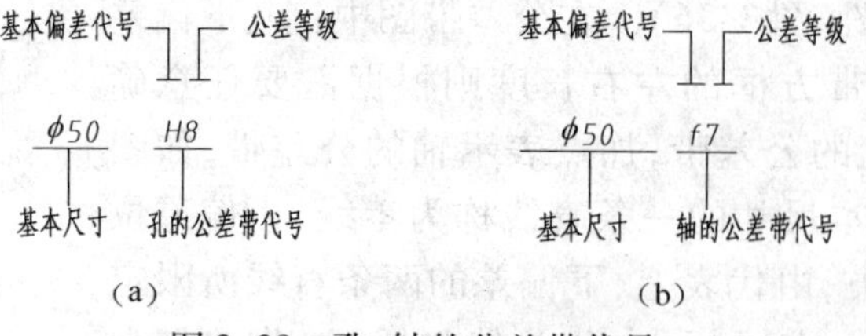

图3-38　孔、轴的公差带代号

2. 配合

在机器装配中,将基本尺寸相同的孔和轴装配在一起,其孔、轴公差带之间的关系称为配合。在实际生产中,由于孔和轴实际尺寸不同,装配后可能出现不同的松紧程度,国标把配合反应的松紧程度分为“间隙”和“过盈”。

(1)间隙配合。孔轴装配时,孔的实际尺寸比轴的实际尺寸大时,为间隙配合。此时孔的公差带完全在轴的公差带之上,任取其中一对孔和轴相配都成为具有间隙的配合(包括最小间隙为零的配合),如图3-39(a)所示。由于孔和轴有公差,所以实际间隙量的大小随孔和轴的实际尺寸而变化。孔的最大极限尺寸减轴的最小极限尺寸所得的代数差,称为最大间隙;孔的最小极限尺寸减轴的最大极限尺寸所得的代数差,称为最小间隙。

(2)过盈配合。孔轴装配时,孔的实际尺寸比轴的实际尺寸小时,为过盈配合。此时孔的公差带完全在轴的公差带之下,任取其中一对孔和轴相配都成为具有过盈的配合(包括最小过盈为零),如图3-39(b)所示。同理,实际过盈量也随着孔和轴的实际尺寸而变化。孔的最小极限尺寸减轴的最大极限尺寸所得的代数差。称为最大过盈;孔的最大极限尺寸减轴的最小极限尺寸所得的代数差,称为最小过盈。

(3)过渡配合。孔和轴的公差带相互交叠,任取其中一对孔和轴相配,其配合可能具有间隙,也可能具有过盈,如图3-39(c)所示。在过渡配合中,配合的极限情况是最大间隙和最大过盈。

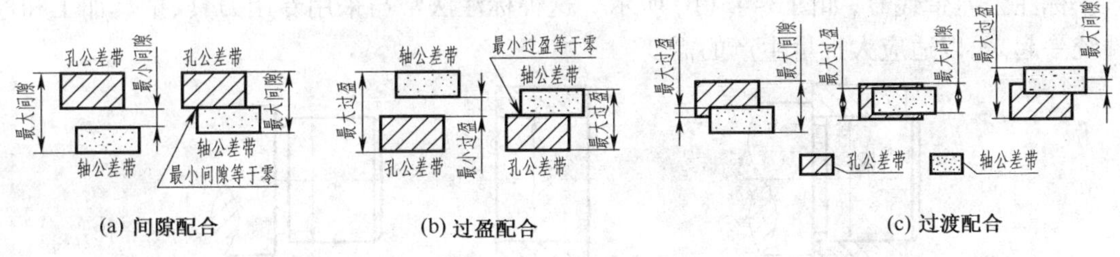

图3-39　三类配合的公差带图

3. 配合制

为了得到孔和轴之间各种不同性质的配合,需要制定孔与轴的公差带,而如果孔与轴公差带都可以任意变动,则变化情况太多,不便于零件的设计与制造。为此,国标对配合规定了两种配合制,即基孔制配合与基轴制配合。

(1)基孔制配合。基本偏差为一定的孔的公差带,与具有不同基本偏差的轴的公差带形成各种配合。基孔制的孔为基准孔,如图3-40。国标规定基准孔的基本偏差代号为“H”,即孔的下偏差为零的一种配合制。

(2)基轴制配合。基本偏差为一定的轴的公差带,与具有不同基本偏差的孔的公差带形成各种配合。基轴制的轴为基准轴,如图3-41所示。国标规定基准轴的基本偏差代号为“h”,即孔的下偏差为零的一种配合制。

4. 公差与配合的选用

(1)配合制度的选用

一般情况下,优先选用基孔制。因为加工孔比加工轴困难,所用的刀、量具尺寸规格也较多。采用基孔制,可大大缩减定值刀、量具的规格和数量。只有在具有明显经济效果或在同一基本尺寸的轴上装配几个不同配合的零件时,才采用基轴制。

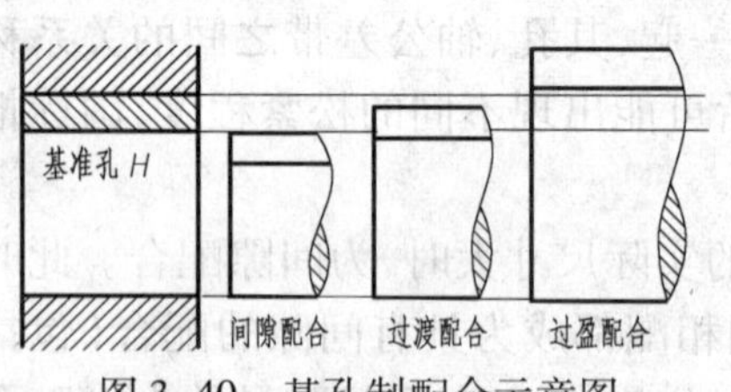

图 3-40　基孔制配合示意图

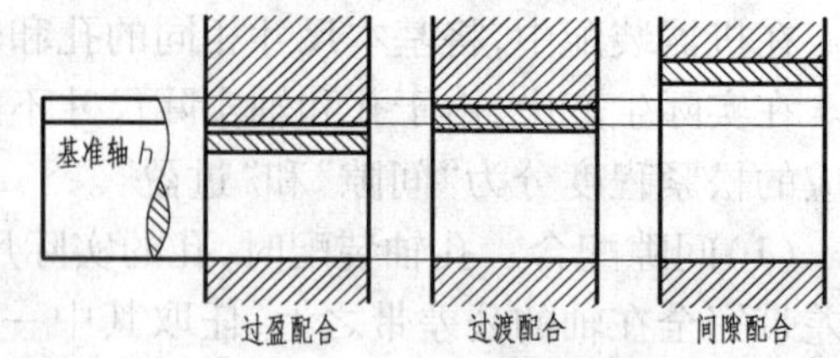

图 3-41　基轴制配合示意图

与标准件配合时,基准制的选择通常依标准件而定。如:与滚动轴承内圈配合的轴应采用基孔制;与滚动轴承外圈配合的孔应采用基轴制。

(2)公差等级的选用

由于孔比同级轴加工困难,一般在配合中选用孔比轴低一级的公差等级,如 *H*8/*h*7。

为降低加工成本,在满足使用要求的前提下,尽量扩大公差值,即选用较低的公差等级。

5. 公差与配合的标注

(1)在装配图中的标注方法

配合的代号由两个相互配合的孔和轴的公差带代号组成,用分数形式表示,分子为孔的公差带代号,分母为轴的公差带代号,通用形式如图 3-42(a)、3-43(a)、3-45(a)所示。

(2)在零件图中的标注方法

①标注公差带代号,如图 3-43(b)所示。这种标注法常与采用专用刀具、量具加工和检验零件统一起来,以适应大批量生产的需要。

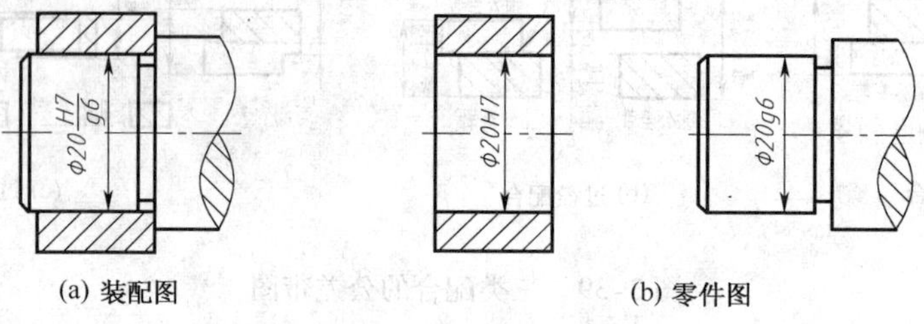

(a) 装配图　　(b) 零件图

图 3-42　用代号标注公差配合

②标注极限偏差值,如图 3-43(b)所示。上偏差注在基本尺寸的右上方,下偏差注在基本尺寸右下方,偏差的数字应比基本尺寸数字小一号,并使下偏差与基本尺寸在同一底线上。如果上、下偏差数值相同时,则在基本尺寸之后标注"±"符号,再填写一个极限偏差数值,这时,极限偏差数值与基本尺寸数值同字号,如图 3-44 所示。这种情况主要用于少量或单件生产,由于标注的数值与量具(游标卡尺或千分尺)的读数一致,从而便于加工和检验。

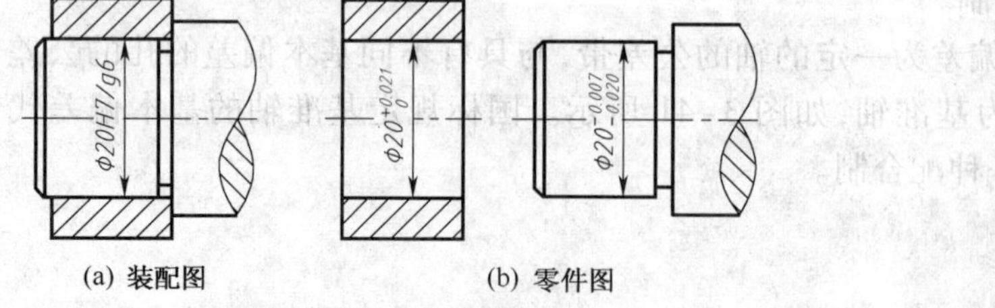

(a) 装配图　　(b) 零件图

图 3-43　标注极限偏差　　图 3-44　上下偏差数值相同时

③同时标注公差带代号和极限偏差数值,如图 3-45(b)所示,该注法适合产品试制阶段。

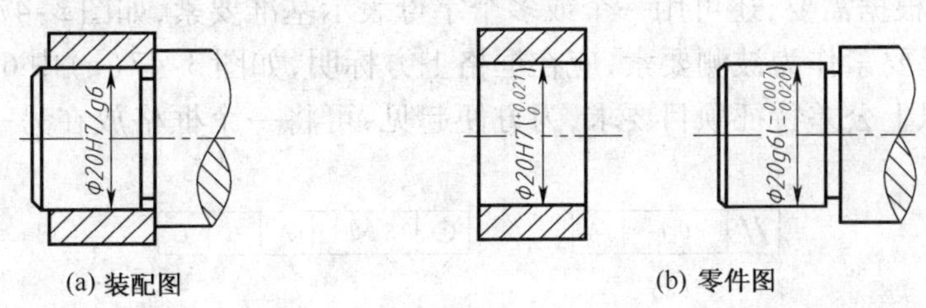

(a) 装配图　　　　(b) 零件图

图 3-45　既标注代号又标注偏差值

三、几何公差的标注

1. 基本概念

几何公差是指其零件的实际形状和位置对理想形状和位置的变动量。一般情况下，零件的几何公差可由尺寸公差、机床的精度和加工工艺加以保证，因此，只有在要求较高的零件部位才在图样上标注几何公差，几何公差包括形状、方向、位置和跳动公差。

2. 几何公差的标注

(1)几何公差的特征项目及符号

国标所规定的几何公差的特征项目及符号见表 3-6。

表 3-6　几何公差的特征项目及符号

公差类别	几何特征	符号	有无基准要求	公差类别	几何特征	符号	有无基准要求
形状	直线度	—	无	方向公差	平行度	//	有
	平面度	▱	无		垂直度	⊥	有
	圆度	○	无		倾斜度	∠	有
	圆柱度	⌭	无	位置公差	位置度	⌖	有或无
形状或位置公差	线轮廓度	⌒	有或无		同轴度	◎	有
					对称度	⌯	有
	面轮廓度	⌓	有或无	跳动公差	圆跳度	↗	有
					全跳度	⌰	有

(2)几何公差框格

在图样中，几何公差应以框格的形式进行标注，其标注内容及框格等的绘制如图 3-46(a)所示。

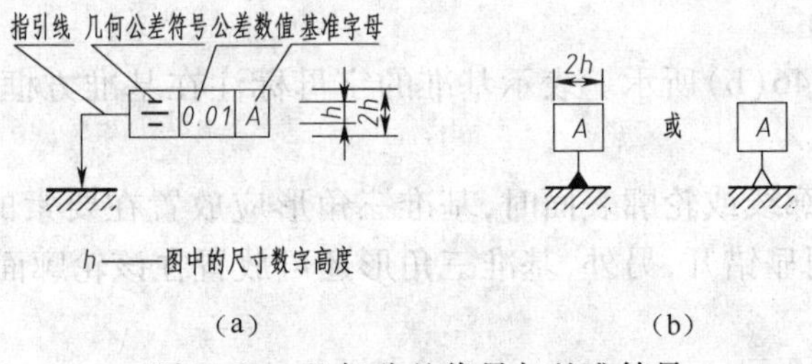

图 3-46　几何公差代号与基准符号

构成零件几何特征的点、线、面统称为要素，要素分为基准要素与被测要素，被测要素用带箭头的指引线与框格相连，基准要素用字母注写在框格的最后项内，并在视图上作出相应标记，如图 3-46(b)。

公差值一般为线性值，如果公差带是圆形或圆柱形的，则在公差值前加注φ，若公差带是球形则加注“$s\phi$”；根据需要，还可用一个或多个字母表示基准要素，如图3-47(b)所示。

当有一个以上要素作为被测要素，应在框格上方标明，如图3-47(c)中$6\times\phi$；如果对同一被测要素有一个以上公差特征项目要求，为方便起见，可将一个框格放在另一框格的下面，如图3-47(d)所示。

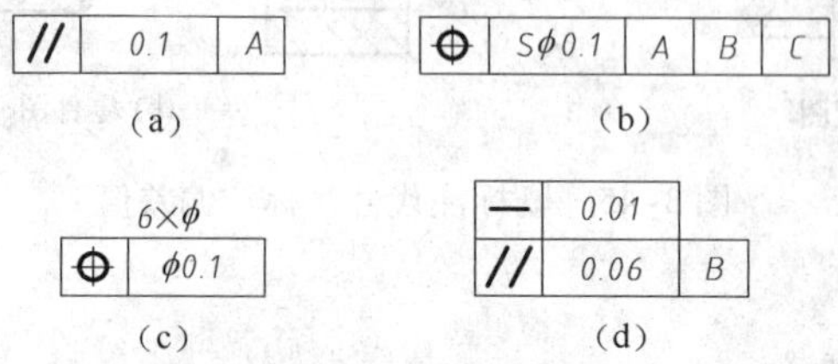

图3-47　公差值、被测要素、基准要素的注法

(3)被测要素的标注

被测要素与公差框格之间用一带箭头的指引线相连[图3-46(a)]。

①当被测要素是轮廓线或表面时，将箭头置于要素的轮廓线或轮廓线的延长线上，但必须与尺寸线明显分开(图3-48)。

②当被测要素为实际表面时，箭头可置于带点的参考线上，该点应在实际表面上(图3-49)。

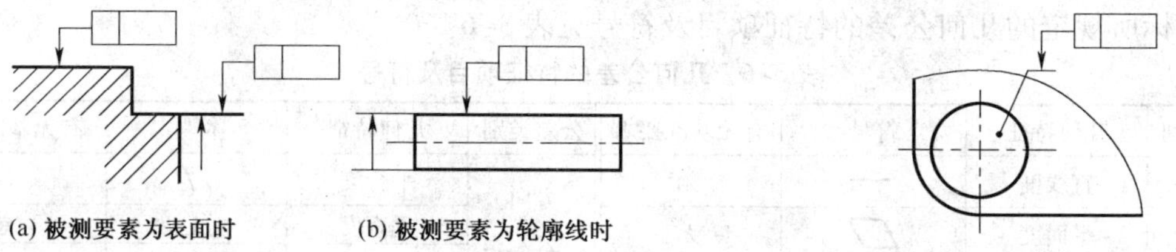

(a) 被测要素为表面时　　(b) 被测要素为轮廓线时

图3-48　被测要素为轮廓线或表面时

图3-49　被测要素为实际表面时

③当被测要素是轴线、中心平面或带尺寸要素确定的点时，则带箭头的指引线应与尺寸线的延长线重合(图3-50)。

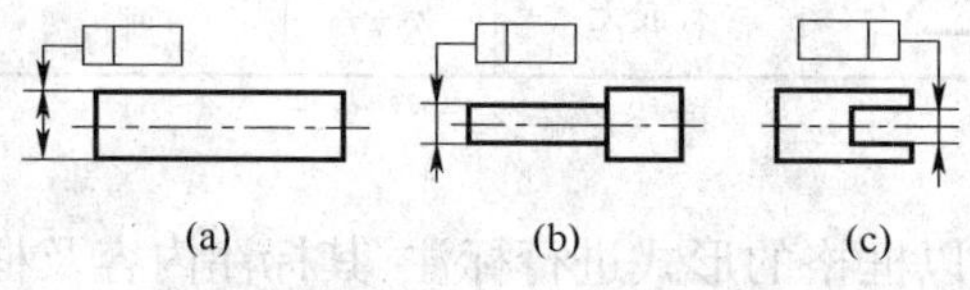

(a)　(b)　(c)

图3-50　被测要素为轴线、中心平面时

(4)基准要素的标注

基准的表示如图3-46(b)所示。表示基准的字母标注在基准方框内，该方框与一个涂黑的或空白的三角形相连。

①当基准要素是轮廓线或轮廓表面时，基准三角形应放置在要素的外轮廓线上或它的延长线上，但应与尺寸线明显错开，另外，基准三角形还可放置在该轮廓面引出线的水平线上，如图3-51所示。

②当基准要素是轴线、中心平面(线)或由带尺寸的要素确定的点时，则基准三角形应与尺寸线对齐(图3-52)。如尺寸线处安排不下两个箭头，则另一箭头省略如图3-53所示。

3. 几何公差的识读

如图3-54所示的几何公差综合标注实例，图中各代号含义如下：

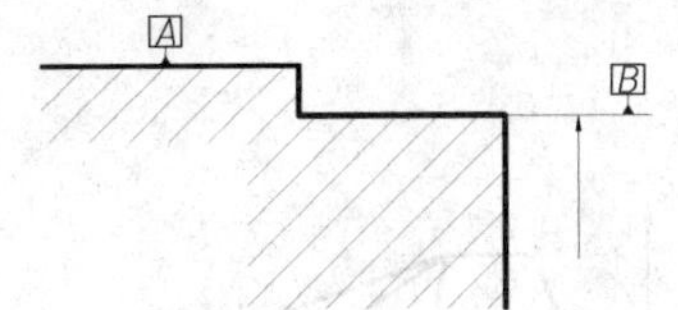

图 3-51　基准要素为轮廓表面时

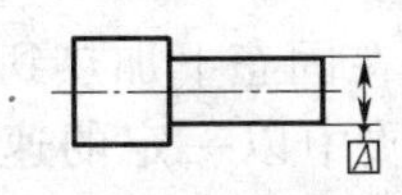

图 3-52　基准要素为轴线或中心平面

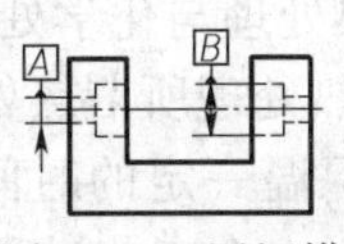

图 3-53　用短横线代替箭头

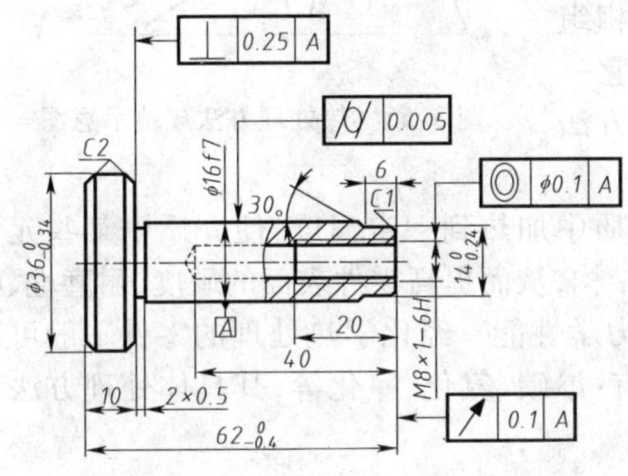

图 3-54　几何公差的综合标注举例

①基准 A 为 $\phi16$ 圆柱的轴线。

②$\phi16f\ 7$ 圆柱面的圆柱度公差为 0.005 mm。

③$M8\times1$ 的轴线相对于基准 A 的同轴度公差为 $\phi0.1$。

④$\phi36\ _{-0.34}^{\ 0}$ 的右端面对基准 A 的垂直度公差为 0.025。

⑤$\phi14\ _{-0.24}^{\ 0}$ 的右端面对基准 A 的圆跳动公差为 0.1 mm。

四、零件的常用材料及其表示法

1. 常用材料

制造零件的材料不仅影响机器的制造成本，而且还影响机器的工作性能和使用寿命。因此在设计机器时，为满足零件的使用要求、工艺要求及经济指标应合理地选择制造零件的材料。

(1)铸铁　铸铁是含碳量大于 2% 的铁碳合金。铸铁是脆性材料，不能进行轧制和锻压，但具有良好的液态流动性，形状复杂的零件毛坯都是用铸铁以铸造的方法制造出的。另外，铸铁的减振性、可加工性、耐磨性都比较好且价格低廉，因此，应用较为广泛。常用铸铁的名称牌号、分类及用途见附录。

(2)碳钢与合金钢　钢是含碳量小于 2% 的铁碳合金。一般来说，钢的强度高、塑性好可以锻造，而且通过不同的热处理或化学处理可改善和提高其力学性能，以满足不同的使用要求。钢的种类很多，有不同的分类方法：按碳的含量可分为低碳钢($\omega_c \leqslant 0.25\%$)、中碳钢($\omega_c > 0.25\% \sim 0.60\%$)、高碳钢($\omega_c > 0.60\%$)；按化学成分可分为碳素钢、合金钢；按质量可分为普通钢、优质钢；按用途可分为结构钢、工具钢、特殊钢等。常用钢的名称、牌号、分类及用途见附录。

(3)有色金属合金　通常将钢、铁称为黑色金属，将其他金属统称为有色金属。纯有色金属在机械制造中应用较少，一般使用的是有色金属合金。有色金属与黑色金属相比价格昂贵，因此，仅用于减摩、耐磨、抗腐蚀等有特殊要求的情况下。常用的有色金属合金是铜合金和铝合金等，它们的名称、牌号、分类及用途见附录。

(4)非金属材料　常用的非金属材料有铸型尼龙、工程塑料、橡胶等，其性能及应用请查阅有关手册。

(5)复合材料　由两种或两种以上的金属或非金属材料复合而成的一种新型材料。复合材料目前成本尚高，但它是材料工业发展的方向之一，相信随着复合材料的发展和不断完善，复合材料将得到广泛的应用。

2. 热处理与化学处理简介

(1)热处理所谓热处理是指将钢在固态下加热到一定温度,保温一定的时间,然后在介质中以一定的速度冷却,这样一个工艺过程,图3-55是热处理方法规范示意图。热处理是将加热温度、保温时间、冷却速度和介质等方法有机配合,从而改变金属材料的内部金相组织,改善其力学性能和机械性能的一种工艺方法,它一般不改变零件的化学成分或形状。常用的热处理方法及用途详见附录。

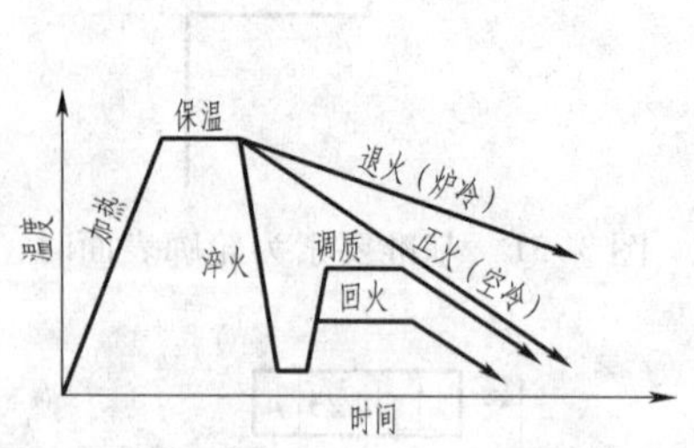

图3-55　热处理方法规范示意图

(2)化学处理化学热处理就是将零件在化学介质中加热到一定温度,使介质中某些元素的原子渗入其表层,以改变零件表层的化学成分和结构,从而提高零件表面的硬度、耐磨性、耐腐蚀性和表面的美观程度等,而心部仍保持原来的力学性能。经化学热处理的零件一般可以获得"外硬内韧"的性能。常用的化学热处理方法有:渗碳、氮化、氰化等,其具体处理方法及用途详见表附录。

3. 金属的表面处理

表面处理是在金属表面增设保护层的工艺方法。它起着防蚀、装饰和改善表面的机械物理性能(耐磨、导电、绝缘、反光等)的作用。

(1)钢制件的保护层

①镀锌——镀锌零件在空气中有良好的耐蚀性,且费用低,应用广泛。有时为了避免使钢件直接与铝、镁或铜合金接触,常使用镀锌法保护。锌本色日久变暗,故不作装饰之用。

②镀镉——镀镉件比镀锌件稳定,在海水及其蒸汽中有很强的耐蚀性。镀镉层柔软,且有弹性,对零件贴合封严极有利,但镉层不耐磨,镉盐有毒且稀少,应慎用。

③镀镍——镍在大气、海水、尤其在海水中有良好的抗蚀性。镍层抛光后外表美观。

④发蓝(发黑)——使钢件表面形成一层氧化膜。发蓝主要用于良好大气条件件下工作的零件,涂油可提高其防护性能。氧化膜极薄,对零件表面粗糙度和尺寸精度影响很小,所以常用于尺寸精确或需黑色表面的零件。

(2)铝、镁合金的保护层

铝、镁合金表面处理的方法主要是阳极化。即将零件作为直流电路的阳极,进行氧化处理。阳极化可提高铝、镁合金的防蚀和耐磨能力。由于氧化膜可以成黄、黑、蓝、红、绿或紫色,所以它具有装饰性。

(3)铜合金的保护层

铜合金保护层基本上与钢相似,可以镀锌、镉、铬、镍或锡等。还可予以钝化处理,使铜合金表面形成氧化膜。

零件的热处理、表面处理要求一般均用文字在零件图的技术要求中加以说明。

第五节　各类零件的表达特点及构型

一、轴、套类零件

1. 轴、套类零件的结构特点和构型分析

所有作回转运动的传动零件(如齿轮等),都必须安装在轴上才能进行运动和动力的传递,所以轴的主要功用是支承传动零件及传递运动和动力。套一般是安装在轴上,起轴向定位、传动或连接作用。因此,轴、套类零件一般由若干段同轴回转体组成,为了轴上零件的固定和密封以及便于安装和加工,轴上还有倒角、圆角、退刀槽、键槽等结构(图 3-1)。

2. 轴、套类零件的视图选择及表达特点

(1)轴、套类零件一般在车床上加工,加工方法单一,所以应按加工位置确定零件的安放位置,即轴线为侧垂线。用一个基本视图(主视图)表达各段回转体在轴向方向上的相对位置及轴上键槽、退刀槽等结构的形状和位置。

(2)用断面图、局部剖视图、局部视图、局部放大图等,补充表达键槽、退刀槽、砂轮越程槽和中心孔等局部结构。对长度方向无变化或有规律变化的较长零件还可用折断等简化画法表达。

(3)空心轴、套可用全剖视图、半剖视图或局部剖视图表达其内部结构形状;当内部结构简单时也可用虚线表达。

3. 轴、套类零件的尺寸标注

(1)轴套类零件均以轴线作为径向尺寸基准(即高度和宽度方向的主要基准),重要的轴肩端面是长度方向的主要基准,如图 3-1 中 ϕ35 轴肩的右端面是轴向尺寸的主要基准,轴的左、右两端面是轴向尺寸的辅助基准之一。

(2)重要尺寸,如轴上与轮毂有配合关系的轴径、轴径长度以及与安装零件的宽度有关的尺寸,必须直接标注出来,必要时还可注出其偏差值。其余尺寸多按加工顺序标注。

(3)零件上的标准结构(如倒角、退刀槽、砂轮越程槽、键槽)等,应查阅相应的设计手册按结构的标准尺寸标注。

4. 轴、套类零件的技术要求

(1)有配合要求的表面,其表面结构参数值较小,重要的表面可取 0.8 或 1.6,一般表面可取 1.6 或 3.2。无配合要求的表面,其表面结构参数值较大,可取 6.4 或 12.5。

(2)有配合要求的轴颈尺寸公差等级较高,公差较小。无配合要求的轴颈尺寸公差等级较低,或不需标注公差。

(3)有配合要求的轴颈和重要的端面应有几何公差的要求。

5. 轴、套类零件的构型

轴的结构取决于轴的受力情况、轴上零件的布置和固定方式,以及轴的支座类型等条件。由于影响轴结构的因素很多,构型时必须根据不同情况进行具体分析。一般地说,轴的构型应满足下列要求:轴和装配在轴上的零件要有准确的工作位置;轴上零件应便于装拆和调整,轴应有良好的制造和装配工艺性;以及应使轴受力合理、有利于节约材料和减轻重量等。

轴的结构是多种多样的,没有统一的标准,现以图 3-56 所示的一级减速器中的低速轴为例,说明轴的结构特点与构型规律间的关系。

图中轴的 d_1d_2 两轴段装配在滚动轴承中,并通过滚动轴承支撑在箱体上,这两个轴段称为轴颈,是轴的支承部分,按构型规律分析可看作是轴的“安装部分”;轴的 d、d_4 两轴段上安装着联轴器和齿轮,称为轴头,可看作是轴的“工作部分”;将轴颈和轴头连接在一起的 d_3 及其他轴段则称为轴身,可看作是轴的“连接部分”。

从便于加工的角度出发,轴的外形越简单越好,最简单的轴是一根光轴。但由于轴上依次要安装联轴器、齿轮等零件,为了满足强度要求和便于轴上零件的装拆与固定,实际上必须设计成阶梯轴,如图 3-56 所示。

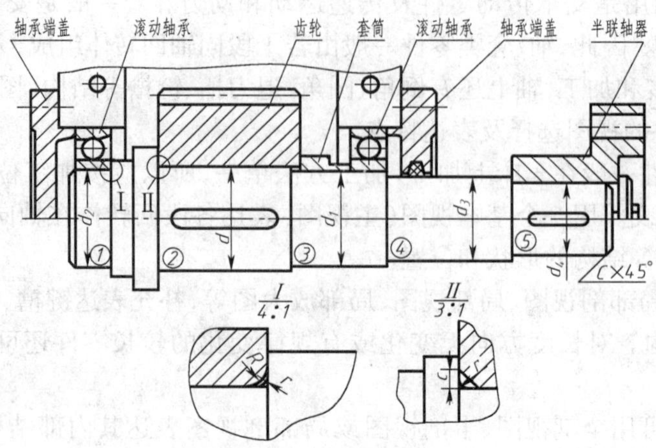

图 3-56 轴上零件装配与轴的结构示例

轴的台阶称轴肩，轴肩分为定位轴肩（图 3-56 中的轴肩①、②、⑤）和非定位轴肩（图 3-56 中的轴肩③、④）两类。为避免轴肩处因截面突变而引起应力集中常加工成圆角。为了使轴上零件的端面能紧靠轴肩，轴肩处的圆角 r 应小于配合孔的倒角 C 或圆角 R（图 3-56），而轴肩高度 a 不能小于配合孔的倒角、圆角，尺寸可由有关标准或手册中查取。

为了安装时便于对中及防止锐边伤手和安装表面，轴的端部要加工成45°倒角（图 3-60），倒角尺寸可根据轴径从有关标准或手册中查取。

为了便于加工，轴上常有退刀槽和砂轮越程槽，这些结构的尺寸也可根据轴径查阅有关标准和手册。

二、盘、盖类零件

1. 盘、盖类零件的结构特点和构型分析

盘、盖类零件包括手轮、带轮、齿轮、端盖、阀盖等。盘（如齿轮）一般用来传递动力和扭矩，盖（如轴承端盖）主要起支承、轴向定位以及密封等作用。盘、盖类零件的基本组成部分为回转体，其上常有一些沿圆周分布的孔、肋、槽和齿等结构。这类零件常采用铸（锻）造毛坯再经机械加工，主要在车床和钻床上加工。

2. 盘、盖类零件的视图选择及表达特点

盘、盖类零件常采用两个基本视图，多按主要加工工序的位置安放零件，即轴线为侧垂线，一般取非圆视图为主视图，并采用旋转剖或复合剖切的全剖视图。若圆周上分布的肋、孔等结构不在对称平面上时，则采用简化画法（图 3-57）或旋转剖切（图 3-58）；另外，在视图表达中还采用局部视图表达那些凸台、凹槽及倾斜结构等（图 3-58）。对于轮、盘类零件上的轮辐、肋等结构的截面多用移出断面图或重合断面图表达（图 3-57）。

3. 盘、盖类零件的尺寸标注

（1）盘、盖类零件一般以轴线作为径向尺寸基准（即宽度和高度方向的主要基准），长度方向的主要基准是需经机械加工的大端面（图 3-59）。

（2）重要尺寸主要指轮毂的内径和长度，以及在圆周上分布的孔、槽等结构的定形和定位尺寸。多个小孔、槽的定形尺寸，一般采用图 3-59 中的 6 × ϕ7/⌴ϕ11 ↧5 的形式标注，其中 6 × ϕ7意味着 6 个ϕ7 的小孔均匀分布在圆周上。盘、盖类零件上均匀分布的孔槽，当其中某一孔槽在圆周的中心线上时，则不必标注孔槽的角度定位尺寸。

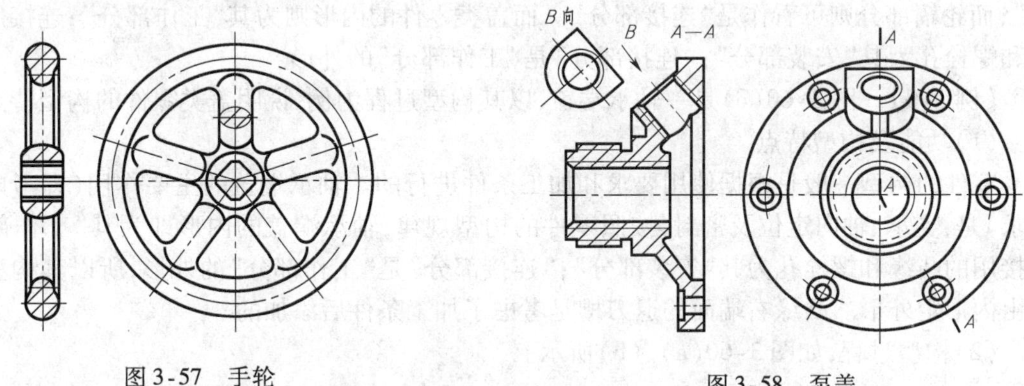

图3-57　手轮　　图3-58　泵盖

（3）其他尺寸应按形体分析法标注，以保证尺寸完整。内外形结构尺寸最好分开标注。

（4）零件上螺孔、键槽等，应按相应的标准标注尺寸。

4. 盘、盖类零件的技术要求

（1）有配合的内、外表面及轴向定位的端面（即零件的轴向基准），表面结构的参数值相应较小（图3-59）。

（2）有配合的孔和轴的尺寸公差相应较小；与其他零件相接触的表面一般有平行度、垂直度、同轴度等几何公差方面的要求（图3-59）。

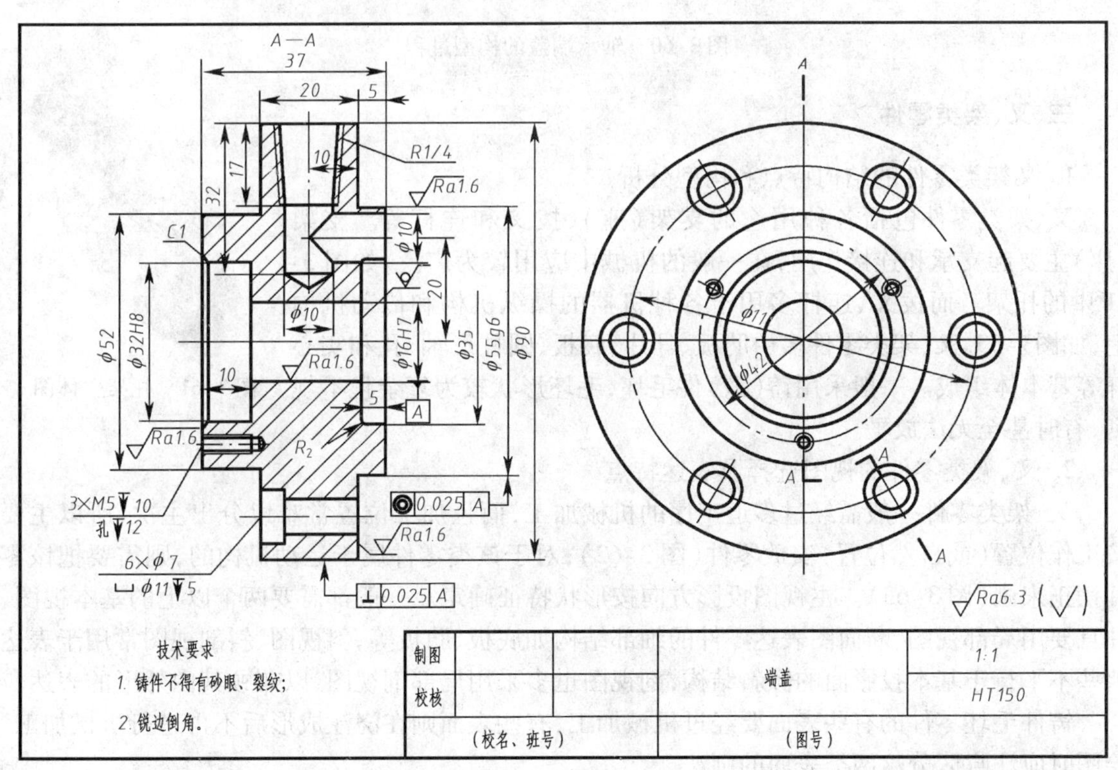

图3-59　端盖零件图

5. 盘、盖类零件的构型举例

盘类零件和盖类零件从形体分析的角度讲，由于基本体多为回转体，所以差别不大，但从构型观点出发，由于它们的"工作部分"在机器或部件中起的作用不同，所以构型特点也完全不同。按照构型规律，盘类零件如齿轮，其轮齿部分是其"工作部分"。轮毂部分是"安装部分”，而轮辐部分则可看作是“连接部分”。而盖类零件的内形则为其“工作部分”；连接用的凸缘和螺栓孔为其“安装部分”；“连接部分”是“工作部分”的外形。

【例 3-6】 图 3-60(c)是一轴承端盖，以其构型过程为例，说明盖类零件的构型特点。

(1)功能及构型特点

零件的构型一般是根据使用要求和加工条件进行的。轴承端盖的主要作用(即考虑使用要求)是：支承、轴向定位及密封，按照零件的构型规律，轴承端盖的内形即为其“工作部分”；连接用的凸缘和螺栓孔为其“安装部分”；“连接部分”是“工作部分”的外形，所以其构型特点是由内形定外形。凸缘右端面的退刀槽是考虑了加工条件后添加的。

(2)构型过程，如图 3-60(a)、(b)所示。

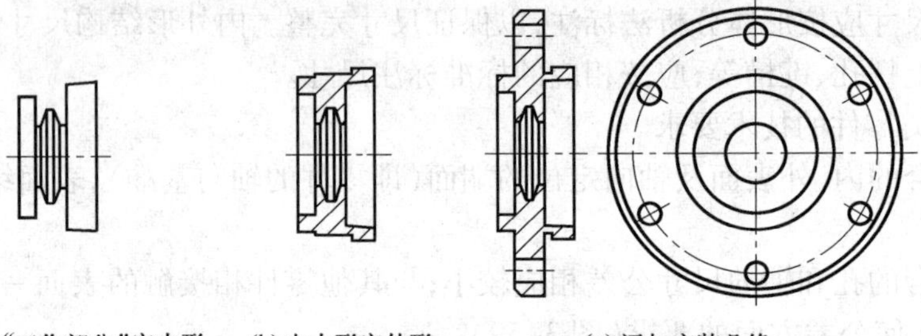

(a)由“工作部分”定内形　(b)由内形定外形　(c)添加安装凸缘

图 3-60　轴承端盖的构型过程

三、叉、架类零件

1. 叉架类零件的结构特点和构型分析

叉、架类零件包括各种用途的支架(座)、拨叉和连杆等。支架(座)主要起支承和连接作用，在一般的机械中应用较为广泛，如图 3-61 中的托架。而拨叉、连杆多用于各种机器的操纵机构和传动机构上，如图3-63。叉、架类零件多由肋板、耳片、底板、圆柱形轴、孔和实心杆等基本体组成。一般采用铸(锻)件毛坯，毛坯形状较为复杂且不规则，有时甚至无法放平。

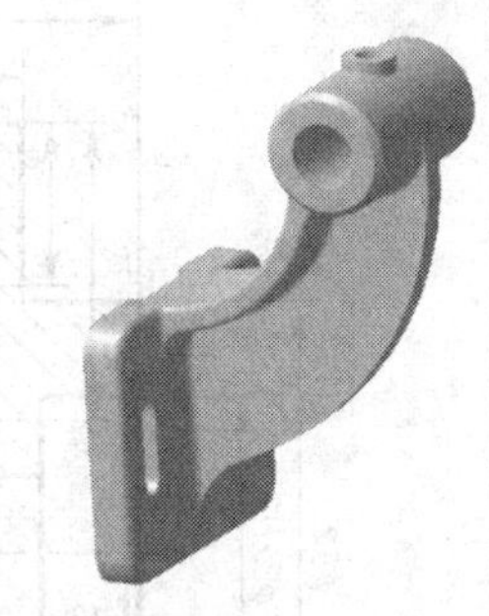

图 3-61　托架立体图

2. 叉、架类零件的视图选择及表达特点

叉、架类零件一般需经过多道工序的机械加工，而且加工位置常难以分出主次，所以主要按工作位置(或自然位置)安放零件(图 3-62)；对于该类零件属于运动机构的，则需要把该零件摆正来画(图 3-63)。主视图投影方向按形状特征确定。一般都需要两个以上的基本视图，并且要用局部视图、断面图表达零件的细部结构如底板、肋板等，斜视图、斜剖视图常用于表达那些不平行于基本投影面的倾斜结构，剖视图也多采用局部剖视图，以兼顾其内外形的表达。

铸件毛坯零件的有些表面要经过机械加工，有些表面则在浇注成形后不再进行机械加工。绘图时应注意区分这两类表面的画法。

3. 叉、架类零件的尺寸标注

(1)长度、宽度、高度方向的主要基准一般为孔的中心线、回转体的轴线、零件的主要对称平面和较大的加工平面。如图 3-62 所示，托架的左端面为长度方向的尺寸主要基准；$\phi38$ 圆柱的中心是高度方向的主要基准；前后对称面是宽度方向的主要基准。

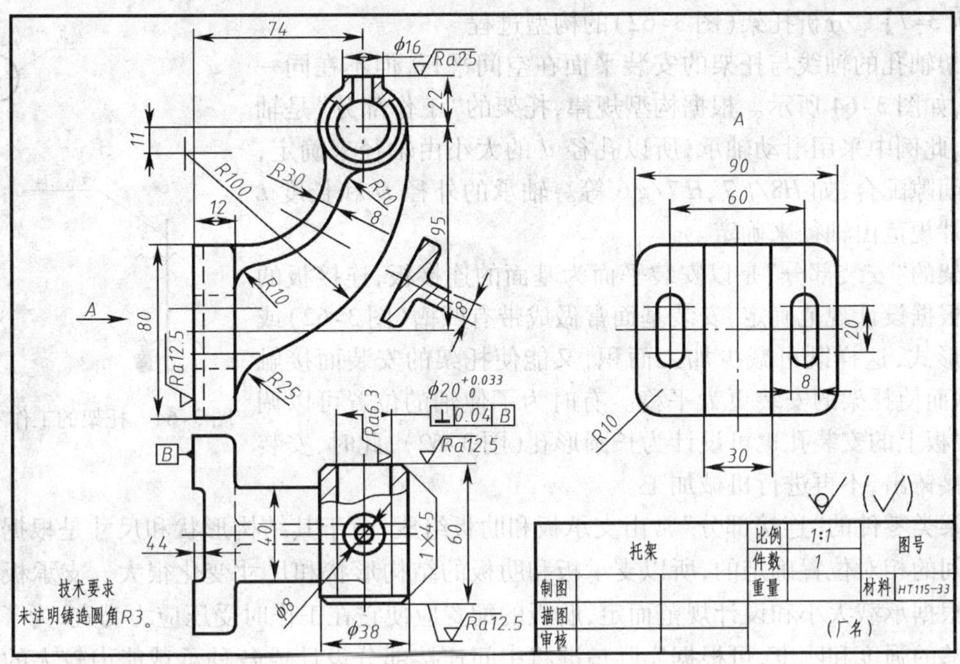

图 3-62 托架零件图

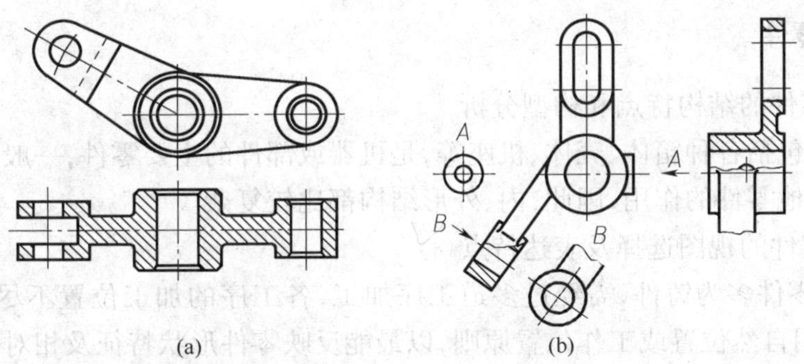

图 3-63 连杆类零件

(2)主要尺寸,一般要标注出孔中心线(或轴线)的距离,或孔中心线(轴线)到平面的距离,或平面到平面的距离,要注意保证其定位精度。

(3)其他非主要尺寸一般都采用形体分析法,按定形尺寸、定位尺寸标注,以便于制作木模。拔模斜度、铸造圆角通常在图上不标注,而是作为技术要求统一注写。

4. 叉、架类零件的技术要求

叉、架类零件上,起支承或连接作用的轴孔一般都有配合要求。支架类零件,为了保证轴在机架上有确定的位置,轴孔的轴线与底座定位面间的相对几何关系特别重要,所以定位面与轴孔的轴线一般有平行度或垂直度的要求。而拨叉、连杆类零件,则轴孔间的轴线一般有平行度的要求。

轴承孔的表面结构的参数值一般相对较小,其次为轴承孔端面和安装底面。

5. 叉、架类零件的构型举例

叉、架类零件主要起支承和连接作用,形状较为复杂且不规则,其构型常常是根据轴孔和安装面的位置确定零件的主要形状。

【例3-7】 分析托架(图3-62)的构型过程。

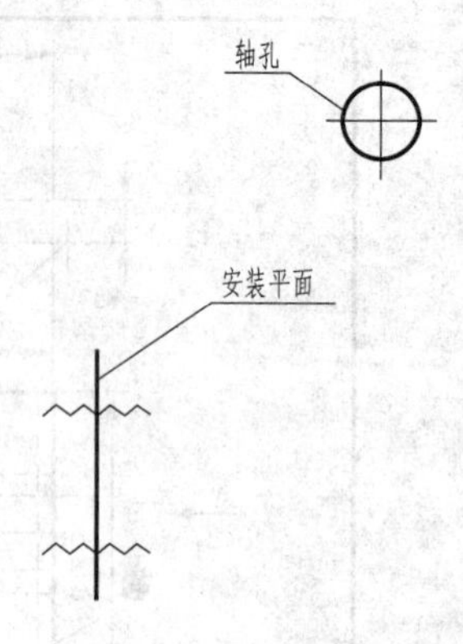

图3-64　托架的工作示意图

托架轴孔的轴线与托架的安装平面在空间平行,但不在同一平面内,如图3-64所示。根据构型规律,托架的“工作部分”是轴孔部分,此例中采用滑动轴承,所以孔径 d 的大小由轴径来确定,且常用间隙配合,如 $H8/f7$、$H7/g6$ 等。轴承的外径 D 和长度 L 根据设计规范由轴径来确定。

托架的“安装部分”是以安装平面为基面的连接板,连接板的厚度可根据设计规范确定,安装基面常做成带有凹槽(图3-62)或凹坑的形式,这样既可减少加工面积,又能使托架的安装面接触良好,从而使托架的安装更为平稳。有时为了使轴的位置可以调节,连接板上的安装孔也可设计为长圆形孔(图3-62),此时,安装孔可直接铸出,不再进行机械加工。

支架类零件的“连接部分”常由支承板和肋板组成,由于其结构形状和尺寸是根据轴和安装基面间的相对位置确定的,所以支承板和肋板的结构形状和尺寸变化很大。支承板和肋板的厚度根据承载大小和设计规范而定,肋板的配置应使它在工作时受压应力为宜,为了保证轴承有足够的强度和刚度,可根据实际情况将中间连接部分设计成各种承载能力较大的断面如“⊥”形(图3-61)、“十”形、“工”形等。

四、箱体类零件

1. 箱体类零件的结构特点和构型分析

箱体类零件包括各种箱体、壳体、机座等,是机器或部件的主要零件,一般起支承、容纳、保护运动零件和其他零件的作用,因此,内、外形结构都比较复杂。

2. 箱体类零件的视图选择及表达特点

(1)箱体类零件多为铸件,需经过多道工序加工,各工序的加工位置不尽相同,因而选择主视图时,常采用自然位置或工作位置原则,以最能反映零件形状特征及相对位置的一面作为主视图的投影方向。箱体类零件一般都需要3个以上的基本视图来表达,内部结构常采用剖视图表达,对于倾斜结构多采用斜视图、斜剖,凸台、凹坑多采用局部视图。图3-65是减速器底座(箱体)零件图,按工作位置放置,沿齿轮传动轴线方向作为主视图的投影方向。为了表达用来安装油标、螺塞的螺孔和定位销孔、轴承座旁螺栓孔等,主视图上共有4处采用局部剖视图。俯视图上为了表达箱边转角处的形状和安装孔也采用局部剖视图。左视图用 *A—A* 全剖视图表达了轴承孔内腔的形状。另外通过 *B—B* 和 *C—C* 局部剖视图表达了轴承座旁螺栓孔凸台的形状和吊钩的结构形状。

(2)箱体类零件结构形状复杂,常会出现截交线和相贯线,由于它们是铸件毛坯,所以转化为过渡线,要认真分析各种交线并予以合理表达。还应注意铸件的工艺结构,如铸造圆角、拔模斜度等的画法。

3. 箱体类零件的尺寸标注

在标注箱体类零件的尺寸时,应首先考虑尺寸的基准问题,先行标注出功能尺寸,并运用形体分析法,补充各结构的定形尺寸和定位尺寸。

(1)通常选用主要轴孔的轴线、重要的安装面、结合面(或加工面)、箱体某些主要结构的对称平面作为尺寸基准。图 3-65 所示减速器箱体，以箱体的底面（安装面）作为高度方向的主要基准；以左轴承孔的轴线作为长度方向的主要基准；以前后对称面作为宽度方向的主要基准。

（2）箱体零件的定位尺寸较多，尤其是各孔的中心线（或轴线）间的距离一定要直接注出如图 3-65 中的 70 ±0.08。

（3）对于箱体上需要切削加工的部分，应尽可能按便于加工和检验的要求来标注尺寸。

4. 箱体类零件的技术要求

（1）重要的箱体孔及其轴线和重要的表面应该有尺寸公差和形位公差的要求。如图 3-67 中轴承孔均需与滚动轴承配合，因此轴承孔都注有尺寸公差，并采用基轴制。两轴承孔间的位置，由中心距尺寸公差（70 ±0.08）及平行度予以保证。

（2）箱体的重要表面和轴孔表面，其表面结构的参数值相对较小。

5. 箱体类零件的构型举例

零件的构型取决于它在机械中的地位和作用以及与其他零件间的依存关系。箱体类零件的构型，按构型规律仍是三部分，即“工作部分”、“安装部分”和“连接部分”。现以减速器箱体（图 3-65）为例，说明箱体类零件的构型特点和过程。

减速器箱体的主要功用是支承转轴和轴上的齿轮，从而确保齿轮传动正确的啮合运动；同时，它还与箱盖一起组成包容空腔以实现容纳运动零件和其他相关零件，以及密封、润滑等要求。箱体的基本形状正是由这些功能要求确定的。

一个零件要能起到支承轴的作用，就必须具有安装轴的“工作部分”和支持在地基（或其他基体零件）上的“安装部分”。单纯从支承轴功能来讲，图 3-66（a）的零件构型可以胜任。但是由于传动轴上装有齿轮，为保证齿轮转动所必需的空间，拉长其“工作部分”和“安装部分”之间的“连接部分”，以增大“工作部分”和“安装部分”之间的距离。另外“连接部分”还要保证一定的强度和刚度要求，为此，在连接支承板上再配置加强肋，使零件的构型趋于合理。于是就演变为图 3-66（b）所示的典型轴承座结构。

但是对于减速器箱体的构型，如果只用一个轴承座，则齿轮只能装在轴承座的某一侧，形成悬臂梁支承，这不利于承受较大的载荷，也不易保证齿轮的正确啮合。为此，采用双支点，使单轴承座演变为双轴承座连接的形式［图 3-66（c）］从而使支承改变为简支梁。

又由于减速器的箱体除需要支承两根转轴，两轴之间又要保证精确的相对位置外，另外还需要满足容纳传动零件、储油、密封、便于零件安装等要求，所以连为一体的两轴承座进一步演变为上部开放的箱体［图 3-66（d）］。为了与箱盖连接，要加上箱边，箱边上应该有定位销孔和连接螺栓孔。同时，还要满足润滑、密封、吊装等方面的要求和细节结构，如集油沟、油标、吊钩等。

减速器箱体的构型还可换个角度来考虑，表 3-7 给出了整个构型过程，即首先考虑减速器箱体容纳零件的作用，故初步构型为一上部敞开的箱体（表 3-7 中第①、②步）。其次考虑箱体与箱盖的连接需要，为箱体加上连接板箱边（表 3-7 中第③、④步）。然后考虑减速器箱体支承轴的作用，箱体演变出轴承孔、凸缘、肋等结构（表 3-7 中第⑤～⑦步）。基本构型完成后，再进一步考虑吊装、密封等细节结构（表 3-7 中第⑧～⑩步）。

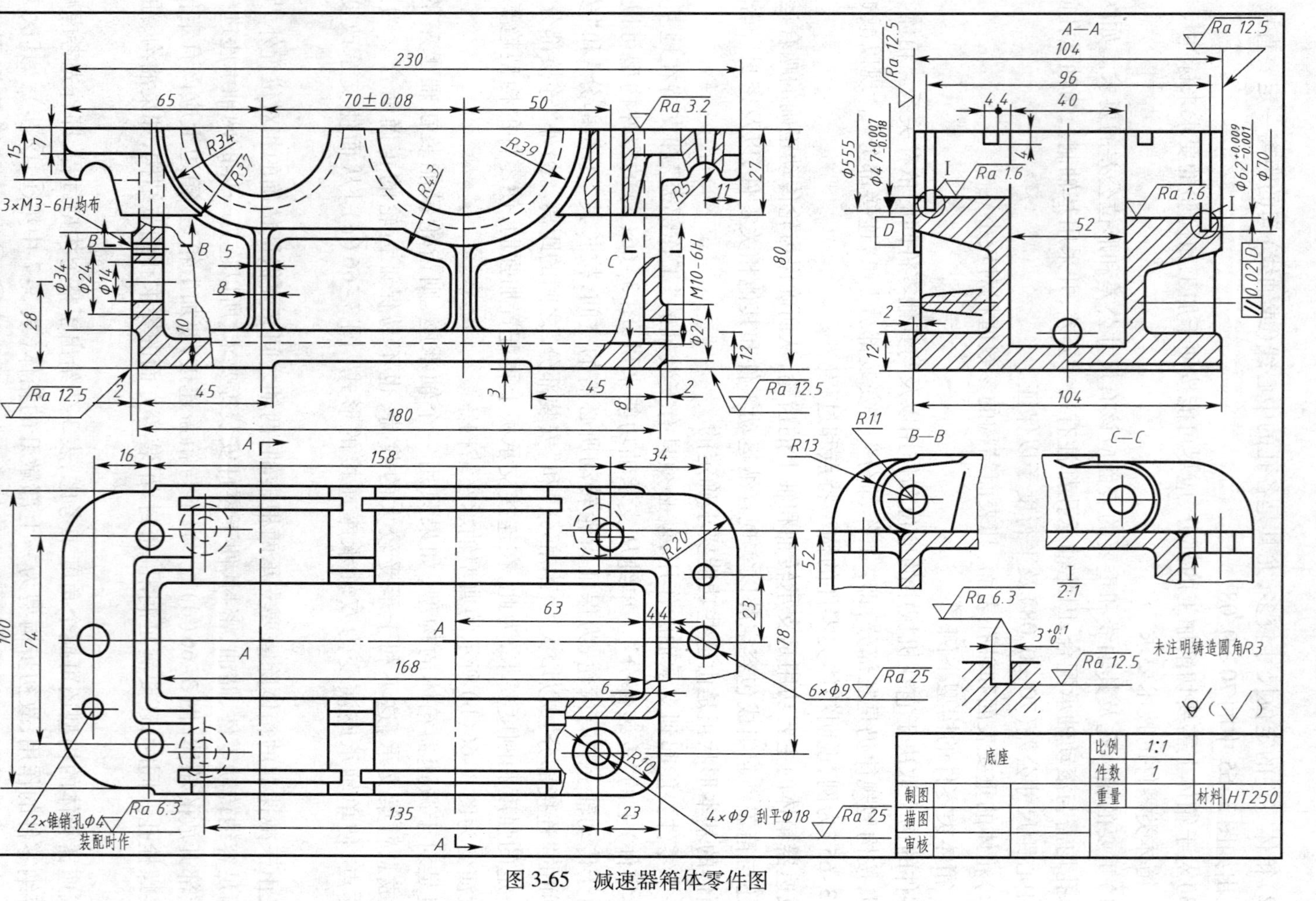

图 3-65 减速器箱体零件图

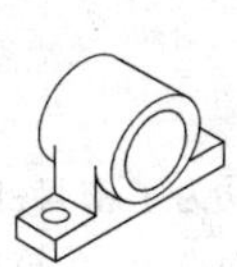

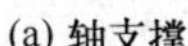

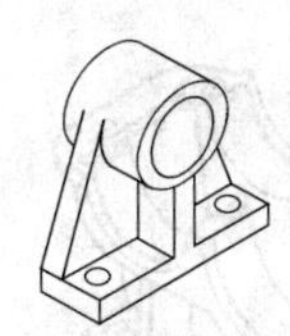

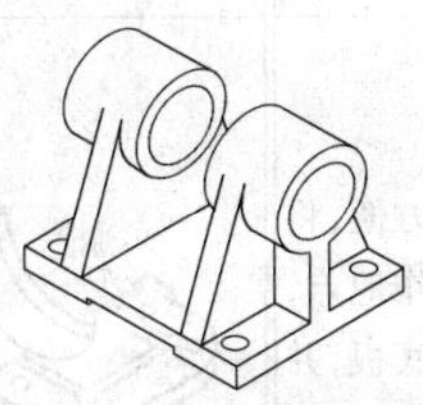

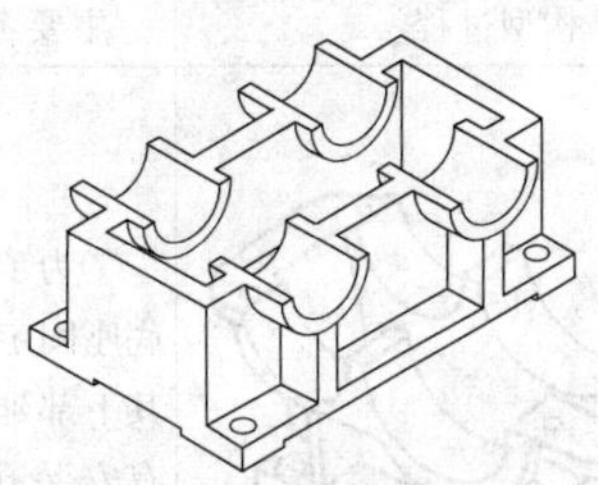

(a) 轴支撑　(b)典型的轴承座　(c) 双轴承座　(d) 上部开放的箱体

图 3-66　减速器的构型过程

表 3-7　减速器底座的构型

构型过程	主要考虑的问题	构型过程	主要考虑的问题
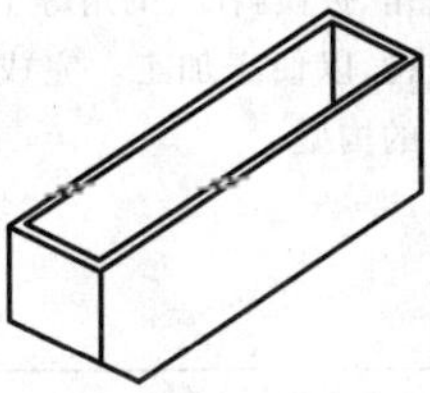	①为了容纳齿轮和润滑油，初步构型为上部敞开的箱体	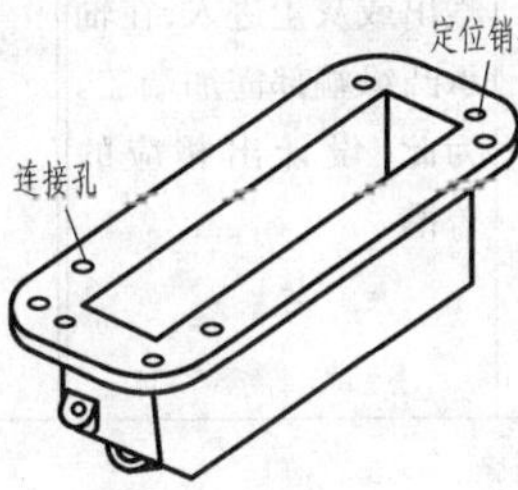 定位销孔 连接孔	④为了连接和对准，连接板上设计定位销孔和连接螺栓孔
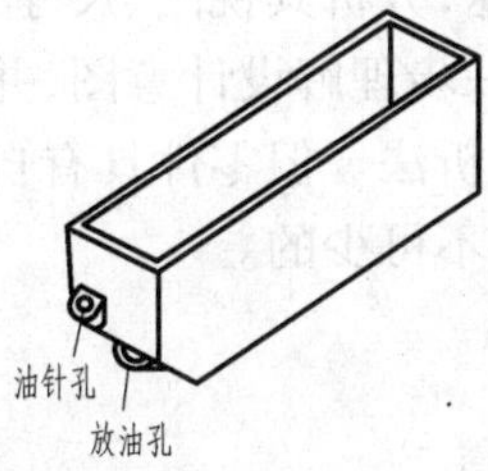 油针孔 放油孔	②为了更换润滑油和观察油面的高度，设计有放油孔和油针孔。为保证便于钻孔，油针孔外部凸台表面与孔轴线垂直	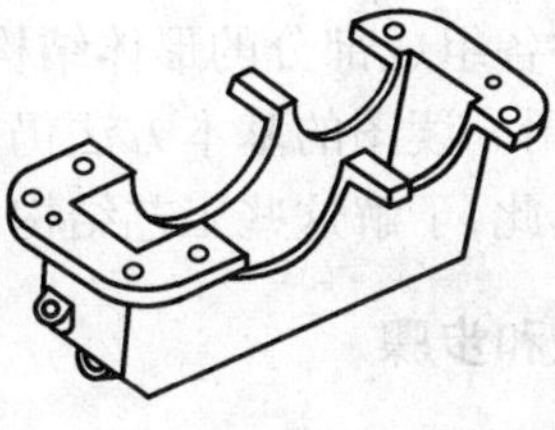	⑤为了支承两根轴（轴上两端装有轴承），底座上必须设计两对轴承孔
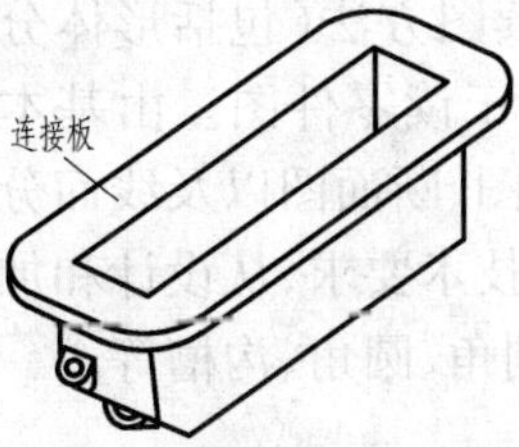 连接板	③为了与减速器盖连接，底座上要加连接板（箱边）	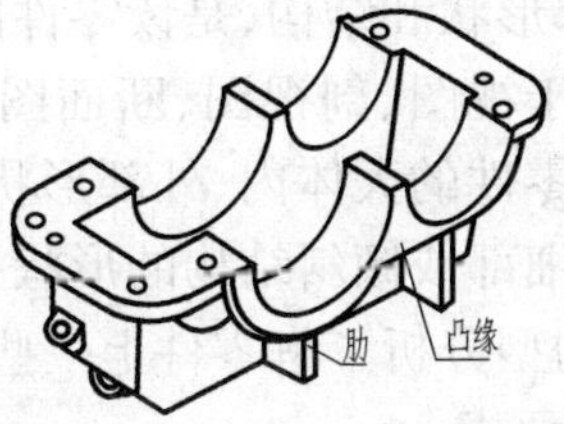 肋　凸缘	⑥为了支承轴承，底座在轴承孔处加凸缘。由于凸缘伸出过长，为避免变形，在凸缘下部加肋板

续上表

构型过程	主要考虑的问题	构型过程	主要考虑的问题
	⑦为了安装方便，将底座固定在工作地点，其下部延伸出底板，并有安装孔。为了吊装方便，添加吊耳		⑨为了密封，防止油从结合面逸出，在箱边顶面开一圈油槽，使油流回箱内
	⑧为了密封，防止油溅出或灰尘进入，在轴承凸缘端部需加端盖。为此，设计出相应的盖槽		⑩箱体上还设计出铸造圆角、拔模斜度、倒角等工艺结构，以便于加工。完成零件的构型

第六节　读零件图的方法和步骤

读零件工作图要求根据已有的零件图，了解零件的名称、材料、用途，分析其视图、尺寸、技术要求，从而想象出零件各组成部分的形体结构、大小及相对位置，进一步理解设计意图，并了解该零件在机器中的作用。读图的基本方法仍是形体分析法与线面分析法。但零件具有自身的一些结构工艺特点，因此，了解这些工艺结构对零件图的识读也是必不可少的。

一、读零件图的方法和步骤

1. 读标题栏

了解零件的名称、画图比例、重量、材料，同时联系典型零件的分类，对所读的零件有一个初步认识。

2. 分析视图，想象形状

读懂零件的内、外部形状和结构，是读零件图的重点。组合体的读图方法（包括形体分析法、线面分析法、国标关于视图、剖视图、断面图的规定等），仍然适合于读零件图。由基本视图运用形体分析法看懂零件的大体内、外部形状；结合局部视图、斜视图、断面图以及线面分析法等，读懂零件的局部、细部或倾斜结构的形状；同时还要根据尺寸和技术要求，从设计和加工方面的要求出发，运用构型分析了解零件上一些工艺结构的作用，如倒角、圆角、沟槽等。

3. 分析尺寸和技术要求

了解哪些是零件的主要尺寸，哪些是非主要尺寸；分析零件各部分的定形、定位尺寸和零件的总体尺寸以及注写尺寸时所用的基准；最后还要读懂技术要求，如表面结构、公差与配合、几何公差等内容。

4. 综合分析

综合分析是把读懂的结构形状、尺寸标注和技术要求等内容综合起来,这样就能比较全面地理解零件图所表达的该零件。有时为了读懂比较复杂的零件图,还需参考有关的技术资料,包括零件所在的部件装配图以及相关的零件图。

二、读图举例

【例3-8】 阅读图3-67所示的零件图。

1. 读标题栏

零件的名称是壳体,属箱体类零件。绘图比例为1∶2,所以实物要比图形大一倍(书中的图由于排版需要已缩小)。材料栏内填写ZL102,参阅附录可知材料是铸铝合金,故零件为铸件。

2. 分析视图,想象形状

该箱体零件用三个基本视图和一个局部视图来表达其内、外部结构形状。主视图是由单一的正平面剖切后画成*A*—*A*全剖视图,主要表达壳体的内部结构形状。俯视图采用阶梯剖后画成*B*-*B*全剖视图,既表达了壳体的内部结构形状,又表达了底板的形状。左视图采用局部剖视图表达顶板的螺栓孔,左视图和*C*向局部视图结合,主要用来表达壳体的外形及顶面的形状。

通过形体分析可知:该零件主要由上部的主体、下部的安装底板以及左侧的凸块组成。除了凸块外,主体及底板基本上是回转体。

阅读细部结构:顶部有$\phi30H7$的通孔(与主体同轴)、$\phi12$的盲孔和M6的螺孔;底部有$\phi48H7$与主体上部$\phi30H7$通孔相连且同轴的台阶孔,底板上还有锪平$4\times\phi16$的安装孔$4\times\phi7$。结合主、俯、左三个视图看,左侧为带有凹槽的T形凸块,在凹槽的左端面上有$\phi12$、$\phi8$的阶梯孔,并与顶部$\phi12$的圆柱孔贯通;在这个台阶孔的上、下方分别有一个M6的螺孔。在凸块前方的圆柱凸缘(从俯视图上的尺寸$\phi30$可看出)上,有$\phi20$、$\phi12$的阶梯孔,向后与顶部$\phi12$的圆柱孔贯通。从采用局部剖视的左视图和C向视图可看出:顶部有6个安装孔$\phi7$,孔的下端锪平成$\phi14$的平面。

3. 分析尺寸和技术要求

长度方向和宽度方向的主要基准,分别是通过零件主体轴线的侧平面和正平面;高度方向的主要基准是底板的安装底面。所有尺寸都可以从这三个主要基准出发,弄清零件各部分的定形尺寸和定位尺寸,从而完全读懂该零件的形状和大小。

另外,该零件与主体同轴的台阶通孔$\phi48H7$、$\phi30H7$都有公差要求,其极限偏差值可由公差代号*H7*通过查表获得。

再看表面结构要求,除与主体同轴的台阶孔$\phi30H7$、$\phi48H7$为12.5,大部分加工面为6.3,少数是25;其余均为不去除材料表面。由此可见,该零件对表面结构的要求不高。

文字叙述的技术要求是:铸件要经过时效处理后,才能进行切削加工;图中未注尺寸的铸造圆角都是$R1\sim R3$。

4. 综合考虑

把上述各个方面的分析综合起来,得出零件的完整形象,如图3-68所示。

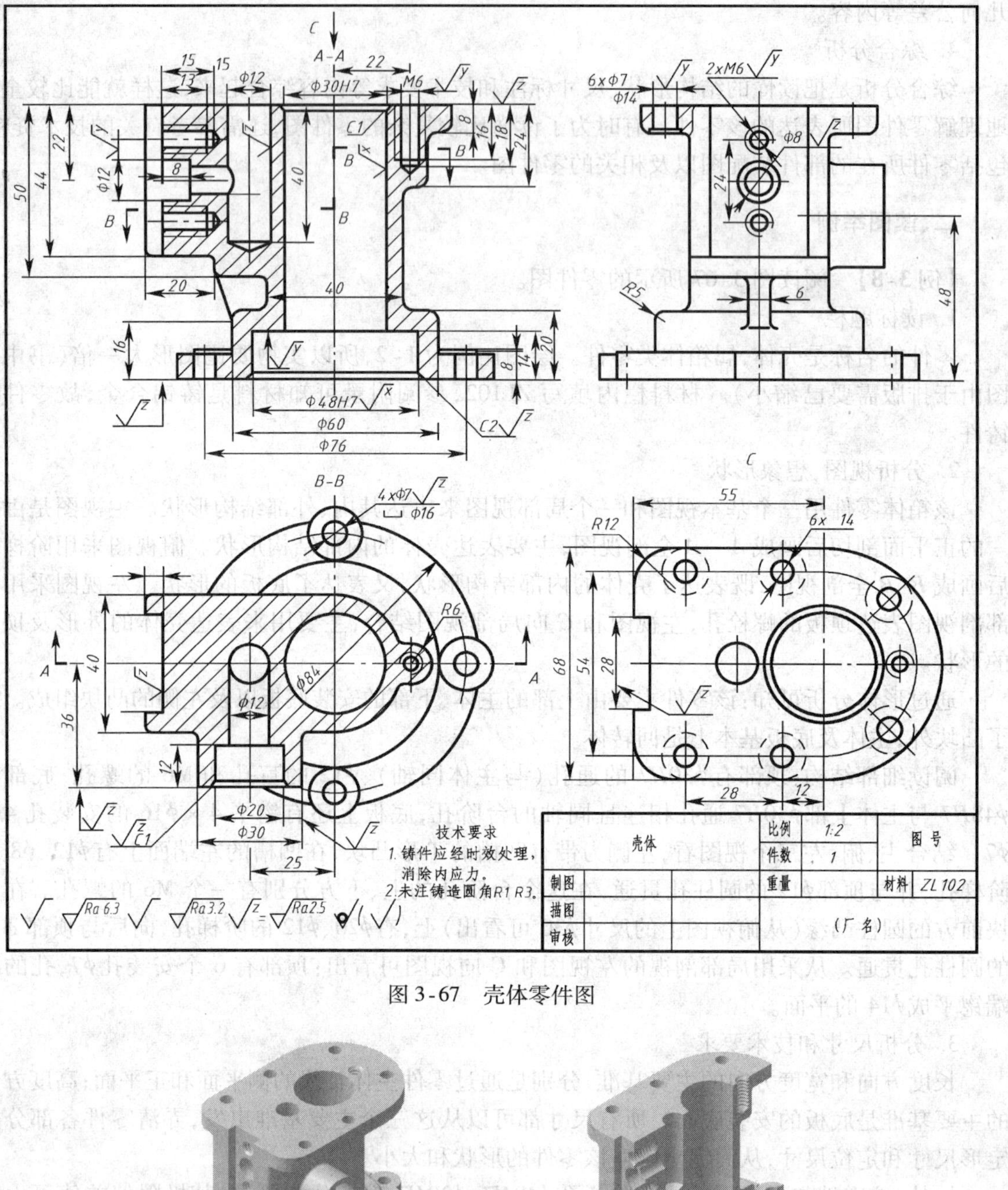

技术要求

1. 铸件应经时效处理，消除内应力。
2. 未注铸造圆角R1 R3。

壳体		比例	1:2	图号
		件数	1	
制图		重量		材料 ZL102
描图		（厂名）		
审核				

图 3-67　壳体零件图

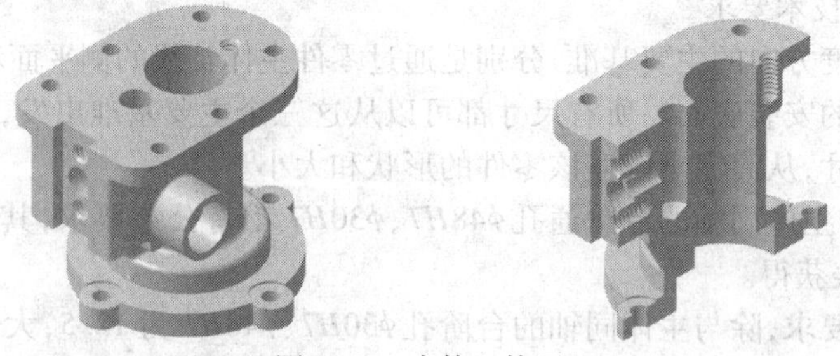

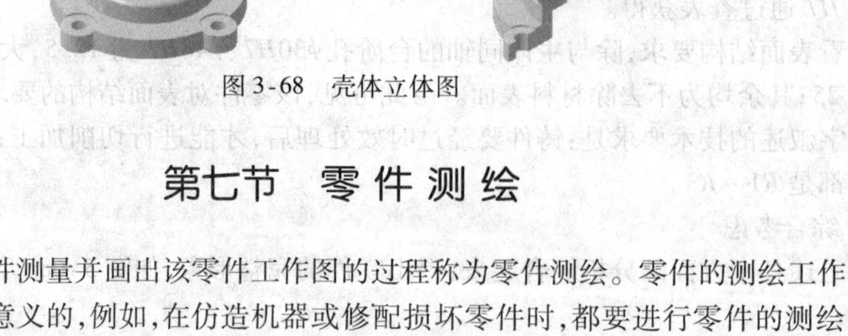

图 3-68　壳体立体图

第七节　零件测绘

通过对现有零件测量并画出该零件工作图的过程称为零件测绘。零件的测绘工作在现实中是有很大的实际意义的，例如，在仿造机器或修配损坏零件时，都要进行零件的测绘。由于零件的测绘工作是在现场进行的,不方便直接绘制其零件图,而是首先徒手画出零件草图,再由草图绘成零件工作图,必要时也可直接根据草图加工零件。

一、绘制零件草图的步骤

零件草图是徒手、凭目测其各部位比例大小绘制的图形,但也绝不可潦草马虎,必须做到认真细致,不能错误和遗漏。

1. 分析零件,确定视图表达方案

①了解零件的名称和用途。

②鉴定零件的使用材料,得出该零件的大致加工方法。

③对零件进行构型分析。因为零件的每个结构都有一定的功用,测绘前只有在弄清这些结构功用的基础上,才能完整、清楚地表达所测绘零件的结构形状,并且完整、合理、清晰地标注出尺寸。构型分析对测绘破旧、磨损和带有某些制造缺陷的零件尤为重要,测绘过程中需在构型分析的基础上,用构型观点修正这些缺陷。

如图3-69所示为泵盖是齿轮油泵的主要零件,其材料为铸铁,属于盘盖类零件。泵盖的外形较简单,但内腔较复杂。因此,主视图采用旋转剖视图以反映内腔、连接孔及销孔的结构,俯视图采用*B—B*剖视图以反映其他内腔结构,左视图采用外形图以反映外形轮廓和孔的匀布情况。

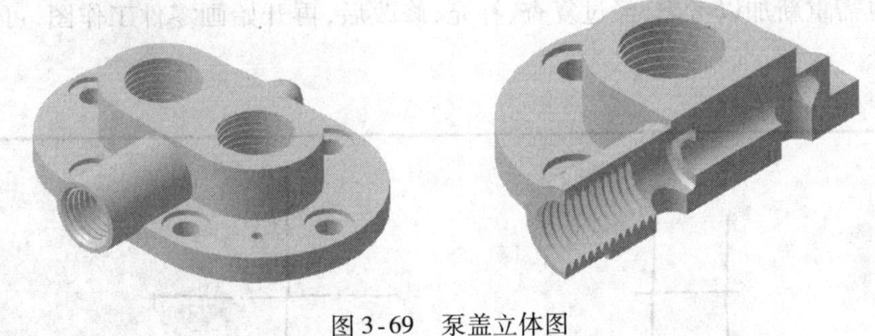

图3-69　泵盖立体图

2. 布置视图[图3-70(a)]

根据视图数量,在图纸上定出作图基准线,视图之间应留下足够的标注尺寸的地方。

3. 绘制视图、剖视图及其他图形[3-70(b)]

绘图中各部分比例应协调。零件上由于破旧、磨损或其他缺陷(如铸造砂眼、气孔等)不应画出。

4. 描深图形[图3-70(c)]

先描细虚线、中心线、剖面符号、粗实线;其次画出尺寸界线、尺寸线、箭头;最后注写表面结构代号、几何公差。

5. 集中测量各个尺寸,逐个添上相应的尺寸数字

(1)两零件相互配合的尺寸,测量其中一个即可,如相互配合的轴与轴孔的直径,相互旋合的内、外螺纹的大径等。

(2)对于重要尺寸,有的要通过计算,如齿轮啮合的中心距等;有时所测得的尺寸应根据设计规范取标准数值,如齿轮的模数、压力角等。对于不重要的尺寸,如为小数时,应圆整后取整数。

(3)零件上已标准化的结构尺寸,例如倒角、圆角、键槽、螺纹大径和螺纹退刀槽、砂轮越程槽等结构尺寸,应查阅有关规范和标准。

(4)零件上与标准部件如滚动轴承、油杯、电机等相配合的轴、孔的尺寸,可通过标准部件的型号查表确定,不需进行测量。

6. 制定技术要求[图 3-70(c)]

根据实际经验或用样板进行比较,查阅有关资料确定零件的表面结构、尺寸公差、几何公差等要求。

7. 检查、填写标题栏,完成零件草图。

二、画零件工作图

零件测绘的任务和目的不同,测绘工作的内容和要求也不同,如零件测绘若是为了给某台机械设备补充图样或制作备件,则还需根据零件草图画出零件工作图。若仅是修配损坏的单件零件,在零件草图也可作为生产用图纸。

零件草图通常是在现场(生产车间)绘制的,时间不允许太长,对零件的结构和形状只要表达完整和清楚就可以了,表达方案不一定是最佳的。因此,由零件草图绘制零件工作图时,需要对零件草图再进行复核。有些工艺问题需要根据零件加工单位的设备条件重新考虑、计算和选用,如表面结构、尺寸公差、几何公差、材料及表面热处理等;另外像表达方案的选择、尺寸的标注等也需重新加以考虑,经过复查、补充、修改后,再开始画零件工作图,可从以下几个方面考虑。

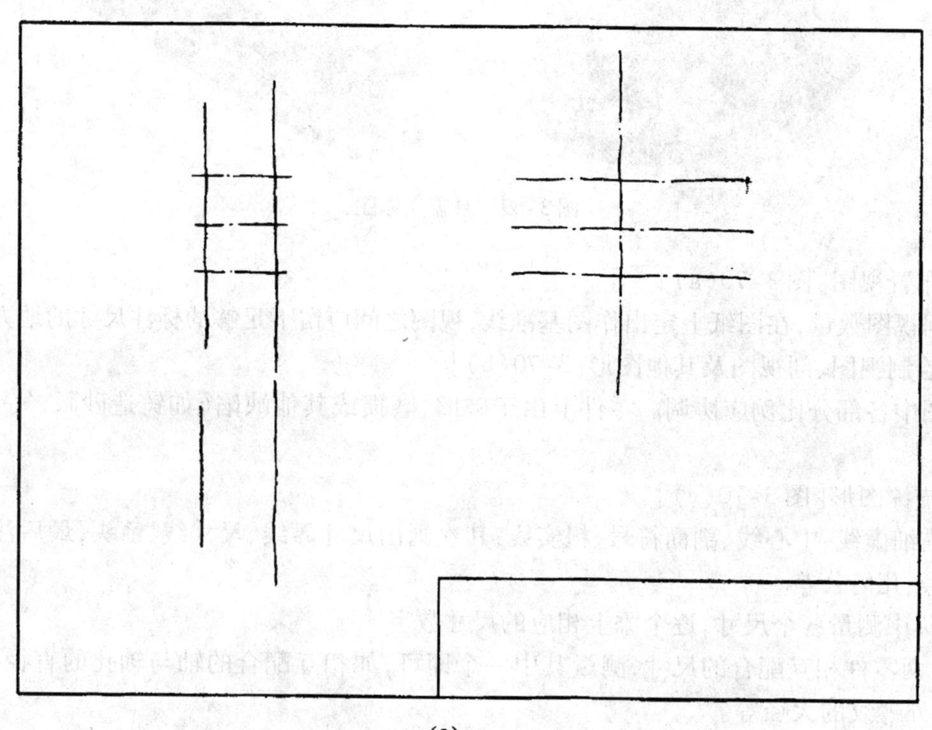

(a)

图　3-70

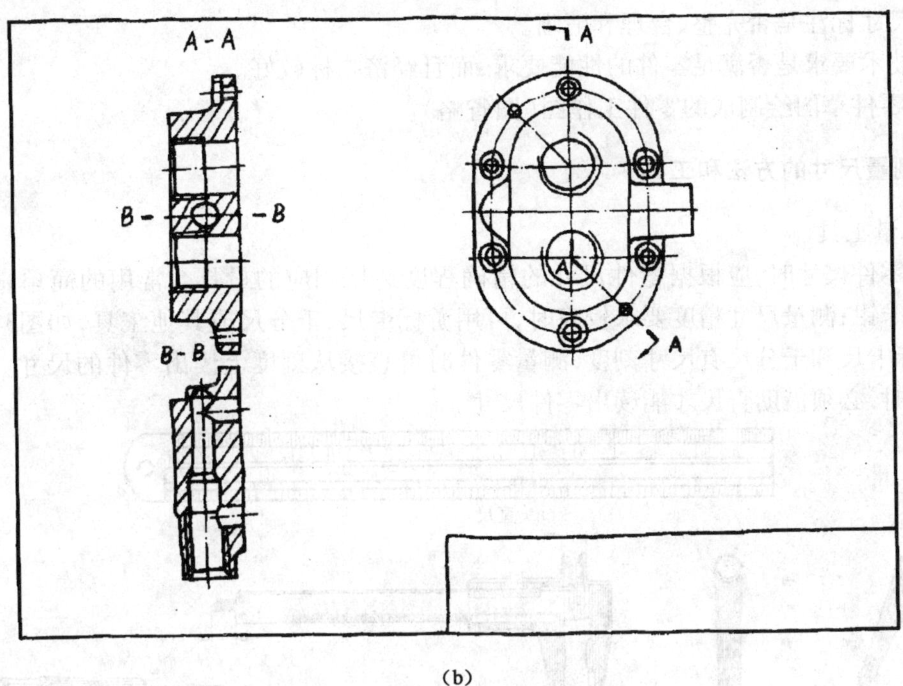

(b)

技术要求

1. 未注圆角R3～R5。
2. 铸件不得有砂眼、缩孔、裂纹。
3. 未加工表面涂漆。

(c)

图 3-70 绘制零件草图的步骤

(1)表达方案是否完整、清晰和简明。

(2)零件上的结构形状是否有损坏、制造疵病等情况。

(3)尺寸标注是否完整、合理和清晰。

(4)技术要求是否满足零件的性能要求,而且经济指标较好。

根据零件草图绘制成的零件工作图(图省略)。

三、测量尺寸的方法和工具

1. 测量工具

测量零件尺寸时,应根据零件尺寸的精确程度选用相应的量具。常用的简单量具有:直尺、内、外卡钳;测量尺寸精度要求较高时,可用游标卡尺、千分尺或其他工具,如图3-71所示。直尺、游标卡尺和千分尺有尺寸刻度,测量零件时可直接从刻度上读出零件的尺寸。用内、外卡钳测量时,必须借助直尺才能读出零件尺寸。

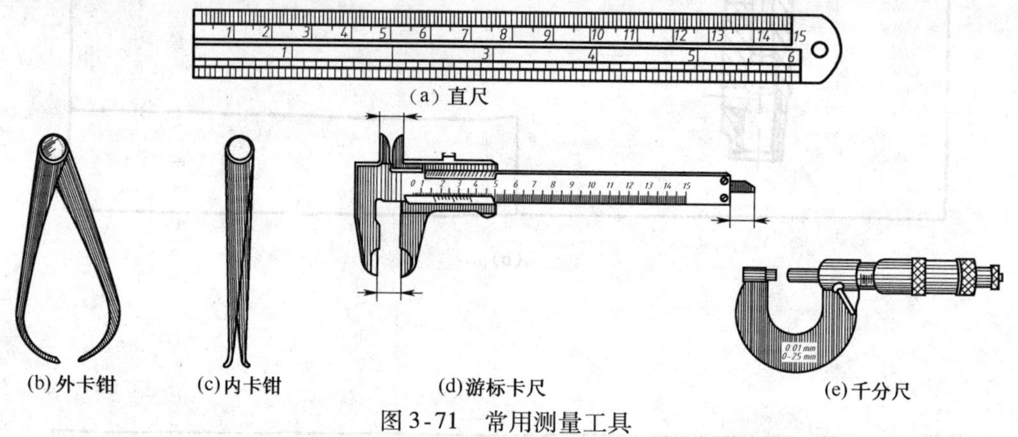

图3-71　常用测量工具

2. 几种常用的测量方法

①测量线性尺寸(长、宽、高),可用直尺或游标卡尺直接测量(图3-72)。

②测量回转面的直径,可用卡钳、游标卡尺或千分尺(图3-73)。在测量阶梯孔的直径,遇到外面孔小里面孔大的情况,无法用游标卡尺测量大孔直径时,可用内卡钳测量[图3-74(a)],也可用特殊量具(内外同值卡)测量[图3-74(b)]。

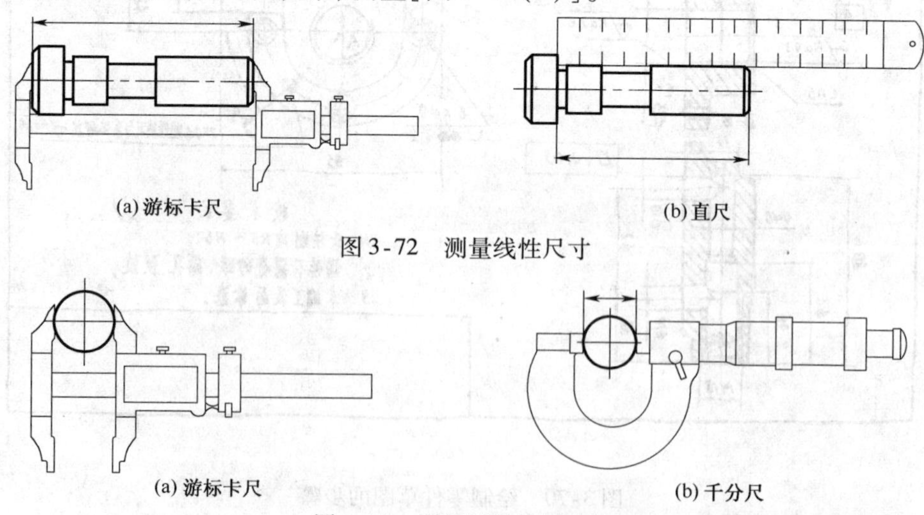

图3-72　测量线性尺寸

图3-73　测量回转体的直径

③测量壁厚,一般可用直尺测量,如图3-75(a)所示。若孔径较小时,可用带测量深度的

游标卡尺测量，如图 3-75(b)所示。有时也会遇到用直尺或游标卡尺都无法测量的壁厚，这时则需用卡钳测量，如图 3-75(c)所示。

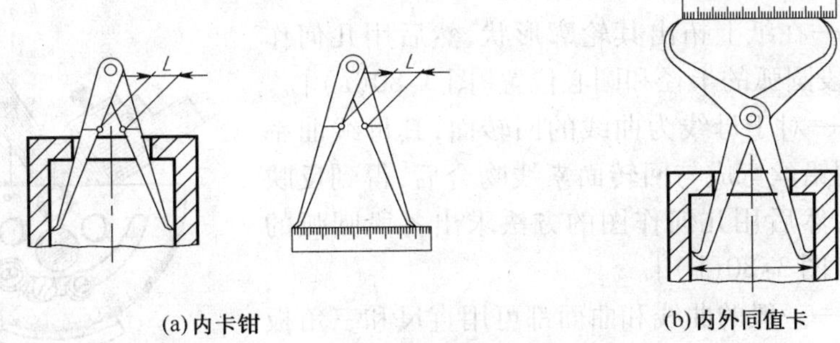

图 3-74　测量内孔的直径

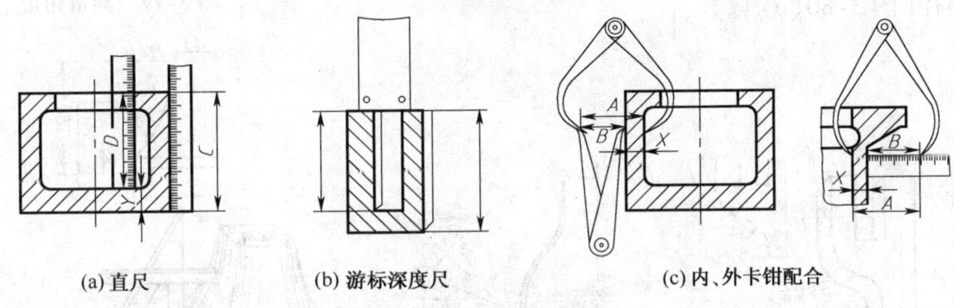

图 3-75　测量壁厚

④测量孔间距，可用游标卡尺、卡钳或直尺测量(图 3-76)。

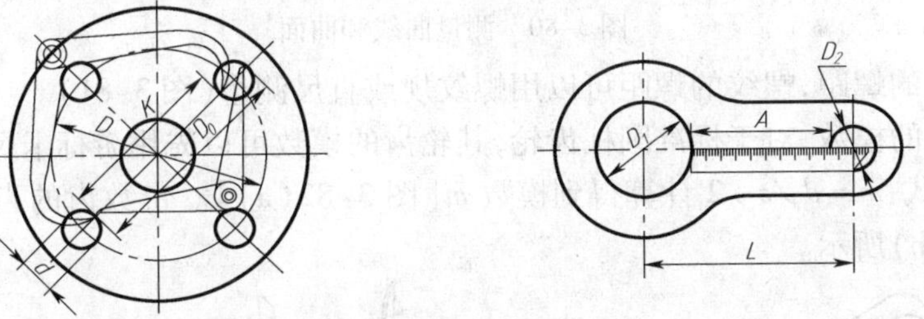

图 3-76　测量孔间距

⑤测量中心高，一般可用直尺、卡钳或游标卡尺测量(图 3-77)。

⑥测量圆角，一般用圆角规测量。每套圆角规有多片，一半测量外圆角，一半测量内圆角，每片刻有圆角半径的大小。测量时，只要在圆角规中找到与被测部分完全吻合的一片，从该片上的数值即可知圆角半径的大小(图 3-78)。

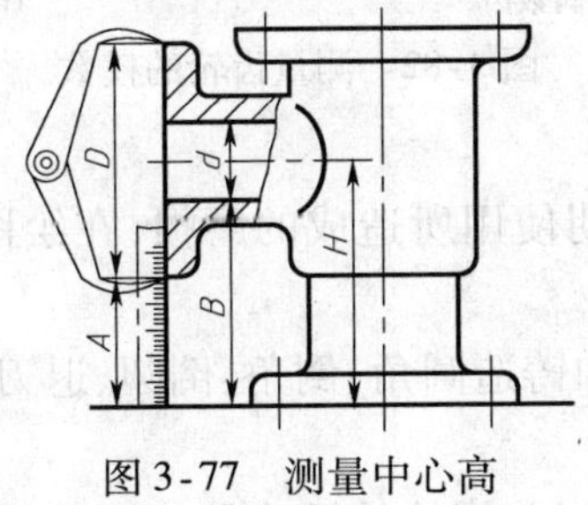

图 3-77　测量中心高

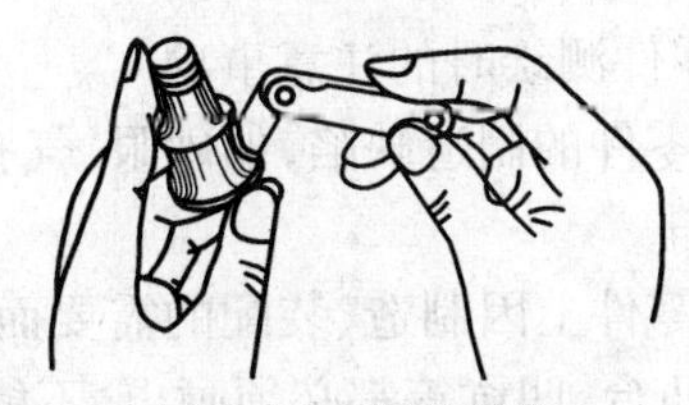
图 3-78　测量圆角

⑦测量角度，一般用量角规测量（图 3-79）。

⑧测量曲线或曲面，曲线和曲面要求测得很准确时，必须用专门量仪进行测量。当对精确度要求不太高时，常用下面三种方法测量。

a. 拓印法——在纸上拓出其轮廓形状，然后用几何作图的方法求出各段圆弧的半径和圆心位置［图 3-80（a）］。

b. 铅丝法——对于母线为曲线的回转面，其母线曲率半径的测量，可用铅丝弯成与回转面素线吻合后，得到反映实形的平面曲线，然后用几何作图的方法求出各段圆弧的圆心位置和半径［图 3-80（b）］。

c. 坐标法——一般的曲线和曲面都可用直尺和三角板配合定出曲线或曲面上各点的坐标，在图上画出曲线，或求出曲率半径［图 3-80（c）］。

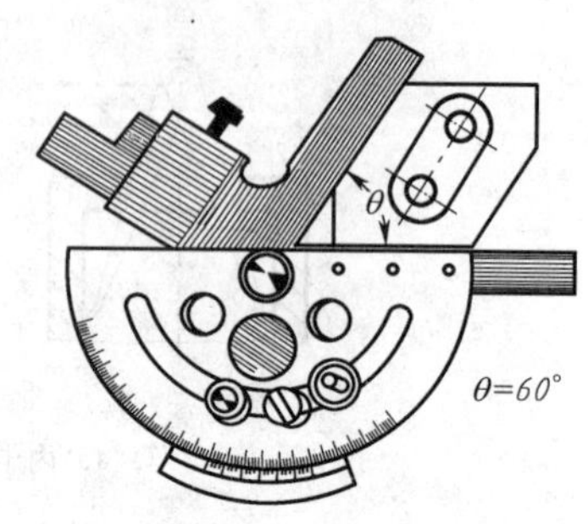

图 3-79　测量角度

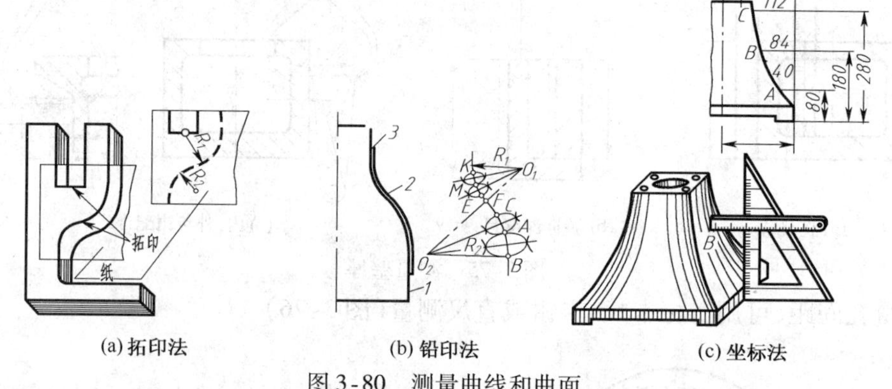

(a) 拓印法　(b) 铅印法　(c) 坐标法

图 3-80　测量曲线和曲面

⑨测量螺纹的螺距，螺纹的螺距可以用螺纹规或直尺测量（图 3-81）。

⑩测量齿轮的模数，对于标准圆柱齿轮，其轮齿的模数可以先用游标卡尺测得其齿顶圆直径 d_a，再根据公式：$m = d_a/z + 2$ 计算得到模数 m［图 3-82（a）］。奇数齿的齿顶圆直径 $d_a = 2e + d$，如图 3-82（b）所示。

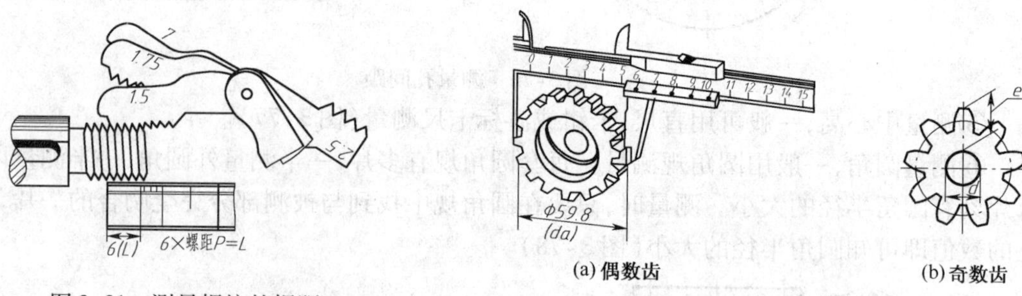

(a) 偶数齿　(b) 奇数齿

图 3-81　测量螺纹的螺距　　图 3-82　测量齿轮的模数

3. 零件测绘时的注意事项

（1）零件的制造缺陷，如砂眼、气孔、刀痕等，以及长期使用所造成的磨损，在绘图时都要加以修正。

（2）零件上因制造、装配的需要而形成的工艺结构，如铸造圆角、倒角、倒圆、退刀槽、砂轮越程槽、凸台、凹坑等都必须画出，不能忽略。

（3）必须严格检查草图上的尺寸是否遗漏或重复，与相关零件的尺寸是否协调，以保证部件装配图和零件工作图的顺利绘制。

复习思考题

1. 零件图在生产中起什么作用？他应该包括哪些内容？

2. 零件图的视图选择的原则是什么？试述视图选择的方法和步骤。

3. 怎样确定零件的表达方案？

4. 常见的零件按其典型结构大致可分成哪几类？他们的视图选择、尺寸和技术要求的标准、构型分析分别有哪些特点？

5. 零件上的哪些面和线常用作尺寸基准？在零件图上标注尺寸的基本要求是什么？零件图的尺寸标注怎样才能做到合理？

6. 什么是表面粗糙度？他有哪些符号？分别代表什么意义？

7. 试述轮廓算术平均偏差 R_a 的意义？

8. 什么是基本尺寸？什么是公差？什么是偏差？什么是标准公差？什么是基本偏差？公差带由哪几个要素组成？

9. 什么是配合？配合分为几大类？是根据什么分类的？配合制度分为哪两种基准制？

10. 在零件图和装配图上,怎么样标注公差与配合？

11. 什么是几何公差？几何公差有哪些分类？

12. 试述钢的热处理和化学处理的种类及目的。

第四章　连　　接

机器上起连接作用的零件通常称为连接件，常用的有螺栓、螺母、键、销等。为了简化设计、便于生产、保证通配性和互换性，国家标准对大部分连接件的结构、尺寸和画法都作了统一规定。本章学习中应重点掌握它们的结构特点、规定画法、代号、标记以及查阅标准的方法。

第一节　螺纹连接

螺纹连接是利用螺纹紧固件构成的一种可拆连接，它具有结构简单、装拆方便、工作可靠、类型多样等优点，所以螺纹连接是机械制造和结构工程中应用最广泛的一种连接。

一、螺　　纹

1. 螺纹的形成

一个平面图形如三角形、矩形、梯形，绕一圆柱（锥）面做螺旋运动，形成的圆柱（锥）螺旋体称为螺纹。图 4-1 为螺纹加工的示意图。在圆柱（锥）外表面上加工的螺纹，称为外螺纹；在圆柱（锥）内表面上加工的螺纹，称为内螺纹。在加工螺纹的过程中，由于刀具的切入构成了凸起和沟槽两部分，凸起的顶端称为牙顶，沟槽的底部称为牙底，如图 4-2 所示。

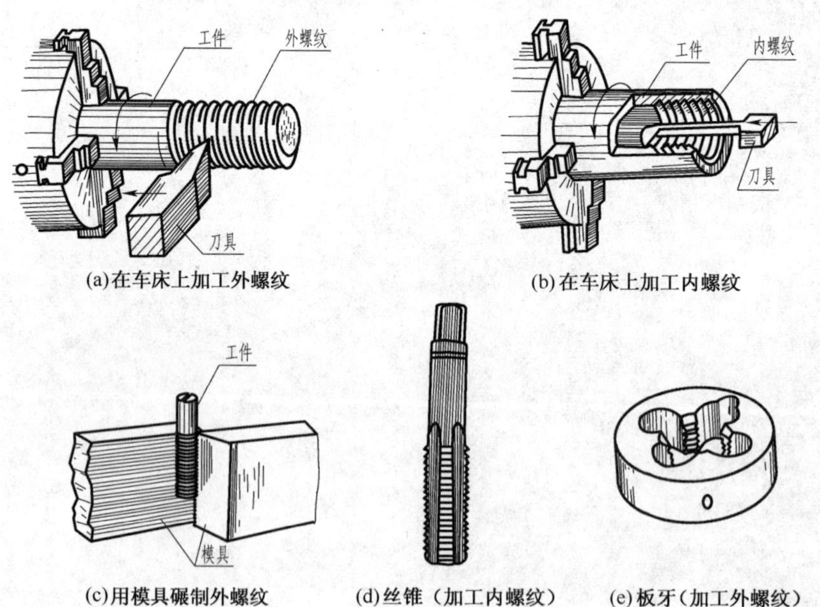

图 4-1　螺纹的加工

2. 螺纹的结构

（1）螺纹末端

为了防止螺纹的起始圈损坏和便于装配，通常在螺纹起始处做出一定形式的末端，如倒角、圆端等,如图 4-3 所示。

(2)螺纹的收尾和退刀槽

在实际生产中,当车削螺纹的刀具快到达螺纹终止处时,要逐渐离开工件,因而螺纹终止处附近的牙型将逐渐变浅,形成不完整的螺纹牙型,这段螺纹称为螺尾,如图 4-4(a)中 l 处,当需要表示螺纹收尾时,螺尾部分的牙底用与轴线成30°的细实线表示。为避免产生螺尾,可在螺纹终止处先车削出一个槽,便于刀具退出,这个槽称为退刀槽,如图 4-4(b)所示。螺纹收尾、退刀槽已标准化,各部分尺寸均可查阅机械设计手册。

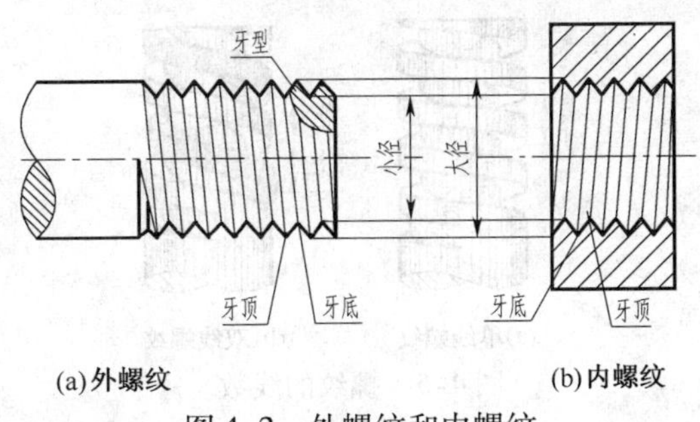

图 4-2 外螺纹和内螺纹

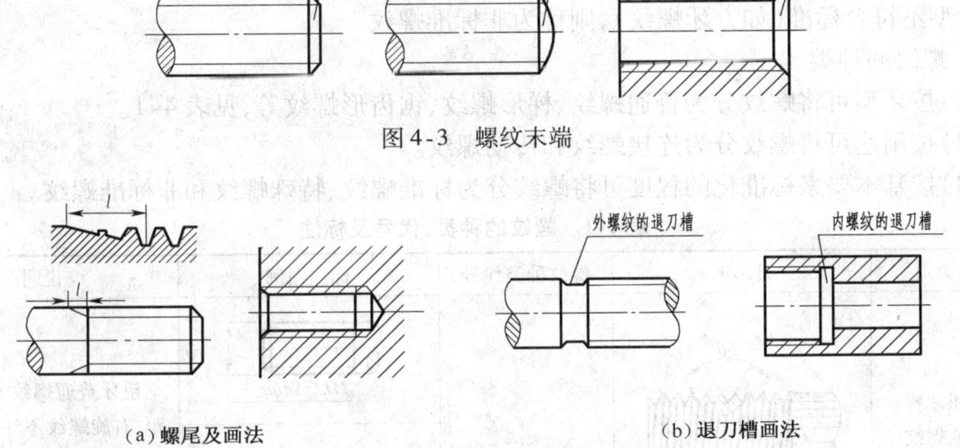

图 4-3 螺纹末端

(a)螺尾及画法　　(b)退刀槽画法

图 4-4 螺纹的收尾和退刀槽

3. 螺纹的要素

(1)牙型——在通过螺纹轴线的剖面上,螺纹的轮廓形状称为螺纹牙型。常见的螺纹牙型有:三角形、梯形、锯齿形等,图 4-2 所示为三角形。

(2)公称直径——公称直径是代表螺纹尺寸的直径,指螺纹大径的基本尺寸。如图 4-2 所示,螺纹大径是与外螺纹牙顶或内螺纹牙底相重合的假想圆柱面的直径,内、外螺纹的大径分别用 D 和 d 表示;螺纹小径是与外螺纹牙底或内螺纹牙顶相重合的假想圆柱面的直径,内、外螺纹的小径分别用 D_1 和 d_1 表示;螺纹中径是母线通过牙型上沟槽和凸起宽度相等处的一个假想圆柱面的直径,内、外螺纹的中径分别用 D_2 和 d_2 表示。

(3)线数 n——当圆柱面上只有一条螺旋线所形成的螺纹称单线螺纹,有两条或两条以上沿轴向等距分布的螺旋线所形成的螺纹称双线或多线螺纹,如图 4-5 所示。连接螺纹一般用单线螺纹。

(4)旋向——当螺旋体的轴线垂直放置时,所看到的螺纹自左向右升高者(符合右手定则),称为右旋;反之为左旋(符合左手定则),如图 4-6 所示。在实践中顺时针方向旋转能够拧紧、逆时针方向旋转能够松开的螺纹即为右旋螺纹,反之为左旋螺纹,工程上常用右旋螺纹。

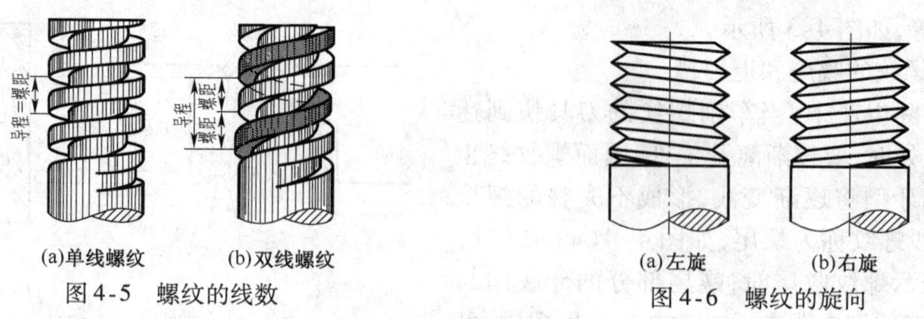

(a)单线螺纹　(b)双线螺纹

图 4-5　螺纹的线数

(a)左旋　(b)右旋

图 4-6　螺纹的旋向

(5)螺距 P 和导程 P_h——螺纹中径线上相邻两牙对应点之间的轴向距离称为螺距,用 P 表示。同一条螺纹线相邻两牙在中径线上对应点间的轴向距离称为导程,用 P_h 表示。螺距 P 和导程 P_h 之间的关系为:$P_h = nP$,其中 n 为螺纹线数(图 4-5)。

只有上述五个要素都完全相同的一对内、外螺纹才能互相旋合,起到连接和传动作用。为了便于设计计算和加工制造,国标对螺纹诸要素中的牙型、大径和螺距都作了规定,凡这三要素都符合标准的称为标准螺纹。而牙型符合标准,大径或螺距不符合标准的称为特殊螺纹。螺纹牙型不符合标准(如方牙螺纹),则称为非标准螺纹。

4. 螺纹的种类

(1)按牙型可将螺纹分为普通螺纹、梯形螺纹、锯齿形螺纹等,见表 4-1。

(2)按用途可将螺纹分为连接螺纹和传动螺纹。

(3)按基本要素标准化的程度可将螺纹分为标准螺纹、特殊螺纹和非标准螺纹。

表 4-1　螺纹的种类、代号及标注

螺纹类别		外形图	螺纹种类代号	标注图例	说明
连接螺纹	粗牙普通螺纹	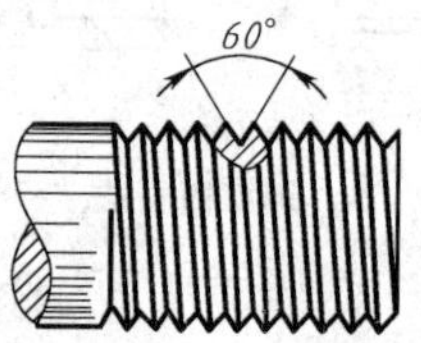 60°	*M*	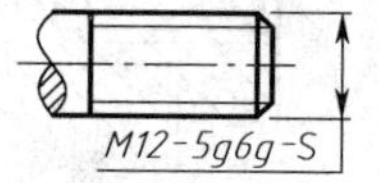 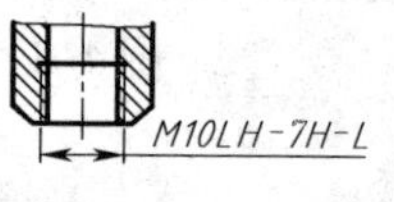 M12-5g6g-S M10LH-7H-L	粗牙普通螺纹不标注螺距,右旋螺纹不注旋向,左旋加注“*LH*”表示
	细牙普通螺纹	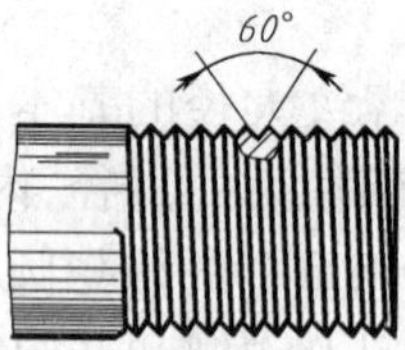 60°		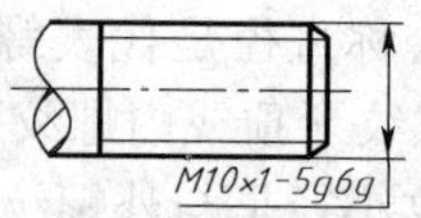 M10×1-5g6g	细牙普通螺纹必须注明螺距,右旋螺纹不注旋向,左旋加注“*LH*”表示
	非螺纹密封管螺纹	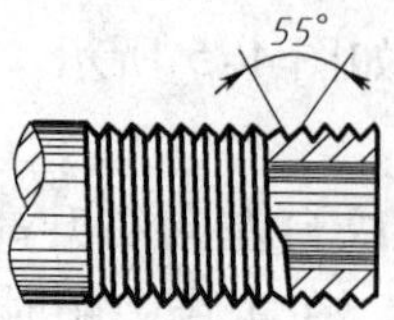 55°	*G*	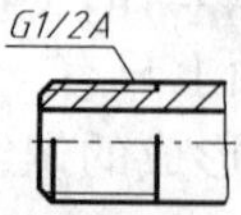 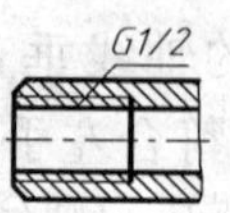 G1/2A G1/2	外螺纹公差等级代号有两种 *A*、*B*,内螺纹公差等级仅有一种,不必标注代号

续上表

螺纹类别		外形图	螺纹种类代号	标注图例	说明
连接螺纹	螺纹密封管螺纹	1:16　55°	Rc Rp R	R 1/2　Rc 1/2	Rc—圆锥内管螺纹； Rp—圆柱内管螺纹； R—圆锥外管螺纹
	60°圆锥管螺纹	1:16　60°	NPT	NPT 3/4	内外管螺纹均加工在1:16的圆锥面上，具有很高的密封性，常用于系统压力要求为中、高压的液压或气压系统
传动螺纹	梯形螺纹	30°	Tr	Tr36×7	单线螺纹省略标注线数和导程
				Tr40×14(P7)LH	多线螺纹必须注明导程及螺距

5. 螺纹的规定画法

螺纹的真实投影很复杂，而制造螺纹又常采用专用刀具和机床。为了方便作图，国家标准（GB/T 4459. 1—1995）规定螺纹在图样中采用规定画法。

（1）外螺纹的规定画法

外螺纹的牙顶（大径）及螺纹终止线用粗实线表示，牙底（小径）用细实线表示，在平行于螺杆轴线投影面的视图中，还要画出螺杆的倒角或倒圆。在垂直于螺杆轴线投影面的视图中表示牙底的细实线圆只画约3/4圈（空出约1/4圈的具体位置不作规定），在此视图中螺纹的倒角圆省略不画，如图4-7所示。小径通常画成大径的0.85倍，其实际数值可查阅有关标准。

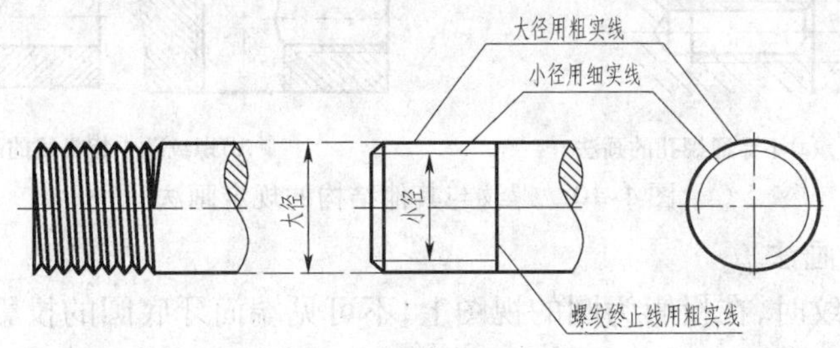

图4-7　外螺纹的规定画法

（2）内螺纹的规定画法

内螺纹沿其轴线剖开时，牙底（大径）用细实线表示，牙顶（小径）及螺纹终止线用粗实线表示。剖面线应画至表示小径的粗实线处。不剖时，牙顶、牙底及螺纹终止线皆用虚线表示。在垂直于螺杆轴线投影面的视图中，牙底（大径）画成约3/4圈的细实线圆，螺纹孔的倒角圆省略不画，如图4-8所示。

（3）螺纹连接的规定画法

在剖视图中表示螺纹连接时，其旋合部分按外螺纹的画法绘制，非旋合部分按各自的画法

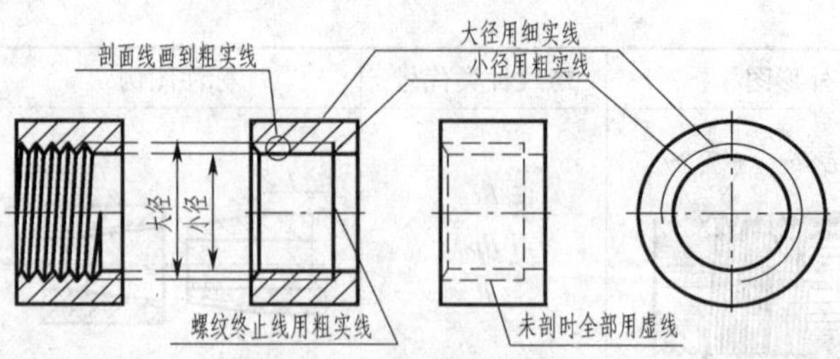

图 4-8 内螺纹的规定画法

绘制。内螺纹的牙顶线(粗实线)与外螺纹的牙底线(细实线)应对齐画在一条线上;内螺纹的牙底线(细实线)与外螺纹的牙顶线(粗实线)应对齐画在一条线上,如图 4-9 所示。

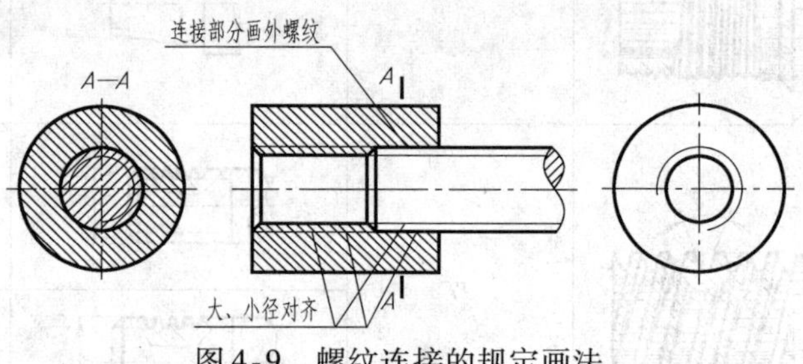

图 4-9 螺纹连接的规定画法

(4)螺纹其他结构的规定画法

无论是外螺纹还是内螺纹在作剖视处理时,剖面线符号应画至表示大径或表示小径的粗实线处。

绘制不穿通的螺孔时,一般应将钻孔深度和螺纹深度分别画出,如图 4-10(a)所示。钻孔深度一般应比螺纹深度大 0.5D,其中 D 为螺纹大径。钻孔底部锥面是由钻头钻孔时不可避免产生的工艺结构,其锥顶角为 120°,且尺寸标注中的钻孔深度也不包括该锥顶角部分。

图 4-10(b)表示了螺纹孔中相贯线的画法。

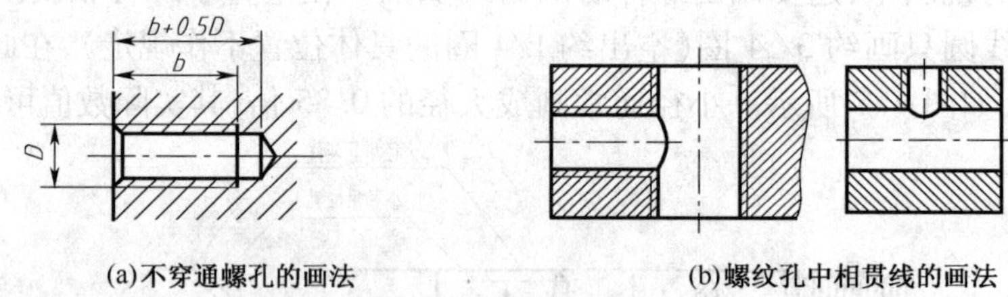

(a)不穿通螺孔的画法 (b)螺纹孔中相贯线的画法

图 4-10 螺纹与其他结构的规定画法

(5)圆锥螺纹的画法

画圆锥内、外螺纹时,在投影为圆的视图上,不可见端面牙底圆的投影不画,牙顶圆的投影为虚线圆时可省略不画(图 4-11)。

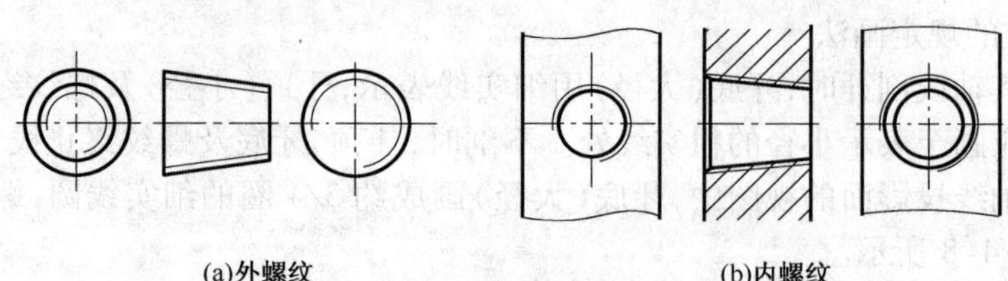

(a)外螺纹 (b)内螺纹

图 4-11 圆锥螺纹的规定画法

(6)非标准螺纹的画法

非标准螺纹指牙型不符合标准的螺纹,所以应画出螺纹牙型,并标注出牙型所需加工尺寸及有关要求,如图 4-12 所示。

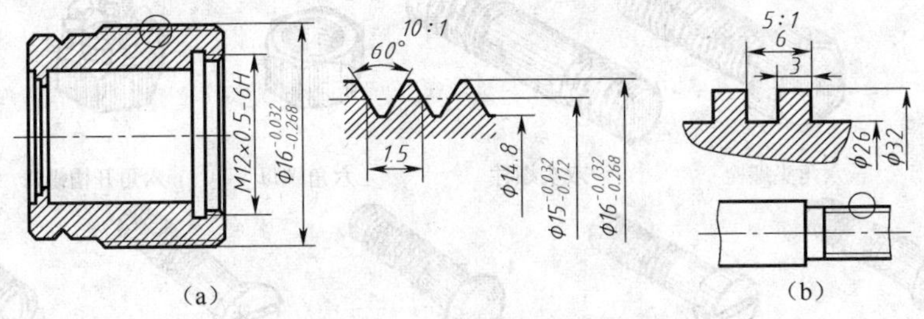

图 4-12 非标准螺纹的画法

6. 螺纹的标注

因为各种螺纹均采用统一的规定画法,绘制的螺纹不能完全表示出螺纹的基本要素及尺寸,故必须在图上用规定代号进行标注(如表 4-1)。

(1) 普通螺纹、梯形螺纹、锯齿形螺纹的标注

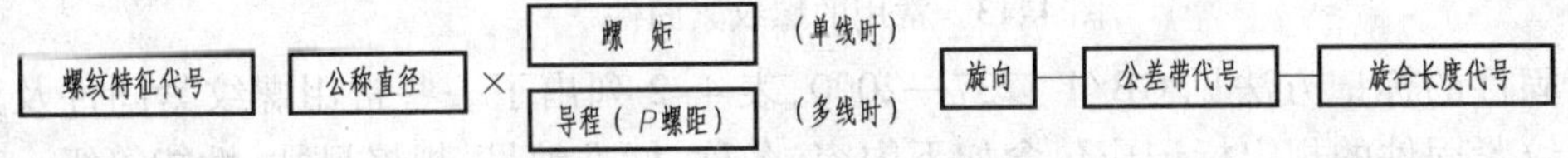

其中:

①螺纹特征代号见表 4-1。单线螺纹,导程和线数省略不注;右旋螺纹则旋向省略不注;左旋螺纹用 LH 表示;普通粗牙螺纹螺距省略不注。

②螺纹公差带代号是由表示其大小的公差等级数字和表示其位置(基本偏差)的字母所组成(内螺纹用大写字母,外螺纹用小写字母),例如 6H、6g 等。当螺纹的中径公差带与顶径公差带代号不同时,应分别注出如:M10-5g6g,其中 6g 为顶径公差带代号,5g 为中径公差带代号,当中径与顶径公差带代号相同时,则只注一个代号,如:M10-6g。梯形螺纹、锯齿形螺纹只标注中径公差带代号。

③旋合长度代号。螺纹的配合性质与旋合长度有关。普通螺纹的旋合长度分为短、中、长三组,分别用代号 S、N、L 表示。梯形螺纹为 N、L 两组。当旋合长度为 N 时可省略标注,必要时可用数值注明旋合长度。旋合长度的分组可根据螺纹大径及螺距从有关规范中查取。

(2)管螺纹的标注

螺纹特征代号	尺寸代号	公差等级代号

由于管螺纹的标注中,尺寸代号是指管子内径的大小,而不是螺纹的大径,所以管螺纹必须采用旁注法标注,而且指引线从螺纹大径轮廓线引出。其公差等级代号仅限于非螺纹密封的外管螺纹,有 A 级和 B 级两种之分,其他管螺纹无此划分,故不需标注。

(3)非标准螺纹的标注

非标准螺纹必须画出牙型并标注全部尺寸,如图 4-12 所示。

二、螺纹紧固件

1. 螺纹紧固件的种类、用途及其规定标记

螺纹紧固件类型很多,机械中常见的螺纹紧固件有螺栓、双头螺柱、螺钉、垫圈和螺母等

(图4-13)。螺纹紧固件的结构形式和尺寸都已标准化,各种紧固件都有相应的规定标记。通常只需在技术文件中注写其规定标记而不画零件工作图。

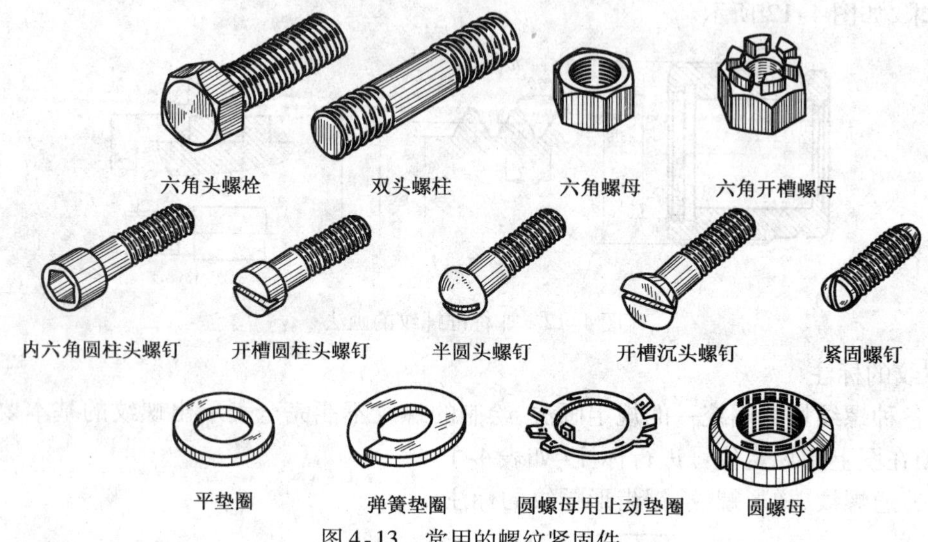

图4-13　常用的螺纹紧固件

螺纹紧固件的标记方法见GB/T 1237—2000,表4-2列出了一些常用螺纹紧固件及其规定标记。螺纹紧固件的规定标记应包含如下内容:名称、标准编号、规格尺寸、性能等级。其中标准编号为该螺纹紧固件编号和颁发标准年号组成;规格尺寸一般由螺纹代号×公称长度组成;性能等级是标准规定的常用等级时可省略不注。

表4-2　常用螺纹紧固件的图例及规定标记

名称	规定标记示例	名称	规定标记示例
六角头螺栓	螺纹 GB/T 5782—2000-M10×45	开槽锥端紧定螺钉	螺钉 GB/T 71—1985-M5×16
双头螺柱	螺柱 GB/T 898—1988-M10×40 螺柱 GB/T 898—1988-AM10×40	开槽圆柱端紧定螺钉	螺钉 GB/T 65—2000-M5×20
开槽圆柱头螺钉	螺钉 GB/T 75—1985-M5×16	1型六角螺母	螺母 GB/T 6170—2000-M12
开槽沉头螺钉	螺钉 GB/T 68—2000-M5×20	1型六角开槽螺母	螺母 GB/T 6178—1986-M12

续上表

名称	规定标记示例	名称	规定标记示例
十字槽沉头螺钉 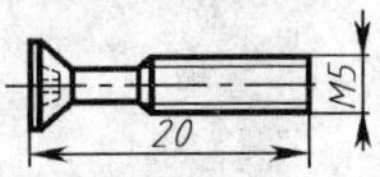	螺钉 GB/T 819.1—2000-M5×20	平垫圈 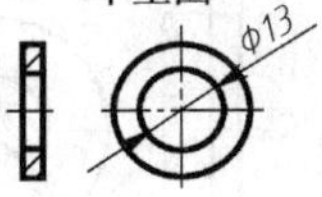	垫圈 GB/T 97.1—2002-12
内六角圆柱头螺钉 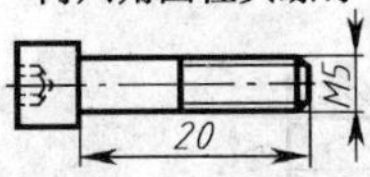	螺钉 GB/T 70.1—2000-M5×20	标准型弹簧垫圈 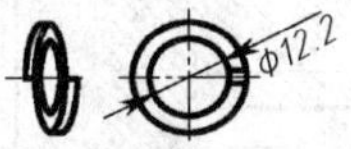	垫圈 GB/T 93—1987-12

2. 螺纹紧固件的绘制

在装配图中为表示连接关系还需画出螺纹紧固件。绘制螺纹紧固件的方法有两种：

(1)查表画法 通过查阅设计手册，按手册中国家标准规定的数据画图，所有螺纹紧固件都可用查表方法绘制。

(2)比例画法 为了提高画图速度，螺纹紧固件各部分的尺寸(除公称长度 l 和旋合长度 bm 外)，是以螺纹大径 d(或 D)为基础数据，根据相应的比例系数得出的，根据计算出的尺寸绘制紧固件，称比例画法。画图时，螺纹紧固件的公称长度 l 根据被连接零件的厚度确定，旋合长度 bm 与被连接零件的材料有关。各种常用紧固件的比例画法见表 4-3。

表 4-3　各种螺纹紧固件的比例画法

名称	比例画法
螺栓、螺母	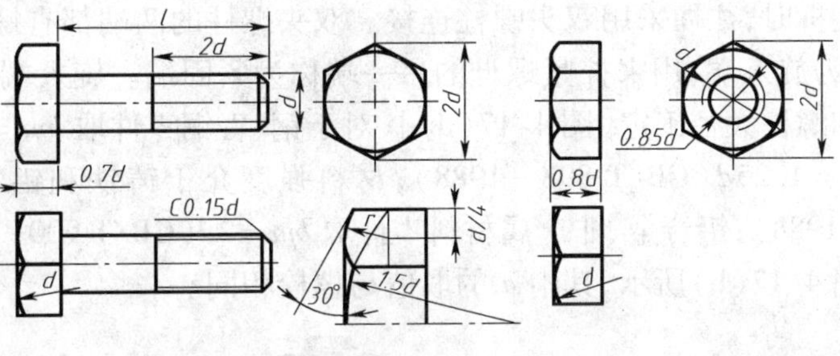 l、2d、d、2d、0.7d、C0.15d、d、r、d/4、30°、1.5d、0.85d、2d、0.8d、d
双头螺柱、内六角圆柱头螺钉	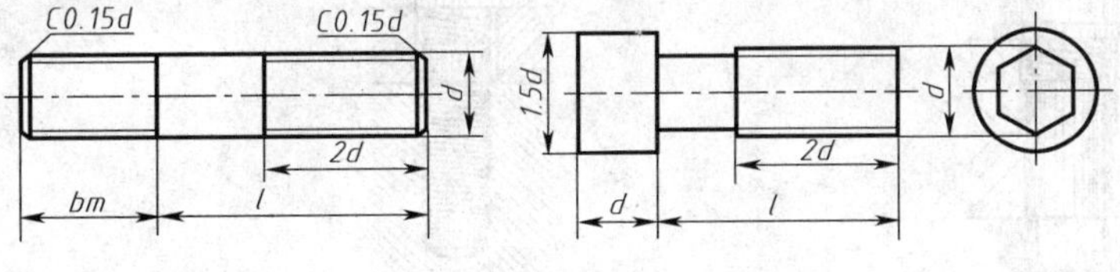 C0.15d、C0.15d、d、2d、bm、l、1.5d、d、2d、d、l
开槽圆柱头螺钉、沉头螺钉	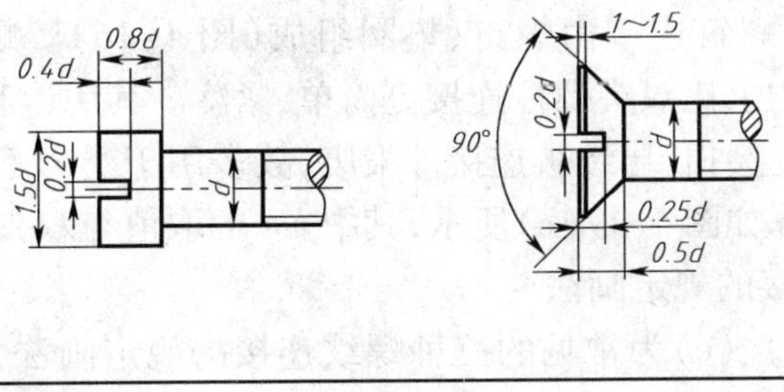 0.8d、0.4d、1.5d、0.2d、d、1~1.5、0.2d、90°、d、0.25d、0.5d

续上表

名称	比 例 画 法
平垫圈、弹簧垫圈	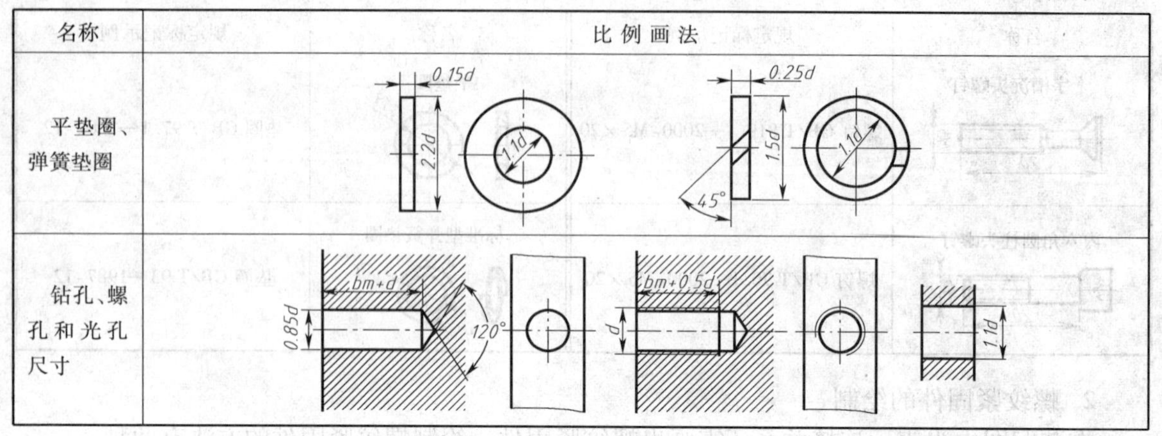
钻孔、螺孔和光孔尺寸	

三、螺纹连接的画法

1. 常见的三种螺纹连接

(1)螺栓连接 螺栓连接由螺栓、螺母、垫圈组成(图4-14)。螺栓连接用于被连接零件厚度不大,可加工出通孔时的情况,优点是无需在被连接零件上加工螺纹。设计和绘图时应注意,被连接零件的通孔尺寸应大于螺栓的大径,一般通孔直径是1.1d(表4-3)。螺栓有效长度的计算如图4-17(a)所示,其中a为螺栓伸出螺母的长度,一般应取(0.3~0.4)d。

(2)双头螺柱连接 双头螺柱连接由双头螺柱、螺母、垫圈组成(图4-15)。双头螺柱连接适用于结构上不能采用螺栓连接的场合,如被连接件之一太厚不宜制成通孔,或材料较软,且需要经常装拆时,往往采用双头螺柱连接。双头螺柱的两端都有螺纹,用于旋入被连接件螺孔的一端,称为旋入端,用来拧紧螺母的另一端称为紧固端。旋入端的长度bm值根据被旋入零件的材料和螺柱大径确定[图4-17(d)],对于钢、青铜零件取$bm=d$(GB/T 897—1988);铸铁零件取$bm=1.25d$(GB/T 898—1988);材料强度介于铸铁和铝之间的零件取$bm=1.5d$(GB/T 899—1988);铝合金、非金属材料零件取$bm=2d$(GB/T 900—1988)。双头螺柱有效长度的计算如图4-17(b)所示,其中a的取值与螺栓相同。

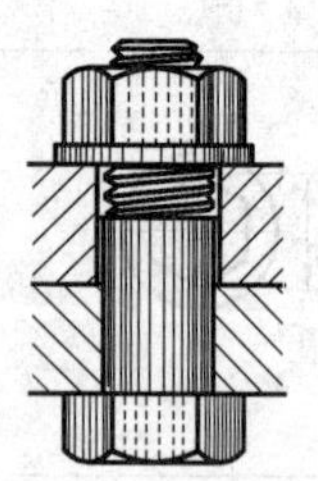

图4-14 螺栓连接

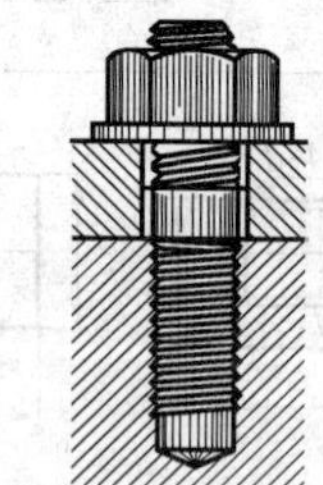

图4-15 双头螺柱连接

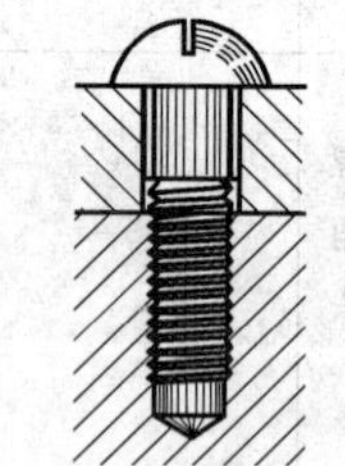

图4-16 螺钉连接

(3)螺钉连接。螺钉连接由螺钉、垫圈组成(图4-16)。螺钉直接拧入被连接件的螺孔中,不用螺母,在结构上比双头螺柱连接更简单、紧凑。其用途和双头螺柱连接相似,但如果经常装拆则容易使螺孔磨损,导致被连接件报废,故多用于受力不大或不需要经常拆装的场合。螺钉有效长度的计算如图4-17(c)所示,其中bm的取值与双头螺柱相同。

2. 常见螺纹连接的规定画法

图4-17(a)、(b)、(c)为常见的三种螺纹连接的规定画法。螺纹连接的视图实际上是一

个简单结构的装配图,因此,无论哪种螺纹连接,其视图的绘制均应符合装配图画法的基本规定。图 4-17(d)为旋入端长度 bm 与钻孔深度和螺孔深度的关系。

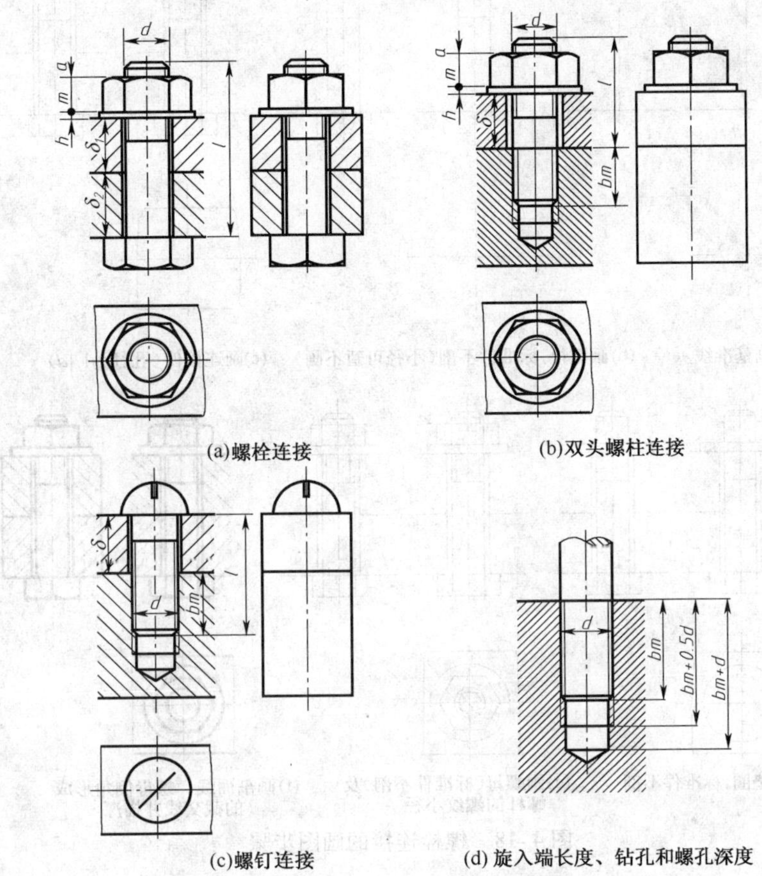

图 4-17　螺纹紧固件的连接画法

3. 画图步骤(比例画法)

以螺栓连接为例,过程如图 4-18 所示。

4. 各种螺纹连接画法的注意点

螺纹连接的画法比较繁琐,容易出错,下面以正误对比的方法分别指出三种螺纹连接中容易画错的地方。

(1)螺栓连接(图 4-19)

①处两零件的接触面画一条粗实线,此线应画至螺栓轮廓。

②处螺栓大径与孔径不等,有间隙,应画两条粗实线。

③处应为 30°斜线。

④处应为直角。

⑤处应为粗实线圆及 3/4 圈的细实线圆(按螺栓画),倒角圆不画。

⑥处应画出螺纹小径且螺纹小径的细实线应画入倒角内。

(2)双头螺柱连接(图 4-20)

①处被连接零件的孔径按螺柱大径的 1.1 倍画,所以此处应画成两条粗实线。

②处螺柱旋入端的螺纹终止线应与两零件接触面画在一条线上,表示旋入端已全部拧入机体。

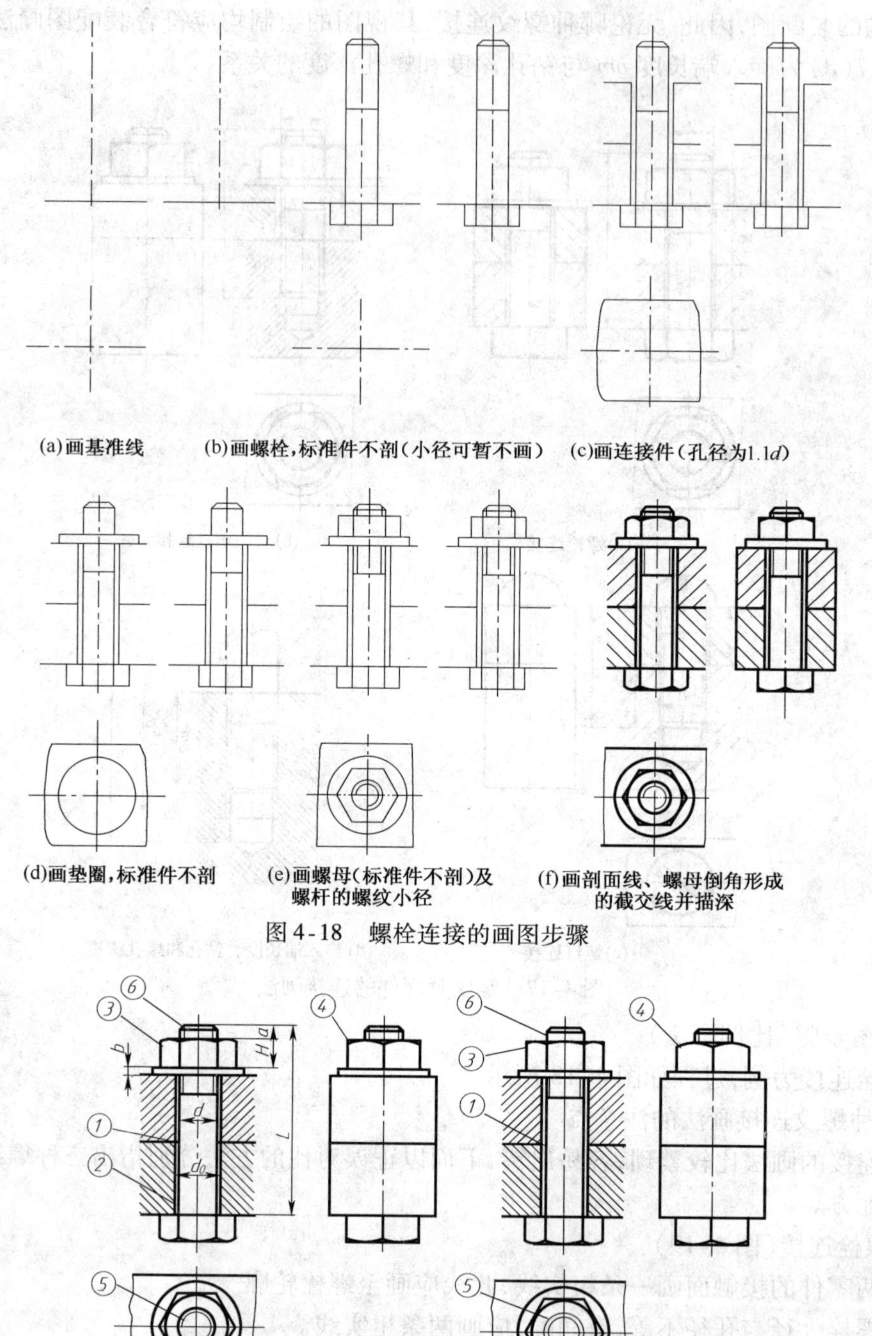

(a)画基准线　(b)画螺栓，标准件不剖（小径可暂不画）　(c)画连接件（孔径为1.1d）

(d)画垫圈，标准件不剖　(e)画螺母（标准件不剖）及螺杆的螺纹小径　(f)画剖面线、螺母倒角形成的截交线并描深

图 4-18　螺栓连接的画图步骤

(a)正确　(b)不正确

图 4-19　螺栓连接画法正误对比

③处螺孔的牙底线和牙顶线与螺柱的牙顶线和牙底线应分别对齐画在一条线上。

④处螺柱伸出螺母的长度应取(0.3～0.4)d，如图 4-20(a)所示。

⑤处钻头角应按 120°作图。

⑥处弹簧垫圈开口处的倾斜方向应与螺纹旋向相同，如图 4-20(a)所示。

⑦处机体的剖面线应画至表示内螺纹牙顶的粗实线处。

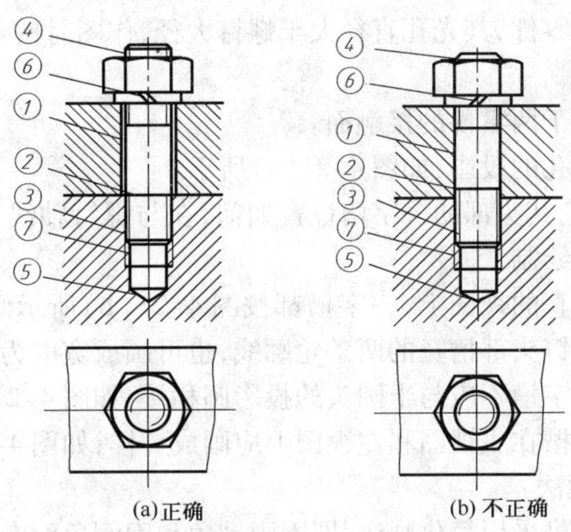

图 4-20 双头螺柱连接画法正误对比

(3) 螺钉连接(图 4-21)

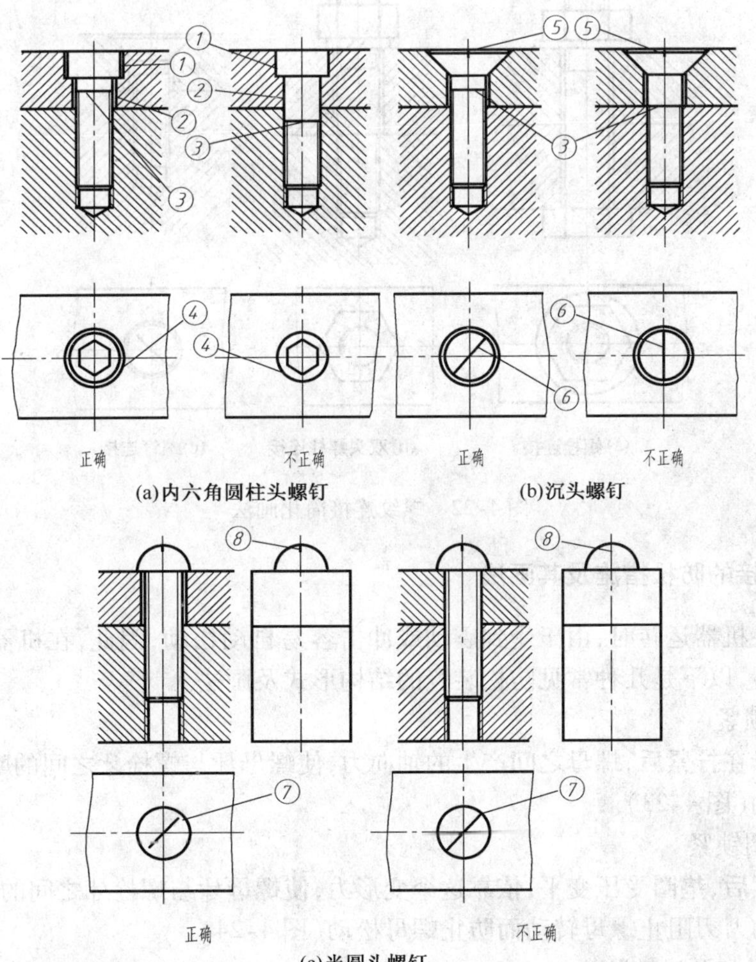

图 4-21 螺钉连接画法的正误对比

①处零件上的沉孔，其直径大于螺钉头部直径，应画两条粗实线。

②处上部制有光孔的零件，其光孔直径大于螺钉大径，作图时按 1. 1d 画出，所以此处应画两条粗实线。

③处螺纹终止线应高于两零件的接触面。

④处俯视图上应有沉孔的投影，如图 4-21(a)所示。

⑤处螺钉拧紧后，不论其头部的一字槽位置如何，在与螺钉轴线平行的视图上，一字槽都按图 4-21(b)所示的位置绘制。

⑥处在与螺钉轴线垂直的视图上，一字槽都按图 4-21(b)所示画成与水平线倾斜 45°的斜线。在装配图中表示螺钉头部槽宽的两条轮廓线，也可画成宽度为粗实线 2 倍的 45°斜线。

⑦处半圆头螺钉的一字槽不应与半圆头的投影圆相接，如图 4-21(c)所示。

⑧处螺钉头部的一字槽在主视图和左视图上应画成一样，如图 4-21(c)所示。

5. 螺纹连接的简化画法

画螺纹连接装配图时可采用简化画法，即不画倒角和因倒角而产生的截交线；对于不穿通的螺纹孔，可以不画钻孔深度，仅画螺纹部分的深度，如图 4-22 所示。

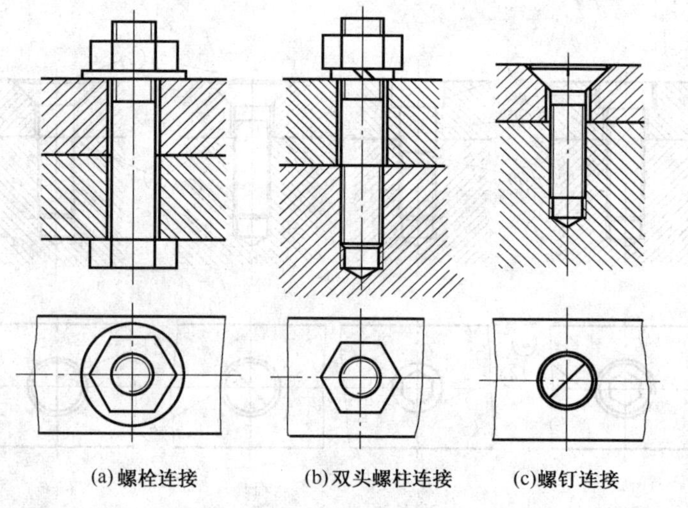

(a) 螺栓连接　　(b) 双头螺柱连接　　(c) 螺钉连接

图 4-22　螺纹连接简化画法

四、螺纹连接的防松措施及其画法

螺纹连接在机器运转时，由于受到震动或冲击容易自动松动，因此，在机器中的螺纹连接常设有防松装置，以下是几种常见防松装置的结构形式及画法。

1. 双螺母锁紧

依靠双螺母在拧紧后，螺母之间产生的轴向力，使螺母牙与螺栓牙之间的摩擦力增大而防止螺母自动松动(图 4-23)。

2. 弹簧垫圈锁紧

当螺母拧紧后，垫圈受压变平，依靠这个变形力，使螺母牙与螺栓牙之间的摩擦力增大，并用垫圈开口处的刀刃阻止螺母转动而防止螺母松动(图 4-24)。

3. 开槽螺母与开口销防松

开口销与六角开槽螺母同时使用，开口销分叉后直接锁住了开槽螺母，使之不能松动(图

4-25)。

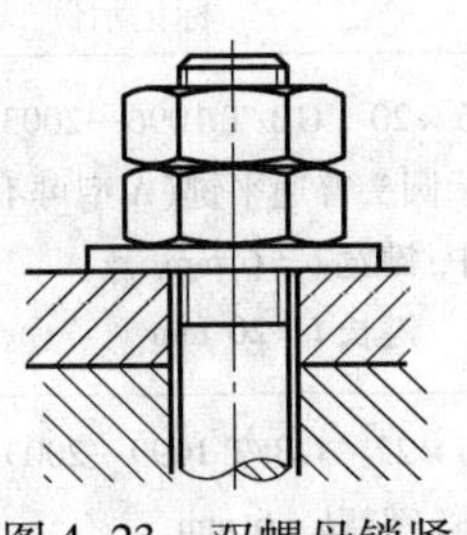

图 4-23 双螺母锁紧

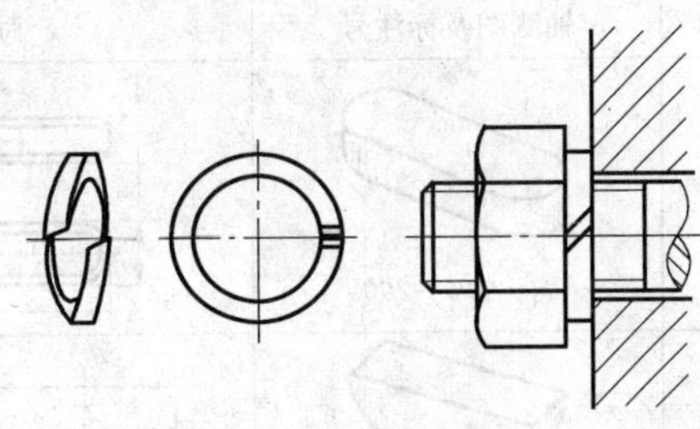

图 4-24 弹簧垫圈锁紧

4. 止动垫片锁紧

螺母拧紧后,弯倒止动垫片的止动边可锁紧螺母(图 4-26)。

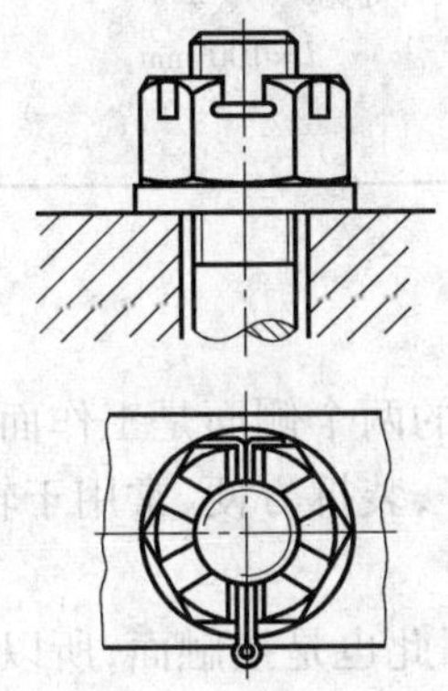

图 4-25 开口销锁紧

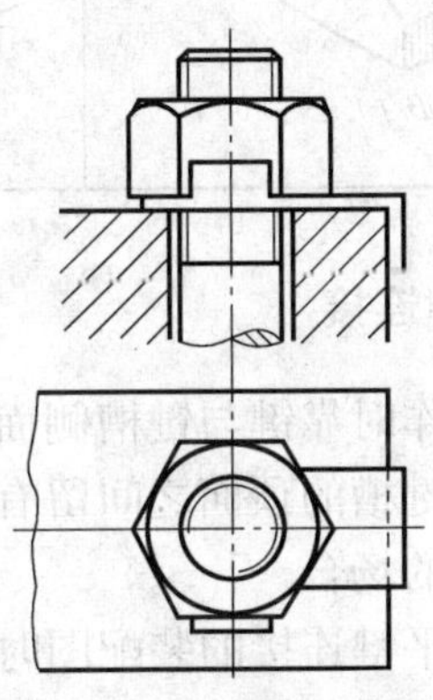

图 4-26 止动垫片锁紧

5. 止动垫圈防松

这种结构常用来固定安装在轴端部的零件,轴端开槽,止动垫圈与圆螺母联合使用,可直接锁住螺母(图 4-27)。

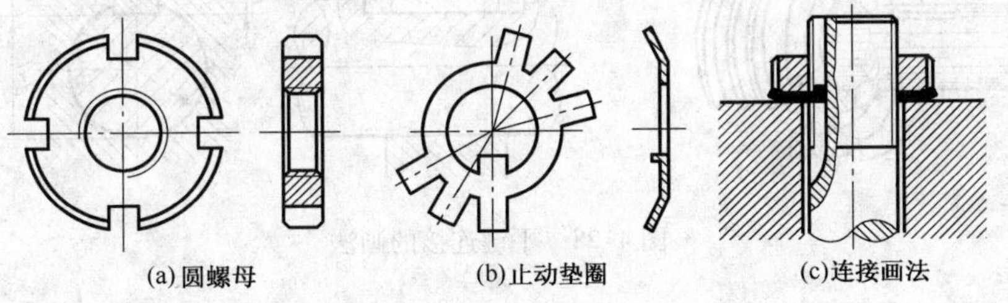

(a) 圆螺母 (b) 止动垫圈 (c) 连接画法

图 4-27 止动垫圈锁紧

第二节 键 连 接

键连接主要用于实现轴与轴上的传动零件(如齿轮、皮带轮等)间,在圆周方向的固定以及传递扭矩。其种类较多,常用的有普通平键、半圆键和花键。键及其有关结构已标准化。平键、半圆键、楔键的分类、规定标记及画法见表 4-4。

表 4-4　平键、半圆键与楔键的规定标记示例及画法

名称	轴测图及标注号	画法	标记示例
普通平键	GB/T 1096—2003		键 6×20　GB/T 1096—2003 表示圆头普通平键（A 型可不标出 A 字） 其中：键宽 $b=6$ mm 键长 $l=20$ mm
半圆键	GB/T 1099—2003		键 6×22　GB/T 1099—2003 表示：键宽 $b=6$ mm $d=22$ mm
钩头楔键	GB/T 1565—2003		键 18×100　GB/T 1565—2003 表示：键宽 $b=18$ mm $l=100$ mm

一、平键连接

平键工作时靠键与键槽侧面的挤压来传递扭矩，故平键的两个侧面是工作面，平键的上表面与轮毂孔键槽的顶面之间留有间隙。平键连接的对中性好，装拆方便，常用于轮和轴的同心度要求较高的场合。

在绘制平键连接的装配图时，由于其两侧面是工作面，因此也是接触面，所以只画一条线。而平键与轮毂孔的键槽顶面之间是非接触面应画两条线，如图 4-28 所示。在零件图上，轴上的键槽常采用局部剖视图（沿轴线方向）和移出断面图表达，轮毂孔上的键槽常采用全剖视图（沿轴线方向）和局部视图表达，如图 4-29 所示。键槽的尺寸可根据轴的直径从机械设计手册中查取。键的长度，应选取标准参数，但需小于轮毂长度（图 4-28）。

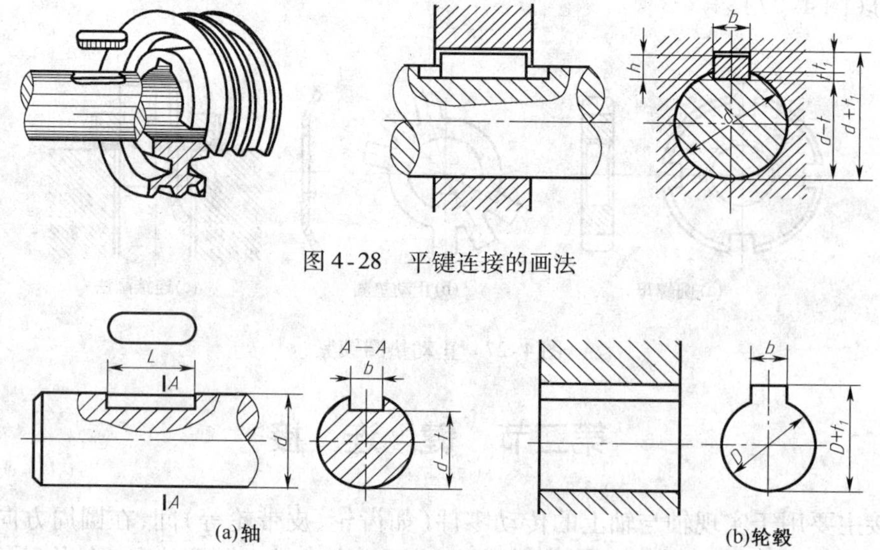

图 4-28　平键连接的画法

图 4-29　平键键槽的画法

二、半圆键连接

半圆键的连接情况与平键连接相似，半圆键安装在轴的半圆形键槽中，两侧面与轮毂孔和轴的键槽紧密接触，顶面留有间隙。半圆键连接的优点是工艺性较好，装配方便，能自动调位，尤其适用于锥形轴端与轮毂的联结。但键槽较深，对轴的强度削弱较大，一般仅用于轻载。半圆键连接的装配图如图 4-30 所示。

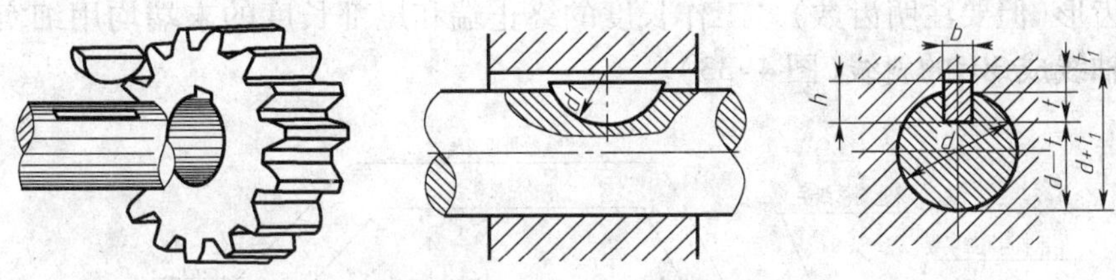

图 4-30　半圆键连接的画法

三、楔键连接

楔键的上表面有 1∶100 的斜度，轮毂孔键槽底面也有 1∶100 的斜度(图 4-31)。工作时，靠键的楔紧作用来传递扭矩，同时还能承受单方向的轴向载荷。因此楔键的上下两面是工作面。由于装配打紧楔键时破坏了轴与轮毂的对中性，故楔键仅适用于传动精度要求不高、低速和载荷平稳的场合。楔键连接的装配图画法如图 4-31 所示。

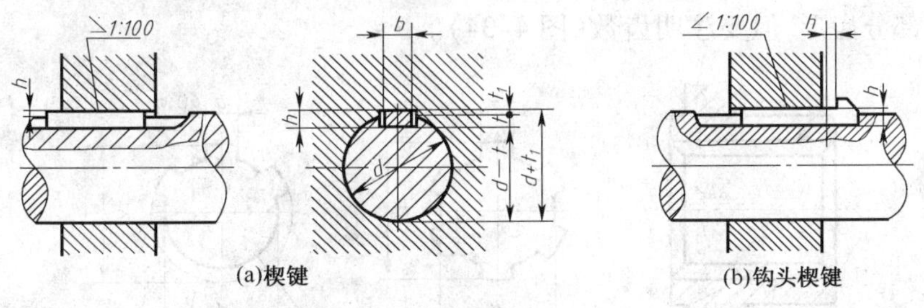

(a)楔键　　(b)钩头楔键

图 4-31　锲键连接的画法

四、花键连接

花键连接的情况如图 4-32 所示。轴上的纵向键(称为齿)放在轮毂内相应的键槽中，用以传递扭矩。花键连接与普通平键连接相比，有键和键槽数较多的特点，所以连接可靠，能传递较大扭矩，对中性好以及沿轴线方向的导向性好。

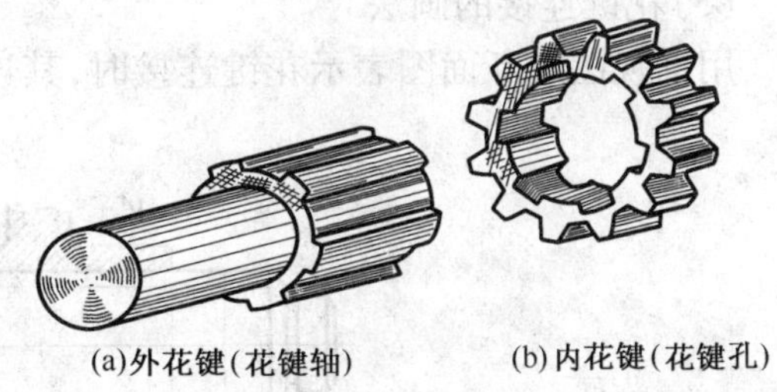

(a)外花键(花键轴)　　(b)内花键(花键孔)

图 4-32　花键

花键根据其齿形不同，分为矩形花键、渐开线花键及三角形花键等，其中矩形花键应用最广，且已标准化，各部分尺寸，均可由相应标准中查取。下面只介绍矩形花键的画法及尺寸注法。

1. 矩形花键的各部分名称

与轴一体的花键称为外花键，与轮毂一体的花键称为内花键。图 4-33、图 4-34 中 D 为花键大径，d 为花键小径，b 为花键齿宽，6 齿为花键齿数。

2. 矩形花键的规定画法及标注

为了简化作图，绘制花键时不按其真实投影绘制。《机械制图》国家标准（GB 4459.3—2000）规定了内、外花键及其连接的画法。

（1）外花键的画法

在平行于外花键轴线投影面的视图中，大径画粗实线，小径画细实线，并用断面图画出全部或一部分齿形（但要注明齿数）。工作长度的终止端和尾部长度的末端均用细实线绘制，尾部则画成与轴线成 30°的斜线（图 4-33）。

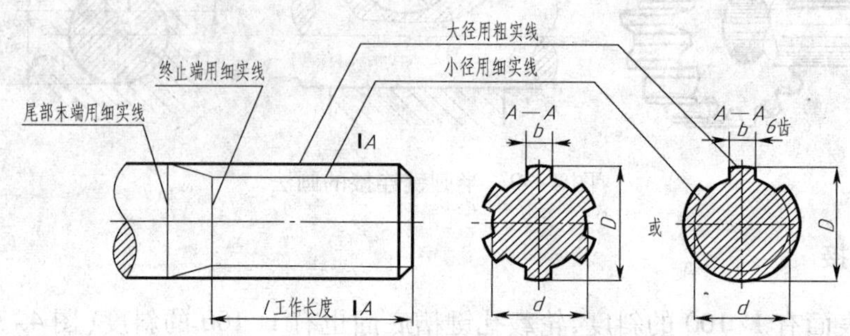

图 4-33 外花键的画法及标注

（2）内花键的画法

在平行于内花键轴线的投影面上的剖视图中，大径、小径均用粗实线绘制；并用局部视图画出全部或一部分齿形，但要注明齿数（图 4-34）。

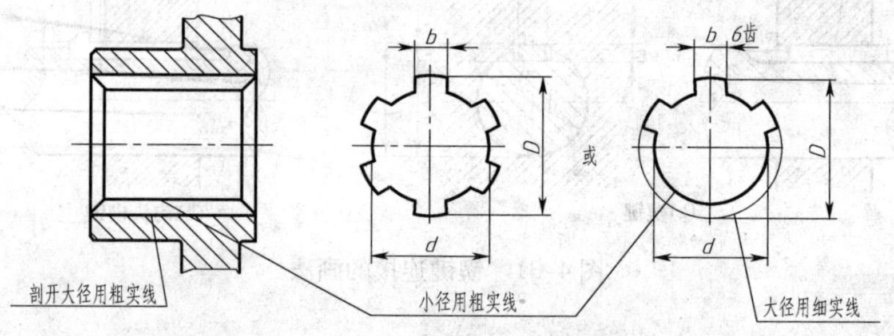

图 4-34 内花键的画法及标注

（3）花键连接的画法

用剖视图或断面图表示花键连接时，其连接部分采用外花键的画法（图 4-35）。

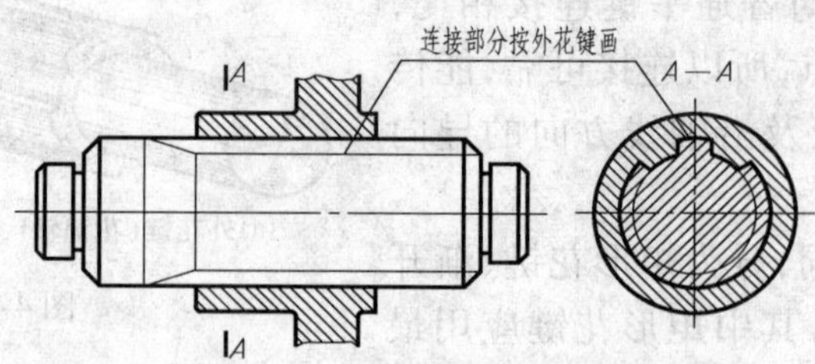

图 4-35 花键连接的画法

（4）花键的标注

花键的标注方法有两种：一种是在图中注出公称尺寸 D（大径）、d（小径）、B（槽宽）和 N

(齿数)等;另一种是用指引线标出花键代号,花键代号形式为 N(齿数)×d(小径)×D(大径)×B(齿宽),如 6×28×32×7。无论采用哪种注法,花键的工作长度 l 都要在图上直接注出。

第三节　销　连　接

销连接常用于零件之间的连接和定位。按销形状的不同,销连接分为圆柱销连接、圆锥销连接和开口销连接等,如图 4-36 所示。销也是标准件,其形式、尺寸可查阅机械设计手册。

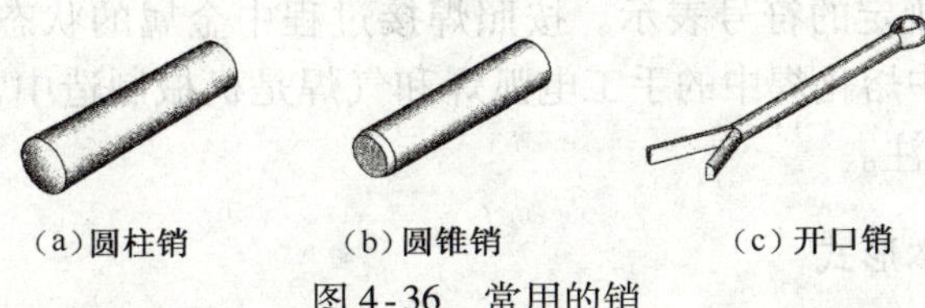

(a)圆柱销　(b)圆锥销　(c)开口销

图 4-36　常用的销

圆柱销是靠轴孔间的过盈量实现连接,因此不宜经常装拆,否则会降低定位精度和连接的紧固性,图 4-37 和图 4-39 是圆柱销孔的零件图画法和连接时的装配图画法。在零件上除标记销孔的尺寸与公差外,还需注明与其相关联的零件配作的字样。圆锥销具有 1∶50 的锥度,小头直径为公称直径。圆锥销安装方便,多次装拆对定位精度影响不大,应用较广。图 4-38 和图 4-40 是锥销孔的画法及其连接画法。开口销常要与六角开槽螺母配合使用,它穿过螺母上的槽和螺杆上的孔以防螺母松动,如图 4-41 所示。

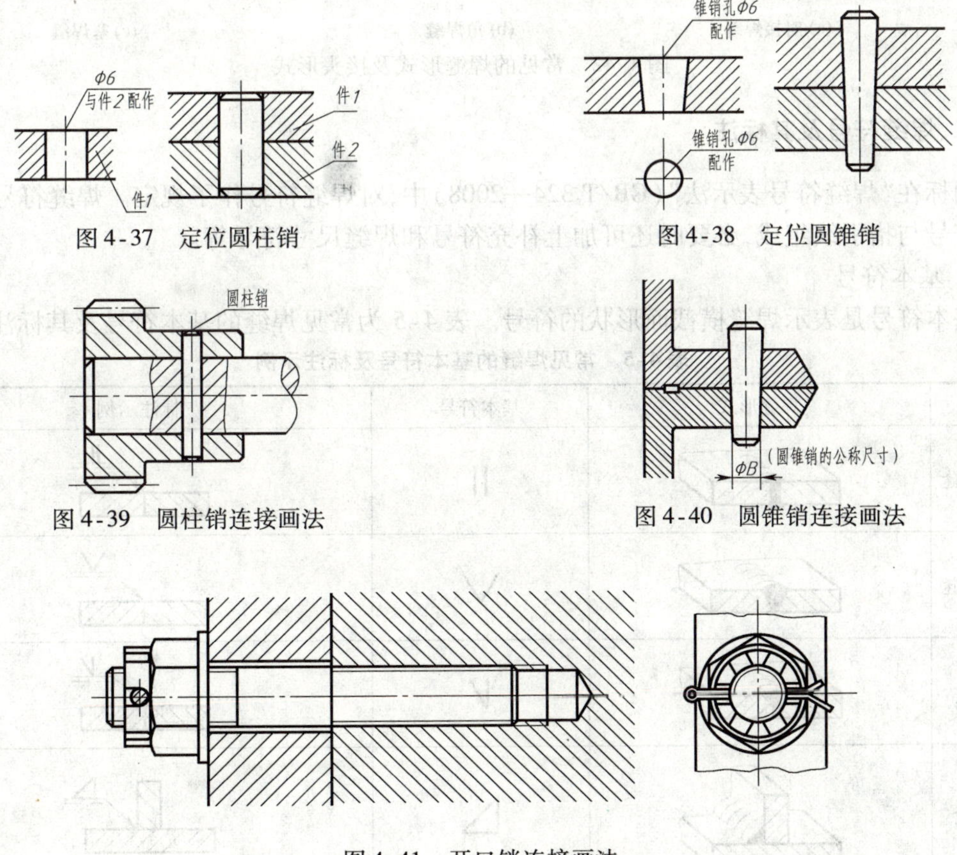

图 4-37　定位圆柱销

图 4-38　定位圆锥销

图 4-39　圆柱销连接画法

图 4-40　圆锥销连接画法

图 4-41　开口销连接画法

第四节　焊接及焊接图

焊接是利用电弧或火焰，在被连接处局部加热并填充熔化金属，或用加压等方法将被连接件熔合而连接在一起。焊接是一种不可拆连接。由于它施工简单，连接可靠，所以在生产上应用日益广泛，大多数板材制品和工程结构件都采用焊接的方法来连接。连接件上因焊接形成的熔接处称为焊缝，国家标准对焊缝代号有详细规定，焊接的要求（如焊接方法、焊缝形式、焊缝尺寸）在图纸上需用规定的符号表示。按照焊接过程中金属的状态，焊接方法可分为熔化焊、压焊、钎焊三类，其中熔化焊中的手工电弧焊和气焊是机械制造中常用的焊接方法。本节主要介绍焊接方法的标注。

一、焊接接头的基本形式

根据被焊零件在空间的相互位置，焊接的接头形式有对接接头、T形接头、角接接头、搭接接头四种。焊缝的形式有对接焊缝、角焊缝及塞焊缝三种，如图4-42所示。

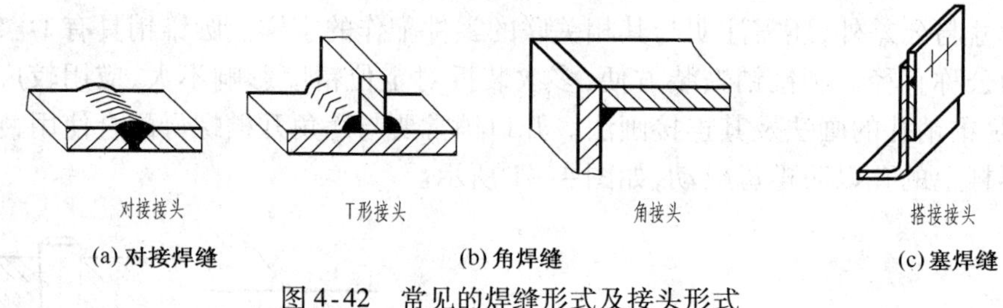

图4-42　常见的焊缝形式及接头形式

二、焊缝符号及其标注

国标在“焊缝符号表示法”（GB/T 324—2008）中，对焊缝符号作了规定。焊缝符号一般由基本符号与指引线组成，必要时还可加上补充符号和焊缝尺寸符号等。

1. 基本符号

基本符号是表示焊缝横截面形状的符号。表4-5为常见焊缝的基本符号及其标注示例。

表4-5　常见焊缝的基本符号及标注示例

名称	焊缝形式	基本符号	标注示例
I形焊缝			
V形焊缝			
单边V形焊缝			
角焊缝			

续上表

名称	焊缝型式	基本符号	标注示例
钝边U形焊缝			
封底焊缝			
点焊缝			
塞焊缝			

2. 指引线

指引线由箭头线[必要时可转折,如图4-43(b)所示]和两条基准线(一条为细实线,另一条为虚线)组成,如图4-43(a)所示。

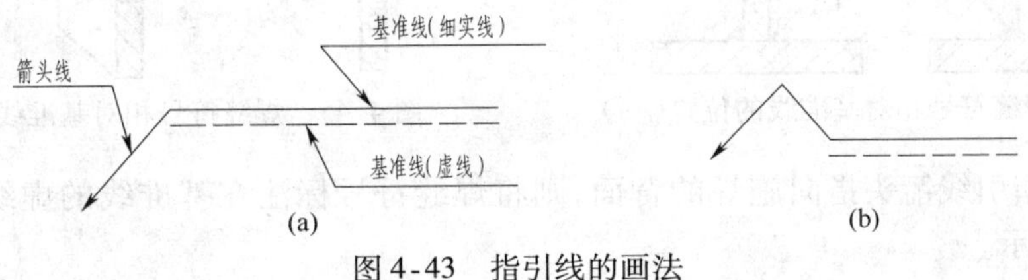

图4-43　指引线的画法

3. 补充符号

补充符号用来补充说明有关焊缝或接头的某些特征(诸如表面形状、衬垫、焊缝分布、施焊地点等),需要时可随基本符号标注在指引线规定的位置上。表4-6为补充符号及其标注示例。

表4-6　补充符号及其标注示例

名称	符号	形式及标注示例	说明
平面符号	—		表示V形对接焊缝表面齐平(一般通过加工)
凹面符号	◡		表示角焊缝表面凹陷
凸面符号	◠		表示X形对接焊缝表面凸起
带垫板符号	▭		表示V形焊缝的背面底部有垫板
三面焊缝符号	⊏		工件三面施焊,符号的开口方向与实际方向一致

续上表

名称	符号	形式及标注示例	说明
周围焊缝符号	○		表示在现场沿工件周围施焊
现场符号	▶（旗形）		
尾部符号	<		表示有 4 条相同的角焊缝

4. 焊缝符号相对于基准线的位置

国标（GB/T 324—2008）对基本符号相对基准线的位置作了如下规定：

（1）如果指引线箭头指向焊缝的施焊面，则焊缝符号标注在基准线实线一侧，如图 4-44、图 4-45 所示。

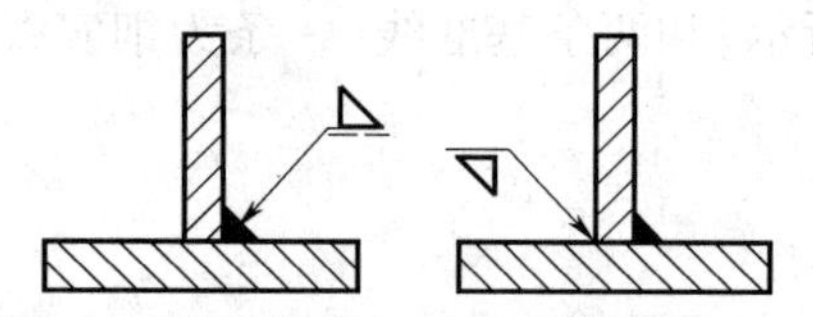

图 4-44　焊缝符号相对基准线的位置（一）

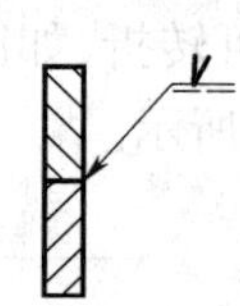

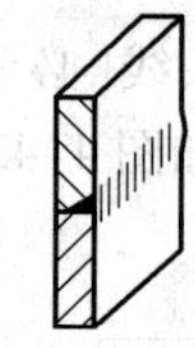

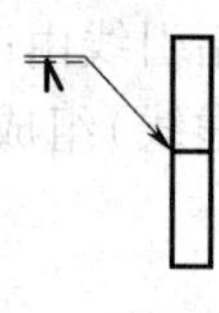

图 4-45　焊缝符号相对基准线的位置（二）

（2）如果指引线箭头指向施焊的背面，则将焊缝符号标注在基准线的虚线一侧，如图 4-44、图 4-45 所示。

（3）标注对称焊缝及双面焊缝时，基准线的虚线可省略不画，如图 4-46 所示。

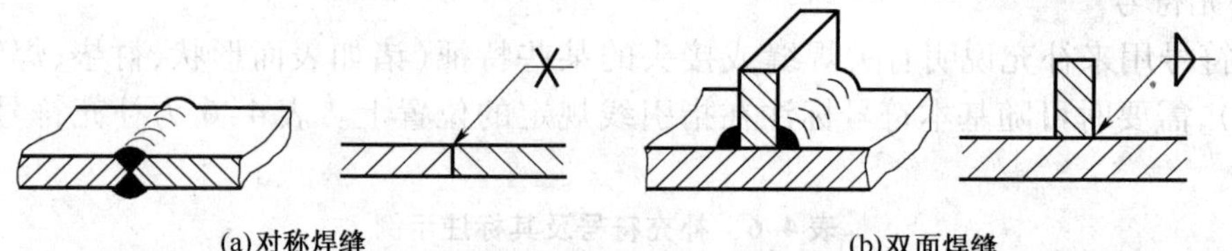

(a)对称焊缝　　(b)双面焊缝

图 4-46　焊缝符号相对基准线的位置（三）

5. 焊缝尺寸符号及其标注方法

焊缝尺寸在需要时才标注，标注时，随基本符号标注在规定的位置上。表 4-7 为焊缝尺寸符号及其标注示例。焊缝尺寸标注位置规定如图 4-47 所示。

表 4-7　常用的焊缝尺寸符号

名称	符号	示意图及标注	名称	符号	示意图及标注
工件厚度	δ		焊缝段数	n	
坡口角度	α		焊缝间距	e	
根部间隙	b		焊缝长度	l	
根部间隙高度	p		焊角尺寸	K	
坡口深度	H		相同焊缝数量符号	N	
熔核直径	d				

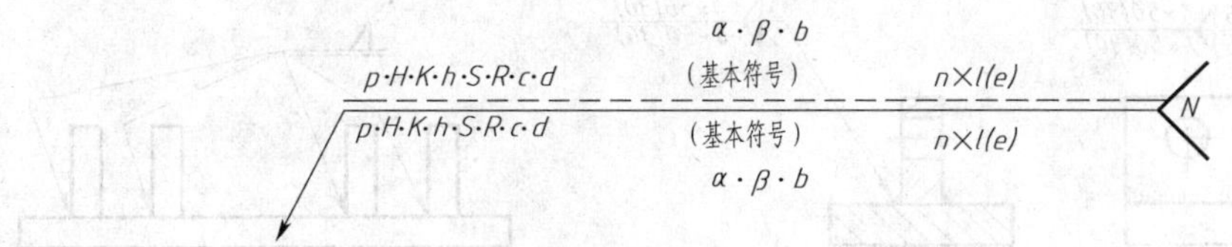

图 4-47 焊缝尺寸的标注位置

当焊件较厚时，为保证焊透根部，获得质量较好的焊缝，对不同的焊接方法，不同的焊件厚度及不同材质需要选用不同的坡口形状。如需进一步了解，可查阅国家标准（GB/T 985—1988、GB/T 986—1988）。

三、焊缝的画法及标注示例

1. 焊缝的规定画法

（1）在垂直于焊缝的剖视图或断面图中，焊缝的断面形状可用涂黑表示。如图 4-48 所示。

（2）在视图中，可用栅线表示焊缝（栅线段为细实线，允许徒手绘制），如图 4-48（a）、（b）、（c）、（d）所示，也可用加粗线（$2d \sim 3d$）表示可见焊缝，如图 4-48（e）、（f）所示。但在同一图样中只允许采用一种画法。

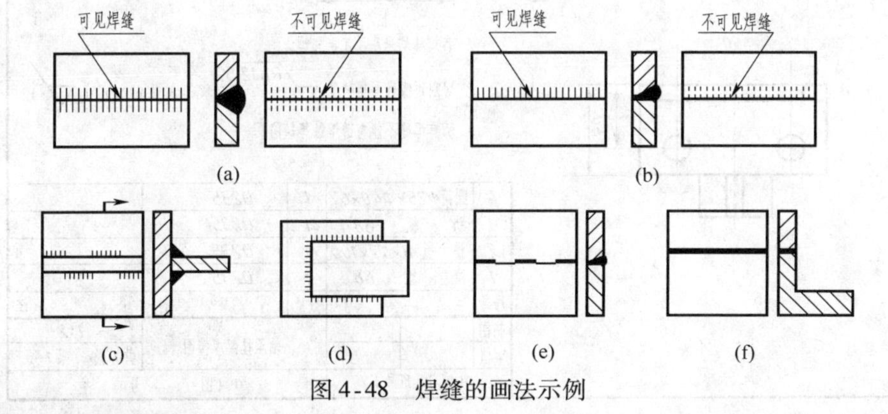

图 4-48 焊缝的画法示例

2. 图样中焊缝的表达

（1）在能清楚地表达焊缝技术要求的前提下，一般在图样中可用焊缝符号直接标注在视图的轮廓线上，如图 4-49 所示。

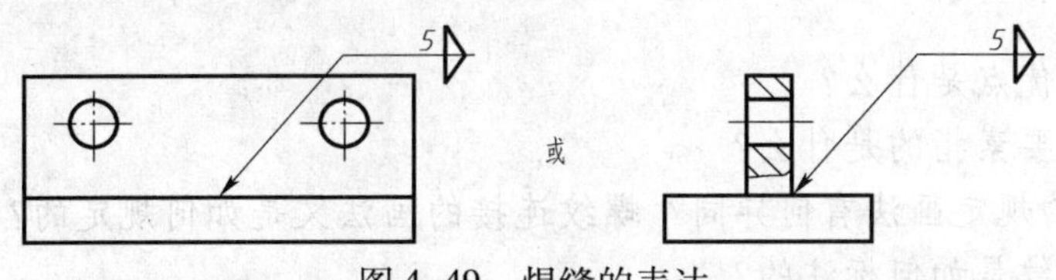

图 4-49 焊缝的表达

（2）若需要也可在图样中采用图示法画出焊缝，并应同时标注焊缝符号，如图 4-50（a）所示。

（3）当若干条焊缝相同时，可用公共基准线进行标注，如图 4-50（b）所示。

3. 焊接图示例

图 4-51 是轴承挂架的焊接图。图中的焊缝标注表明了各构件连接处的接头形式、焊缝符

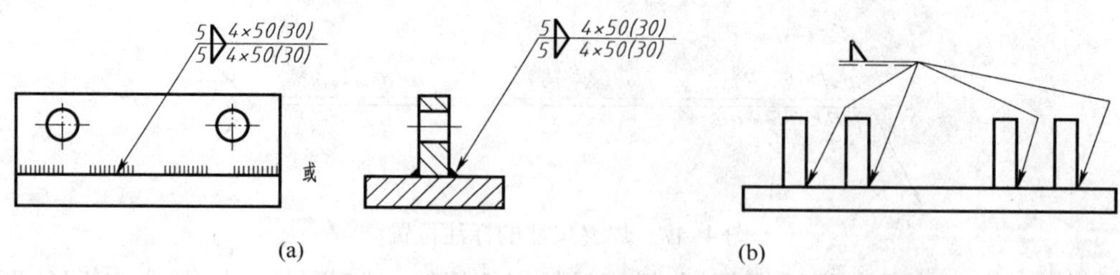

图 4-50　焊缝的标注

号及焊缝尺寸。焊接方法在技术要求中做了统一说明,因此在基准线尾部不再标注焊接方法的符号。焊缝的局部放大图清楚地表达了焊缝的断面形状及尺寸。

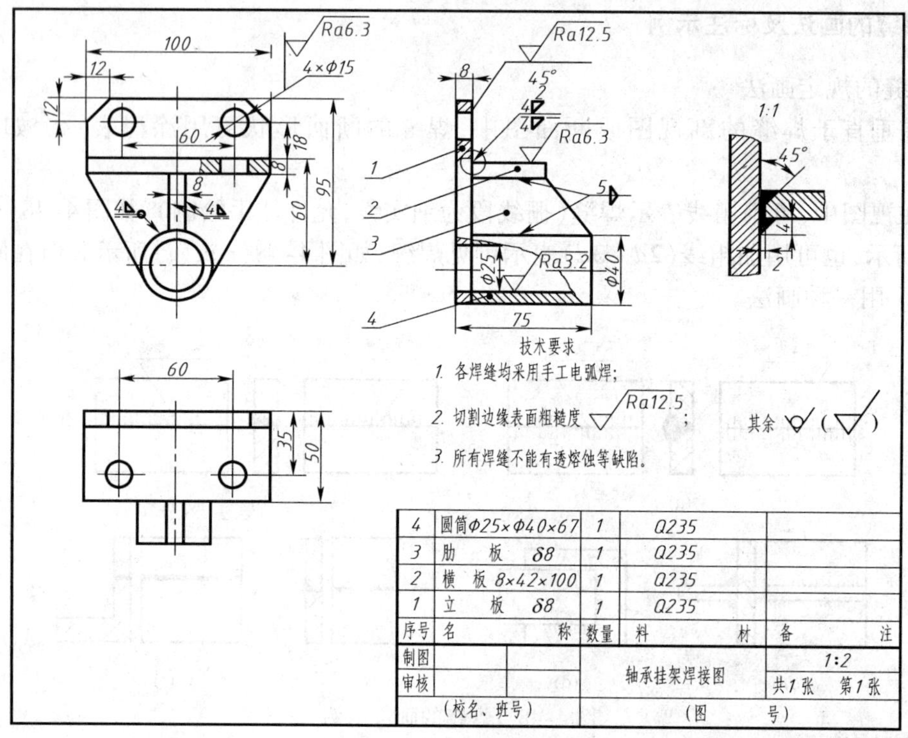

图 4-51　轴承挂架焊接图

复习思考题

1. 螺纹连接的优点是什么?
2. 螺纹的五大要素指的是什么?
3. 内、外螺纹的规定画法有何异同?螺纹连接的画法又是如何规定的?
4. 各种常用螺纹是如何标注的?
5. 试述各种键连接的规定画法?
6. 试述焊缝的画示及标注方法。

第五章　常用件的画法

齿轮、弹簧及滚动轴承都是机器或部件中的常用件，为了简化制图，国家标准根据这些常用件的结构特点制定了相应的规定画法，本章分别介绍它们的结构特点和规定画法。

第一节　齿轮和涡轮涡杆

齿轮是机器中的传动零件，常用来传递两轴间的动力和变换运动方向、运动速度，是机械传动中最常用的一类传动。齿轮的参数中只有模数、压力角已经标准化，因此它属于常用件。

齿轮的种类很多，按齿廓曲线分有摆线、渐开线等。一般机械传动中常采用渐开线齿轮。齿轮传动按传动方式分：圆柱齿轮传动[图 5-1(a)、(b)、(d)]，常用于两平行轴的传动；圆锥齿轮传动[图 5-1(c)]，常用于两相交轴的传动；螺旋圆柱齿轮传动[图 5-1(e)]，常用于两交叉轴的传动；齿轮与齿条啮合[图 5-1(f)]，常用于改变运动方式(即旋转运动和直线运动相互改变)。按轮齿的方向分有：直轮、斜齿、人字齿和螺旋齿等。

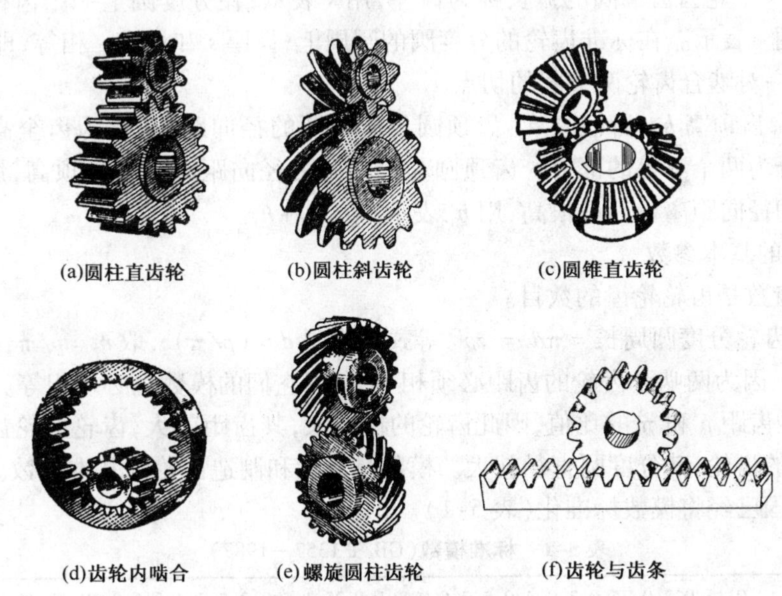

图 5-1　齿轮传动

一、圆柱齿轮

1. 直齿圆柱齿轮(直齿轮)

(1)直齿轮的各部分名称(图 5-2)及尺寸关系如下：

①齿顶圆直径 d_a：轮齿顶部的圆称为齿顶圆，直径用 d_a 表示。

②齿根圆直径 d_f：轮齿根部的圆称为齿根圆，直径用 d_f 表示。

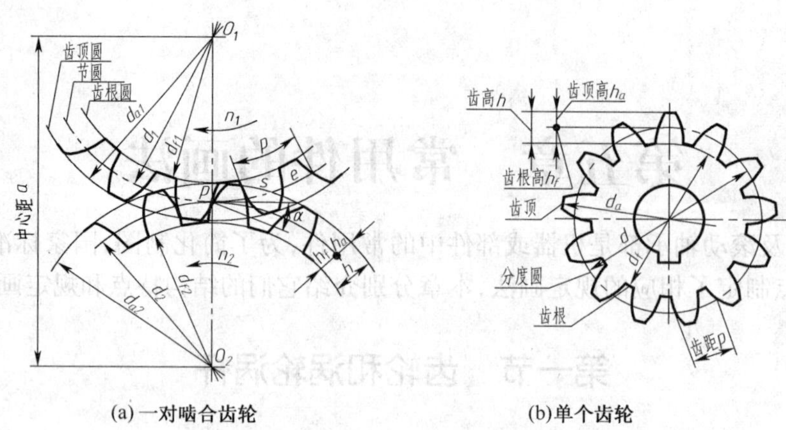

(a) 一对啮合齿轮　　(b) 单个齿轮

图 5-2　直齿轮各部分名称及其代号

③节圆直径 d' 和分度圆直径 d：两啮合齿轮齿廓在两齿轮中心的连心线 O_1O_2 上的啮合接触点 P 称为节点，以 O_1、O_2 为圆心，O_1P、O_2P 为半径作出的两个相切的圆称为节圆，直径用 d' 表示。作为齿轮轮齿分度的圆称为分度圆，是设计、计算和制造齿轮的基准，直径用 d 表示。一对正确安装的标准齿轮，其分度圆是相切的，即分度圆和节圆重合，$d' = d$。

④齿距 p、齿厚 s、槽宽 e：在分度圆上，相邻两个轮齿同侧齿面间的弧长称为齿距，用 p 表示；在分度圆上一个轮齿齿廓间的弧长称为齿厚，用 s 表示；在分度圆上一个齿槽齿廓间的弧长，称为槽宽，用 e 表示。在标准齿轮的分度圆的圆周上，齿厚 s 和槽宽 e 相等，即 $s = e = p/2$。

⑤节点 P：一对啮合齿轮两节圆的切点。

⑥齿全高 h、齿顶高 h_a、齿根高 h_f：齿顶圆与齿根圆的径向距离，称为齿全高，用 h 表示。分度圆把齿高分为两个不等的部分。齿顶圆与分度圆的径向距离称为齿顶高，用 h_a 表示；分度圆与齿根圆的径向距离称为齿根高，用 h_f 表示；$h = h_a + h_f$。

（2）直齿轮的基本参数

①齿数 z：齿数是齿轮轮齿的数目。

②模数 m：齿轮分度圆周长 $= \pi d = zp$，等式变换得 $d = (p/\pi)z$，取 $m = p/\pi$，故 $d = mz$。式中 m 称为模数。因为两啮合齿轮的齿距必须相等，所以它们的模数也必须相等。

由于模数是齿距 p 和 π 的比值，因此齿轮的模数大，其齿距就大，齿轮的轮齿就厚。若齿数一定，模数大的齿轮，其分度圆直径就大。模数是设计和制造齿轮的基本参数。为简化设计和便于制造，我国已经将模数标准化（表 5-1）。

表 5-1　标准模数（GB/T 1357—1987）　　mm

第一系列	0.1,0.12,0.15,0.2,0.25,0.3,0.4,0.5,0.6,0.8,1,1.25,1.5,2,2.5,3,4,5,6,8,10,12,16,20,25,32,40,50
第二系列	0.35,0.7,0.9,1.75,2.25,2.75,(3.25),3.5,(3.75),4.5,5.5,(6.5),7,9,(11),14,18,22,28,36,45

注：在选用模数时，应优先采用第一系列，括号内的模数尽可能不用。

③压力角 α（啮合角、齿形角）：两个相啮合的轮齿齿廓在节点 P 处的公法线与两分度圆的公切线的夹角，称为压力角 α。我国标准齿轮的压力角为 $\alpha = 20°$。两相互啮合的齿轮必须模数 m 和压力角 α 都相同，才能啮合。

④传动比 i：主动齿轮转速 n_1（r/min）与从动齿轮转速 n_2（r/min）之比。由于转速与齿数成反比，因此传动比也等于从动齿轮齿数 z_2 与主动齿轮齿数 z_1 之比，即 $i = n_1/n_2 = z_2/z_1$。

(3)直齿轮基本尺寸的计算关系(表5-2)

表5-2 直齿轮基本尺寸的计算关系

基本参数:模数 m 齿数 z			已知 $m=2$,$z=30$
名称	符号	计算公式	计算举例
齿距	p	$p=\pi m$	$p=6.28$ mm
齿顶高	h_a	$h_a=m$	$h_a=2$ mm
齿根高	h_f	$h_f=1.25m$	$h_f=2.5$mm
齿高	h	$h=h_a+h_f=m+1.25m=2.25m$	$h=4.5$ mm
分度圆直径	d	$d=mz$	$d=60$ mm
齿顶圆直径	d_a	$d_a=d+2h_a=mz+2m=m(z+2)$	$d_a=64$ mm
齿根圆直径	d_f	$d_f=d-2h_f=mz-2.5m=m(z-2.5)$	$d_f=55$ mm
中心距	a	$a=(d_1+d_2)/2=m(z_1+z_2)/2$	

2. 圆柱斜齿轮

圆柱斜齿轮简称为斜齿轮,轮齿呈螺旋状(图5-3)。一对斜齿轮啮合时,二轴线仍保持平行。斜齿轮轮齿在分度圆柱面上与分度圆柱轴线的倾角称为螺旋角,用β表示。一对斜齿轮要正确啮合,两齿轮分度圆上的螺旋角必须大小相等,旋向相反,即:$\beta_1=-\beta_2$。圆柱斜齿轮的螺旋角β一般在8°~20°之间。

圆柱斜齿轮有法向齿距p_n与端面齿距p_t(图5-4)、法向模数m_n与端面模数m_t之分。加工斜齿轮的刀具,其轴线是与轮齿的法线方向一致,为了和加工直齿轮的刀具通用,将斜齿轮的法向模数取为标准模数(见表5-1),标准的法面齿形角$\alpha=20°$,齿高也由法向模数确定。斜齿轮啮合的运动分析是在平行于端面的平面内进行的,所以分度圆直径由端面模数确定。标准斜齿轮各基本尺寸的计算公式,见表5-3。

图5-3 斜齿轮

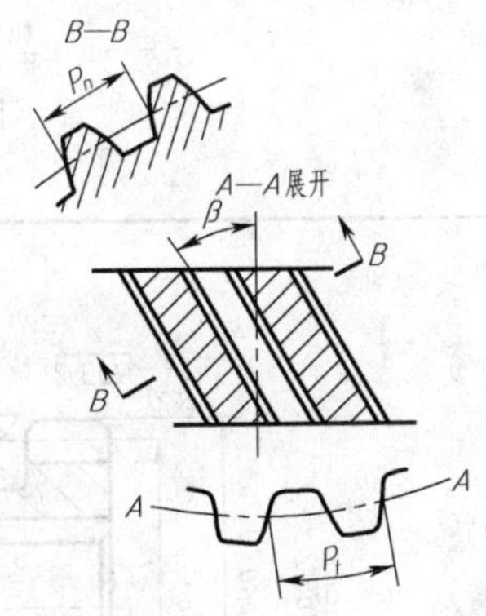

图5-4 斜齿轮在圆柱螺旋面上的展开图

表5-3 标准斜齿轮各基本尺寸的计算公式

基本参数:法向模数 m_n 齿数 z 螺旋角 β			
名称及符号	计算公式	名称及符号	计算公式
法向齿距 p_n	$p_n=\pi m_n$	分度圆直径 d	$d=m_tz=m_nz/\cos\beta$
端面齿距 p_t	$p_t=\pi m_t=\pi m_n/\cos\beta$	齿顶圆直径 d_a	$d_a=d+2h_a=d+2m_n$
端面模数 m_t	$m_t=p_t/\pi=m_n/\cos\beta$	齿根圆直径 d_f	$d_f=d-2h_f=d-2.5m_n$
齿顶高 h_a	$h_a=m_n$	中心距 a	$a=(d_1+d_2)/2$ $=m_n(z_1+z_2)/2\cos\beta$
齿根高 h_f	$h_f=1.25m_n$		
齿高 h	$h=h_a+h_f=2.25m_n$		

3. 圆柱齿轮的规定画法（GB/T 4459. 2—2003）

（1）单个圆柱齿轮的画法

按国标规定，齿轮的齿顶圆（线）用粗实线绘制，分度圆（线）用细点画线绘制，齿根圆（线）用细实线绘制（也可省略不画），如图 5-5（a）所示。在剖视图中，剖切平面通过齿轮的轴线时，轮齿按不剖处理，齿顶线和齿根线用粗实线绘制，分度线用细点画线绘制，如图 5-5 所示。若为斜齿或人字齿，则该视图可画成半剖视图或局部剖视图，并用三条细实线表示轮齿的方向，如图 5-5（b）、（c）所示，其中 β 和 δ 为齿轮螺旋角，相关参数的计算参见有关标准和规范。

（2）圆柱齿轮工作图

图 5-6 为齿轮零件工作图。在齿轮工作图中，应包括足够的视图及制造时所需的尺寸和技术要求；除具有一般零件工作图的内容外，齿轮齿顶圆直径、分度圆直径及有关齿轮的基本尺寸必须直接注出，齿根圆直径规定不标注；在图样右上角的参数表中注写模数、齿数等基本参数。有时，在齿轮工作图上还需画出一或两个齿形，以标注尺寸。齿形的近似画法如图 5-7 所示。

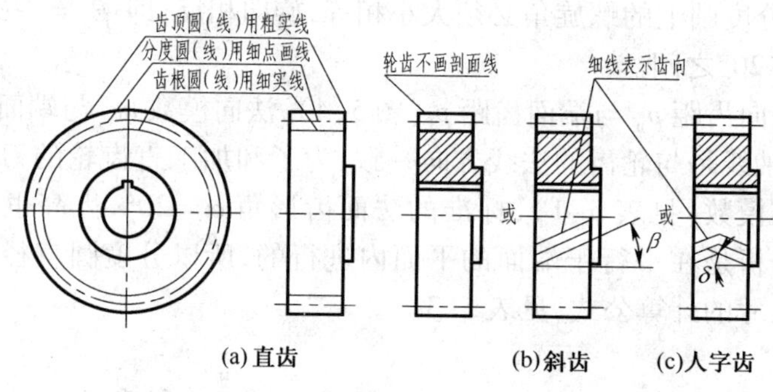

图 5-5　圆柱齿轮的画法

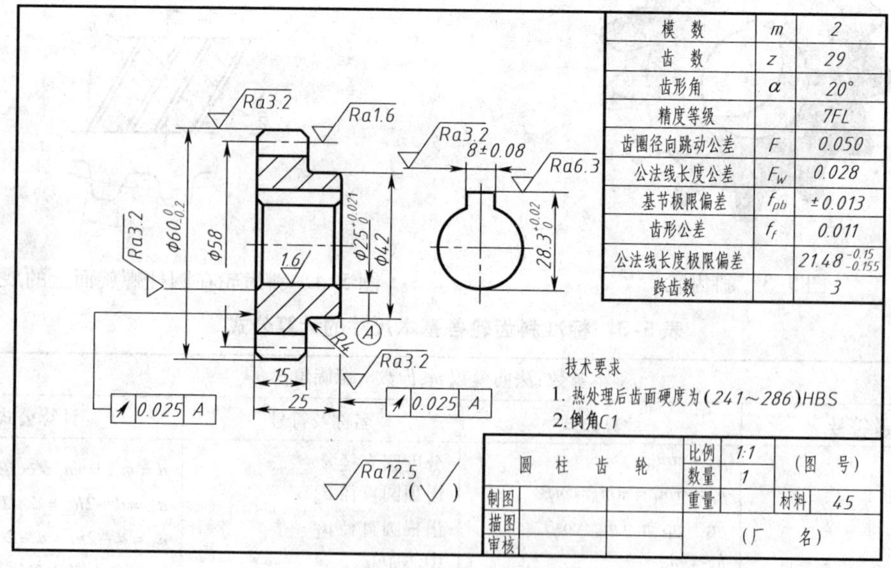

模　数	m	2
齿　数	z	29
齿形角	α	20°
精度等级		7FL
齿圈径向跳动公差	F_r	0.050
公法线长度公差	F_w	0.028
基节极限偏差	f_{pb}	±0.013
齿形公差	f_f	0.011
公法线长度极限偏差		$21.48^{-0.15}_{-0.155}$
跨齿数		3

圆　柱　齿　轮		比例	1:1	（图　号）
		数量	1	
制图		重量		材料　45
描图		（厂　名）		
审核				

图 5-6　圆柱齿轮工作图

(3)圆柱齿轮啮合的画法

只有模数和压力角都相同的齿轮才能互相啮合。两个相互啮合的圆柱齿轮,在反映为圆的视图中,啮合区内的齿顶圆均用粗实线绘制[图5-8a],也可省略不画[图5-8b];用细点画线画出相切的两分度圆;两齿根圆用细实线画出,也可省略不画。在非圆视图中,若画成剖视图,由于齿根高与齿顶高相差0.25m(m为模数),一个齿轮的齿顶线与另一个齿轮的齿根线之间,应有0.25m的间隙(图5-9),将一个齿轮的轮齿用粗实线绘制,按投影关系另一个齿轮的轮齿被遮挡的部分用虚线绘制[图5-8(c)、图5-9],也可省略不画。若不剖[图5-8(d)],则啮合区的齿顶线不需画出,节线用粗实线绘制,非啮合区的节线仍用细点画线绘制。图5-10为一对圆柱齿轮内啮合的画法。

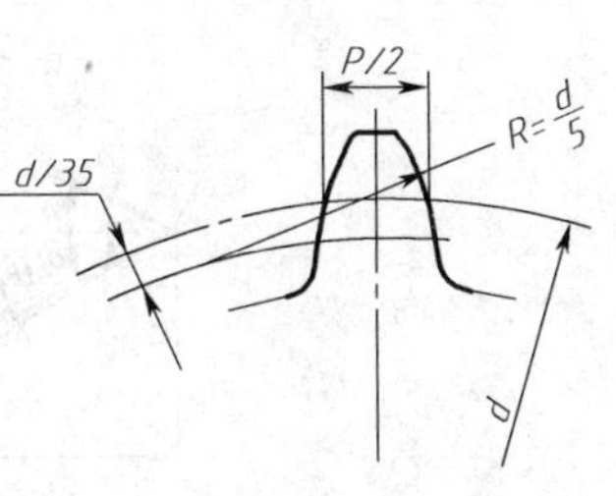

图5-7 齿形的近似画法

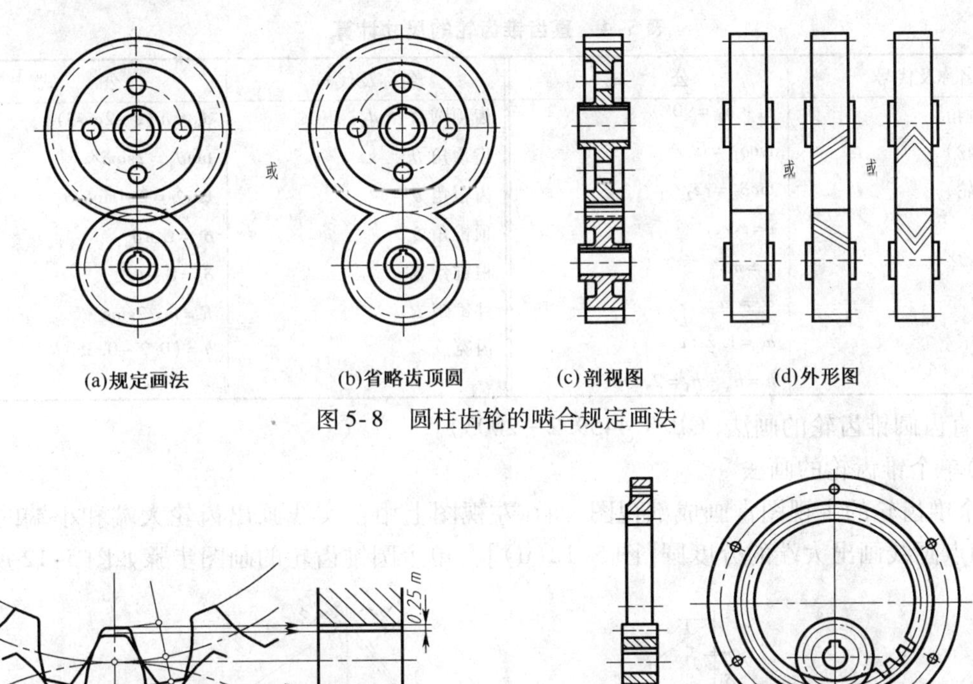

(a)规定画法 (b)省略齿顶圆 (c)剖视图 (d)外形图

图5-8 圆柱齿轮的啮合规定画法

图5-9 啮合区的画法

图5-10 圆柱齿轮内啮合的画法

二、圆锥齿轮

圆锥齿轮用于传递两相交轴之间的运动,常用的轴交角是90°,即$\delta_1+\delta_2=90°$,如图5-11(b)所示。圆锥齿轮的齿形有直齿、斜齿、螺旋齿、人字齿等。锥齿轮的轮齿位于圆锥面上,所以一端大而另一端小,沿齿宽方向轮齿大小不同,轮齿全长上的模数、齿高、齿厚等也都不相同。为了设计和制造方便,规定以大端模数m为标准模数,并根据大端模数来计算和决定其他基本尺寸。直齿圆锥齿轮各部分名称代号如图5-11所示。

1. 直齿锥齿轮的尺寸计算

规定以大端的模数和分度圆来决定其他各部分的尺寸。因此一般所说的直齿锥齿轮的齿

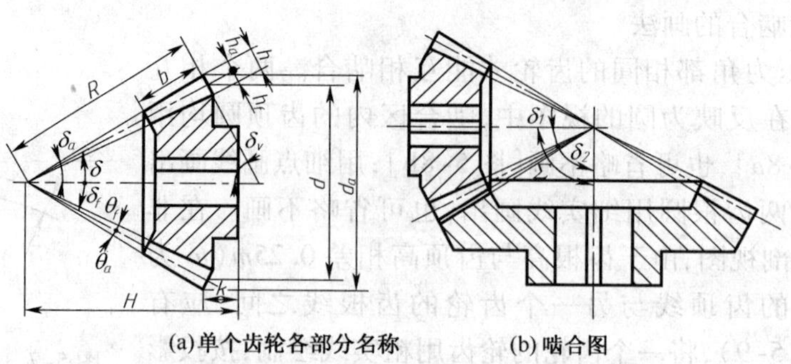

(a)单个齿轮各部分名称　　(b)啮合图

图 5-11　圆锥齿轮各部分名称及啮合图

顶圆直径 d_a、分度圆直径 d、齿顶高 h_a、齿根高 h_f 等都是对大端而言(图 5-11)。直齿锥齿轮各部分的尺寸计算见表 5-4。

表 5-4　直齿锥齿轮的尺寸计算

名称及代号	公　式	名称及代号	公　式
分度圆锥角	$\delta_1+\delta_2=90°$	齿顶圆直径 d_a	$d_a=m(z+2\cos\delta)$
δ_1(小齿轮)	$\tan\delta_1=z_1/z_2$	齿顶角 θ_a	$\tan\theta_a=2\sin\delta/z$
δ_2(大齿轮)	$\tan\delta_2=z_2/z_1$	齿根角 θ_f	$\tan\theta_f=2.4\sin\delta/z$
传动比 i	$i=z_2/z_1$	顶锥角 δ_a	$\delta_a=\delta+\theta_a$
分度圆直径 d	$d=mz$	根锥角 δ_f	$\delta_f=\delta-\theta_f$
齿顶高 h_a	$h_a=m$	外锥距 R	$R=mz/2\sin\delta$
齿根高 h_f	$h_f=1.2\ m$	齿宽 b	$b=(0.2\sim0.35)R$
全齿高 h	$h=h_a+h_f=2.2\ m$		

2. 直齿圆锥齿轮的画法(GB/T 4459.2—2003)

(1)单个锥齿轮的画法

单个锥齿轮的主视图常画成剖视图,而在左视图上用粗实线画出齿轮大端和小端的齿顶圆,用细点画线画出大端的分度圆[图 5-12(d)]。单个圆锥齿轮的画图步骤如图 5-12 所示。

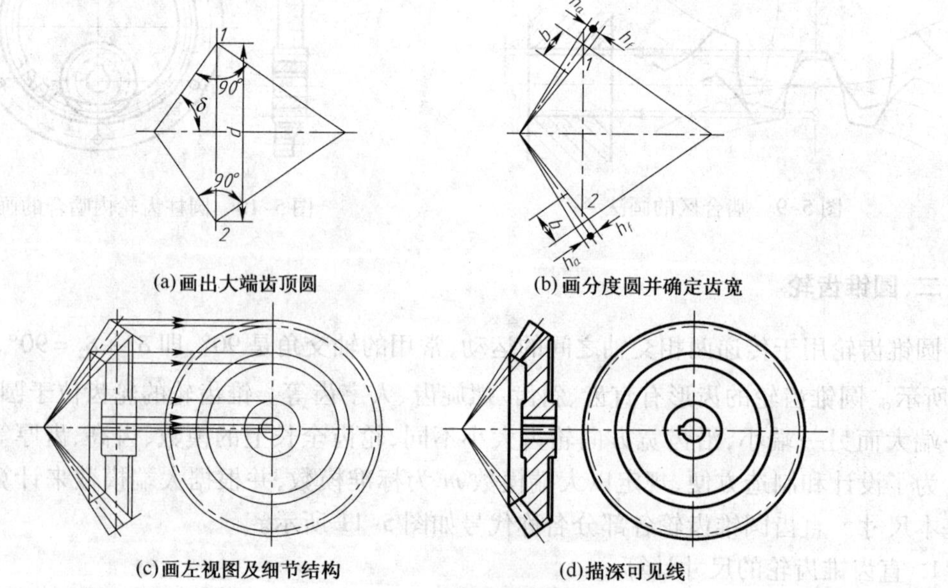

(a)画出大端齿顶圆　　(b)画分度圆并确定齿宽

(c)画左视图及细节结构　　(d)描深可见线

图 5-12　单个圆锥齿轮的画图步骤

(2)锥齿轮的啮合画法

锥齿轮啮合时,两分度圆锥相切,它们的锥顶交于一点。画图时主视图多为剖视图,左视图用粗实线画出两齿轮的大端和小端的齿顶圆(齿顶线,啮合区小端的齿顶圆可不画出),用细点画线画出两齿轮的分度圆(线),如图5-13(d)所示。锥齿轮啮合的画图步骤如图5-13所示。

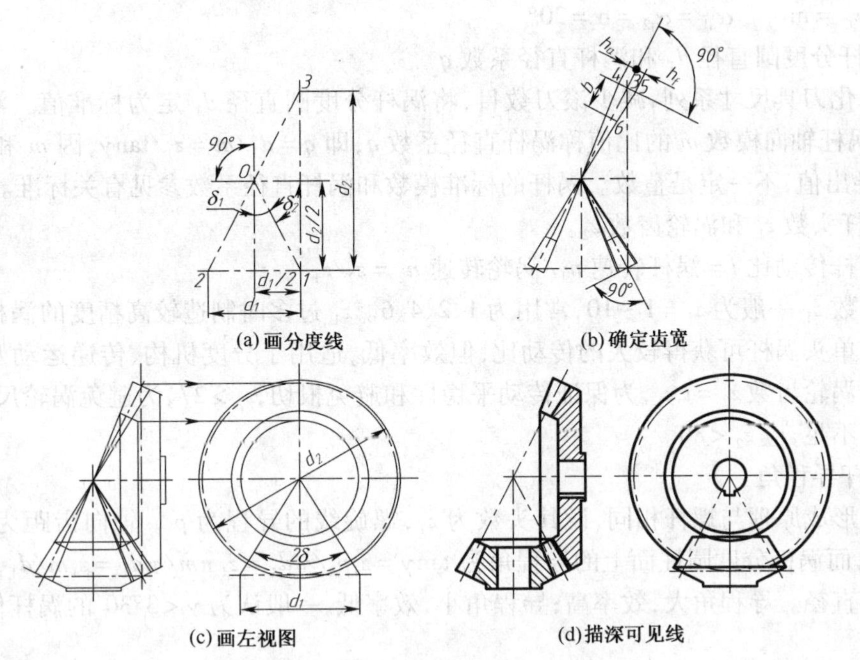

图5-13　啮合圆锥齿轮的画图步骤

三、涡轮涡杆传动及其画法

涡轮涡杆传动[图5-14(a)]用来传递空间二垂直交叉轴之间的运动和动力。涡轮涡杆传动常用于降速,即以涡杆为主动件,涡轮为从动件。当涡杆为单头时,涡杆转一圈涡轮转过一个齿。因此涡轮涡杆传动可获得较大传动比(动力传动时,$i=8\sim80$,分度机构及传递运动时$i=1\ 000$),结构紧凑,传动平稳,噪音小;当涡杆的导程角小于当量摩擦角时,可实现自锁。涡轮涡杆传动的缺点是效率低,涡杆涡轮啮合处滑动速度较大;涡轮齿圈常采用价格较贵的有色金属制造。

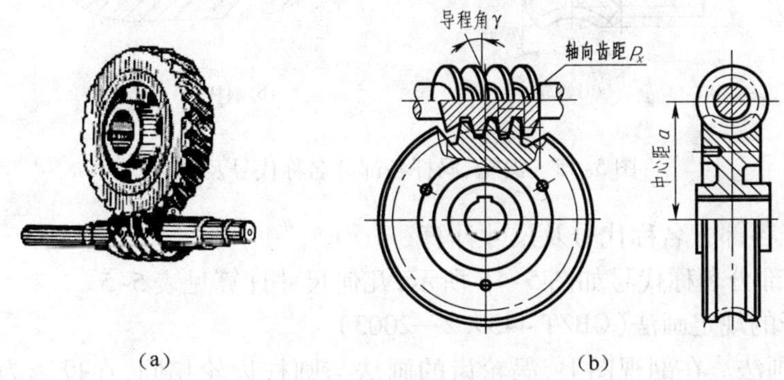

图5-14　涡轮涡杆传动

1. 涡轮涡杆的主要参数

(1)模数 m 和压力角 α

涡轮涡杆的模数是在通过涡杆轴线并垂直于涡轮轴线的主平面内度量的。在主平面内,涡轮的截面形状相当于一齿轮,其轮齿模数称端面模数。涡杆的截面形状相当于一齿条,其轮齿模数称轴向模数。所以互相啮合的涡轮涡杆,在主平面内的模数和压力角应分别相等。即:

$m_{a1} = m_{t2} = \mathrm{m} \qquad \alpha_{a1} = \alpha_{t2} = \alpha = 20°$

(2)涡杆分度圆直径 d_1 和涡杆直径系数 q

为了简化刀具尺寸系列,减少滚刀数目,将涡杆分度圆直径 d_1 定为标准值。涡杆分度圆直径 d_1 与涡杆轴向模数 m 的比值称涡杆直径系数 q,即 $q = d_1/m = z_1/\tan\gamma$,因 m 和 d_1 均为标准值,q 为导出值,不一定是整数。涡杆的标准模数和涡杆直径系数参见有关标准。

(3)涡杆头数 z_1 和涡轮齿数 z_2。

涡轮涡杆传动比 i = 涡杆转速 n_1/涡轮转速 $n_2 = z_2/z_1$

涡杆头数 z_1 一般为 $z_1 = 1 \sim 10$,常用为 1、2、4、6。z_1 过多时制造较高精度的涡杆和涡轮滚刀困难大。单头涡杆可获得较大的传动比,但效率低,适用于分度机构、传递运动及有自锁要求的场合。涡轮齿数 $z_2 = i\,z_1$,为保证传动平稳性和避免根切,$z_2 > 27$,为避免涡轮尺寸太大,致使涡杆刚度不足,应 $z_2 < 80$。

(4)涡杆导程角

涡杆的形成原理与螺杆相同,设其头数为 z_1,螺旋线的导程为 p_z,轴向齿距为 p_x,则 $p = z_1 p_x = z_1 \pi m$,而涡杆分度圆柱面上的导程角为 $\tan\gamma = z_1 p_x/\pi d_1 = z_1 \pi m/\pi d_1 = z_1 m/d_1$,式中 d_1 为涡杆分度圆直径。导程角大,效率高;导程角小,效率低,一般认为 $\gamma < 3°30'$ 的涡杆传动具有自锁性。

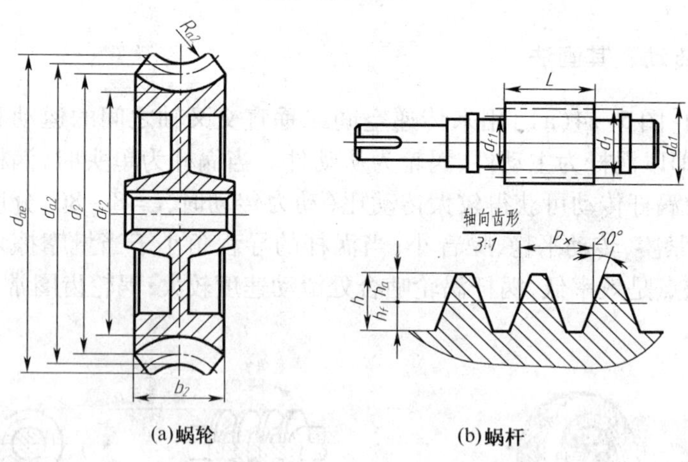

图 5-15　涡轮、涡杆各部分名称代号及画法

2. 涡轮涡杆各部分名称代号及尺寸计算

涡轮涡杆各部分名称代号如图 5-15 所示,几何尺寸计算见表 5-5。

3. 涡轮涡杆的规定画法(GB/T 4459.2—2003)

(1)涡轮的画法。在剖视图上,涡轮齿的画法与圆柱齿轮相同,在投影为圆的视图中,只画分度圆和外圆,齿顶圆和齿根圆不必画出,如图 5-15(a)所示。

表 5-5　涡轮涡杆的几何尺寸计算

名称及代号	公　式	名称及代号	公　式
轴向齿距 p_x	$p_x=\pi m$	导程角 γ	$\tan\gamma=z_1m/d_1=z_1/q$
涡杆齿顶高 h_a	$h_a=m$	螺牙导程 p_z	$p_z=z_1p_x=z_1\pi m$
涡杆齿根高 h_f	$h_f=1.2\ m$	涡轮分度圆直径 d_2	$d_2=mz_2$
涡杆齿高 h	$h=h_a+h_f=2.2\ m$	涡轮齿顶圆直径 d_{a2}	$d_{a2}=m(z_2+2)$
涡杆分度园直径 d_1	$d_1=mq$	涡轮齿根圆直径 d_{f2}中	$d_{f2}=m(z_2-2.4)$
涡杆齿顶圆直径 d_{a1}	$d_{a1}=d_1+2h_a=m(q+2)$	中心距 a	$a=m(q+z_2)/2$
涡杆齿根圆直径 d_{f1}	$d_{f1}=d-2h_f=m(q-2.4)$		

(2)涡杆的画法与圆柱齿轮轴相同。为表明涡杆的牙型,一般都采用局部剖视图画出几个牙型或画出牙型的放大图,如图 5-15(b)所示。

(3)涡轮涡杆的啮合画法

涡轮涡杆啮合的画图步骤如图 5-16 所示。在垂直于涡轮轴线的投影面的视图上,涡轮的分度圆与涡杆的分度线相切,啮合区内的齿顶圆和齿根线用粗实线画出;在垂直于涡杆轴线的视图上,啮合区只画涡杆不画涡轮,如图 5-16(c)所示。在剖视图中,当剖切平面通过涡轮轴线并垂直于涡杆轴线时,在啮合区内将涡杆的轮齿用粗实线绘制,涡轮的轮齿被遮挡的部分可省略不画;当剖切平面通过涡杆轴线并垂直于涡轮轴线时,在啮合区内,涡轮的外圆、齿顶圆和涡杆的齿顶线可省略不画,如图 5-16(d)所示。

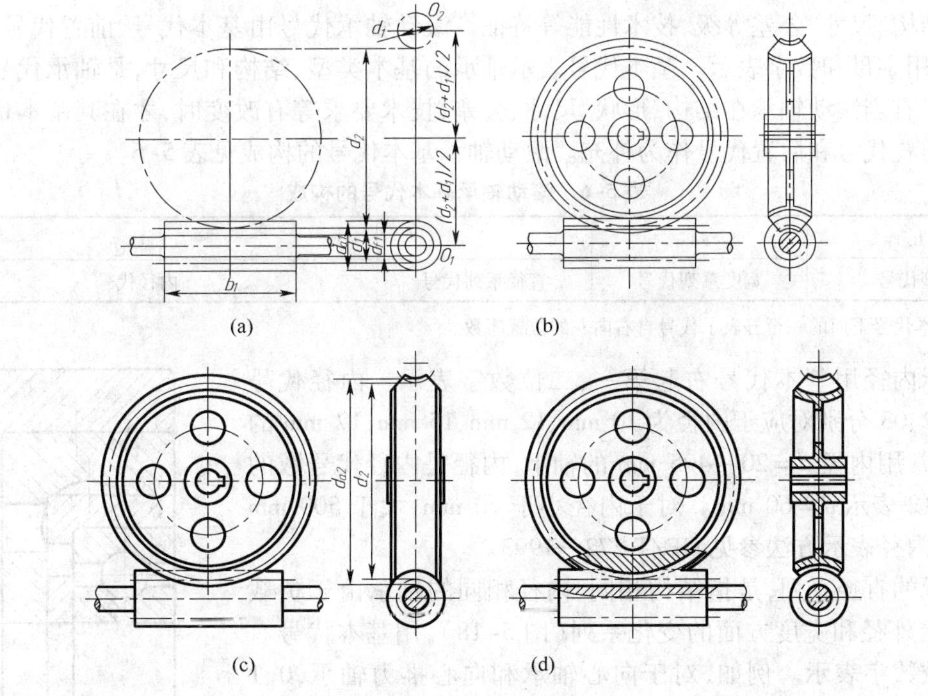

图 5-16　啮合的涡轮涡杆的画图步骤

第二节 滚动轴承

滚动轴承是支持机器转动(或摆动)并承受其载荷的标准部件。由于滚动轴承的摩擦系数低,起动阻力小,而且它已标准化,对设计、使用、润滑、维护都很方便,因此,在一般机器中应用较广。

1. 滚动轴承的基本构造和类型

滚动轴承的基本构造如图5-17所示。由内圈1、外圈2、滚动体3和保持架4等四部分组成。内圈与轴颈装配,外圈和轴承座孔装配。通常内圈随轴颈回转,外圈固定。但也可用于外圈回转而内圈不动,或是内、外圈同时回转的场合。当内、外圈相对转动时,滚动体则在内、外圈滚道间滚动。常用的滚动体有钢球、圆柱滚子、圆锥滚子、滚针等几种。保持架的主要作用是均匀地隔开滚动体,减少摩擦和磨损。

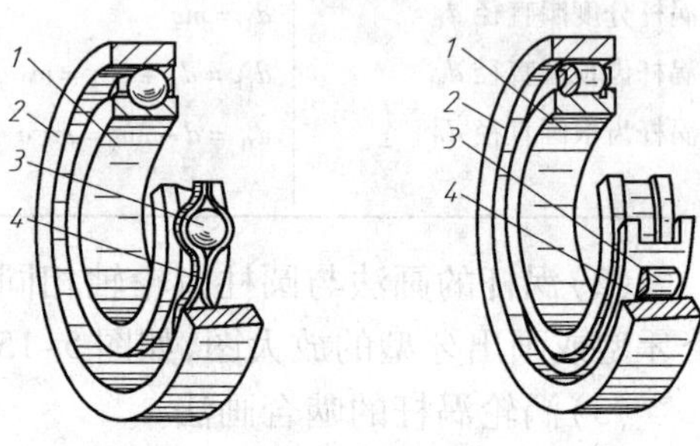

图5-17 滚动轴承的基本结构

按照轴承所能承受的外载荷不同,滚动轴承可分为向心轴承、推力轴承和向心推力轴承三大类。主要承受径向载荷的轴承叫向心轴承,其中有几种类型还可以承受不大的轴向载荷;只能承受轴向载荷的轴承叫推力轴承;能同时承受径向载荷和轴向载荷的轴承叫向心推力轴承。

2. 滚动轴承的代号

为了便于组织生产和在设计中选用,国家标准(GB/T 272—1993)规定用轴承代号来表示轴承的结构、尺寸、公差等级、技术性能等特征。滚动轴承代号由基本代号、前置代号、后置代号组成,用字母和数字表示。基本代号表示轴承的基本类型、结构和尺寸,是轴承代号的基本内容。只有当滚动轴承在结构、形状、尺寸、公差、技术要求等有改变时,才在其基本代号的前后添加前置代号和后置代号作为补充。滚动轴承基本代号的构成见表5-6。

表5-6 滚动轴承基本代号的构成

五	四	三	二	一
类型代号	宽度系列代号	直径系列代号	内径代号	

注:基本代号下面的一至五表示代号自右向左的位置序数。

轴承内径用基本代号右起第一、二位数字表示。内径代号00、01、02、03分别对应于内径为10 mm、12 mm、15 mm、17 mm的轴承,对常用内径 $d=20\sim495$ mm 的轴承,内径是内径代号数的5倍,如12表示 $d=60$ mm。对于内径小于10 mm,大于500 mm的轴承,内径表示方法参见GB/T 272—1993。

轴承的直径系列,是指结构相同、内径相同的轴承由于负载的需求在外径和宽度方面的变化系列(图5-18),用基本代号右起第三位数字表示。例如,对于向心轴承和向心推力轴承,0、1表示特轻系列,2表示轻系列,3表示中系列,4表示重系列。推力轴承除了用1表示特轻系列之外,其余与向心轴承一致。

图5-18 滚动轴承的直径系列

轴承的宽度系列指结构、内径、外径系列都相同的轴承，在宽度方面的变化系列，用基本代号右起第四位数字表示。宽度系列代号 0 可不标出，因此常见的滚动轴承代号为四位数。

轴承类型代号用基本代号右起第五位数字（或字母）表示。代号举例：

6308——表示内径为 40 mm，中系列深沟球轴承。

51203——表示内径为 17 mm，尺寸系列代号为 12 的向心推力球轴承。

3. 滚动轴承的结构形式和画法（GB/T 4459.7—1998）

滚动轴承的类型很多，常用滚动轴承的结构形式、规定画法和特征画法见表 5-7。表中尺寸，除 A 可以计算得出外，其余尺寸均可从机械设计手册或有关标准中查取。

表 5-7　常用滚动轴承的画法

名称、标准号、结构和代号	由标准查数据	结构形式	规定画法	特征画法
深沟球轴承 GB/T 276—1994 6000 型	*D* *d* *B*	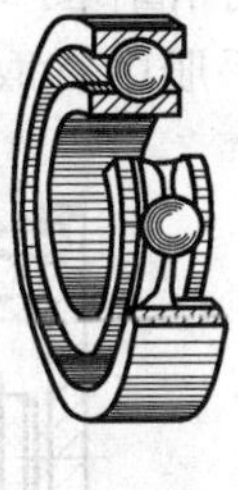	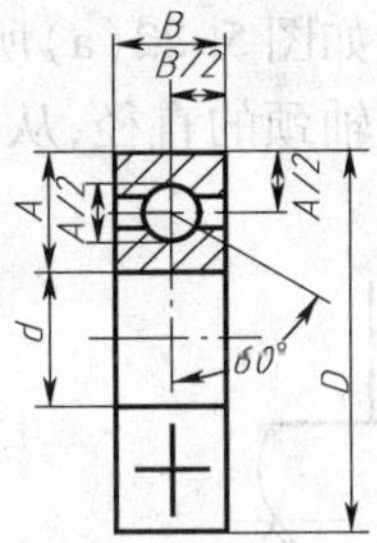 B, B/2, A/2, A, d, 60°, D	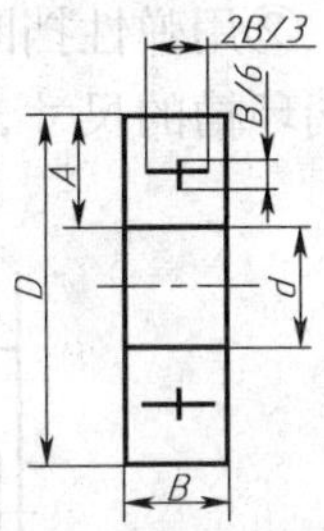 2B/3, B/6, A, D, d, B
圆锥滚子轴承 GB/T 297—1994 30000 型	*D* *d* *T*	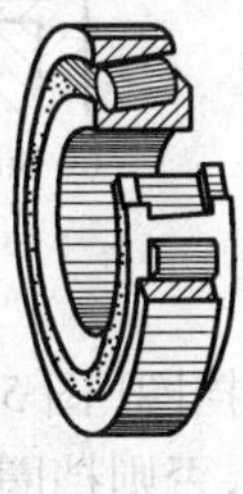	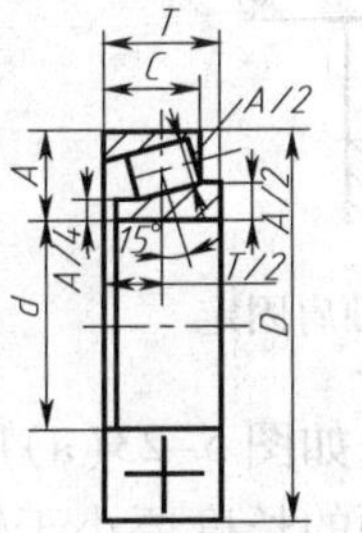 T, C, A/2, A, A/4, 15°, T/2, d, D	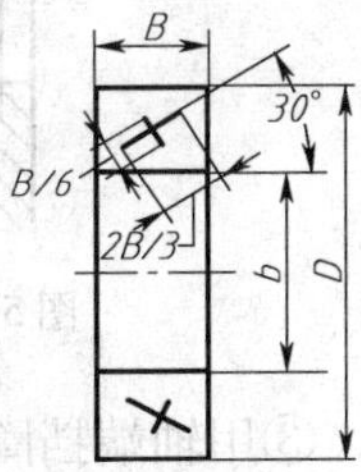 B, 30°, B/6, 2B/3, b, D
推力球轴承 GB/T 301—1995 51000 型	*D* *d* *T*	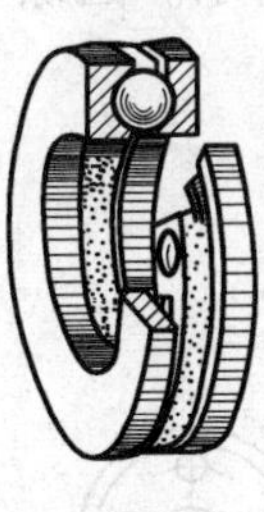	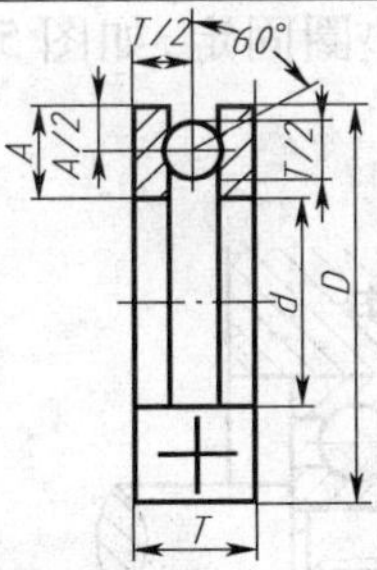 T/2, 60°, A/2, A, T/2, D, d, T	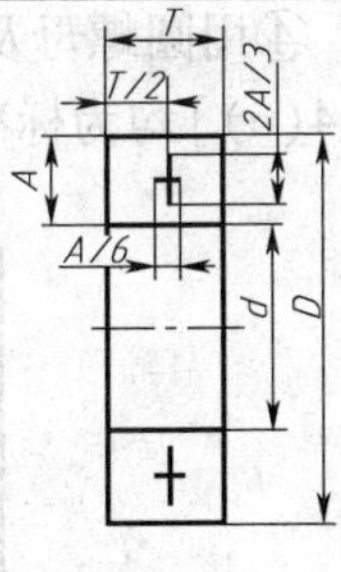 T, T/2, 2A/3, A, A/6, d, D

滚动轴承是标准部件，因此，在画图时不必画出零件图。在装配图中，滚动轴承一般按规定画法画出，注意轴承的内圈和外圈的剖面线方向和间隔均要相同（图 5-19），而且在明细栏中需写出其代号。所有滚动轴承在轴线垂直于投影面的视图中，一般按图 5-20 绘制。

4. 滚动轴承固定、润滑密封及其画法

(1)滚动轴承的固定

为了防止滚动轴承产生轴向窜动，必须采用一定的结构来固定其内、外圈。常见的固定滚动轴承内、外圈的结构分述如下：

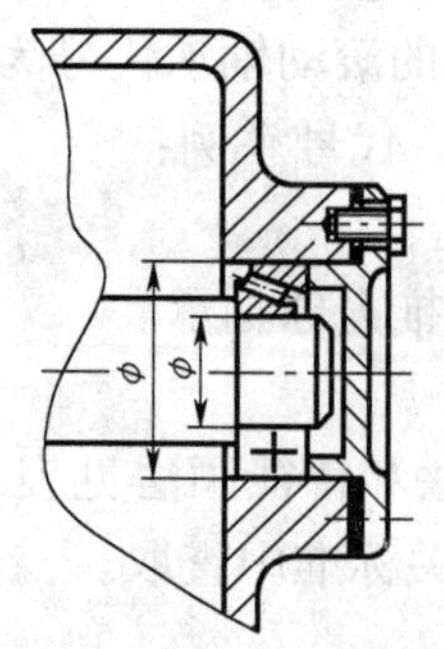
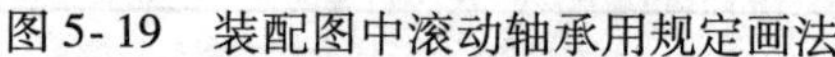

图 5-19　装配图中滚动轴承用规定画法

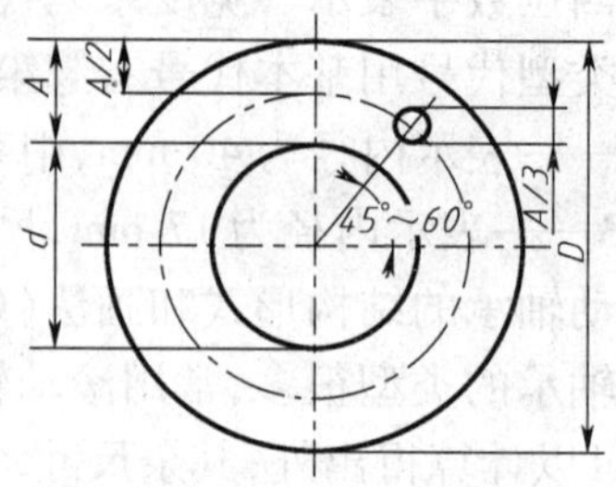

图 5-20　滚动轴承轴线垂直于投影面的特征画法

①用轴肩固定轴承内、外圈,如图 5-21 所示。

②用弹性挡圈固定,如图 5-22(a)所示。弹性挡圈[图 5-22(b)]为标准件。弹性挡圈和轴端环槽的尺寸,可根据轴颈的直径,从机械设计手册中查取。

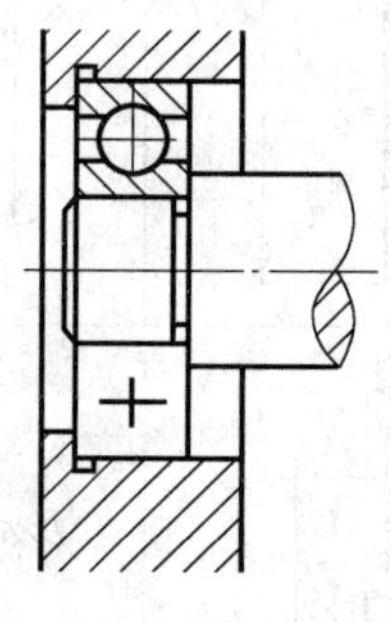

图 5-21　轴肩固定

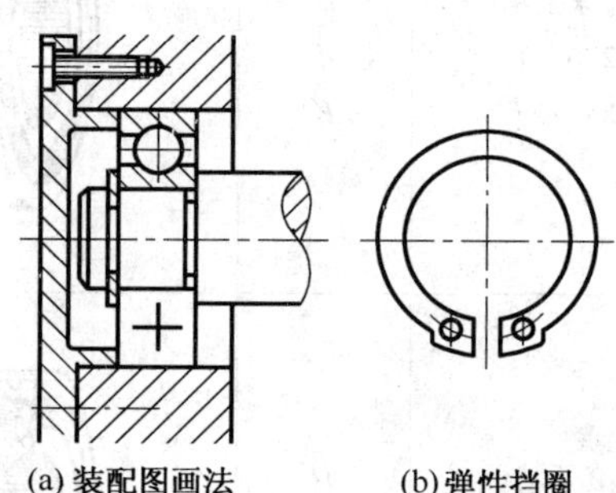

(a) 装配图画法　(b) 弹性挡圈

图 5-22　弹性挡圈固定

③用轴端挡圈固定,如图 5-23(a)所示。轴端挡圈[图 5-23(b)]为标准件。为了使挡圈能够压紧轴承内圈,轴颈的长度要小于轴承的宽度,否则挡圈起不了固定轴承的作用。

④用圆螺母及止动垫圈固定,如图 5-24(a)所示。圆螺母[图 5-24(b)]和止动垫圈[图 5-24(c)]均为标准件。

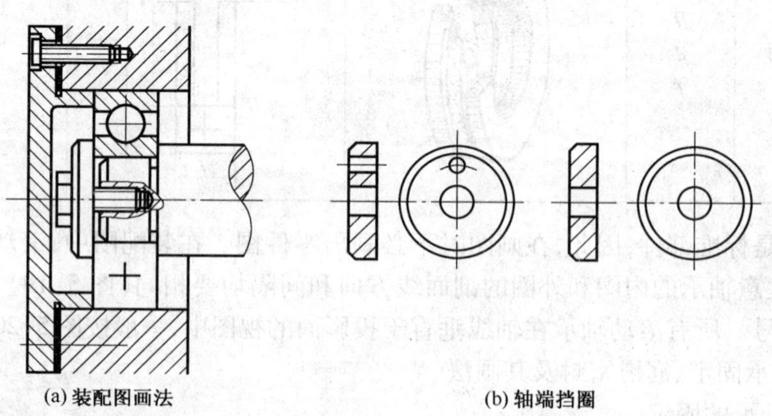

(a) 装配图画法　(b) 轴端挡圈

图 5-23　轴端挡圈固定

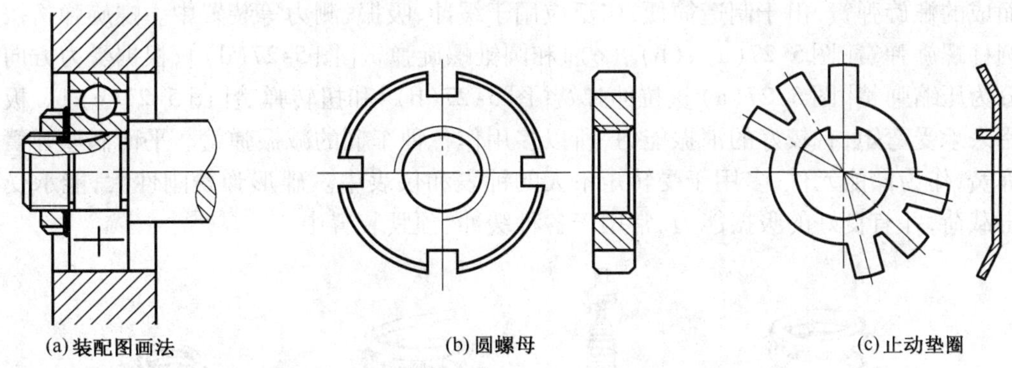
(a)装配图画法　(b)圆螺母　(c)止动垫圈

图 5-24　圆螺母及止动垫圈固定

⑤ 用套筒固定,如图 5-25 所示。图中双点画线表示轴端安装一个带轮,中间安装套筒,以固定轴承内圈。

(2)滚动轴承间隙的调整

由于轴在高速旋转时会引起发热、膨胀,因此在轴承和轴承盖的端面之间要留有少量的间隙(一般为 0.2 ~0.3 mm),以防止轴承转动不灵活或卡住。滚动轴承工作时所需要的间隙可随时调整。常用的调整方法有:更换不同厚度的金属垫片[图 5-26(a)];或用螺钉调整止推盘[图 5-26(b)]。

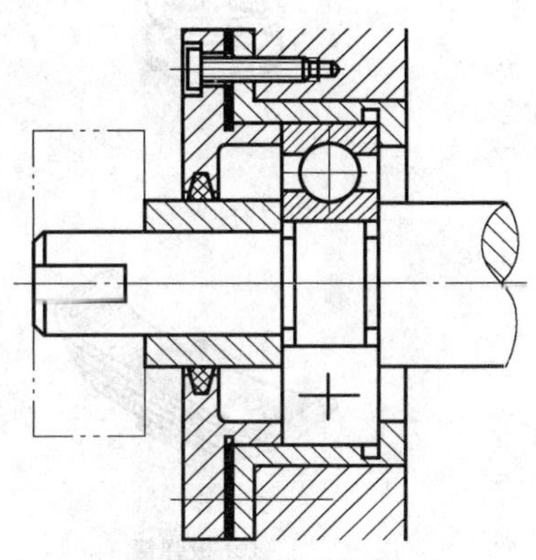
图 5-25　套筒固定

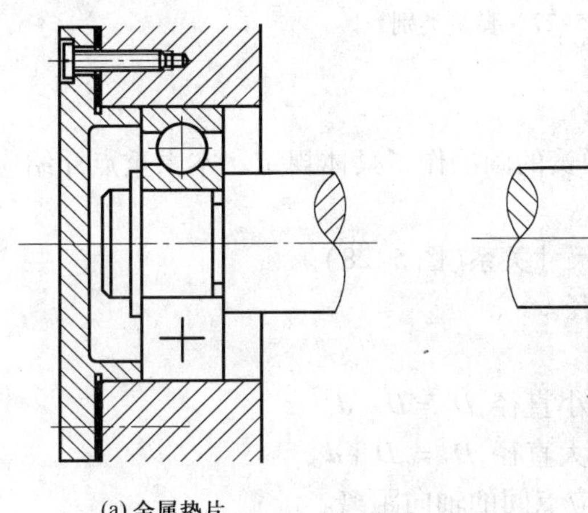
(a) 金属垫片

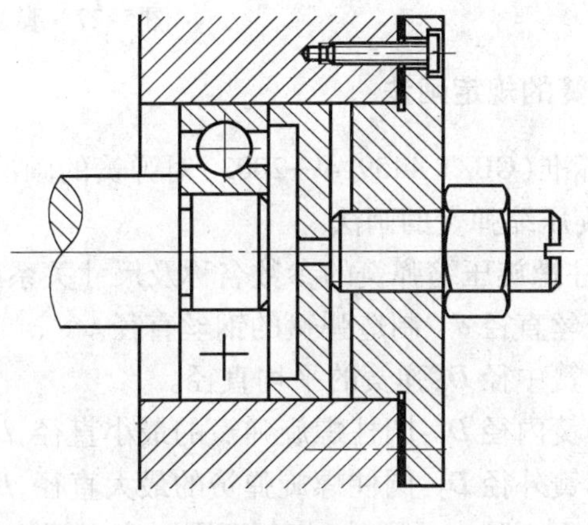
(b) 螺钉调整止推盘

图 5-26　滚动轴承的间隙调整

第三节　弹　簧

一、弹簧的类型及功用

弹簧主要用于减振、夹紧、储存能量和测力等方面。

弹簧的种类很多,按其外形可分为螺旋弹簧[图 5-27(a)、(b)、(c)、(d)]、板弹簧[图 5-27(e)]、平面涡卷弹簧[图 5-27(f)]、碟形弹簧[图 5-27(g)]等。其中用弹簧钢丝按螺旋线卷绕而成的螺旋弹簧,由于制造简便,广泛应用于缓冲、吸振、测力等装置中。螺旋弹簧按形状分为圆柱螺旋弹簧[图5-27(a)、(b)、(c)]和圆锥螺旋弹簧[图5-27(d)];根据受力方向不同又可分为压缩弹簧[图5-27(a)]、拉伸弹簧[图5-27(b)]和扭转弹簧[图5-27(c)]。板弹簧主要用来承受弯矩,有较好的消振能力,所以多用作各种车辆的减振弹簧。平面涡卷弹簧属于扭转弹簧,作为储能元件,多用于受转矩不大的钟表和仪表中。碟形弹簧刚性大,能承受很大的冲击载荷,并有良好的吸振能力,常用于各种缓冲、预紧装置中。

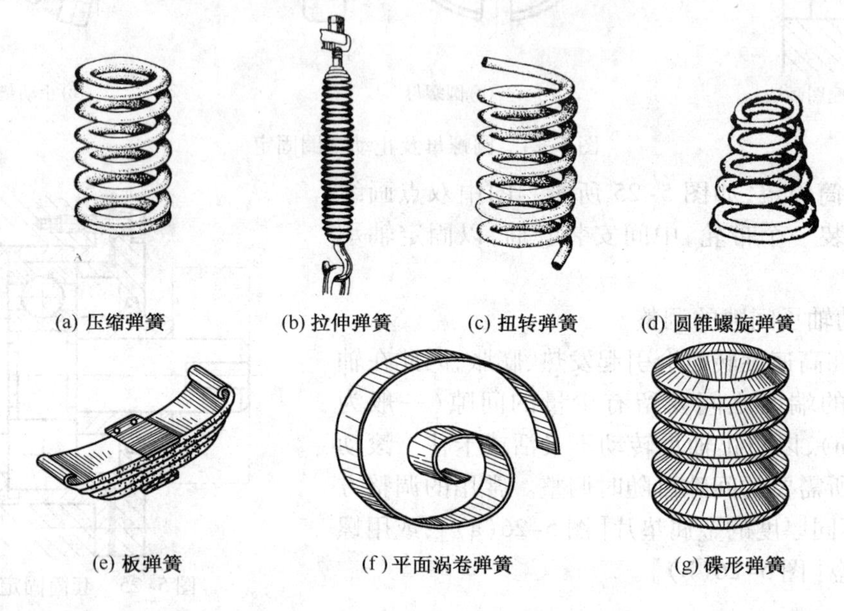
(a) 压缩弹簧　(b) 拉伸弹簧　(c) 扭转弹簧　(d) 圆锥螺旋弹簧

(e) 板弹簧　(f) 平面涡卷弹簧　(g) 碟形弹簧

图5-27　弹簧类别

二、弹簧的规定画法

国家标准(GB/T 4459.4—2003)对弹簧的画法作了具体规定。本书重点介绍应用最广泛的圆柱螺旋压缩弹簧的画法。

1. 圆柱螺旋压缩弹簧的参数名称及尺寸关系(图5-28)。

(1)簧丝直径 d:制造弹簧的钢丝直径。

(2)弹簧中径 D:弹簧的平均直径。

(3)弹簧内径 D_1:圆柱螺旋弹簧的最小直径,$D_1 = D - d$。

(4)弹簧外径 D_2:圆柱螺旋弹簧的最大直径,$D_2 = D + d$。

(5)节距 t:除支承圈外,相邻两圈对应点间的轴向距离。

(6)有效圈数 n、支承圈数 n_2、总圈数 n_1:为使螺旋压缩弹簧工作时受力均匀,增加弹簧的平稳性,故将弹簧的两端并紧,且将端面磨平。并紧、磨平的各圈仅起支承作用,称支承圈。支承圈有1.5圈、2圈、2.5圈三种,大多数螺旋压缩弹簧的支承圈为2.5圈。除支承圈外其他各圈保持相等节距,称有效圈数(或称工作圈数)。有效圈数与支承圈数之和,称为总圈数,即$n_1 = n + n_2$。

(7)自由高度 H_0:弹簧在不受外力作用时的高度,$H_0 = nt + (n_2 - 0.5)d$。

(8)簧丝展开长度 L:制造弹簧时,用去簧丝坯料的长度。由螺旋线的展开知:$L \approx n_1\sqrt{(\pi D)^2 + t^2}$。

2. 圆柱螺旋弹簧的规定画法

(1)弹簧在平行于轴线的投影面上的视图中,各圈的投影轮廓线均应画成直线(图5-29)。

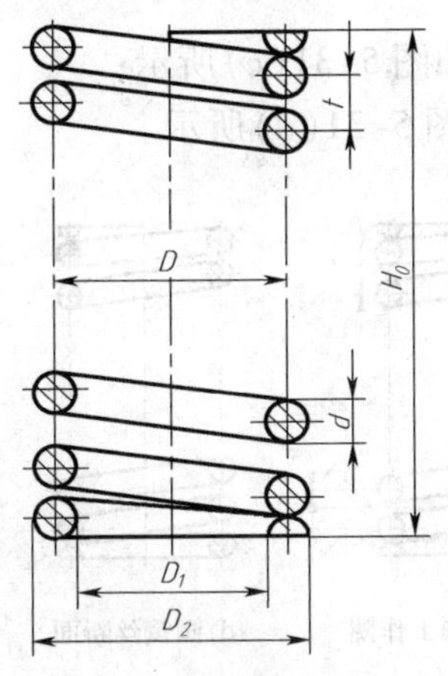

图5-28 弹簧的参数名称

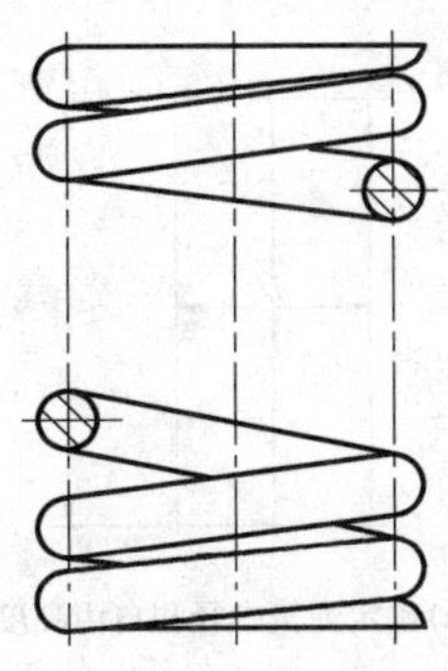

图5-29 圆柱螺旋弹簧画法

(2)有效圈数在4圈以上的弹簧,可只画出两端的1~2圈(支承圈除外),中间各圈可省略不画,仅用通过簧丝断面中心的细点画线连起来(图5-29)。若簧丝为非圆形断面的弹簧,则中间用细实线连起来。

(3)在图样中,右旋螺旋弹簧必须画成右旋。左旋螺旋弹簧可画成左旋或右旋,但一律要在图上加注"LH"字样表示左旋。

(4)在装配图中,被弹簧挡住的零件轮廓不画出,其可见部分应从弹簧的外轮廓线或从簧丝的中心线画起[图5-30(a)]。

(5)在装配图中,弹簧被剖切时,在剖视图中,当簧丝直径在图形上小于或等于2 mm时,可用涂黑代替簧丝断面,且允许只画出簧丝断面[图5-30(b)],或采用示意画法[图5-30(c)]。

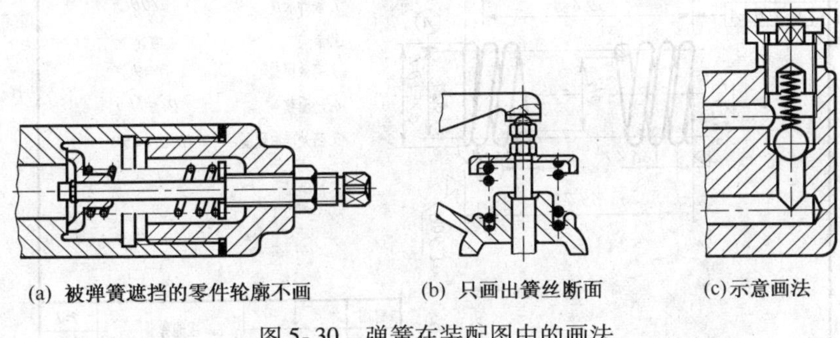

(a) 被弹簧遮挡的零件轮廓不画　(b) 只画出簧丝断面　(c)示意画法

图5-30 弹簧在装配图中的画法

3. 圆柱螺旋压缩弹簧的画图步骤

对于两端并紧且磨平的圆柱螺旋压缩弹簧,不论支承圈的圈数多少和端部并紧情况如何,均可按支承圈为2.5圈绘制。必要时,允许按支承圈的实际结构绘制。

【例5-1】 已知弹簧外径 $D_2=45$ mm,簧丝直径 $d=5$ mm,节距 $t=10$ mm,有效圈数 $n=8$,支承圈数 $n_2=2.5$,右旋,试画出该弹簧的投影图。

(1)计算弹簧中径和自由高度;

弹簧中径 $D=D_2-d=40$ mm

自由高度 $H_0=nt+(n_2-0.5)d=90$ mm

(2)以弹簧中径 D 为间距画两条平行的点画线,并定出自由高度 H_0,如图 5-31(a)所示;

(3)画支承圈部分,d 为簧丝直径,如图 5-31(b)所示;

(4)按节距画工作圈部分(允许只画 4 圈),t 为节距,如图 5-31(c)所示;

(5)按右旋方向作相应圆的公切线,再加画剖面线,如图 5-31(d)所示。

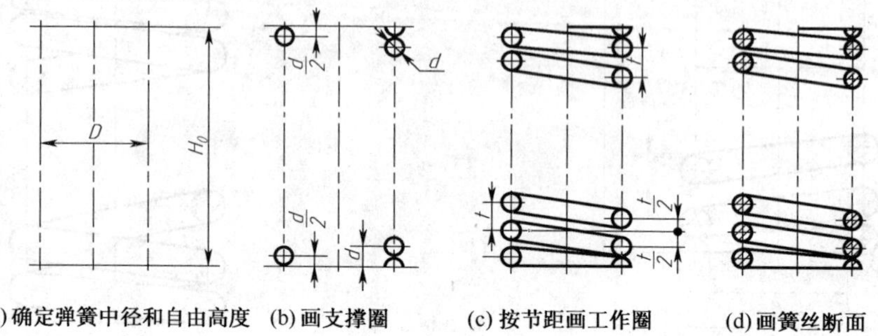

图 5-31　螺旋压缩弹簧的画图步骤

4. 圆柱螺旋压缩弹簧零件工作图

图 5-32 是一个圆柱螺旋压缩弹簧的零件图,弹簧的参数应直接标注在视图上,若直接标注有困难,可在技术要求中说明;图中还应注出完整的尺寸、尺寸公差和几何公差及技术要求。当需要表明弹簧的机械性能时,需在零件图中用图解表示。

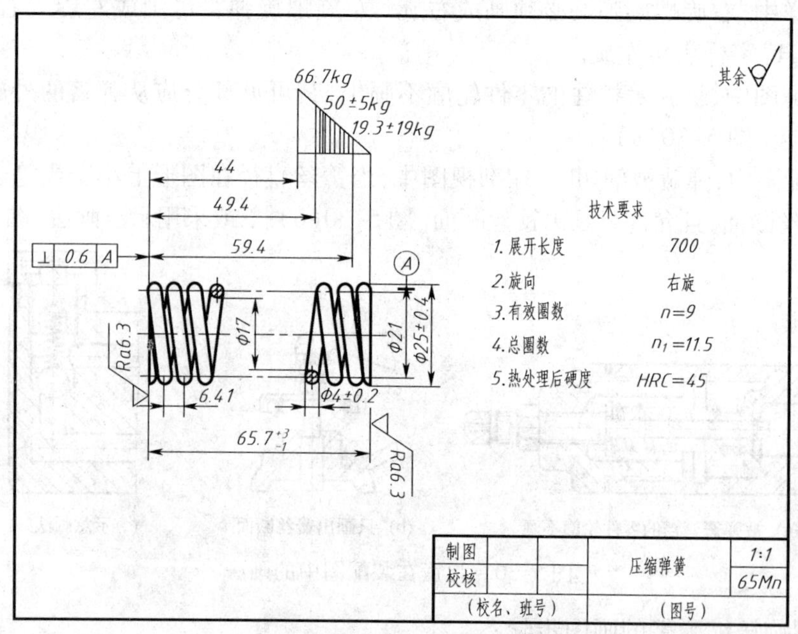

图 5-32　圆柱螺旋弹簧零件工作图

复习思考题

1. 直齿圆柱齿轮的基本参数有哪些?如何根据这些参数计算齿轮的几何尺寸?
2. 滚动轴承如何标记?根据规定标记,如何查表得出其他尺寸?
3. 试述圆柱螺旋压缩弹簧的画法及其零件图的特征。

第六章　部件装配图

第一节　部件的组成

一、部件的特征

部件是机器中的一个装配单元,由若干零件按一定方式装配而成,是机器的一个组成部分。但是部件的划分仅仅是根据机器在制造过程中的装配条件或工艺条件而决定的。也就是说,组成机器的一部分零件由于它们所处的相对位置及彼此之间的连接关系,可以很方便地在同一个装配阶段中进行装配组合,从而形成一个独立的装配单元,称为部件。尽管部件并不以反映运动特征为目的,但机构的运动在一定程度上也受其组成部分结构和形状的影响,二者之间有着较密切关系,所以,很多部件既是一个装配单元,又是一个运动单元或是一个独立的机构。在后一种情况下,部件常常可以独立地实现某种运动或完成某种功能。这一类部件一般标准化程度都比较高,如滚动轴承、齿轮减速器等。

二、部件中各零件间的结合关系

为保证机器能完成预定的功能,其组成部分(部件和零件)必须满足结构和运动两方面的要求。对部件来说,组成它的零件必须具有:(a)确定的几何形状;(b)准确的相对位置,其中可动零件对于机架能实现完全确定的相对运动;(c)特定而可靠的结合关系。

部件中零件和零件的结合关系分为两大类:

1. 刚性连接

指零件间结合后,彼此无相对运动。实现刚性连接的主要具体方式有:

(1)借助连接要素。例如一个杆件零件的外螺纹与另一个零件孔的内螺纹旋合,使两个零件成为一体。

(2)借助于连接件。例如减速器箱体和减速器盖之间通过几组螺栓连接(螺栓、螺母、垫圈)紧固在一起。螺栓、螺母、垫圈等称作螺纹连接件。常用的连接还有双头螺柱连接、螺钉连接、键连接、销钉连接、铆钉连接等等。

(3)借助于零件间接触表面的尺寸过盈,形成过盈连接。例如一对基本尺寸相同的轴和孔装配在一起,使轴的实际尺寸比孔的实际尺寸略大(即具有过盈),使用压力将轴压装入孔内,从而形成刚性连接。

(4)借助于焊接、粘接等方法形成刚性连接。

2. 活动连接

指零件结合后,零件之间可以实现某种相对运动。实现活动连接的方法只有间隙配合一种。例如一对基本尺寸相同的轴和孔装配在一起,使轴与孔间形成适当的间隙。

第二节　部件装配图的作用和内容

一、装配图在生产中的作用及其内容

用来表达机器或部件工作原理和各零件间的装配、结合关系的图样，称为装配图。在机器或部件的设计过程中，一般是先画出装配图，再根据装配图分析零件的结构、构型要求和其他要求，然后设计零件并绘制零件图。在机器或部件的生产过程中，则根据装配图把零件装配成机器或部件。此外，在安装、调试和检修部件或机器时，也是通过装配图了解机器的构造、工作原理、运动传递、装拆顺序等有关的技术内容。所以装配图是机器或部件在设计、装配、安装、检验、使用及维修等工作过程中必不可少的重要技术文件。

表达一台完整机器的装配图称为总装配图，简称总图，表达机器中某一部件的装配图称为部件装配图。

总图一般用来表达机器的整体关系，如整体轮廓形状、各组成部（零）件间的相对位置和安装关系、整机的传动顺序和技术性能等。而部件装配图则要详细表达出部件的工作原理、传动方式及功用、性能；组成部件的各零件间的装配关系、连接方法、配合性质、主要零件的结构形状，以及与部件设计、装配有关的主要尺寸和技术要求等内容。所以当机器比较复杂时，就用总图来表达机器外形和整体关系，用部件装配图来表达机器各组成部分（部件）的详细结构、工作原理、装配关系等技术内容。当机器比较简单时，则不再划分总图和部件装配图，直接用一张详细的装配图表达全部内容。

对于复杂机器来讲尽管总图和部件装配图在表达分工上有所不同，但总图和部件装配图的表达原则以及有关的画法和标注等，并无本质的区别。所以本章通过讨论部件装配图，说明装配图的表达方法、画法和标注的特点。

图 6-1 是球阀的轴测图，图 6-2 是球阀在实际生产中所用的装配图。球阀是安装在管道中的部件，它由阀体、阀盖、球形阀芯、阀杆、手柄及密封圈组成。转动手柄，带动阀杆及阀芯转动，可起到使管道开通或关闭的开关作用。

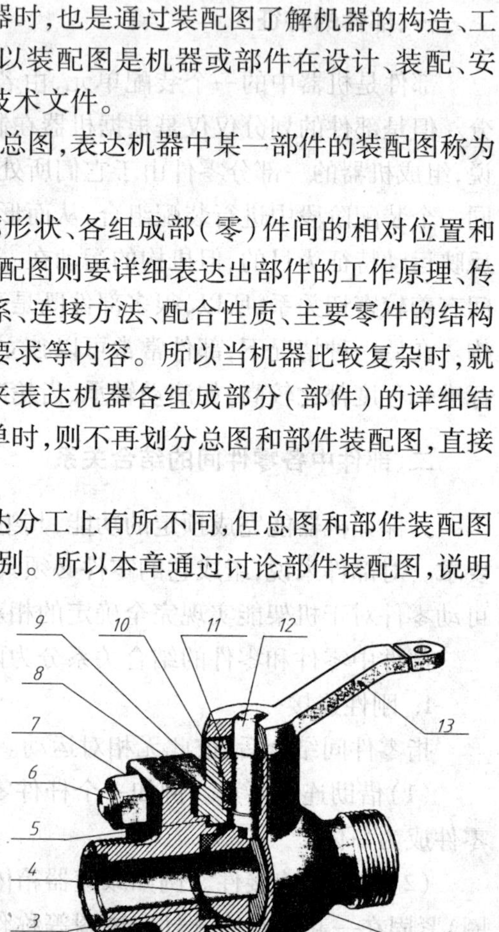

通过装配图可以了解球阀的工作原理、装配关系等。一张完整的装配图应包括下列四项内容（图 6-2）。

1. 一组视图

用来表达机器或部件的工作原理、结构特点及零件间的装配关系、结合关系和传动关系。

2. 几类必要的尺寸

必要的尺寸指机器或部件的规格（性能）尺寸、零件之间的配合尺寸、机器或部件的外形尺寸、安装尺寸等。

图 6-1　球阀轴测图

1—阀体；2—阀盖；3—密封圈；4—阀芯；5—调整垫；6—螺柱；7—螺母；8—填料垫；9—中填料；10—上填料；11—填料压紧套；12—阀杆；13—扳手

3. 技术要求

用文字和符号说明机器或部件在装配、检验、安装、使用等方面的要求。

4. 零、部件序号，明细栏和标题栏

在装配图中，将部件所包含的所有零件，按一定规则进行编号，并在标题栏上方的明细栏

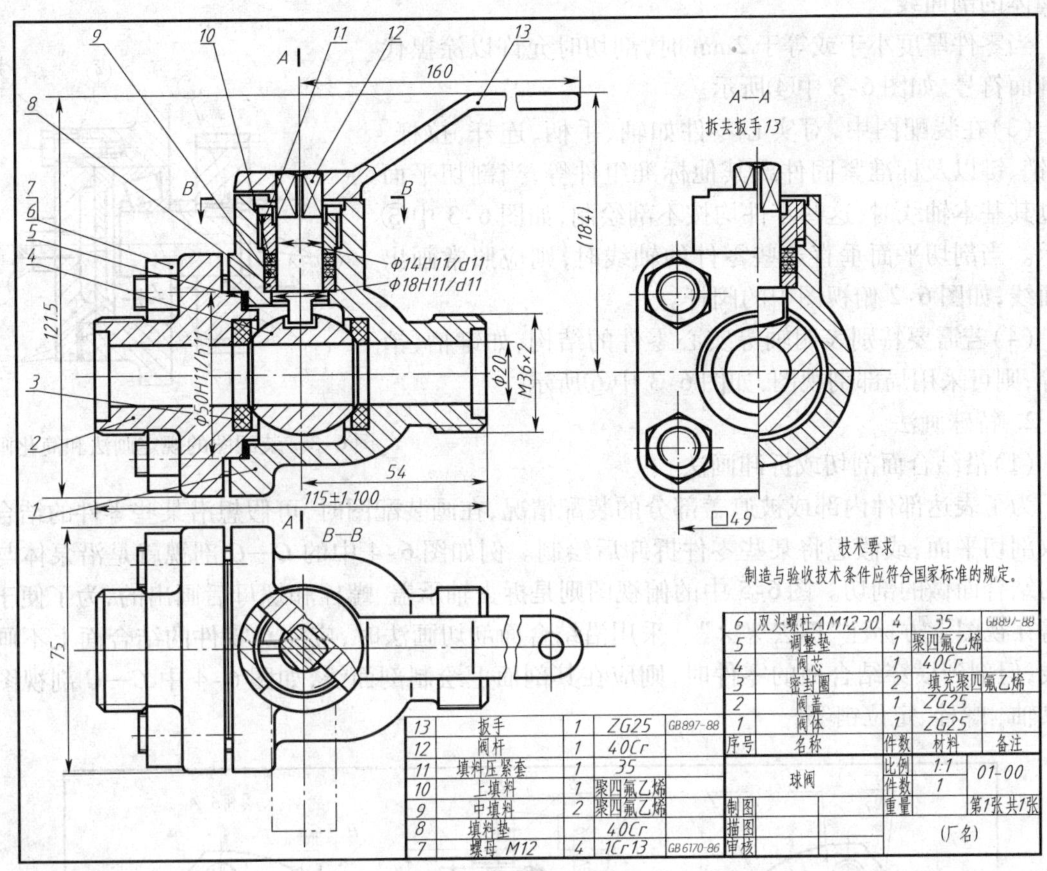

图 6-2 球阀装配图

中依次填写零件的序号、名称、件数、材料等内容。标题栏应包含机器或部件的名称、绘图比例、图号、出图单位以及有关责任人员的签名等。

二、装配图的表达方法

装配图所采用的一般表达方法与零件图基本相同，也是通过各种视图、剖视、断面和局部放大图等表达的。但是装配图所表达的是由若干零件组成的部件，主要用来表达部件的功能、工作原理、零件间的装配和结合关系，以及主要零件的结构形状，因此，针对装配图的特点，为了清新简便地表达出部件或机器的结构，国家标准对画装配图除一般表达方法外，还有一些特殊的表达方法和规定画法。

1. 规定画法

为了在装配图中区分不同零件，并正确表示零件间的装配关系和结合关系，画装配图时应遵守下列规定。

（1）相邻两零件的接触面和配合表面只画一条粗实线，如图 6-3 中①所示，不接触表面和非配合表面画两条线，如图 6-3 中②所示。

（2）相邻两个（或两个以上）零件的剖面线应倾斜方向相反或方向一致但间隔不等，如图 6-3 中③所示轴承盖与箱体等的剖面线画法。

但是同一零件在各个视图上的剖面线方向和间隔必须一致，如图 6-2 中主视图和左视图上阀体的剖面线。

当零件厚度小于或等于 2mm 时,剖切时允许以涂黑代替剖面符号,如图 6-3 中④所示。

(3)在装配图中,对实心零件如轴、手柄、连杆、拉杆、球、销、键以及标准紧固件或其他标准组件等,当剖切平面通过其基本轴线时,这些零件均按不剖绘制,如图 6-3 中⑤所示。当剖切平面垂直这些零件的轴线时,则应照常画出剖面线,如图 6-2 俯视图中的阀杆。

(4)若需要特别表明轴等实心零件的结构,如键槽、销孔等,则可采用局部剖视图,如图 6-3 中⑥所示。

图 6-3 装配图的规定画法和简化画法

2. 特殊画法

(1)沿结合面剖切或拆卸画法

为了表达部件内部或被遮盖部分的装配情况,在画装配图时,可假想沿某些零件的结合面选取剖切平面,或假想将某些零件拆卸后绘制。例如图 6-4 中的 *C—C* 剖视就是沿泵体与泵盖的结合面做的剖切。图 6-5 中的俯视图则是拆去轴承盖、螺栓和螺母后画出的,为了便于看图需在视图上方标注"拆去 × ×"。采用沿结合面剖切画法时,应注意零件的结合面上不画剖面线,但剖到横穿结合面的零件时,则应在其剖面上绘制剖面线,如图 6-4 中 *C—C* 剖视图上的泵轴、螺栓、定位销等。

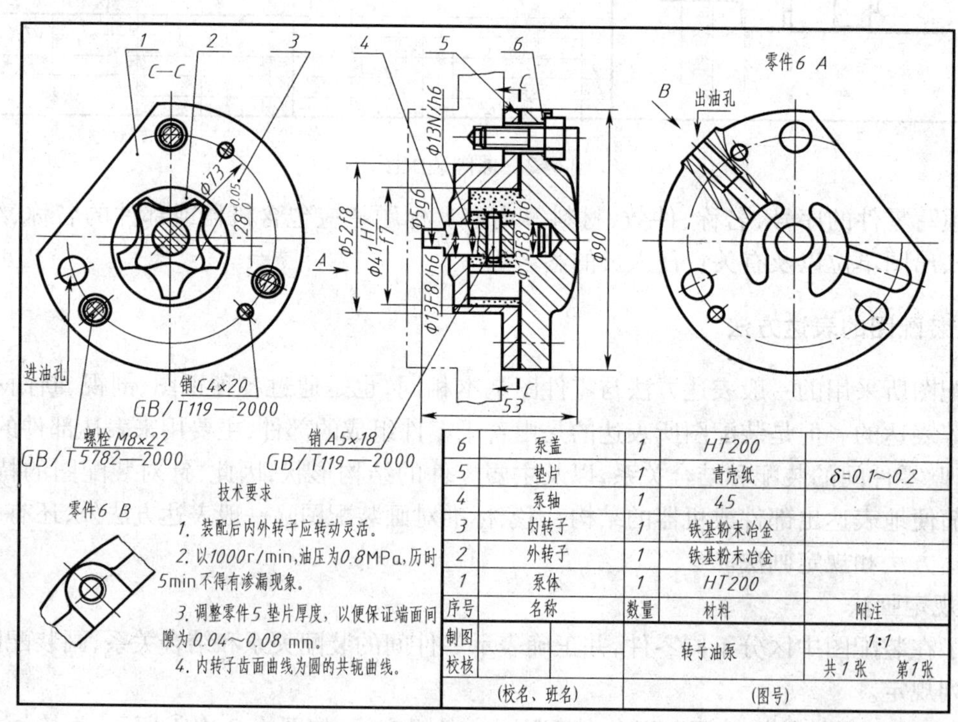

序号	名称	数量	材料	附注
6	泵盖	1	HT200	
5	垫片	1	青壳纸	δ=0.1～0.2
4	泵轴	1	45	
3	内转子	1	铁基粉末冶金	
2	外转子	1	铁基粉末冶金	
1	泵体	1	HT200	

制图		转子油泵	1:1
校核			共1张 第1张
(校名、班名)		(图号)	

图 6-4 转子泵装配图

(2)假想画法

装配图上为表示运动零件的运动范围或极限位置时,可以用双点画线画出其轮廓线。图 6-2 中用双点画线在俯视图上画出扳手的另一个极限位置。

为了表示与本部件有装配关系但又不属于本部件的其他相邻零、部件间的连接关系，可用双点画线画出其他相邻零、部件的轮廓。图6-4中就用双点画线画出了与转子油泵相连的机体轮廓。

（3）夸大画法

在画装配图时，对于薄片零件，细丝弹簧、微小间隙等，若按实际尺寸画图很难画出，或虽能如实画出，但不能明显表达其结构时，均可采用夸大画法，即把垫片厚度，簧丝直径、微小间隙等都适当夸大画出。图6-4中，转子油泵调整垫片的厚度就是用夸大画法画出的。

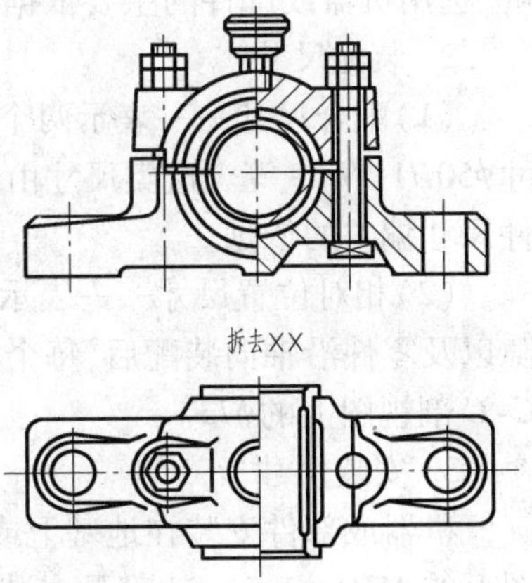

拆去××

图6-5　滑动轴承装配图

（4）单独表示某个零件

在装配图中，当由于某个零件的形状未表达清楚而对理解部件的装配关系有影响时，可单独画出该零件的某一视图。如图6-4中，就在转子油泵的装配图中画出了零件6（泵盖）的A向和B向两个视图。

（5）展开画法

为了表达某些重叠的装配关系，如多级变速箱的传动关系及各轴的装配关系，可以假想将空间轴系按其传动顺序，沿它们的轴线剖开，并将这些剖切平面展开在同一平面上，画出其剖视图，称展开画法。如图6-6所示的机床挂轮架就是采用了展开画法。

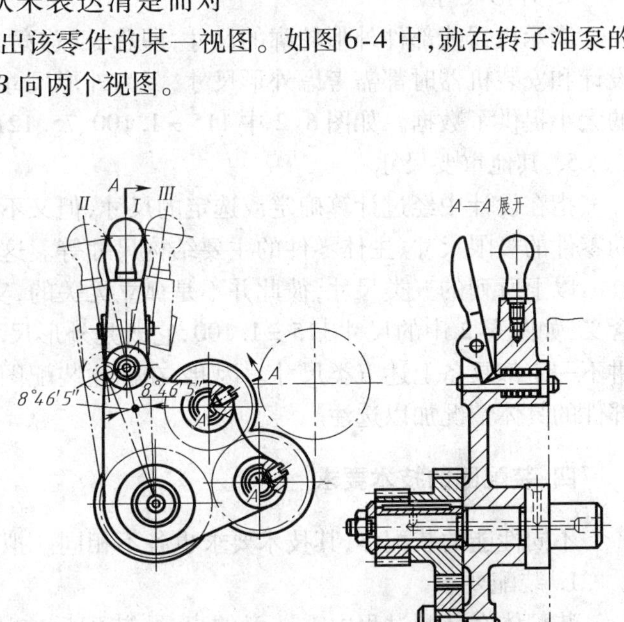

图6-6　挂轮架装配图

3. 简化画法

（1）在装配图中，零件的工艺结构，如圆角、倒角、退刀槽等允许不画。

（2）在装配图中，螺母和螺栓头允许采用简化画法（图6-4），对于装配图中的螺栓连接等若干相同零件组，允许详细画出一处或几处，其余以点画线表示其中心位置即可（图6-4）。

（3）在装配图中，当剖切平面通过某些标准产品的基本轴线时，可以只画出其外形图，如图6-5中的油杯。

（4）装配图中的滚动轴承允许采用图6-3中⑦所示的简化画法。

三、装配图的尺寸标注

装配图和零件图在生产中的作用不同，因此，标注尺寸的要求也不同。在装配图中，只标注与部件的性能（规格）、工作原理、装配关系和安装要求相关的几类必要尺寸，即：

1. 性能（规格）尺寸

表示机器或部件性能（规格）的尺寸，这些尺寸在设计机器或部件时就已确定，是设计、了解、选用机器或部件的主要依据，如图6-2中球阀的管口直径$\phi20$。

2. 装配尺寸

(1)配合尺寸——表示两个零件之间配合性质的尺寸，如图6-2中阀盖和阀体的配合尺寸$\phi50H11/h11$等。这类尺寸由基本尺寸和孔与轴的公差代号组成，是拆画零件图时，确定零件尺寸偏差的依据。

(2)相对位置尺寸——表示装配时需要保证的零件间相互位置的尺寸，如重要的距离、间隙以及零件沿轴向装配后，每个零件所占位置的轴向部位尺寸。如图6-4转子油泵装配图中C-C剖视图上的$\phi73$。

3. 安装尺寸

机器或部件安装在地基上或与其他机器或部件相连接时所需要的尺寸。如图6-2中主视图上的$M36\times2$、54、84都是安装尺寸。

4. 外形尺寸

表示机器或部件外形轮廓的尺寸，即总长、总宽、总高。机器或部件在包装、运输以及厂房设计和安装机器时都需考虑外形尺寸，因为外形尺寸为包装、运输和安装过程中机器所占空间的大小提供了数据。如图6-2中115±1.100、75、121.5分别为球阀的总长、总宽和总高。

5. 其他重要尺寸

指在设计中经过计算确定或选定的尺寸，但又不属于上述几类尺寸的一些重要尺寸，如运动零件的极限尺寸、主体零件的主要结构尺寸等。这类尺寸在拆画零件图时不能改变。

以上所列的五类尺寸，彼此并不是孤立无关的，实际上有的尺寸往往同时具有几种不同的含义，如图6-2中的尺寸115±1.100，它既是外形尺寸，又与安装有关，此外，对每一个部件来讲不一定都具备上述五类尺寸。因此，在标注装配图尺寸时，应按上述五类尺寸，结合机器或部件的具体情况加以选注。

四、装配图的技术要求

不同性能的装配体，其技术要求也各不相同。拟定技术要求一般可从以下几个方面考虑：

1. 装配要求

装配体在装配过程中需注意的事项，装配后应达到的要求，如精确度、装配间隙、润滑要求等。

2. 检验要求

对装配体基本性能的检验、试验和操作时的要求。

3. 使用要求

对装配体在维护、保养和使用时的注意事项及要求。

装配图上的技术要求应根据装配体的具体情况而定，一般用文字注写在明细栏的上方或图样的下方的空白处。

五、装配图中的零部件序号和明细栏

为了便于读图，便于图样管理，以及做好生产准备工作，装配图中所有零、部件都必须编写序号及代号（序号是为了看装配图方便而编制的，代号是该零件或部件工作图的图号），同一装配图中相同的零、部件只编写一个序号，同时在标题栏上方填写与图中序号一致的明细栏，用以说明每个零、部件的名称、数量、材料、规格等。

1. 零、部件序号注写方法

(1)序号应注在图形轮廓线的外边,并填写在指引线的横线上或圆内,指引线、横线或圆均用细实线画出,如图6-7所示。序号字高应比装配图中尺寸数字大一号[图6-7(a)]或两号[图6-7(b)],也允许采用图6-7(c)的形式注写,这时序号字高应比尺寸数字大两号。在同一张装配图中序号的形式应一致。

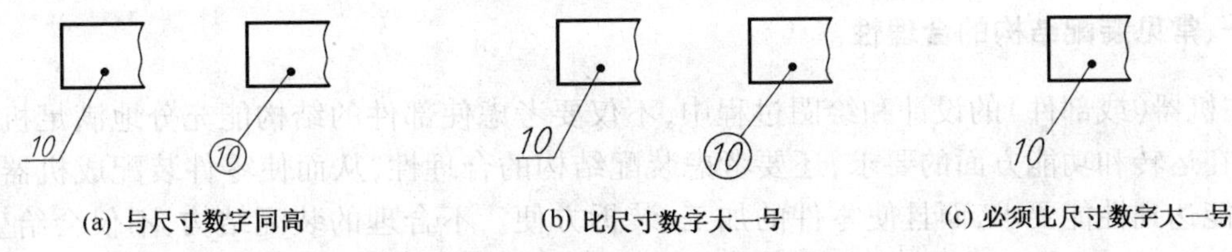

图6-7　装配图的序号

(2)指引线应从所指零、部件的可见轮廓内引出,并在末端画一小黑点,若所指部分为很薄的零件或涂黑的剖面时,可在指引线末端画出指向该部分轮廓的箭头(图6-8)。

(3)指引线应尽可能分布均匀且互相之间不能相交,指引线通过有剖面线的区域时,不应与剖面线平行,必要时可画成折线,但只能曲折一次,如图6-8中零件1。

(4)一组紧固件(如螺栓、螺母、垫圈)以及装配关系清楚的零件组,可采用公共指引线,如图6-8中的零件2、3、4。零件组公共指引线的形式及画法如图6-9所示。

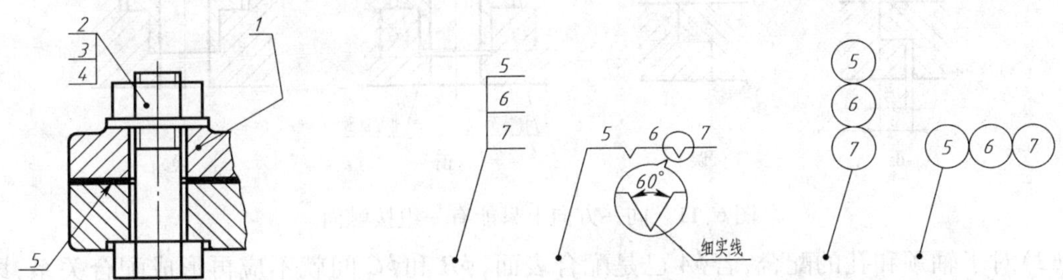

图6-8　采用公共指引线　　图6-9　公共指引线的形式及画法

(5)装配图中的标准化组件(如油杯、滚动轴承、电机等)作为一个整体,只编写一个序号。

(6)装配图中的序号应沿水平或竖直方向按逆时针或顺时针顺次排列整齐(图6-2)。

(7)常用的序号编排方法有下列两种:

① 标准件与非标准件混合一起编排(图6-2)。

② 标准件不编写序号,直接在图上注出规格、数量和国标号(图6-4)或另列专门的标准件明细表。

2. 明细栏

明细栏是机器或部件中全部零、部件的详细目录,国标推荐了明细栏格式,图6-10是本教材建议采用的制图作业明细栏格式。

明细栏外框为粗实线,内格为细实线,画在标题栏的上方,假如地方不够,可将明细栏分段,在标题栏的左方再画一排。明细栏中,零、部件的序号应自下向上填写,以便增加零

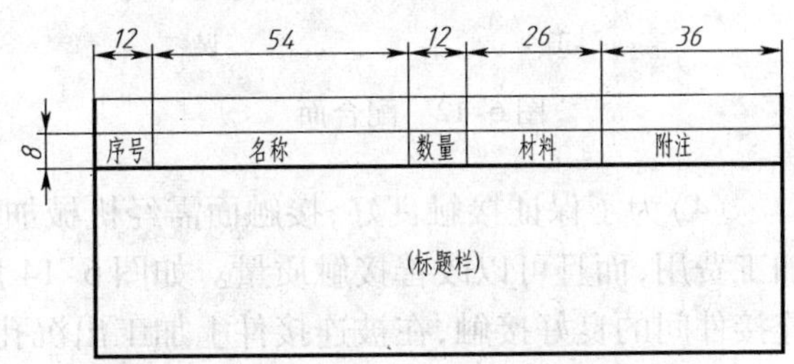

图6-10　装配图的标题栏、明细栏(二)

件时可以继续向上延伸。在实际生产中,对于零、部件较多的复杂机器,明细栏也可以不画在装配图内,按 A4 图幅作为装配图的续页单独绘出,填写顺序自上向下,并可连续加页,但在明细栏下方应配置与装配图完全相同的标题栏。

第三节　常见的装配结构

一、常见装配结构的合理性

在机器(或部件)的设计和绘图过程中,不仅要考虑使部件的结构能充分地满足机器(或部件)在运转和功能方面的要求,还要考虑装配结构的合理性,从而使零件装配成机器(或部件)后能达到性能要求,而且使零件的加工、装拆方便。不合理的装配结构,不仅会给生产带来困难,甚至可能使整个部件报废。当然确定合理的装配结构要有必要的机械知识,也要有一定的实践经验,要做深入细致的构形分析比较,在实践中不断提高。这里仅就常见装配结构的合理性问题进行讨论,以便读者做零、部件构型设计和画装配图时参考。

1. 接触面与配合面

(1)两零件的接触面,在同一方向上只能有一组接触面。如图 6-12 所示,若 $a_1 > a_2$ 就可避免在同一方向同时有两组接触面。

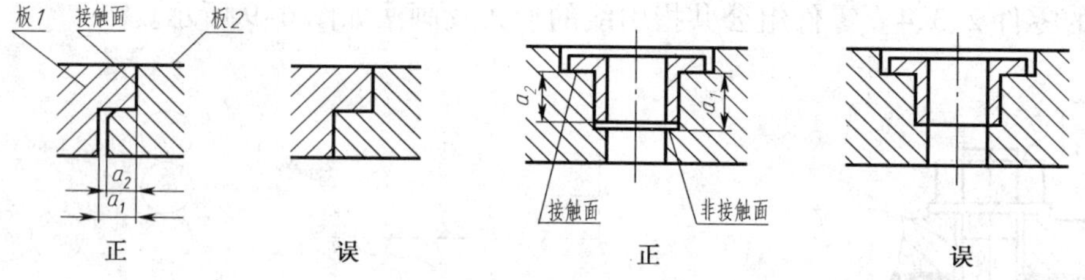

图 6-11　同一方向上只能有一组接触面

(2)对于轴颈和孔的配合,若ϕA 已是配合表面,ϕB 和ϕC 间就不应再形成配合关系,即必须使$\phi B > \phi C$(图 6-12)。

(3)对于锥面配合,要使 $L_1 < L_2$,即锥体顶部与锥孔底部间需留有间隙,否则不能保证锥面配合(图 6-13)。

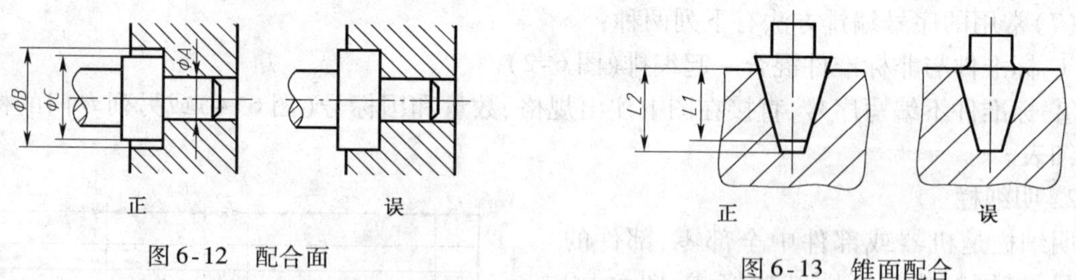

图 6-12　配合面

图 6-13　锥面配合

(4)为了保证接触良好,接触面需经机械加工,因此,合理地减少加工面积,不但可以降低加工费用,而且可以改善接触质量。如图 6-14 所示,为了保证连接件(螺栓、螺母、垫圈)与被连接件间的良好接触,在被连接件上加工出沉孔、凸台等结构。沉孔的尺寸可根据连接件的尺寸从机械设计手册中查取。

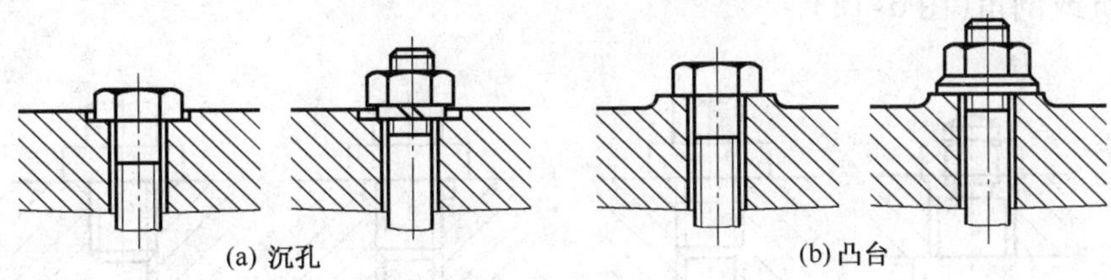

图 6-14　沉孔和凸台接触面

如图 6-15 所示，为了减少轴承底座与下轴衬的接触面，使接触面间接触良好，在轴承底座及下轴衬的接触面上开出一环形槽。轴承座底部的凹槽是为了改善轴承座与基座间接触面的接触情况。

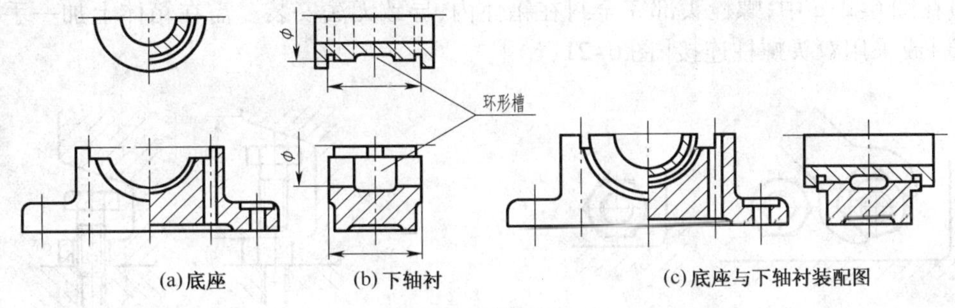

图 6-15　接触面

(5)当轴和孔配合，且轴肩与孔的端面相互接触时，应将孔的接触端面制成倒角或在轴肩的根部切槽(退刀槽)，以保证两零件接触良好(图 6-16)。

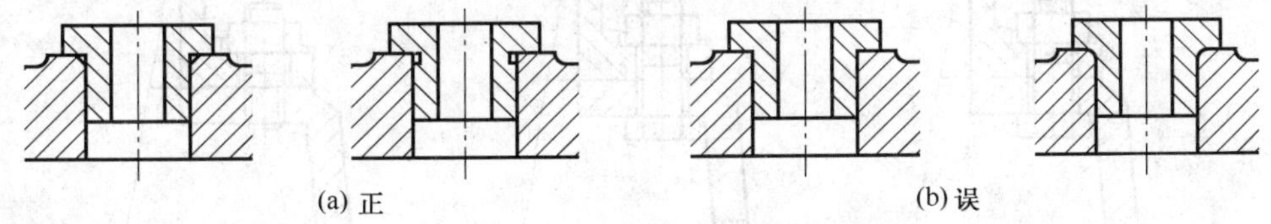

图 6-16　接触面转角处的结构及画法

2. 螺纹连接的合理结构

(1)被连接件通孔的尺寸应比螺纹大径或螺杆直径稍大，一般为 1.1D(D 为螺纹大径)，如图 6-17 所示。

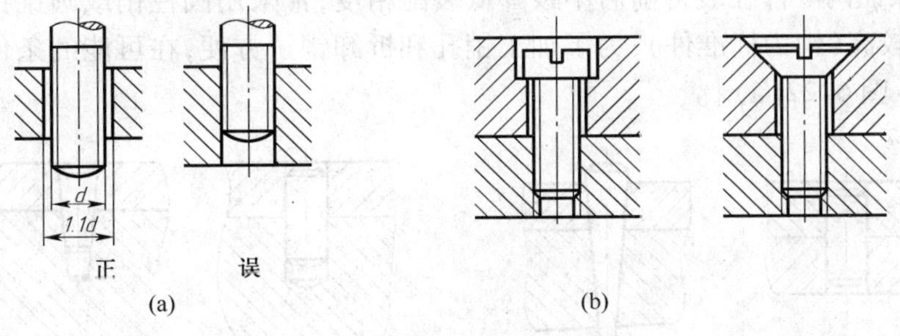

图 6-17　光孔直径应大于螺杆直径

(2)为了保证螺纹连接的可靠性，要适当加长螺纹尾部或在螺杆上加工出退刀槽；在螺孔上加工出凹坑或倒角(图 6-18)。

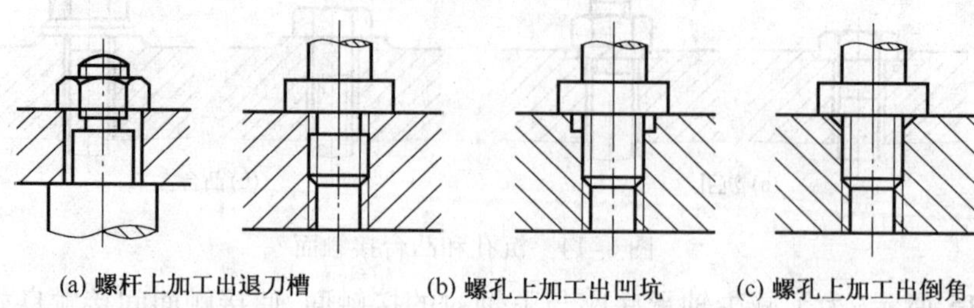

(a) 螺杆上加工出退刀槽　(b) 螺孔上加工出凹坑　(c) 螺孔上加工出倒角

图 6-18　螺纹连接的合理结构

(3)为了便于装拆,需留出扳手的活动空间(图 6-19)以及拆装螺栓的空间(图 6-20)。

(4)在图 6-21a 中,螺栓头部完全封在箱体内,导致无法安装。需在箱体上加一手孔,[图 6-21(b)]或采用双头螺柱连接[图 6-21(c)]。

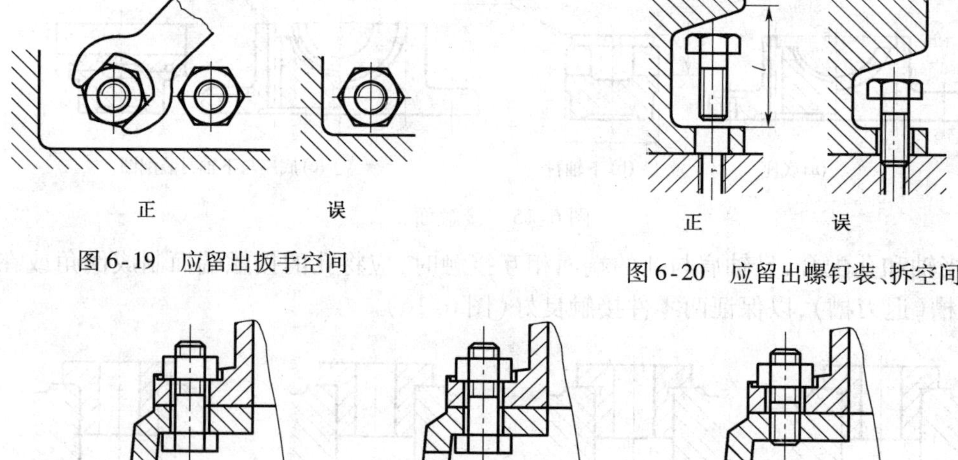

图 6-19　应留出扳手空间　　图 6-20　应留出螺钉装、拆空间

(a)无法安装　(b)加手孔　(c)双头螺柱连接

图 6-21　加手孔或改用双头螺柱

3. 考虑维修时拆装方便与可能

(1)为了保证两零件在装拆前后不致降低装配精度,常采用圆柱销或圆锥销定位,故对销孔的加工要求较高(销为标准件);为了加工销孔和拆卸销子方便,在可能的条件下,最好将销孔加工成通孔[图 6-22(a)]。

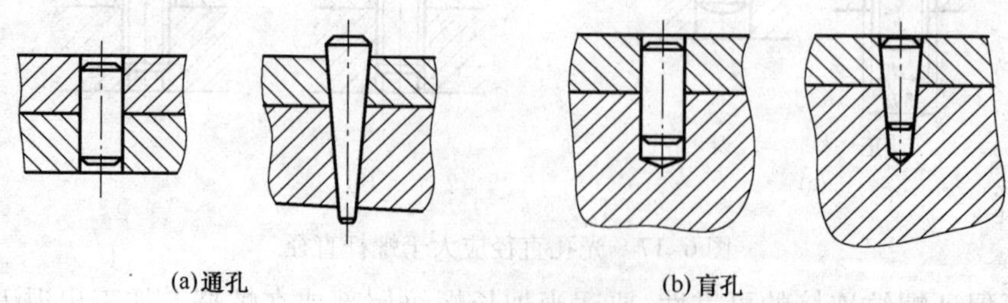

(a)通孔　(b)盲孔

图 6-22　定位销的装配结构

(2)图6-23表示了滚动轴承通常的安装情况，如图6-23(a)、(c)所示结构，滚动轴承将无法拆卸。应改为图6-23(b)、(d)所示结构，拆卸时可用工具将滚动轴承顶出。

(3)图6-24表示了零件内安装一套筒的情况，图6-24a所示的结构，更换套筒时难以拆卸。若预先在箱体上加工几个螺孔，拆卸时就可用螺栓将套筒顶出。

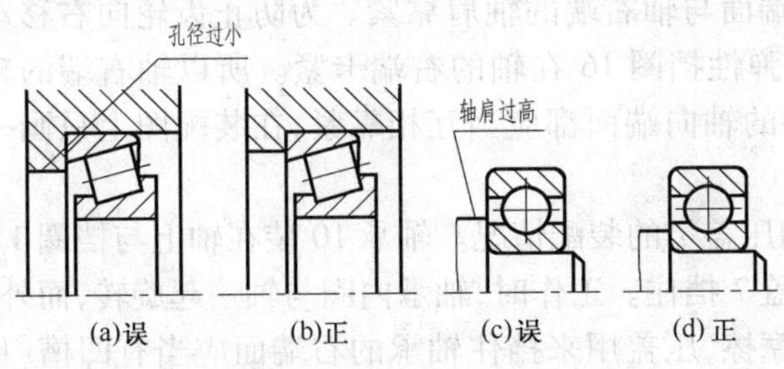

图6-23　滚动轴承的装配结构

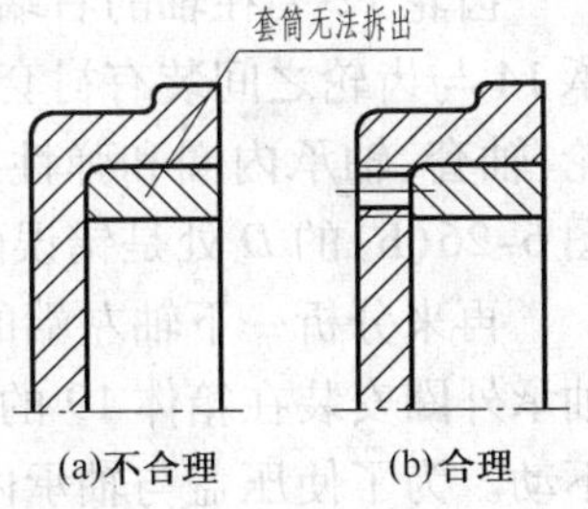

图6-24　套筒的合理结构

二、装配关系的正确画法

由于装配图主要是表达机器(或部件)的工作原理和各零件间的装配关系，因此要正确地画出装配图，必须对部件中各零件的装配关系有一个清楚地了解。下面以图6-25所示的轴系部件为例，说明常见装配结构的正确画法。图6-26是其装配图。

由装配图了解整个轴系部件的基本结构和运动情况：轴4是装配线，其上的主要传动零件是左端的皮带轮6和右端的齿轮12。整个轴由左右两个滚动轴承10、14支承。运动由皮带轮6传来，通过键5带动轴4旋转；然后再通过轴右端的键18带动齿轮12一起旋转，将运动传至与齿轮12啮合的从动齿轮上(图中未画出)。

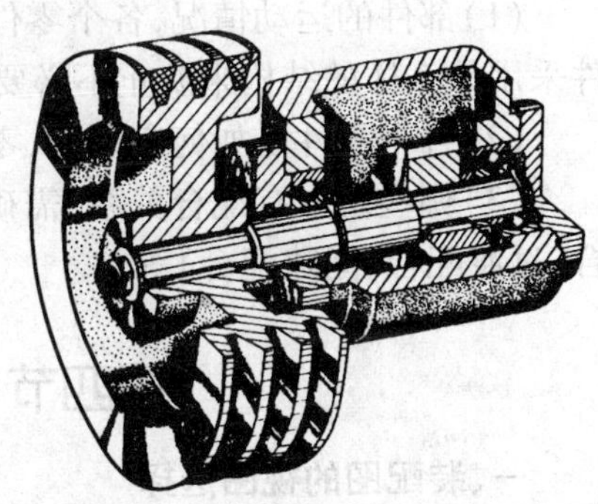

图6-25　轴系部件的轴测图

皮带轮6安装在轴4的左端，依靠轮毂的右端面与轴左端的轴肩靠紧来轴向定位，这两个面是接触面，所以装配图上只能画一条线。同时为了使这两个端面能够靠紧，在轴肩根部必须有砂轮越程槽，正确画法如图6-26(a)所示，图6-26(b)A处的画法是错误的。

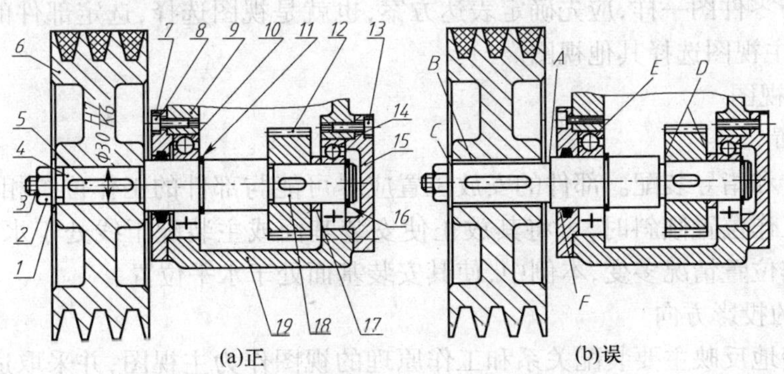

图6-26　轴系部件的装配图

皮带轮与轴的配合是$\phi30H7/k6$，虽然是间隙配合，但因两者是配合表面，所以装配图上也只画一条线,如图 6-26(a),图 6-26(b)*B* 处是错误画法。

整个皮带轮用螺母 2 和垫圈 1 固定,以防止轴向移动。为了使螺母能够压紧皮带轮,应使轴左端螺纹处的台阶面比皮带轮轴孔的端面略低,正确画法如图 6-26(a),图 6-26(b)*C* 处是错误画法。

齿轮 12 装在轴的右端,齿轮的左端面与轴右端的轴肩靠紧。为防止齿轮向右移动,在轴承 14 与齿轮之间装有衬套 17,然后用弹性挡圈 16 在轴的右端卡紧。所以轴右端的轴肩、齿轮、轴套、轴承内圈和弹性挡圈等零件的轴向端面都应当互相靠紧,在装配图上只画一条线。图 6-26(b)的 *D* 处是错误画法。

再来分析一下轴左端的轴承 10 和压盖 7 的装配情况。轴承 10 装在轴上与挡圈 11 靠紧。轴承外圈安装在箱体 19 的孔中,用压盖 7 挡住。工作时,轴承内圈与轴一起旋转,而外圈固定不动。为了使压盖与轴承内圈不发生摩擦,压盖用来挡住轴承的右端面应当有凹槽[图 6-26(a)],图 6-26(b)的 *E* 处是错误画法。同时为了使压盖与轴不发生摩擦,压盖上轴穿过的孔径应比轴径大,画图时要画两条线。但是密封圈 9 是用软材料(例如毛毡)制成,不会使轴磨损,因此必须与轴接触才能很好地起密封作用,所以装配图上应画一条线,图 6-27(b)的 *F* 处是错误画法。

从上面分析可以看出,在零、部件构型设计和画装配图的过程中,一定要细致考虑零、部件的结构,着重搞清以下三个方面的问题。

(1)部件的运动情况,各个零件起什么作用,哪些零件运动,哪些不动,运动零件与不动零件采用什么样的结构来防止不必要的摩擦或干涉。

(2)各个零件是如何定位的,零件之间哪些表面是靠紧的,哪些表面是不接触的。

(3)哪些地方有配合关系,需确定配合的基准制(基孔制、基轴制)和配合种类(过盈配合、过渡配合、间隙配合)等。

第四节 画装配图的方法和步骤

一、装配图的视图选择

对部件装配图视图表达的基本要求是:必须清楚地表达部件的工作原理、各零件间的装配关系以及主要零件的基本形状。

画装配图与零件图一样,应先确定表达方案,也就是视图选择,选定部件的安放位置和主视图后,再配合主视图选择其他视图。

(1)选择主视图

① 安放位置

为方便设计和指导装配。部件的安放位置应尽可能与部件的工作位置相符,当部件的工作位置多变或工作位置倾斜时,可将其放正使安装基面或主装配干线处于水平或竖直位置。如机油泵的工作位置情况多变,本例中,使其安装基面处于水平位置。

② 主视图的投影方向

选择能清楚地反映主要装配关系和工作原理的视图作为主视图,并采取适当的剖视。如机油泵的主动齿轮部分和从动齿轮部分是其主装配线。因此,以过主动、从动齿轮轴轴线的正平面作为剖切平面,所得 *A*-*A* 全剖视图作为主视图。从而较好地表达出机油泵各零件间的主要装配关系和传动情况,同时也可大致反映机油泵的工作原理。

(2)确定其他视图

根据装配图对视图表达的基本要求,针对部件在主视图上还没有表达清楚的工作原理或零件间的装配关系和相互位置关系,选择合适的其他视图或剖视图等。

如机油泵的工作原理,仅一个主视图显然还不能充分表达清楚;另外溢油装置部分和其他局部装配关系也未表达清楚。故选择左视图和俯视图。

左视图是沿泵盖与泵体结合面剖切后,采用半剖视图画出的,这样既简化了作图,也能清楚地表达泵盖、泵体内外形的形状特征和螺栓连接、定位销的分布情况,以及机油泵的工作原理、后泵盖上回油槽的位置及基本形状等。

俯视图拆去斜齿轮等零件后画出。表达了安装基面上安装孔的分布情况;视图右侧局部剖视图的剖切平面通过溢油阀的装配轴线,以表达溢油装置各零件间的装配关系和工作情况,同时补充表达进、出油口的结构。

最后考虑尚未表达清楚的一些局部结构和装配关系。在俯视图上左侧的局部剖视图表达了泵盖、泵体与定位销的装配关系;"*B*"局部剖视图表达了进、出油口与管道有连接处凸台的形状和连接螺孔的位置。最后确定的机油泵装配图表达方案如图6-28(d)所示。

装配图的视图选择,主要是围绕着如何表达部件的工作原理和部件的各条装配线来进行的。而表达部件的各条装配线时,还要分清主次,首先把部件的主要装配线反映在基本视图上,然后考虑如何表达部件的局部装配关系,务必使各个视图和剖视图的表达内容都有明确的表达目的。

二、装配图的画图步骤

根据确定的部件表达方案及部件的大小和复杂程度,先确定绘图比例,安排各视图的位置,选定图幅后,便可着手按下述步骤画图。

(1)画图框、标题栏、明细栏和布置各视图位置——画出图框、图幅以及标题栏、明细栏的外框,再画出各视图的主要轴线、对称中心线、部件主要基面的轮廓[图6-27(a)]。布置视图时,要注意留有编写零部件序号以及注写尺寸和技术要求的位置,图面的总体布置应力求布局匀称。

(2)画底稿——在完成装配图的画图过程中,底稿画得是否得法,对画图速度和质量有很大影响,因此必须注意画底稿的方法和步骤。

画装配图比画零件图复杂,一般可从主视图画起,几个视图相互配合一起画。但也可按具体情况先画某一视图,如图6-27(b)所示,机油泵装配图就是从左视图先画起的。

其次,在画零件的先后顺序上,为了使图中每个零件表示在正确的位置,并尽可能少画一些不必要的线条,可围绕部件的装配干线进行绘制,一般由里向外画,先画轴,并以轴为基础,按照装配关系画出轴上各零件,然后再装上壳体、泵盖等;最后画次装配线和细部结构,如溢油阀装配线、螺钉、销钉等如图6-28(c)、(d)所示。

要随时检查零件间正确的装配关系,哪些面应该接触,哪些面之间应该留有间隙,哪些面为配合面等,必须正确判断并相应画出,还要检查零件间有无干扰和互相碰撞,并及时纠正。

(3)经检查后加深图线,注出尺寸及公差配合,画剖面线。

(4)编序号、填写明细栏、标题栏、技术要求。图6-28是最后完成的机油泵装配。

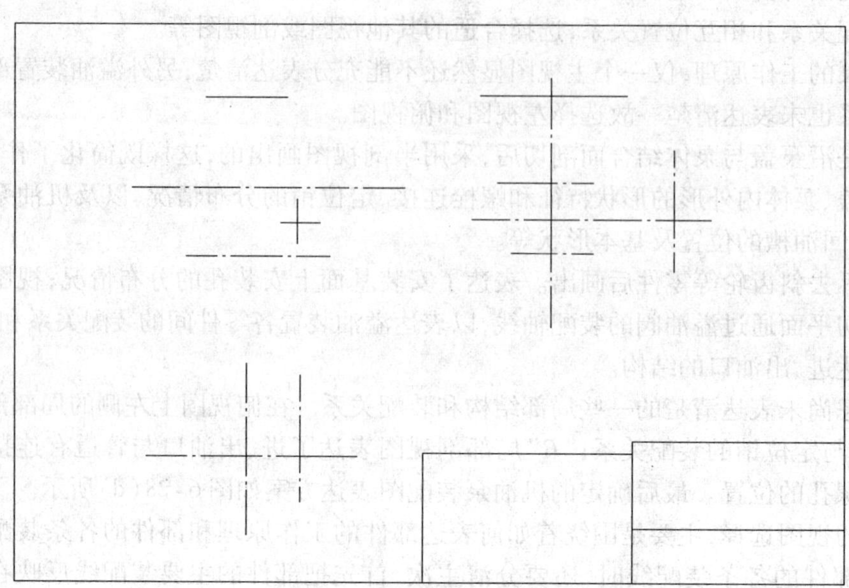

(a) 画图幅、标题栏、明细栏及视图基准线

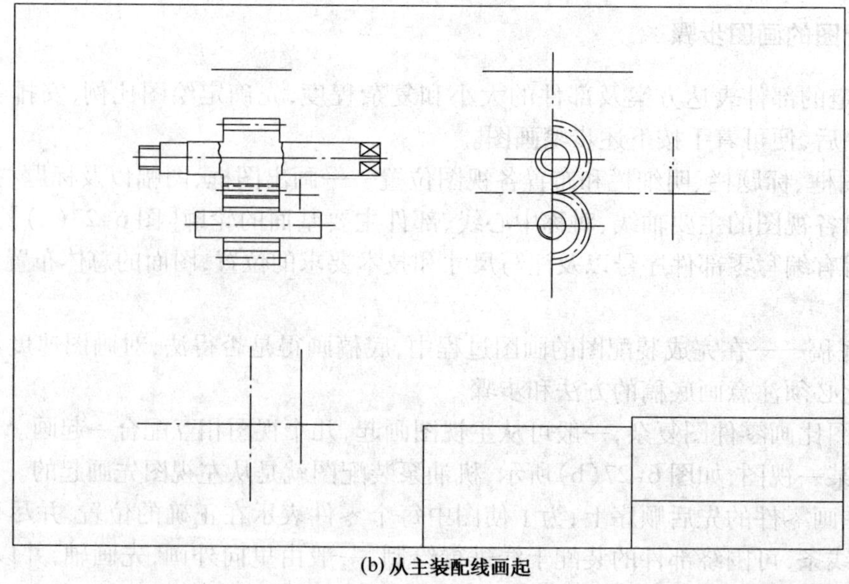

(b) 从主装配线画起

图 6-27

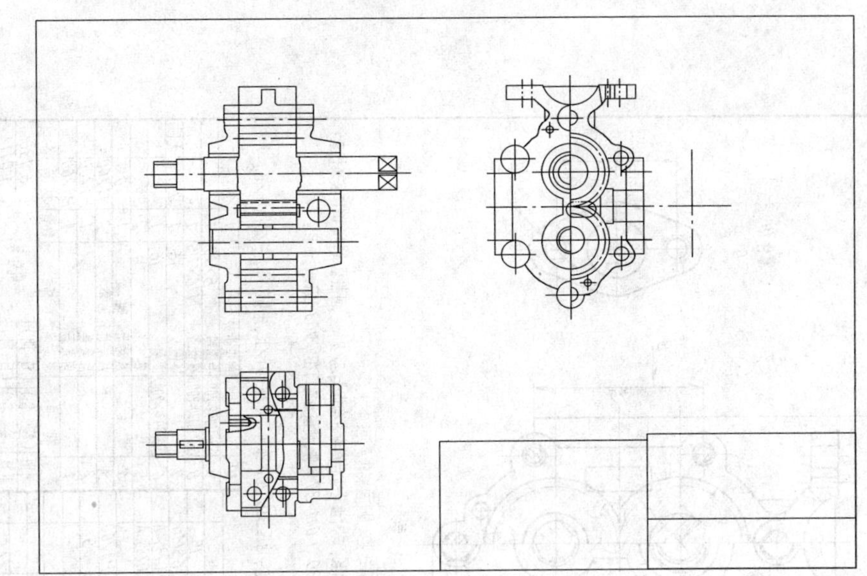

(c) 按装配关系及相对位置绘制各零件

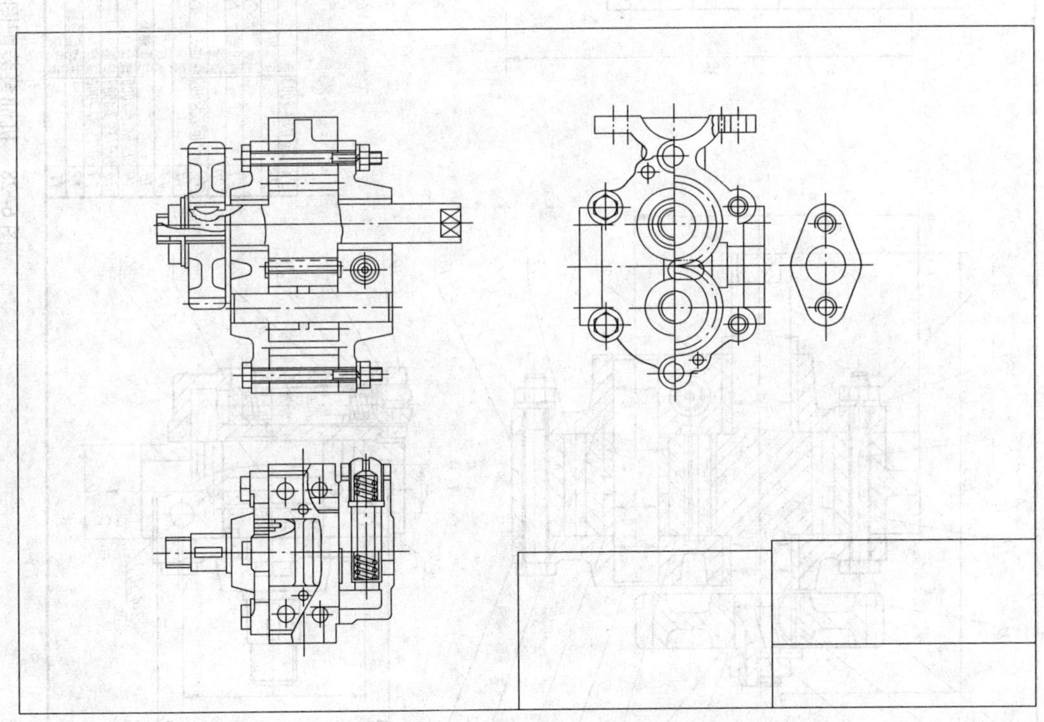

(d) 绘制次装配线及细节结构

图6-27 机油泵装配图画图步骤

A—A
零件18
B
2×M8
进口
出口
4×Φ9
2×Φ5F9
技术要求
1. 装配后,用手转动主动轴,应旋转灵活;
2. 装配后的机油泵,成对齿轮啮合面应占全齿长 2/3以上,可根据试转后的印痕来检查;
3. 允许调节6 130-1 011-27零件,使溢油阀门在 490335Pa时开启;
4. 部件检验要求;
当机油温度85℃,油压 392268Pa转速为1930r/h,油量不得小于4000r/h。
24 GB/T119-2003 销 B5×12 4
23 溢油阀门 1 35
22 压簧 1.8×11.6×73.3 1 65Mn
21 调节螺丝 M18×1.5 1 Q235-A
20 垫圈 18 1 Q235-A
19 GB/T6172-2000 螺母 M18×1.5 1
18 泵体 1 HT200
17 从动齿轮 1 45
16 后盖轴套 1 ZQSn6-6-3
15 GB/T6170-2000 螺母 M8 6
14 GB/T93-1987 垫圈 8 6
13 GB/T5782-2000 螺栓 M8×70 6
12 主动齿轮轴 1 45
11 斜齿轮 1 QT500-6
10 前盖齿轮 1 ZQSn6-6-3
9 GB/T1099-2003 半圆键 5×19 1
8 GB/T6170-2000 螺母 M16×1.5 1
7 垫圈 16 1 Q235-A 无回
6 GB/T97.1-2002 垫圈 16 1
5 垫片 2 纸
4 从动齿轮轴 1 20
3 从动齿轮轴套 2 HT200
2 后泵盖 1 HT200
1 前泵盖 1 HT200
序号 代号 名称 数量 材料 备注
制图 (签名) (日期) 机油泵 6 130
审核 (签名) (日期) 1 011
(校名) 系 班 第1张 共14张 1:1

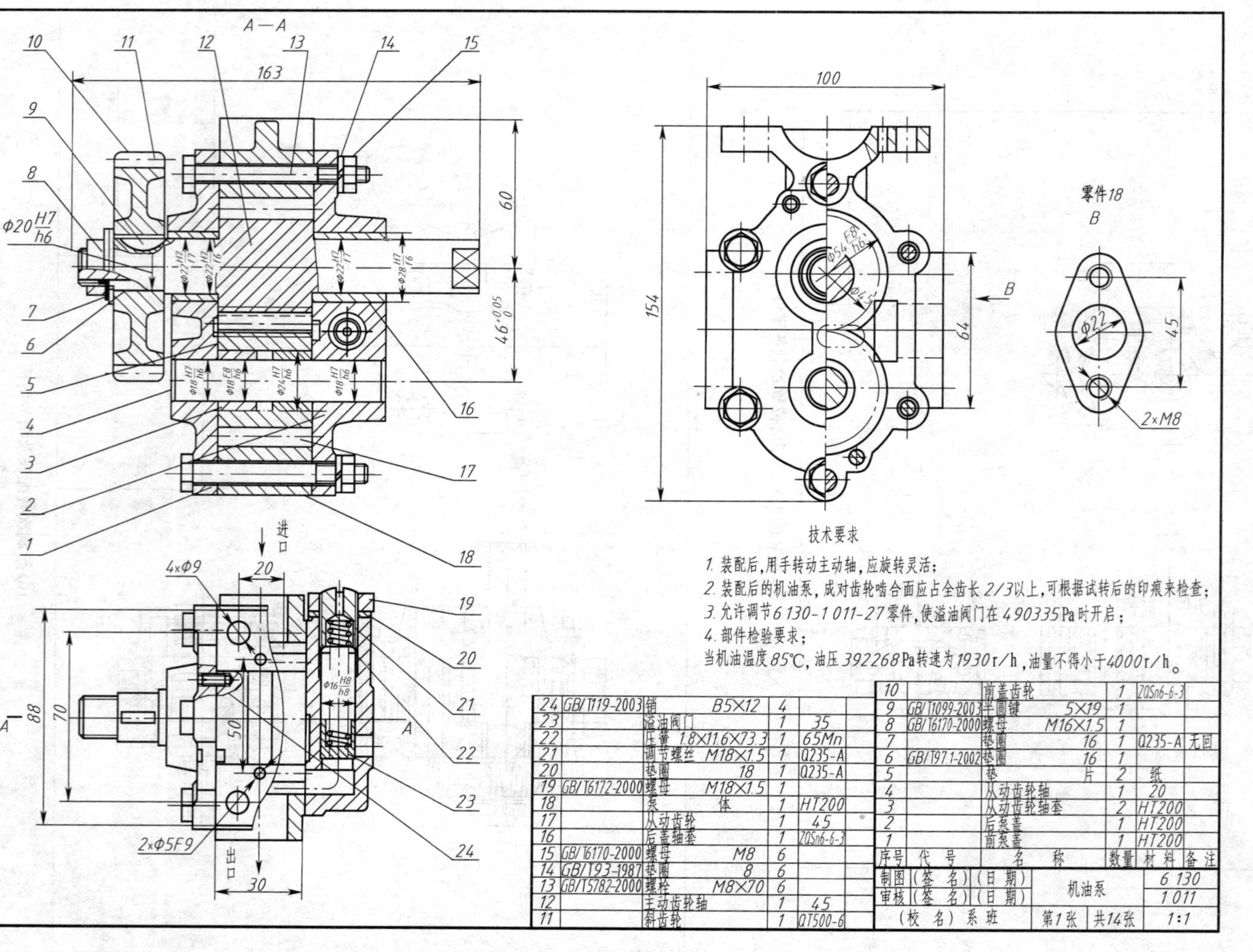

图 6-28 机油泵装配图

第五节 阅读装配图

一、读装配图的方法和步骤

读装配图的目的是通过装配图了解部件中各个零件间的装配关系，分析部件的工作原理，以及读懂其中主要零件及其他有关零件的主要结构形状，以便设计时根据装配图设计、绘制该部件中所有非标准件的零件图。

1. 概括了解

通过阅读有关说明书以及装配图中的技术要求和标题栏，了解部件的名称、用途和绘图比例等。

对照零件序号以及明细栏，了解标准件及非标准件的名称与数量，并在装配图上初步查找这些零件的位置。

2. 分析视图

根据装配图的视图表达情况，分析全图采用了哪些表达方法，找出各个视图、剖视图、断面图的配置位置、投影方向及它们之间的投影关系，并了解各视图的表达重点。

3. 分析工作原理及传动关系

一般从图纸上直接分析，当部件比较复杂时，需要参考说明书。分析时，常是从部件的传动入手，分析其工作原理、传动关系，找出部件的各条装配干线。

4. 分析零件间的装配关系，读懂零件的结构形状

逐一分析部件的各条装配干线，弄清零件间的配合要求，零件间的定位、连接方式以及密封、装拆顺序等问题，同时必须做到正确地区分不同零件的轮廓范围，从而了解每个零件的主要结构形状和用途。可从下面几个方面分析装配关系：

(1)运动关系。运动如何传递，哪些零件运动，哪些不动，运动的形式如何(转动、移动、摆动、往复等等)。

(2)配合关系。通过装配图上标注的配合代号，了解基准制、配合种类、公差等级等。

(3)连接和固定方式。各零件间用什么方式连接和固定。

(4)定位和调整。零件上何处是定位表面，哪些面与其他零件接触，哪些地方的间隙是可调整的，用什么方法调整等。

(5)零件的装拆顺序。

(6)零件的轮廓范围，根据以下三点来区分不同零件的轮廓范围。

① 根据剖面线的方向和密度。

② 利用装配图的规定画法和特殊表达方法。如利用实心杆件和标准件不剖的规定，区分出轴、齿轮、螺纹连接件、油杯、滚动轴承等。

③ 根据零件序号对照明细栏，确定零件在装配图中的位置和范围。

二、读图举例

【例6-1】 阅读齿轮油泵装配图(图6-29)。图6-30是齿轮油泵的轴测装配图，可作为读图分析时的参考。

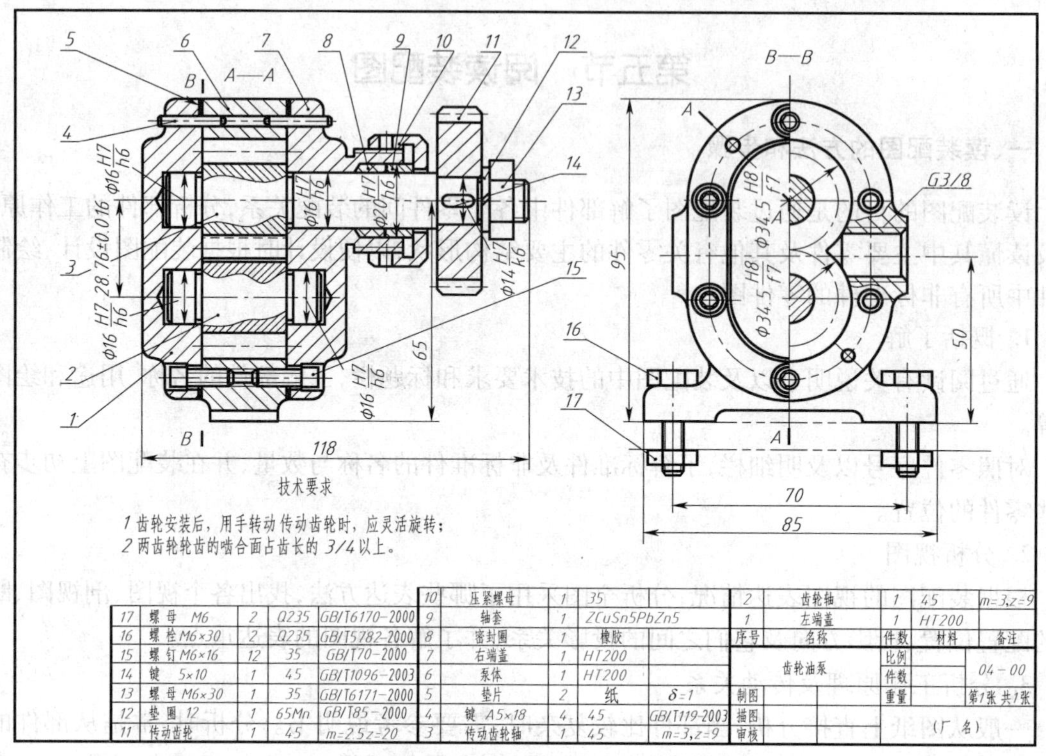

序号	名称	件数	材料	备注
17	螺 母 M6	2	Q235	GB/T6170-2000
16	螺 栓 M6×30	2	Q235	GB/T5782-2000
15	螺 钉 M6×16	12	35	GB/T70-2000
14	键 5×10	1	45	GB/T1096-2003
13	螺 母 M6×30	1	35	GB/T6171-2000
12	垫 圈 12	1	65Mn	GB/T85-2000
11	传动齿轮	1	45	m=2.5z=20
10	压紧螺母	1	35	
9	轴套	1	ZCuSn5PbZn5	
8	密封圈	1	橡胶	
7	右端盖	1	HT200	
6	泵体	1	HT200	
5	垫片	2	纸	δ=1
4	键 A5×18	4	45	GB/T119-2003
3	传动齿轮轴	1	45	m=3,z=9
2	齿轮轴	1	45	m=3,z=9
1	左端盖	1	HT200	

齿轮油泵	比例		04-00
	件数		
制图	重量		第1张 共1张
描图	（厂 名）		
审核			

图 6-29 齿轮油泵装配图

(1)概括了解

齿轮油泵是机器中用来输送润滑油的一个部件。用主、左两个视图来表达，由泵体、左、右端盖、运动零件(传动齿轮、齿轮轴)，密封零件以及标准件等组成。对照零件序号及明细栏、标题栏可看出：齿轮油泵由 17 件零件装配而成，绘图比例 1:1，所以图中大小反映了齿轮油泵的真实大小(书中的图由于排版需要已缩小)。

(2)分析视图

沿齿轮油泵前后对称面剖切所得的 A—A 全剖视图是主视图，反映了齿轮油泵各个零件间的装配关系，其中的局部剖视图反映了齿轮轴 2 和传动齿轮轴 3 的情况。左视图上的 B—B 半剖视图是沿左端盖 1 与泵体 6 的结合面剖切后，并拆去垫片 5 得到的。它反映了齿轮油泵泵体的外形特征，齿轮的啮合情况以及吸、压油的工作原理，再用局部剖视图反映吸、压油时，进、出油口的情况。左视图中的两条双点画线(假想画法)表明了齿轮油泵与基座的安装情况。齿轮油泵的外形尺寸是 118、85、95，由此断定齿轮油泵的体积不大。

(3)分析工作原理及传动关系

首先在主视图中找到原动件(运动由此传入)——传动齿轮 11。传动齿轮 11、传动齿轮轴 3、齿轮轴 2 是齿轮油泵中的运动零件，当传动齿轮 11 按逆时针方向(从左视图观察)转动时，通过键 14 将扭矩传递给传动齿轮轴 3，经过齿轮啮合带动齿轮轴 2 作顺时针方向转动。如图 6-31 所示，当一对齿轮在泵体内做啮合传动时，由于主动轮逆时针旋转，从动轮顺时针旋转，故啮合区内右边空间的压力降低而产生局部真空，油池内的油在大气压力作用下进入油泵低压区的吸油口，随着齿轮的转动，齿槽中的油沿箭头方向不断被带至左边的压油口把油排出泵外，送至机器中需要润滑的各部分。从图 6-30 中可看出，齿轮油泵有沿传动齿轮轴 3 的轴线和齿轮轴 2 的轴线两条主装配线。

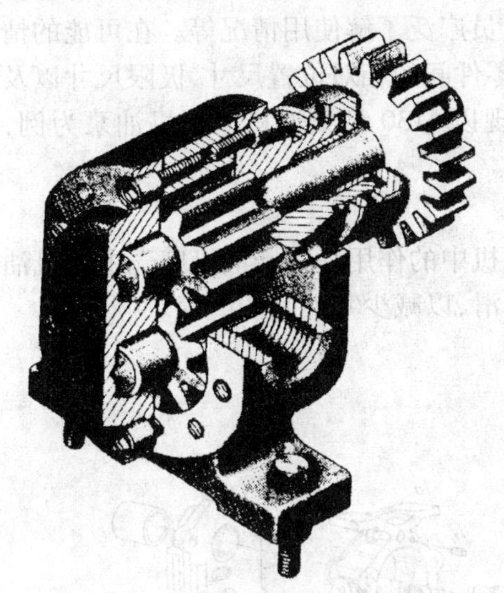

图 6-30　齿轮油泵轴测装配图

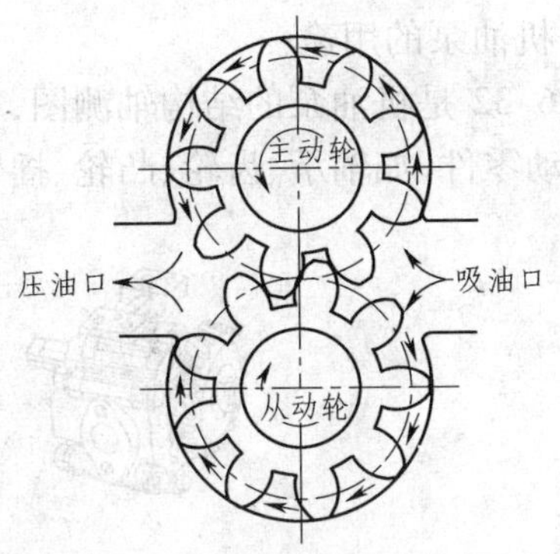

图 6-31　齿轮油泵的工作原理

(4)分析零件间的装配关系,读懂部件中零件的主要功能和结构形状

泵体 6 是齿轮油泵中的主要零件之一,它的内腔容纳一对吸油和压油的齿轮,将齿轮轴 2 和齿轮轴 3 装入泵体后,两侧有左泵盖 1 和右端盖 7 支承这一对齿轮轴。由定位销 4 将左、右泵盖与泵体定位后,再用螺钉 15 将左、右泵盖与泵体连接起来。为了防止泵体与泵盖结合面处以及齿轮轴 3 的伸出端漏油,分别用垫片 5 及密封圈 8、轴套 9、压紧螺母 10 密封。传动齿轮 11 与传动齿轮轴 3 之间的配合尺寸是 $\phi14H7/k6$;两齿轮轴与左、右泵盖支承处的配合尺寸均为 $\phi16H7/h6$;轴套 9 与泵盖的配合尺寸是 $\phi20H7/h6$;齿轮轴的齿顶圆与泵体内腔的配合尺寸是 $\phi34.5H8/f7$。尺寸 28.76 ± 0.016 是一对啮合齿轮的中心距,这个尺寸准确与否将直接影响齿轮啮合传动的质量;尺寸 65 是传动齿轮轴线离泵体安装面的高度,这两个尺寸分别是设计和安装所要求的重要尺寸。

第六节　部件的测绘方法和步骤

根据现有部件(或机器)画出其装配图的过程称为部件(或机器)测绘。在生产实际中,新产品的设计、引进新技术或仿造原有设备以及对原有设备进行技术改造或维修时,往往需要测绘有关机器的一部分或全部,因此,掌握测绘技能具有重要的实际意义。在进行部件测绘之前,应首先了解测绘的任务和目的,以决定测绘工作的内容和要求。如测绘工作是为设计新产品提供参考图样,测绘时可进行修改;若是为现有机械设备补充图样或生产备件或者是在设备维修时,为修复损坏的零、部件提供加工图样,作为制造的技术依据,则测绘时必须正确、准确、不得有修改,但要修正因破旧、磨损造成的缺陷和制造缺陷。测绘过程大致可按顺序分为以下几个步骤:了解测绘的对象和拆卸部件→画装配示意图→测绘零件(非标准件)画零件草图→画部件装配图→画零件工作图。

一、分析测绘对象

首先对部件进行分析研究,了解其用途、性能、工作原理、传动系统、大体的技术性能和使用运转情况。了解的方法一般是观察、分析该部件(或机器)的结构和工作情况,阅读说明书和有关资料,参考同类产品图样,以及直接向有关人员广泛了解使用情况等。在可能的情况下检测有关技术性能指标和一些重要的装配尺寸,如零件间的相对位置尺寸,极限尺寸以及装配间隙等,为下一步拆装工作和测绘工作打下基础。现以 6130 型柴油机上的机油泵为例,简要说明如下:

1. 机油泵的用途

图 6-32 是机油泵的结构轴测图,机油泵在柴油机中的作用是将柴油机底壳中的机油输送到各运动零件,如轴承、齿轮、凸轮、摇臂等处进行润滑,以减少零件间的磨损。

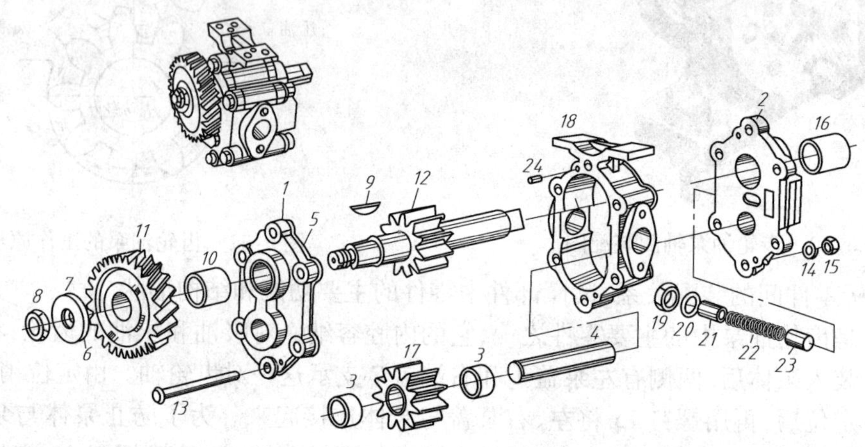

图 6-32　机油泵结构轴测图

2. 机油泵的性能指标

当机油温度为 85 ℃,油压为 392 268 Pa,转速为 1 930 r/min 的条件下,机油泵的流量为 4 000 L/h,最高油压不超过 49 0335 Pa。

3. 机油泵工作原理

从图 6-33 中可看出机油泵是齿轮油泵,其工作原理参阅本章第五节“二”中的有关内容。

4. 机油泵构造

机油泵的工作部分由一对啮合的主动齿轮轴 12、从动齿轮 17 和泵体 18、前后泵盖 1、2 组成。泵体与泵盖由 4 个圆柱销 24 定位;6 套螺栓、垫圈、螺母 13、14、15 连接。泵盖与泵体之间还装有垫片 5,以防止油从结合面缝隙中漏出。

斜齿轮 11 通过半圆键 9 与主动齿轮轴 12 连接,装在轴的左端与轴肩靠紧,并用螺母 8,垫圈 6、7 拧紧防松。斜齿轮由柴油机上的齿轮带动。从而带动主动齿轮和从动齿轮一起旋转。

主动齿轮轴 12 和从动齿轮轴 4 由前后泵盖的轴孔支承。前后泵盖的上轴孔(支承主动齿轮轴)和下轴孔(支承从动齿轮轴)内装有轴套 10、16、3,以便磨损后配换。

机油泵设有溢油装置,当出口机油油压超过 490 335 Pa 时,高压油就推动溢油阀门 23 压缩弹簧 22,机油即从后盖的小孔溢出,使输出油压保持在 490 335 Pa 以下。机油泵的溢油压力的调节是用螺钉 21 调节弹簧 22 的压力来实现的。

通过上述分析,了解到机油泵的结构和各零件的装配关系,主要可分为三个部分:主动齿轮部分,从动齿轮部分和溢油阀部分,这三部分实质上是机油泵的三条装配干线。正确分析部件的装配干线可清楚地建立起部件的结构和各零件间装配关系的概念。

5. 机油泵各零件间的配合关系

(1)主动齿轮和从动齿轮的齿顶圆与泵体的内孔有间隙配合要求。

(2)轴套外圆与前后泵盖的上轴孔以及从动齿轮的孔之间均为过盈配合；轴套内孔与主动齿轮轴和从动齿轮轴之间均为间隙配合。

(3)从动齿轮轴与前泵盖下轴孔为间隙配合，与后泵盖下轴孔则为过盈配合。

(4)溢油阀门与后泵盖阀门孔为间隙配合。

总之，部件结构分析是测绘过程中的一个重要步骤，主要分析部件上各零件的装配关系和运动情况；分析部件中各零件的相互位置，零件的哪些表面相互接触，哪些表面不接触，以及各个零件在部件中的作用。

二、画装配示意图

对部件的结构有了全面的了解之后，第二步就是画装配示意图。装配示意图表示出部件中各零件的相互位置和装配关系，作为拆卸零件后重新装配成部件和画装配图的依据。图 6-33 是机油泵的装配示意图。

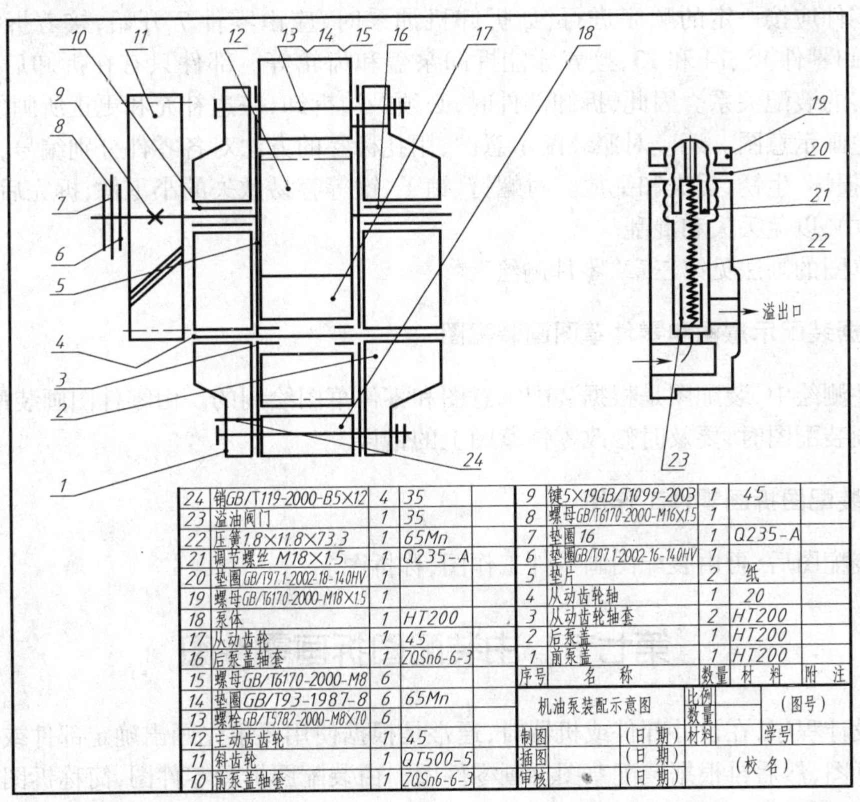

24	销GB/T119-2000-B5×12	4	35		9	键5×19GB/T1099-2003	1	45	
23	溢油阀门	1	35		8	螺母GB/T6170-2000-M16×1.5	1		
22	压簧1.8×11.8×73.3	1	65Mn		7	垫圈16	1	Q235-A	
21	调节螺丝 M18×1.5	1	Q235-A		6	垫圈GB/T97.1-2002-16-140HV	1		
20	垫圈GB/T97.1-2002-18-140HV	1			5	垫片	2	纸	
19	螺母GB/T6170-2000-M18×1.5	1			4	从动齿轮轴	1	20	
18	泵体	1	HT200		3	从动齿轮轴套	2	HT200	
17	从动齿轮	1	45		2	后泵盖	1	HT200	
16	后泵盖轴套	1	ZQSn6-6-3		1	前泵盖	1	HT200	
15	螺母GB/T6170-2000-M8	6			序号	名称	数量	材料	附注
14	垫圈GB/T93-1987-8	6	65Mn		机油泵装配示意图		比例 数量		(图号)
13	螺栓GB/T5782-2000-M8×70	6							
12	主动齿齿轮	1	45		制图	(日期)	材料		学号
11	斜齿轮	1	QT500-5		插图	(日期)	(校名)		
10	前泵盖轴套	1	ZQSn6-6-3		审核	(日期)			

图 6-33　机油泵装配示意图

装配示意图一般以简单的图线和国家标准机械制图中规定的机构及其组件的简图符号，采用简化画法和习惯画法。装配示意图的画法主要有以下特点：

(1)装配示意图是假想把部件看成透明体来画的，以便能同时表达部件内部和外部零件的轮廓及装配关系。

(2)装配示意图只用简单的符号和线条表达部件中各零件的大致形状和装配关系，一般只画一个图形，如果一个图形表达不完全，也可增加图形。如图 6-33 中就增画了一个表达溢油装置的图形。

(3)一般零件可用简单图形画出其大致轮廓,形状简单的零件,如轴、螺纹连接件等还可用单线条表示,如图 6-33 中的泵体、泵盖、螺栓、螺母等。有些零件及其连接关系可按机械制图国家标准规定的机构及其组件的简图符号绘制,如图 6-33 中的齿轮啮合、键连接、轴承等。

(4)两相邻零件的接触面或配合面之间应留有间隙,以便区别两零件。

(5)全部零件都应编号,并在明细栏中注明各零件的名称、数量、材料等。对标准件如螺栓、螺母等还需测量出基本尺寸,注明其规定标记,因为标准件不再绘制零件图。

三、画零件草图

拆卸零件前要研究拆卸顺序和方法,根据部件的组成情况及装配特点,把部件分成几个组成部分,依次拆卸。拆卸时要有相应的工具和正确的方法,保证顺利拆卸。对不可拆的连接和有过盈配合的零件尽量不拆,以保证零部件原有的完整性、精确度和密封性。拆卸前应先测量一些重要尺寸,如相对位置尺寸、运动零件的极限位置尺寸、装配间隙等,使重新装配部件后,能保证原来的装配要求。

拆卸零件应按一定的顺序进行,如拆卸机油泵时,应由零件 7 开始,接着拆零件 8、6 和 11,然后拆卸零件 15、14 和 13,接着才能拆卸泵盖和齿轮等。部件只有在拆卸后才能显示出零件间真实的装配关系。因此,拆卸部件时,必须一边拆卸,一边补充和更正所画的示意图,也可边拆卸边画示意图。还应对照装配示意图,用扎标签的方法对各零件分别编号,零件应妥善保管,避免损坏、生锈、丢失和乱放。对螺钉、销子、键等容易散失的小零件,拆完后仍可装在相应的孔、槽中,以免丢失和混乱。

零件草图的画法见第三章"零件测绘"。

四、根据装配示意图和零件草图画装配图

在部件测绘中,装配图是根据装配示意图和零件草图绘制的。由零件图画装配图的方法,称拼图。画装配图时,要及时修改零件草图上的错误。

五、由装配图拆画零件工作图

画出装配图后,再由装配图画零件工作图,称拆图。

第七节　由装配图拆画零件图

按照设计程序,在设计部件或机器时,通常是根据使用要求先画出确定部件或机器主要结构的装配草图,然后再根据装配草图拆画零件图。由装配图拆画零件图,简称拆图。其过程也是继续设计零件的过程。

一、拆画零件图的步骤

1. 深入了解设计意图

拆画零件图前,必须认真阅读装配图,全面深入了解设计意图,弄清部件或机器的工作原理、装配关系、技术要求。

2. 构型分析

根据装配图把所拆画零件的结构、装配工艺要求等尽可能分析、了解清楚。

3. 拆画零件图

按照零件图的要求,绘制拆画零件的零件图。通常先拆画主要零件,然后再逐一画出相关零件,这样便于保证各零件的结构形状合理,并使尺寸、配合性质和技术要求等协调一致。

二、拆画零件图要注意的几个问题

拆画零件图时,不但要从设计方面考虑零件的作用和要求,而且还要从工艺方面考虑零件的制造和装配,使零件的结构形状符合设计和工艺要求,构型合理。

1. 零件分类

按照机械设计对零件的要求,把零件分成四类:

(1)标准件——标准件大多数属外购件,因此不需要画出零件图,只要按照标准件的规定标记代号列出标准件的汇总表即可。

(2)借用零件——借用零件是指借用定型产品上的零件。这类零件由于可利用已有图样,而不必另行绘制零件图。

(3)特殊零件——特殊零件是指设计时,即确定下来的重要零件,在设计说明书中都附有这类零件的图样或重要数据,如汽轮机的叶片、喷嘴,减速器中的齿轮、蜗轮、蜗杆等。对这类零件,应按装配草图中给出的主要结构、形状和数据绘制零件图。

(4)一般零件——这类零件基本上是按照装配图所表现的主要形状、大小和有关的技术要求来画,是拆画零件图的主要对象。

2. 对零件图表达方案的处理

装配图的视图表达方案主要根据所表达部件的工作原理,零件间的装配、连接关系等考虑的,而零件图的视图表达方案主要根据所表达零件的结构、形状特点考虑的。因此拆画零件图考虑零件的视图表达方案时,不应简单照抄装配图中该零件的表达方法,或强求与装配图一致,而应从零件的具体情况出发重新考虑。在大多数情况下,箱体类零件,如减速器的底座、各种泵的泵体等,主视图的表达一般与装配图一致,这样做的好处是:装配机器时便于对照,减少差错。对轴套类零件和盘盖类零件,则一般按零件的加工位置选择主视图。对支架类零件,主视图的位置一般与装配图一致,而投影方向则取其最能反映零件形状特征的一面。

3. 对零件结构形状的处理

(1)由于装配图仅表达了零件的主要结构形状,因此某些零件,特别是形体较复杂的箱体类零件往往在装配图上表达不完整,这时需要根据零件的作用,它与相邻零件的连接关系,以及已掌握的工艺结构知识,从构型分析的角度出发加以补充完善。如图6-34所示图形是从油压阀装配图中分离出的油压缸的某一视图。由装配图知,油压缸顶盖与油压缸的连接是用4个双头螺柱,所以油压缸顶面有4个螺孔,另外,油压缸的底板上也有4个螺栓孔用来将油压缸与基座连接起来,但这些孔的位置在装配图上没有明确表示。拆画油压缸零件图时,如果将油压缸顶面和底板上的孔,按前后、左右均对称来配置,则顶面上的螺孔就会与进、出油口相通,另外,安装油压阀底板螺栓时,工具就会与油压缸的支承肋相碰而无法安装。因此,拆画零件图时应考虑将这些孔配置在与前后对称面成45°的方向上(图6-35)。

(2)装配图中,对零件上某些局部结构往往未完全表达,此时,需根据零件的功用、零件的构型分析等加以补充完善。如图6-36中A向视图和图6-37中的A—A剖面图所表示的结构在装配图[图6-36(a)、图6-37(a)]中均未完全表达,所以拆画零件图时,零件图中该部分结

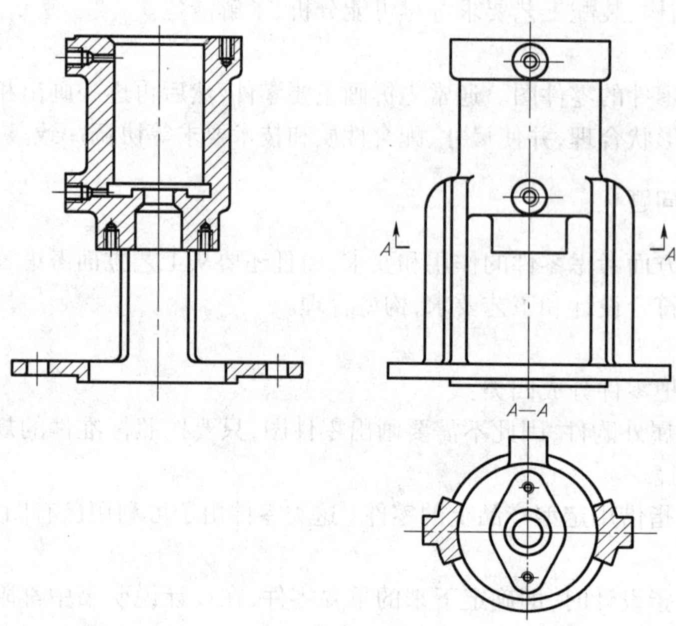

图 6-34　由装配图中分离出的油压缸视图

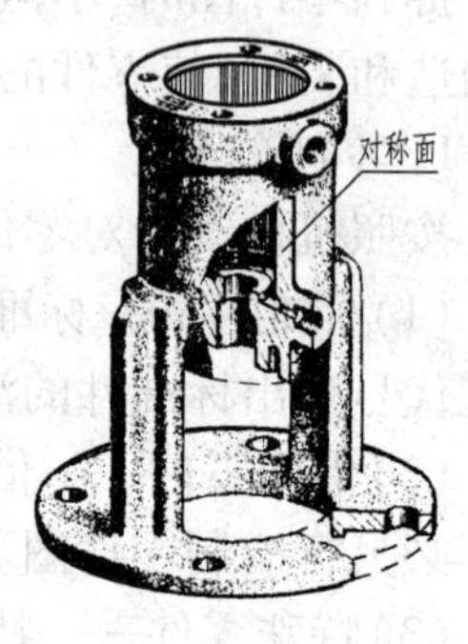

图 6-35　油压缸轴测图

构要补充完善，可考虑的形状有多种，如图 6-36(b)、(c)和图 6-37(b)、(c)所示。

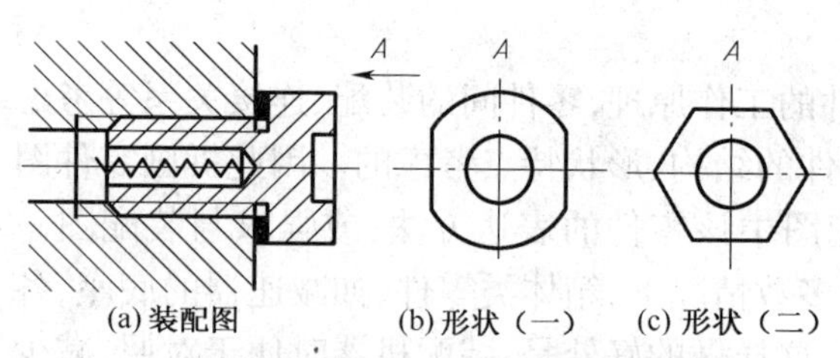

图 6-36　螺纹堵头的头部形状

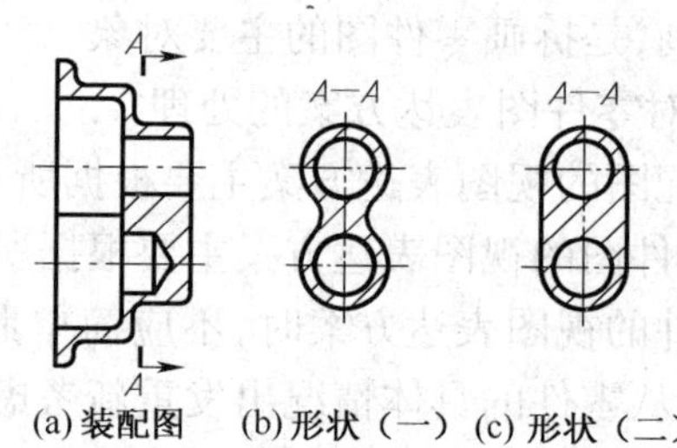

图 6-37　泵盖的凸台形状

(3)零件的工艺结构如倒角、退刀槽、圆角、顶尖孔等，在装配图中采用简化画法往往省略不画，在拆画零件图时均应按结构、工艺的需要补画这些结构。又如零件上某一结构需要与其他零件在装配时一起加工，则应在零件图上注明(图 6-38)。

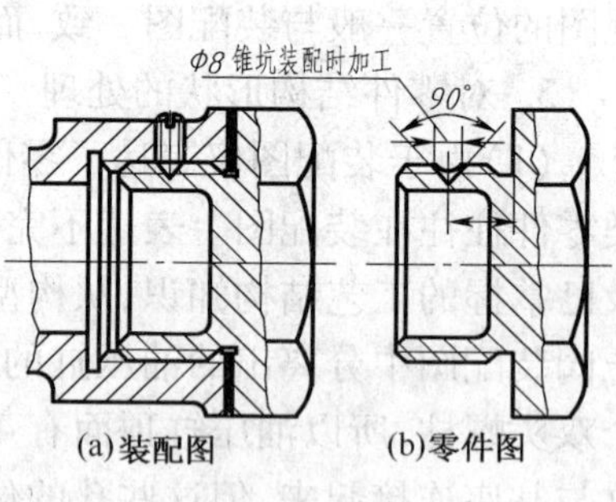

Φ8 锥坑装配时加工

90°

(a)装配图　(b)零件图

图 6-38　零件图上注明装配时加工

(4)零件间采用铆接、弯曲卷边等变形方法连接时，零件图应画出其连接前的形状，如图 6-39、图 6-40 所示。

4. 对零件尺寸的处理

装配图上的尺寸仅是按装配图的表达要求标注的，拆画零件图时，尺寸的注法应按本教材第三章所讨论过的方法和要求标注，尺寸的数值则需根据以下不同情况分别处理。

(1)装配图上已注出的尺寸，在相关的零件图上应直接注出，不允许改动。对于配合尺寸和某些相对位置尺寸则要注出其公差配合代号或偏差值。

(2)与标准件相连接或配合的有关尺寸，如螺纹的有关尺寸、定位销孔直径、滚动轴承的

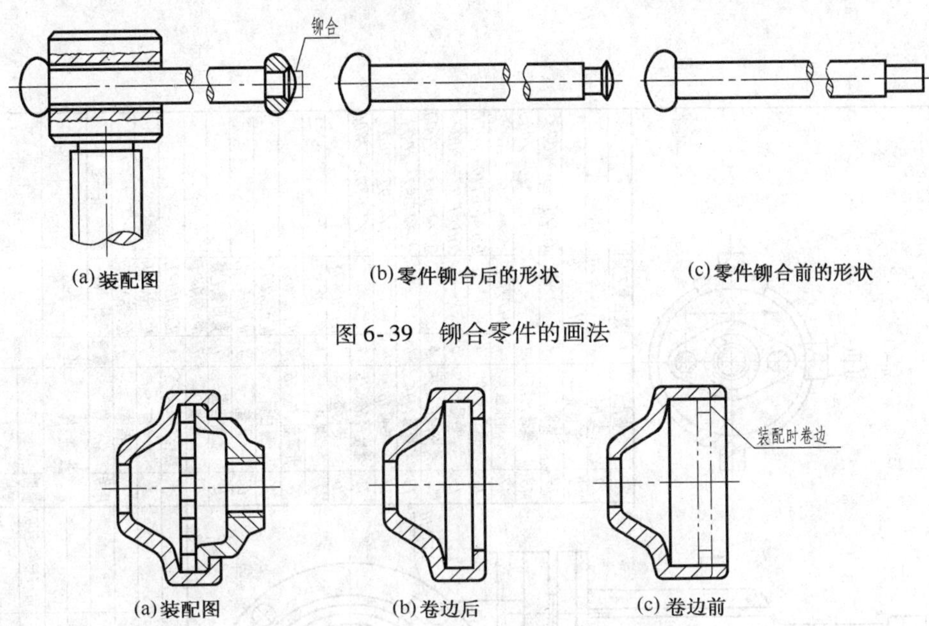

图 6-39 铆合零件的画法

图 6-40 卷边零件的画法

内、外圈直径等，要从相应规范和标准中查取。

(3)对于标准结构如倒角、退刀槽、砂轮越程槽、键槽、螺栓通孔直径、螺孔深度、沉孔等尺寸也应从有关规范和标准中查取。

(4)对于非标准件的某些尺寸，如薄板零件的板厚、垫片厚度、弹簧的一些尺寸(簧丝直径、自由高度、节距等)，若在装配图的明细表中已注有数据，应以明细表中的尺寸为准。

(5)对于齿轮的分度圆、齿顶圆直径等尺寸，应按明细表中给定的参数(如模数、齿数)计算后，按设计规范所规定的标准数据确定。

(6)相邻零件接触面的有关尺寸及连接件的有关定位尺寸要协调一致。

(7)其余尺寸，均从装配图中直接量取，量取的数值经圆整或取标准化数值后，标注在零件图中。

5. 零件表面结构的确定

零件上各表面的结构是根据其作用和尺寸公差或参考同类产品的图纸确定的。一般接触面与配合面的结构数值相应较小，自由表面的结构数值一般较大。有密封、耐蚀、美观等要求的表面结构数值相应较小，可参阅机械设计手册。

6. 关于技术要求

技术要求的注写也是绘制零件图时要进行的一项重要内容，它直接影响零件的加工质量，但是正确制定技术要求，涉及许多专业知识，本教材不详述。

三、拆画零件图举例

【例 6-2】 拆画图 6-41 所示油压阀装配图中的油压缸零件图(图 6-42)。

1. 确定表达方案

从装配图上拆画零件图，必须根据零件的具体形状，按零件图视图选择的原则重新考虑所拆画零件的视图表达方案。

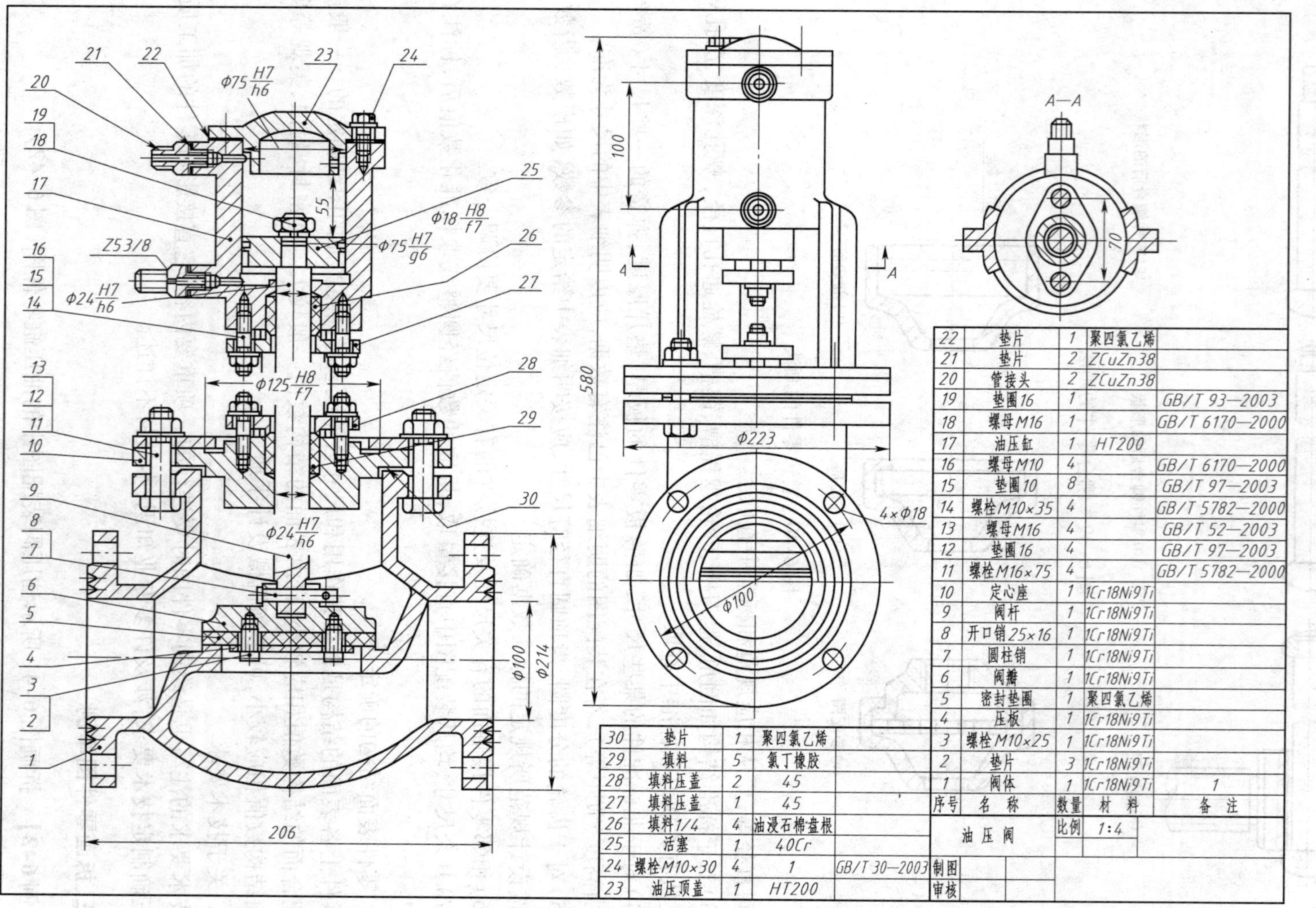

序号	名称	数量	材料	备注
30	垫片	1	聚四氯乙烯	
29	填料	5	氯丁橡胶	
28	填料压盖	2	45	
27	填料压盖	1	45	
26	填料1/4	4	油浸石棉盘根	
25	活塞	1	40Cr	
24	螺栓M10×30	4	1	GB/T 30—2003
23	油压顶盖	1	HT200	
22	垫片	1	聚四氯乙烯	
21	垫片	2	ZCuZn38	
20	管接头	2	ZCuZn38	
19	垫圈16	1		GB/T 93—2003
18	螺母M16	1		GB/T 6170—2000
17	油压缸	1	HT200	
16	螺母M10	4		GB/T 6170—2000
15	垫圈10	8		GB/T 97—2003
14	螺栓M10×35	4		GB/T 5782—2000
13	螺母M16	4		GB/T 52—2003
12	垫圈16	4		GB/T 97—2003
11	螺栓M16×75	4		GB/T 5782—2000
10	定心座	1	1Cr18Ni9Ti	
9	阀杆	1	1Cr18Ni9Ti	
8	开口销25×16	1	1Cr18Ni9Ti	
7	圆柱销	1	1Cr18Ni9Ti	
6	阀瓣	1	1Cr18Ni9Ti	
5	密封垫圈	1	聚四氯乙烯	
4	压板	1	1Cr18Ni9Ti	
3	螺栓M10×25	1	1Cr18Ni9Ti	
2	垫片	3	1Cr18Ni9Ti	
1	阀体	1	1Cr18Ni9Ti	1

油压阀	比例	1:4
制图		
审核		

图 6-41 油压阀装配图

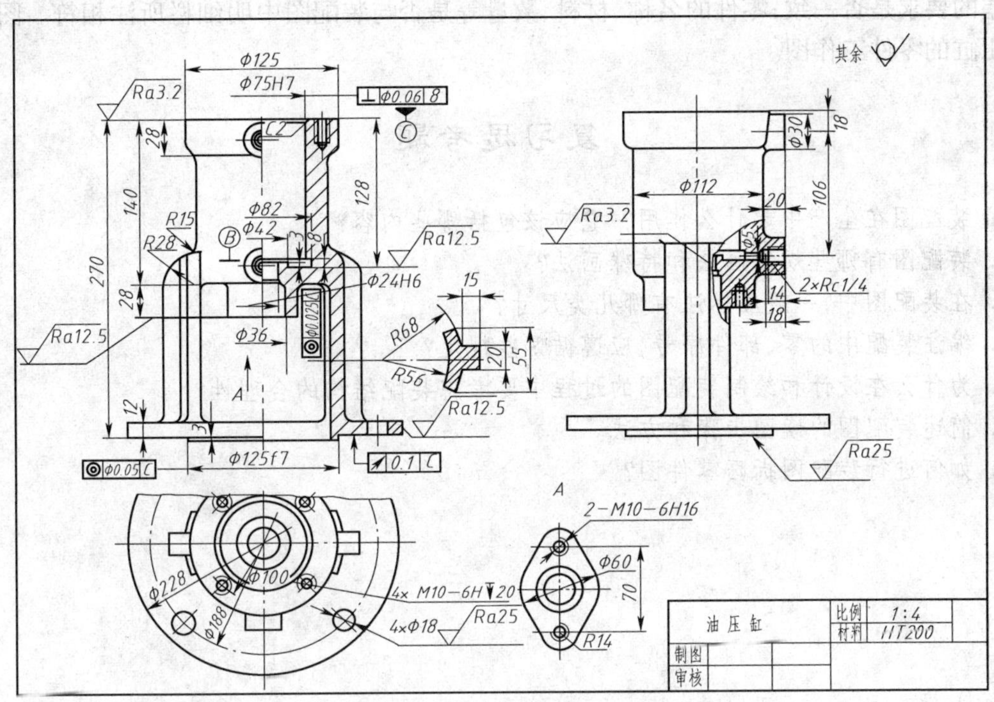

图 6-42　油压缸的零件图

(1)选择主视图。图 6-34 是从油压阀装配图中分离出的油压缸的视图,可以看出:装配图中左视图的投影方向能够反映油压缸的形状特征,且符合其工作位置,故将它选为油压缸零件图的主视图,并采用半剖视图,以表达油压缸的内部形状。

(2)确定其他视图。左视图采用局部剖视图,以表达油压缸进、出油口的情况,“A”局部视图表达油压缸中部凸台的形状,增加俯视图表达油压缸顶面和底板上螺孔和螺栓孔的位置,剖面图则用来表达加强肋的断面形状。

2. 标注尺寸

装配图中进、出油口的中心距 106;中部凸缘螺孔中心距 70 及底板直径 $\phi228$ 是装配图上注出的尺寸,应直接移注到零件图上,油压缸的内径与活塞有配合要求,根据装配图所注配合代号 $\phi75H7/g6$,零件图上应标注为 $\phi75H7$,标注其偏差值 $\phi75^{+0.030}_{0}$,底板下部凸缘与阀体有配合要求,根据其配合代号并查表后,标注为 $\phi125^{-0.043}_{-0.083}$。其他尺寸均可由图上直接量取,圆整或标准化后,在零件图上注出。

3. 注写技术要求

按照零件各表面的作用和尺寸公差,标注表面结构,如油压缸的内径 $\phi75^{+0.030}_{0}$ 有配合要求,且与活塞外表面间有相对运动,精度要求较高,结构选用 1.6;一般的配合表面选用 6.3 有密封要求的接触面如油压缸的上表面选用 3.2;一般的接触面选用 12.5;倒角处和螺栓孔选用 25。

按形位公差要求标注形位公差框图。

4. 校核

零件图画完后,必须对所拆画的零件图进行仔细校核,校核内容有:检查每张零件图的各项内容是否完整;对零件的形状、结构表达是否完整、合理;有关的配合尺寸、表面结构等级、形位公差的要求是否一致;零件的名称、材料、数量等是否与装配图中明细栏所注相符。图6-42是油压缸的零件工作图。

复习思考题

1. 装配图在生产中起什么作用?它应该包括哪些内容?
2. 装配图有哪些规定画法和特殊画法?
3. 在装配图中,一般应标注有哪几类尺寸?
4. 编注装配中的零、部件序号,应遵循哪些规定?
5. 为什么在设计和绘制装配图的过程中要考虑装配结构的合理性?
6. 简述装配图的读图步骤和方法。
7. 如何进行装配图拆画零件图?

第七章　部件的设计构思

第一节　一般设计过程

研制新产品的过程,通常要经过下列四个阶段:计划决策→设计→试制→投产。工程设计人员主要参与的是设计阶段和试制阶段。设计阶段大致可分为以下几个步骤:

一、初步设计

通过各种方案的拟定和对比分析,最后确定一种符合规定条件的最佳方案。设计时主要考虑两条原则,一是功能原则,二是美学原则。对机械设计来说,功能原则是主要的,但美学原则已愈来愈被人们重视。因为美学设计的水平高低,对产品吸引力的影响极大。在这一阶段,设计人员要完成技术任务书、产品总图草案(或称方案设计简图)主要工作原理图及系统图(如传动系统、液压系统,微机控制系统等),研究试验大纲等。简单的部件设计,在这一阶段可以仅拿出产品总图草案,其中应表达出部件的工作原理。

二、技术设计

在已批准的初步设计的基础上,完成产品的性能计算、系统计算、功率计算和主要零件的强度,刚度及有关尺寸计算。对于简单的部件设计,此阶段则以产品总图草案为根据,进行部件的受力计算以及主要零件的强度,刚度和有关尺寸的计算。

三、工作图设计

在技术设计的基础上,完成供试制产品用的全部工作图样和必要的技术文件。主要绘制的图样有:

1. 装配草图

以产品总图草案为基础,根据技术设计中的计算结果或类比所得的主要零件的有关尺寸,通过画装配草图进行结构设计。进一步确定各零件间的配合和连接关系,以及主要零件的尽可能详尽的结构形状和尺寸。部件装配草图不同于零件草图,零件多,图形就更为复杂,所以一般在方格纸上按 1:1 用尺规绘制。

2. 零件工作图

绘制零件图就是根据部件装配草图,设计部件中非标准零件的形状结构、尺寸和技术要求,并绘制出零件图。这个过程称作由装配图拆画零件图。在这个过程中,特别要考虑的问题是零件的工艺,要使所设计的零件,在形状结构、尺寸等方面不但能满足性能的要求,还需满足装配工艺和加工工艺的要求,即零件需易于制造,便于安装,安全可靠。

3. 装配图

在全部零件图绘制完成后,再根据零件图,按比例严格地绘制出部件装配图,这个过程称作由零件图拼画装配图。它既为装配工作提供技术资料,又可通过装配图的绘制,检查、校核各零件的形状结构和尺寸的合理性，以及各零件间是否有干扰和碰撞。并在装配图上提出对该部件的装配和检验要求。

从上述过程可以看出，设计过程主要是绘图过程，由方案设计简图到装配草图、零件工作图、装配图，随着绘图工作的进展使设计不断改进、完整，直至最后完成。设计人员的学识和创造力将通过也必须通过图样表达出来，只有通过图样才能把设计构思转化成真实的产品。所以从事工程设计的技术人员，必须具备下列条件：

(1) 专业知识和经验；

(2) 创造力和构型能力；

(3) 表达设计构思的能力，即绘制工程图样的能力。

第二节　部件设计构思实例

工程中需要根据某些要求设计部件，常常首先要进行部件的设计构思，使其一方面满足某些特定的要求，另一方面满足装配工艺和加工工艺的要求。现以下面两例说明部件设计构思的步骤和方法。

一、实 例 一

设计一台起吊重物的定滑轮装置。

1. 设计要求

定滑轮装置中的滑轮安装在不动的心轴上，滑轮的外径为 200 mm，滑轮轴线至安装面的距离为 160 mm，整个装置安装在机架的侧平面上(图 7-1)。

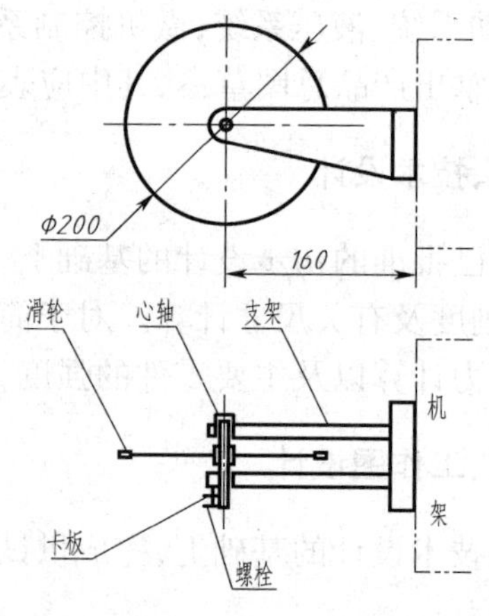

图 7-1　定滑轮装置方案设计简图

2. 根据设计要求画方案设计简图

根据定滑轮装置的设计要求，设计一滑轮绕心轴转动，心轴由支架支承，支架的安装面为侧平面。为了使心轴固定不动而滑轮绕其转动，且均无轴向移动，特在心轴上开一槽，把一个固定在支架上的卡板嵌入槽中。定滑轮装置的方案设计简图如图 7-1 所示。

3. 根据方案设计简图进行结构设计

进行结构设计时，除要满足设计要求外，还应考虑部件装配结构和零件工艺结构的合理性，以便于加工制造和装拆。对定滑轮装置进行的初步结构设计如图 7-2 所示。

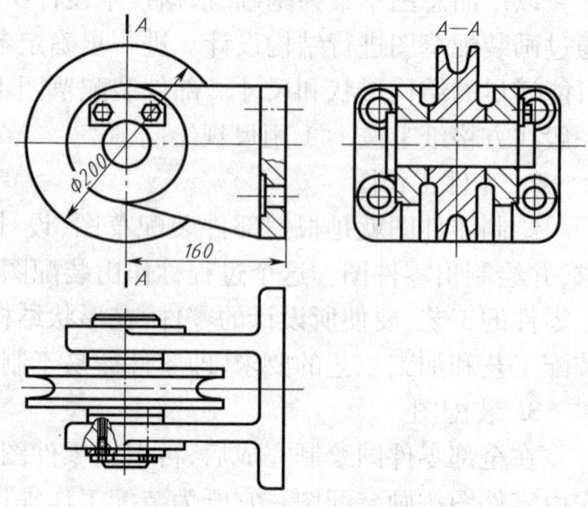

图 7-2　初步结构设计图

4. 进一步改进设计，并绘制装配草图

滑轮要经常转动，为减少滑轮与心轴之间的摩擦阻力，在滑轮与心轴的配合面上应有润滑，为此，沿心轴轴线方向和径向方向开两个互相垂直的油孔；在滑轮的轴孔内开一环形槽以贮藏润滑油；并在心轴的一端安装一油杯，以便加装和储存润滑油。

若起吊的物体较重时,支架前后的支承板比较单薄,在支承板的两侧增加两块肋板,以增加支架的强度和刚度。图 7-3 是定滑轮装置的装配草图。

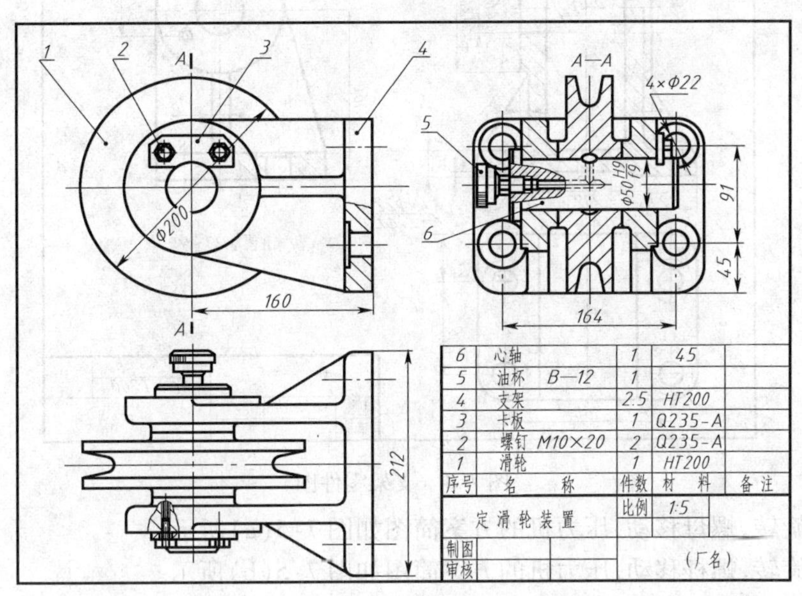

图 7-3 定滑轮装置装配草图

5. 根据装配草图拆画零件图

在装配草图中,由于表达的目的不同和视图数量有限,不能把部件中所有零件的结构形状表达的完整无遗,所以拆画零件图的过程,就是继续设计零件的过程。主要任务是:对在装配图中未能确定形状的部分结构进行补充设计;对装配图中虽已定形的结构,也可结合零件的装配工艺和加工工艺要求,进一步改进,使其更加合理。如定滑轮装置的支架,为了减少支架安装面的加工面,使装置安装后,安装面接触良好,安装更趋平稳,将安装面中部挖一凹槽,如图 7-4 所示。

定滑轮装置中的其他零件(油杯、螺栓除外)可按同样过程分析和拆画(此处省略)。

6. 根据装配草图和零件图绘制装配图

根据第六章介绍的方法(由零件图拼画装配图)绘制装配图,填写装配图的技术要求。定滑轮装置的装配图与装配草图基本相同,所以此处略去装配图。

二、实 例 二

设计一台简易压力机。

1. 设计要求

用于在实验室压制实验样品。实验样品为粉末金属片,其直径 $\phi = 15$ mm,厚度 $\delta = 3 \sim 5$ mm。制片所需要的单位压力 $P = 150$ MPa,制片速度无具体要求。

2. 根据设计要求提出方案,并画出方案设计简图

根据设计要求,该压力机所要求的压力较小,且无速度要求,故可设计为手动螺旋式压力机,利用螺旋副把回转运动变为直线运动并增力。在螺旋机构中,螺杆和螺母的运动型式有以下三种,采用不同的运动形式,压力机的设计方案也将不同。

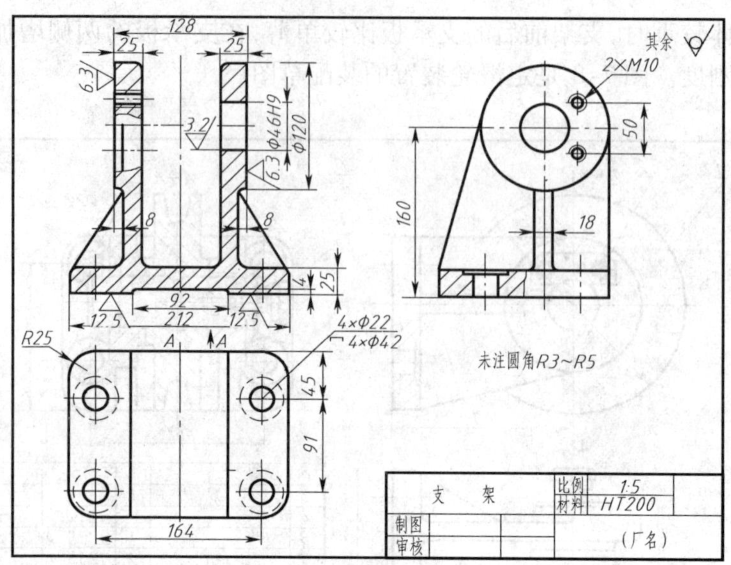

图 7-4　支架零件图

(1)螺杆旋转,螺母移动,压力机的方案简图如图 7-5(a)所示。

(2)螺母旋转,螺杆移动,压力机的方案简图如图 7-5(b)所示。

(3)螺母不动,螺杆旋转并移动,压力机的方案简图如图 7-5(c)所示。

前两种在机动或手动装置中广泛采用,后一种常用于手动装置中,它具有结构简单、操作方便的优点。故选用图 7-5(c)的方案。

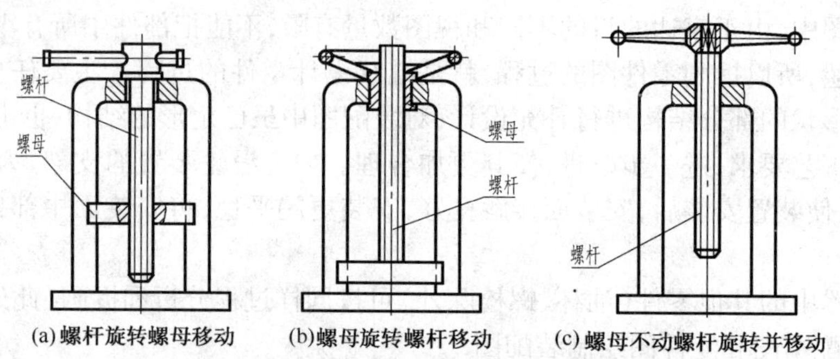

图 7-5　螺旋副的三种运动形式

3. 根据方案简图进行结构设计

(1)螺母的结构——螺旋机构中螺母应采用耐磨性较好的材料制做(如铸造青铜),所以螺母和机架应采用不同材料。螺母是一个单独的零件,还应具有加工方便、易于更换等优点。由于压力机工作时,螺母的受力方向向上,故将螺母的轴肩放在下端,螺母与机架之间用骑缝螺钉固定,其结构如图 7-6 所示。

(2)机架的结构——机架的结构可有整体式[图 7-7(a)]和立柱式[图 7-7(b)]结构两种形式,考虑到是单件生产和加工简便,选用立柱式结构。

(3)压缩行程——成品的粉末金属片厚度为 3 ~5 mm,考虑粉末的压缩比,取螺旋压下行程为 25 mm。

压力机的结构简图如图 7-8 所示。图中计算待定的尺寸是指经强度计算后得出的数据,

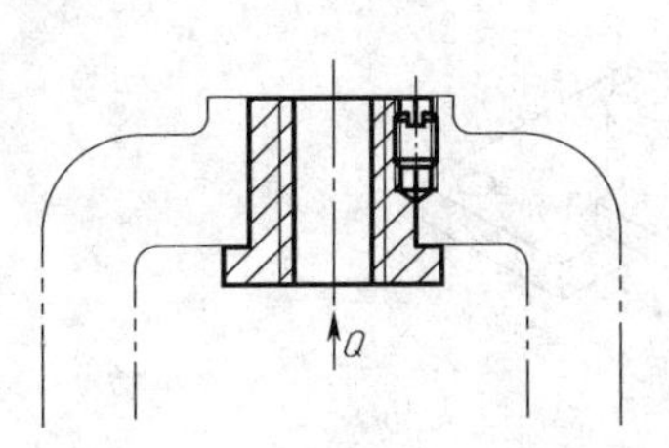

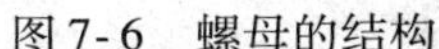
图 7-6　螺母的结构

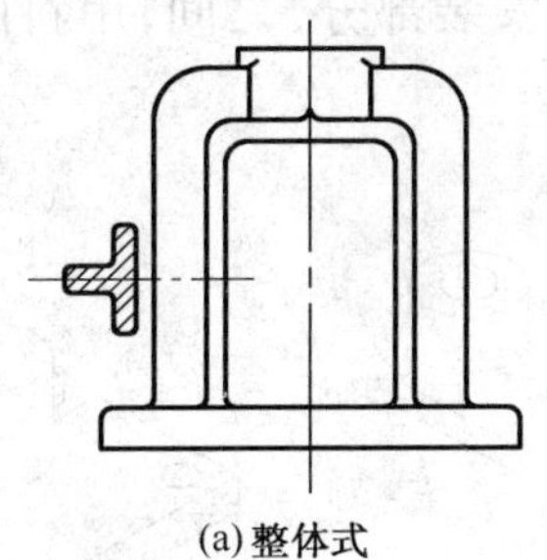
(a) 整体式

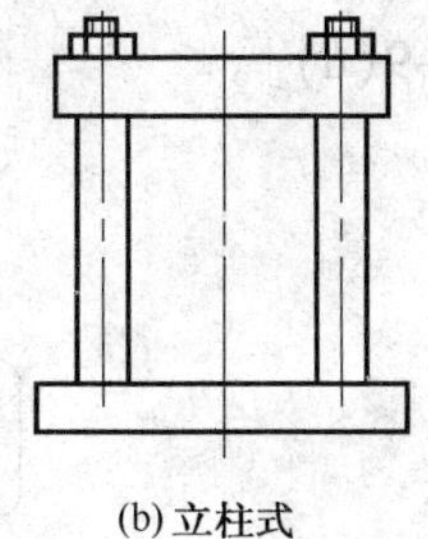
(b) 立柱式

图 7-7　机架的结构

此处省略计算步骤。

通过设计计算,确定了螺杆、螺母、立柱及手柄等主要零件的主要尺寸之后,将计算得出的主要尺寸标注到方案设计简图上,进一步确定其他待定尺寸,如根据安装定位要求,确定立柱的各段轴径;由横梁上立柱螺栓孔的凸台大小和拧紧立柱上连接螺母所需的扳手空间,初步确定两立柱的中心距等。

4. 进一步改进设计,绘制装配草图

装配草图也称设计装配图,它主要是根据方案设计简图及其提供的各主要零件的结构和尺寸,解决零件的结合关系和主要或复杂零件的基本构型。是包括视图和尺寸的过渡性的装配图,是拆画零件图,绘制装配图的依据。通常都是用尺规或计算机按一定比例(最好是1∶1)准确绘制的。对设计装配草图来说,视图和尺寸都宜详不宜简。

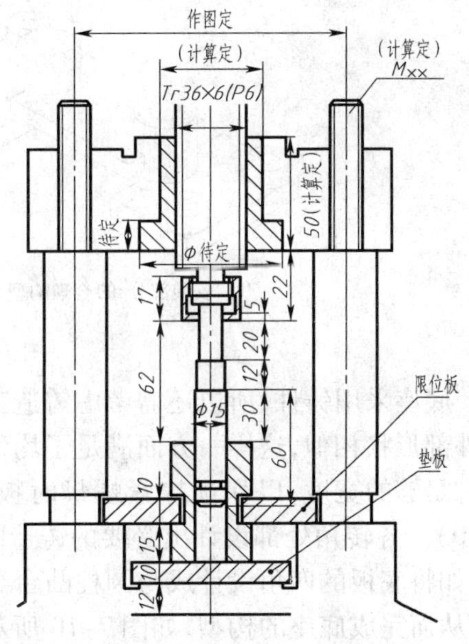

图 7-8　结构简图

本书省略了螺旋压力机的装配草图,因为与图 7-12 所示的装配图基本相同,只是多了底座的仰视图(图 7-10)和标注了更多的尺寸。参阅图 7-12 螺旋压力机,各零件间的结合关系主要有:螺杆螺母与横梁的运动固定关系;螺母与横梁、横梁与立柱、立柱与底座间的配合,定位、固定关系。主要零件的基本构型如螺杆、螺母、横梁、立柱都比较容易,且在方案设计简图中都表达的比较明确,较为复杂和表达较为欠缺的是底座的形状结构。

底座是压力机的主体,它直接或间接支撑着压力机的全部零件,并承受了全部载荷。所以它的强度、刚度和稳定性直接影响了压力机的使用性能。这是在为底座构型时,首先要考虑的问题。

底座顶部要安装和支承限位板、垫板和立柱,因而底座与限位板、垫板相接触的表面应为平面,与立柱的接触表面应为圆柱面,所以这部分合理的几何构型应当是两个空心圆柱中间连接一块平板[图 7-9(a)],这部分即是底座的"工作部分"。

压力机要通过底座及底座螺栓固定在基础(或台案)上,所以底座安装部分的合理形状,应是两块底板配以 4 个螺栓孔[图 7-9(b)]。为了增加稳定性, 4 个螺栓孔在长度和宽度方向上都要保证一定的孔距,为此加宽底板宽度,为了保证底座连接螺母与底座表面有良好的接触,4 个螺栓孔处都凸出一个圆柱形凸台[图 7-9(c)],这部分是底座的"安装部分"。底座的

“连接部分”，在“工作部分”和“安装部分”之间，用斜面连成一体，以确保底座体的良好刚性[图7-9(d)]。

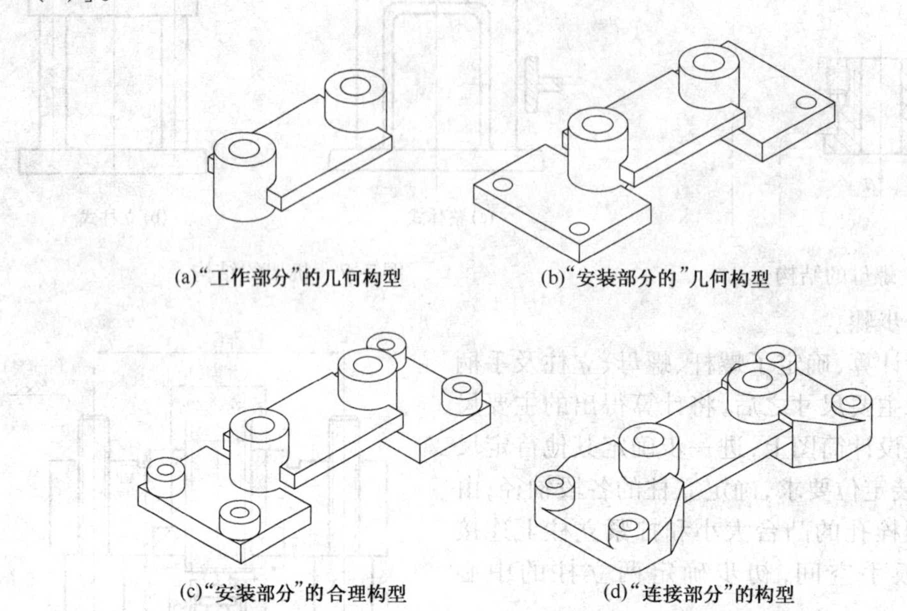

(a)“工作部分”的几何构型　(b)“安装部分的”几何构型

(c)“安装部分”的合理构型　(d)“连接部分”的构型

图7-9　底座的构型过程

底座采用铸件，所以还需考虑铸造工艺的要求。将底座下部设计成中空形式，其内腔与底座外部形状相似，这样一方面满足了均匀壁厚的工艺要求，另一方面又可使安装立柱的圆孔下端有足够的宽度，以保证拧紧螺母时扳手的活动空间。在与垫板的接触面上设计凸台(图7-10)。各转角处都设计出必要的铸造圆角。在此基础上再对底座的整件造型做些外观性修饰，如将底板的四角设计成与圆柱凸台半径相同的圆角，使造型保持均衡、对称、协调、线条流畅，从而完成底座的构型，如图7-10所示。

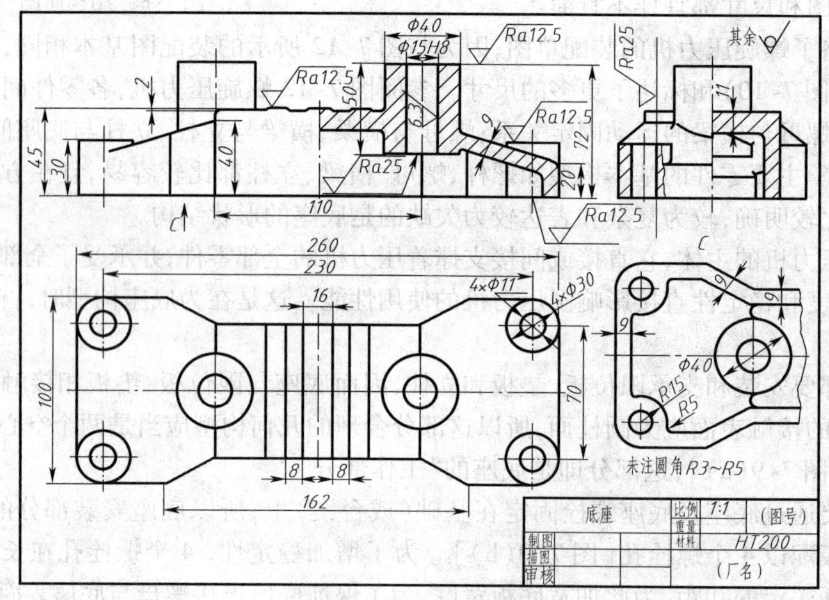

图7-10　底座零件图

5. 根据装配草图拆画零件图

对于螺旋压力机的底座，由于设计装配草图中只有其主、俯两个视图，所以它对底座的内腔并未完全表达清楚，拆画零件图时，需作进一步的完善。底座的 4 个地脚螺栓孔与底座内腔相通，为了增加连接的可靠性，将地脚螺栓孔的凸台向下延伸至底座内腔中；底座与立柱的连接孔下部端面与内腔的斜面相交，为便于加工其端面，将端面处设计为一凸台。底座的零件图采用 4 个视图来表达，即在装配草图主、俯两个视图的基础上，由于零件左右对称，主视图采用半剖视图，增加了左视图（半剖视图加局部剖视图）和局部的仰视图（“C”视图），进一步表达底座的内腔形状。图 7-10 是底座的零件图，其他零件的图略去。

6. 根据装配草图和零件图，绘制装配图

图 7-11 给出了装配图的绘制步骤。图 7-12 是螺旋压力机的装配图。

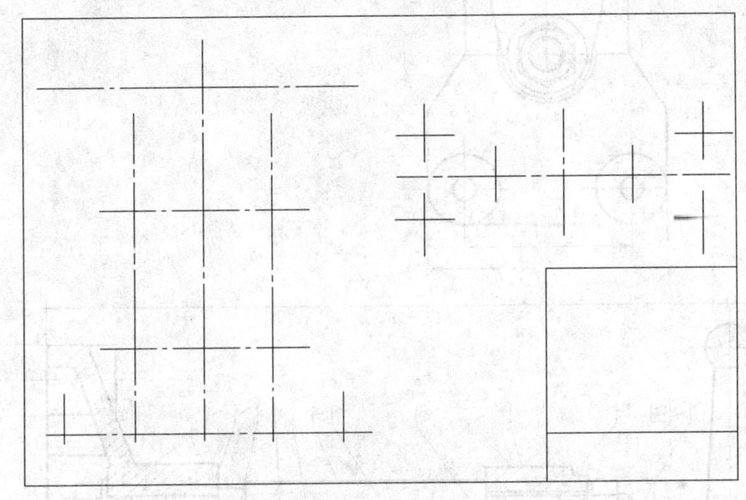

(a) 画基准线、标题栏、明细表外框

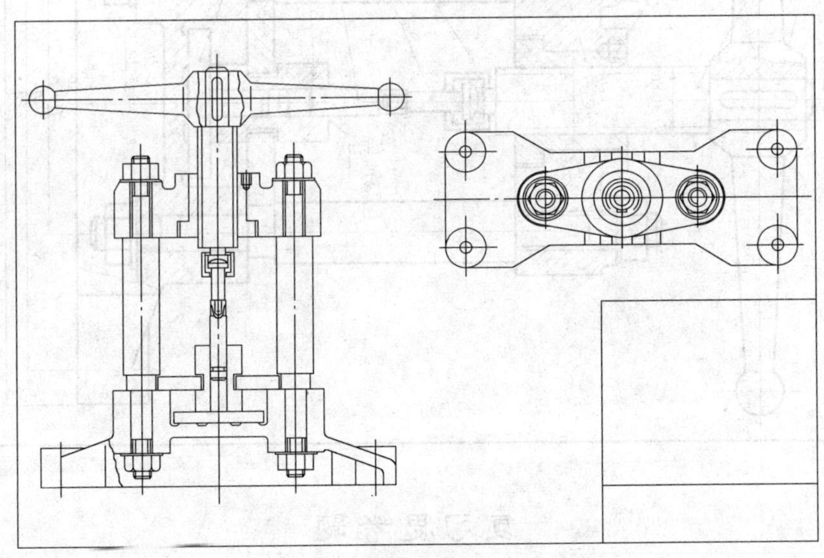

(b) 绘制视图

图 7-11　螺旋压力机装配图画图步骤

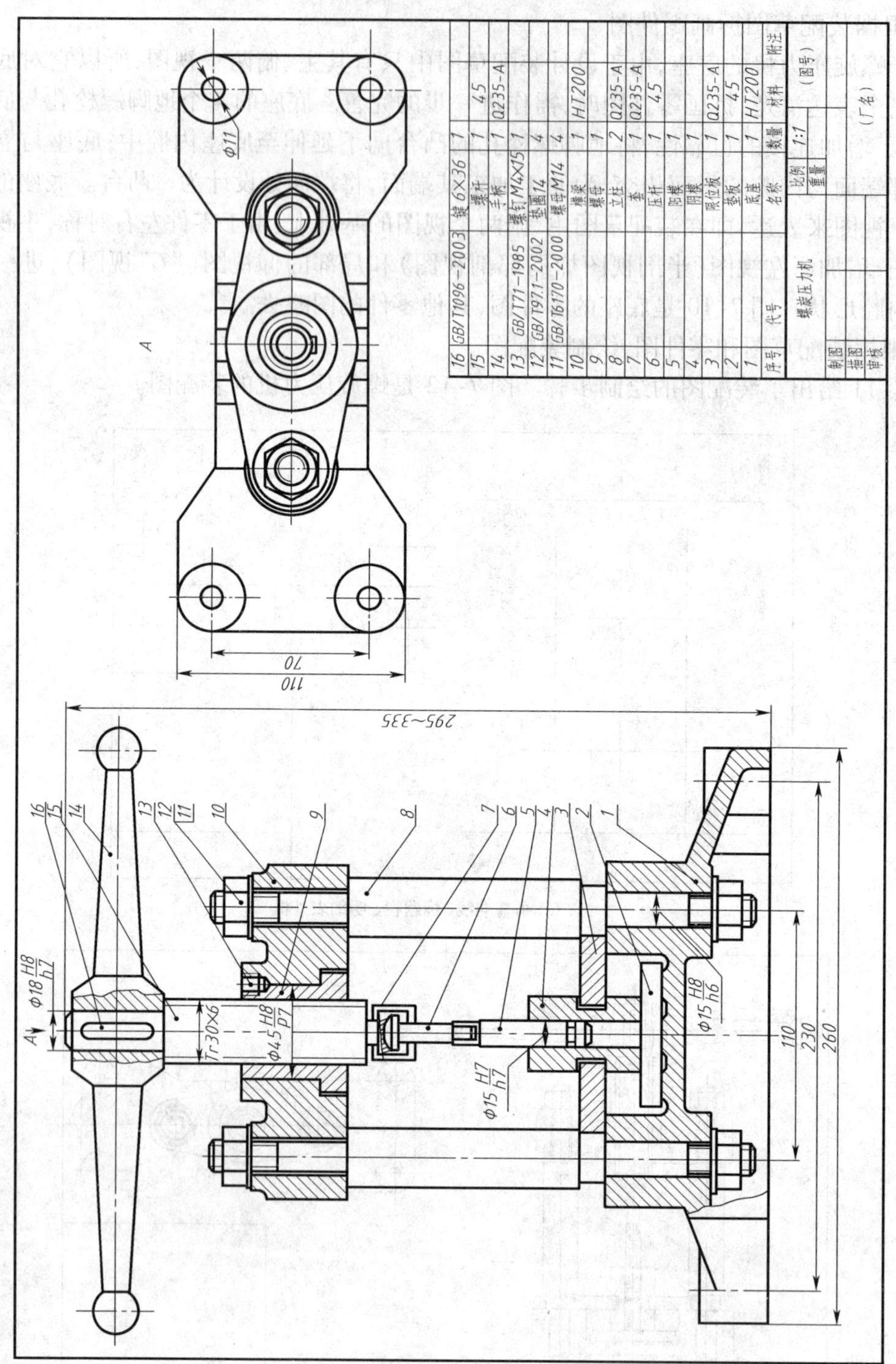

图 7-12　螺旋压力机装配图

复习思考题

1. 简述部件的一般设计过程和方法。
2. 部件设计构思应符合哪些方面的要求？

第八章　展　开　图

在生产和生活中常见到一些由钣金材料制成的零部件或设备,如:铁路罐车的车体、通风管道、化工容器、烟囱、漏斗等等。制造这些产品时,需首先按产品的实际形状和大小画出其表面展开图(称为放样),然后下料、成型,最后用咬缝或焊接连接接口处。把立体的表面按其实际形状摊平在一个平面上,叫做立体表面的展开,展开后的图形称为展开图。图 8-1(a)为一锥管的投影图,图 8-1(b)则表示了锥管的展开及展开图。因此,绘制立体表面的展开图,就是运用图解法或图算结合的方法画出立体表面摊平后的图形。

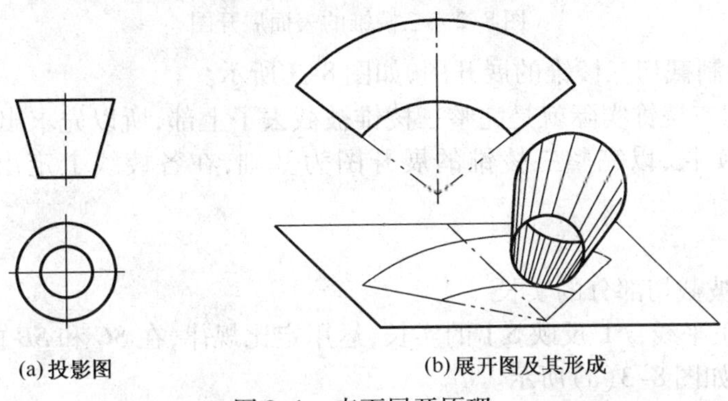

(a)投影图　　(b)展开图及其形成

图 8-1　表面展开原理

立体表面按可展与不可展分为两类,平面立体的表面是由若干平面多边形组成,所以,平面立体的表面都是可展的。曲面立体的表面是否可展,则要根据曲面性质确定。当曲面上相邻两素线可构成一平面时,曲面就是可展的,可展曲面有柱面、锥面和切线曲面;其他曲面为不可展曲面,在生产实际中,常采用近似展开的方法绘制不可展曲面的展开图。

一、平面立体的展开

求出平面立体各表面的实形,并将它们依次画在一个平面上,就得到了平面立体的表面展开图。

【例 8-1】　绘制图 8-2(a)所示三棱锥的展开图。

【分析】　三棱锥的表面由 4 个三角形组成,展开三棱锥的表面就是求出这些三角形平面的实形。按投影图所示的三棱锥的位置,三棱锥的水平投影 abc 反映实形,棱锥的 3 个棱面都是一般位置平面,其各个投影都不反映实形,欲求各棱面的实形须先求出各棱线的实长。

【作图步骤】

(1)求各棱线的实长

SA 棱是正平线,正面投影 $s'a'$ 反映实长,SC、SB 棱的实长用直角三角形法求出,由于棱锥底面为水平面,棱锥的 3 条棱都有相同的 Z 坐标差 ΔZ,故以 s_1s_x(长度等于 ΔZ)为一直角边水平投影 sb,为另一直角边即 s_xb_1,斜边 s_1b_1 即为 SB 棱的实长。同理可求出 SC 棱的实长 s_1c_1,如图 8-2(a)所示。

(2)绘制展开图

求出各棱线的实长后,可从任一棱线开始(例如 SA),按各三角形三边的实长,依次画出各棱面及底面的实形,即得三棱锥的展开图,如图 8-2(b)所示。

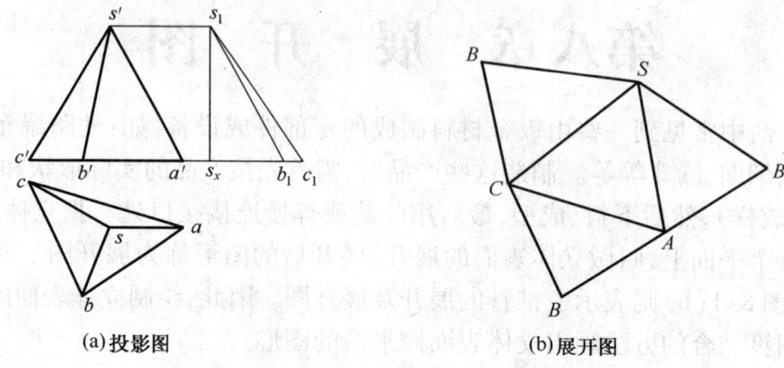

(a)投影图　　(b)展开图

图 8-2　三棱锥的表面展开图

【例 8-2】　绘制截切三棱锥的展开图,如图 8-3 所示。

【分析】　截切三棱锥实际就是完整三棱锥被截去了上部,所以先求出各棱线被截切部分 SⅠ、SⅡ和 SⅢ的实长,以完整三棱锥的展开图为基础,在各棱线上定出Ⅰ、Ⅱ和Ⅲ的位置即可。

【作图步骤】

(1)求各棱线被截切部分的实长

由于 SA 棱为正平线,$s'1'$反映 SⅠ的实长,运用定比规律,在 SC 和 SB 的实长基础上,求出 SⅢ和 SⅡ的实长,如图 8-3(a)所示。

(2)确定棱线上截切点的位置

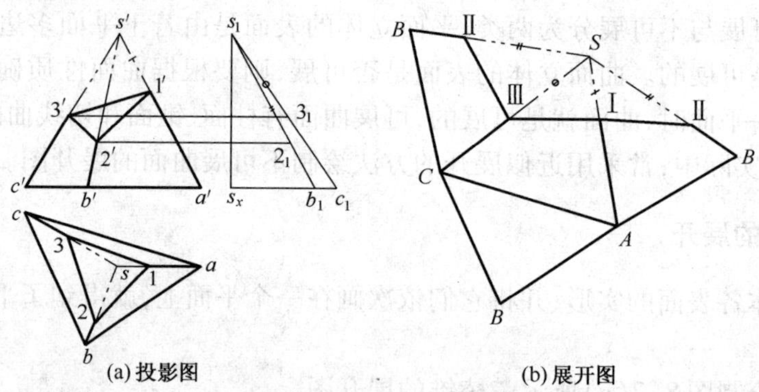

(a)投影图　　(b)展开图

图 8-3　截切三棱锥的展开图

在展开图上按所求 SⅠ、SⅡ和 SⅢ的实长定出Ⅰ、Ⅱ、Ⅲ点的位置,然后连接Ⅰ、Ⅱ、Ⅲ各点,如图 8-3(b)所示。

【例 8-3】　绘制斜三棱柱的表面展开图,如图 8-4 所示。

【分析】　斜三棱柱的上、下两底面均为水平面,其水平投影反映实形。其他三个棱面为平行四边形且投影不反映实形,欲求各四边形(棱面)的实形,需将每个四边形分解成两个三角形,然后再求出这些三角形的实形。

【作图步骤】

(1)作棱面的对角线

在投影图中作对角线 AD(ad, $a'd'$)、CF(cf、$c'f'$)、BE(be, $b'e'$)。

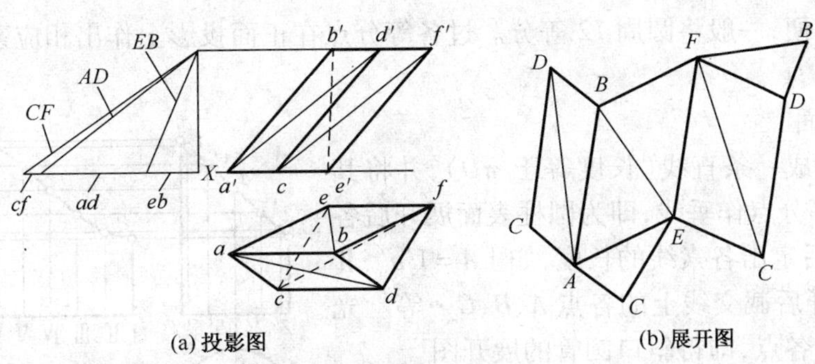

图 8-4 斜三棱柱的展开图

(2) 求三角形各边的实长

本例中只需求出棱面对角线 AD、CF 和 BE 的实长，其余各边的实长在水平投影和正面投影中反映，如 $AB=a'b'$，$AC=ac$。

(3) 画展开图

从任意一条棱（如 DC）开始，按顺序连续地画出所有棱面上的三角形，得到斜三棱柱的展开图。

【讨论】 棱柱体除了两端面是多边形外，各棱面一般都是四边形，而任何四边形都可分解成两个二角形，因此，求四边形的实形，实质是求两个三角形的实形。将平面立体各表面分解为三角形，通过求三角形的实形绘制平面体的表面展开图，称三角形法。它是求作展开图的基本方法，不仅适用于平面体，而且还适用于曲面体。

二、可展曲面的展开

1. 柱面的展开

柱面的展开方法与棱柱相似，因柱面的素线相互平行，棱柱的棱线也相互平行，柱面可看成是棱线无穷多的棱柱，所以棱柱的展开方法可用于柱面的展开。由于柱面的素线展开后仍然相互平行，作展开图时可利用这一特性，故柱面的展开方法称为平行线法。

如图 8-5(c) 所示，正圆柱表面的展开图就是一个矩形，矩形的一个边长为圆柱正截面的周长 πD（D 为圆柱直径），另个一边长为圆柱的高度 H。

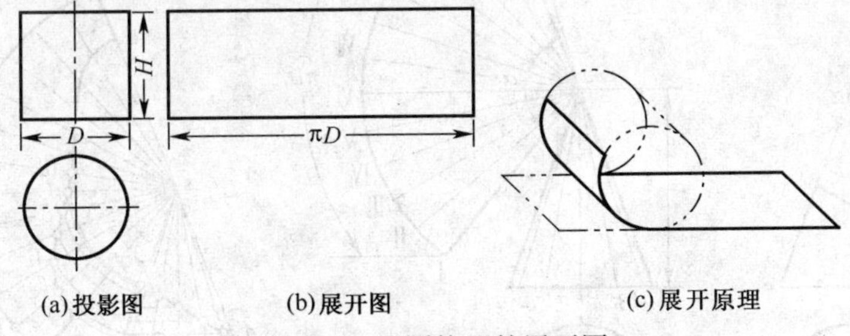

图 8-5 正圆柱面的展开图

【例 8-4】 绘制斜口圆柱管的展开图，如图 8-6 所示。

【分析】 圆管的基本体为正圆柱，斜切后，虽然圆管的上、下两底面不平行，但圆柱表面的所有素线均为铅垂线，在正面投影上反映实长。

【作图步骤】

(1) 在水平投影上等分圆周

为了作图方便，一般将圆周 12 等分。过各等分点在正面投影上作出相应素线的正面投影 $1'a'$、$2'b'$、……、$7'g'$。

(2)展开柱面

将底圆展开成一条直线(长度等于 πD)，并将其 12 等分。过各等分点作垂线，即为圆柱表面展开后各素线的位置，然后定出各素线的长度，如 Ⅰ$A=1'a'$、Ⅱ$B=2'b'$…得展开后截交线上的各点 A、B、C…等。光滑连接 A、B、C…各点，即得斜口圆管的展开图。

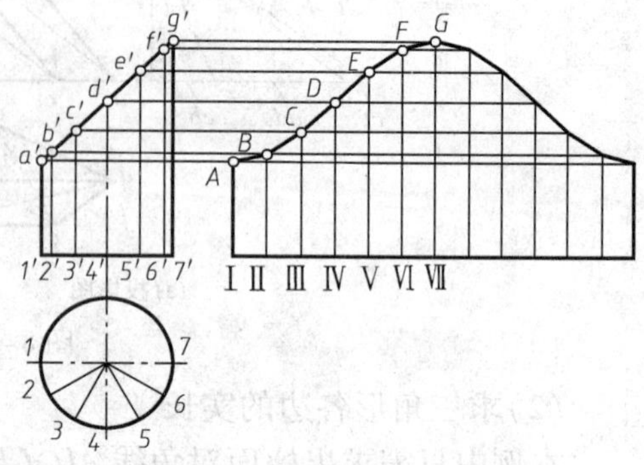

图 8-6　斜口圆管的展开图

2. 锥面的展开

锥面的素线均相交于锥顶，因此，锥面的展开方法与棱锥相同。即自锥顶引素线，将锥面分成若干小三角形平面，将锥面看成是棱线无穷多的棱锥，求出各个小三角形的实形。

【例 8-5】　绘制斜口正圆锥管的展开图，如图 8-7(a)。

【分析】　先绘制完整的正圆锥表面的展开图，然后求出斜口(截交线)上各点至锥顶的素线长度。正圆锥表面的展开图是一个以圆锥母线长为半径的扇形，扇形的弧长等于圆锥底圆的周长。

【作图步骤】

(1)在投影图上进行等分

在水平投影上，将圆锥底圆 12 等分，并求出其正面投影 $1'$、$2'$、…，将各点与锥顶 $5'$ 连接，即为锥面素线的正面投影，如图 8-7(b)所示。

(2)展开圆锥面

以圆锥母线实长为半径作圆弧，并在此圆弧上截取弦长 Ⅰ-Ⅱ 等于圆锥底圆的弦长 1-2(共作出 12 等份)，即得完整正圆锥展开图，如图 8-7(b)所示。

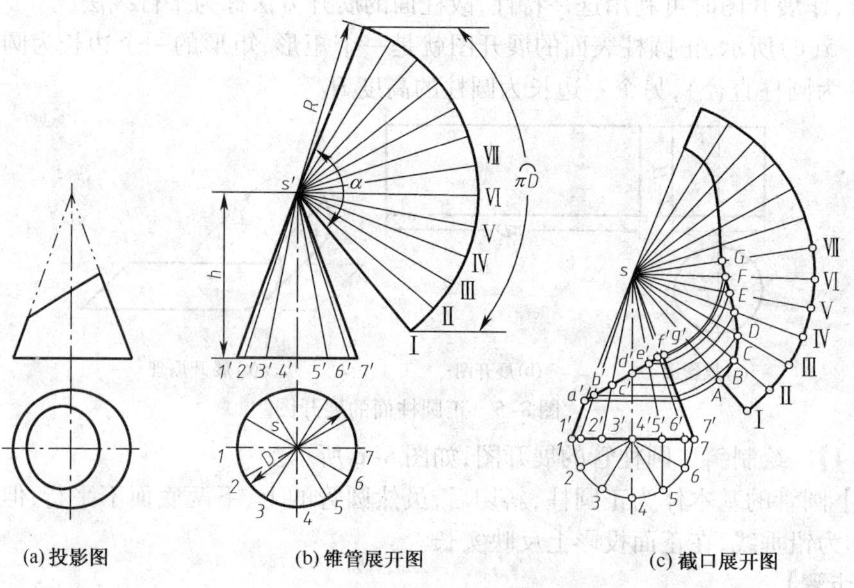

图 8-7　斜口正圆锥管的展开图

(3)用旋转法求斜口上各点至锥顶的素线实长

即过 b'、c'、…、f'作与 X 轴平行的直线并与 $s'7'$线相交，所得交点至 s'的距离就是斜口上各点至锥顶的素线实长，如图 8-7(c)所示。

(4)展开切口

分别将各素线实长量到展开图上相应的素线上，光滑连接各点即得斜口正圆锥管的展开图，如图 8-7(c)所示。

【讨论】 用图算结合的方法可得到更为精确的正圆锥展开图。即用计算法精确地算出展开图扇形的圆心角大小，计算公式为：$\alpha = r/l \cdot 360$（其中：α 为圆心角，单位为度 r 为圆锥底圆半径，l 为圆锥母线实长）。然后用作图法定出扇形的圆心角。

【例 8-6】 绘制截头斜椭圆锥管的展开图，如图 8-8 所示。

【分析】 先按完整的斜椭圆锥面展开，然后去掉截头部分，可得截头斜椭圆锥管的展开图。但是斜椭圆锥由于其锥面上各素线长度不等，所以，斜椭圆锥面的展开图不是扇形，需按内接多棱锥近似展开。

【作图步骤】

(1) 将斜椭圆锥底圆 12 等分，并过各等分点引素线，使整个锥面划分成 12 个小三角形平面(图中只画出一半)。

(2) 用直角三角形法求各素线的实长(其中 $s'0'$和 $s'6'$反映实长)。

(3)以相邻两素线和底圆上相应两等分点间的弦长为三角形的三条边，连续画出各小三角形的实形。

(4)光滑连接 0、Ⅰ、Ⅱ…各点，得到未截切的完整斜椭圆锥面的展开图。

(5)用定比规律求出各素线被截切后的实长，并在未截切的斜椭圆锥展开图相应的素线上量取，将所得各点光滑连接成曲线。

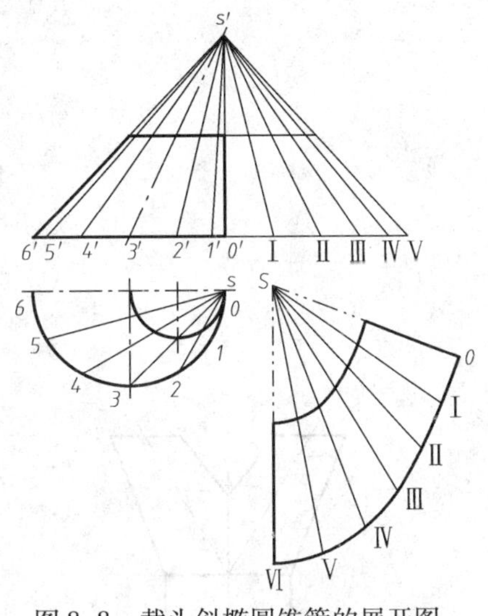

图 8-8　截头斜椭圆锥管的展开图

3. 相贯体的展开

在管道连接及化工设备中，常见两个以上曲面体相交的薄壁构件。这类构件的展开，首先要在投影图上准确地求出两立体的相贯线。

【例 8-7】 求异径三通管的展开图，如图 8-9 所示。

【分析】 首先在投影图上求出异径三通管的相贯线，依据相贯线界定两曲面，然后在展开图相应素线上确定相贯线上各点的位置。

【作图步骤】

(1)展开小圆管

小圆管的展开图画法与例 8-4 所述斜口圆柱管相同。

(2)展开大圆管

先绘制完整的大圆管展开图——矩形。在矩形 πD_2 边长上截取点 A、B、C、D，使 AB、BC、CD 等于弦长 1″2″、2″3″、3″4″，过 A、B、C、D 各点作大圆管表面的素线，然后由正面投影 1′、2′、3′、4′各点引线与展开图上相应的素线相交，得Ⅰ、Ⅱ、Ⅲ、Ⅳ各点，同样可求出对称部分的其他各点，光滑连接各点得大圆管的展开图。

【例 8-8】 绘制锥管三通的展开图，如图 8-10 所示。

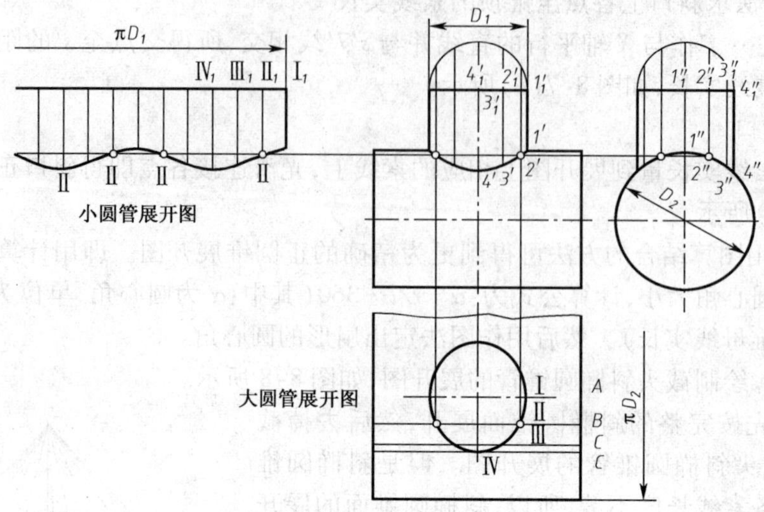

图 8-9　异径三通管的展开

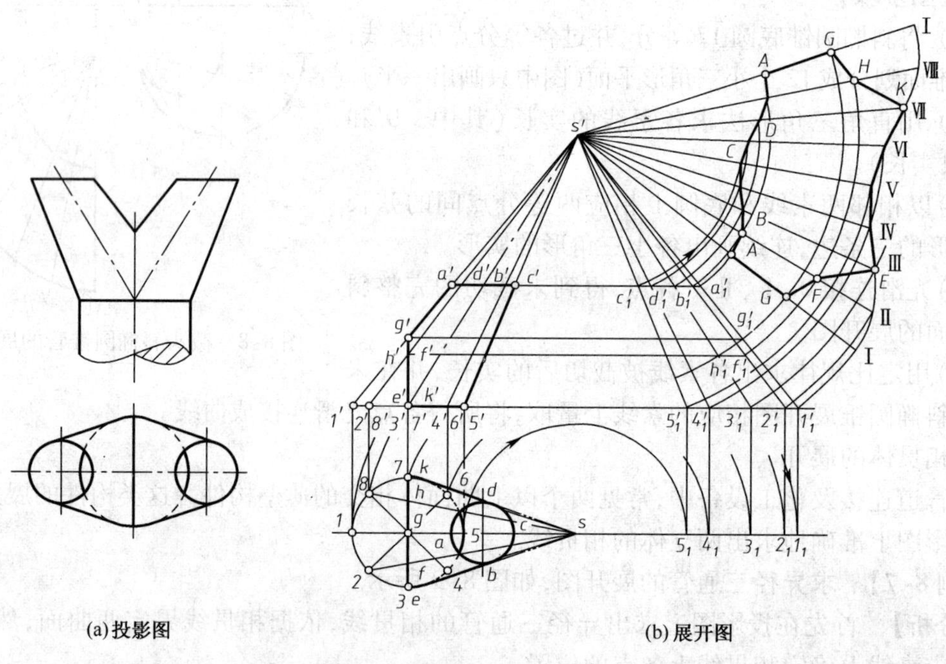

图 8-10　锥管三通的展开图

【分析】　锥管三通由两个对称的斜椭圆锥管及一个圆管组成，圆管的展开图同前（本例略），两斜椭圆锥管的位置完全对称，所以，只需画出其中一个展开图即可。

【作图步骤】

(1)首先绘制完整斜椭圆锥的展开图

将锥面的底圆 8 等分，并过各等分点向锥顶引素线，将整个锥面划分成 8 个小三角形平面。

(2)用直角三角形法求各素线的实长，作出 8 个小三角形平面的实形 S Ⅰ Ⅱ、S Ⅱ Ⅲ…，得完整斜椭圆锥的展开图。

(3)利用定比规律求出锥顶至交线上各点素线的实长。

在展开图相应素线上确定两交线上各点 A、B、C、D 及 G、F、E、K 的位置,并光滑连接各点得展开图。

4. 变形接头的展开

如图 8-11(a)所示变形接头,上端是圆形用于连接圆管,下端是方形(也可以是矩形)用于连接方形管。由圆到方表面要有相应的过度。绘制变形接头的展开图,首先要分析其表面构成。

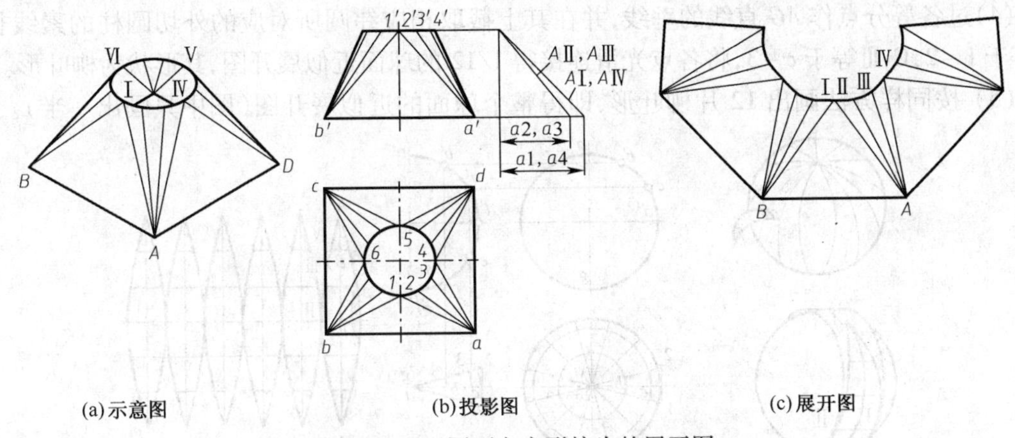

(a)示意图　(b)投影图　(c)展开图

图 8-11　上圆下方变形接头的展开图

【例 8-9】　绘制上圆下方变形接头的展开图,如图 8-11 所示。

【分析】　若在变形接头的顶圆上取Ⅰ、Ⅳ、Ⅴ、Ⅵ四点,把顶圆等分为四段圆弧,每段圆弧与下端方形的顶点 A、B、C、D 组成一个锥面,而下端方形的四条边分别与顶圆的 4 个等分点组成一个三角形平面。故该变形接头由 4 个等腰三角形和四部分锥面组成。为保证整个表面光滑连接,顶圆上的 4 个等分点应取平行于方形各边的直线与顶圆相切的切点。

【作图步骤】

(1)将圆弧 $\overset{\frown}{ⅠⅣ}$3 等分,将各等分点Ⅰ、Ⅱ、Ⅲ、Ⅳ与方形顶点 A 相连,把锥面划分为 3 个小三角形平面。

(2)用直角三角形法求锥面各素线的实长,作出锥面 AⅠⅣ、等腰三角形 AⅠB 的展开图。用相同的方法作出其余的锥面和等腰三角形的实形,其中一个等腰三角形需分成首尾两块直角三角形。

三、不可展曲面的近似展开

环面、球面等曲面由于其相邻两素线为交叉两直线或曲线,而不能构成一个平面,故为不可展曲面。当需要展开时,只能近似展开。近似展开的方法有两种:一种是将不可展曲面分成若干曲面三角形,将这些曲面三角形看作是平面三角形来展开,称为三角形法;另一种是将曲面分为若干部分,每一部分按某种可展曲面(常用柱面和锥面)来展开,称为近似柱(锥)面法。

1. 球面的近似展开

球面一般是按柱面近似展开,也可按锥面或锥面、柱面结合的方法近似展开。

【例 8-10】　绘制球面的展开图,如图 8-12 所示。

【分析】　若用一系列过球心的铅垂面将球切为若干等分,每一等分可近似地看成一段外切于球的正圆柱面,如图 8-12(a)所示。由于是等分截切,所以每一段的展开图相同。

【作图步骤】

(1)在正面投影上,将球的正面投影轮廓线分为 6 等分得 A、B、…、G 各点,并过各等分点作出纬圆的投影。

(2)在水平投影上,将球的水平投影轮廓线 12 等分,自各等分点向圆心连线,并做出某一等分球面的外切柱面的水平投影,如 $1a2$。

(3)将 AG 弧展开为直线段 AG,并在直线上量取等分点间的弦长(如 $a'b'=AB$)。

(4)过各等分点作 AG 直线的垂线,并在其上截取相应纬圆所对应的外切圆柱的素线长,如Ⅰ-Ⅱ等于 $1-2$,C-Ⅲ等于 $c-3$,将各点光滑连接得 1/12 的球面近似展开图,其形状为柳叶形。

(5) 按同样方法画出 12 片柳叶形,即得整个球面的近似展开图(图中只画出一半)。

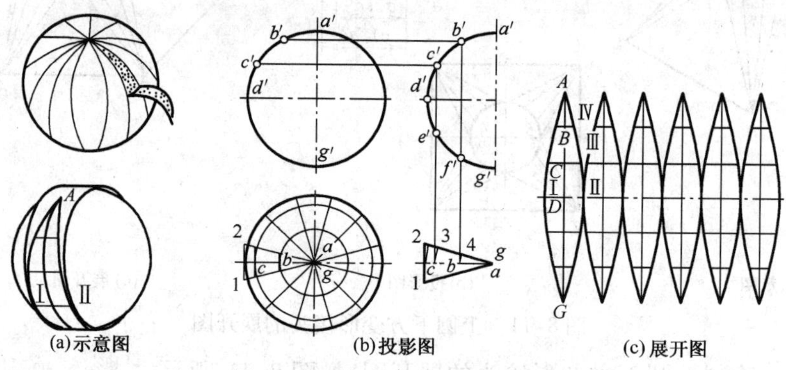

图 8-12　柱面法近似展开球面

按锥面或柱面与锥面结合的方法也可近似地展开球面(图 8-13)。用水平面作截平面,把球分成若干部分(本例为 7 部分)。将球体的中间一部分 Ⅰ 按柱面展开,将 Ⅱ、Ⅲ、Ⅴ、Ⅳ 四部分按截头圆锥面展开,将Ⅳ、Ⅶ两部分按锥面展开,各部分锥的锥顶如图 8-13(a),图 8-13(c)为其展开图。

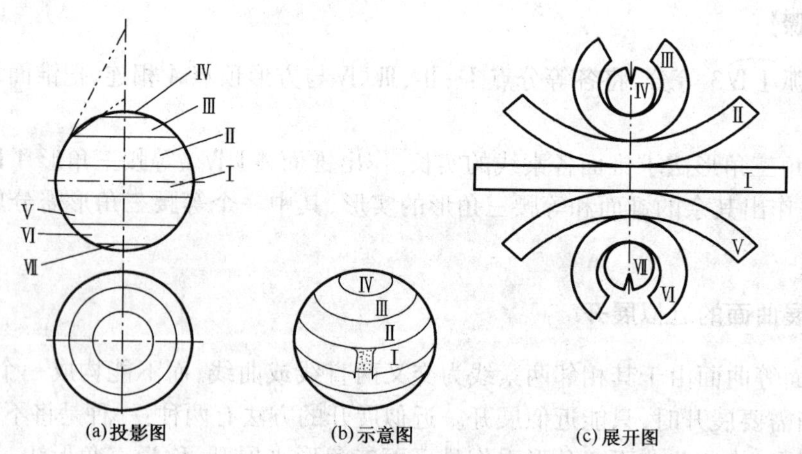

图 8-13　柱锥结合法近似展开球面

2. 圆环面的近似展开

圆环面为不可展曲面,它的近似展开是将圆环分成若干段,每一段近似地用圆柱面代替。为了简化作图,一般将圆环等分,使每段的展开图相同。

【例 8-11】　绘制等径直角弯头的展开图,如图 8-14 所示。

【分析】　等径直角弯头在工程中用来连接两垂直相交的圆管。将其等分后,每一段都可近似地看成斜口圆柱管。

【作图步骤】

(1)将1/4圆环4等分,除两端为一端倾斜的圆管(称半节)外,中间的三段均为两端倾斜的圆管(称一节)。斜口圆柱管的展开参考例8-4。

(2)在实际应用中,为使接口准确、节省材料,一般将弯管的各节排列成一个圆柱管,如图10-15(a);然后按圆柱面展开。但是需按图中所示角度 α 划分圆柱管,α 角的大小可按下列公式计算:

$$\alpha=\theta/(2N-2)$$

式中,N 为圆环的等分段数,θ 为圆环所对应的圆心角,本例为90°。

结果如图8-15(b)所示。

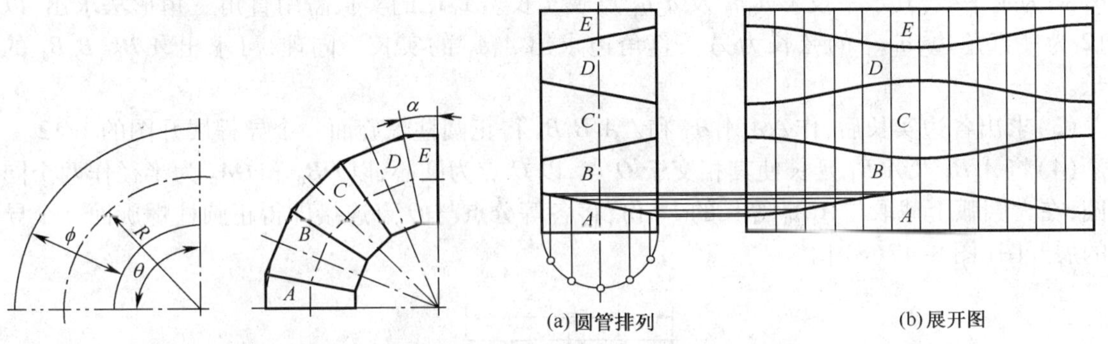

(a)圆管排列　(b)展开图

图8-14　等径直角弯头　　图8-15　等径直角弯头的展开图

【例8-12】　绘制异径直角弯头的展开图,如图8-16所示。

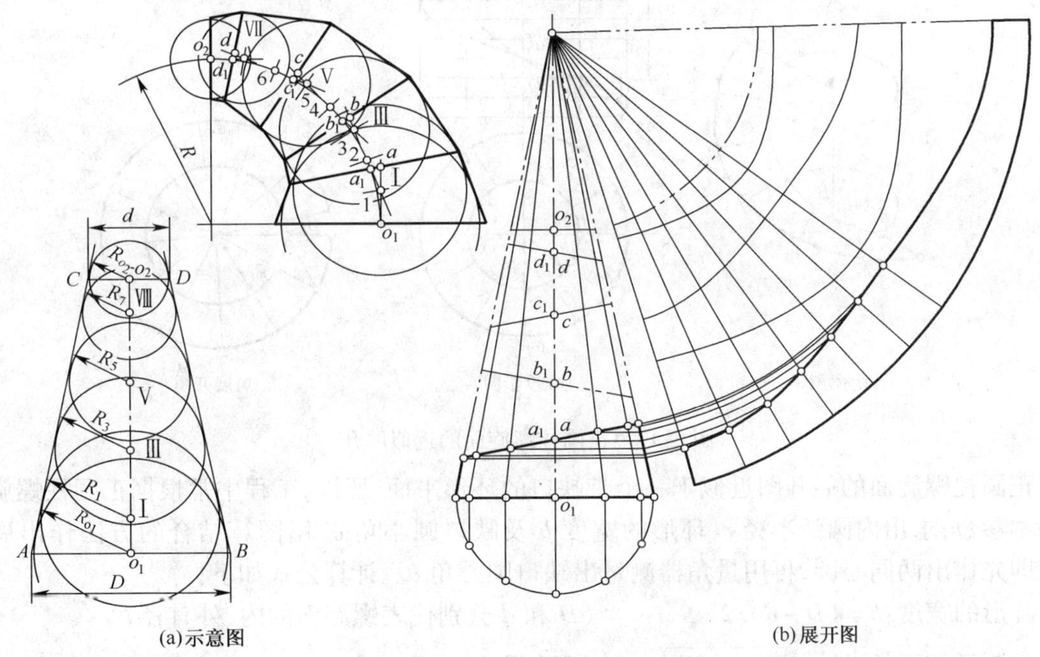

(a)示意图　(b)展开图

图8-16　异径直角弯头的展开图

【分析】　异径直角弯头的两出口直径不相等,参考例8-5,该弯头可看成是由若干斜口圆锥管组成,与圆环的近似展开类似,结果如图8-16(b)所示。

3. 正圆柱螺旋面的近似展开

正圆柱螺旋面在工程上应用广泛，常作为输送推进器的主要组成部分，俗称“绞龙”。

【例 8-13】 绘制正圆柱螺旋面的展开图，如图 8-17 所示。

【分析】 将正圆柱螺旋面近似地分解成若干个小三角形平面，求出各小三角形平面的实形，依次排列即得到正圆柱螺旋面的展开图。

【作图步骤】

(1) 将一个导程内的螺旋面分为 12 等分，然后再将每等分分解成两个小三角形，如 $A_0A_1B_1B_0$ 分解为 $\triangle A_0A_1B_0$ 和 $\triangle A_1B_1B_0$。

(2) 分别求出三角形各边的实长和三角形的实形。根据正圆柱螺旋面的性质，A_0B_0 及 A_1B_1 均为水平线，其水平投影 a_0b_0 及 a_1b_1 反映实长。A_0A_1 的实长需用直角三角形法求出，以 $S/12$ 为一直角边，a_0a_1 的弦长为另一直角边求出 A_0A_1 的实长。同理，可求出 A_1B_0、B_0B_1 的实长。

(3) 求出各边实长后，作 $\triangle A_0A_1B_0$ 和 $\triangle A_1B_1B_0$ 得正圆柱螺旋面一个导程展开图的 1/12。

(4) 将 A_0B_0 及 A_1B_1 延长使其相交于 O 点，以 O 点为圆心，以 OB_0 和 OA_0 为半径作两个同心圆，在大圆弧上截取与 A_1A_0 等长的 11 份，将各等分点与 O 点连接即得正圆柱螺旋面一个导程的展开图[图 8-17(c)]。

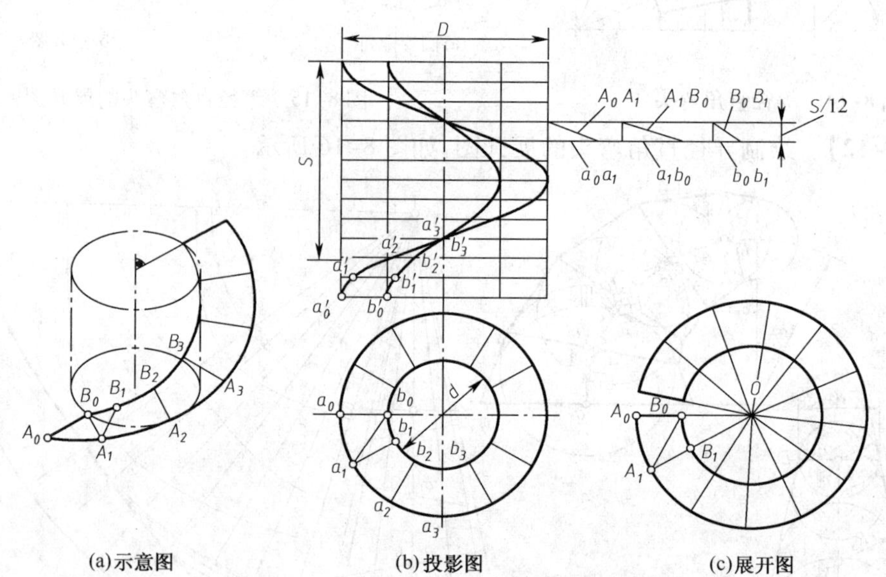

图 8-17　正圆柱螺旋面的近似展开

正圆柱螺旋面的展开图近似于一个带缺口的环形平面，所以，工程中常根据正圆柱螺旋面的基本参数，求出内圆弧半径 r、环形的宽度 b 及缺口圆心角 θ，用图算结合的方法作出展开图。即先作出两同心圆，再用量角器测量出缺口圆心角 θ。计算公式如下：

环形的宽度：$b=(D-d)/2$　　　（D 和 d 分别代表螺旋面的内、外直径）

内圆弧的弧长：$l=\sqrt{S^2+(\pi d)^2}$　　　（S 为导程）

外圆弧的弧长：$L=\sqrt{S^2+(\pi D)^2}$

内圆弧半径：$r=bl/(L-l)$

缺口圆心角：$\theta=(2\pi R-L)/\pi R\cdot 180°$

4. 等径直角换向接头的近似展开

【例 8-14】　绘制等径直角换向接头的展开图,如图 8-18 所示。

【分析】　等径直角换向接头的曲面为柱状面,即它是由正平线 AI 为直母线, 以两端直径相同但不同面的圆(本例中一个为平行于侧面的圆,另一个为平行于水平面的圆)为导线而形成的。由于柱状面的相邻两素线是空间的交叉直线,所以,柱状面为不可展曲面。近似展开的方法是:将相邻两素线间的曲面近似地看成是一个平行四边形,而平行四边形又可分解为两个三角形。

【作图步骤】

(1)分别将两个导线圆 12 等分,并将它们的对应点连接起来,如 A Ⅰ、B Ⅱ等。因图形对称只做一半。

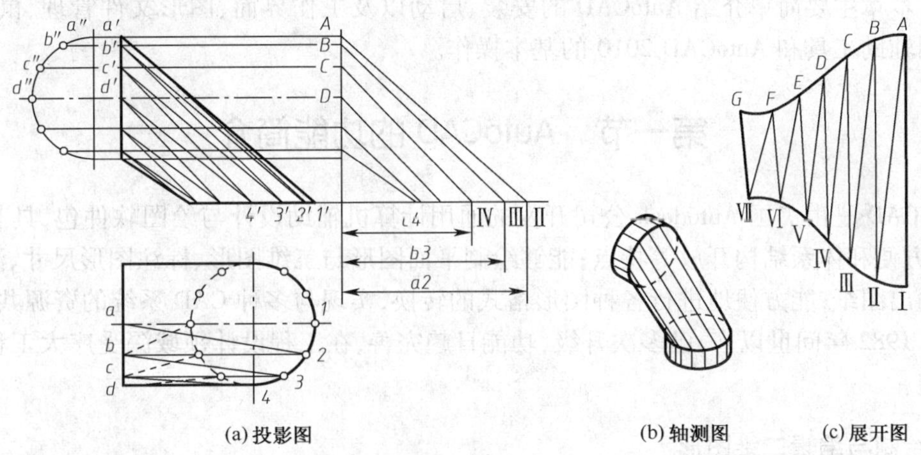

图 8-18　等径直角换向接头展开图

(2)将两素线间的四边形(如 AB Ⅱ Ⅰ)划分成两三角形 AB Ⅱ和 A Ⅱ Ⅰ,然后求实形。

(3)依次求出各等分(相邻两素线的四边形)的实形,即得其展开图[图 8-18(c)]。

复习思考题

1. 怎样做平面体的表面展开图?
2. 如何区分可展曲面与不可展曲面?
3. 可展曲面是怎么样展开的?
4. 不可展曲面是如何近似展开的?

第二篇 计算机绘图

第九章 AutoCAD 2010 基础操作

目前,随着计算机技术与 CAD(计算机辅助设计)技术的发展,工程设计人员已普遍使用计算机软件来绘制技术图样和各种图形。在计算机绘图领域,AutoCAD 是使用最为广泛的绘图软件。本章主要简单介绍 AutoCAD 的安装、启动以及工作界面、图形文件管理、鼠标使用、精确绘图辅助工具和 AutoCAD 2010 的基本操作。

第一节 AutoCAD 的功能简介

AutoCAD 是由美国 Autodesk 公司开发的通用计算机辅助设计与绘图软件包,具有易于掌握、操作方便和体系结构开放等特点;能够绘制平面图形与三维图形、标注图形尺寸、渲染图形及打印输出图纸;能方便地进行各种图形格式的转换,实现与多种 CAD 系统的资源共享。AutoCAD 自 1982 年问世以来,已多次升级,功能日趋完善,在工程设计领域深受广大工程技术人员的欢迎。

一、绘制与编辑二维图形

AutoCAD 提供了一系列图形绘制和编辑命令,可绘制直线、构造线、多段线、圆、圆弧、圆环、椭圆、样条曲线、矩形、正多边形以及为封闭的区域填充图案等。可以通过删除、移动、旋转、复制、缩放、偏移、镜像、阵列、拉伸、修剪、对齐、打断、合并、倒角和圆角等图形命令,编辑二维图形。结合绘图命令和编辑命令,可以快速准确地绘制出复杂的二维图形。

二、创建表格

AutoCAD 2010 可以创建表格。还提供了表格样式的设置,以便于相同格式的绘制。在表格中和可以使用简单的公式,便于计算总数、均值等。

三、标注尺寸及技术要求

尺寸标注就是在工程图样中为图形添加必要的测量和注释信息,是工程图样中必不可少的重要内容之一。AutoCAD 2010 提供的尺寸标注功能可以为图形建立完整的各种类型的尺寸标注,并可注释相关的技术要求,使绘制出的工程图样能满足相关行业的国家标准规定和绘图习惯。

四、三维绘图与编辑

AutoCAD 2010 可以创建各种形式的基本曲面模型和实体模型。可以创建平面曲面、三维面、旋转曲面、平移曲面、直纹曲面和复杂网格面等;可以创建长方体、球体、圆柱体、圆锥体、楔体、圆环体等基本立体;还可以将已绘制完成的二维图形,通过拉伸、旋转、设置标高和厚度等方式,将其转换为三维实体模型。

五、三维模型渲染

在 AutoCAD 中,可以将构建的三维实体模型,通过添加材质、贴图、灯光以及使用各种场景效果,渲染为具有真实感的图像。若因时间、设备的原因或只需察看设计效果而不必精细渲染时,则可采用消隐、着色等手段对三维实体模型进行简单地真实感处理。

六、实用绘图工具

可以通过设置绘图图层、线型、线宽和颜色以及设置各种绘图辅助工具,提高绘图的效率和准确性。利用查询功能,能够方便地查询距离、角度和面积等。

第二节 AutoCAD 2010 的安装与启动

一、安装 AutoCAD 2010

在 AutoCAD 2010 软件包安装程序中存在名为 SETUP. EXE 的安装文件,执行 SETUP. EXE 文件启动 AutoCAD 2010 的安装程序,弹出如图 9-1 所示的安装向导初始界面。

图 9-1 AutoCAD 2010 安装界面

从中选择"中文(简体)(Chinese)"和"安装产品"选项,用户即可根据依次显示的各安装页面中的提示进行安装操作。

二、启动 AutoCAD 2010

安装成功后,系统会在 Windows 桌面上生成 AutoCAD 2010 的快捷方式图标。与所有的 Windows 应用程序一样,双击该快捷图标或通过 Windows 资源管理器、任务栏中的开始按钮等均可启动 AutoCAD 2010。

第三节 AutoCAD 2010 经典工作界面

AutoCAD 2010 中文版提供了"二维草图与注释"、"三维建模"、"AutoCAD 经典"三种工作界面。如图 9-2 所示为 AutoCAD 2010 的经典界面，它由标题栏、菜单栏、工具栏、绘图窗口、坐标系图标、命令窗口和状态栏等组成。

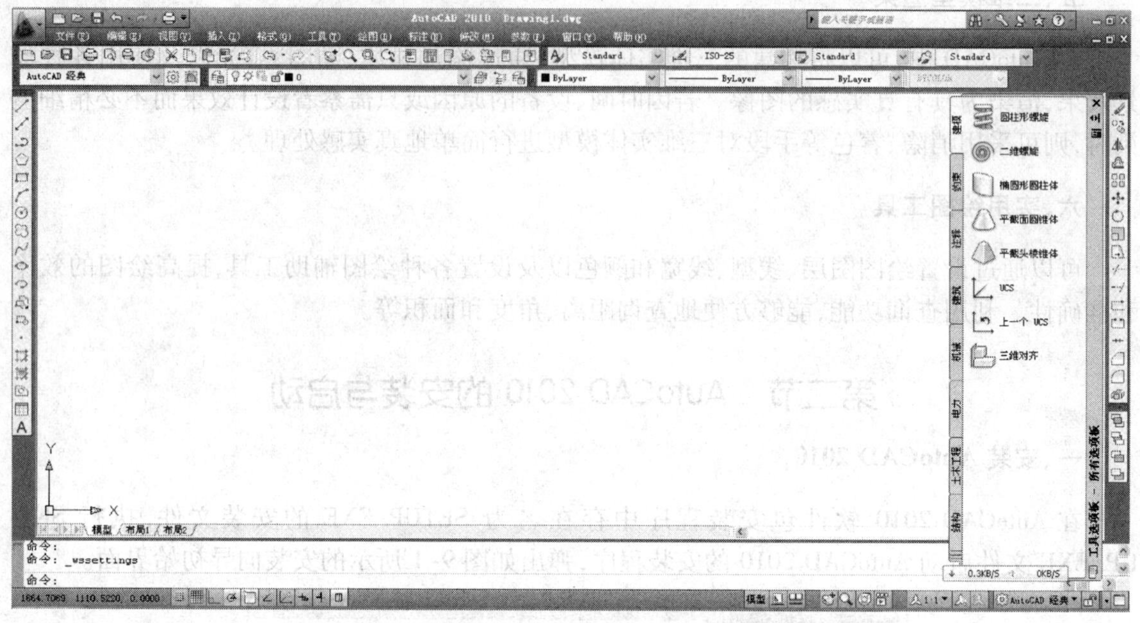

图 9-2　AutoCAD 经典界面

下面简要介绍经典工作界面中主要组成部分的功能。

1. 标题栏

标题栏位于工作界面窗口的顶部，显示 AutoCAD 2010 的程序图标和当前操作图形文件的名称。标题栏由菜单浏览器按钮、快速访问工具栏和信息中心工具栏组成，如图 9-3 所示。

图 9-3　标题栏

(1)菜单浏览器

AutoCAD 2010 对“菜单浏览器”按钮做了简化，单击按钮，弹出 AutoCAD 的文件操作菜单，如图 9-4 所示。

(2)快速访问工具栏

快速访问工具栏(图 9-5)，默认状态下包含了“新建、打开、保存、放弃、重做和打印”等命令按钮。AutoCAD 允许用户向快速访问工具栏中添加、删除和重新定位命令。

2. 菜单栏

菜单栏中包含了 AutoCAD 2010 的主菜单。利用这些菜单可以执行 AutoCAD 中的大部分命令。选择菜单栏中的某一选项，会弹出相应的下拉菜单(图 9-6 所示)。

AutoCAD 2010 的下拉菜单有以下 3 个特点：

①右侧有▶符号的菜单项，表示该菜单具有子菜单。

②右侧有…符号的菜单项，表示点击该菜单项后会打开一个对话框。

③右侧没有内容的菜单项，点击该菜单项则直接执行相应的 AutoCAD 命令。

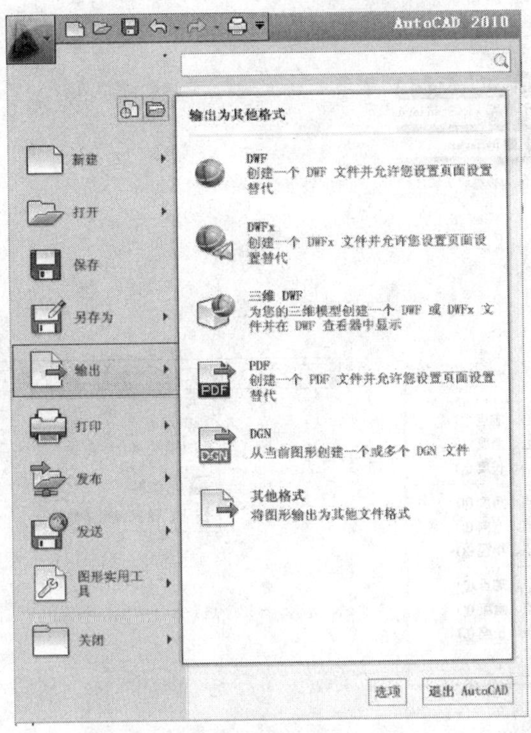

图 9-4　“菜单浏览器”按钮菜单

3. 工具栏

AutoCAD 2010 有 40 多个工具栏,每个工具栏均包含一组命令对应的按钮。单击其中某个按钮,将执行 AutoCAD 的相应命令。

图 9-5　“快速访问”工具栏

将光标移至工具栏命令按钮并稍作停留,AutoCAD 会弹出文字提示标签,以说明该按钮的功能以及相应的绘图命令。如图 9-7 所示为绘图工具栏以及绘制正多边形按钮对应的文字提示。在显示文字提示后再稍作停留,在显示出扩展工具提示,如图 9-8 所示。

任意工具栏都可以根据需要打开或关闭。具体操作为:在已打开的工具栏上右击,AutoCAD 弹出列有工具栏目录的快捷菜单,如图 9-9 所示为其一部分。通过选择该快捷菜单中的项目,可以打开相应的工具栏。

4. 绘图窗口

AutoCAD 应用程序窗口中最大的空白区域即绘图窗口,类似于手工绘图时所用的图纸。在使用 AutoCAD 绘制图形时,所有的绘图结果均反映在该窗口中。

5. 命令窗口

默认状态下,命令窗口位于绘图窗口的下方,由历史命令窗口和命令行组成,用于显示用户输入的绘图命令和相关的提示信息。AutoCAD 的绘图过程为交互式操作过程,即在执行某一命令后,系统会在命令行中给出相关的提示信息,用户需要根据提示信息输入相应的数据或执行相应的操作。

在使用 AutoCAD 绘制图形时,系统会将用户的所有操作记录并存放于历史命令窗口。单击历史命令窗口右侧的滚动条,可以查看用户绘制图形时已执行的所有操作,键盘上的【F2】键可控制历史命令窗口的打开或关闭。

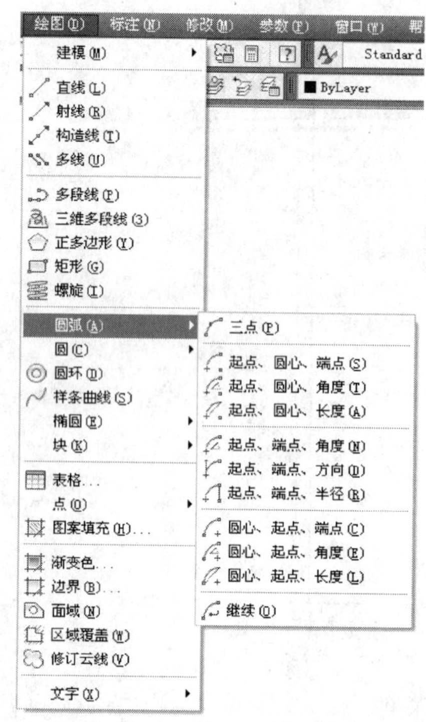

图 9-6　“绘图”下拉菜单

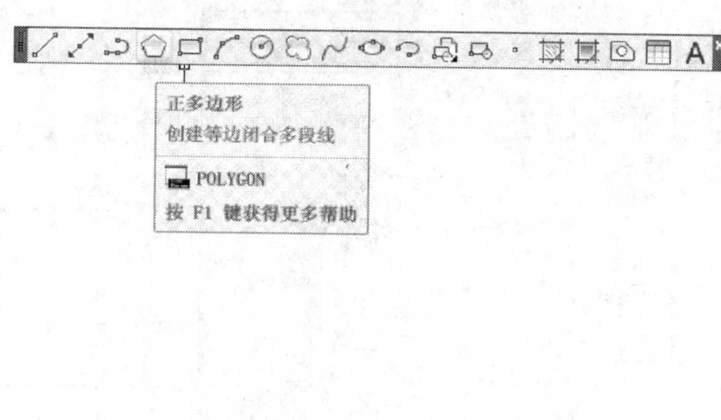

图 9-7　“绘图”工具栏以及“正多边形”文字提示

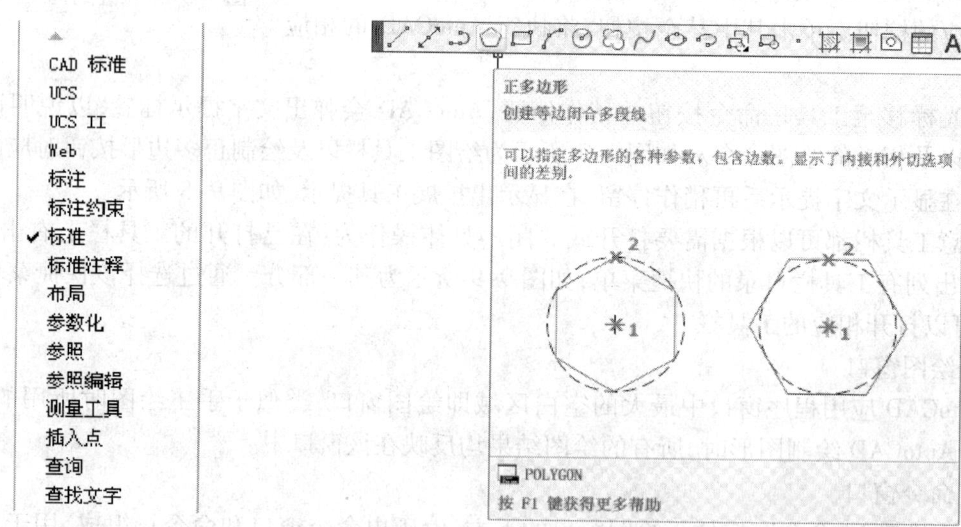

图 9-9　工具栏快捷菜单

图 9-8　“绘图”工具栏“正多边形”按钮扩展提示

6. 状态栏

状态栏位于绘图窗口的最底部，用于显示或设置当前绘图状态，如光标的当前坐标、绘图工具、导航工具以及快速察看和注释缩放工具等，如图 9-10 所示。单击某一工具按钮可实现其对应功能的 ON 或 OFF 切换，按钮显蓝色时功能启用，按钮显灰色时功能关闭。状态栏上按钮的功能将在以后的相应章节中介绍。

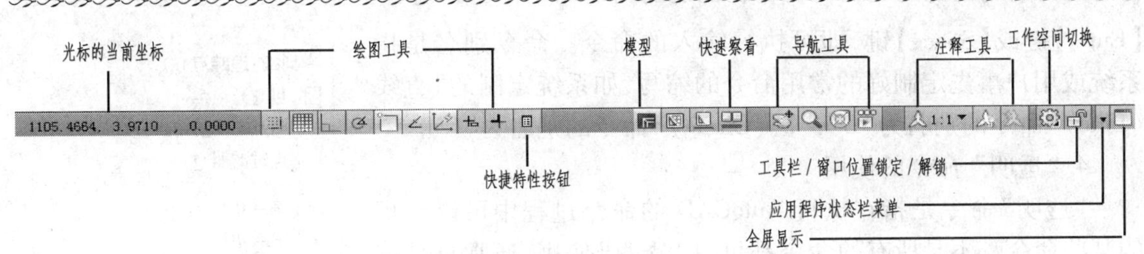

图 9-10　AutoCAD 的状态栏

第四节　AutoCAD 的基本操作

AutoCAD 在绘图的过程中，用户需要输入命令，根据系统的提示输入相关的必要信息。因此，正确地理解和使用 AutoCAD 的命令，了解和掌握使用 AutoCAD 绘图的一些基本操作，如键盘、鼠标等输入设备的使用，坐标系统及数据的输入方式等，是学习 AutoCAD 的基础。

一、命令输入设备

在使用 AutoCAD 绘制图形时，输入命令的设备有键盘、鼠标、数字化仪等，其中最常用的是键盘和鼠标。

1. 键盘

在 AutoCAD 中，输入文本对象、数值参数、点的坐标等信息时，需要通过键盘。此外，还可以通过键盘在命令窗口输入所要执行的命令，并按回车键或空格键执行。

2. 鼠标

AutoCAD 用鼠标来控制其光标和屏幕指针。移动鼠标使光标在绘图窗口时，光标显示为十字线形式；当光标移出绘图窗口时，则显示为箭头形式。

(1)左键称拾取键，用于在绘图窗口输入点和选择图形对象(称拾取)或点击菜单项和工具按钮，以执行相应的操作；

(2)一般情况下，右键相当于键盘上的回车键。默认情况下，在命令执行的过程中，单击鼠标右键会弹出包含"确认"、"退出"以及该命令所有选项的右键菜单，此时以鼠标左键单击菜单中的"确认"选项等效于回车键；

(3)在绘图区域的空白处同时按下键盘上的【shift】键和鼠标右键，弹出"对象捕捉和点过滤"光标菜单(图 9-11)，其功能与"对象捕捉"工具栏相似。

二、AutoCAD 命令的执行方式

一般情况下，可以通过以下方式执行 AutoCAD 2010 的命令

1. 由工具按钮执行命令

单击工具按钮是最常用的命令执行方式。单击工具栏上某一按钮，即可执行相应的 AutoCAD 命令。

2. 由菜单栏执行命令

选择某一菜单命令，即可执行相应的 AutoCAD 命令。

3. 由键盘输入命令

当在命令窗口中最后一行提示为"命令："时，可通过键盘输入命令的全名或别名后，按

【Enter】键或【Space】键,即可执行输入的命令。命令别名是指系统或用户事先定制好的常用命令的缩写,如系统定制的“直线(Line)”命令的别名为“L”,“圆(Circle)”命令的别名为“C”。

4.“透明” 命令的使用

“透明”命令是指在执行 AutoCAD 的命令过程中可以执行的某些命令。不是所有的命令都可以“透明”使用,通常只是一些绘图辅助工具的命令,如“缩放”、“平移”、“捕捉”、“正交”、“对象捕捉”等可透明使用。

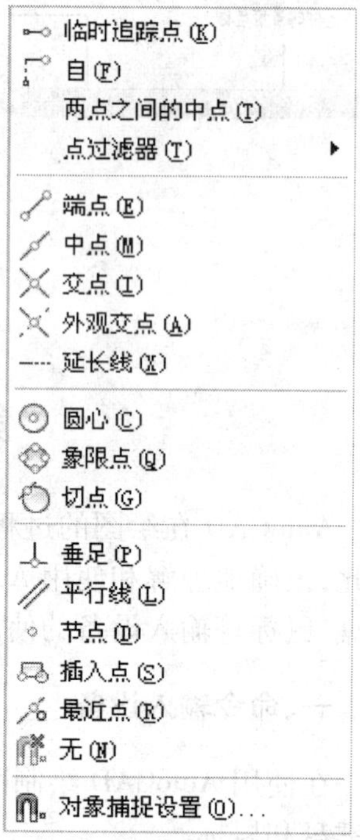

临时追踪点(K)
自(F)
两点之间的中点(T)
点过滤器(T)
端点(E)
中点(M)
交点(I)
外观交点(A)
延长线(X)
圆心(C)
象限点(Q)
切点(G)
垂足(P)
平行线(L)
节点(D)
插入点(S)
最近点(R)
无(N)
对象捕捉设置(O)...

图 9-11　光标菜单

三、命令的取消、重复、撤销与重做

1. 取消命令

在执行命令的过程中,随时可以通过按键盘上的【Esc】键终止正在执行的命令。

2. 重复执行命令

执行完一条命令后,直接按键盘上的回车键或空格键可重复执行该命令;或在绘图窗口的空白区域单击鼠标右键,在弹出的快捷菜单中选择“重复”命令。AutoCAD 允许重复执行最近使用的 6 个命令中的某一个命令,因此,在弹出的快捷菜单中包含有“最近的输入”选项。

3. 撤销与重做命令

单击快速访问工具栏中的按钮或在命令行输入 U 即可取消上一次执行的命令。在命令行输入 UNDO 命令,再输入需要取消的命令个数可取消最近执行的多个命令。下面的例子演示了如何取消最近的 3 个命令。

命令: UNDO↙

输入要放弃的操作数目或[自动(A)/控制(C)/开始(BE)/结束(E)/标记(M)/后退(B)] <1>: 3↙

单击快速访问工具栏上的按钮或在命令行输入 REDO 命令可重做所取消的操作。

第五节　点 的 输 入

用 AutoCAD 2010 绘图时,经常需要制定点的位置,比如确定直线的端点、圆的圆心等。本节介绍常用的点的输入方法和 AutoCAD 2010 的坐标系统。

绘图过程中,用户根据命令行的提示输入确定点的方式通常有以下 4 种方式:

(1)用鼠标直接在绘图区拾取点。即将光标移至指定位置后,单击鼠标左键。

(2)利用对象捕捉方式捕捉特殊点。利用 AutoCAD 提供的对象捕捉功能,精准地捕捉图形对象上的特殊点,如圆心、切点、线段的端点、中点垂足点等。

(3)给定距离确定点。当 AutoCAD 提示用户指定相对于某一点的另一点的位置时(如直线的另一端点),移动鼠标使光标指引线从已确定的点指向需要确定的点的方向,然后输入两点间的距离值,再按下回车键或空格键。

(4)通过键盘输入点的坐标。由键盘输入点的坐标可以采用绝对坐标方式也可以采用相对坐标方式，每一种坐标方式又可在直角坐标系、极坐标系、球坐标系或柱坐标系下输入点的坐标。下面将详细介绍各类坐标系的含义。

一、AutoCAD 2010 的坐标系统

AutoCAD 2010 为用户提供了世界坐标系（World Coordinate System，WCS）和用户坐标系（User Coordinate System，UCS），以帮助用户通过坐标精确定点。AutoCAD 的世界坐标系和用户坐标系均采用笛卡尔右手系。

开始绘制新图时，默认的坐标系是世界坐标系。坐标原点位于绘图区域的左下角点，水平向右方向为 X 轴，竖直向上方向为 Y 轴，坐标系图标如图 9-12（a）所示，通常显示在绘图区域的左下角；在“三维建模”工作空间，坐标系图标按三维形式显示，如图 9-12（b）所示。

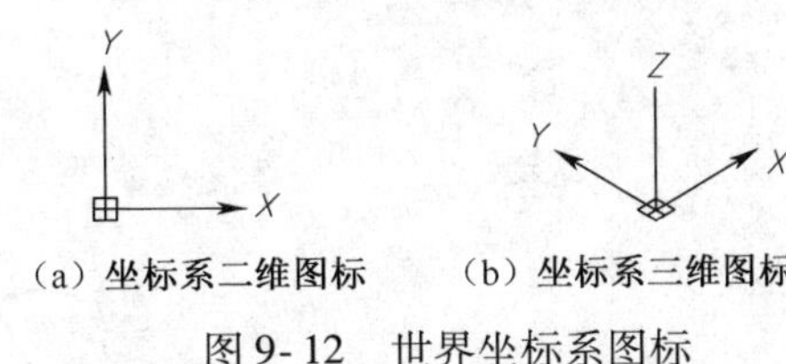

（a）坐标系二维图标　（b）坐标系三维图标

图 9-12　世界坐标系图标

AutoCAD 2010 允许用户根据绘图和建模的需要创建用户坐标系。用户坐标系的创建将在第十三章中详细介绍。

二、绝对坐标

点的绝对坐标是指某一点相对于当前坐标系原点的坐标。有直角坐标、极坐标、球坐标和柱坐标 4 种形式。

（1）直角坐标系：点的直角坐标在 AutoCAD 中的输入格式为 x,y,z。如：35，42，68。若移动鼠标，在绘图窗口拾取一点，相当于输入了一个 z 坐标为 0 的二维点，等效于由键盘输入 x,y。

（2）极坐标：极坐标用于输入二维点，在 AutoCAD 中的输入格式为 $L<\theta$，其参数含义以及与直角坐标系的关系如图 9-13（a）所示。默认状态下，极坐标系的极点与直角坐标系的原点重合，极轴的正向是直角坐标系中 X 轴的正向，逆时针方向为极角的增大方向。

（3）球坐标：球坐标用于输入三维点，在 AutoCAD 中的输入格式为 $L<\theta<\phi$，其参数含义以及与直角坐标系的关系如图 9-13（b）所示。

（4）柱坐标：柱坐标也是用于输入三维点，在 AutoCAD 中的输入格式为 $L<\theta,H$。其参数含义以及与直角坐标系的关系如图 9-13（c）所示。

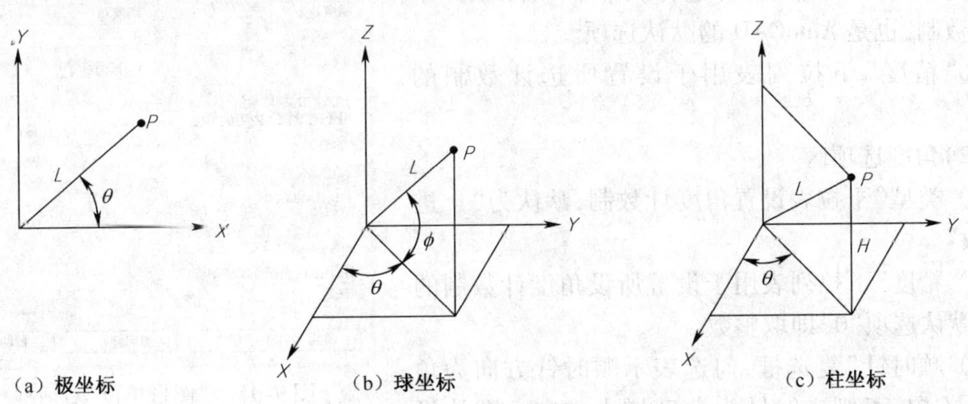

（a）极坐标　（b）球坐标　（c）柱坐标

图 9-13　点的坐标输入方式

三、相对坐标

相对坐标是指当前点相对于上一点的坐标，相对坐标也有直角坐标、极坐标、球坐标和柱坐标，其输入格式只是在绝对坐标输入格式前加@符号。例如在图 9-14 中，*A* 为当前点，输入 *B* 点相对于 *A* 点的坐标时，相对直角坐标的输入格式为@50,90；相对极坐标的输入格式为@120<60。

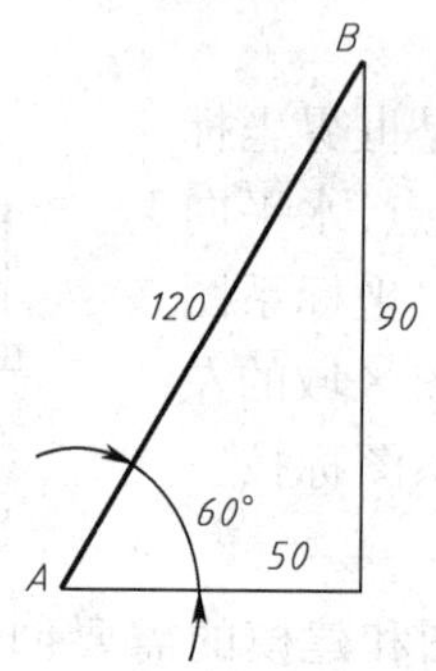

图 9-14　二维点的相对坐标

第六节　绘图设置与精确绘图辅助工具

一、设置绘图单位与精度

1. 功能

用来设置绘图长度的计数制、精度以及角度的计数制、精度、零度方向和角度增大的正方向。

2. 命令调用与执行

单击快速访问工具栏右侧的箭头，在弹出的快捷菜单中选择"显示菜单栏"选项使菜单栏显示在标题栏下方，然后单击菜单栏"格式"→"单位(U)"命令。打开"图形单位"对话框，如图 9-15 所示，对话框各选项含义如下：

(1)长度选项组

①"类型"下拉列表中有"建筑"、"小数"、"工程"、"分数"和"科学"五种选择，我国一般采用"小数"计数制，也是 AutoCAD 的默认选项。

②"精度"下拉列表用于设置所选计数制的精度。

(2)角度选项区

①"类型"下拉表设置角度计数制，默认为"十进制度数"。

②"精度"下拉列表用于设置所设角度计数制的精度，默认选项"0"即取整数。

③"顺时针"复选框，勾选表示顺时针方向为角度增大方向，否则逆时针为角度增大方向。默认设

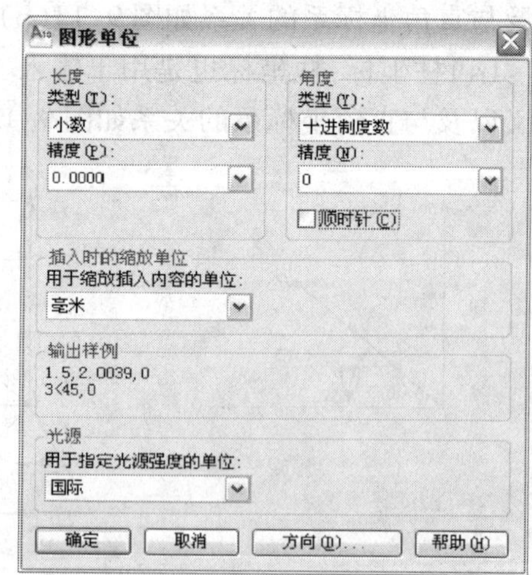

图 9-15　"图形单位"对话框

置逆时针为角度的增大方向。

二、设置图形界限

1. 功能

图形界限相当于手工绘图时图纸幅面的大小，也称为图形边界。

2. 命令调用

单击快速访问工具栏右侧的箭头，在弹出的快捷菜单中选择“显示菜单栏”选项使菜单栏显示在标题栏下方，然后选择菜单栏“格式”→“图形界限(I)”命令。

3. 命令执行

执行 Limits 命令，AutoCAD 提示：

重新设置模型空间界限：

指定左下角点或[开(ON)/关(OFF)] <0.0000,0.0000>：↙（指定图形界限的左下角位置，直接按 Enter 键或 Space 键则采用默认值）

指定右上角点 <420.0000,297.0000>：（指定图形界限的右上角位置）

三、精确绘图辅助工具

移动鼠标在屏幕上拾取点虽然方便，但却不能精确确定点的位置。在任何一幅设计图中，精确绘制图形是至关重要的。为此 AutoCAD 提供了多种精确绘图工具，如栅格、捕捉、正交、极轴追踪、对象捕捉等。将光标移至状态栏某个绘图工具按钮上（如“栅格”按钮）并单击鼠标右键，在弹出的快捷菜单中选择“设置”选项，即打开“草图设置”对话框。用户可通过该对话框设置这些绘图工具。

1. 对象捕捉

利用 AutoCAD 2010 的对象捕捉功能，可以在绘图过程中快速地确定图形对象上的一些特殊点，如直线或圆弧段的端点、中点，圆的圆心点、象限点等，从而实现精确绘图的目的。在 AutoCAD 中，对象捕捉功能的启用有两种方式。

（1）对象自动捕捉模式

打开对象自动捕捉模式后，在绘图的过程中，当光标接近捕捉点时，系统会根据用户的设置，自动捕捉到图形上的一些特殊点，并以不同的捕捉标记区分点的类型，捕捉标记与图 9-16 中所示的标记符号相对应。当出现捕捉标记符号时，单击鼠标左键，即可完成对这些点的捕捉。

将光标移至状态栏上的按钮并单击鼠标右键，在弹出的快捷菜单中选择“设置”选项，打开“草图设置”对话框，如图 9-16 所示。勾选对象捕捉模式复选框可设置各种捕捉类型。单击状态栏上的按钮或使用键盘上的【F3】功能键可打开或关闭对象自动捕捉模式。

对象自动捕捉模式的优点在于通过“草图设置”对话框中的“对象捕捉”选项卡，一次可设置一种或几种捕捉类型，一经设置，在后续的绘图过程中，系统会一直按所设置的捕捉类型自动捕捉这些特殊点，直到用户再次通过“草图设置”对话框取消设置或关闭对象自动捕捉模式。

(2)对象捕捉的单点优先模式

在绘图过程中，当需要指定某一类特殊点时，将光标移至状态栏上的按钮并单击鼠标

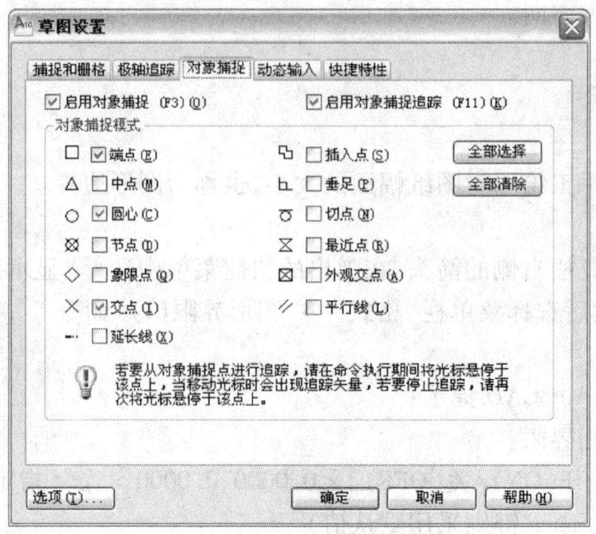

图 9-16 “草图设置”对话框的“对象捕捉”选项卡

右键，在弹出的快捷菜单(图 9-17)中拾取某项捕捉类型，可在绘图区域已绘制对象上捕捉所需要的点；按下键盘上的【Shift】键，同时在绘图区的空白区域单击鼠标右键，在弹出的“对象捕捉”光标菜单(图 9-11)中选择相应选项，捕捉所需要的点。

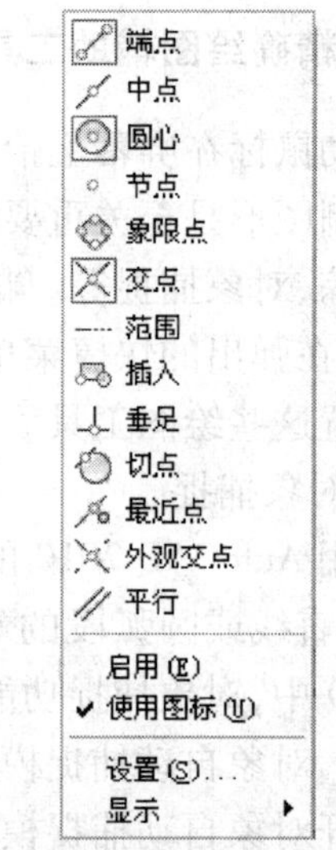

图 9-17 “对象捕捉”快捷菜单

对象捕捉设置及其使用均为可以透明使用的命令。对象捕捉功能是绘图过程中非常实用的一种精确定点的方式。通常结合上一节内容中介绍过的坐标系统及数据输入方式，在绘图过程中综合应用。

2. 对象捕捉追踪

对象捕捉追踪是对象捕捉和极轴追踪功能的联合应用，其功能是当 AutoCAD 要求指定一个点时，首先使用对象捕捉功能捕捉到图形对象上的某一特殊点，系统会在对象捕捉点上显示一条无限延伸的辅助线(以虚线形式显示)，用户沿辅助线追踪在得到光标点的同时拾取该点。对象捕捉追踪各项参数的设置也是通过“草图设置”对话框的“极轴追踪”选项卡(图 9-18)来完成。

①“对象捕捉追踪设置”区域选择“仅正交追踪”单选按钮，当启用对象捕捉追踪功能后，只显示获取的对象捕捉点的正交追踪路径；若选择“用所有极轴角设置追踪”单选按钮，当启用对象捕捉追踪功能后，按设置的极轴增量角在获取的对象捕捉点上显示追踪路径。

②单击状态栏上的按钮或使用键盘的【F11】功能键均可打开或关闭对象捕捉追踪功能。勾选“对象捕捉”选项卡(图 9-16)的“启用对象捕捉追踪”复选框也可打开或关闭对象捕捉追踪功能。

3. 正交功能

AutoCAD 提供的正交功能，可以方便地绘制与当前坐标系中 X 轴和 Y 轴平行的线段。单击状态栏上的按钮或使用键盘上的【F8】功能键可打开或关闭正交模式。

正交模式为打开状态时，此时绘制直线，当输入第一点后通过移动光标来确定另一端点时，引出的橡皮筋线不再是光标点与起始点间的连线，而是起始点与光标十字线的两条垂直线中较长的那段。因此在二维绘图中打开正交模式绘制图形中水平或垂直的直线十分方便。正交与捕捉功能仅影响通过光标输入的点，通过键盘以点的坐标方式输入的点不受影响。

4. 极轴追踪

极轴追踪是按事先设定的角度增量追踪特征点，其功能是当 AutoCAD 要求指定一个点时，拖动光标，使光标接近预先设定的角度方向，AutoCAD 会自动显示橡皮筋线，同时沿该方向显示极轴追踪矢量，并浮出一个小标签，表明当前光标位置相对于前一点的极坐标。通过"草图设置"对话框的"极轴追踪"选项卡（图 9-18）可设置极轴追踪的各项参数。

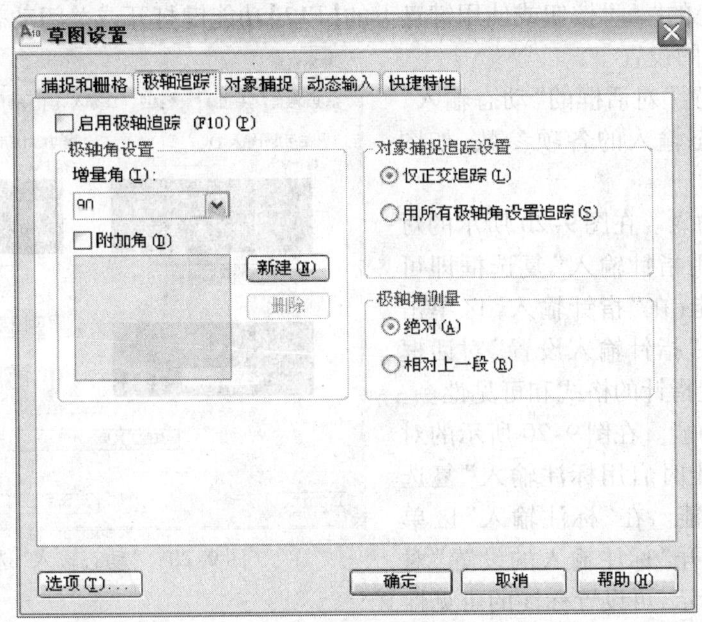

图 9-18 "极轴追踪"选项卡

①"极轴角设置"选项组，在"增量角"下拉列表框中选择系统预设的角度增量，通过右击按钮，从弹出的快捷菜单中选择系统预设的角度增量。

如果下拉列表框中的角度不能满足使用要求，可选中"附加角"复选框，然后单击"新建"按钮，在列表框中添加新的角度。

②"极轴角测量"选项组，设置极轴追踪增量角的测量基准。选择"绝对"单选按钮，以当前坐标系为测量基准确定极轴追踪增量角；选择"相对上一段"单选按钮，则以最后绘制的直线段为测量基准确定极轴追踪增量角。

③"启用极轴追踪"复选框，打开或关闭极轴追踪功能。另外单击状态栏上的"极轴追踪"按钮或使用键盘上的【F10】功能键均可打开或关闭极轴追踪功能。

5. 动态输入模式

在 AutoCAD 2010 中，如果启用"动态输入功能"，绘图时光标附近会显示工具栏提示，供用户察看相关的系统提示并输入相应的信息。

AutoCAD 2010 的动态输入由三部分组成，如图 9-19 所示：①指针输入功能，即在绘图区的文本框中输入绘图所需的数据信息；②标注输入功能，即显示当前图形的几何属性，如线段的长度、与水平方向的夹角、标注信息等；③动态提示功能，即在提示工具栏中显示所执行命令的相关操作提示，并随不同的命令及命令执行的不同状态而动态变化。若执行的命令有多个选项，则在提示工具栏右侧显示向下的箭头，此时按下键盘上的方向键【↓】会显示该命令的其他相关选项。单击其中的某一选项，即可执行该选项。

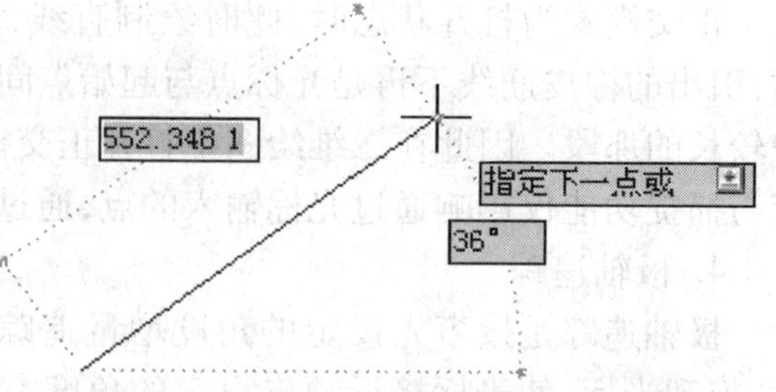

图 9-19　AutoCAD 2010 的动态输入功能

(1)启用动态输入

单击状态栏上的"⊢"按钮或使用键盘上的【F12】功能键打开或关闭动态输入功能。

(2)动态输入的设置

通过"草图设置"对话框的"动态输入"选项卡可设置动态输入的各项参数，如图 9-20 所示。

①设置指针输入。在图 9-20 所示的对话框中，选中"启用指针输入"复选框即可打开指针输入功能；在"指针输入"区单击"设置"按钮，打开"指针输入设置"对话框（图 9-21），可设置指针的格式和可见性。

②设置标注功能。在图 9-20 所示的对话框中，选中"可能时启用标注输入"复选框，即打开标注功能。在"标注输入"区单击"设置"按钮，打开"标注输入的设置"对话框，如图 9-22 所示，可设置标注的可见性及标注的显示形式。

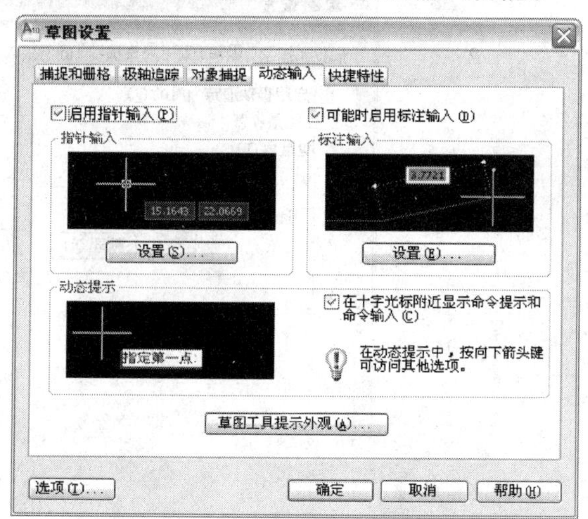

图 9-20　"动态输入"选项卡

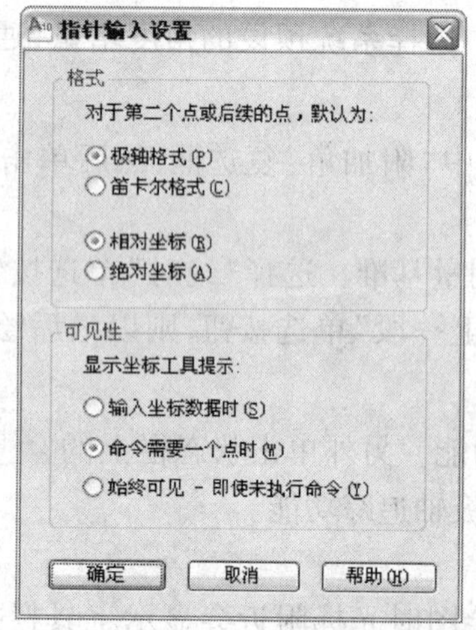

图 9-21　"指针输入设置"对话框

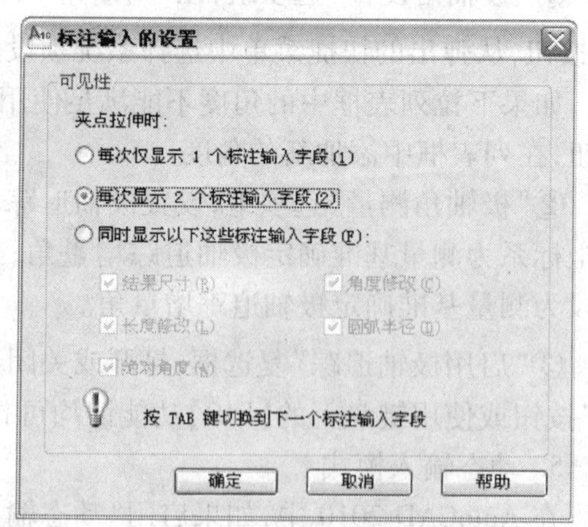

图 9-22　"标注输入的设置"对话框

③显示动态提示。所示的对话框图 9-20 中，选中"在十字光标附近显示命令提示和命令输入"复选框，可在光标处显示动态提示工具栏。

第七节　图形的缩放与显示

AutoCAD 为用户提供了一系列图形显示控制命令,使用户可以灵活地查看图形的整体效果或局部细节,其中最常用的操作就是视图的平移和缩放。

一、缩放视图

视图的缩放功能是在保持图形的实际尺寸不变的前提下,通过放大或缩小图形在屏幕上的显示尺寸,从而方便地观察图形的整体效果或局部细节。在 AutoCAD 经典工作界面,点击菜单栏"视图"→"缩放",则弹出如图 9-23 所示的子菜单,包含了 AutoCAD 中提供的各种视图缩放命令。

图 9-23　"缩放"的子工具

各选项的功能及操作如下:

1. 实时缩放

选择该命令,光标变为类似于放大镜的图标,此时按下鼠标左键不放,向外拖动鼠标使图形放大,向内拖动鼠标则缩小图形。缩放完毕后,按下键盘上的【Esc】键或回车键,也可在绘图区单击鼠标右键,在弹出的快捷菜单中选择"退出"均可结束实时缩放操作。滚动鼠标上的滚轮也可实时缩放图形。

2. 窗口缩放

该选项允许用户指定一个矩形区域作为窗口,窗口内的图形被放大到占满整个绘图窗口。如果要观察图形指定区域的局部细节,可以选择窗口缩放形式。选择该命令选项后,AutoCAD 提示为:

指定第一个角点:

指定对角点:

根据提示依次确定窗口的角点位置即可。

3. 全部缩放

执行此选项后显示整个图形,如果所有图形均绘制在预先设置的绘图边界以内,则参照图纸的边界显示图形,即图纸占满整个绘图区域。如果有图形超出了绘图边界,则按图形的实际范围显示图形。

4. 范围缩放

该选项允许用户在绘图窗口内尽可能大地显示图形,与图形的边界无关。

在实际绘图的过程中,经常使用的缩放方式只是其中的几种。如"实时缩放"、"窗口缩放"和"回到上一步"等。

二、平移视图

平移视图是指移动整个图形,将图纸的特定部分显示在绘图窗口。执行平移视图后,图形相对于图纸的实际位置不发生变化。

PAN 命令用于实现图形的实时移动。执行该命令后,绘图窗口的光标变为手形图标,同时 AutoCAD 提示:

按【ESC】或【Enter】键退出,或单击右键显示快捷菜单。

同时状态栏提示："按住拾取键并拖动进行平移"。此时按下鼠标左键不放，向某一方向拖动鼠标时，图形会随之做相应的移动。移动到指定的位置后，在绘图窗口单击鼠标右键，在弹出的快捷菜单中选择"退出"或按下键盘上的【Esc】键或回车键均可结束命令。

另外，AutoCAD 还提供了用于平移视图操作的菜单命令，这些命令位于"视图"→"平移子菜单"中，如图 9-24 所示。其中的选项不仅可以向左、右、上、下 4 个方向平移视图，还可以使用"实时"和"定点"命令平移视图。还可利用"标准"工具栏上的（实时平移）按钮实现实时平移视图操作。此外，按下鼠标滚轮，屏幕光标变为手形，也可实现图形的实时平移，抬起鼠标滚轮即退出实时平移。

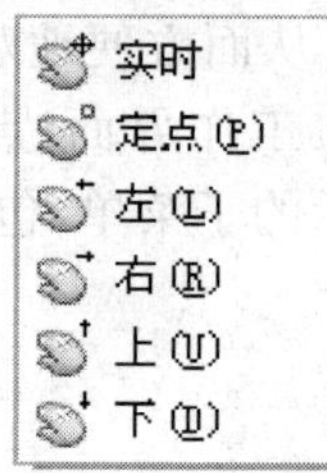

图 9-24 "平移"子菜单

复习思考题

1. 在条件允许的情况下，尝试自己安装 AutoCAD2010 中文版。
2. AutoCAD2010 包括哪几种工作空间？怎样在不同的工作空间之间进行切换？
3. 如何迅速了解某一工具按钮的基本功能？
4. 在 AutoCAD2010 不同的工作空间中，练习打开、关闭工具栏以及调整其位置等操作。
5. 试在快速访问工具栏中添加"另存为"按钮。
6. 熟练掌握在 AutoCAD2010 加密保存图形文件。
7. AutoCAD2010 中点的坐标输入方式有哪些？
8. 试绘制一等边三角形，了解 AutoCAD2010 中各种点的坐标输入格式。
9. 在绘图过程中，怎样重复上一条或曾经使用的命令？
10. 了解和练习状态中常用绘图工具(如正交、对象捕捉等)打开、关闭及其简单设置方法和操作。
11. 什么是透明使用的命令？试举出几个常用的可透明使用的命令。
12. 练习图形文件的平移和缩放操作。

第十章　绘制编辑二维图形

绘制二维图形是 AutoCAD 的主要功能,也是最基本的功能。二维图形的创建也是进行三维造型的基础。因此需要熟练地掌握二维图形的绘制和编辑方法及技巧。本章主要介绍 AutoCAD 中二维图形的绘制命令和编辑命令。

第一节　绘制直线、矩形和正多边形

一、直线(Line)命令

1. 功能

直线命令用丁在两个指定点之间(可以是二维点或三维点)绘制一直线段,也可绘制多段连接的折线,其中每一段为一个独立的图形对象。

2. 命令调用

命令:LINE。工具栏:"绘图" → (直线)按钮。菜单命令:"绘图" →"直线"命令。

3. 操作

执行 LINE 命令,AutoCAD 提示:

命令:_line 指定第一点:(输入线段的起始点)

指定下一点或[放弃(U)]:(输入线段的另一端点,或执行"放弃(U)"选项重新确定起始点)

指定下一点或[放弃(U)]:(输入线段的另一端点,也可以按 Enter 键或 Space 键结束命令,或执行"放弃(U)"选项取消前一次操作)

指定下一点或[闭合 I/放弃(U)]:(输入线段的另一端点,也可以按 Enter 键或 Space 键结束命令,或执行"放弃(U)"选项取消前一次操作,或执行"闭合(C)"选项创建封闭多边形)

指定下一点或[闭合 I/放弃(U)]:(↙结束直线命令)

【例 10-1】 绘制如图 10-1 所示的两圆外公切线。

首先绘制出两个圆,设置对象捕捉类型为捕捉切点并打开对象捕捉功能,然后执行直线命令,以下是绘制 *AB* 直线的过程。

命令:_line 指定第一点:(将光标移到 *A* 点附近,当显示 切点标记时单击鼠标左键)

指定下一点或[放弃(U)]:(将光标移到 *B* 点附近,并显示 切点标记时单击鼠标左键)

指定下一点或[放弃(U)]:↙(结束直线命令)

同样的操作绘制出直线 *CD*。

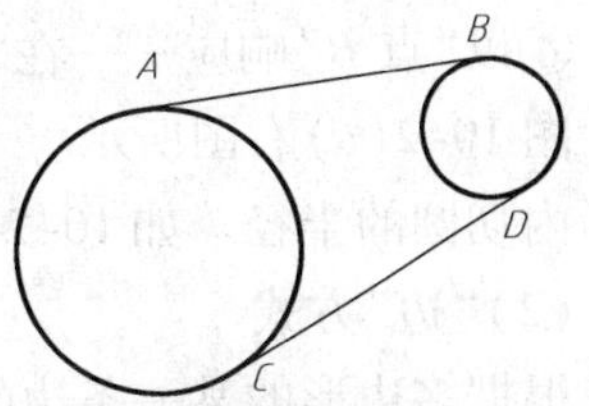

图 10-1　绘制两圆的切线

二、矩形(Rectangle)命令

1. 功能

根据指定的尺寸或条件绘制不同形式的矩形,如倒角矩形、圆角矩形、有厚度的矩形等。

2. 命令调用

命令:REATANG。工具栏:"绘图" →(矩形)按钮。菜单命令:"绘图" →"矩形"命令。

3. 操作

执行 REATANG 命令,AutoCAD 提示:

指定第一个角点或[倒角(c)/标高(E)/圆角(F)/厚度(T)/宽度(W)]:点↙或某选项↙

指定另一个角点或[面积(A)/尺寸(D)/旋转(R)]:点↙或某选项↙

4. 说明

根据第一级提示的各选项如倒角、圆角、宽度等设置矩形的形式,根据第二级提示的各选项如面积、尺寸等确定矩形的大小。

三、正多边形(Polygon)命令

1. 功能

绘制边数为 3 ~ 1 024 的正多边形。

2. 命令调用

命令:POLYGON。工具栏:"绘图" →(正多边形)按钮。菜单命令:"绘图" →"正多边形"命令。

3. 操作

执行 POLYGON 命令,AutoCAD 提示:

命令:_polygon 输入边的数目 <4>:指定多边形的边数↙

指定正多边形的中心点或[边(E)]:指定正多边形的中心点↙或E↙

下面介绍提示中各选项的含义及其操作。

(1)指定正多边形的中心点,是默认选项。后续提示为:

输入选项[内接于圆(I)/外切于圆(C)] <I>:

①空回车即选择正多边形内接于圆(I)方式画圆,如图 10-2(a)所示。

②键入"C"即选择正多边形外切于圆(C)方式画圆,如图 10-2(b)所示。

以上两种选项,后续提示均为:

指定圆的半径:输入圆的半径值↙或指定点 *B*↙

③输入半径值——无论在"I"或"C"方式下,多边形的底边均与当前坐标系的 *X* 轴方向平行,如图 10-2(a)、(b)左图所示。

④以"点 *B*"响应——在"I"方式下,点 *B* 是多边形的顶点,即 *AB* 是正多边形外接圆的半径。图 10-2(a)右图所示 。在"C"方式下,点 *B* 则是内切圆与正多边形的切点,即 *AB* 是正多边形内切圆的半径。如 10-2(b)右图所示。

(2)"边"方式

根据多边形的某一条边的两个端点绘制多边形。选择该选项后,后续提示为:

指定边的第一个端点:*A* 点↙

指定边的第二个端点:*B* 点↙

依次确定边的两端点后,AutoCAD 将以这两点连线作为多边形的一条边,沿逆时针方向绘制多边形。

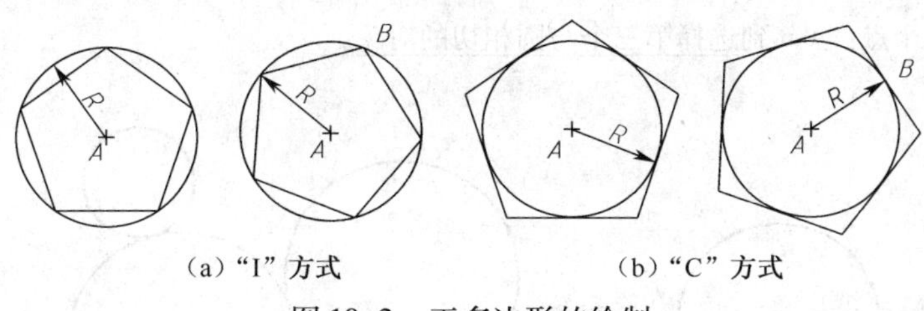

(a)"I" 方式　　(b)"C" 方式

图 10-2 正多边形的绘制

第二节 绘制曲线

一、圆(Circle)命令

1. 功能

绘制指定尺寸的圆。

2. 命令调用

命令:CIRCLE。工具栏:"绘图" → ⊙(圆)按钮。菜单命令:"绘图"→"圆"命令,在子菜单中包含 6 种画圆方式,如图 10-3 所示。

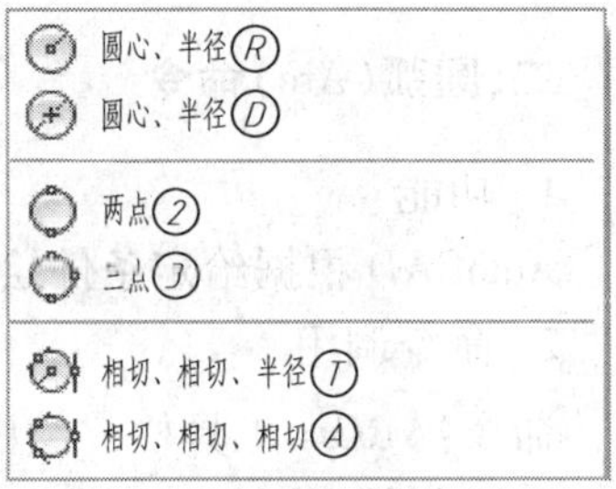

- 圆心、半径(R)
- 圆心、半径(D)
- 两点(2)
- 三点(3)
- 相切、相切、半径(T)
- 相切、相切、相切(A)

图 10-3 圆命令的子工具

3. 操作

执行 CIRCLE 命令,AutoCAD 提示:

命令:_circle 指定圆的圆心或[三点(3P)/两点(2P)/切点、切点、半径(T)]:

指定圆的半径或[直径(D)] <当前值>:

下面介绍提示中各选项的含义及其操作。

(1)"圆心、半径(或直径)"方式

根据圆心的位置和圆的半径(或直径)绘制圆,圆心、半径方式是默认方式,键入 D 后,按圆心、直径方式画圆。

(2)"三点(3P)"方式

通过圆周上的指定三点画圆。

(3)"两点(2P)"方式

以指定两点为圆的一条直径画圆。

(4)"相切、相切、半径(T)"方式

选择与所绘圆相切的两直线(圆或圆弧),然后指定圆的半径画圆。使用该选项可以解决工程制图中圆弧连接的问题,如图 10-4(a)所示。执行该选项后续提示:

指定对象与圆的第一个切点:选择第一个与圆相切的对象↙

指定对象与圆的第二个切点:选择第二个与圆相切的对象↙

指定圆的半径 <10>:输入圆的半径↙

选择相切对象的选择点不仅指出了相切对象,而且还应指明切点的大致位置。

(5)"相切、相切、相切"方式

实质上仍然是三点方式画圆,如图 10-4(b)所示。执行该选项后续提示:

指定圆上的第一个点:_tan 到选择第一个与圆相切的对象↙

指定圆上的第二个点:_tan 到选择第二个与圆相切的对象↙

指定圆上的第三个点：_tan 到选择第三个与圆相切的对象↙

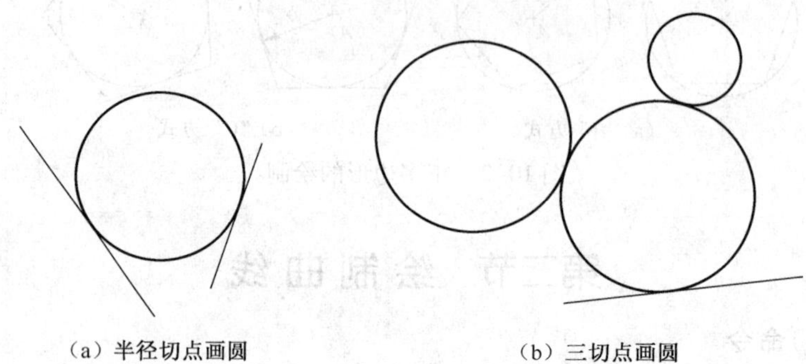

（a）半径切点画圆　　（b）三切点画圆

图 10-4　圆的各种画法

二、圆弧（Arc）命令

1. 功能

AutoCAD 根据给定条件绘制指定尺寸的圆弧。

2. 命令调用

命令：ARC。工具栏："绘图"→（圆弧）按钮。菜单命令："绘图"→"圆弧"命令。圆弧命令子菜单如图 10-5 所示，其中提供了 11 种绘制圆弧的方式。

3. 操作

单击子工具中的相应按钮，然后按命令提示键入关键字操作，下面仅介绍几种主要的常用方式。

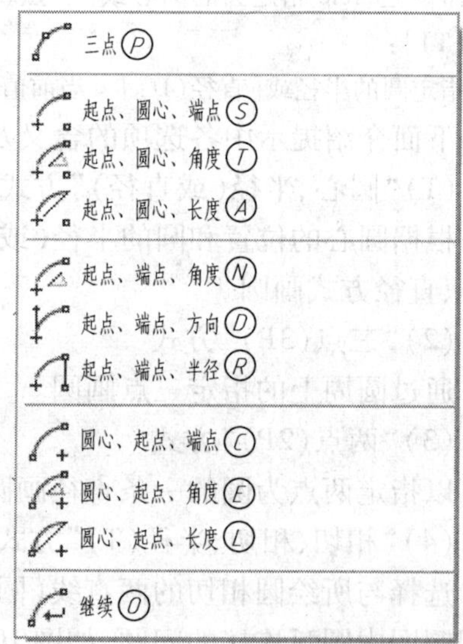

图 10-5　"圆弧"命令的子菜单

（1）"三点"方式，是默认方式

命令：_arc 指定圆弧的起点或[圆心(C)]：(指定圆弧的起点)

指定圆弧的第二个点或[圆心(C)/端点(E)]：(指定圆弧上的第二点)

指定圆弧的端点：(指定圆弧的终点)

（2）"起点、圆心、端点"方式

命令：_arc 指定圆弧的起点或[圆心(C)]：(指定圆弧的起点)

指定圆弧的第二个点或[圆心(C)/端点(E)]：C↙

指定圆弧的圆心：(指定圆弧的起点)

指定圆弧的端点或[角度(A)/弦长(L)]：(指定圆弧的终点)

绘制的是一段从起点沿逆时针方向到终点的圆弧。圆弧终点的作用只是用于确定圆弧的终止位置，而终点不一定在所绘制的圆弧上。

（3）"起点、圆心、角度"方式

命令：_arc 指定圆弧的起点或[圆心(C)]：P_1↙(指定圆弧的起点)

指定圆弧的第二个点或[圆心(C)/端点(E)]：C↙

指定圆弧的圆心：P_2↙(指定圆弧的起点)

指定圆弧的端点或[角度(A)/弦长(L)]：A↙

指定包含角:120↙或P_3↙

当输入的圆心角为正时,按逆时针方向绘制圆弧;当输入的圆心角为负时,按顺时针方向绘制圆弧,如图 10-6 所示。

若输入 P_3 点,则 P_1P_2 连线与 P_2P_3 连线的夹角为圆弧的圆心角,此时,终点 P_3 不一定在所绘制的圆弧上。

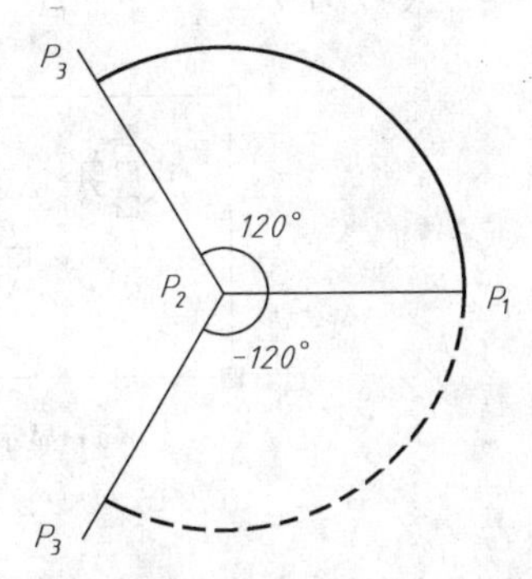

图 10-6 "起点、圆心、角度"方式画弧

三、椭圆(Ellipse)命令

1. 功能

根据指定尺寸绘制椭圆。

2. 命令调用

命令:ELLIPSE。工具栏:"绘图"→(椭圆)按钮。菜单命令:"绘图"→"椭圆"命令。

3. 操作

执行 ELLIPSE 命令,AutoCAD 提示:

指定椭圆的轴端点或[圆弧(A)/中心点(C)]:

下面介绍提示中部分选项的含义及其操作。

(1)"中心点"方式

通过指定椭圆的中心及两个半轴的长短绘制椭圆,如图 10-7 所示。

指定椭圆的中心点:P_1↙(指定椭圆弧的中心点)

指定轴的端点:P_2↙

指定另一条半轴长度或[旋转(R)]: P_3↙

(2)"轴、端点"方式

通过指定椭圆一个轴的两个端点和另一个轴的半轴长度绘制椭圆,如图 10-8 所示。

指定椭圆的轴端点或[圆弧(A)/中心点(C)]:P_1↙ (指定椭圆某一轴的第一端点)

指定轴的另一个端点:P_2↙

指定另一条半轴长度或[旋转(R)]:P_3↙

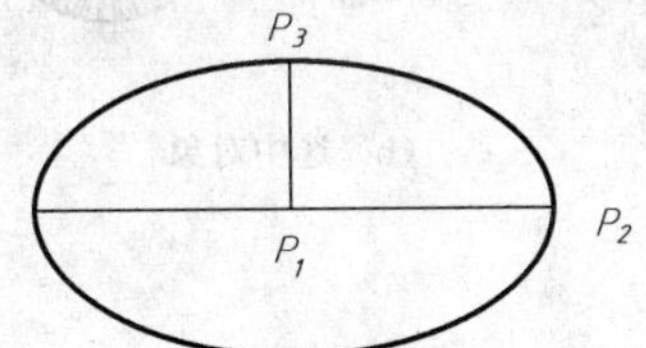

图 10-7 "圆心"方式绘制椭圆

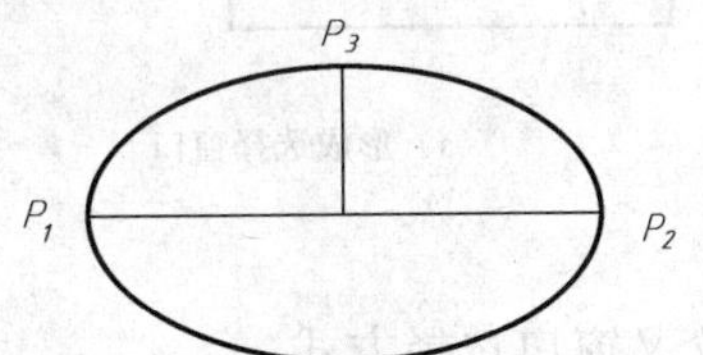

图 10-8 "轴、端点"方式绘制椭圆

第三节　对象选择方法

在绘图过程中,用户经常需要对图形进行修改操作,在对图形的修改过程中需要指定被修改对象,对象的指定通过选择来实现。本节介绍 AutoCAD 提供的选择对象的方式。

在进行修改操作时,用户可以先输入修改命令,后选择要修改的对象即构造选择集;也可以先构造选择集,然后输入修改命令

先选择对象,后输入修改命令,用户是在命令行提示为:"命令:"时,单击要选择的对象,

此时选中的对象上的关键点(如端点、中点、圆心等)有蓝色小方框(称夹点),并以虚线显示,如图 10-9(a)所示。

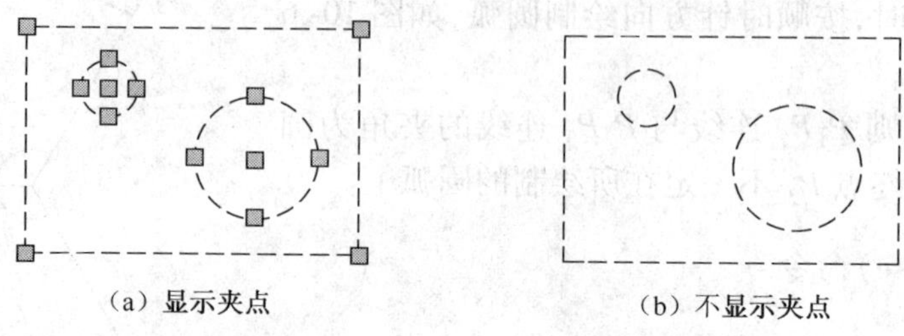

图 10-9　构造选择集

先输入修改命令后,命令行提示为:“选择对象”,同时光标变为拾取方框“□”,选中的对象以虚线显示,但没有蓝色夹点框,如图 10-9(b)所示。

用户可以根据自己的习惯和命令要求结合使用。先选择对象,后输入修改命令,或先输入修改命令,后选择对象均可直接使用。常用构造选择集的方法有 4 种。

1. 单击对象直接拾取

将光标移动到某个图形对象上,单击鼠标左键,选中的对象以虚线显示。

2. 窗口选择方式

在绘图区域空白处单击鼠标左键,然后将光标向右拖动,形成矩形选择窗口时,再次单击鼠标左键,选择窗口呈实线显示,完全包容在选择窗口中的对象被选中,如图 10-10 所示。

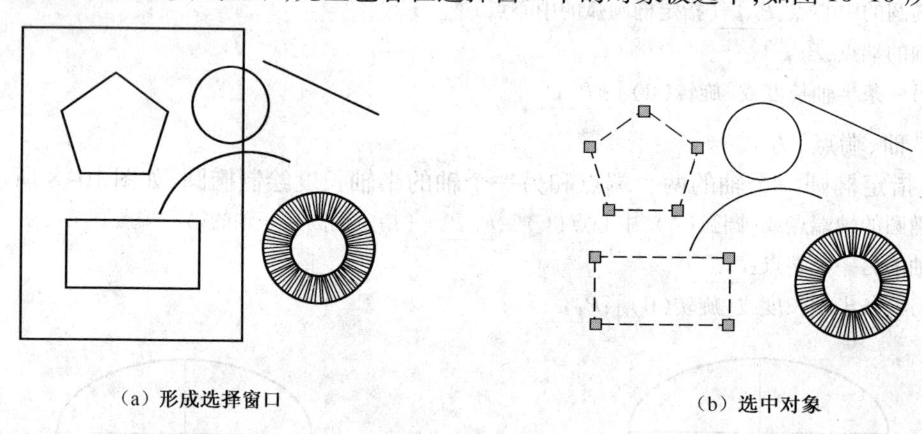

图 10-10　窗口选择

3. 交叉窗口选择方式

交叉窗口与窗口方式类似,所不同的是光标往左上移动形成选择窗口,选择窗口边界呈虚线显示,与交叉窗口边界相交以及完全包容在交叉窗口中的对象都选中,如图 10-11 所示。

4. 选择全部对象

在选择对象提示下输键入 ALL,按【Enter】键或【Space】键,AutoCAD 将选中所有对象。

5. 去除模式

AutoCAD 还提供了去除模式,既将选中的对象移出选择集,操作后的显示特征为:以虚线形式显示的选中对象又变成正常显示方式,既退出了选择集。去除模式的操作方式为:在“选择对象:”提示下键入 R 并按【Enter】键或【Space】键,AutoCAD 将切换到去除模式,后续提示:

删除对象:

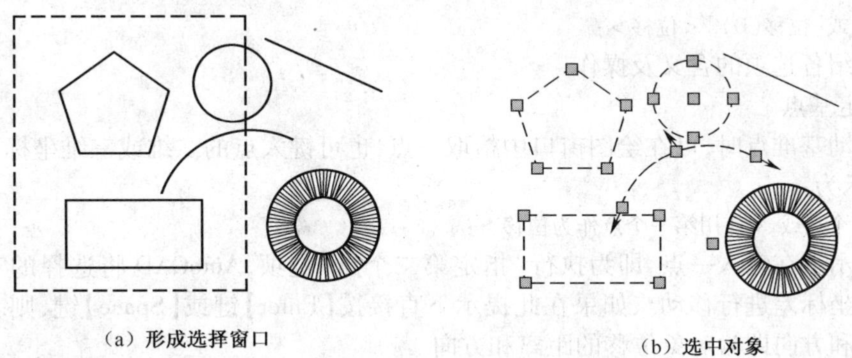

图 10-11　交叉窗口选择

在该提示下，利用前述的选择方式选择需要去除的对象，被选中的对象将退出选择集。

用户还可以在去除模式"删除对象："提示下键入 A 并按【Enter】键或【Space】键，AutoCAD 将切换选择状态，再次提示"选择对象："。

第四节　删除对象

1. 功能

删除已有的图形。

2. 命令调用

命令：ERASE。工具栏："修改"→(删除)按钮。菜单命令："修改"→"删除"命令。单击功能区"常用"选项卡→"绘图"面板工具按钮。

3. 操作

执行 ERASE 命令后，AutoCAD 提示：

选择对象：(选择要移动的对象，利用上节介绍的构造选择集方法)

选择对象：↙(或者继续选择对象)

命令执行结果是选中的对象从图形中被删除。

第五节　改变对象位置

AutoCAD 中通过改变对象位置进行二维图形编辑的命令有移动和旋转。

一、移动(Move)命令

1. 功能

将图形对象从当前位置移动到一个新的位置。

2. 命令调用

命令：MOVE。工具栏："修改"→(移动)图标。菜单命令："修改"→"移动"命令。

3. 操作

执行 AutoCAD 命令后，后续提示为：

选择对象：(选择要移动的对象)

选择对象：↙(或者继续选择对象)

指定基点或[位移(D)]<位移>:

下面介绍各选项的含义及操作

(1)指定基点

确定移动基准点时，可在绘图窗口中拾取一点，也可键入点的二维或三维坐标。指定基点后，后续提示为：

指定第二个点或 <使用第一个点作为位移>:

在此提示下在输入一点，即为执行“指定第二个点”选项，AutoCAD 将选择的对象按照该点与基点的坐标差进行移动。如果在此提示下直接按【Enter】键或【Space】键，则基点到坐标原点的距离和方向即为对象位移的距离和方向。

(2)位移(D)

输入 D，执行该选项，后续提示为：

指定位移 <0.0000, 0.0000, 0.0000>: 输入一点↙或键入位移距离↙

输入位移量，AutoCAD 将所选对象按对应的移动位移量移动。例如输入“40,60,20”，然后按【Enter】键，则 40、60、20 分别表示沿 X、Y 和 Z 坐标轴方向的移动位移量。

二、旋转(Rotate)命令

1. 功能

将图形对象绕指定点(基点)旋转指定的角度。

2. 命令调用

命令：ROTATE。工具栏：“修改”→(旋转)图标。菜单命令：“修改”→“旋转”命令。

3. 操作

执行 ROTATE 命令，后续提示为(图 10-12)：

UCS 当前的正角方向：ANGDIR = 逆时针 ANGBASE = 0

选择对象：选取图 10-12 中的矩形↙

选择对象：↙

指定基点：输入旋转基点↙(图 10-12 中的 A 点)

指定旋转角度，或[复制(C)/参照(R)]<0>:输入旋转角度↙或某选项↙(图 10-12 中为 30°)

下面介绍各选项的含义及操作。

(1)“指定旋转角度”是默认选项，键入的旋转角度为正时，所选对象绕基点逆时针旋转，键入的旋转角度为负时，对象绕基点顺时针旋转。

(2)“复制(C)”选项，所选对象旋转后，仍在原来位置保留源对象，如图 10-13 所示。

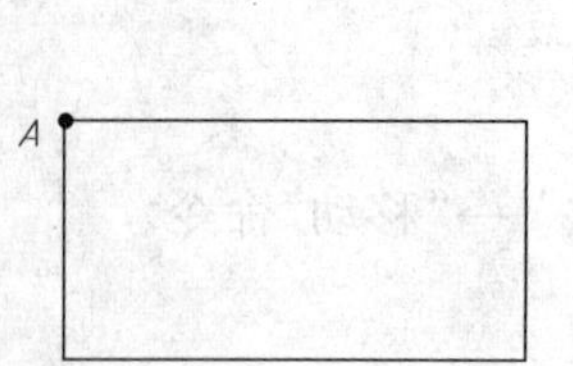

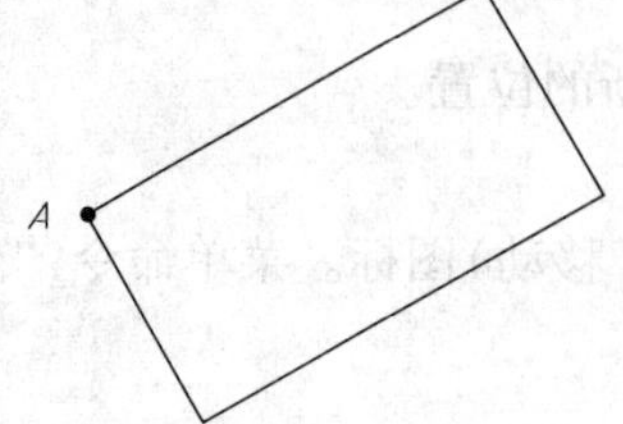

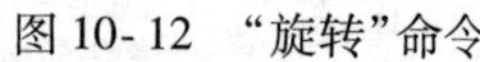

图 10-12　“旋转”命令

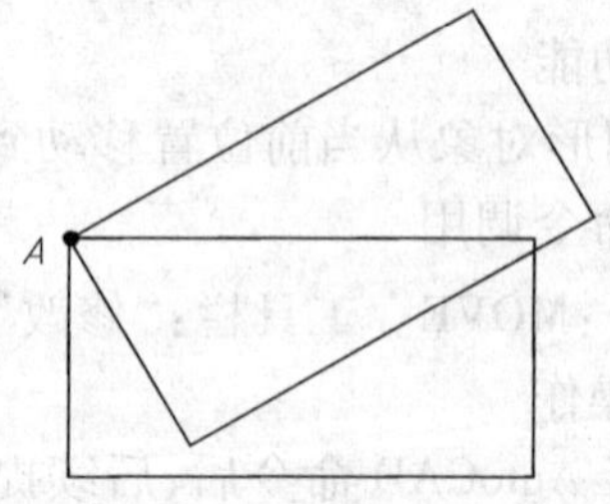

图 10-13　“复制”旋转

第六节　创建对象拷贝

一、复制(Copy)命令

1. 功能

复制已绘制的图形对象到指定位置。

2. 命令调用

命令:COPY。工具栏:"修改"→(复制)图标。菜单命令:"修改"→"复制"命令。

3. 操作

执行 COPY 命令,后续提示为:

选择对象:
选择对象:↙(结束对象选择)
当前设置:复制模式 = 多个
指定基点或[位移(D)/模式(O)]<位移>:输入位移基点↙或某选项↙
指定第二个点或 <使用第一个点作为位移>:↙或第二点↙
指定第二个点或[退出(E)/放弃(U)]<退出>:↙或第二点↙

二、镜像(Mirror)命令

1. 功能

将图形按指定的镜像线进行镜像复制,复制后原图可以删除也可以保留。此功能便于对称图形的绘制。

2. 命令调用

命令:MIRROR。工具栏:"修改"→(镜像)图标。菜单命令:"修改"→"镜像"命令。

3. 操作

执行 MIRROR 命令,后续提示为:

选择对象:选择对象↙(此提示反复出现,直到用空回车响应结束对象选择)
指定镜像线的第一点:输入镜像线的第一点↙
指定镜像线的第二点:输入镜像线的第二点↙
要删除源对象吗?[是(Y)/否(N)]<N>:↙或Y↙

三、偏移(Offset)命令

1. 功能

对指定的对象(直线、圆弧、圆、多义线等)做等距离复制,用于创建同心圆、平行线和等距曲线。

2. 命令调用

命令:OFFSET。工具栏:"修改"→(偏移)按钮。菜单命令:"修改"→"偏移"命令。

3. 操作

执行 COPY 命令,后续提示为:

当前设置:删除源 = 否 图层 = 源 OFFSETGAPTYPE = 0
指定偏移距离或[通过(T)/删除(E)/图层(L)]<通过>:

下面介绍部分选项的含义及操作。

(1)指定偏移距离

根据指定的距离偏移复制对象,该选项是默认选项,键入偏移距离,后续提示为:

选择要偏移的对象或[退出(E)/放弃(U)] <退出>:↙或选择要偏移的对象↙或某选项↙

指定要偏移的那一侧上的点或[退出(E)/多个(M)/放弃(U)] <退出>:↙或在偏移对象的某一侧拾取一点↙(图 10-14(a)中的 C 点)

上述两行提示反复出现,直至空回车结束命令,因此偏移所得新对象又可作为再次偏移的源对象。

选择最后提示中的"多个(M)"选项后,按当前偏移距离,将偏移所得新对象作为再次偏移的源对象,用户只需重复指定偏移到哪一侧即可。

(2)通过(T)选项[图 10-14(b)]

使得偏移复制的对象通过指定的点。执行该选项,后续提示为:

选择要偏移的对象或[退出(E)/放弃(U)] <退出>:↙或选择要偏移的对象↙或某选项↙

指定通过点或[退出(E)/多个(M)/放弃(U)] <退出>:↙或指定复制对象经过的点↙或某选项↙

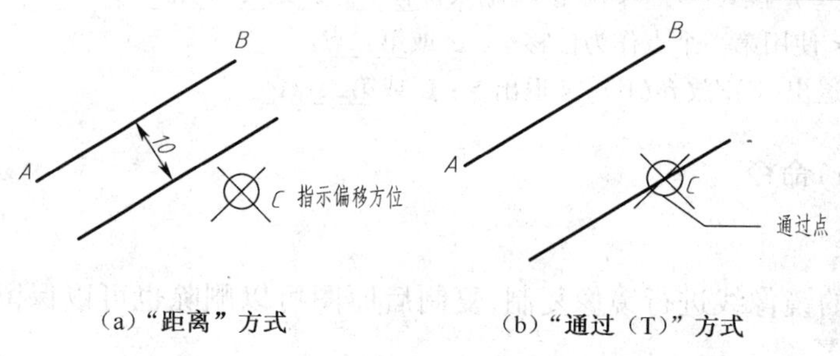

图 10-14 OFFSET 命令的应用

四、阵列(Array)命令

1. 功能

将选定的图形对象,以矩形或环形多重复制。

2. 命令调用

命令:ARRAY。工具栏:"修改"→▦(阵列)按钮。菜单命令:"修改"→"阵列"命令。

3. 操作

(1)"矩形阵列"

单击对话框中的"矩形阵列(R)"单选按钮,对话框的显示内容如图 10-15 所示。

单击"选择对象"按钮,选取需要阵列的图形对象。

在"行数"和"列数"文本框中分别输入矩形阵列的行、列数目。

在"行偏移"和"列偏移"文本框中输入行、列之间的间距,行偏移和列偏移分别指相邻的两行或两列图形对象对应点之间的距离。行偏移和列偏移,其值可正可负。在默认情况下,行偏移值为正,矩阵由下向上排列,为负则由上向下排列;列偏移值为正,矩阵由左向右排列,为负则由右向左排列。

"阵列角度",指整个阵列的旋转角度。

通过对话框的预览区可以观察阵列效果,也可以单击"预览"按钮查看阵列效果。单击"预览"按钮后,命令提示区显示"拾取或按【Esc】键返回到对话框或 <单击鼠标右键接受阵

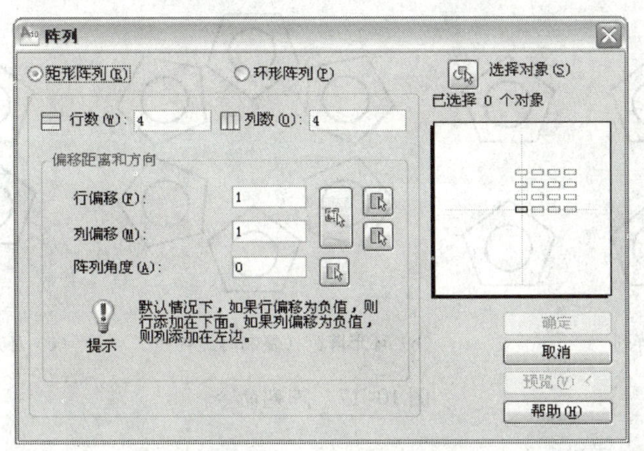

图 10-15 矩形阵列面板

列 > :”的提示，若返回“阵列”对话框可修改相关参数。矩形阵列效果如图 10-17(a)所示。

(2)“环形阵列”

单击图 10-15 对话框中的“环形阵列(P)”单选按钮，对话框的显示内容如图 10-16 所示。

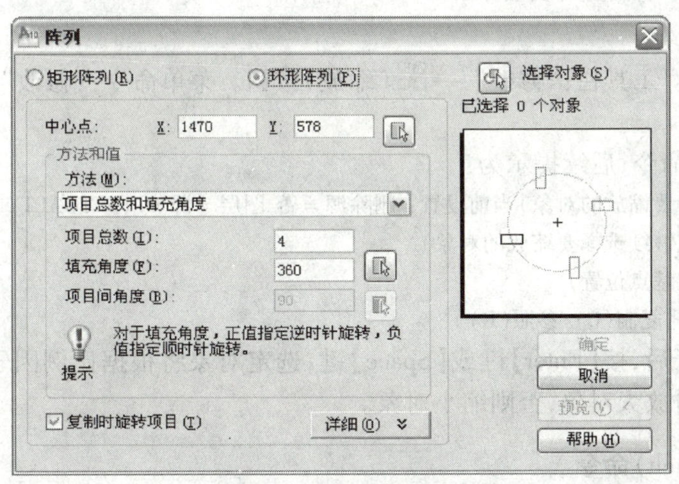

图 10-16 环形阵列面板

单击“选择对象”按钮，选取需要阵列的图形对象。

在“中心点”文本框中输入环形阵列中心的 x、y 坐标，或单击其后的按钮，在绘图窗口配合“对象捕捉”工具确定阵列中心。

“方法(M)”下拉列表框中有“项目总数和填充角度”、“项目总数和项目间的角度”以及“填充角度和项目间的角度”三项选择，默认为“项目总数和填充角度”选项。

“项目总数”、“填充角度”、“项目间角度”文本框，根据“方法(M)”下拉列表框中的不同选项，仅有对应的两个有效。

“复制时旋转项目”复选框，确定环形阵列时阵列对象是否绕阵列中心点旋转，如图 10-17(b)、(c)所示。

单击“详细(O)”按钮，用于确定阵列对象的基点。

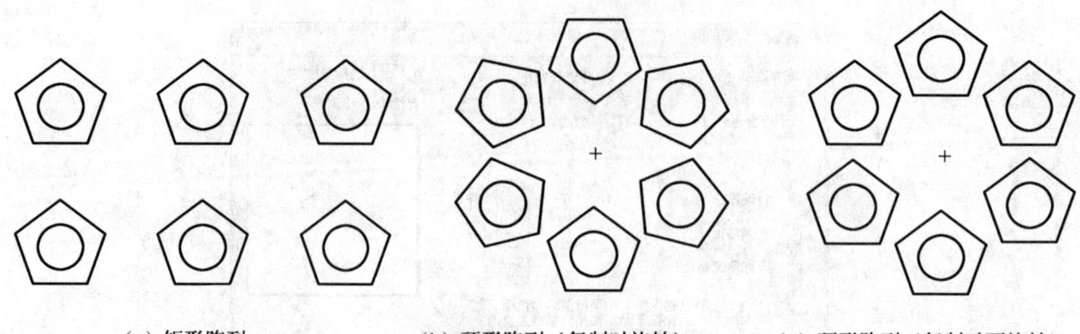

(a) 矩形阵列　　(b) 环形阵列（复制时旋转）　　(c) 环形阵列（复制时不旋转）

图 10-17　阵列命令

第七节　修改对象形状

一、缩放(Scale)命令

1. 功能

将选定的图形对象放大或缩小。

2. 命令调用

命令:SCALE。工具栏:“修改” →(缩放)按钮。菜单命令:“修改” →“缩放” 命令。

3. 操作

执行 SCALE 命令,后续提示为:

选择对象:(选择要缩放的对象)当前设置: 删除源 = 否 图层 = 源 OFFSETGAPTYPE = 0

选择对象:↙(或继续选择要缩放的对象)

指定基点:(确定基点位置)

指定比例因子或[复制(C)/参照(R)]:

键入比例因子后,按【Enter】键或【Space】键,选定对象将根据比例因子相对于基点缩放。比例因子大于 1 时放大对象,否则缩小对象。

二、拉伸(Stretch)命令

1. 功能

拉长或压缩对象,在一定条件下也可以移动对象。

2. 命令调用

命令:STRETCH。工具栏:“修改” →(拉伸)按钮。菜单命令:“修改” →“拉伸” 命令。

3. 操作

执行 STRETCH 命令,后续提示为:

以交叉窗口或交叉多边形选择要拉伸的对象...

选择对象:指定选择窗口第一角点↙(如图 10-18 中的 *B* 点)

选择对象: 指定对角点:指定选择窗口另一角点↙(如图 10-18 中的 *C* 点)

选择对象:↙(结束对象选择)

指定基点或[位移(D)] <位移>:输入基点↙或D ↙(拾取图 10-18 中的 *A* 点作为基点)

指定第二个点或 <使用第一个点作为位移>:↙或输入点↙(拾取图 10-18 中的 *P* 点作为基点)

4. 说明

(1)必须使用交叉窗口选择伸缩对象如图 10-18(b)所示,完全位于交叉窗口内的对象移动,一部分位于窗口外的对象则伸缩。若连续使用两个以上交叉窗口选择伸缩对象,则最后使用的交叉窗口所做的选择有效。

(2)可使用 Remove 选项从选择集中移走所选对象,但不能向选择集中添加对象。

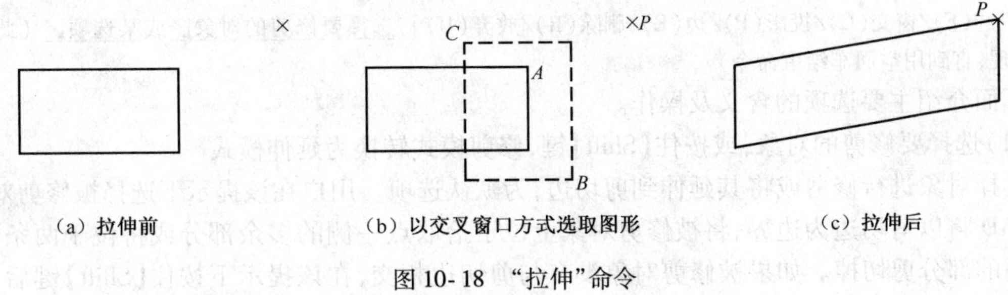

图 10-18 “拉伸”命令

三、拉长(Lengthen)命令

1. 功能

用于改变像直线、圆弧等非封闭对象的长度或者圆弧的圆心角。

2. 命令调用

命令:STRETCH。菜单命令:“修改”→“拉长” 命令。

3. 操作

执行 STRETCH 命令,后续提示为:

选择对象或[增量(DE)/百分数(P)/全部(T)/动态(DY)]:↙或某选项↙

下面介绍各选项的含义及操作。

(1)选择对象是默认选项,选择某一对象后,命令行显示该对象的长度。

(2)“增量(DE)”选项,以增量的方式修改直线或圆弧的长度。可以直接输入长度增量来拉长或缩短直线或者圆弧,长度增量为正值时拉长,长度增量为负值时缩短。也可以输入 A,通过指定圆弧的圆心角增量来修改圆弧的长度。

(3)“百分数(P)”选项,使直线或者圆弧按照百分比改变长度。

(4)“全部(T)”选项,以给定直线新的总长度或圆弧新的圆心角来改变对象的长度。

(5)“动态(DY)”选项,动态地改变圆弧或者直线的长度。执行该选项,后续提示为:

选择要修改的对象或[放弃(U)]:(选择对象)

指定新端点:(输入一点)

距拾取点最近的对象端点被拖动到期望的长度或角度位置,另一端则不动。

四、修剪(Trim)命令

1. 功能

用指定的剪切边图形对象修剪另外一些对象,对象可以是直线、圆、圆弧等。

2. 命令位置

命令:TRIM。工具栏:“修改”→(修剪)按钮。菜单命令:“修改”→“修剪”命令。

3. 操作

执行 TRIM 命令,后续提示为:

当前设置:投影 = UCS,边 = 无

选择剪切边...

选择对象或 <全部选择>:选择作为剪切边的对象↙(可用窗口选择,直接按【Enter】键则选中所有对象)

选择对象:(此提示反复出现,直到用空回车结束对象选择)

选择要修剪的对象,或按住【Shift】键选择要延伸的对象,或

[栏选(F)/窗交(C)/投影(P)/边(E)/删除(R)/放弃(U)]:选择要修剪的对象↙或某选项↙(此提示反复出现,直到用空回车结束命令)

下面介绍主要选项的含义及操作。

(1)选择要修剪的对象,或按住【Shift】键,修剪模式转换为延伸模式

选择对象进行修剪或将其延伸到剪切边,为默认选项。用户在该提示下选择被修剪对象,AutoCAD 将以剪切边为边界,将被修剪对象上位于拾取点一侧的多余部分或将位于两条剪切边之间的部分剪切掉。如果被修剪对象没有与剪切边相交,在该提示下按住【Shift】键后选择对象,AutoCAD 会将其延伸到剪切边。

(2)"栏选(F)"选项,采用栏选方式选择多个被剪切对象,如图 10-19(a)中 1、2、3、4 各点间的连线。

(3)"窗交(C)"选项,采用窗交方式选择多个被剪切对象,与选择窗口边界相交的对象作为被修剪对象。如图 10-19(a)中的虚线框。

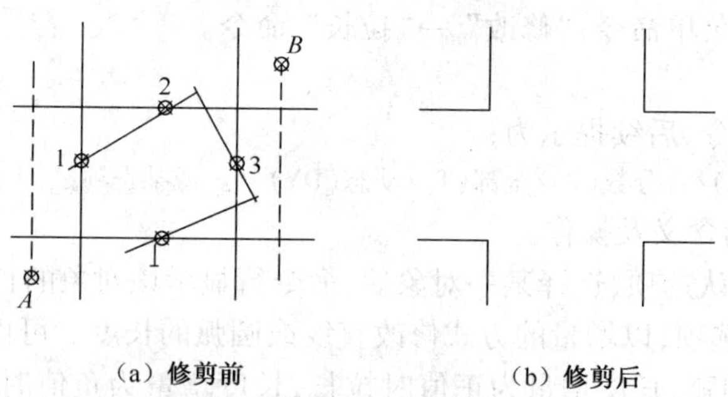

图 10-19　修剪命令

(4)"边(E)"选项,用来设置剪切边与被剪切对象必须直接相交才能剪切,还是延伸后相交(图 10-20)即可剪切。

(5)"删除(R)"选项,删除指定的对象,相当于在修剪命令中透明使用"擦除"命令。

(6)"放弃(U)"选项,取消上一次的剪切操作。

4. 说明

图形中的对象可以互为剪切边,即剪切边可以被剪,而被剪对象也可以作为剪切另一对象的剪切边。也可用窗口方式选择剪切边。

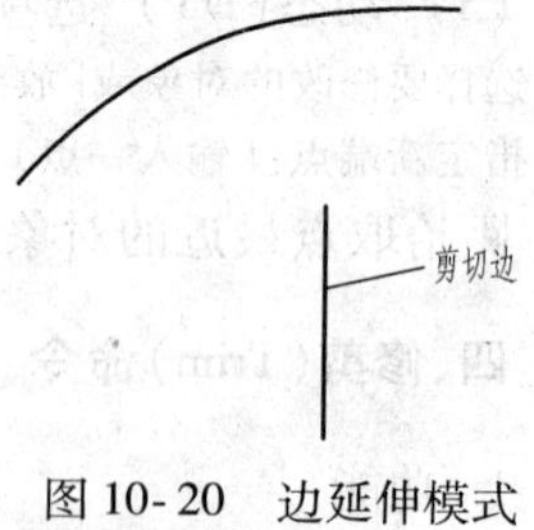

图 10-20　边延伸模式

五、延伸(Extend)命令

1. 功能

将选定的对象延伸到指定边界。

2. 命令调用

命令:EXTEND。工具栏:"修改"→(延伸)按钮。菜单命令:"修改"→"延伸"命令。

3. 操作

延伸命令的使用方法和修剪命令的使用方法类似,不同之处在于:使用延伸命令时,如果在按下【Shift】键的同时选择对象,则执行修剪命令;使用修剪命令时,如果在按下【Shift】键的同时选择对象,则执行延伸命令。

延伸如图10-21(a)所示图形中对象,结果如图10-21(b)所示。

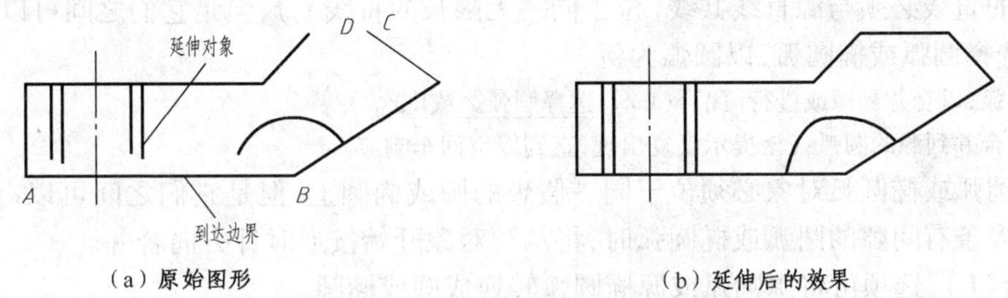

(a)原始图形　(b)延伸后的效果

图10-21　延伸命令

六、打断(Break)命令

1. 功能

根据指定点将对象分成两部分或删除对象上指定两点之间的部分。

2. 命令调用

命令:BREAK。工具栏:"修改"→(打断)按钮和(打断于点)按钮。菜单命令:"修改"→"打断"命令。

3. 操作

执行BREADK命令,后续提示为:

选择对象:(选择断开的对象,只能用单点方式)

指定第二个打断点或[第一点(F)]:指定第二点↙或F↙或@↙

下面介绍各选项的含义及操作。

(1)指定第二打断点

此时,AutoCAD将选择对象时的选择点作为第一断点,用户可有以下几种操作:

①直接在对象上另一点处单击,则两个选择点之间的对象被删除。

②输入符号"@",然后按【Enter】键或【Space】键,则对象在第一断开点处被打断。

③拾取对象的任意一个端点,则从第一断点到对象该端点处部分被删除。

(2)第一点(F)

以"F"响应,表示要重新输入第一断点,AutoCAD后续提示为:

指定第一个打断点:(重新确定第一断点)

指定第二个打断点:

在此提示下,按前面介绍的3中方法确定第二断点即可。

七、合并(Join)命令

1. 功能

在一定的条件下,将相似的多个对象合并为一个对象。

2. 命令调用

命令：JOIN。工具栏："修改"→⧺（合并）按钮。菜单命令："修改"→"合并"命令。

3. 操作

执行命令 JOIN，后续提示为：

选择源对象：（以单点方式选择一个源对象，所选对象不同，后续提示亦不同）

（1）选择直线

选择要合并到源的直线：

所选的直线必须与源直线共线（位于同一无限长的直线上），但是它们之间可以有间隙。

（2）选择圆弧或椭圆弧，以圆弧为例：

选择圆弧，以合并到源或进行[闭合（L）]：选择圆弧↙或L↙

选择要合并到源的圆弧：（该提示反复出现，直到以空回车响应）

所选圆弧或椭圆弧对象必须位于同一假想的圆或椭圆上，但是它们之间可以有间隙。合并两条或多条有间隙的圆弧或椭圆弧时，将从源对象开始按逆时针方向合并。

"闭合（L）"选项可将源圆弧或源椭圆弧转换成圆或椭圆。

可合并的对象还有多段线、样条曲线和螺旋，但被合并的对象必须相交，即两对象在连接处共享端点。

八、分解（Explode）命令

1. 功能

将由多个对象组成的组合对象分解为单个对象。比如将利用矩形命令绘制的矩形可分解为4段直线端对象。

2. 命令调用

命令：EXPLODE。工具栏："修改"→（分解）按钮。菜单命令："修改"→"分解"命令。

3. 操作

执行命令 EXPLODE，后续提示为：

选择对象：（选择需要分解的对象）

选择对象：（↙或者继续选择需要分解的对象）

命令执行结果是选中的组合对象被分解为单个的成员对象。

九、圆角（Fillet）对象

1. 功能

将两个图形对象用一个指定半径的圆弧光滑连接，使工程制图中圆弧连接的绘制变的简单，选择圆角对象的选择点不同，圆角的结果也不同，如图 10-22、图 10-23、图 10-24 所示。

（1）用圆弧连接两条直线，如图 10-22 所示。

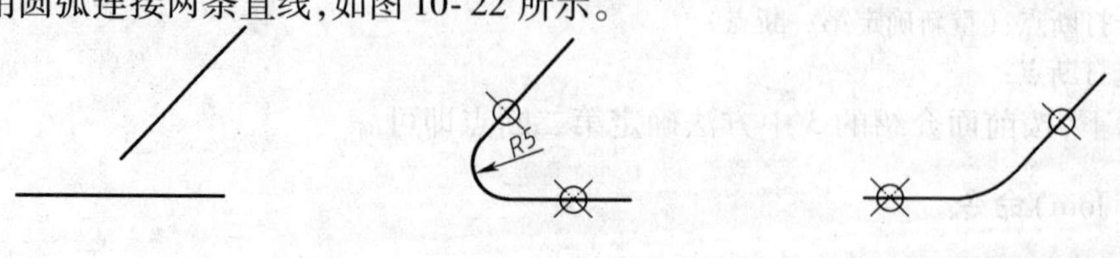

（a）原图　（b）选水平线的右侧　（c）选水平线的左侧

图 10-22　用圆弧连接两条直线

(2)用圆弧连接直线和圆弧,如图 10-23 所示。

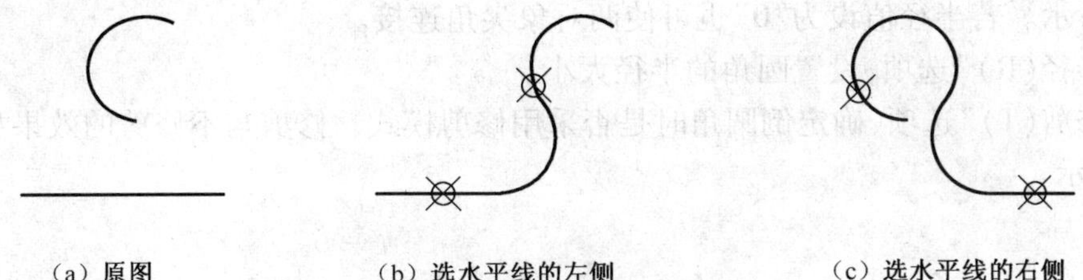

图 10-23　用圆弧连接直线和圆弧

(3)用圆弧连接两圆或圆弧,如图 10-24 所示。

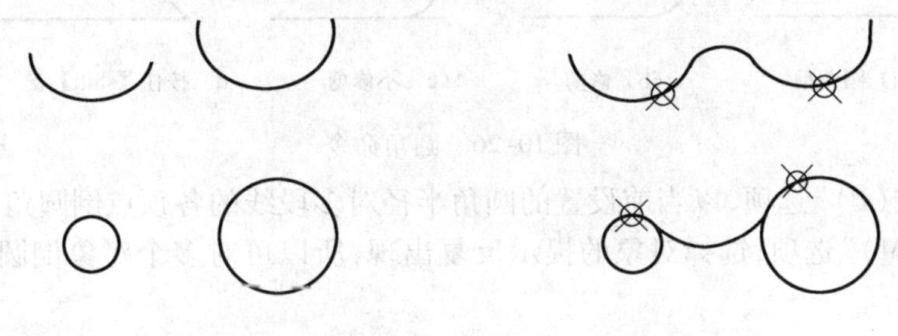

图 10-24　用圆弧连接两圆或圆弧

为整条多段线倒圆角或为多段线中两条相邻线段倒圆角,如图 10-25 所示。但不能对一条多段线与另一其他对象(如直线)倒圆角。

2. 命令位置

命令:FILLET。工具栏:“修改”→(圆角)按钮。菜单命令:“修改”→“圆角”命令。

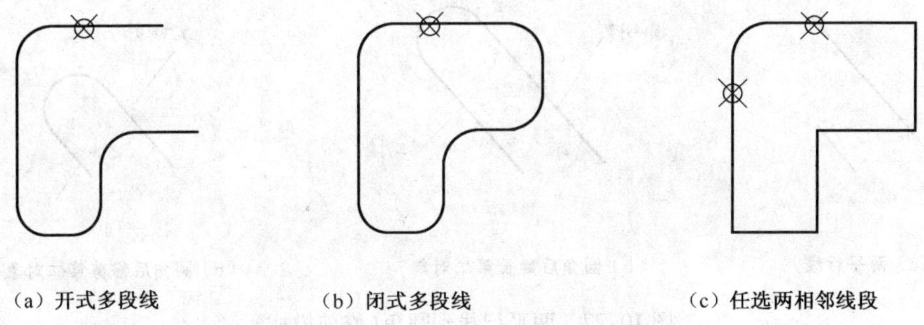

图 10-25　对整条 PLINE 或其中两线段倒圆角

3. 操作

执行命令 FILLET,后续提示为:

前设置:模式 = 修剪,半径 = 10.000 0

选择第一个对象或[放弃(U)/多段线(P)/半径(R)/修剪(T)/多个(M)]:(选择第一个对象)

下面介绍各选项的含义及操作。

(1)选择第一个对象

该提示要求选择创建圆角的第一个对象,是默认选项,后续提示为:

选择第二个对象,或按住【Shift】键选择要应用角点的对象:(选择第二个对象)

在此提示下选择另一个对象,AutoCAD 将按当前的圆角半径对它们进行圆角。若按住

【Shift】键选择选择第二个对象,不论所设圆角的半径值的大小,两对象间均尖角连接,如图10-26(d)所示。若半径值设为"0"也可使两对象尖角连接。

(2)"半径(R)"选项,设置圆角的半径大小。

(3)"修剪(T)"选项,确定倒圆角时是否采用修剪模式。修剪与不修剪的效果如图10-26(c)、(d)所示。

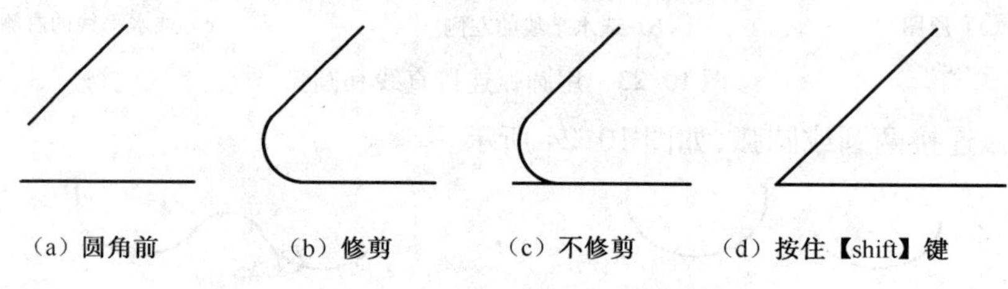

图10-26　圆角命令

(4)"多段线(P)"选项,以当前设置的圆角半径对多段线的各顶点倒圆角。

(5)"多个(M)"选项,选择对象的提示反复出现,所以可对多个对象倒圆角,直到以空回车响应结束命令。

4. 说明

(1)两对象在同一图层上,圆角与两对象在同一图层上,否则圆角在当前图层上,其颜色、线型、线宽随当前图层。

(2)AutoCAD2010也可对两平行线倒圆角。不论所设圆角的半径值的大小,当选择了两条平行线后,由系统自动按两平行线间的距离计算。圆角的起点从所选的第一条直线的端点开始,如图10-27所示。

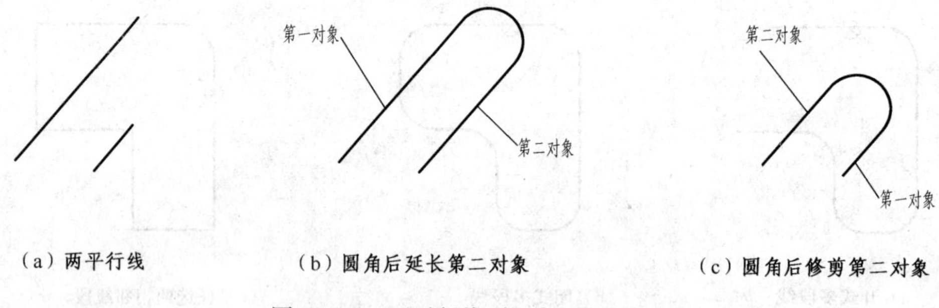

图10-27　两平行线到圆角(修剪模式)

十、倒角(Chamfer)对象

1. 功能

在两条直线之间创建倒角。

2. 命令位置

命令:CHAMFER。工具栏:"修改"→□(倒角)按钮。菜单命令:"修改"→"倒角"命令。

3. 操作

倒角命令的使用方法和圆角命令类似,不同之处在于:使用圆角命令时,需要设置圆角半径;而使用倒角命令时,则需要设置倒角距离,如图10-28所示。此处不再赘述。

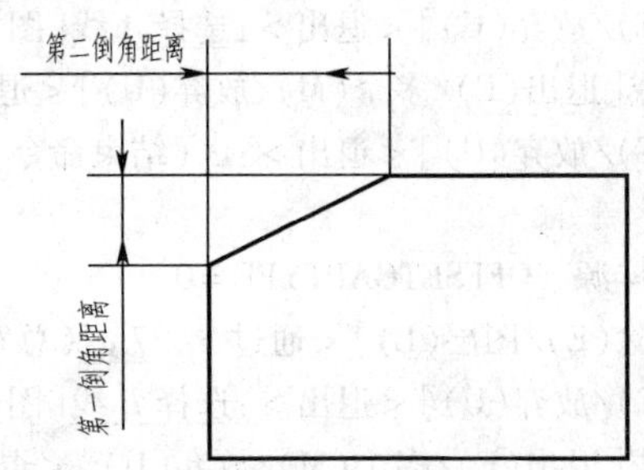

图 10-28　倒角命令中的倒角距离

第八节　绘制组合体三视图

用 AutoCAD 绘制组合体的三视图时，为保证各视图之间"长对正、高平齐、宽相等"的投影关系，最常用的方法就是构造辅助线。下面举例说明绘图过程。为了绘图方便，单击快速访问工具栏右侧的向下箭头，选择菜单中的"显示菜单栏"选项。

【例 10-2】　绘制图 10-29 所示的组合体三视图。

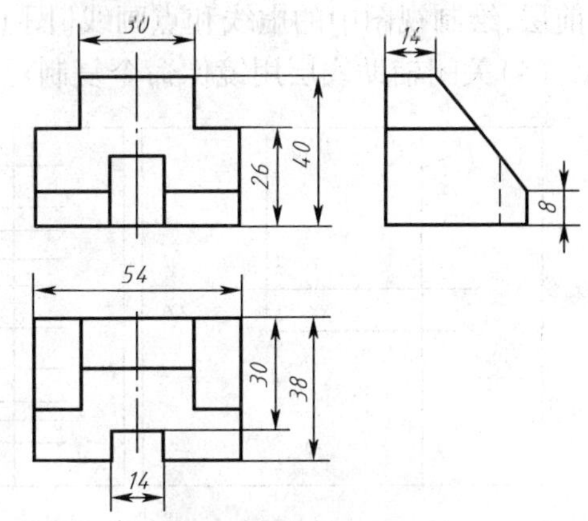

图 10-29　绘制组合体三视图举例(一)

1. 建立图形文件

单击快速访问工具栏上的"新建"按钮，从弹出的"选择样板"对话框中选择"acadiso. dwt"样板文件，单击"打开"按钮。

2. 设置绘图边界

(1)单击菜单栏的"格式→图形界限"命令，命令提示显示以下提示：

指定左下角点或[开(ON)/关(OFF)] < 0.0000, 0.0000 > :↙

指定右上角点 <420.0000,297.0000 > : 210,148 ↙

(2)单击菜单栏的"视图"→"缩放"→"全部"命令，系统按所设图形界限(210×148)重新生成并显示绘图窗口。

3. 设置图层

单击功能区"常用"选项卡→"图层"面板的工具。打开"图形特性管理器"对话框，本例中设置粗实线层(线型：Continuous，线宽：0.5 mm，黑色或白色)、虚线层(线型：Hidden，线宽：默认，黑色或白色)和中心线层(线型：Center，线宽：默认，黑色或白色)、辅助线层(线型：Continuous，线宽：默认，红色)。默认线宽设为 0.25 mm。

4. 绘制图形

(1)绘制基准线。将辅助线层置为当前层，并打开正交模式(单击状态条中的按钮)，用直线命令绘制基准线 *A*、*B*、*C*、*D*[图 10-30(a)]。

(2)绘制投影连线。

命令：_offset

当前设置：删除源 = 否 图层 = 源 OFFSETGAPTYPE = 0

指定偏移距离或[通过(T)/删除(E)/图层(L)] < 通过 > :40 ↙(总高尺寸)

选择要偏移的对象,或[退出(E)/放弃(U)]<退出>:选择 A 线[图 10-30(a)]

指定要偏移的那一侧上的点,或[退出(E)/多个(M)/放弃(U)]<退出>:在 A 线上方拾取一点

选择要偏移的对象,或[退出(E)/放弃(U)]<退出>:↙(结束命令)

命令:_offset(重复前次命令)

当前设置:删除源=否　图层=源　OFFSETGAPTYPE=0

指定偏移距离或[通过(T)/删除(E)/图层(L)]<通过>:27↙(总宽的一半)

选择要偏移的对象,或[退出(E)/放弃(U)]<退出>:选择 B 线[图 10-30(a)]

指定要偏移的那一侧上的点,或[退出(E)/多个(M)/放弃(U)]<退出>:在 B 线右侧拾取一点

选择要偏移的对象,或[退出(E)/放弃(U)]<退出>:↙(结束命令)

根据图 10-29 中的尺寸,重复执行偏移(OFFSET)命令,画出一系列投影连线[图 10-30(b)]。

(3)绘制视图中的粗实线。设置对象捕捉的捕捉类型为交点和端点(INT 和 END),并打开对象捕捉模式(单击状态条中的"对象捕捉"按钮)。

将粗实线层置为当前层,绘制图 10-30(c)中视图的粗实线。当图形对称时,可先画出对称图形的一半,最后用镜像命令镜像复制另一半图形。然后,分别把虚线层和中心线层设置为当前层,绘制视图中的虚线和点画线[图 10-30(d)]。

(4)关闭辅助线层用镜像命令复制对称图形[图 10-30(f)]。

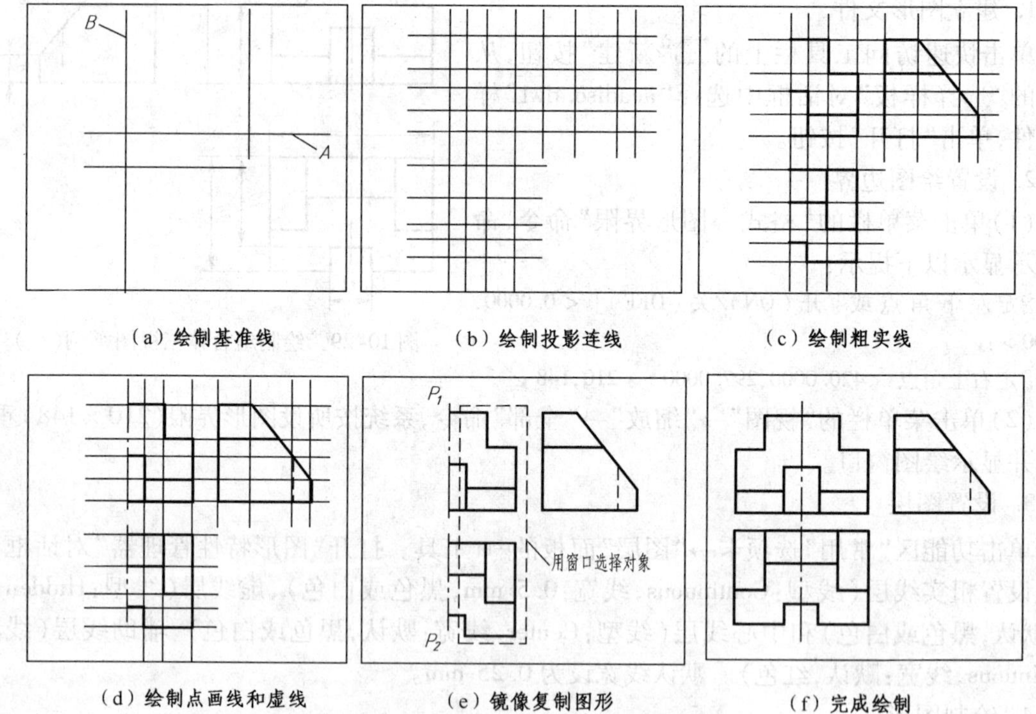

图 10-30　绘制组合体三视图的步骤

命令:_mirror

选择对象:用窗口选择已画出的图形[图 10-30(e)]

选择对象:↙(结束对象选择)

指定镜像线的第一点:拾取 P_1 点(应配合使用对象捕捉工具)

指定镜像线的第二点:拾取 P_2 点(本例中打开正交功能)

要删除源对象吗？[是(Y)/否(N)]<N>：↙(保留源对象)

复习思考题

1. 绘制平面图形。
2. 对象的选择方式有哪几种？
3. 常用的图形编辑命令有哪几种？
4. 试述绘制组合体的三视图的一般步骤。

第十一章　图层、块、面域与图案填充

用 AutoCAD 绘图时，对图形中需要重复绘制的内容，可以定义成块，需要时可以直接插入块，从而提高绘图效率。此外还可以为块定义包含文字信息的属性。本章中还将介绍 AutoCAD 2010 中图层的设置与管理、面域的生成以及图案填充等内容。

第一节　对象特性和图层管理器

一、图层的概念

图层是 AutoCAD 绘图的一个重要工具，它相当没有厚度的透明图纸，将不同类型的图形对象绘制在不同的图层上，由于同一图形文件中所有图层都是透明的，并且具有相同的坐标系、图形界限和显示缩放倍数等，将这些分别绘制了不同图形对象的图层重叠在一起，就构成了一幅完整的图样。

二、图层的设与管理

图层的设置与管理是通过“图层特性管理器”的对话框进行的。在“AutoCAD 经典”工作空间，可以通过工具栏：“图层”→（图层特性管理器）按钮。菜单命令：“格式”→“图层”命令，均可打开“图层特性管理器”对话框，如图 11-1 所示。

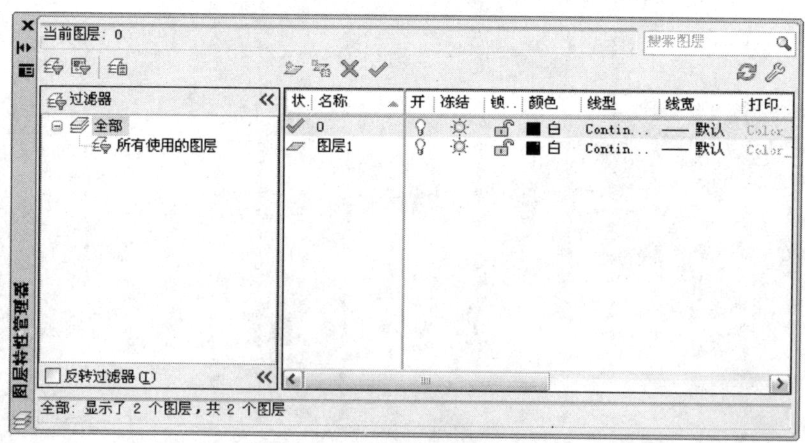

图 11-1　图层特性管理器

图层特性管理器对话框由树状图窗格、列表框窗格和按钮组成。下面介绍该对话框中主要选项的功能。

1. 新建图层

AutoCAD 在启动时自动创建一个初始层“0”层，其特性和状态如图 11-1 所示，“0”层不能改名也不能删除。单击“图层特性管理器”对话框顶部的（新建图层）按钮，即可创建一个新图层，图层列表框中显示新图层的特性和状态。

2. 设置当前图层

AutoCAD 允许在一个图形文件中创建多个图层，但用户在某一时刻只能在当前层上绘图。选中某一图层，然后单击“图层特性管理器”对话框顶部的✔（置为当前）按钮或双击选定的图层，则所选图层即设置为当前层。

3. 删除图层

在“图层特性管理器”对话框中选中某一图层，然后单击✕“删除”按钮，即可完成图层的删除。需要说明的是，“0”层、当前层、包含图形对象的图层和依赖于外部参照的图层不能删除。

4. 设置图层颜色

在图层列表框中单击某一图层的“颜色”列所对应的图标，即打开“选择颜色”对话框，如图 11-2 所示。在该对话框中，可以使用“索引颜色”、“真彩色”和“配色系统”3 个选项卡为图层设置颜色。

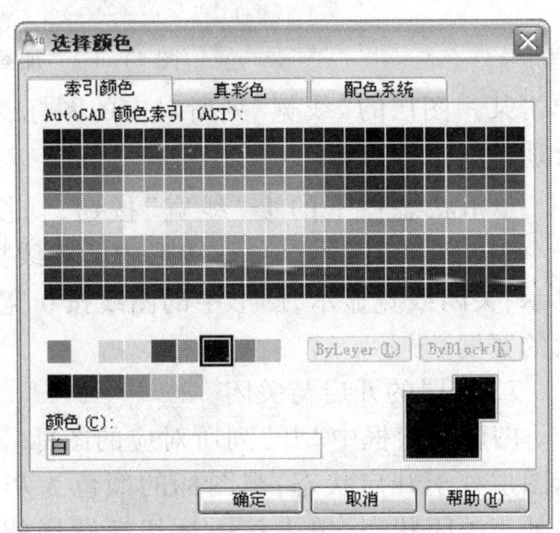

图 11-2　“选择颜色”对话框

5. 设置图层的线型

图层的线型是指图层上绘图时对象的线型。设置图层线型的步骤如下：

(1) 在图层列表框中单击某一图层的“线型”列所对应的图标，打开如图 11-3 所示的“选择线型”对话框，该对话框中仅列出了当前图形文件中可用的线型，初始状态下，该对话框中只有实线（Continuous）线型。

(2) 单击“选择线型”对话框中的“加载”按钮，打开“加载或重载线型”对话框，如图 11-4 所示。在该对话框中选择所需的线型，单击“确定”按钮，返回“选择线型”对话框，其中列出新加载的线型。

(3) 在“选择线型”对话框中，选中所需的线型，单击“确定”按钮。

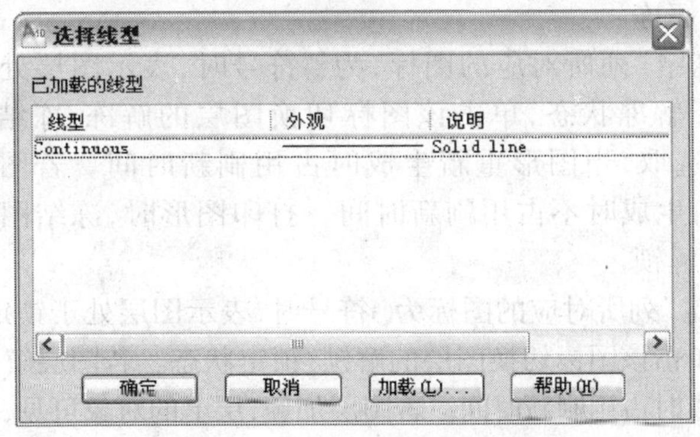

图 11-3　“选择线型”对话框

绘制工程图样常用的线型是 Continuous（实线）、Hidden（虚线）和 Center（点画线）。

6. 设置图层的线宽

在工程图样中，线型还有线宽的区别，如同一种线型 Continuous（实线）就有细实线和粗实线之分。图层的线宽是指图层上对象的线宽。要设置图层的线宽，在图层列表框中

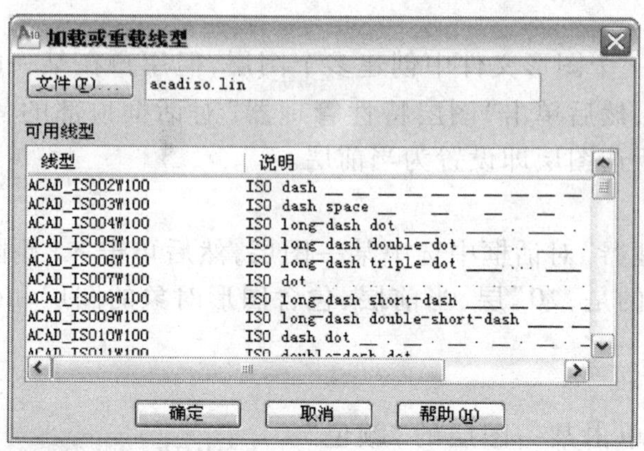

图 11-4 “加载或重载线型”对话框

单击某一图层的“线宽”列所对应的图标，打开“线宽”对话框，如图 11-5 所示，选择一种合适的线宽即可。

单击状态栏上的“线宽”按钮，切换线宽显示的开/关状态，打开线宽显示，图形中的图线按设置的线宽显示；关闭线宽显示，图形中的图线按 0 宽度（即一个像素的宽度）显示。

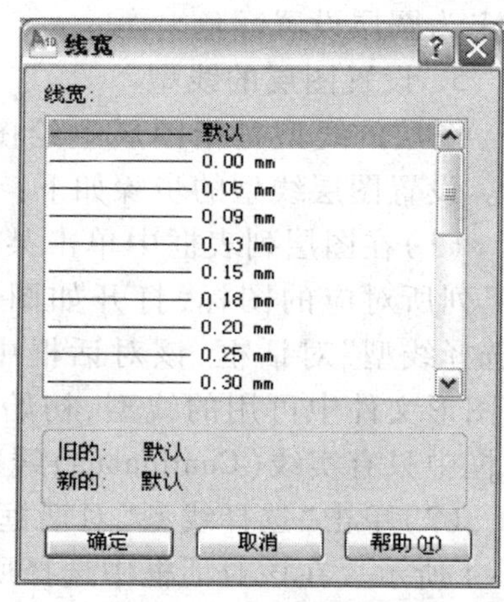

图 11-5 “线宽”对话框

7. 图层的开启与关闭

图层列表框中“开”列所对应的图标为黄色时，表示图层处于开启状态；当图标的颜色为灰色时，表示图层处于关闭状态，单击该图标切换图层的开/关状态或在展开图层状态列表框中单击的相同按钮。若图层打开，层上的对象可见也可选取，当图形重新生成时占用刷新时间，若图层关闭，层上的对象不可见，当图形重新生成时占用刷新时间，打印图形时，关闭图层上的对象不打印。

8. 图层的冻结与解冻

图层列表框中“冻结”列所对应的图标，为符号时，表示图层处于冻结状态；为符号时，表示该图层处于解冻状态，单击该图标切换图层的解冻/冻结状态。若图层解冻，层上的对象可见也可选取，当图形重新生成时占用刷新时间。若图层被冻结，层上的对象不可见，当图形重新生成时不占用刷新时间。打印图形时，冻结图层上的对象不打印。

9. 图层的锁定与解锁

图层列表框中“锁定”列所对应的图标为符号时，表示图层处于锁定状态；为符号时，表示图层处于解锁状态，单击该图标切换图层的解锁/锁定状态。若图层解锁，层上的对象可见也可选取，当图形重新生成时占用刷新时间。若图层加锁，层上的对象可见，但不可选，若用捕捉功能可以捕捉到对象上的特定点。当图形重新生成时占用刷新时间。

三、线型比例与线宽显示

1. “线宽设置”对话框

选择菜单栏“格式”→“线宽”命令，打开“线宽设置”对话框，如图 11-6 所示。

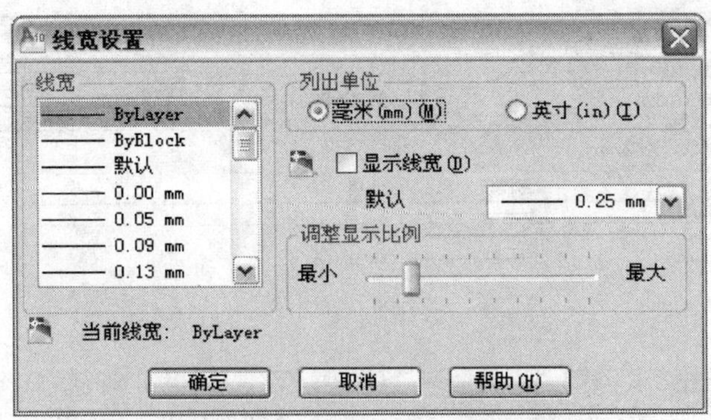

图 11-6　“线宽设置”对话框

该对话框中各主要选项的功能如下。

(1)勾选对话框中的“显示线宽”复选框,或单击状态栏中的“线宽”按钮可控制对象线宽是否在屏幕上按设置线宽显示。

(2)“默认”下拉列表框,用来修改默认线宽值。

(3)“调整显示比例”滑动条,拖动“调整显示比例”滑动条中的滑块可调整线宽的显示比例。

2. 线型比例

AutoCAD 的线型比例因子有“全局比例因子”和“当前对象缩放比例”两种,“全局比例因子”影响所有对象(已绘制对象和新绘制对象)的线型显示;“当前对象缩放比例”仅影响修改比例因子后新绘制对象的线型显示。图 11-7 是对象线型为“虚线”时不同的“当前对象缩放比例”对线型显示的影响。对象的最终线型比例等于全局比例因子和当前对象缩放比例因子的乘积(它们的默认值均等于 1)。

(a) 当前线型比例 =2　　(b) 当前线型比例 =1　　(c) 当前线型比例 =0.5

图 11-7　线型比例对线型显示的影响(全局比例因子 = 1)

3. “线型管理器”对话框

选择菜单栏“格式”→“线型”命令,打开“线型管理器”对话框,单击其中的“显示细节”按钮,展开后的对话框如图 11-8 所示。通过其中的“全局比例因子”文本框可修改对象的全局比例;通过“当前对象缩放比例”文本框可修改新绘制对象的当前比例。

四、图形对象特性

在 AutoCAD 中绘制一个图形对象,例如一个圆,除了要确定它的几何数据(即圆心坐标和半径)以外,还要确定它的颜色、线型、线宽、打印样式等特性数据。AutoCAD 控制图形对象特性的方式有 3 种,即随层、随块、独立设置。通过“特性”工具栏可以查看和控制图形对象的特性,如图 11-9 所示。

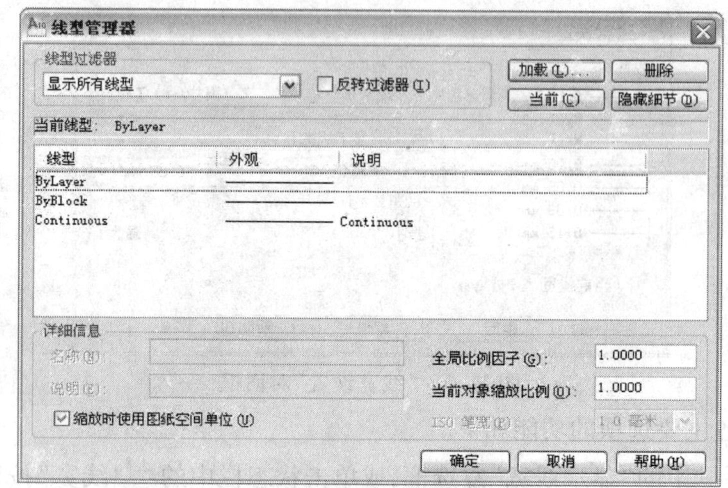

图 11-8 “线型管理器”对话框

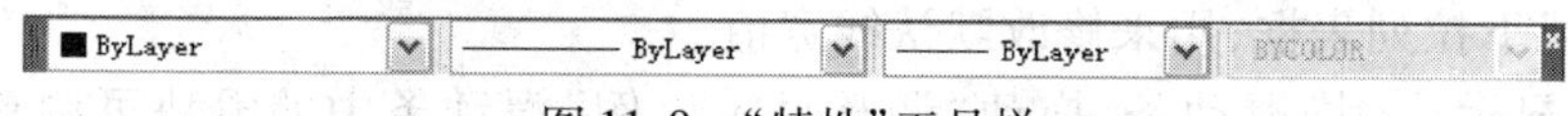

图 11-9 “特性”工具栏

1. 随层(ByLayer)

图形对象的特性(如颜色、线型、线宽等)与其所在图层的特性一致,即同一图层上设置为“随层(ByLayer)”的图形对象都有相同的颜色、线型和线宽。“随层”方式是 AutoCAD 启动后的默认方式,也是最常用的方式。

2. 随块(ByBlock)

图形对象的特性设置为“随块(ByBlock)”后,在定义块时,图形对象在屏幕上显示的颜色为白色,线型为实线(Continuous),线宽为默认宽度。随着块的插入,图形对象的特性将与所插入图层的特性一致。

3. 设置为某一具体的颜色、线型和线宽

图形对象的特性与其所在图层的特性不一致,而且此时图形对象的特性优先于图层的特性。如:设置图形对象的颜色为蓝色,其所在图层的颜色是红色,则画出的图线是蓝色而不是红色。

第二节 块及属性

一、块的概念

块是图形对象的集合,常用于绘制重复的图形和符号。使用块具有以下特点:

(1)提高绘图效率;

(2)节省存储空间;

(3)便于修改图形;

(4)可以添加属性。

二、定 义 块

1. 功能

将选定的图形对象定义为块。

2. 命令调用

命令:BLOCK。工具栏:“绘图”→ (创建块)按钮。菜单命令:“绘图”→“块”→“创建”命令。

3. 命令操作

执行 BLOCK 命令,AutoCAD 打开“块定义”对话框,如图 11-10 所示。

图 11-10　“块定义”对话框

对话框中主要选项的含义如下:

(1)“名称”文本框,输入和编辑块的名称。单击文本框右侧的箭头可列出当前图形文件中所有的块名。

(2)“基点”区,设置块的插入基点位置。用户可以直接在 X、Y、Z 文本框中输入,也可以单击“拾取点”按钮,切换到绘图窗口指定基点。

基点可以选择块所包含图形上的点,也可以是其他点。为了使块的插入方便、快捷,应根据图形特点和绘图需要选择基点,一般选在块的对称中心、左下角或其他有特征的点。

(3)“对象”区,确定组成块的对象。

(4)“方式”区域,设置块的显示状态。

①“按同一比例缩放”复选框,勾选该复选框,块插入时按统一比例缩放;否则块插入时,各个坐标轴方向可采用不同的缩放比例。

②“允许分解”复选框,勾选该复选框,块插入后可以分解为组成块的基本对象。

(5)“设置”区,设置块的插入单位和超链接。

(6)“说明”文本框,用来输入当前块的相关描述信息。

(7)“在块编辑器中打开”复选框,勾选该复选框,块定义完成后,可以在块编辑器中打开、编辑当前块定义。

4. 说明

(1)如果新块名与已定义的块重名,系统将弹出警告对话框(图略),用户可根据具体情况选择是否重新定义块。但块一经重新定义,图形中所有的块参照都会使用新定义。

(2)AutoCAD 允许块嵌套,即块中可以包含其他块,块的嵌套层数不限。但块与所嵌套的块不能重名。

【例 11-1】　在 AutoCAD 中,将图 11-11 所示的图形定义成块螺母。

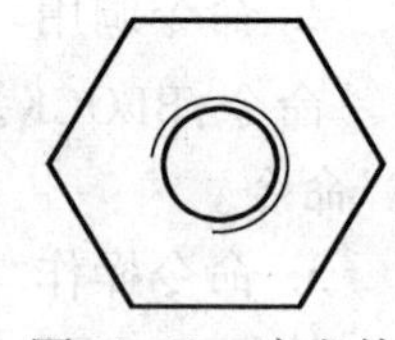
图 11-11　定义块

(1)绘制图 11-11 所示的图形。

(2)单击“绘图”工具栏上工具按钮,打开“块定义”对话框。

(3)在“名称”文本框中输入块名“螺母”;在“基点”区中单击按钮,在绘图窗口拾取图 11-11 中的圆心,将其确定为插入基点;在“对象”区选择“保留”单选按钮,再单击按钮,切换到绘图窗口,用窗口选择方式选择图 11-11 中的所有对象,然后单击鼠标右键返回“块定义”对话框;在“块单位”下拉列表中选择“毫米”选项,将单位设置为毫米;单击“确定”按钮完成块的定义。

三、插 入 块

1. 功能

在当前图形中插入块或者图形。

2. 命令调用

命令:BLOCK。工具栏:“绘图” →(插入块)按钮。菜单命令:“插入” →“块”命令。

3. 命令操作

执行 INSERT 命令,AutoCAD 将打开“插入”对话框,如图 11-12 所示。

图 11-12　“插入”对话框

“插入”对话框主要选项的含义如下:

(1)“名称”下拉列表框,选择要插入块的名称。也可单击“浏览”按钮,打开“选择图形文件”对话框,在其中选择已保存的块和图形文件。

(2)“插入点”选项组,用于确定块的插入点位置。可直接在 X、Y、Z 文本框中输入点的坐标,也可勾选“在屏幕上指定”复选框,关闭对话框后根据命令行提示在绘图窗口指定基点。

(3)“比例”选项组,用于设置块的插入比例。可直接在 X、Y、Z 文本框中输入块在 X、Y、Z 三个方向的比例;也可以勾选“在屏幕上指定”复选框,根据命令行提示在绘图窗口指定。此外,勾选该区中的“统一比例”复选框,块插入时 X、Y、Z 各个方向均按统一比例缩放。

(4)“旋转” 选项组,设置块插入时的旋转角度。可直接在“角度”文本框中输入角度值,也可勾选“在屏幕上指定”复选框,关闭对话框后根据命令行提示在绘图窗口指定旋转角度。

(5)“分解”复选框,勾选该复选框,块插入后即分解为组成块的基本对象。

【例 11-2】　将例 11-1 中创建的块插入到图 11-13(a)所示的图形中。

(1)单击“绘图”工具栏上(工具)按钮,打开“插入”对话框。

(2)在“名称”下拉列表框中选择“螺母”;在“插入点”区勾选“在屏幕上指定”复选框;单击“确定”按钮,关闭“插入”对话框根据命令行提示在绘图窗口中拾取点 A,插入效果如图 11-13(b)所示。

(3)重复上述步骤,插入块螺母,最后效果如图 11-13(c)。

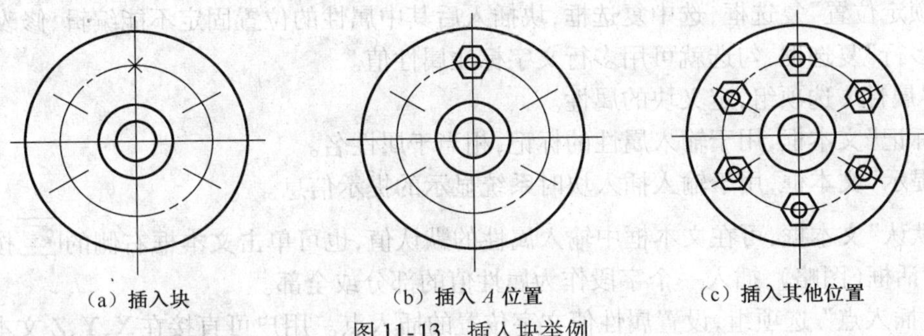

图 11-13　插入块举例

四、定义属性(Attdef)命令

属性是附属于块的文字信息,是块的组成部分,如果块 = 图形对象 + 属性,用户在插入块时可修改属性值。一个块中可以包含多个属性。

1. 功能

创建属性,设置属性标记、属性值、属性提示、属性显示的可见性以及在块中的位置。

2. 命令调用

命令:ATTDEF。菜单命令:“绘图”→“块”→“定义属性”命令。

3. 命令操作

执行 ATTDEF 命令,AutoCAD 将打开“属性定义”对话框,如图 11-14 所示。

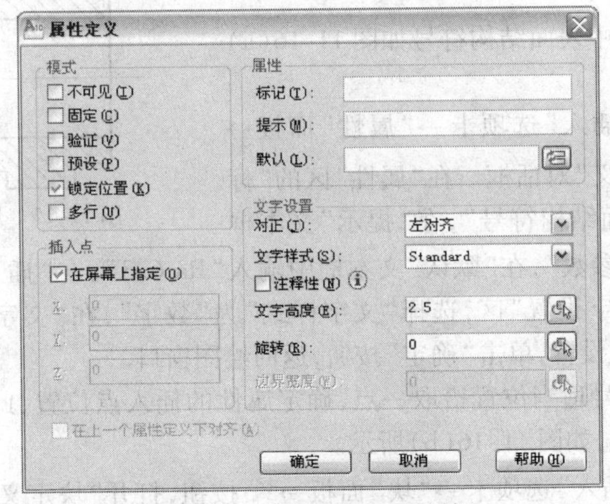

图 11-14　“属性定义”对话框

下面介绍其中主要选项的功能。

(1)“模式”选项组,设置属性的模式。

①“不可见”复选框,勾选复选框,属性随插入块图形后不显示其属性值,即属性不可见,否则会在块中显示其属性值。

②“固定”复选框,勾选表示属性值为常量,否则是变量插入块时可改变属性值。

③“验证”复选框,用于验证所输入的属性值是否正确,一般不选此项即不验证。

④“预置”复选框,勾选复选框,系统将属性默认值预置成实际的属性值,属性随块插入时,不再要求用户输入新的属性值,相当于属性值为常量。

⑤“锁定位置”复选框,选中复选框,块插入后其中属性的位置固定不能编辑、修改。

⑥“多行”复选框,勾选就可用多行文字标注属性值。

(2)“属性”选项组,定义块的属性。

①“标记”文本框,用于输入属性的标记,相当于属性名。

②“提示”文本框,用于输入插入块时系统显示的提示信息。

③“默认”文本框,可在文本框中输入属性的默认值,也可单击文本框右侧的按钮打开“字段”对话框(图略),插入一个字段作为属性值的部分或全部。

(3)“插入点”选项组,设置属性值文字位置的插入点。用户可直接在X、Y、Z文本框中输入点的坐标,也可以勾选“在屏幕上指定”复选框,待设置完成后单击“确定”按钮关闭对话框,在绘图区拾取一点作为属性值文字位置的插入点。

(4)“文字设置”选项组,设置属性值文字的对正方式、文字样式、文字的高度和旋转角度等。

(5)“在上一个属性定义下对齐”复选框,勾选该复选框,在一个块中定义多个属性时,使当前定义的属性与上一个已定义的属性的对正方式、文字样式、字高和旋转角度相同,而且另起一行排列在上一个属性的下方。

4. 说明

单击对话框中的“确定”按钮只完成一个属性定义,重复“定义属性”命令可为块定义多个属性。

【例 11-3】 用属性块绘制图中表面结构符号,如图 11-15 所示。

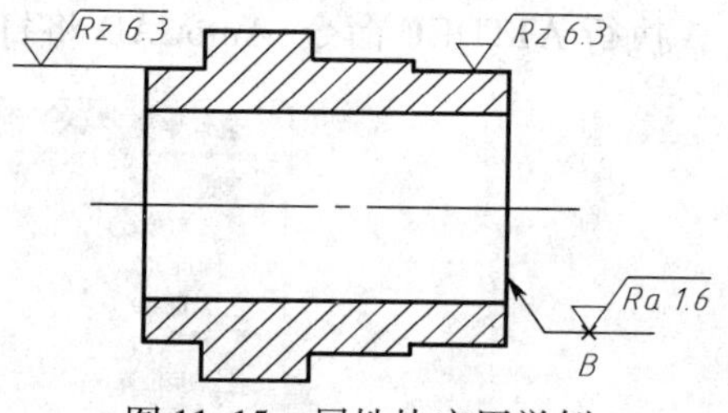

图 11-15 属性块应用举例

(1)绘制图 11-15 中表面结构符号如图 11-16(a)所示。

(2)单击功能区“插入”选项卡→“属性”面板→按钮,打开“属性定义”对话框。在“属性”区的“标记”文本框中输入“表面结构符号”,在“提示”文本框中输入“输入表面结构参数”,在“默认”文本框中输入“Ra 6.3”;在“插入点”区勾选“在屏幕上指定”复选框;在“文字设置”区,选择“文字样式”为“数字”,在“文字高度”文本框中输入3.5,其他选项采用默认设置,单击“确定”按钮,返回绘图窗口。

(3)在表面结构符号适当位置拾取一点,确定属性的插入点位置,此时,图中属性的定义位置显示该属性的标记,如图 11-16(b)所示。

(4)单击功能区“插入”选项卡→“块”面板→按钮,打开“块定义”对话框。在“名称”文本框中输入块的名称“表面结构”;在“基点”选项区中单击“拾取点”按钮,在绘图窗口拾取图 11-16(b)中表面结构符号的 *A* 点,确定基点位置;在“对象”选项区域中选择“删除”单选按钮,再单击“选择对象”按钮,切换到绘图窗口,使用窗口选择方式选择图 11-16(b)中所有对象,按回车键返回“块定义”对话框,单击确定按钮。

(5)单击功能区“插入”选项卡→“块”面板→按钮,打开“插入”对话框。在“名称”下

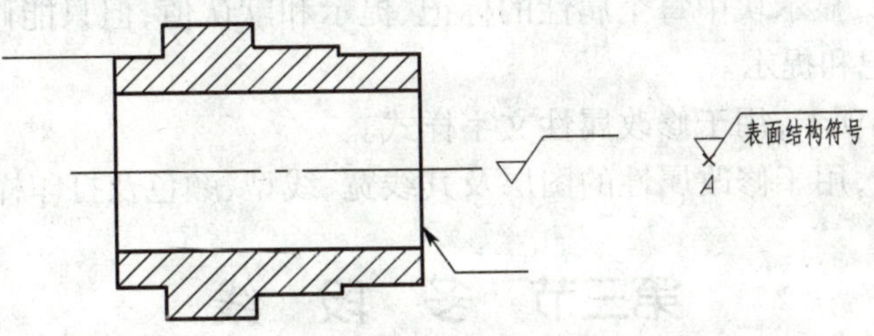

（a）绘制块图形　　（b）定义属性

图 11-16　定义属性性的作图过程

拉列表框中选择“表面结构”；在“插入点”区勾选“在屏幕上指定”复选框；在“缩放比例”区勾选“统一比例”复选框，并在 X 文本框中输入 1；单击“确定”按钮，在绘图窗口图形的适当位置拾取插入点（如 *B* 点），在命令行的“请输入表面结构参数 < Rz 6.3 >：”提示下输入相应的参数（如 Ra 1.6），按回车键完成一次属性块的插入。

（6）重复（5）的操作，完成其他表面结构符号的标注，如图 11-15 所示。

五、修改和编辑属性

1. 编辑属性定义

（1）功能

在块定义之前，修改属性定义的标记、提示和默认值。

（2）命令位置

命令：DDEDIT。菜单命令“修改”→“对象”→“文字”→“编辑”命令。

（3）操作

执行 DDEDIT 命令后，AutoCAD 提示：

选择注释对象或[放弃（U）]：选择需要修改的属性↙

单击需要修改的属性，打开“编辑属性定义”对话框，如图 11-17 所示。直接在相应的文本框中修改属性的标记、提示和默认值。因为，在块定义之前，属性定义还不是块的附属，仍是单独的文字信息，所以还可用“文字编辑”命令修改。

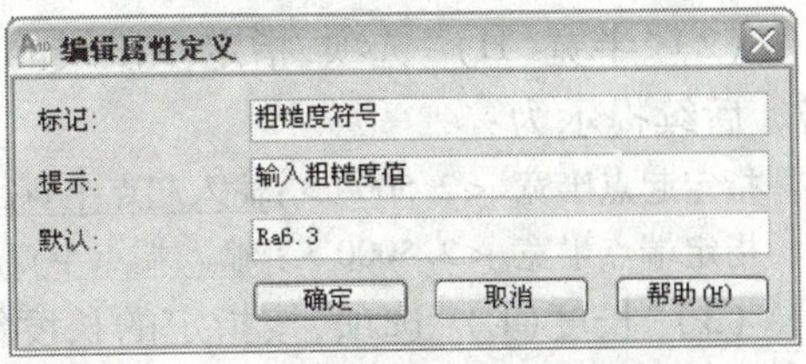

编辑属性定义
标记：粗糙度符号
提示：输入粗糙度值
默认：Ra6.3
确定　取消　帮助(H)

图 11-17　“编辑属性定义”对话框

六、利用对话框编辑属性（Eattedie）命令

1. 功能

编辑已随块插入图中属性的默认值、文字样式和特性。

2. 命令调用

命令：EATTEDIT。工具栏：“修改Ⅱ”→（编辑属性）按钮。菜单命令：“修改”→“对象”→“属性”→“单个”命令。

3. 命令操作

执行 EATTEDIT 命令，AutoCAD 提示：

选择块：

此提示下选择块后将打开“增强属性编辑器”对话框，该对话框包含 3 个选项卡，各自的功能如下：

①“属性”选项卡，显示块中每个属性的标记、提示和默认值，但只能修改选中属性的默认值，而不能修改其标记和提示。

②“文字选项”选项卡，用于修改属性文字样式。

③“特性”选项卡，用于修改属性的图层及其线宽、线型、颜色及打印样式等特性参数。

第三节　多　段　线

一、绘制多段线

1. 功能

绘制二维多段线。多段线是由直线段和圆弧段组成的逐段相连的单一对象，可以整体编辑，也可以分段编辑。既可以有统一线宽，也可以有不同线宽，而且同一线段也可以有不同的线宽，如图11-18所示。

图 11-18　多段线

2. 命令调用

命令：PLINE。工具栏：“绘图”→ （多段线）按钮。菜单命令：“绘图”→“多段线”命令。

3. 操作

执行 PLINE 命令，AutoCAD 提示：

指定起点：（指定多段线的起点）

当前线宽为 0.0000（说明当前的绘图线宽）

指定下一个点或［圆弧（A）/半宽（H）/长度（L）/放弃（U）/宽度（W）］：输入点↙或某选项↙

指定下一点或［圆弧（A）/闭合（C）/半宽（H）/长度（L）/放弃（U）/宽度（W）］：输入点↙或某选项↙

下面介绍提示中各选项的含义及其操作。

（1）“指定下一个点”为默认选项，该提示反复出现，类似于“直线”命令。

（2）“半宽（H）”选项，指定多段线的起点半宽和端点半宽。即多段线的宽度是输入值的2倍。后续提示为：

指定起点半宽 <2.5000>：输入起点半宽↙（起点半宽将作为端点半宽的默认值）

指定端点半宽 <2.5000>：输入端点半宽↙（端点半宽将作为下一段线的起点半宽默认值）

（3）“长度（L）”选项，按指定的长度绘制直线段。若前一段线是直线，按指定长度绘制前段直线的延长线；若前一段线是圆弧，则按指定长度绘制前段圆弧端点的切线。

（4）“放弃（U）”选项：取消上一次操作。

（5）“宽度（W）”选项，指定多段线的起点宽度和端点宽度，后续提示为：

指定起点宽度 <10.0000>：输入起点宽度↙（起点宽度将作为端点宽度的默认值）

指定端点宽度 <10.0000>：输入端点宽度↙（端点宽度将作为下一段线的起点宽度默认值）

起点宽度和端点宽度不同时，绘制锥度线段。通过 FILL 命令设置具有宽度的多段线填充与否，若设置为“开（ON）”（默认设置），多段线按宽度填充；否则不填充。

（6）“闭合（C）”选项，按当前宽度以直线段封闭多段线后，结束命令。

（7）“圆弧（A）”选项，由绘制直线方式切换到绘制圆弧方式。后续提示为：

指定圆弧的端点或［角度（A）/圆心（CE）/闭合（CL）/方向（D）/半宽（H）/直线（L）/半径（R）/第二个点（S）/放弃（U）/宽度（W）］：

【例 11-4】　绘制如图 11-19 所示的箭头。

执行 PLINE 命令，AutoCAD 提示：

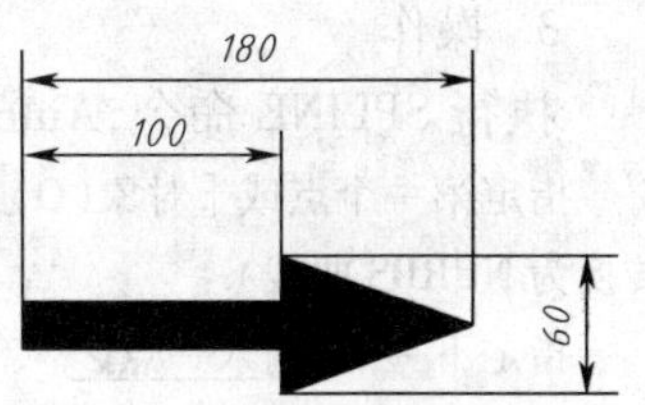

图 11-19　绘制箭头

指定起点：(在绘图区域指定起点)

当前线宽为 0.0000(说明当前的绘图线宽)

指定下一个点或［圆弧(A)/半宽(H)/长度(L)/放弃(U)/宽度(W)］：W↙

指定起点宽度 <0.0000>：20↙

指定端点宽度 <20.0000>：↙

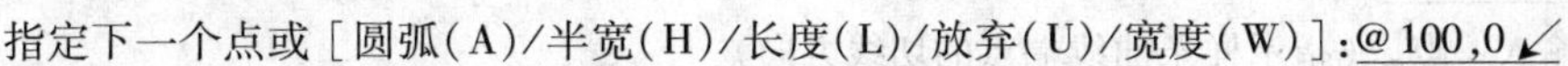

指定下一个点或［圆弧(A)/半宽(H)/长度(L)/放弃(U)/宽度(W)］：@100,0↙

指定下一点或［圆弧(A)/闭合(C)/半宽(H)/长度(L)/放弃(U)/宽度(W)］：W↙

指定起点宽度 <20.0000>：60↙

指定端点宽度 <60.0000>：0↙

指定下一点或［圆弧(A)/闭合(C)/半宽(H)/长度(L)/放弃(U)/宽度(W)］：L↙

指定直线的长度：80↙

指定下一点或［圆弧(A)/闭合(C)/半宽(H)/长度(L)/放弃(U)/宽度(W)］：↙

完成多段线绘制，执行结果如图 11-19 所示。

二、多段线编辑(Pedit)命令

1. 功能

编辑已有的多段线。

2. 命令调用

命令：PEDIT。工具栏："修改Ⅱ"→（编辑多段线）按钮。菜单命令："修改"→"对象"→"多段线"命令。

3. 命令操作

执行 PEDIT 命令，AutoCAD 提示：

选择多段线或［多条(M)］：选择对象↙或M↙

若所选对象是多段线直接到"输入选项"提示下。若所选对象不是多段线则有以下提示：

选定的对象不是多段线

是否将其转换为多段线？<Y>↙或N↙

以空回车响应，所选对象转换为多段线到"输入选项"提示下。以"N"响应，所选对象作废，命令行提示用户重新选择对象。

输入选项［闭合(C)/合并(J)/宽度(W)/编辑顶点(E)/拟合(F)/样条曲线(S)/非曲线化(D)/线型生成(L)/反转(R)/放弃(U)］：

通过选择各选项，可对多段线进行相应的编辑。

三、绘制样条曲线

1. 功能

绘制非均匀有理 B 样条曲线(即 NURBS 曲线)。常用于绘制不规则的曲线、工程图样中的波浪线。

2. 命令调用

命令：SPLINE。工具栏："绘图"→（样条曲线）按钮。菜单命令："绘图"→"样条曲线"命令。

3. 操作

执行 SPLINE 命令,AutoCAD 提示:

指定第一个点或[对象(O)]:输入一点↙或O↙(以"O"响应,选择一条样条曲线拟合的多段线,并将其转换为 NURBS 曲线)

指定下一点:输入一点↙

指定下一点或[闭合(C)/拟合公差(F)] <起点切向>:输入一点↙或↙或某选项↙

指定起点切向:输入一点↙(指示样条曲线起点的切线方向)

指定端点切向:输入一点↙(指示样条曲线端点的切线方向)

(1)"指定下一个点",指定样条曲线的数据点。直到以空回车响应,结束数据点的输入。后续提示要求指示样条曲线起点和端点的切线方向。

(2)"闭合(C)"选项,封闭样条曲线,后续提示为:

指定切向:输入一点↙(指示样条曲线起点同时也是端点的切线方向)

(3)"拟合公差(F)"选项,设置样条曲线的拟合公差,即绘制样条曲线时,绘制样条曲线的拾取点与实际样条曲线的数据点之间所允许的最大偏移距离。拟合公差不影响样条曲线的起点和端点位置。后续提示为:

指定拟合公差 <0.0000>:10↙

默认值为0,表示拾取点和实际样条曲线的数据点重合,若拟合公差大于0,系统会根据拟合公差和输入的数据点重新生成样条曲线。

第四节　填充与编辑图案

一、填充图案

1. 功能

在指定的封闭区域内填充选定的图案符号。

2. 命令调用

命令:BHATCH。工具栏:"绘图" → (图案填充)按钮。菜单命令:"绘图" →"图案填充"命令。

3. 命令执行

执行 BHATCH 命令,打开"图案填充和渐变色"对话框,如图 11-20 所示。

该对话框中有"图案填充"和"渐变色"两个选项卡,以及其他一些选项。下面介绍其中主要选项的含义。

(1)"类型和图案"选项组

①"类型"下拉列表框,其中有"预定义"、"用户定义"和"自定义"3 个选项。"预定义"图案是 AutoCAD 提供的图案。"用户定义"是用户以一组平行线或互相垂直的两组平行线定义的一个简单图案。"自定义"图案是用户自己事先定义好的图案。

②"图案"下拉列表框,在"类型"下拉列表框中选择"预定义"选项,该选项才可用。用户可以直接在下拉列表框中根据图案名称选择图案,也可以单击其右边的按钮,打开"填充图案选项板"(图 11-21)选择图案。

③"样例"预览窗口,显示当前选定图案的预览图像。单击预览图像则打开"填充图案选项板"对话框。

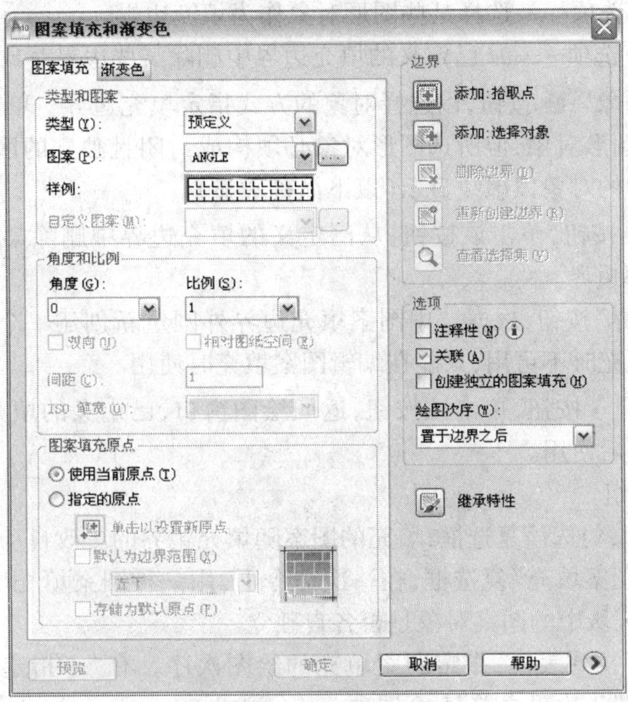

图 11-20　“图案填充和渐变色”对话框

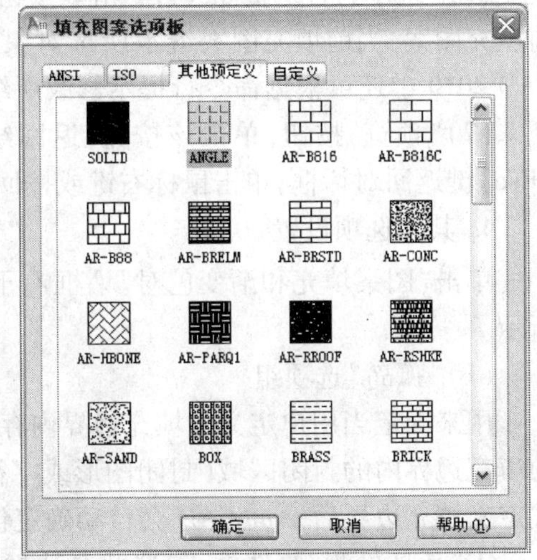

图 11-21　“填充图案选项板”对话框

(2)“角度和比例”选项组

①“角度”下拉列表框,设置填充图案的旋转角度。

②“比例”下拉列表框,设置填充图案的比例因子。当在“类型”下拉列表框中选择“用户定义”选项时,该选项不可用。

(3)“图案填充原点”选项组

用于控制生成填充图案时的起始位置。默认状态下,所有填充图案的原点均以当前 UCS 的原点为对齐点。

①“使用当前原点”单选按钮,以当前 UCS 的原点作为图案填充原点。

②“指定原点”单选按钮,输入一点作为图案填充原点。

(4)“边界”选项组

用于指定和查看图案填充的边界。

①“添加:拾取点” 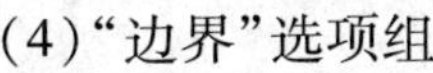按钮,以拾取点的方式来指定填充区域的边界。单击该按钮切换到绘图窗口,并且在命令行提示:

拾取内部点或[选择对象(S)/删除边界(B)]:拾取一点↙或某选项↙

在需要填充的区域内任意拾取一点,AutoCAD 会自动搜索封闭区域的边界,搜索到的边界将以虚线显示。用该方式搜索边界时,若边界不封闭,则会出现“边界定义错误”警告对话框。

a. 选择对象(S)选项——选择某些图形对象作为填充边界。

b. 删除边界(B)选项——从已定义的填充边界中删除某些边界对象。

②“添加:选择对象”按钮,以选择对象的方式指定填充边界。单击该按钮切换到绘图窗口,选择要填充的图形对象,但所选图形对象必须构成封闭且独立的区域,否则将不能填充或填充不正确。选中的对象以虚线显示(以下简称虚显)。

③“删除边界”按钮,单击该按钮,从已定义的填充边界中删除某些边界对象(包括孤岛),但不能删除外部边界。

④“重新创建边界”按钮,根据选中图案填充边界外围重新创建一个多段线边界或面域。此按钮在创建图案填充时不可用,只能在编辑图案填充时使用。

⑤“查看选择集”按钮,单击该按钮,返回绘图窗口,已定义的填充边界虚显。此按钮只能在定义填充边界后使用。

(5)“选项”选项组

①“关联”复选框,勾选该复选框,填充的图案随填充边界的更改自动更新。

②“创建独立的图案填充”复选框,在一次命令下,用一种图案填充所选择的多个填充区域时,控制各个填充区域中的图案对象是否各自独立。

③“绘图次序”下拉列表框,指定图案填充的绘图次序。有“不指定”、“后置”、“前置”、“置于边界之后”、“ 置于边界之前”5 个选项。

(6)“继承特性”按钮,单击该按钮返回绘图窗口,选择图形中已有的填充图案作为当前填充图案,当前填充图案继承所选对象的图案及其角度、比例、关联等所有特性。在 AutoCAD 2010 中还可根据命令行提示修改所继承的特性。

(7)“预览”按钮,单击该按钮,返回绘图窗口显示当前的填充结果,单击鼠标左键或按【Esc】键返回对话框;单击鼠标右键或按回车键接受图案填充,结束命令。

4. 其他选项设置

单击“图案填充和渐变色对”话框右下角的按钮,展开对话框的其他选项,如图 11-22 所示。

(1)“孤岛”选项组

用来确定当用户定义的填充边界内存在孤岛时,图案的填充方式。AutoCAD 将用户定义的填充边界内的封闭区域(封闭图形或字符串外框)称为孤岛。填充图案时,用“拾取点”的方式定义填充边界后,AutoCAD 会自动确定包围该点的封闭区域,同时自动确定出对应的孤岛。

①“孤岛检测”复选框,勾选此复选框,“孤岛显示样式”中的单选按钮才可用。AutoCAD 对孤岛的填充方式有“普通”、“外部”、“忽略”3 种选择。区域中 3 个单选按钮对应的图像形象地说明了 3 种填充效果。

②“普通”单选按钮,从外部边界向内填充,如果遇到孤岛则不填充,直到遇到孤岛中的孤岛再填充,即在交替的区域中填充。

③“外部”单选按钮,也是从外部边界向内填充,遇到孤岛即停止填充,仅填充最外部边界。

④“忽略”单选按钮,忽略孤岛,按外部边界填充整个闭合域。

(2)“边界保留”选项组

用于指定是否将填充边界保留为对象。默认情况下,图案填充操作完成后,系统自动删除

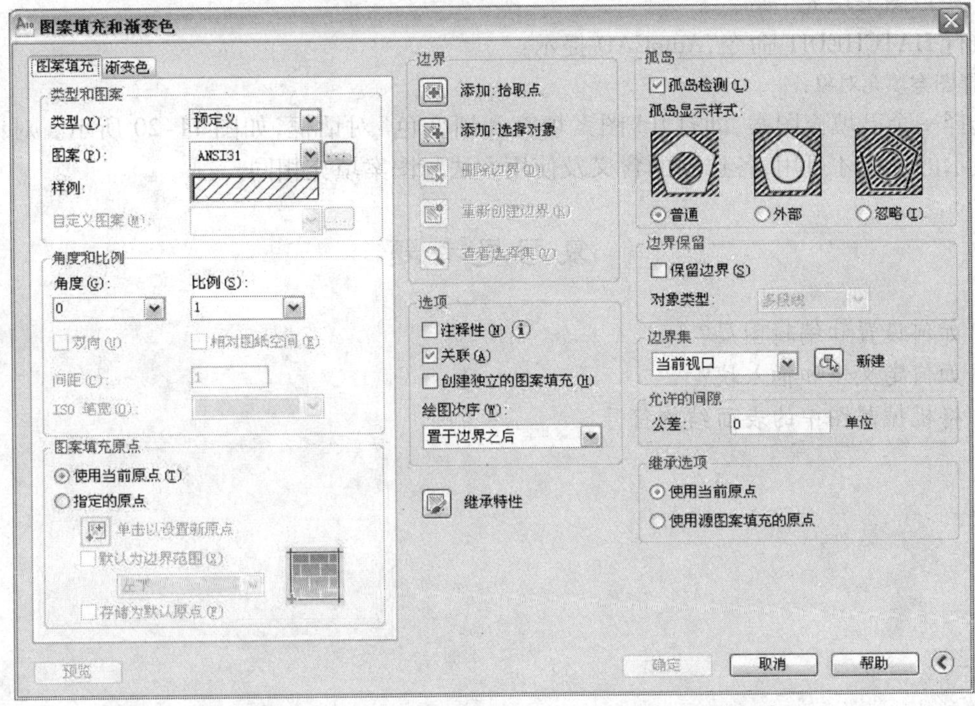

图 11-22　扩展的“图案填充和渐变色对话框”对话框

这些临时边界,若勾选“保留边界”复选框则保留这些边界。通过该区域中的“对象类型”下拉列表框可以设置保留边界的对象类型,下拉列表中有“多段线”和“面域”两种选择。

(3)“边界集”选项组

当用拾取点的方式定义填充区域时,AutoCAD 用于定义填充边界的对象集。使用选择对象的方式定义填充区域时此边界集无效。

①“新建” 按钮,单击该按钮进入绘图窗口,选择了边界集对象后回车返回对话框,下拉列表框中显示“现有集合”。

②“当前视口”下拉列表框,默认选项即分析当前视窗中的所有可见对象来定义边界。如果用“新建”按钮选择对象重新定义了要分析的边界集,列表框中出现“现有集合”选项,即采用用户选定的对象作为要分析的边界集。若不曾用“新建”按钮选择对象则无“现有集合”选项。

(4)“允许的间隙”区中的“公差”文本框。AutoCAD 2010 允许将实际并未封闭的边界作为填充边界,可以忽略的不封闭的最大间隙值用“公差”文本框中的允许值(0 ~ 5 000)来确定。默认值为 0,即不允许将未封闭的边界作为填充边界。

(5)“继承选项”区,用“继承特性”按钮填充图案时,控制填充图案的原点位置。有“使用当前原点”和“使用源图案填充的原点”两个单选按钮供选择。

二、编辑图案填充(Hatchedit)命令

1. 功能

修改已填充的指定图案及其特性。

2. 命令位置

命令:HATCHEDIT。工具栏:“修改Ⅱ”→ (编辑图案填充)按钮。菜单命令:“修改”→

"对象"→"图案填充"命令。

执行 HATCHEDIT 命令,AutoCAD 提示:

选择图案填充对象:

选择一个已填充图案,即打开"图案填充和渐变色"对话框,如图 11-20 所示。对话框中正常显示的选项才可用,各选项的含义及使用方法与图案填充相同。

复习思考题

1. 如何设置和编辑图层?
2. 如何定义块和插入块?
3. 将机械制图中的表面结构符号。

第十二章　文字、表格与尺寸标注

文字和尺寸标注在机械制图和工程制图中不可或缺，尺寸标注及相关的文字注释，如：技术要求、施工说明、标题栏、明细表等非图形信息都是必不可少的重要组成部分，准确的图形及正确的尺寸标注和文字注释结合才能完整的表达设计思想。本章主要介绍 AutoCAD2010 的文字输入和编辑功能，尺寸标注及创建表格的方法和技巧。

第一节　标注与编辑文字

在 AutoCAD 中所有的文字都有与之相关联的文字样式。文字样式说明所标注文字采用的字体字高颜色标注方向等。要标注出满足用户要求的文字，应首先对文字的样式进行定义。

一、文字样式

单击工具栏“样式”→（文字样式）按钮，或者点击下拉菜单“格式”→“文字样式”命令，则打开“文字样式”对话框，如图 12-1 所示。对话框中各选项的含义如下：

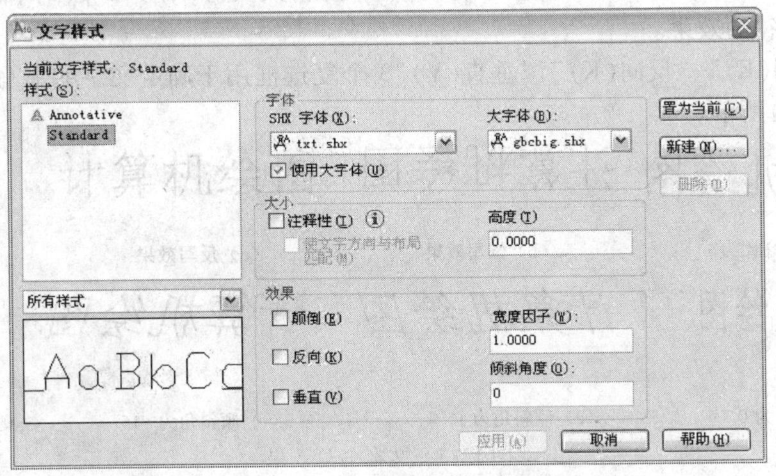

图 12-1　“文字样式”对话框

1.“新建”按钮

创建新文字样式。单击该按钮，会弹出一个“新建文字样式”的对话框，如图 12-2 所示，在该对话框的“样式名”文本框中输入新文字样式的名字，单击确定按钮，即可建立新的文字样式。新建文字样式名显示在图 12-1 所示对话框的“样式(s)”列表框中，其中“Standard”和“Annotative”是系统的默认文字样式。

2.“置为当前”按钮与“删除”按钮

将样式列表框中选中的样式置为当前样式。需要将已有的某一文字样式来标注文字时，选中“样式(S)”列表框中的该文字样式名后，单击“置为当前”按钮，可将选定的文字样式置为当前样式。

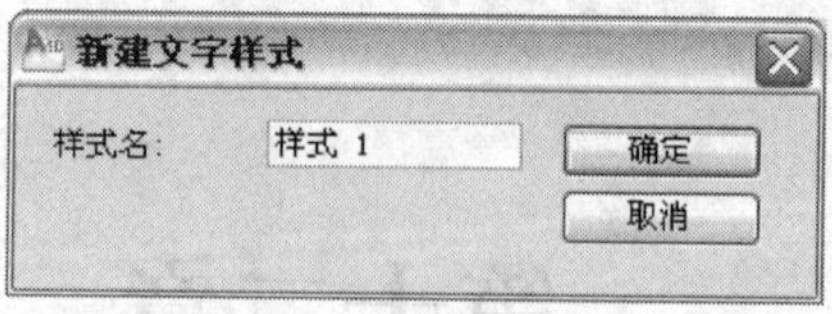

两次单击“样式(S)”列表框中的某一文字样式名可重新命名文字样式。

选中“样式(S)”列表框中的文字样式名后，单击“删除”按钮可删除所选文字样式。

图 12-2 “新建文字样式”对话框

3. 字体

AutoCAD 提供的符合工程制图要求的字体是:“gbeitc. shx”(书写斜体的数字和字母);“gbenor. shx”(书写直体的数字和字母)。若选中“使用大字体”复选框，在“字体样式(Y)”下拉列表框中选择“gbcbig. shx”可以书写长仿宋体汉字。

取消“使用大字体”复选框的选择，才可在“字体名(F)”下拉列表框中选择“仿宋GB2312”书写符合工程制图要求的长仿宋字。

4. 高度(T)

定义文字样式中字符的高度。可将此处的字符高度值设为 0，在用该样式标注文字时，AutoCAD 会在命令行提示用户输入字符高度值。若文字样式中的字符高度值采用非零值，注写文字时，AutoCAD 直接使用所设高度值，不再提示用户输入字符高度。

5. 效果

(1)“宽度因子”文本框用于定义字符的宽高比系数，默认为 1，图 12-3(a)和(d)为采用不同宽度因子时字符的效果。

(2)“倾斜角度”文本框用于定义字符的倾斜方向，默认为 0，图 12-3(e)和(f)为采用不同倾斜角度时字符的效果。

(3)“颠倒(E)”、“反向(K)”、“垂直(V)”3 个复选框用于确定文字的书写方向，如图 12-3(b)、(c)、(g)所示。

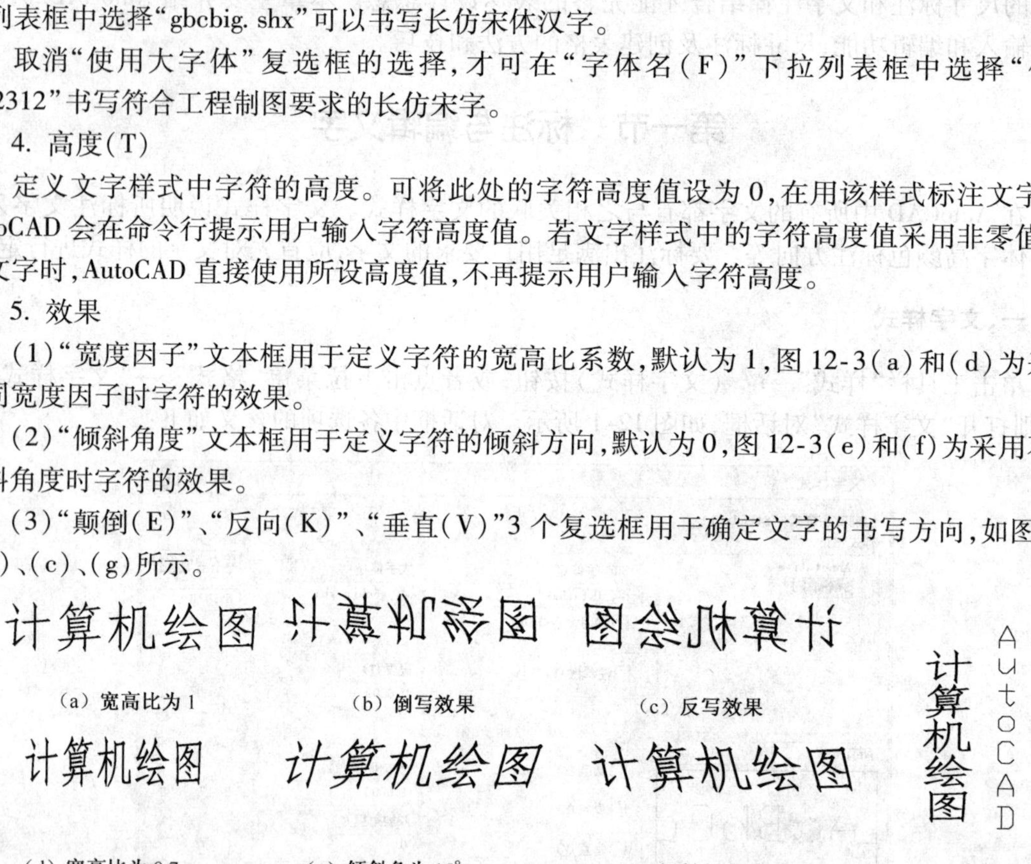

(a) 宽高比为 1　(b) 倒写效果　(c) 反写效果

(d) 宽高比为 0.7　(e) 倾斜角为 15°　(f) 倾斜角为 −15°　(g) 垂直书写效果

图 12-3 文本书写效果

6. 应用

确认对文字样式的设置，单击“应用”按钮，AutoCAD 保存已进行的参数设置。通过“文字样式”对话框左下角的预览区可以查看当前文字样式的显示效果。

二、标注文字

AutoCAD 2010 提供了两个标注文字的命令：单行文字和多行文字。下面介绍这两个文字标注命令。

1. 单行文字(Detext)命令

①功能

在图形文件中注写文字。用单行文字命令标注的文字每一行是一个对象，可注写出多行文本。

②命令调用

命令：DTEXT。工具栏："文字"→(单行文字)按钮。菜单命令："绘图"→"文字"→"单行文字"命令。

③操作

执行 DTEXT 命令，后续提示为：

当前文字样式："汉字" 文字高度：2.5000 注释性：否

指定文字的起点或［对正(J)/样式(S)］：(拾取一点作为文字输入的起始点)

指定高度 ＜当前值＞：(上一次命令使用的字符高度是本次命令中的默认高度)

指定文字的旋转角度 ＜0＞：(输入文字行的旋转角度)

2. 多行文字(Metext)输入命令

①功能

多行文字命令实质是一个在位文字编辑器，不仅可以创建和修改多行文字对象，还可将其他文本文件中的文字粘贴到 AutoCAD 的图形文件中。另外，AutoCAD2010 允许将文字框背景设为透明，使得用户在输入文字时可看到新输入的文字是否与原有的其他对象重叠。多行文字在图形文件中所注写的整段文字是一个编辑对象，所以称为多行文字。

②命令调用

命令：METEXT。工具栏："文字"→(多行文字)按钮。菜单命令："绘图"→"文字"→"多行文字"命令。

③操作

执行 METEXT 命令，后续提示为：

当前文字样式："数字"文字高度：10 注释性：否

指定第一角点：输入一点↙

指定对角点或［高度(H)/对正(J)/行距(L)/旋转(R)/样式(S)/宽度(W)/栏(C)］：输入一点↙或某选项↙

指定第一角点和对角点确定多行文字的书写范围后，AutoCAD 打开如图 12-4 所示的在位文字编辑器。其操作与"Word"文字编辑器类似，故不再详述。

下面介绍提示中各选项的含义及其操作。

图 12-4　文字编辑器

3. 特殊符号的输入

对于一些不能直接从键盘上输入的特殊字符，当文字样式中设置的字体是 AutoCAD 的形文件字体(＊.shx)时，特殊字符可输入 ASCⅡ码生成，其定义见表 12-1。

当文字样式中设置的字体是 Windows 提供的 True type 字体时，若用单行文字命令注写文字，使用输入法工具条中的软键盘可输入特殊符号。若用多行文字命令注写文字，则在图12-4

所示的文字编辑器中，单击@·“符号”按钮，在弹出的菜单中选择相应的符号选项即可。如果在该菜单中选择“其他”选项，会打开“字符映射表”（图略），供用户输入更多种类的特殊符号。

表 12-1 特殊字符的 ASCⅡ码

代码	定　义	输入举例	输出结果
%%U	文字下划线开关	%%UAutoCAD	$\underline{\text{AutoCAD}}$
%%O	文字上划线开关	%%OAutoCAD	$\overline{\text{AutoCAD}}$
%%C	直径符号ϕ	%%C30	ϕ30
%%D	角度符号“°”	45%%D	45°
%%P	正负公差符号 ±	100%%P0.05	100 ±0.05

利用图 12-4 所示“文字格式”工具栏中的（堆叠）按钮可输入分数和字符的上、下标。如先输入“2b^”字符，然后选中“b^”字符，再单击该按钮，字符形式为“2^b”；先输入“2^b”字符，然后选中“^b”字符，再单击该按钮，字符形式为“2_b”；先输入“2/b”字符，然后选中“2/b”字符，再单击该按钮，字符形式为“$\frac{2}{b}$”。

三、文字的编辑和修改

1. 功能

修改已标注的文字。

2. 命令调用

命令：DDEDIT。工具栏：“文字”→（编辑文字）按钮。菜单命令：“修改”→“对象”→“文字”命令。

3. 操作

执行 DDEDIT 命令，后续提示为：

选择注释对象或[放弃(U)]：

在此提示下，用户选择需要编辑的文字。标注文字时使用的方式不同，选择文字后 AutoCAD 给出的响应也不同。如果所选择的文字是 DTEXT 命令标注的，选择文字对象后，AutoCAD 将在该文字四周显示出一个方框，进入编辑模式，此时用户可以直接修改对应的文字。如果所选择的文字是 METEXT 命令标注的，AutoCAD 会弹出与图 12-4 类似的在位文字编辑器，并在该对话框中显示所选择的文字，以供用户编辑。

编辑完对应的文字后，后续提示为：

选择注释对象或[放弃(U)]：

此时可以继续选择文字进行修改或按【Enter】键结束命令。

另外单击已注写好的文字，绘图窗口显示文字修改快捷对话框如图 12-5(a)所示，将光标移至对话框中会显示更多的可修改的内容如图 12-5(b)所示。

双击已注写好的文字，系统会根据不同的注写命令切换到相应的编辑模式。如双击多行文字会切换到图 12-4 所示的文字编辑器下。另外，通过“特性”面板也可以修改文字的内容和特性。

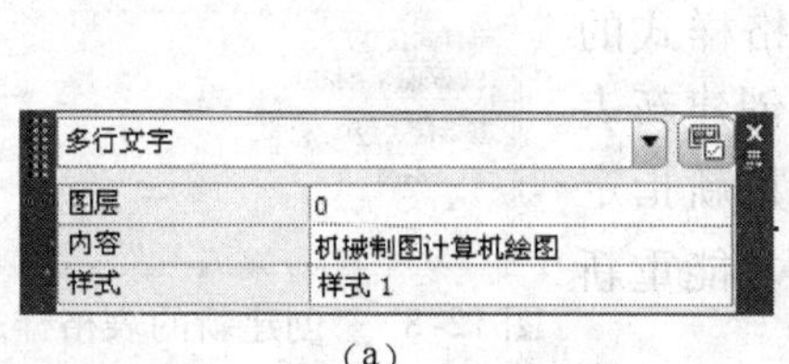

（a）

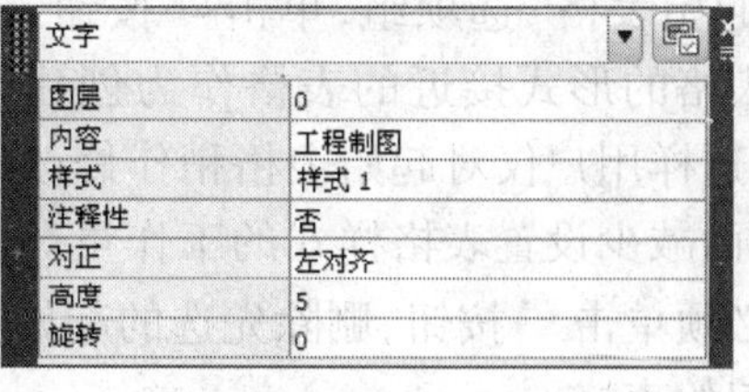

（b）

图 12-5　文字修改快捷对话框

第二节　创建表格与定义表格样式

AutoCAD 2010 提供表格功能，可以使用表格命令在图形中创建表格。在 AutoCAD 中创建表格前应先设置表格样式，以确定表格的基本属性（如行数、列数、单元格的对齐方式等），AutoCAD 的表格形式和各部分名称，如图12-6所示。

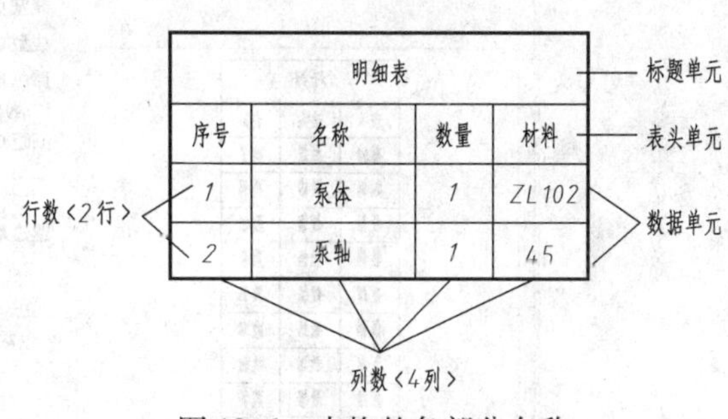

图 12-6　表格的各部分名称

一、设置表格样式

单击工具栏："样式"→（表格样式）按钮或者选择菜单命令"格式" →"表格样式"命令。AutoCAD 打开"表格样式"对话框，如图 12-7 所示。其中的预览框中将实时反映表格样式的更改情况。在列表框中选择某一表格样式后单击鼠标右键，在弹出的快捷菜单中选择相应的选项可将选中的表格样式置为当前、重新命名或删除。

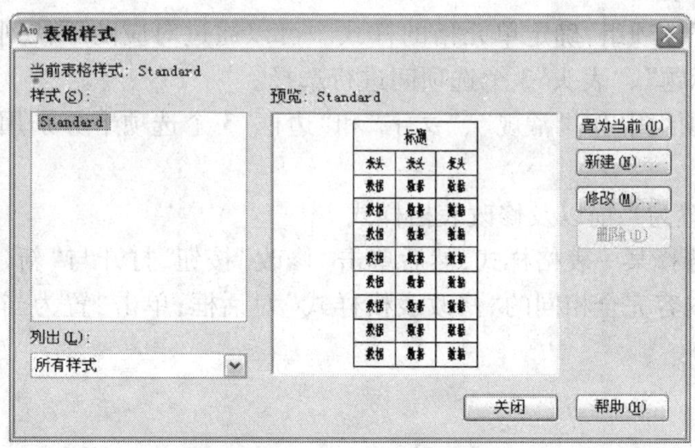

图 12-7　"表格样式"对话框

1. 新建表格样式

单击"新建"按钮，弹出"创建新的表格样式"对话框如图 12-8 所示，在"新样式名"文本框中输入新建表格样式的名称，在"基础样式"下拉列表框中选择基础样式。单击"继续"按钮进入"新表格样式"对话框，如图 12-9 所示。

下面介绍该对话框中各主要选项的功能。

(1)"起始表格"选项组,单击按钮,可选取一个已有的与新表格的形式接近的表格作为创建新表格样式的起始表格,这样用户仅对起始表格稍作修改即可创建新表格样式,从而减少设置表格样式的工作量。若要重新指定起始表格必须单击按钮,删除先选的起始表格才能重新指定新的起始表格。

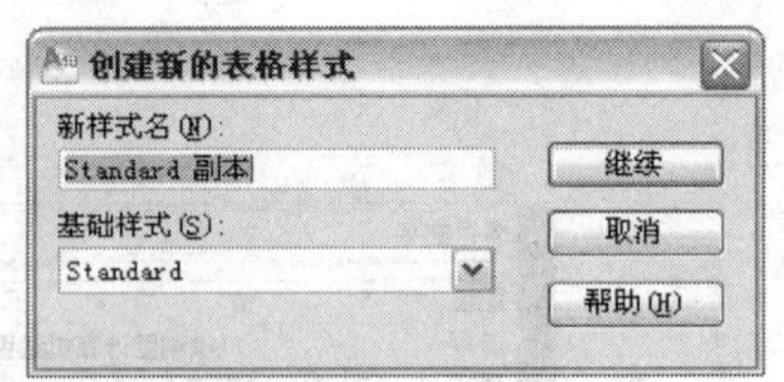

图 12-8 "创建新的表格样式"对话框

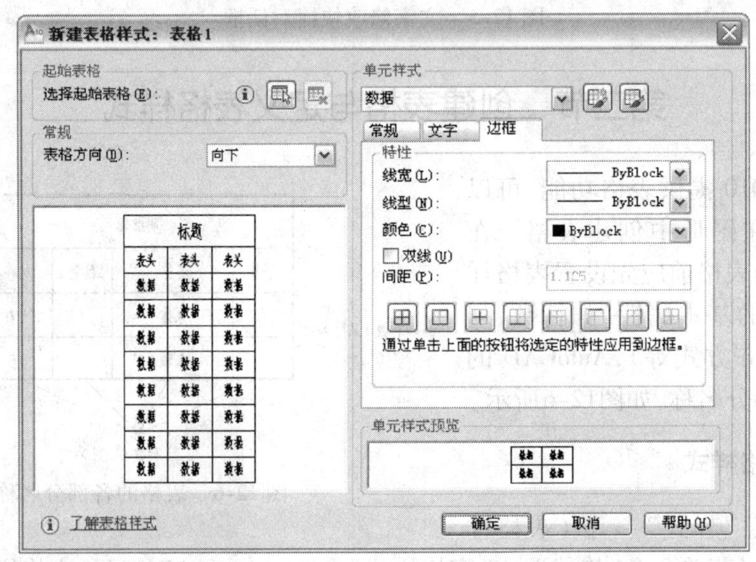

图 12-9 "新建表格样式"对话框

(2)"常规"选项组,通过"表格方向"下拉列表框确定插入表格时的表格方向。选择"下"选项,表格的标题单元行和表头单元行在表格的上方;选择"上"选项,表格的标题单元行和表头单元行在表格的下方。

(3)"单元样式"选项组,确定单元格的样式。可以通过对应的下拉列表确定要设置的对象,即在"数据"、"标题"、"表头"3 个选项间进行选择。

"单元样式"选项组中有,"常规"、"文字"和"边框"3 个选项卡分别用来设置表格的基本内容、文字和边框。

2. 将表格样式置为当前以及修改表格样式

在样式列表中选择某一表格样式,然后单击"修改"按钮,打开与"新建表格样式"对话框仅是标题不同其中内容完全相同的"修改表格样式"对话框;单击"置为当前"按钮,将所选表格样式置为当前。

二、创建表格

单击工具栏"绘图"→(表格)按钮或者选择菜单命令"绘图"→"表格"命令。AutoCAD 将打开"插入表格"对话框,如图 12-10 所示。

对话框用于选择表格样式,设置表格的相关参数。下面介绍对话框中主要选项的功能。

(1)"表格样式"下拉列表框,用于选择所使用的表格样式。

(2)"插入选项"选项组,选择"从空表创建"单选按钮创建一个空白表格;选择"自数据链接"单选按钮,通过从外部导入的数据来创建表格;选择"自图形中的对象数据"单选按钮,从

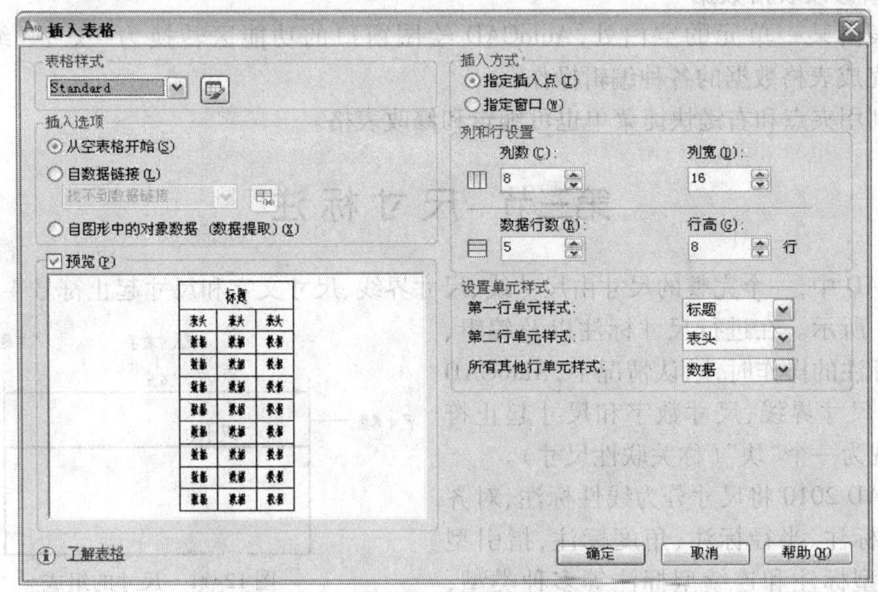

图 12-10 "插入表格"对话框

输出到表格或外部文件的图形中提取数据创建表格。

(3)"插入方式" 选项组,用于确定将表格插入到图形时的插入方式。选择"指定插入点"单选按钮,在绘图窗口中指定一点作为插入点,插入固定大小的表格;选择"指定窗口"单选按钮,在绘图窗口中,拖动表格的边框可创建任意大小的表格。

(4)"行和列设置" 选项组,用于设置表格的行数、列数、行高和列宽。

(5)"设置单元样式"区,创建表格样式时,若不选择起始表格,该对话框中才有此区,用来设置新表格的单元格式。图 12-10 显示的是默认情况,即第一行单元样式选择"标题"选项,第二行单元样式选择"表头"选项,所有其他行单元样式选择"数据"选项。若表格不需要标题和表头,则第一行单元样式和第二行单元样式都选择"数据"选项。创建表格样式时,若选择了起始表格,该对话框中的此区为"表格选项",用来设置新表格中将保留起始表格的哪些特性,通过"标签单元文字"、"数据单元文字"、"块"、"保留单元样式替代"、"数据链接"、"字段"、"公式"7 个复选框设置需保留的表格特性。

三、表格的编辑与修改

编辑表格时,首先要选择表格或单元。单击表格中的任意一条表格线即可选中整个表格;单击表格某一单元的空白处可以选择该单元;选择某一表单元后,按住【Shift】键单击另一表单元,可同时选中以这两个表单元为对角点的所有表单元;在某一表单元内按住鼠标左键移动,当松开鼠标左键时,光标带动的虚线框所掠过的单元均被选中。

1. 编辑修改表格

单击表格中的任意一条表格线选中整个表格,同时打开"快捷特性"面板,可对表格内容进行修改。

2. 编辑修改表格单元

单击表格某一单元的空白处选择该单元,AutoCAD 绘图窗口的功能区转换为"表格单元"编辑器,可完成表格编辑的各种操作,如插入行(列)、删除行(列)、合并单元格等。

3. 编辑修改表格数据

双击表格某一单元的空白处，AutoCAD 绘图窗口的功能区转换为“文字”编辑器（图 12-4），可完成表格数据的各种编辑操作。

另外利用夹点和右键快捷菜单也可编辑和修改表格。

第三节 尺寸标注

AutoCAD 中，一个完整的尺寸由尺寸线、尺寸界线、尺寸文字和尺寸起止符号 4 部分组成，如图 12-11 所示。在进行尺寸标注以及编辑、修改尺寸标注的操作时，默认情况下，AutoCAD 将尺寸线、尺寸界线、尺寸数字和尺寸起止符号 4 部分视为一个“块”（称关联性尺寸）。

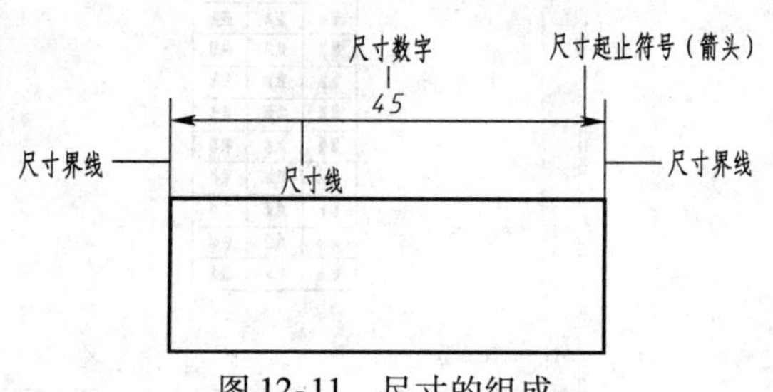

图 12-11 尺寸的组成

AutoCAD 2010 将尺寸分为线性标注、对齐标注、直径标注、半径标注、角度标注、指引型标注、基线型标注和连续型标注等多种类型，如图 12-12 所示。

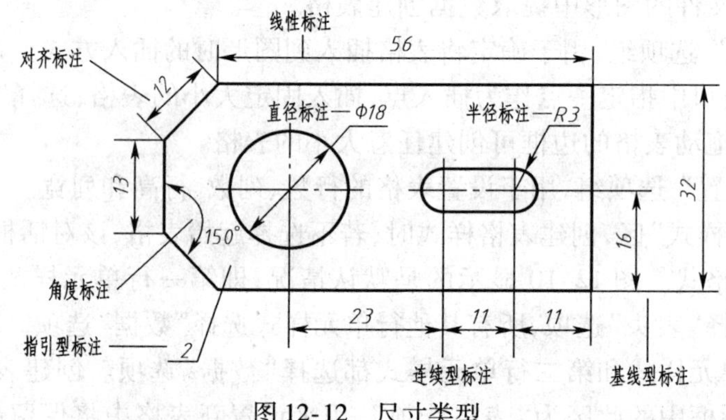

图 12-12 尺寸类型

一、尺寸标注样式的设置

尺寸标注样式用于设置尺寸标注的具体格式。用于定义管理标注样式的命令为 DIMSTYLE，利用“样式”工具栏中的（标注样式）按钮、“标注”工具栏中的（标注样式）按钮或者执行下拉菜单“标注”→“标注样式”命令。将打开“标注样式管理器”对话框，如图 12-13 所示。

下面介绍该对话框中主要选项的功能。

1. 置为当前

在列表框中选择某一尺寸标注样式，然后单击“置为当前”按钮或单击鼠标右键，通过弹出的快捷菜单中的选项可将选中的尺寸标注样式置为当前或重新命名或删除。

2. 替代标注样式

为了不改变当前标注样式中的某些设置，临时创建一个替代标注样式来替代当前标注样式中的某些不便修改而又必须修改的设置。

3. 比较按钮

用于比较两个标注样式或了解某一样式的全部特性。单击“比较”按钮将打开“比较标注

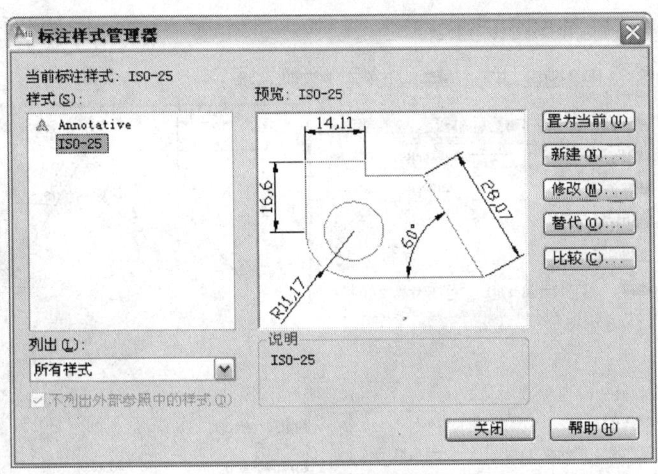

图 12-13 “标注样式管理器”对话框

样式”对话框。

4. 新建、修改标注样式

用于创建新标注样式。单击“新建”、“修改”、“替代”按钮会分别打开“新建标注样式”、“修改标注样式”、“替代标注样式”对话框，这 3 个对话框仅是标题不同，对话框中的内容完全相同，因此，以“新建标注样式”对话框为例说明标注样式对话框的操作。

单击“新建”按钮，弹出“创建新标注样式”对话框，如图 12-14 所示。在“新样式名”文本框中输入新建标注样式的名称。在“基础样式”下拉列表框中选择建立新样式的基础样式，即新样式的默认设置与基础完全样式相同，用户可通过修改其中的一个或几个参数建立新样式，从而减少设置标注样式的工作量。

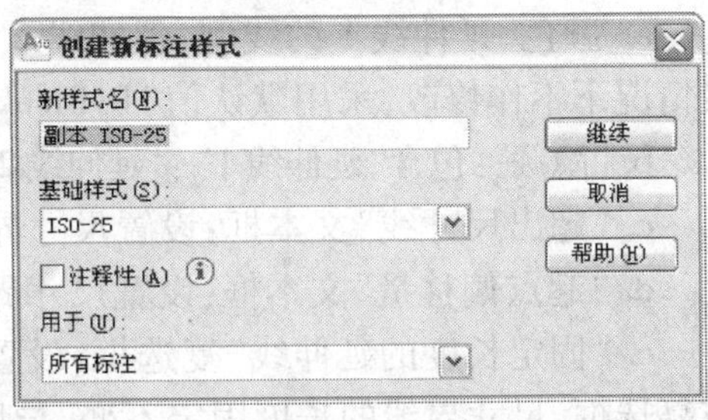

图 12-14 “创建新标注样式”对话框

设置完以上参数后，单击“继续”按钮将弹出“新建标注样式”对话框。对话框中有“线”、“符号和箭头”、“文字”、“调整”、“主单位”、“换算单位”和“公差”等 7 个选项卡，下面分别介绍各选项卡的作用。

(1)“线”选项卡(图 12-15)，用于设置“尺寸线”、“尺寸界线”的格式和特性。

①尺寸线区各选项含义：

a. 颜色、线型和线宽下拉列表框：默认值均为“ByBlock(随块)”，当尺寸标注的特性设为“随层”时，尺寸线、尺寸界线的颜色、线型和线宽与尺寸标注所处的图层保持一致。

b.“基线间距”文本框：用于设置当采用基线标注方式(如图 12-12 所示)标注尺寸时，各尺寸线之间的距离。

c.“超出标记”文本框：用于设置当尺寸线的起至符号采用斜线、建筑标记、小点、积分或无标记时，尺寸线超出尺寸界线的长度。

d.“隐藏”：该选项包含“尺寸线 1”和“尺寸线 2”两个复选框，分别控制是否显示第一尺寸线和第二尺寸线。以尺寸数字所在的位置为分界线，将尺寸线分为两部分，靠近第一尺寸界线一侧的尺寸线是第一尺寸线。

②延伸线选项组各选项含义：

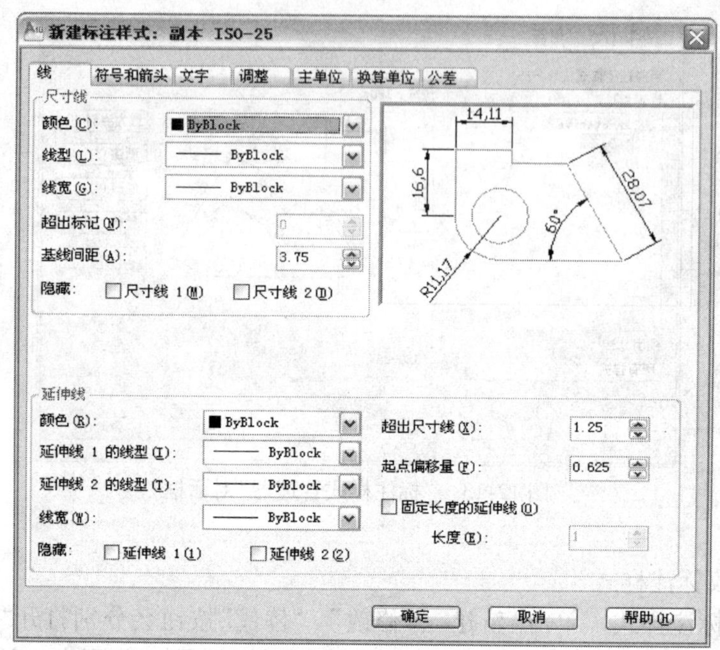

图 12-15 “线”选项卡

延伸线选项组用于设置延伸线的样式,延伸线即尺寸界线。

a. 颜色、延伸线 1 的线型、延伸线 2 的线型和线宽下拉列表框:作用同尺寸线。因此,一般情况下不作修改,采用默认值“ByBlock(随块)”。

b.“隐藏”:包含“延伸线 1”、“延伸线 2”两个复选框,选中复选框表示隐藏相应的尺寸界线。

c.“超出尺寸线”文本框:设置尺寸界线超出尺寸线的长度。

d.“起点偏移量”文本框:设置尺寸界线的起点位置。

e.“固定长度的延伸线”复选框:设置尺寸界线的长度,即“长度”文本框中的数值。选中该复选框,尺寸界线的长度固定不变,与尺寸线到尺寸界线起点的距离无关。

(2)“符号和箭头”选项卡(图 12-16),用于设置尺寸箭头、圆心标记、这段标注、弧长符号、半径折弯等方面的格式和特性。各区选项含义如下:

①“箭头(尺寸线起止符号)”区,用于设置尺寸线起止符号的形状和大小。默认“第一个”和“第二个”尺寸线起止符号的形状相同,也可根据需要设置为不同。

②“圆心标记”区,用于设置圆或圆弧的中心标记的类型和标记的大小。

③“折断标注”区域:当尺寸线或尺寸界线与图线相交时,用户可通过“打断标注”命令将交点处的尺寸线或尺寸界线断开。断开的间距值由“折断大小”文本框中的数值确定。

④“弧长符号”区,用于确定标注弧长尺寸时,是否标注弧长符号“⌒”及其标注位置。根据我国制图标准应选“标注文字的上方”。

⑤“半径折弯标注”区,用折弯尺寸线标注圆或圆弧的半径时,确定尺寸线的折弯角度,如图 12-17 所示。

⑥“线性折弯标注”区,折弯方式标注线性尺寸时,两个折弯角顶点之间的距离。该距离等于折弯高度因子与尺寸文字的高度的乘积,如图 12-18 所示。

(3)“文字”选项卡(图 12-19),用于设置尺寸数字的外观和位置。该选项卡中各选项功能如下:

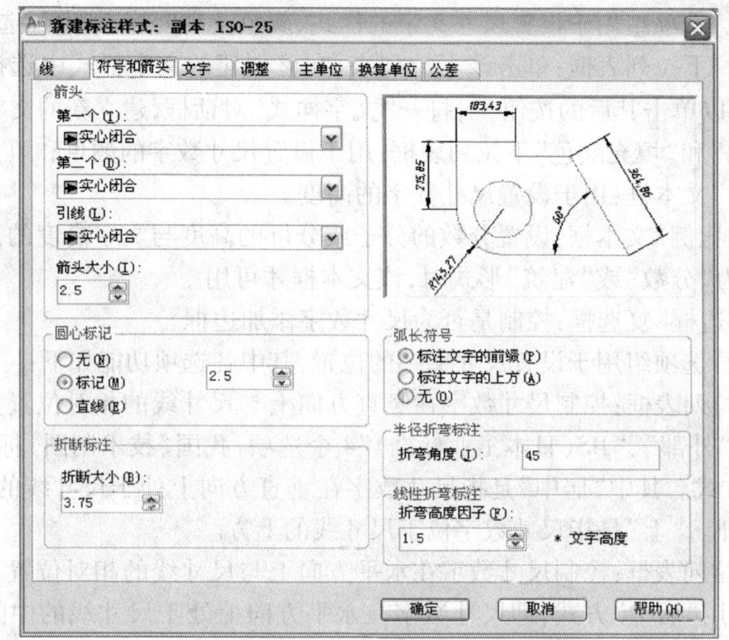

图 12-16　“符号和箭头”选项卡

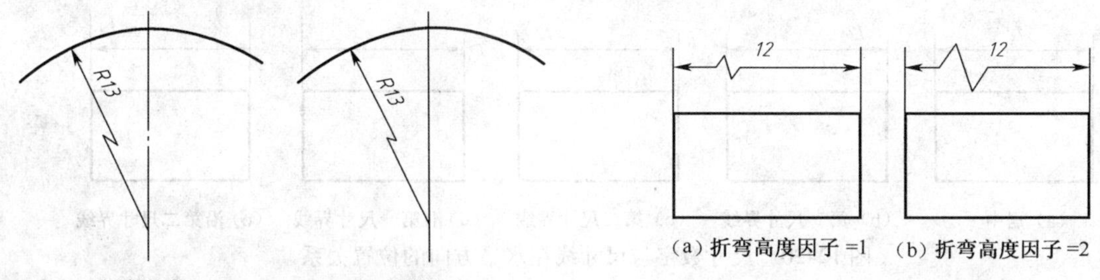

（a）折弯角度 =30°　（b）折弯角度 =45°

图 12-17　半径折弯标注

（a）折弯高度因子 =1　（b）折弯高度因子 =2

图 12-18　线性折弯标注

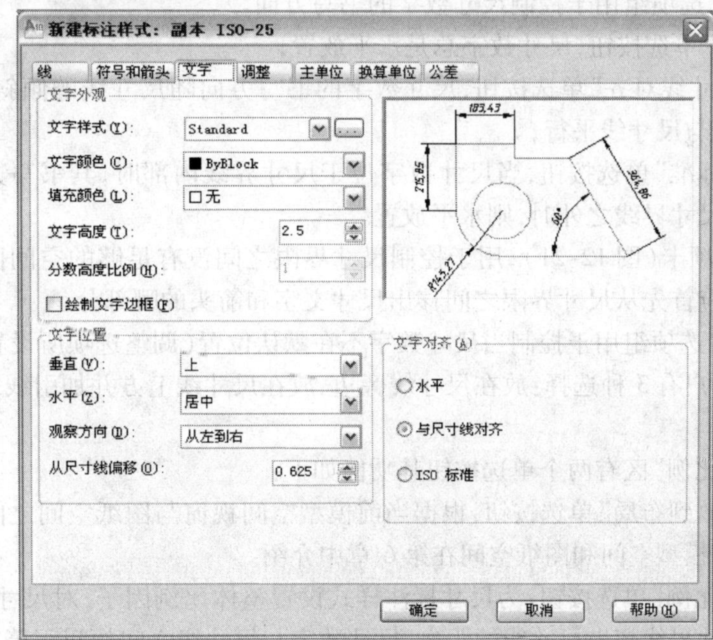

图 12-19　“文字”选项卡

①"文字外观"选项组用于设置尺寸文字的样式、颜色及高度等,其中各选项功能如下:

a. "文字样式"下拉列表框:单击该下拉列表,在已创建的文字样式中选择一种作为尺寸文字的样式,也可以单击其后的按钮...,打开"文字样式"对话框,建立新的文字样式。

b. "文字颜色"和"填充颜色"下拉列表框:用于设置尺寸数字的颜色和填充背景色。

c. "文字高度"文本框:用于设置尺寸数字的高度。

d. "分数高度比例"文本框:设置分数的分子或分母的高度与文字高度的比值。当尺寸标注的主单位设置为"分数"或"建筑"形式时,该文本框才可用。

e. "绘制文字边框"复选框:控制是否为尺寸数字添加边框。

②"文字位置"选项组用于设置尺寸文字的位置,其中各选项功能如下:

a. "垂直"下拉列表框:控制尺寸数字在竖直方向上与尺寸线的相对位置。该下拉列表框有"居中"、"上"、"外部"、"JIS(日本工业标准)"4 个选项,我国《技术制图》标准规定采用"居中"和"上"两种方式。其中"居中"是指尺寸数字在垂直方向上处于尺寸线的中部,而尺寸线在尺寸数字处断开。"上"是指尺寸数字位于尺寸线的上方。

b. "水平"下拉列表框:控制尺寸数字在水平方向上与尺寸线的相对位置。按我国工程制图的习惯,一般选用"居中"方式,即尺寸数字在水平方向上处于尺寸线的中间位置。该下拉列表框有 5 中形式,标注效果如图 12-20 所示。

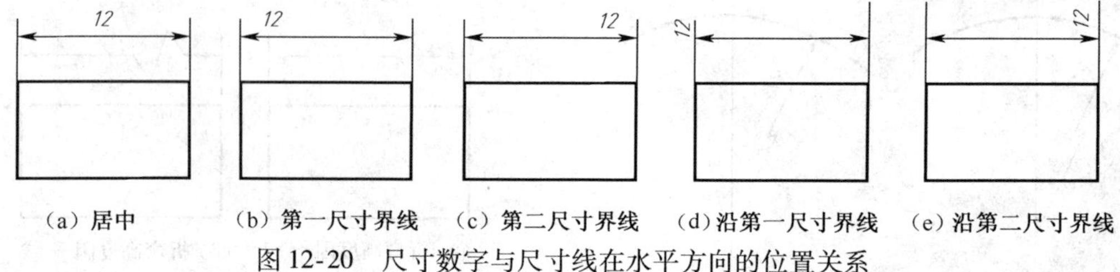

(a) 居中 (b) 第一尺寸界线 (c) 第二尺寸界线 (d) 沿第一尺寸界线 (e) 沿第二尺寸界线

图 12-20 尺寸数字与尺寸线在水平方向的位置关系

c. "从尺寸线偏移"文本框:控制尺寸数字与尺寸线之间的距离。

③"文字对齐"选项组用于控制尺寸数字的书写方向。

a. 选中"水平"单选按钮,尺寸数字总是水平放置;

b. 选中"与尺寸线对齐"单选按钮,尺寸数字的书写方向随尺寸线的倾斜方向调整,即尺寸数字的书写方向与尺寸线平行;

c. 选中"ISO 标准"单选按钮,当尺寸数字位于尺寸界线内部时,其书写方向与尺寸线平行;尺寸数字位于尺寸界线之外时,则水平放置。

(4)"调整"选项卡(图 12-21),用于控制尺寸界限之间没有足够的空间同时放置尺寸数字和箭头时,确定应首先从尺寸界限之间移出尺寸文字和箭头的哪部分。

①"文字位置"选项组用于控制当尺寸数字不在默认位置(调整选项所设置的)时,尺寸数字的放置方式。用户有 3 种选择:放在尺寸线旁边、放在尺寸线上方并加引线或放在尺寸线上方不加引线。

②"标注特征比例"区有两个单选按钮其功能如下:

a. "将标注缩放到布局"单选按钮:根据当前模型空间视窗与图纸空间之间的缩放关系确定比例因子。有关模型空间和图纸空间在第 6 章中介绍。

b. "使用全局比例"单选按钮:为尺寸标注样式设置整体比例因子,对尺寸箭头的大小、尺寸数字的高度、尺寸界线超出尺寸线的距离、尺寸数字与尺寸线之间的间距等几何参数均有影

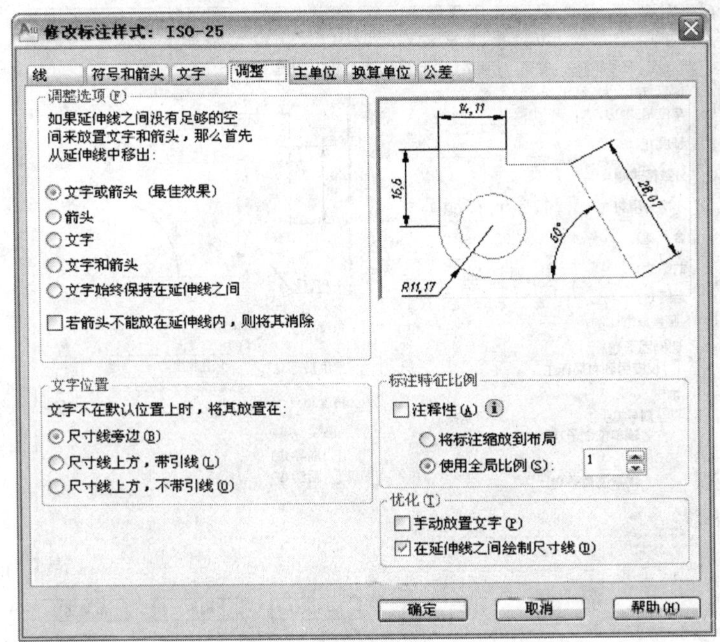

图 12-21 “调整”选项

响，但不影响尺寸标注的测量值。

③“优化”区有两个复选框其功能如下：

a.“手动放置文字”复选框：选中该复选框，尺寸数字在水平方向的位置是由用户在标注尺寸的过程中，移动光标而确定的。

b.“在延伸线之间绘制尺寸线”复选框：选中该复选框，当尺寸箭头位于尺寸界线之外时，也在两尺寸界线间绘制尺寸线。

(5)“主单位”选项卡，用于设置主单位的格式、精度以及尺寸文字的前缀和后缀，如图12-22所示。该选项卡中个主要选项的功能如下：

①“线性标注”选项组用于设置线性标注的格式与精度，其中各选项功能如下：

a.“单位格式”下拉列表：用于设置线性尺寸标注的计数制。按我国工程制图的习惯选“小数”。

b.“精度”下拉列表：设置尺寸标注的精度，按我国工程制图的习惯取整数。

c.“分数格式”下拉列表：设置分数的表示形式。

d.“小数分隔符”下拉列表：设置小数点的表示形式，默认是逗点“，”，按我国工程制图的习惯应设为句点“.”形式。

e.“舍入”文本框：设置除角度标注外所有尺寸标注测量值的圆整规则。

f.“前缀”和“后缀”文本框：用于为尺寸数字添加前缀和后缀。如在前缀文本框中输入“%%C”，则所有尺寸标注的测量值前都有一个前缀符号“ϕ”。

②“测量单位比例”选项组该选项组用于确定测量单位的比例，其中“比例因子”文本框，用来设置线性尺寸标注测量值与标注值的比例因子。“仅应用到布局标注”复选框用于设置确定的比例因子是否仅影响布局的尺寸标注。

③“消零”选项组用于且定是否显示尺寸标注中的前导或后续零。

④“角度标注”选项组用于确定标注角度尺寸时的单位、精度以及消零与否。各选项的含

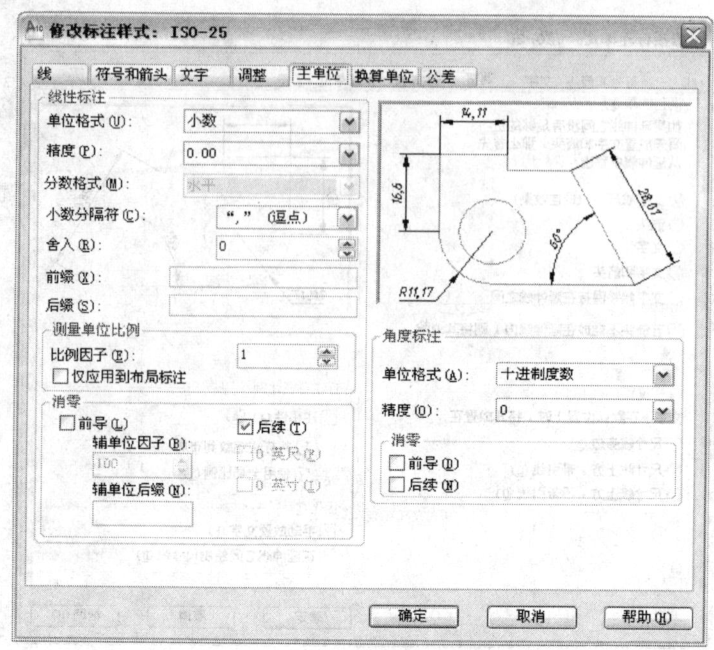

图 12-22 “主单位”选项卡

义与“线性标注”选项组类似。

(6)“换算单位”选项卡

AutoCAD 允许在图形中同时标注两种尺寸数值。在“换算单位”选项卡中勾选“显示换算单位”复选框，即可通过换算单位的设置在图形中同时标注两种尺寸数值。

(7)“公差”选项卡

“公差”选项卡用于确定是否标注公差，以及标注公差的方式，如图 12-23 所示。其中各选项含义如下。

①“方式”下拉列表，设置尺寸公差的形式。默认形式为“无”，即不标注尺寸公差。其他尺寸公差的标注形式如图 12-24 所示。

②“精度”下拉列表，设置尺寸公差值的精度(即小数的位数)。

③“上偏差”和“下偏差”文本框，设置尺寸公差的上、下偏差值。需要注意的是，上偏差值自动带正号，下偏差值自动带负号。若输入的下偏差为 0.005，那么实际显示的下偏差为 －0.005。如果想要使下偏差显示为 0.005，则必须在“下偏差”文本框中输入－0.005。

④“高度比例”文本框，用于设置公差数字的高度与尺寸数字的高度之比。

⑤“垂直位置”下拉列表，用于设置公差数字与尺寸数字在竖直方向上的对齐方式。根据我国《机械制图》标准的规定应选择“中”对齐方式。

⑥“公差对齐”区，设置上、下偏差在竖直方向上的对齐方式。选中“对齐小数分隔符”单选按钮是以小数分隔符为基准对齐上、下偏差；选中“对齐运算符”单选按钮则是以上、下偏差的符号(即正负号)为基准对齐上、下偏差。

⑦“消零”区，控制是否消除尺寸公差值的无效 0。根据我国《机械制图》标准的规定，“前导”、“后续”复选框均不选择。

二、设置符合我国制图标准和习惯的标注样式

尺寸标注的类型较多，设置一种标注样式很难使所有类型的尺寸标注都符合《机械制图》

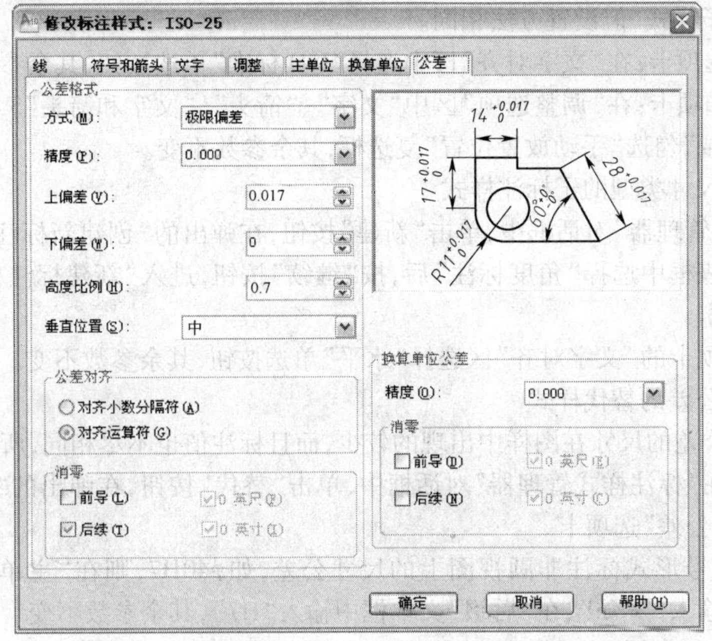

图12-23 “公差”选项卡

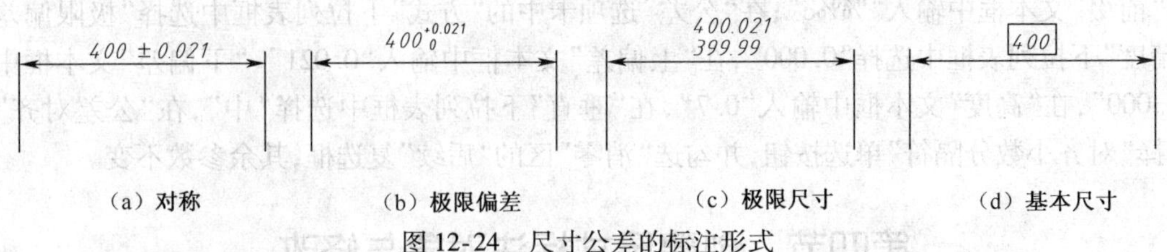

图12-24 尺寸公差的标注形式

标准的要求，解决办法是设置不同尺寸类型的子样式。

1. 设置作用于所有尺寸类型的主标注样式

如前所述建立名为“机械制图 ISO-25”的尺寸标注样式，以此为主样式建立相应的子样式。各选项卡的参数设置如下：

(1)“线”选项卡，“基线间距”文本框设置为10，“超出尺寸线”文本框设置为3，“起点偏移量”文本框设置为0，其余参数不变。

(2)“符号和箭头”选项卡，“箭头大小”文本框设置为2.8，“圆心标记”区域选择“无”，其余参数不变。

(3)“文字”选项卡，在“文字样式”下拉列表框中选择名为“数字”的文字样式，其余参数不变。

(4)“调整”选项卡，所有参数都不变。

(5)“主单位”选项卡，“精度”文本框设为0；在“小数分隔符”下拉列表框中选择“句点”，其余参数不变。

(6)“换算单位”和“公差”选项卡不做修改。

2. 设置直径和半径尺寸类型的子样式

在“标注样式管理器”对话框（图12-13）中，单击“新建”按钮，在弹出的“创建新标注样式”对话框中的“用于”下拉列表框中选择“直径标注”后，单击“继续”按钮，进入“新建标注样式”对话框，需调整“文字”和“调整”两个选项卡。因直径和半径是两种不同类型的尺寸，所以要分别设置两个子样式，但设置方法相同。

（1）“文字”选项卡：在“文字对齐”区中选择“ISO 标准”单选按钮，其余参数不变。

（2）“调整”选项卡：在“调整选项”区中“文字”、“箭头”、“文字和箭头”3 个单选按钮任选其一；在“优化区域”勾选“手动放置位置”复选框，其余参数不变。

3. 设置角度尺寸类型的子标注样式

在“标注样式管理器”对话框中，单击“新建”按钮，在弹出的“创建新标注样式”对话框中的“用于”下拉列表框中选择“角度标注”后，按“继续”按钮，进入“新建标注样式”对话框，仅调整“文字”选项卡。

在“文字”选项卡的“文字对齐”区选择“水平”单选按钮，其余参数不变。

4. 设置尺寸公差的替代样式

因带有尺寸公差的尺寸在图样中出现的较少，而且标注值也不尽相同，所以常设置临时替代样式。方法是在“标注样式管理器”对话框中，单击“替代”按钮，在弹出的“替代当前样式”对话框中仅调整“公差”选项卡。

（1）如果用代号形式标注非圆视图上的尺寸公差，如ϕ40H7，则在“主单位”选项卡中的“前缀”文本框中输入“%%c”、在“后缀”文本框中输入“H7”，其余参数不变。

（2）如果用尺寸偏差的形式标注非圆视图上的尺寸公差，如$\phi 21^{+0.021}_{-0}$，则在“主单位”选项卡中的“前缀”文本框中输入“%%c”；在“公差”选项卡中的“方式”下拉列表框中选择“极限偏差”，在“精度”下拉列表框中选择“0.000”，在“上偏差”文本框中输入“0.021”、“下偏差”文本框中输入“0.000”，在“高度”文本框中输入“0.7”，在“垂直”下拉列表框中选择“中”，在“公差对齐”区中选择“对齐小数分隔符”单选按钮，并勾选“消零”区的“后续”复选框，其余参数不变。

第四节　创建尺寸标注对象与修改

建立了标注样式之后，就可以使用相应的标注命令标注尺寸。为了便于修改应建立尺寸标注图层。另外还应充分利用对象捕捉功能，精确确定尺寸界线的起点位置，以获得精准的尺寸测量值。

一、线性尺寸标注命令

1. 功能

标注水平方向和竖直方向的长度尺寸以及根据指定角度旋转的线性尺寸。

2. 命令调用

命令：DIMLINEAR。工具栏：“标注” →⊢⊣（线性）按钮。菜单命令：“标注” →“线性”命令。

3. 操作

执行 DIMLINEAR 命令，AutoCAD 提示：（图 12-25）

指定第一条延伸线原点或 <选择对象>：拾取 A 点↙或↙（使用对象捕捉）

指定第二条延伸线原点：拾取 C 点↙（使用对象捕捉）

指定尺寸线位置或［多行文字（M）/文字（T）/角度（A）/水平（H）/垂直（V）/旋转（R）］：拾取 P_1 点↙或某选项↙

4. 说明

（1）标注尺寸时，AutoCAD 按选择尺寸界线起点的顺序确认第一条和第二条尺寸界线。

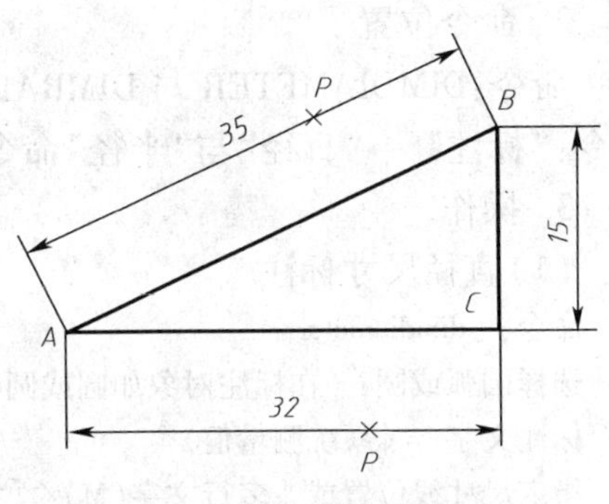

图 12-25　标注长度尺寸

(2)在“指定第一条延伸线原点或 <选择对象>:”提示下,也可以空回车,然后根据提示信息选择直线 *AC*,再指定尺寸线的位置。

(3)“多行文字(M)”和“文字(T)”选项都是用来修改尺寸的测量值。

(4)角度(A)选项,指定尺寸文字的倾斜角度,即使尺寸文字与尺寸线不平行。

(5)“水平”(H)/“垂直(V)”选项用来标注水平和垂直尺寸。在实际标注尺寸的过程中,AutoCAD 能根据用户指定的尺寸线的位置,自动判断是标注水平尺寸还是标注垂直尺寸,所以该选项一般不用。

(6)“旋转(R)”选项,使尺寸线按指定的角度旋转。

二、对齐尺寸标注命令

1. 功能

标注任意两点间的距离,尺寸线的方向平行于两点连线,如图 12-25 中 *A*、*B* 两点间的尺寸。与线性尺寸标注命令的提示和操作基本相同。

2. 命令位置

命令:DIMALIGNED。工具栏:“标注”→(对齐)按钮。菜单命令:“标注”→“对齐”命令。

3. 操作

执行 DIMALIGNED 命令,AutoCAD 提示:(图 12-25)

指定第一条延伸线原点或 <选择对象>: 拾取 *A* 点↙或↙(使用对象捕捉)

指定第二条延伸线原点: 拾取 *B* 点↙(使用对象捕捉)

指定尺寸线位置或[多行文字(M)/文字(T)/角度(A)]: 拾取 *P* 点↙或某选项↙

三、角度尺寸标注命令

1. 功能

标注圆弧的圆心角或两条相交直线间的夹角,或圆周上任意两点间圆弧的圆心角。

2. 命令调用

命令:DIMANGLEAR。工具栏:“标注”→(角度)按钮。菜单命令:“标注”→“角度”命令。

3. 操作

执行 DIMANGLEAR 命令,AutoCAD 提示:

选择圆弧、圆、直线或 <指定顶点>: 选择圆弧↙或圆↙或直线↙或↙

根据所选的标注对象不同后续提示也不同。

四、直径与半径尺寸标注命令

1. 功能

直径与半径尺寸标注命令的提示与操作相似,只是直径尺寸的尺寸文字前带有直径符号“ϕ”,半径尺寸的尺寸文字前带有半径符号“*R*”。

2. 命令位置

命令:DIMDIAMETER 与 DIMRADIUS。工具栏:"标注" (直径)、(半径)按钮。菜单命令:"标注" →"直径"与"半径"命令。

3. 操作

(1)直径尺寸标注

命令: _dimdiameter

选择圆弧或圆:(在标注对象如圆或圆弧上拾取一点)

标注文字 =〈系统测量值〉

指定尺寸线位置或[多行文字(M)/文字(T)/角度(A)]:(指定尺寸线的位置)

(2)半径尺寸标注

命令: _dimradius

选择圆弧或圆:(在标注对象如圆或圆弧上拾取一点)

标注文字 =〈系统测量值〉

指定尺寸线位置或[多行文字(M)/文字(T)/角度(A)]:(指定尺寸线的位置)

五、基线型尺寸标注命令

1. 功能

各尺寸线从同一条尺寸界线处引出,如图 12-26 所示。

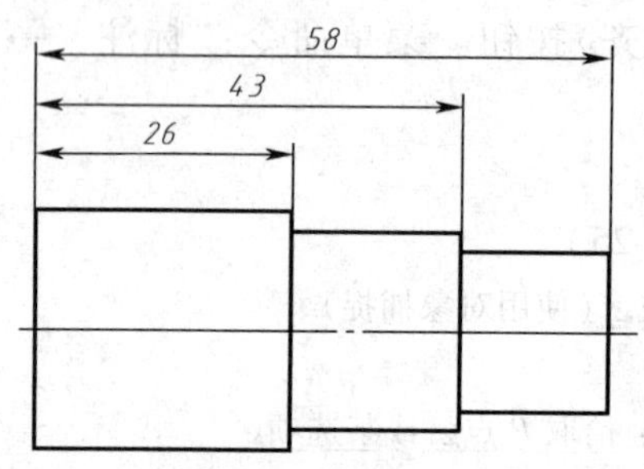

(a) 长度尺寸的基线型标注

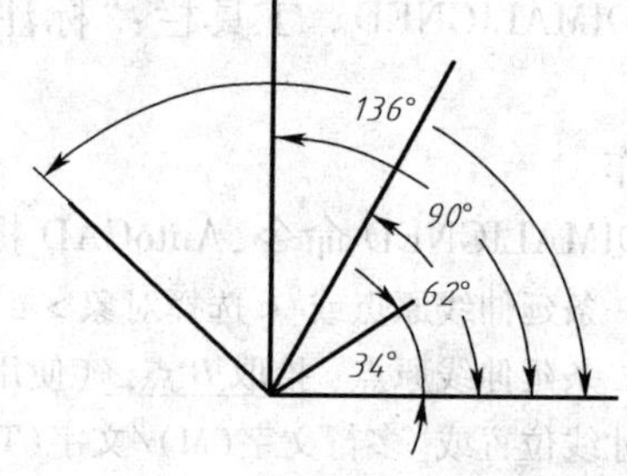

(b) 角度尺寸的基线型标注

图 12-26　基线型标注

2. 命令调用

命令:DIMBASELINE。工具栏:"标注" → (基线)按钮。菜单命令:"标注" →"基线"命令。

3. 操作

执行 DIMBASELINE 命令,AutoCAD 提示:

指定第二条延伸线原点或[放弃(U)/选择(S)] <选择>: ↙或选择第二尺寸界线起点↙或某选项↙

标注文字 =〈系统测量值〉

指定第二条延伸线原点或[放弃(U)/选择(S)] <选择>: ↙或选择第二尺寸界线起点↙或某选项↙

标注文字 =〈系统测量值〉

指定第二条延伸线原点或[放弃(U)/选择(S)] <选择>: ↙(该提示反复出现,直至空回车)

选择基准标注: ↙或选择一个尺寸作为基础尺寸↙(空回车即退出基线标注命令)

4. 说明

(1)"选择(S)"选项,重新指定基线标注需要的基础尺寸。执行基线标注命令时,AutoCAD 自动将执行基线标注命令前所标注的那个线性、对齐或角度尺寸认定为基础尺寸。使用该选项可以另外选择一个线性、对齐或角度尺寸作为基础尺寸，靠近选择点一侧的尺寸界线为第一尺寸界线。

(2)角度尺寸使用基线型标注时，操作步骤和长度尺寸的基线标注类似。

六、连续型尺寸标注命令

1. 功能

标注尺寸使得相邻两尺寸共用同一条尺寸界限，如图 12-27 所示。

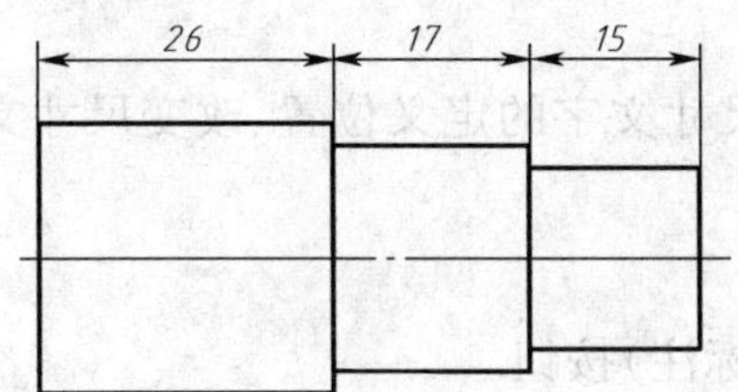

（a）长度尺寸的连续型标注

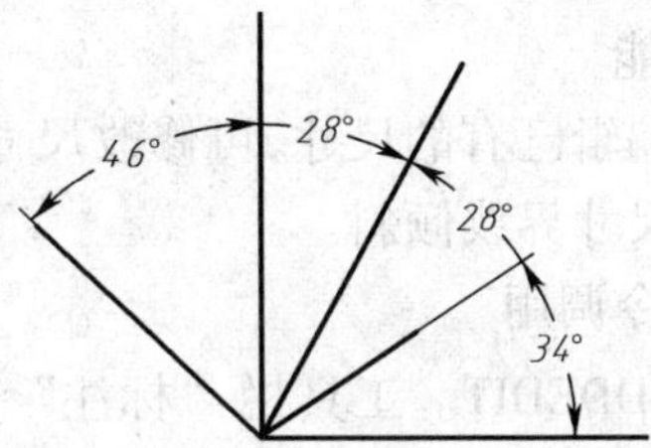

（b）角度尺寸的连续型标注

图 12-27　长度尺寸的基线型标注

2. 命令调用

命令：DIMCONTINUE。工具栏："标注" → (连续)按钮。菜单命令："标注" →"连续"命令。

3. 操作

执行 DIMCONTINUE 命令，AutoCAD 提示：

指定第二条延伸线原点或［放弃(U)/选择(S)］＜选择＞：↙或选择第二尺寸界线起点↙或某选项↙
标注文字 =〈系统测量值〉
指定第二条延伸线原点或［放弃(U)/选择(S)］＜选择＞：↙或选择第二尺寸界线起点↙或某选项↙
标注文字 =〈系统测量值〉
指定第二条延伸线原点或［放弃(U)/选择(S)］＜选择＞：↙(该提示反复出现，直至空回车)
选择连续标注：↙或选择一个尺寸作为基础尺寸↙(空回车即退出连续标注命令)

4. 说明

(1)连续型尺寸标注的过程与基线型标注类似，既可用于长度尺寸标注也可由于角度尺寸的标注。

(2)当选取了多个标注对象后，单击(快速标注)工具按钮，然后在命令提示行选取相应选项(基线型、连续型)即可标注出多个标注对象间的长度型基线尺寸或连续尺寸。

第五节　修改尺寸标注对象

对于标注的尺寸，用户可以根据需要进行修改。

一、修改标注文字命令

1. 功能

修改已有尺寸的尺寸文字。

2. 命令位置

命令：DDEDIT。工具栏："文字" →(编辑)按钮。菜单命令："修改" →"对象" →"文字”→“编辑”命令。

3. 操作

执行 DDEDIT 命令,AutoCAD 提示:

选择注释对象或[放弃(U)]:

在该提示下选择尺寸,AutoCAD 弹出“文字格式”工具栏,并将所选择尺寸的尺寸文字设置为编辑状态。用户可以直接对其进行修改,如修改尺寸及修改或添加公差等。

二、编辑标注命令

1. 功能

用于编辑已有的尺寸,可修改尺寸文字、恢复尺寸文字的定义位置、改变尺寸文字的倾斜角度和使尺寸界线倾斜。

2. 命令调用

命令:DDEDIT。工具栏:“标注”→(编辑标注)按钮。

3. 操作

执行 DDEDIT 命令,AutoCAD 提示:

输入标注编辑类型[默认(H)/新建(N)/旋转(R)/倾斜(O)]<默认>:

下面介绍提示中各选项的含义及其操作。

①“默认”选项,使已经改变了位置的尺寸文字恢复到尺寸标注样式定义的位置。

②“新建”选项,修改已标注尺寸的尺寸数值。选择该选项后,显示“文字格式”文字编辑器,用来修改尺寸数值,输入新的尺寸数值后,选择需要修改的尺寸对象即可。

③“旋转”选项,使尺寸文字按指定的角度旋转。根据提示先设置旋转角度,再选择要修改的尺寸对象。

④“倾斜”选项,使尺寸界线按指定的角度倾斜。根据提示先选择要倾斜的尺寸对象,再设置倾斜角度。

第六节　标注形位公差

形位公差是机械制图中的一个重要组成部分,它是用来确保零件能正确装配的技术要求。在 AutoCAD 2010 中可以方便地标注出形位公差,其命令为 TOLERANCE。

1. 功能

标注机械零件图中的形位公差。

2. 命令调用

命令:TOLERANCE。工具栏:“标注”→(公差)按钮。菜单命令:“标注”→“公差”命令。执行 TOLERANCE 命令,AutoCAD 将打开“形位公差”对话框,如图 12-28 所示。下面介绍对话框中各选项的功能。

(1)“符号”选项组

用来确定形位公差的符号。单击其中的黑方块将弹出“特征符号”对话框,如图 12-29 所示。用户可从中选择需要的符号。

(2)“公差”选项组

用于确定公差。用户在相应的文本框中输入公差值。

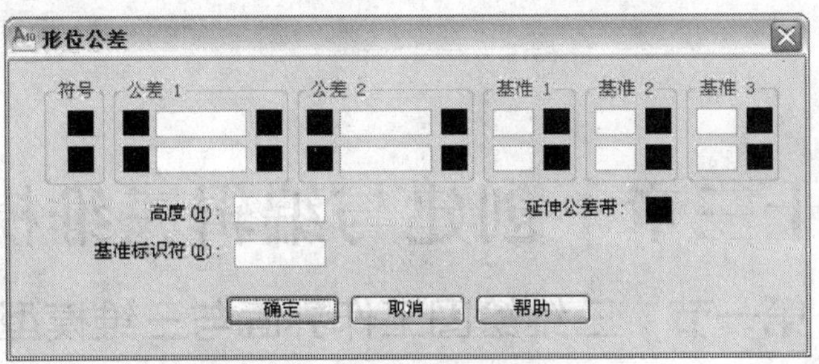

图 12-28　“形位公差”对话框

(3)基准选项组

用于确定基准和对应的包容条件。

在形位公差对话框中确定好要标注的内容后，点击“确定”按钮，AutoCAD 切换到绘图屏幕，提示输入公差位置，用户确定标注公差位置既可完成相应的标注。

图 12-29　形位公差“特征符号”对话框

复习思考题

1. 试述如何建立新的尺寸标注格式。
2. 绘制组合体视图及标注尺寸。

第十三章　创建与编辑三维模型

第一节　三维绘图工作界面与三维模型

一、三维绘图工作界面

随着计算机技术的发展，三维图形的绘制广泛应用于工程设计和绘图当中。在 AutoCAD2010 中，单击状态栏 AutoCAD 经典▼ 按钮，切换到三维建模工作空间。其界面布局、工具选项板与二维草图注释空间相同，但功能区的面板和菜单栏的内容都是针对创建三维实体模型而设，如图 13-1 所示。本章主要介绍创建三维实体模型的基本概念、基本方法与操作以及常用的建模技巧。

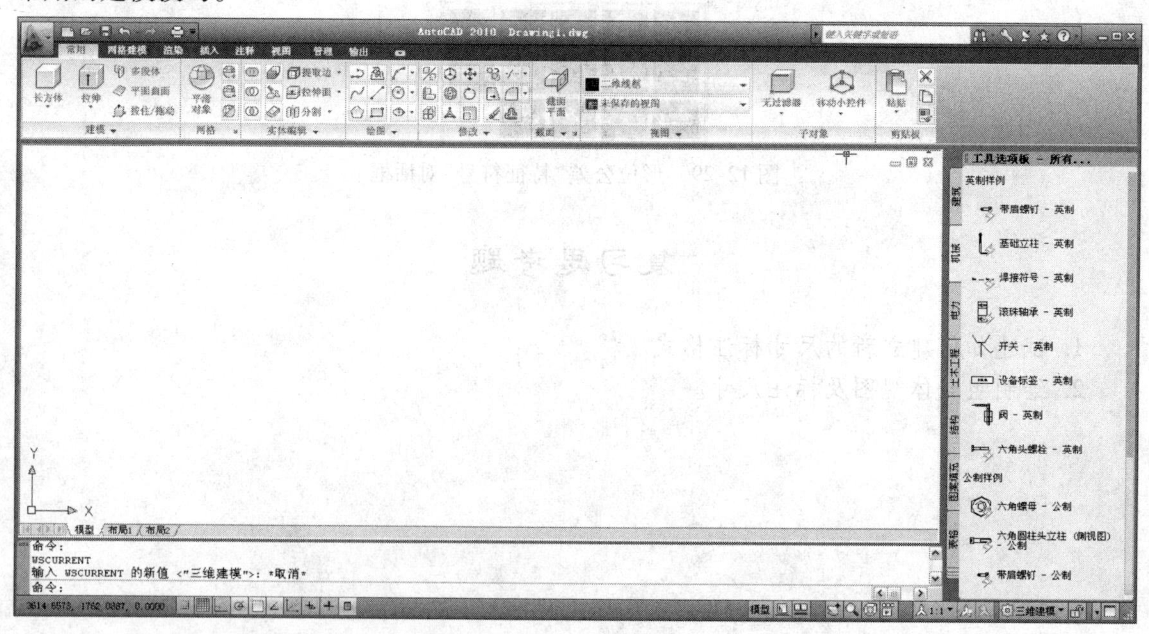

图 13-1　三维建模工作空间

二、三维模型

AutoCAD 支持 3 种不同类型的三维模型，即线框模型、表面模型和实体模型。

1. 线框模型

线框模型由描述三维对象边框的点、直线和曲线组成，在三维建模工作空间可用二维绘图的方法创建线框模型，线框模型不含面和体的信息，只有描绘对象边界的轮廓。所以，线框模型不能进行消隐、渲染等操作。

2. 表面模型

表面模型不仅定义三维对象的边而且还定义三维对象的表面，表面模型是用多边形网格定义表面中的各个小平面的,这些小平面组合起来近似构成曲面,也称曲面模型。在三维建模工作空间用网格建模命令创建曲面模型,曲面模型不能进行布尔运算。

3. 实体模型

实体模型具有体的特征,在三维工作空间用实体建模命令创建三维实体模型,对三维实体模型可进行诸如:挖孔、开槽、倒角及布尔运算等操作,可以分析其体积、重心、惯性矩等质量特征,还可将构成三维实体模型的数据生成 NC 代码等。

三维实体造型技术使工程设计人员可在计算机 CAD 系统上,直接用三维实体表达设计对象,并可在计算机上对机器进行装配、干扰检查、分析修改以及最后输出二维视图等工作,使设计过程更加直观,更加迅速,大大提高设计效率。因此,掌握三维实体造型技术对从事工程设计的技术人员来讲至关重要。

三、视觉样式

视觉样式即三维模型的显示效果。AutoCAD 2010 中,三维模型的视觉样式有二维线框、三维线框、三维隐藏、概念和真实等 5 种显示效果,通过相应的命令用户可以控制三维模型的视觉样式。

单击功能区"渲染"选项卡→"视觉样式"面板→二维线框 按钮的箭头可展开"视觉样式"面板,如图 13-2 所示。各种视觉样式的显示效果如对话框中的图片所示,单击某一图片按钮即可将其代表的视觉样式置为当前样式。

图 13-2 视觉样式

四、构造平面和造型基面

构造平面指当前 UCS 的 *XOY* 坐标面。因此当前构造平面的方位随着当前 UCS 的变化而变化。AutoCAD 生成三维模型的基本方法是:造型基面上的二维图形沿当前 UCS 的 *Z* 轴方向延伸生成三维模型。所以造型基面与当前构造平面平行,是构造三维模型时的高度基准。当高度值是正值时,三维模型沿当前 UCS 的 *Z* 轴正向延伸。当高度值是负值时,三维模型沿当前 UCS 的 *Z* 轴负向延伸。

构造三维模型时,应恰当地利用构造平面和造型基面的这些特点及其与当前 UCS 的关系,使某些复杂的造型定位问题得以简化。

第二节 坐 标 系

在三维空间构造模型时,AutoCAD 用笛卡尔右手坐标系确定空间几何元素的位置。AutoCAD 的默认坐标系为通用坐标系(WCS),AutoCAD 不允许用户改变通用坐标系,但是为了方便用户构造三维模型,允许用户在通用坐标系下定义用户坐标系(UCS)。

一、通用坐标系

通用坐标系(World Coordinate System),简写为 WCS。通用坐标系定义了一个三维空间,即计算机屏幕的左下角为坐标原点,屏幕的水平方向为 *X* 坐标,竖直方向为 *Y* 坐标,*Z* 坐标的正向指向用户(图 13-3)。

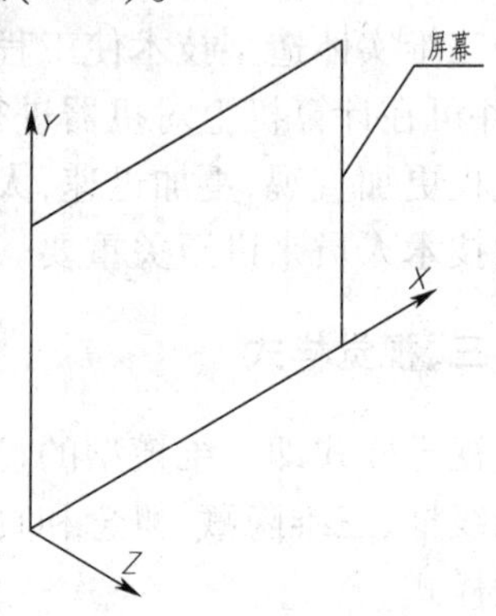

图 13-3 AutoCAD 的通用坐标系

二、用户坐标系

用户坐标系(User Coordinate System),简写为 UCS。用户坐标系就是由用户根据绘图或造型的需要在 WCS 下定义的任一坐标系。定义用户坐标系的目的是通过定义坐标系的原点及 *X*、*Y*、*Z* 坐标轴的正向等参数,从而构成方便用户绘图或造型的构造平面如图 13-4 所示物体在 WCS 下其倾斜结构的造型比较困难,若把其倾斜结构的表面定义为当前 UCS 的 *XOY* 坐标平面(图 13-4),那么在当前 UCS 下,倾斜结构的构造平面就不是倾斜的,而是平行于当前 UCS 的 *XOY* 坐标面的平面,从而便于构造三维实体模型。

三、设置 UCS 图标的可见性和位置

为了使用户在作图过程中随时了解当前用户坐标系的方向、原点位置等,以方便构造实体模型,AutoCAD 提供了坐标系图标以表示当前坐标系的情况。

单击功能区"视图"选项卡→"坐标"面板→按钮右侧的箭头可选择显示坐标系图标或隐藏坐标系图标。默认状态是显示在当前坐标系的原点。

单击功能区"视图"选项卡→"坐标"面板→按钮,打开"UCS 图标"对话框,如图 13-5 所示。可设置图标的大小、颜色和箭头类型、图标线宽等,并且可使图标样式在三维和二维之间

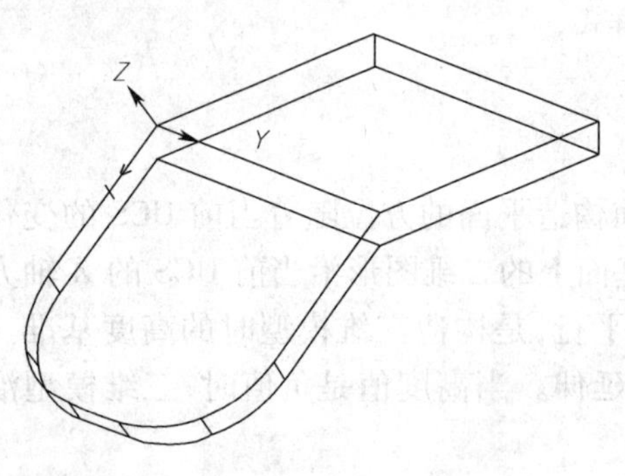

图 13-4 倾斜结构的构造平面

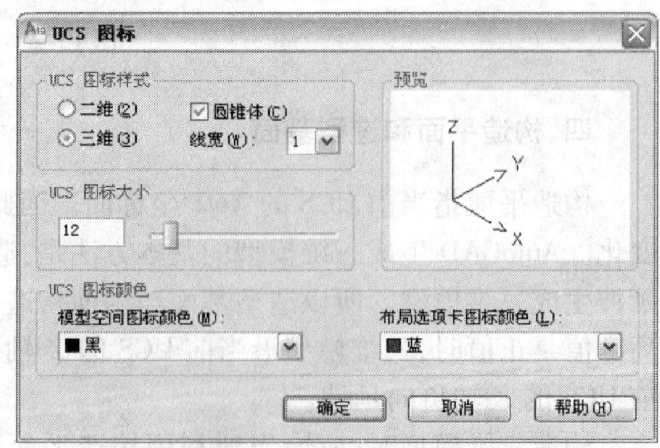

图 13-5 "UCS 图标"对话框

切换。

四、新建用户坐标系（UCS）命令

1. 功能

定义、保存、删除、修改、存储以及调用已定义的用户坐标系。在同一图形文件中，用户可建立的用户坐标系的数量不限，AutoCAD 2010 提供的面板、菜单栏或工具栏使用户在作图过程中，可方便地创建用户坐标系。此处仅介绍几种常用方法。

2. 命令调用

图 13-6 是位于功能区“视图”选项卡中的“坐标”面板，图 13-7 是位于菜单栏“工具”菜单中的新建用户坐标系菜单，菜单中的图标与面板中的图标一一对应。

图 13-6　“坐标”面板

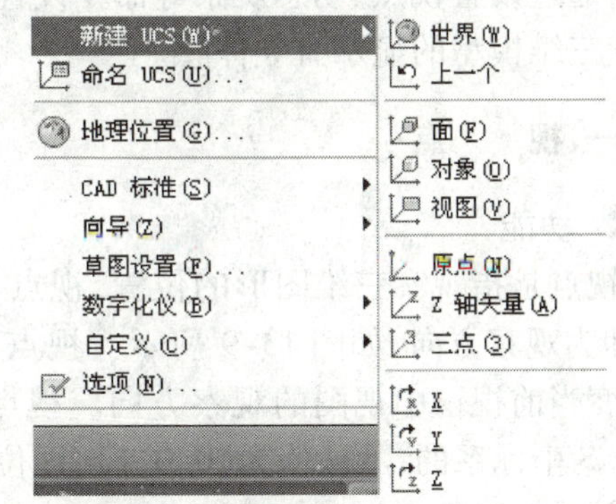

图 13-7　“新建 UCS”菜单

（1）原点（N）——通过改变当前 UCS 的原点，定义一个新 UCS。

（2）、、 *X/Y/Z*——当前坐标系分别绕 *X*、*Y*、*Z* 坐标轴旋转指定的角度，以定义新的 UCS。

（3）上一个（P）——返回前一个 UCS 下。

（4）三点（3）——通过指定新 UCS 的原点及其 *X*、*Y* 轴正向上的点，定义一个新 UCS。后续提示为：

（5）视图（V）——创建 *XY* 面与前视图平面（计算机屏幕）平行的 UCS，但原点位置保持不变。

（6）世界（W）——由当前坐标系恢复到通用坐标系。

五、命名、保存、调用 UCS

用户可将频繁使用的 UCS 命名并保存，待需要时调用（即置为当前）。单击功能区选项板→“视图”选项卡→“坐标”面板→按钮，打开“UCS”对话框的“命名 UCS”选项卡，如图 13-8所示，可对当前 UCS 命名、保存及调用。

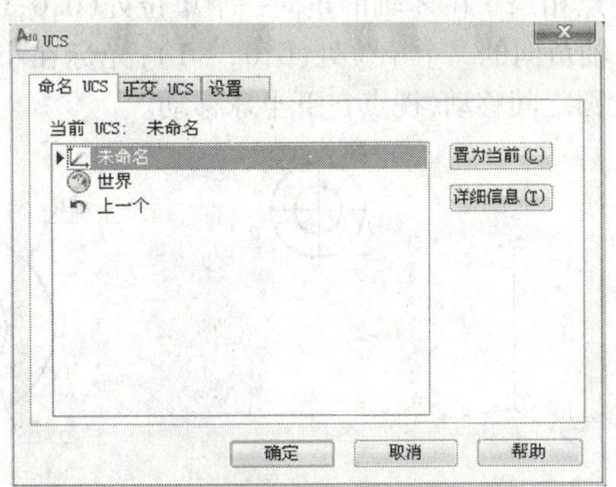

图 13-8　“UCS”对话框

创建新 UCS 后,列表框中会显示“未命名”项。在列表框中选择某一 UCS,然后单击“置为当前”按钮即将所选 UCS 置为当前;在列表框中选择某一 UCS,单击鼠标右键,通过弹出的右键快捷菜单选项,可对新建的 UCS 进行重命名、保存、删除等操作。

第三节　视点及三维模型的观察工具

AutoCAD 提供的设置视点、动态观察、相机、漫游和飞行等命令可以使用户以不同的方式、多方位、多角度地观察三维模型。并在计算机屏幕上生成三维模型的投影图(如:标准视图、轴测图或透视图)。AutoCAD 中默认的观察位置,在 WCS 的 *Z* 轴正向一个单位处,相当于俯视 WCS 的 *XOY* 坐标面,三维模型的显示相当于标准视图中的俯视图。因此建立三维模型时,需通过设置视点、动态观察等命令设置合适的视点,才能使三维模型投影为轴测图或透视图,使三维模型的显示有立体感。

一、视　　点

1. 功能

视点是指观察三维图形的位置,视点与坐标原点的连线(称视线)即为观察方向,如图 13-9 所示。视点命令就是通过改变视点,来改变当前视窗中视图的观察方向。视点命令所设视点均是相对于 WCS 坐标系的,默认值为(0,0,1),即位于 WCS 的 *Z* 轴正向一个单位处。

图 13-9　视点

2. 命令调用

命令:VPOINT。菜单命令:“视图”→“三维视图”→“视点”命令。

3. 操作

执行 VPOINT 命令,绘图窗口显示罗盘和坐标架,如图 13-10 所示。此时移动鼠标,罗盘中的“⊞”字光标随之移动,而坐标架也随之作相应的旋转,动态演示视点的变化。所以移动鼠标在罗盘中选取一点,即指定了新的视点。罗盘是一个单位球的二维表示形式,中心点表示北极点;小圆表示球的赤道圆;大圆表示南极点(图 13-11)。将光标定位在中心点(北极点),视点相当于在 *Z* 轴的正向一个单位处(0,0,1);将光标定位于大圆(南极圆)上,视点相当于在 *Z* 轴负向的一个单位处(0,0,-1);光标在小圆以内移动,视点在上半球移动;光标在小圆与大圆之间移动,视点在下半球移动。

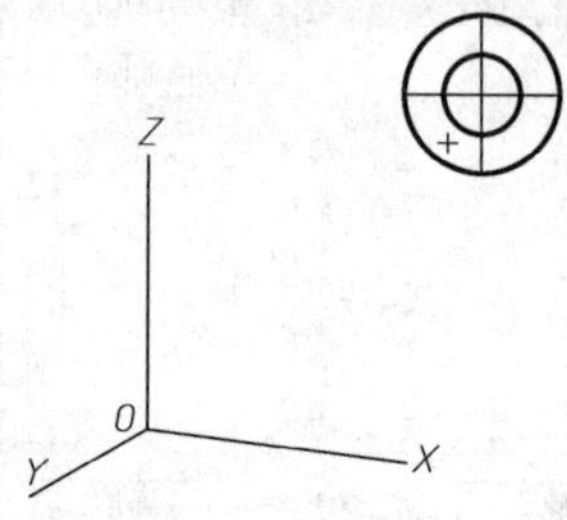

图 13-10　罗盘及坐标架

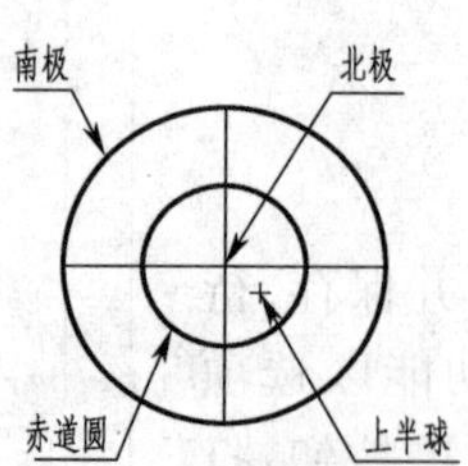

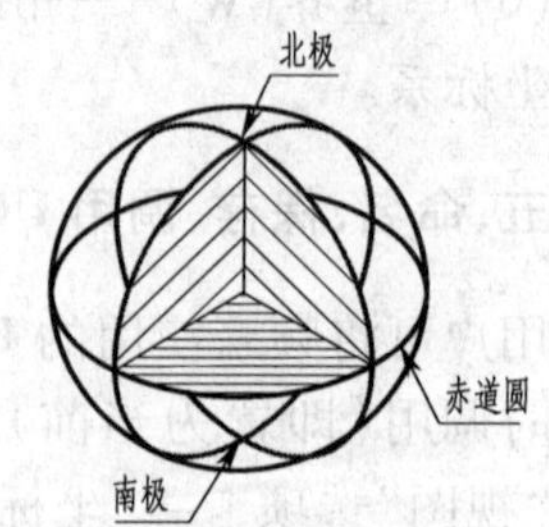

图 13-11　罗盘的含义

二、用"视点预设"对话框设置视点

执行下拉菜单"视图"→"三维视图"→"视点预设"命令,打开"视点预设"对话框,如图13-12 所示。是用两个角度确定视点,两个角度的含义参照图 13-9。单击对话框左边方形图标中的射线,即确定视线在 *XOY* 坐标平面上的投影与 *X* 轴的夹角,角度值显示在方形图标下方的"*X* 轴"编辑框中;单击对话框右边半圆形图标中的射线,即确定视线与 *XOY* 坐标平面的夹角,角度值显示在半圆形图标下方的"*XY* 平面"编辑框中。角度值也可直接输入到编辑框中。

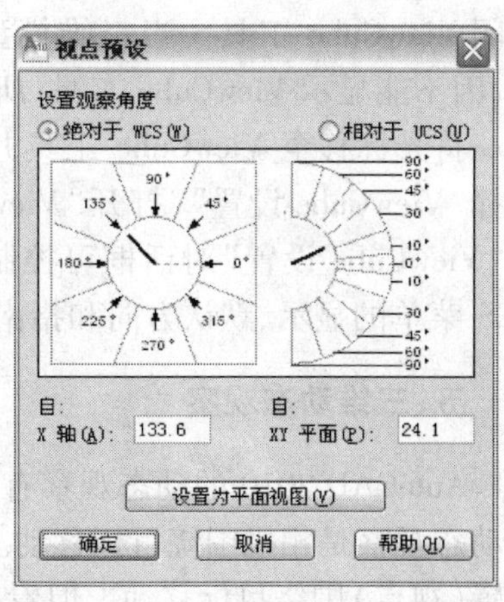

图 13-12　"视点预设"对话框

选中对话框中的"绝对于 WCS(W)"单选按钮(默认设置),所设视点相对于 WCS。选中"相对于 UCS(U)"单选按钮,所设视点相对于当前 UCS。

单击对话框中的"设置为平面视图(V)"按钮,若已选中"相对于 UCS(U)"单选按钮,AutoCAD 按当前坐标系生成平面视图,即视点在当前坐标系 *Z* 轴正向的一个单位处(0,0,1)。若选中"绝对于 WCS(W)"单选按钮,按世界坐标系生成平面视图。

三、快速设置特殊视点

单击功能区"视图"选项卡→"视图"按钮下方的箭头,展开"特殊视点"工具按钮,如图 13-13(a)所示。单击某一按钮或选择菜单栏→"视图"→"三维视图"命令如图 13-13(b),均可快速设置相应的特殊视点得到三维模型的标准视图。

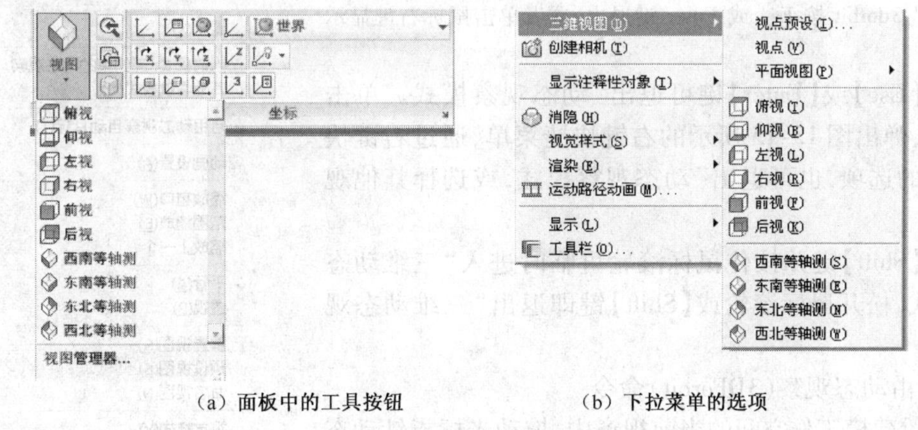

(a) 面板中的工具按钮　　(b) 下拉菜单的选项

图 13-13　设置特殊视点

四、ViewCube 观察工具

ViewCube(图 13-14)是 AutoCAD 2010 的一个三维导航工具,通过 ViewCube,用户可以在标准视图和等轴测视图间快速切换。当三维模型的显示是某一种三维视觉样式(即三维线框、三维隐藏、概念和真实视觉样式)时,ViewCube 显示在绘图区的右上角。将光标移至 ViewCube 工具即可将其激活,此时用户单击 ViewCube 工具的角点、边、面或单击 ViewCube 工具上的某一文字、箭头或拖拽鼠标均会立即切换到对应的视点。

单击功能区“视图”选项卡→“视图”面板→按钮,可打开/关闭 ViewCube 工具。当三维模型的视觉样式按二维线框显示时,因不能显示 ViewCube 工具,所以该按钮无效。

将光标移至 ViewCube 工具并单击鼠标右键,在右键菜单中选择“ViewCube 设置”,打开“ViewCube 设置”对话框(图略),通过“ViewCube 设置”对话框可控制 ViewCube 工具的大小、位置、UCS 菜单的显示、默认方向和指南针的显示等特性。

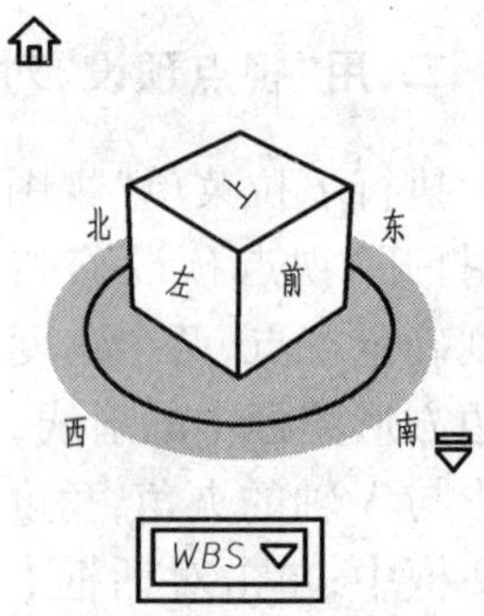

图 13-14 ViewCube 工具

五、三维动态观察

AutoCAD 2010 的动态观察有 3 种方式,即动态观察、自由动态观察和连续动态观察。三维动态观察是相机围绕目标移动。观察时,视窗中的三维模型作为目标是静止的,只是相机的位置(视点)围绕目标移动。但看起来好像是三维模型正在随着鼠标光标的拖动而旋转。目标点是视窗的中心,而不是正在查看的对象的中心。启动三维动态观察命令之前选择多个对象中的某一个可以限制为仅显示此对象。另外,当进入三维动态观察模式后,则无法编辑对象。下面分别介绍他们的使用方法。

1. 动态观察(3Dorbit)命令

在三维建模工作空间的当前视窗中,拖动光标指针来动态观察模型,但仅限于水平和垂直动态观察。如果水平拖动光标,相机将平行于世界坐标系(WCS)的 *XY* 平面移动。如果垂直拖动光标,相机将沿 *Z* 轴移动,用户可通过拖动光标任意改变视点。

单击功能区“视图”选项卡→“导航”面板→按钮或选择菜单栏→动态观察→受约束的动态观察命令均可进入受约束的动态观察模式,此时命令行提示:

命令:'_3dorbit 按 Esc 或 Enter 键退出,或者单击鼠标右键显示快捷菜单。

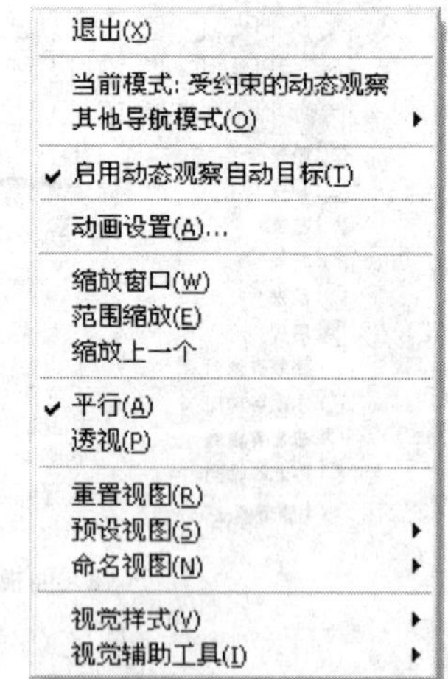

图 13-15 动态观察下的快捷菜单

按下【Esc】或【Enter】键可退出”动态观察模式。单击鼠标右键,弹出图 13-15 所示的右键快捷菜单,通过右键快捷菜单中的选项,也可退出”动态观察模式,或选择其他观察模式。

按住【Shift】键并按住鼠标滚轮可临时进入“三维动态观察”模式,松开鼠标滚轮或【Shift】键即退出“三维动态观察”模式。

2. 自由动态观察(3DForbit)命令

在三维建模工作空间的当前视窗中,拖动光标指针动态观察模型时不参照平面,在任意方向上进行动态观察。沿 *XY* 平面和 *Z* 轴进行动态观察时,视点不受约束。进入自由动态观察模式后,视窗中显示一个用小圆分成 4 个区域的导航球。将光标移至导航球不同部分的小圆上时,光标图标改变为指示三维模型旋转方向的形式。

单击功能区“视图”选项卡→“导航”面板→按钮或选择菜单栏→动态观察→自由动态观察命令均可进入自由动态观察模式,命令行提示、退出三维自由动态观察模式以及转换为其他观察模式的方法与“三维动态观察”模式相同。

按住【SHIFT】+【CTRL】组合键并按住鼠标滚轮可临时进入“三维自由动态观察”模式，松开鼠标滚轮或【Shift】键即退出。处于三维动态观察模式中时，按住【SHIFT】键可临时进入三维自由动态观察模式，松开【Shift】键即退出。

若取消右键快捷菜单中的“启用动态观察自动目标”选项，视图的目标将保持固定不变，而相机位置或视点绕目标移动。目标点是导航球的中心，而不是正在查看的对象的中心。

3. 连续动态观察(3Dcorbit)命令

用于在三维建模工作空间的当前视窗中，连续地动态观察模型。在绘图区域中按住鼠标左键并沿任意方向拖动光标指针，使三维模型沿拖动的方向移动，释放鼠标按钮，对象将在指定的方向沿着拖动的轨迹连续旋转，再次拖动鼠标可以改变旋转轨迹的方向。光标移动的速度决定了对象旋转的速度。单击鼠标左键停止旋转。

单击功能区“视图”选项卡→“导航”面板→按钮或选择菜单栏→动态观察→连续动态观察命令均可进入连续动态观察模式，命令行提示、退出三维自由动态观察模式以及转换为其他观察模式的方法与“三维动态观察”模式相同。

第四节　构造基本立体

从工程制图的角度来看，任何复杂物体都是由简单基本几何体组合而成。AutoCAD 三维造型也采用相同的思路，即首先构造基本几何体(在 AutoCAD 中称作实体体素)，然后对所构造的基本几何体进行称作布尔运算的求交、求并、求差操作，使各基本几何体按模型所要求的方式组合，达到构成复杂物体的目的。AutoCAD 生成基本几何体的方式有两种，一种是由 AutoCAD 的实体命令生成预定义的基本几何体。另一种是通过拉伸、旋转、扫掠或放样一个二维图形以生成基本几何体。

一、长方体(Box)命令

1. 功能

创建长方体或正方体。长方体的底面(称造型基面)与当前 UCS 的 *XY* 平面(构造平面)平行。在当前 UCS 的 *Z* 轴方向上指定长方体的高度，高度值可正可负。如图 13-16 所示。

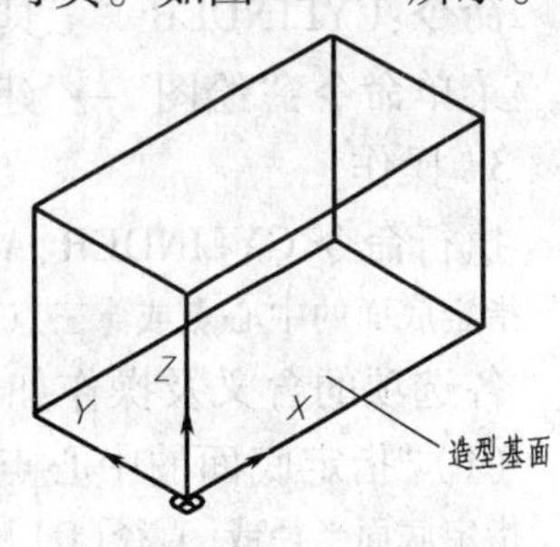

图 13-16　长方体

2. 命令调用

命令：BOX。工具按钮：功能区“常用”选项卡→“建模”面板→(长方体)按钮。

菜单命令：“绘图”→“建模”→“长方体(B)”命令。

3. 操作

执行命令 BOX，AutoCAD 提示：

指定第一个角点或［中心(C)］：点↙或C↙

各选项的含义及操作如下：

(1)“指定第一个角点”是默认选项，指定长方体造型基面上矩形的起始角点。后续提示为：

指定其他角点或［立方体(C)/长度(L)］：点↙或C↙或L↙

①“指定其他角点”选项，定义长方体造型基面上矩形起始角点的对角点。下一级提示：

指定高度或［两点(2P)］<当前值>：输入高度值↙或2P↙(2P 选项是以两点间距离确定高度)

②"长度(L)"选项,按后续提示分别输入长方体的长、宽、高。

指定长度 < 当前值 > :长度值↙

指定宽度 < 当前值 > :宽度值↙

指定高度或 [两点(2P)] < 当前值 > :高度值↙或输入两点以确定高度↙

③"立方体(C)"选项,创建正方体,后续提示为:

指定长度 < 当前值 > :正方体的边长值↙

(2)"中心(C)"选项,指定长方体的中心点。后续提示为:

指定中心:点↙(长方体的中心点)

指定角点或 [立方体(C)/长度(L)]:

指定高度或 [两点(2P)] < 当前值 > :高度值↙或输入两点以确定高度

二、楔体(Wedge)命令

1. 功能

创建楔形体(图 13-17)。楔形体的底面是造型基面,其长、宽、高的方向分别与当前 UCS 的 *X* 轴、*Y* 轴、*Z* 轴平行,倾斜面由 *Z* 轴正向,向 *X* 轴正向倾斜。

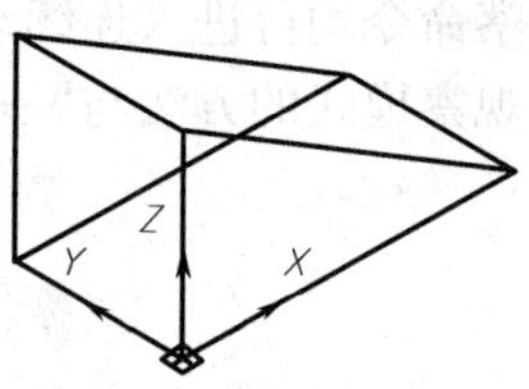

图 13-17　楔形体

2. 命令调用

命令:WEDGE。工具按钮:功能区"常用"选项卡→"建模"面板→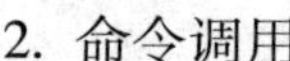(楔体)按钮。

菜单命令:"绘图"→"建模"→"楔形体(W)"命令。

3. 操作

命令行提示及操作与 BOX 命令基本相同。

三、圆柱(Cylinder)命令

1. 功能

创建圆柱体。

2. 命令调用

命令:CYLINDER。工具按钮:功能区"常用"选项卡→"建模"面板→(圆柱体)按钮。

菜单命令:"绘图"→"建模"→"圆柱体(C)"命令。

3. 操作

执行命令 CYLINDER,AutoCAD 提示:

指定底面的中心点或 [三点(3P)/两点(2P)/切点、切点、半径(T)/椭圆(E)]:点↙或某选项↙

各选项的含义及操作如下:

(1)"指定底面的中心点",确定圆柱底面的圆心。后续提示为:

指定底面半径或[直径(D)]:底圆半径↙或D↙

指定高度或 [两点(2P)/轴端点(A)] < 当前值 > :

①"指定高度"选项,输入正值,圆柱沿当前 UCS 的 *Z* 轴正向延伸。圆柱的底圆平行于当前 UCS 的 *XOY* 坐标面[图 13-18(a)]。

②"两点(2P)"选项,以两点间距离确定圆柱的高度。圆柱的底圆平行于当前 UCS 的 *XOY* 坐标面。

③"轴端点(A)"选项,指定圆柱轴线的另一端点,该点与圆柱底面中心点的连线为圆柱

的轴线，圆柱的底圆垂直于轴线[图 13-18(b)]。后续提示为：

指定轴端点：点↙（该点与圆柱底面中心点的连线为圆柱的轴线）

(2)“三点(3P)”选项，以三点方式确定圆柱的底圆，后续提示同(1)。

(3)“两点(2P)”选项，以两点方式确定圆柱的底圆，后续提示同(1)。

(4)“切点、切点、半径(T)”选项，以公切圆方式确定圆柱的底圆，后续提示同(1)。

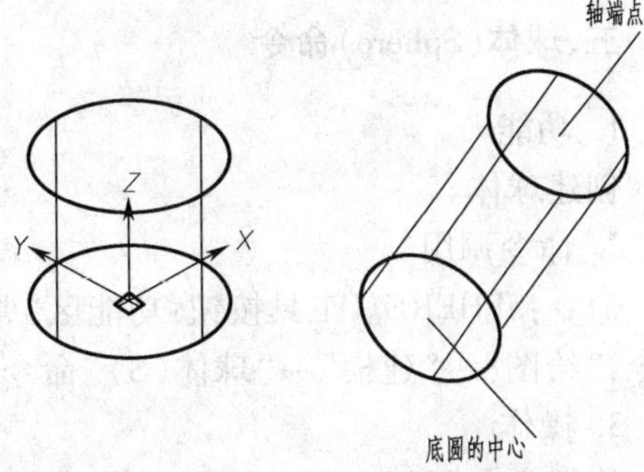

(a) 指定高度创建圆柱　(b) 指定轴端点创建圆柱

图 13-18　圆柱体

(5)“椭圆(E)”选项，生成椭圆柱。所以其后续提示与椭圆命令的相应选项相同，确定了椭圆形状后，后续提示要求指定椭圆柱的高度，后续的命令行提示及其响应和操作与(1)相同。

四、圆锥(Cone)命令

1. 功能

创建正圆锥或正圆台，即圆锥（或圆台）底面与其轴线垂直(图 13-19)。

2. 命令调用

命令：CONE。工具按钮：功能区“常用”选项卡→“建模”面板→△(圆锥体)按钮。

菜单命令：“绘图”→“建模”→“圆锥体(O)”命令。

3. 操作

执行命令 CONE，AutoCAD 提示：

指定底面的中心点或[三点(3P)/两点(2P)/切点、切点、半径(T)/椭圆(E)]：点↙或某选项↙（同圆柱的相同选项）

指定底面半径或[直径(D)]<当前值>：底圆半径↙或D↙

指定高度或[两点(2P)/轴端点(A)/顶面半径(T)]<当前值>：圆锥高度值↙或某选项↙

各选项的含义及操作如下：

(1)“指定高度”选项，输入正值，圆锥沿当前 UCS 的 *Z* 轴正向延伸。圆锥的底圆平行于当前 UCS 的 *XOY* 坐标面。

(2)“两点(2P)”选项，指定两点，以两点间距离确定圆锥的高度。圆锥的底圆平行于当前 UCS 的 *XOY* 坐标面。

(3)“轴端点(A)”选项，指定圆锥轴线的另一端点，此时圆锥的轴线平行于当前 UCS 的 *XY* 面，圆锥的底圆垂直于轴线。后续提示为：

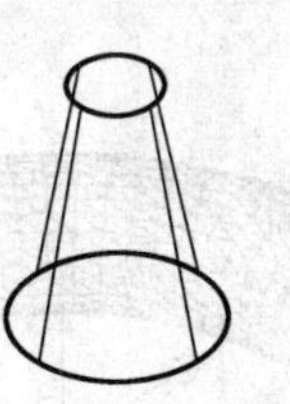
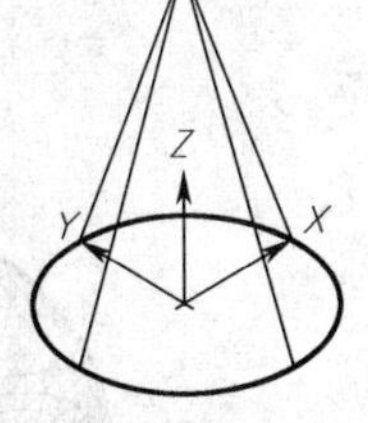

图 13-19　圆锥体的绘制

指定轴端点：点↙（该点与圆锥底面中心点的连线为圆锥的轴线）

(4)“顶面半径(T)”选项，为圆台指定顶面的半径。后续提示为：

指定顶面半径<当前值>：顶圆半径↙

指定高度或[两点(2P)/轴端点(A)]<当前值>：圆锥高度值↙或某选项↙

选项含义同前，此处不再重复。

五、球体(Sphere)命令

1. 功能

创建球体。

2. 命令调用

命令:SPHERE。工具按钮:功能区"常用"选项卡→"建模"面板→(球体)按钮。菜单命令:"绘图"→"建模"→"球体(S)"命令。

3. 操作

执行命令 SPHERE,AutoCAD 提示:

指定中心点或[三点(3P)/两点(2P)/切点、切点、半径(T)]:点↙或某选项↙(同圆柱的相同选项)

指定半径或[直径(D)]<当前值>:球半径↙或D↙

各选项均为确定球的赤道圆的大小,其操作同"圆柱"命令中的相同选项。

六、圆环体(Torus)命令

1. 功能

创建圆环体(图 13-20)。造型基面垂直于圆环的轴线且平行于当前 UCS 的 *XOY* 面。

2. 命令调用

命令:TORUS。工具按钮:功能区"常用"选项卡→"建模"面板→◎(圆环体)按钮。

菜单命令:"绘图"→"建模"→"圆环体(T)"命令。

3. 操作

执行命令 TORUS,AutoCAD 提示:

指定中心点或[三点(3P)/两点(2P)/切点、切点、半径(T)]:点↙或某选项↙(同圆柱的相同选项)

指定半径或[直径(D)]<当前值>:圆环半径↙或D↙

各选项均为确定圆环的中心圆(图 13-20)的大小,其操作同"圆柱"命令中的相同选项。圆环的中心圆确定后,下一级提示要求指定圆环的圆管大小。

指定圆管半径或[两点(2P)/直径(D)]:圆管半径↙或某选项↙(2P 选项以两点方式指定圆管的半径)

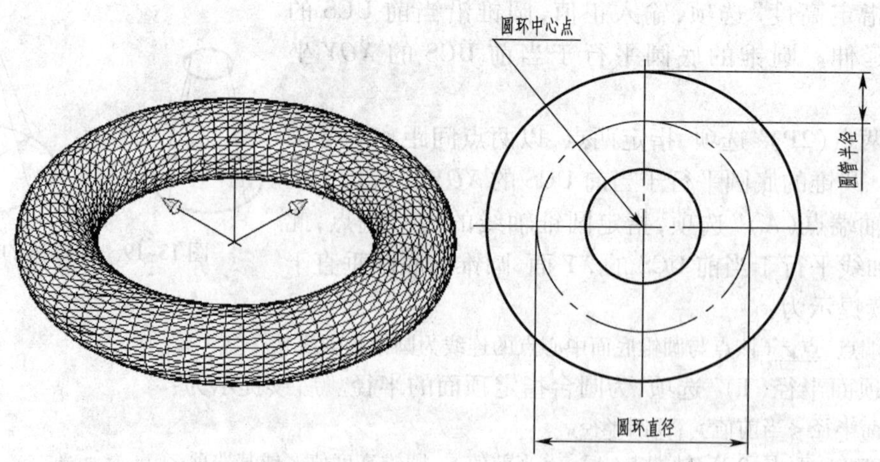

图 13-20 绘制圆环体

七、棱锥体(Pyramid)命令

1. 功能

创建正棱锥体或棱台体。其底面(即造型基面)平行于当前 UCS 的 *XOY* 坐标面。

2. 命令调用

命令:PYRAMID。工具按钮:功能区“常用”选项卡→“建模”面板→(棱锥体)按钮。

菜单命令:

“绘图”→“建模”→“棱锥体(Y)”命令。

3. 操作

执行命令 PYRAMID,AutoCAD 提示:

4 个侧面外切(显示棱锥体的当前绘制状态,4 个侧面指创建四棱锥;外切指以多边形外切于圆的方式绘制底面)

指定底面的中心点或[边(E)/侧面(S)]:点↙或某选项↙

(1)“指定底面的中心点”选项,指定棱锥底面的中心点,后续提示为:

指定底面半径或[内接(I)]<当前值>:半径值↙或I↙

①“半径值”选项,输入棱锥底面正多边形的内切圆半径,因为当前绘制状态是多边形外切于圆。

②“内接(I)”选项,切换到以圆的内接正多边形方式绘制棱锥体底面的状态,后续提示为:

指定底面半径或[外切(C)]<当前值>:半径值↙或C↙

当确定了底面半径后,下一级提示均为:

指定高度或[两点(2P)/轴端点(A)/顶面半径(T)]<当前值>:±高度值↙或某选项↙

这一级提示中各选项的含义及操作同“圆锥体”命令中的相同选项,其中“顶面半径(T)”用来指定棱台体的顶面大小。如图 13-21(a)所示。

(2)“边(E)”选项,指定多边形的边长绘制棱锥的底面,后续提示为:

指定边的第一个端点:点↙

指定边的第二个端点:点↙

当指定多边形的边长后,下一级提示仍为:

指定高度或[两点(2P)/轴端点(A)/顶面半径(T)]<当前值>:±高度值↙或某一选项↙

(3)“侧面(S)”选项,改变棱锥体的棱面数。后续提示:

输入侧面数<4>:5↙

指定底面的中心点或[边(E)/侧面(S)]:

图 13-21(b)所示为绘制的五棱锥。

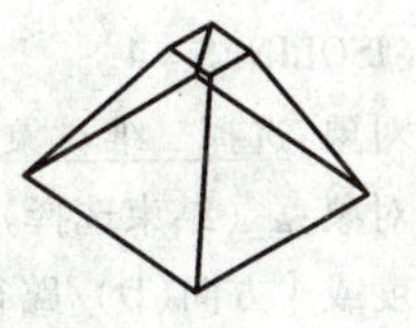
(a)

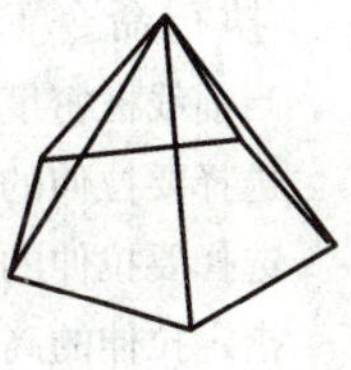
(b)

图 13-21　绘制棱锥体

第五节　根据二维图形创建三维实体

一、创建面域

面域是指具有边界的平面区域,是一个单一对象,内部可以包含孔。

1. 功能

将由某些对象形成的二维封闭图形转化为面域。围成这些封闭区域可以是直线、多段线、圆、圆弧、椭圆、椭圆弧和样条曲线等对象，面域是具有物理特性（例如质心）的二维封闭区域。面域可以填充、着色和提取设计信息（如形心），也可以将面域合并为单个复合面域来计算面积等。自相交的二维图形不能生成面域。

2. 命令调用

命令：REGION。工具栏："绘图" →（面域）按钮。

菜单命令："绘图" →"面域"命令。

3. 操作

执行 REGION 命令，AutoCAD 提示：

选择对象：选择需转换为面域的二维对象↙

选择对象：↙或继续选择对象（空回车结束命令）

执行结果是将多个对象围成的封闭区域转换为了一个单一对象面域。

注：面域总是以线框形式显示，可以对其进行复制，移动等编辑操作。可以利用分解（EXPLODE）命令将其转换成相应的线、圆弧等对象。

二、拉伸（Extrude）命令

1. 功能

沿 *Z* 轴或指定的拉伸路径，将封闭的二维多段线、样条曲线以及多边形、圆、椭圆和面域拉伸指定的高度，以生成三维模型。在拉伸过程中，还可以使二维图形的大小（即实体的截面）沿着拉伸方向变化以形成锥体。

2. 命令调用

命令：EXTRUDE。工具按钮：功能区"常用"选项卡→"建模"面板→（拉伸）按钮。

菜单命令："绘图"→"建模"→"拉伸（X）"命令。

3. 操作

执行命令 EXTRUDE，AutoCAD 提示：

当前线框密度：ISOLINES = 4

选择要拉伸的对象：选择二维对象↙

选择要拉伸的对象：↙（结束选择）

指定拉伸的高度或［方向（D）/路径（P）/倾斜角（T）］<当前值>：高度值↙或某选项↙

各选项的含义及操作如下：

（1）"指定拉伸的高度"选项，将二维对象拉伸成柱体，柱体的底面与当前 UCS 的 *XOY* 面平行。正值沿 *Z* 轴正向拉伸，负值沿 *Z* 轴负向拉伸。也可以输入两点的方式给出高度值，两点间距离为拉伸高度，但只能沿 *Z* 轴正向拉伸。

（2）"方向（D）"选项，按指定方向拉伸二维对象。后续提示为：

指定方向的起点：点↙

指定方向的端点：点↙

拉伸方向不得与被拉伸的二维对象共面或平行。即在选择"D"方式前应先将当前 UCS 的 *XOY* 面旋转到与拉伸二维对象所在的面不平行的位置，才能按指定方向拉伸。该选项可拉伸生成斜柱体，即柱体的底面与当前 UCS 的 *XOY* 面不平行。如图 13-22（a）所示。

（3）"路径（P）"选项，按指定的拉伸路径，将二维对象拉伸成三维实体模型。拉伸路径可以是开放的，也可以是封闭的，但拉伸路径的起点必须与被拉伸的二维对象所在的平面垂直，

如图 13-22(b)所示。后续提示为:

选择拉伸路径或［倾斜角(T)］:选二维对象作为拉伸路径↙或T↙(以"T"响应可拉伸生成锥体)

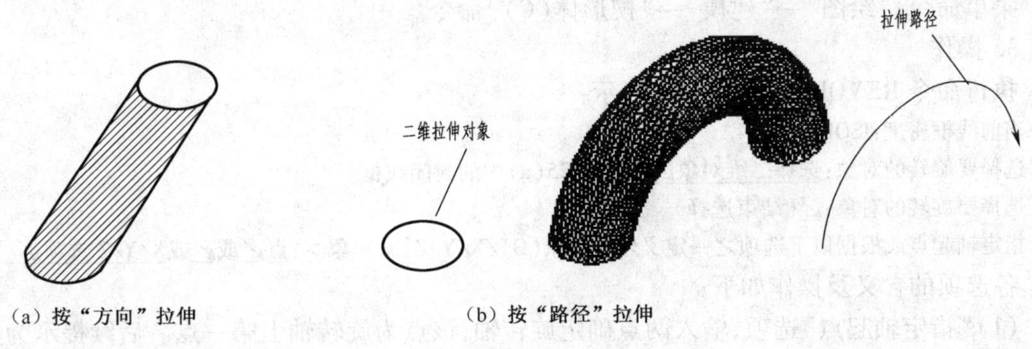

(a) 按"方向"拉伸　　(b) 按"路径"拉伸

图 13-22　拉伸实体

(4)"倾斜角(T)"选项,指定拉伸对象沿 Z 轴或路径拉伸时相对 Z 轴或路径的收缩角度,倾斜角的取值范围是 0° ~ ±90°,默认值为 0°,即拉伸柱体;倾斜角度可正,可负,效果如图 13-23所示。当拉伸高度与锥角不匹配时,如因锥角过大,拉伸对象在未到达指定高度之前就已收缩为零,则按锥角收缩为零时的高度生成锥体。

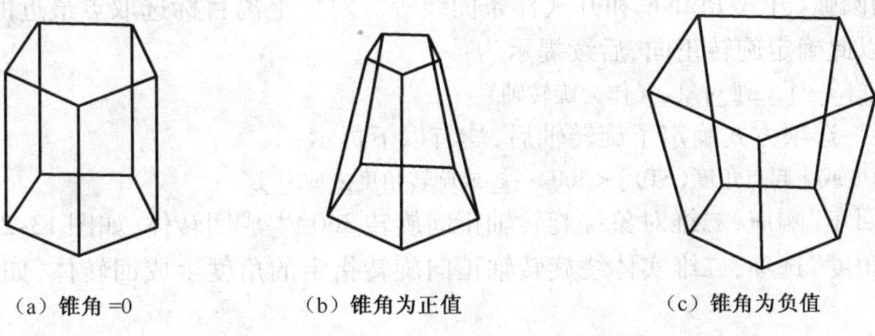

(a) 锥角 =0　　(b) 锥角为正值　　(c) 锥角为负值

图 13-23　拉伸锥角

4. 说明

(1)被拉伸的二维对象不能自交叉,否则无法拉伸(如图 13-24)。

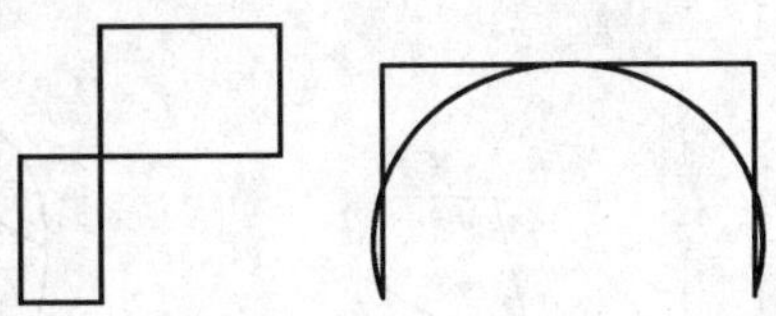

图 13-24　交叉的二维对象的图例

(2)圆(CIRCLE)、椭圆(ELLIPSE)、圆弧(ARC)、椭圆弧、二维多义线(PLINE)、三维多义线(3D PLINE)、样条曲线(SPLINE)均可作为拉伸路径,拉伸路径可封闭,也可不封闭。作为路径的对象不能与被拉伸的对象共面,若路径为曲线时,曲线不能带尖角。

三、旋转(Revolve)命令

1. 功能

二维对象(如封闭的二维多段线、样条曲线以及多边形、圆、椭圆和面域)绕指定的回转轴线旋转生成各种回转体。但包含在块中的对象、有交叉或自干涉的多段线不能旋转,且每次只能旋转一个对象。

2. 命令位置

命令:REVOLVE。工具按钮:功能区“常用”选项卡→“建模”面板→(旋转)按钮。

菜单命令:“绘图”→“建模”→“楔形体(C)”命令。

3. 操作

执行命令 REVOLVE,AutoCAD 提示:

当前线框密度:ISOLINES = 4

选择要旋转的对象:选择二维对象↙[图 13-25(a)中的封闭线框]

选择要旋转的对象:↙(结束选择)

指定轴起点或根据以下选项之一定义轴[对象(O)/X/Y/Z]<对象>:点↙或↙或X/Y/Z 选项↙

各选项的含义及操作如下:

(1)“指定轴起点”选项,输入两点确定旋转轴,该点为旋转轴上第一点。后续提示为:

指定轴端点:点↙(旋转轴上第二点,轴的正向由第一点指向第二点)

指定旋转角度或[起点角度(ST)]<360>:输入旋转角度值↙(角度值可正可负,按右手法则确定旋转正向)

(2)“X/Y/Z”选项,以当前 UCS 的 *X* 轴、*Y* 轴或 *Z* 轴作为旋转轴,以 *X/Y/Z* 轴的正向按右手法则确定旋转正向。

(3)“对象(O)”选项或以“空回车”响应,选择二维对象作为旋转轴,所选二维对象只能是直线、圆弧、椭圆弧、开式 PLINE 和开式样条曲线等。对象上离目标选取点最近的端点为旋转轴的原点,并以此确定旋转正向,后续提示为:

选择对象:选择一个二维对象↙(作为旋转轴)

用上述某一选项方式确定了旋转轴后,均有以下提示:

指定旋转角度或[起点角度(ST)]<360>:↙或旋转角度↙或ST↙

①以“空回车”响应,二维对象绕旋转轴正向旋转 360°生成回转体,如图 13-25(b)所示。

②“旋转角度”选项,二维实体绕旋转轴正向旋转指定的角度生成回转体,如图 13-25(c)所示。

③“起点角度(ST)”选项,确定旋转的起始角度,后续提示为:

指定起点角度<0.0>:↙或起始角度值↙

指定旋转角度<360>:↙或旋转角度值↙

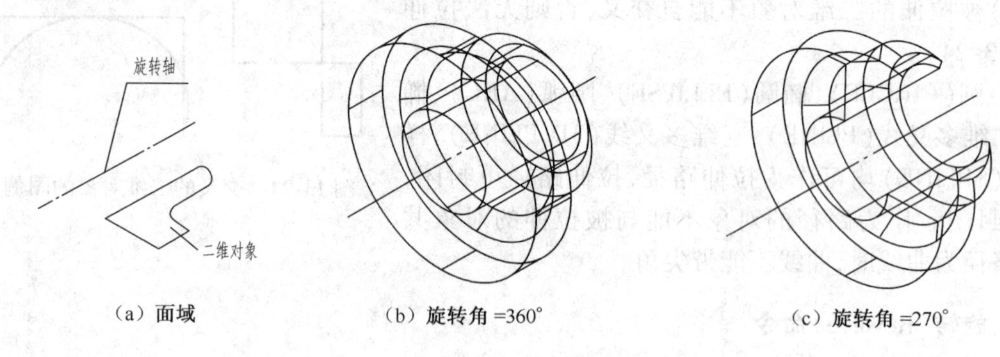

(a) 面域　(b) 旋转角 =360°　(c) 旋转角 =270°

图 13-25　旋转命令

4. 说明

按右手法则确定旋转正向。旋转角度值可正可负。

四、扫掠(Sweep)命令

1. 功能

将二维封闭对象(如封闭的二维多段线、样条曲线以及多边形、圆、椭圆和面域)按指定的路径扫掠生成三维实体模型,如图 13-26 所示。若选择的扫掠对象是非封闭的二维对象,则绘制出扫掠面。

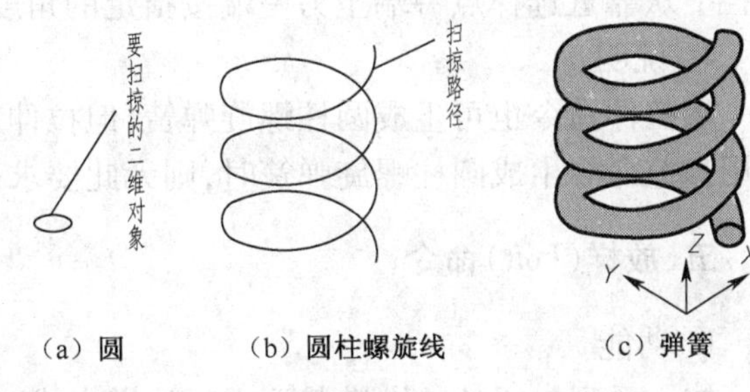

图 13-26　圆柱螺旋弹簧的扫掠过程

2. 命令位置

命令:SWEEP。工具按钮:功能区→“常用”选项卡→“建模”面板→(扫掠)按钮。

菜单命令:“绘图”→“建模”→“扫掠(P)”命令。

3. 操作

执行命令 SWEEP,AutoCAD 提示:

当前线框密度:ISOLINES = 4

选择要扫掠的对象:选择要扫掠的二维对象↙

选择要扫掠的对象:↙(结束对象选择)

选择扫掠路径或[对齐(A)/基点(B)/比例(S)/扭曲(T)]:选择路经↙或某选项↙

各选项的含义及操作如下:

(1)“选择扫掠路径”选项是默认选项,选择一个二维对象(二维直线、多段线、圆、圆弧、椭圆、椭圆弧、多边形、螺旋线、样条曲线等)作为扫掠路径。图 13-26 是圆柱螺旋弹簧的扫掠过程。

(2)“对齐(A)”选项,设置扫掠前扫掠对象是否要求对齐垂直于扫掠路径。后续提示为:

扫掠前对齐垂直于路径的扫掠对象[是(Y)/否(N)]<是>:↙或N↙

(3)“基点(B)”选项,选择扫掠基点。即设置扫掠对象上的哪一点(或对象外的一点)要沿扫掠路径移动。后续提示为:

指定基点:选择扫掠基点↙

(4)“比例(S)”选项,设置扫掠的比例因子。使扫掠对象在扫掠路径上,从靠近选择点一端至另一端按指定比例因子逐步放大或缩小,如图 13-27 所示。后续提示为:

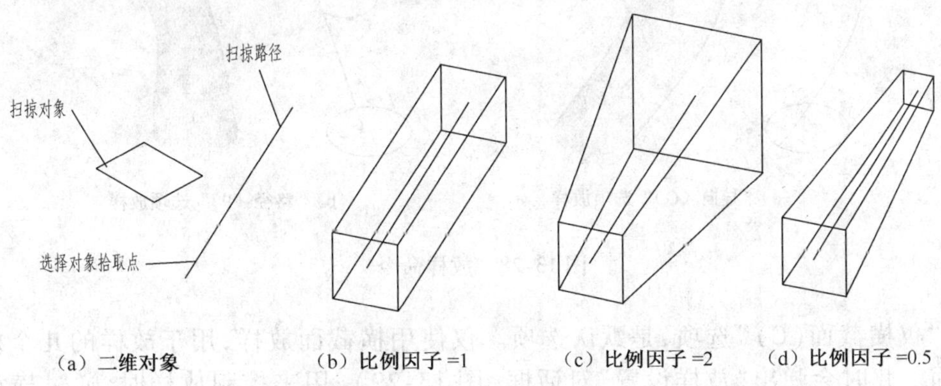

图 13-27　扫掠的比例因子

输入比例因子或［参照(R)］<1.0000>:比例因子↙或R↙("R"选项,通过"参照(R)"方式设置比例因子)

(5)"扭曲(T)"选项,设置扭曲角度或非平面扫掠路径的倾斜角度。使扫掠对象,在扫掠路径上从靠近选择点一端至另一端按指定的角度扭曲或倾斜。

4. 说明

用拉伸命令也可生成圆柱螺旋弹簧,但拉伸对象圆所在的面必须垂直于拉伸路径的起点。而用扫掠命令生成圆柱螺旋弹簧时,则无此要求。

五、放样(Loft)命令

1. 功能

按一系列封闭的二维横截面之间放样生成三维实体。

2. 命令位置

命令:LOFT。工具按钮:功能区"常用"选项卡→"建模"面板→(放样)按钮。

菜单命令:"绘图"→"建模"→"放样(L)"命令。

3. 操作

执行命令 LOFT,AutoCAD 提示:

按放样次序选择横截面:选择横截面↙(至少要两个横截面对象)

输入选项［导向(G)/路径(P)/仅横截面(C)］<仅横截面>:↙或某选项↙

各选项的含义及操作如下:

(1)"导向(G)"选项,使用导向曲线控制放样的路径,每条导向曲线都必须与所选的每个横截面相交,并且起始于第一个横截面,结束于最后一个横截面,如图 13-28(a)所示。

(2)"路径(P)"选项,使用一条简单的路径控制放样,该路径可以是直线、圆弧、椭圆弧、多段线的一段等,并且应与部分或全部截面相交,如图 13-28(b)所示。

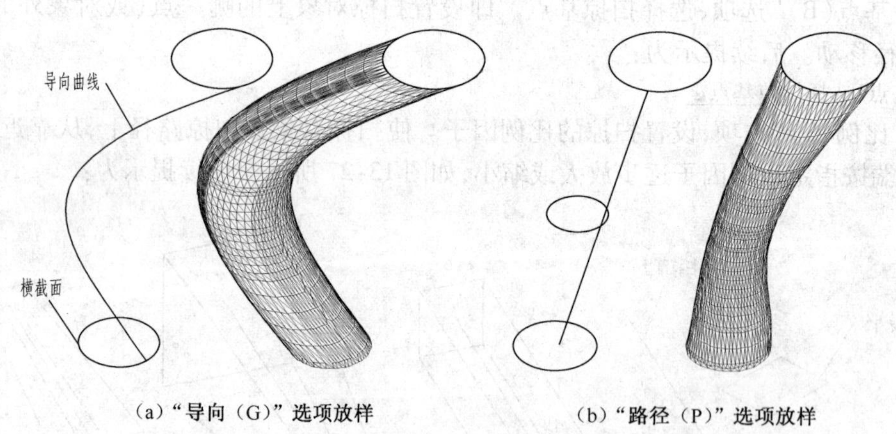

(a)"导向(G)"选项放样　　(b)"路径(P)"选项放样

图 13-28　放样命令

(3)"仅横截面(C)"选项,是默认选项。仅使用横截面放样,用于放样的几个横截面不能共面。此时会弹出"放样设置"对话框(图 13-29),用来控制放样时,通过横截面的曲面。

六、按住/拖动(Presspull)命令

1. 功能

单击并按住有边界区域,然后拖动或输入高度值以指明拉伸量。移动光标时,拉伸将进行动态更改。也可以按住【Ctrl】+【Shift】+【E】组合键并单击区域内部以启动按住或拖动功能。

2. 命令调用

命令:POLYSOLID。工具按钮:功能区"常用"选项卡→"建模"面板→(按住/拖动)按钮。

3. 操作

执行命令 LOFT,AutoCAD 提示:

单击有限区域以进行按住或拖动操作:

在此提示下拾取有效边界中间的点,拖动光标拾取另一点或输入高度值回车,便可创建一个拉伸体。

图 13-29 "放样设置"对话框

第六节 布尔运算

布尔运算是指利用交(Intersect)、并(Union)、差(Subtract)操作编辑实体。

一、交集(Intersect)命令

1. 功能

取各三维实体的公共部分创建为新的三维实体,如图 13-30(d)所示。

2. 命令调用

命令:INTERSECT。工具按钮:功能区"常用"选项卡→"实体编辑"面板→(交集)按钮。

菜单命令:"修改"→"实体编辑"→"交集(I)"命令。

3. 操作

执行命令 INTERSECT,AutoCAD 提示:

选择对象:选择需求交的三维实体↙[图 13-30(a)中的基本体 *A* 和基本体 *B*]

选择对象:↙或继续选择需求交的三维实体

选择对象:↙(空回车结束命令)

二、并集(Union)命令

1. 功能

将多个三维实体合并成一个新的三维实体,如图 13-30(b)所示。

2. 命令调用

命令:UNION。工具按钮:功能区"常用"选项卡→"实体编辑"面板→(并集)按钮。

菜单命令:"修改"→"实体编辑"→"并集(U)"命令。

3. 操作

执行命令 UNION,AutoCAD 提示:

选择对象:选择需求并的实体↙[图 13-30(a)中的基本体 A 和基本体 B]
选择对象:↙或继续选择需求交的实体
选择对象:↙(空回车结束命令)

三、差集(Subtract)命令

1. 功能

从一个(组)三维实体中减去另一个(组)三维实体,创建新的三维实体,如图 13-30(c)所示。

2. 命令调用

命令:INTERSECT。工具按钮:功能区"常用"选项卡→"实体编辑"面板→(差集)按钮。

菜单命令:"修改"→"实体编辑"→"差集(S)"命令。

3. 操作

执行命令 UNION,AutoCAD 提示:

选择要从中减去的实体、曲面和面域...
选择对象:选择源实体↙[选择图 13-30(a)中的基本体 B]
选择对象:↙或继续选择源实体(↙结束源实体选择,到下一级提示)
选择要减去的实体或面域..
选择对象:选择要减去的实体[选择图 13-30(a)中的基本体 A]
选择对象:↙或继续选择要减去的实体↙
选择对象:↙(空回车结束命令)

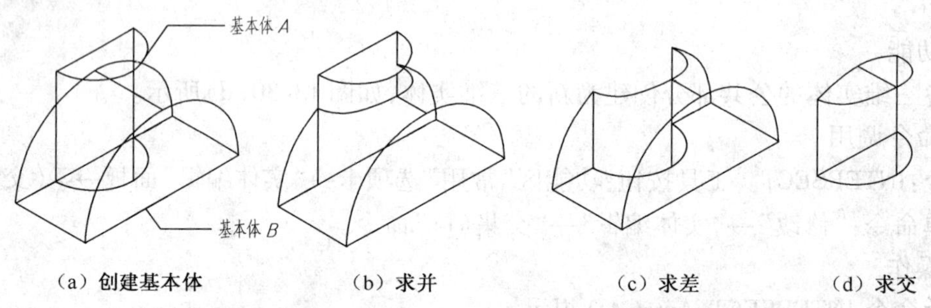

(a) 创建基本体　(b) 求并　(c) 求差　(d) 求交

图 13-30　布尔运算交、并、差的不同效果

四、剖切(Slice)命令

1. 功能

以指定的平面切割选定的三维实体。用户可根据需要保留平切割面两侧的某一部分三维实体,也可以两侧都保留。在用 AutoCAD 构造组合体三维模型的实践中,常用此命令切割基本体,从而得到复杂的切割类组合体。

2. 命令位置

命令:SLICE。工具按钮:功能区"常用"选项卡→"实体编辑"面板→(剖切)按钮。

菜单命令:"修改"→"三维操作"→"剖切(S)"命令。

3. 操作

执行命令 SLICE,AutoCAD 提示:

选择要剖切的对象:选择需切割的三维实体↙

选择要剖切的对象:↙或继续选择需切开的三维实体↙

指定切面的起点或[平面对象(O)/曲面(S)/Z 轴(Z)/视图(V)/XY(XY)/YZ(YZ)/ZX(ZX)/三点(3)]<三点>:点↙或某选项↙

各选项的含义及操作如下:

(1)"指定切面的起点"是默认选项,通过指定两点确定一个垂直于当前 UCS 的 *XOY* 平面的切平面。后续提示要求指定切平面上的第二点。

(2)"三点(3)"选项或空回车,以三点确定切割平面。后续提示要求输入切割平面上的第一个点、第二点和第三点。

(3)"XY/YZ/ZX"选项,分别以与当前 UCS 的相应坐标面或其平行面作切割平面,后续提示要求用户在指定的切割平面上确定一点。

(4)"*Z* 轴(Z)"选项,指定切割平面的 *Z* 轴(即与切割平面垂直相交的直线),以确定切割平面。后续提示为:

指定剖面上的点:点↙(必须在切割平面上)

指定平面 Z 轴(法向) 上的点:点↙

该点与前一点的连线即为切割平面上的 *Z* 轴,前一点为 *Z* 轴原点,所以切割平面一定过前一点且与两点连线垂直。

(5)"平面对象(O)"选项,指定一个二维对象,以该对象所在 UCS 的 *XOY* 面作为切割平面。后续提示为:

选择用于定义剖切平面的圆、椭圆、圆弧、二维样条线或二维多段线:选择一个二维实体↙

(6)"曲面(S)"选项,以曲面作为切割面,后续提示为:

选择曲面:选择已存在的曲面↙

用上述任一选项方式确定切割平面后,所有选项的下一级提示均为:

选择要保留的实体或[保留两个侧面(B)]<保留两个侧面>:点↙或B↙

①"选择要保留的实体点"选项,在切割对象上拾取一点,保留用户所点取的那一侧实体。

②"保留两个侧面(B)"选项,切割平面两侧的实体均保留。

4. 说明

定义的切割面必须与被切割的实体相交,才能实现预想的切割效果。建议以当前 UCS 作为参照系来确定切割面的位置,下面举例说明如何用 UCS 确定切割平面。

【例 13-1】　构造图 13-31(a)所示组合体。

(1)首先在当前坐标系(WCS)下构造半径为 20,高度 20 的圆柱。并选择菜单栏"视图→三维视图→西南等轴测"修改视点观察模型[图 13-31(b)]。

(2)将当前 UCS 的原点移至圆柱底圆中心。

(3)用"切割(SLICE)"命令切割圆柱体。

命令:_slice

选择要剖切的对象:选择已构造好的圆柱体↙

选择要剖切的对象:↙(结束对象选择)

指定切面的起点或[平面对象(O)/曲面(S)/Z 轴(Z)/视图(V)/XY(XY)/YZ(YZ)/ZX(ZX)/三点(3)]<三点>:YZ↙

指定 YZ 平面上的点<0,0,0>:5,0,0↙

在所需的侧面上指定点或[保留两个侧面(B)]<保留两个侧面>:B↙(保留切割后的两部分实体)

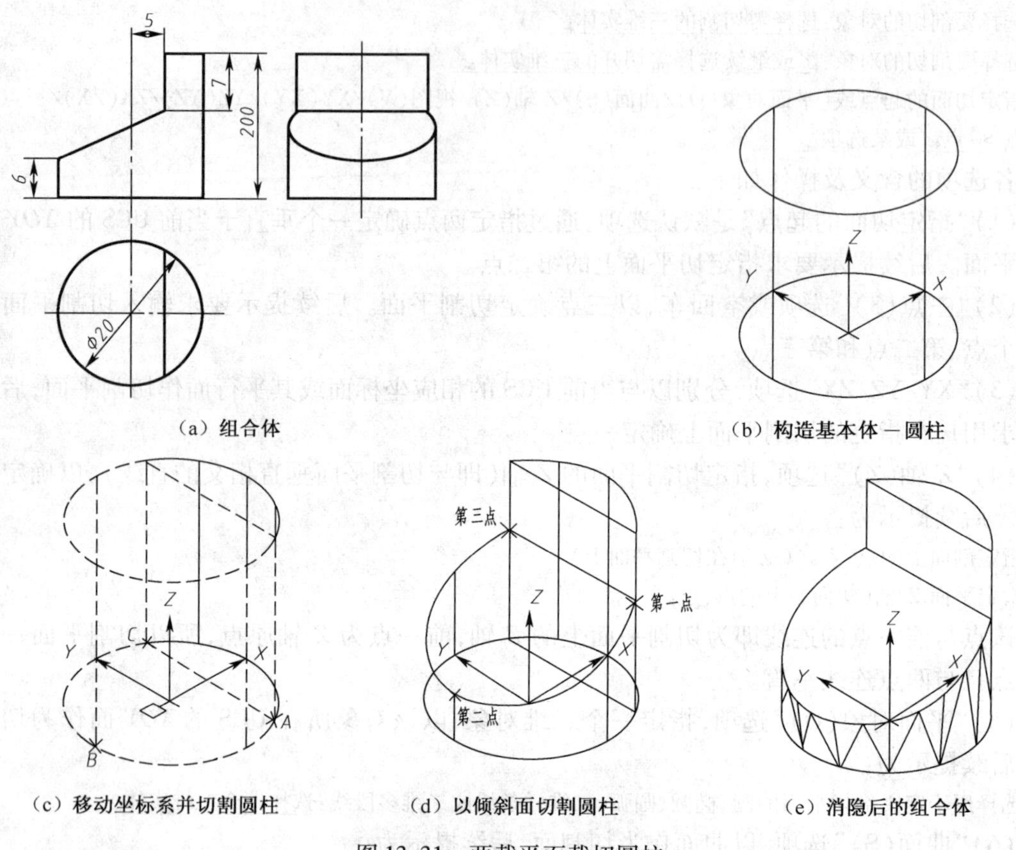

（a）组合体　（b）构造基本体—圆柱

（c）移动坐标系并切割圆柱　（d）以倾斜面切割圆柱　（e）消隐后的组合体

图 13-31　两截平面截切圆柱

命令：_slice

选择要剖切的对象：选前次切割后的左侧实体［图 13-31（c）虚线所示］

选择要剖切的对象：↙（结束对象选择）

指定切面的起点或［平面对象（O）/曲面（S）/Z 轴（Z）/视图（V）/XY（XY）/YZ（YZ）/ZX（ZX）/三点（3）］<三点>：↙

指定平面上的第一点：输入一点↙（捕捉 *A* 端点但不拾取，将光标上移出现追踪点线时键入 13 然后回车）

指定平面上的第二点：输入一点↙（捕捉 *B* 象限点但不拾取，将光标上移出现追踪点线时键入 6 然后回车）

指定平面上的第三点：输入一点↙（捕捉 *C* 端点但不拾取，将光标上移出现追踪点线时键入 13 然后回车）

在所需的侧面上指定点或［保留两个侧面（B）］<保留两个侧面>：*B* 点↙［图 13-31（c）］

用并集（UNION）命令将两次切割后的剩余实体求并组合为一个组合体，如图 13-34（e）所示。

第七节　编辑三维模型

一、三维对齐（3Dalign）命令

1. 功能

使三维空间中某一三维实体上的一个点、一条边、一个面与另一目标三维实体上的一个

点、一条边、一个面对齐，选定的对象将从源点移动到目标点，如果指定了第二点和第三点，则源对象将通过移动、旋转与另一目标对象对齐。

2. 命令调用

命令：3DALIGN。工具按钮：功能区“常用”选项卡→“修改”面板→(三维对齐)按钮。菜单命令：“修改”→“三维操作”→“三维对齐”命令。

3. 操作

执行命令 3DALIGN，AutoCAD 提示：

选择对象：选择源对象[图 13-32(a)右侧的实体]

选择对象：↙(结束对象选择)

指定源平面和方向 ...

指定基点或[复制(C)]：在源对象上拾取第一点 P_1 ↙或C↙

指定第二个点或[继续(C)] <C>：在源对象上拾取第二点 P_2 ↙或↙

指定第三个点或[继续(C)] <C>：在源对象上拾取第三点 P_3 ↙或↙

指定目标平面和方向 ...

指定第一个目标点：在目标对象上拾取第一点 P_4 ↙

指定第二个目标点或[退出(X)] <X>：在目标对象上拾取第二点 P_5 ↙或↙

指定第三个目标点或[退出(X)] <X>：在目标对象上拾取第三点 P_6 ↙或↙

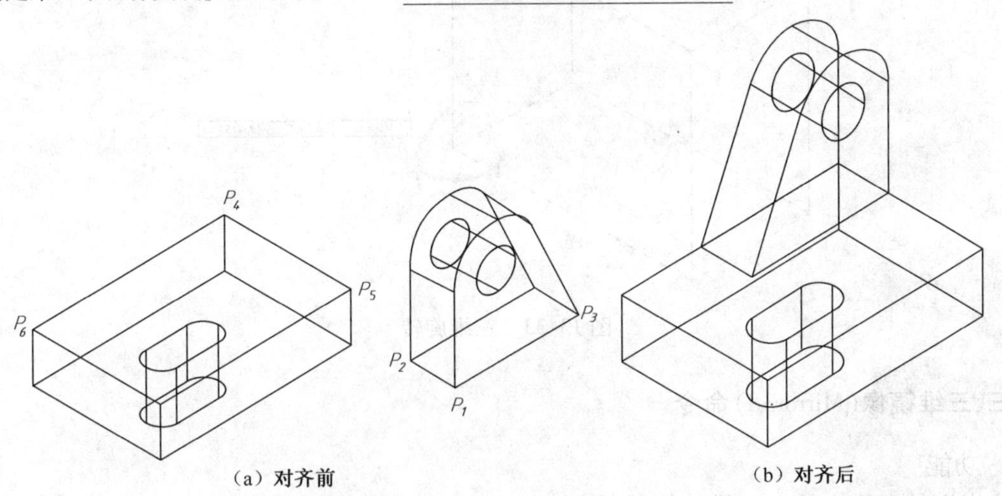

(a) 对齐前　　(b) 对齐后

图 13-32　三维对齐命令

4. 说明

(1) 三维对齐相当于三维移动与三维旋转命令的组合。

(2) 对提示“指定基点或［复制(C)]：”以“C”响应，则可实现对三维实体的复制。

(3) 对提示“指定第二个点或［继续(C)] <C>：”以“空回车”响应，则可实现对三维实体的旋转平移。

二、三维旋转(3Drotate)命令

1. 功能

使三维实体绕指定的轴线旋转指定的角度。

2. 命令调用

命令：3DROTATE。工具按钮：功能区“常用”选项卡→“修改”面板→(三维旋转)按

钮。菜单命令："修改"→"三维操作"→"三维旋转"命令。

3. 操作

执行命令 3DROTATE，AutoCAD 提示：

UCS 当前的正角方向：ANGDIR = 逆时针　ANGBASE = 0

选择对象：选择需旋转的三维实体↙

选择对象：↙（结束选择对象）

指定基点：选择旋转基点↙（在基点处显示不同颜色的位于三个坐标面上的圆，如图 13-33 所示）

拾取旋转轴：选择一条轴作为旋转轴↙（把光标放在不同颜色代表三个坐标面的某一圆上，即显示相应的坐标轴，单击鼠标左键该轴即为旋转轴）

指定角的起点或键入角度：点↙或 ± 角度值↙

①"指定角的起点"选项，给出旋转角的起点位置，后续提示为：

指定角的端点：点↙（起点与旋转轴的夹角，端点与旋转轴的夹角之差为实际的旋转角度）

②"键入角度"选项，正值绕所选坐标轴逆时针旋转，负值绕所选坐标轴顺时针旋转。

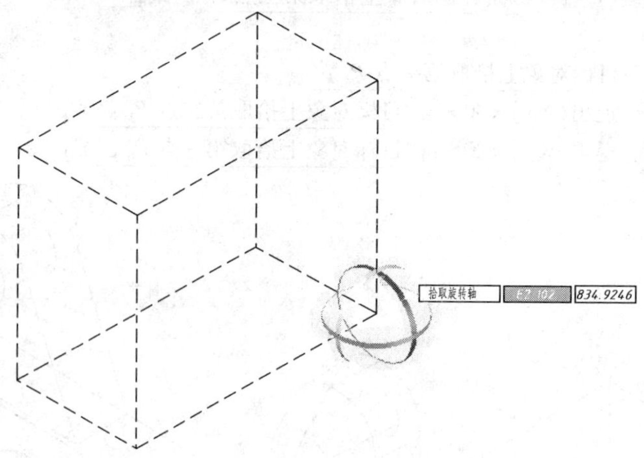

图 13-33　三维旋转

三、三维镜像（Mirror3d）命令

1. 功能

将指定的三维实体以三维空间的某一平面为对称平面作镜像复制。

2. 命令位置

命令：MIRROR3D。工具按钮：功能区"常用"选项卡→"修改"面板→%（三维镜像）按钮。

菜单命令："修改"→"三维操作"→"三维镜像"命令。

3. 操作

执行命令 MIRROR3D，AutoCAD 提示：

选择对象：选择三维实体↙

选择对象：↙（结束对象选择）

指定镜像平面（三点）的第一个点或

[对象（O）/最近的（L）/Z 轴（Z）/视图（V）/XY 平面（XY）/YZ 平面（YZ）/ZX 平面（ZX）/三点（3）] <三点>：点↙或某选项↙

该提示中的各选项用来确定镜像平面的位置，各选项功能与操作如下：

(1) 以"点"响应,执行默认选项,通过三点确定镜像平面。该点为镜像平面的第一点,后续提示:

在镜像平面上指定第二点:点↙(镜像平面上的第二点)

在镜像平面上指定第三点:点↙(镜像平面上的第三点)

(2)"XY/YZ/ZX"选项,分别以当前 UCS 的 *XOY*、*YOZ*、*ZOX* 坐标平面或其平行面作镜像平面。如以"XY"响应,后续提示为:

指定 XY 平面上的点 <0,0,0>:点↙或↙

输入一点,通过该点且与当前 UCS 的 *XOY* 面平行的平面为镜像平面;空回车,当前 UCS 的 *XOY* 面为镜像平面。

(3)"视图(V)"选项,以当前视图平面或其平行面为镜像平面。后续提示:

在视图平面上指定点 <0,0,0>:点↙或↙

输入一点,通过该点且与当前视图平面平行的平面为镜像平面,空回车,当前视图平面为镜像平面。

(4)"Z 轴(Z)"选项,以两点确定一条直线,即镜像平面的 Z 轴,与 Z 轴垂直的平面为镜像平面。后续提示:

在镜像平面上指定点:点↙(镜像平面通过该点)

在镜像平面的 Z 轴(法向)上指定点:点↙(该点与前一点的连线即为镜像平面的 Z 轴)

(5)"最近的(L)"选项,以前次执行"三维镜像"命令时,所用的镜像平面作为当前镜像平面。

(6)"对象(O)"选项,指定一个二维对象,以该对象所在的平面作为镜像平面。后续提示:

选择圆、圆弧或二维多段线线段:选二维对象↙

用上述各选项确定了镜像平面后,均有以下提示:

是否删除源对象?[是(Y)/否(N)] <否>:↙或Y↙(↙不删除源对象;Y↙删除源对象)

四、三维阵列(3Darray)命令

1. 功能

在三维空间对所选的三维实体进行矩形(或环形)阵列。

2. 命令位置

命令:3DARRAY。工具按钮:功能区"常用"选项卡→"修改"面板→(三维阵列)按钮。

菜单命令:"修改"→"三维操作"→"三维阵列"命令。

3. 操作

执行命令 3DARRAY,AutoCAD 提示:

选择对象:选择三维实体↙(作为阵列对象)

选择对象:↙(结束目标选择)

输入阵列类型 [矩形(R)/环形(P)] <矩形>:R↙或P↙

各选项功能与操作如下:

(1)以"R"响应,执行矩形阵列操作,如图 3-34(a)所示。后续提示:

输入行数(---) <1>:阵列行数↙("行"指平行于当前 UCS 的 *X* 轴方向,本例为 2 行)

输入列数(|||) <1>:阵列列数↙("列"指平行于当前 UCS 的 *Y* 轴方向,本例为 2 列)

输入层数(...) <1>:阵列层数↙("层"指平行于当前 UCS 的 *XOY* 面方向,即垂直于 Z 轴方向,本例为

1层)

指定行间距(---):行间距↙(其值可正可负,正值沿相应坐标轴的正向阵列,本例为b)

指定列间距(|||):列间距↙(其值可正可负,正值沿相应坐标轴的正向阵列,本例为a)

指定层间距(...):层间距↙(其值可正可负,正值沿相应坐标轴的正向阵列,层数为1时,没有此提示)

(2)以"P"响应,执行环形阵列操作,如图13-34(b)所示。后续提示:

输入阵列中的项目数目:阵列个数↙(包括源对象)

指定要填充的角度(+=逆时针,-=顺时针)<360>:阵列对象的分布角↙

旋转阵列对象?[是(Y)/否(N)]<Y>:↙或N↙(↙对象相对阵列中心旋转;N↙对象不旋转)

指定阵列的中心点:点↙(阵列中心轴线上的一点)

指定旋转轴上的第二点:点↙(该点与前一点的连线为环形阵列轴线)

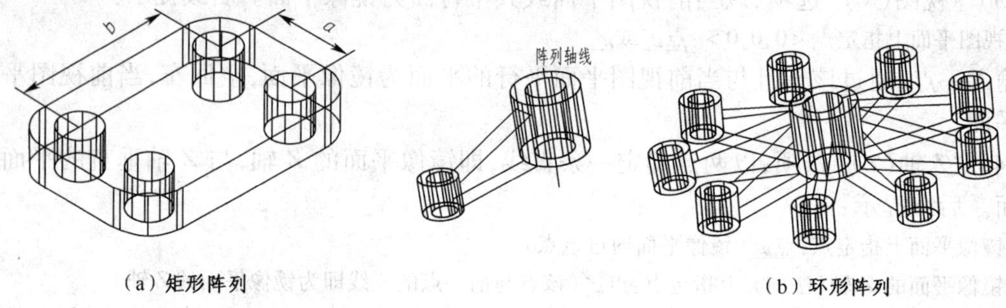

(a)矩形阵列 (b)环形阵列

图13-34 三维阵列(3DARRAY)命令

五、三维移动(3Dmove)命令

1. 功能

在三维空间中将所选三维实体按指定位置移动。所以命令行提示和操作与二维移动(Move)命令基本相同,区别就是三维移动(3Dmove)命令接受的是三维点,两三维点间的连线表示位移的距离和方向;而二维移动(Move)命令表示位移距离和方向的连线是当前UCS的*XOY*面上的一条线。

2. 命令位置

命令:3DMOVE。工具按钮:功能区"常用"选项卡→"修改"面板→(三维移动)按钮。

菜单命令:"修改"→"三维操作"→"三维移动"命令。

3. 操作

执行命令3DARRAY,AutoCAD提示:

选择对象:选择要移动的对象↙

选择对象:↙(结束对象选择)

指定基点或[位移(D)]<位移>:点↙或拖动实体移动↙

各选项功能与操作如下:

(1)"指定基点"选项,指定移动的基点。后续提示:

指定第二个点或<使用第一个点作为位移>:点↙或↙

输入一点,该点与基点的连线是位移的距离和方向;空回车,基点与坐标原点的连线是位移的距离和方向。

(2)"位移(D)"选项,后续提示:

指定位移<0.0000,0.0000,0.0000>:点↙(该点与坐标原点的连线是位移的距离和方向)

六、三维缩放(3Dscale)命令

1. 功能

使三维实体按指定的比例缩放。

2. 命令位置

命令:3DSCALE。工具按钮:功能区“常用”选项卡→“修改”面板→(三维缩放)按钮。

菜单命令:“修改”→“三维操作”→“三维旋转”命令。

3. 操作

执行命令 3DSCALE,AutoCAD 提示:

选择对象:选择三维实体↙

选择对象:↙(结束选择对象)

指定基点:选择缩放的基点↙

拾取比例轴或平面:选择一条轴或坐标面↙(当光标变为箭头时,拾取一点)

指定比例因子或[复制(C)/参照(R)]:比例因子↙或C↙或R↙

选项含义与二维“缩放”命令相同。

七、对实体模型倒圆角和倒角

对三维实体模型倒圆角和倒角仍使用二维编辑命令“圆角(FILLET)”和“倒角(CHAMFER)”。下面举例说明为三维实体模型倒圆角和倒角的操作过程。

【例 13-2】 为图 13-35(a)所示三维实体模型倒圆角。

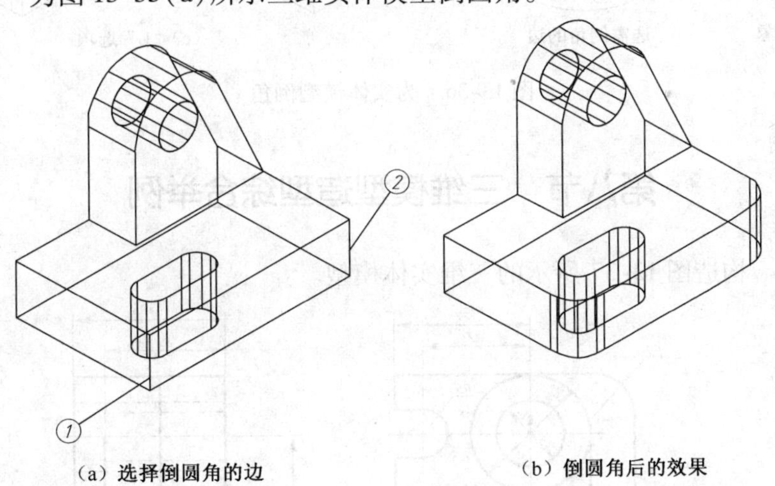

(a) 选择倒圆角的边　　(b) 倒圆角后的效果

图 13-35　为实体模型倒圆角

命令:_fillet

当前设置:模式 = 修剪,半径 = 0.0000

选择第一个对象或[放弃(U)/多段线(P)/半径(R)/修剪(T)/多个(M)]:选择三维实体模型↙[图 13-35 中(a)的①点]

输入圆角半径:20↙(指定圆角半径)

选择边或[链(C)/半径(R)]:选择实体上要倒角的边↙[图 13-35(a)中②点]

选择边或[链(C)/半径(R)]:↙或选择实体上要倒角的另一边(本例中空回车,结束目标选择)

【例 13-3】 为图 13-36 所示三维实体模型做倒角。

命令：_chamfer

（"修剪"模式）当前倒角距离 1 = 0.0000，距离 2 = 0.0000

选择第一条直线或［放弃(U)/多段线(P)/距离(D)/角度(A)/修剪(T)/方式(E)/多个(M)］：选择实体↙［图 13-36(a)中的①］

基面选择...

输入曲面选择选项［下一个(N)/当前(OK)］<当前(OK)>：↙或N↙（本例中空回车）

在第一级提示中所选边属于实体上两个面的交线，选中后其所属的某一个面会变为虚显，此时，若实体的虚显面是由需倒角的边构成，则以"空回车"响应，即确认当前面，继续下一级提示；若实体的虚显面不是由需倒角的边构成，则以"下一个 N"响应，AutoCAD 会将虚显面变换到该边所属的另一个面，直到确认虚显面后再回车。

指定基面的倒角距离 <当前值>：↙或输入倒角距↙（本例中输入 3）

指定其他曲面的倒角距离 <当前值>：↙或另一倒角距↙（本例中空回车，因前一倒角距是其默认值）

选择边或［环(L)］：选需倒角的边或L↙［如图 13-36(a)中的②，效果如图 13-36(b)所示］

"环(L)"选项，为构成虚显面的所有边倒角，如图 13-36(c)所示。后续提示：

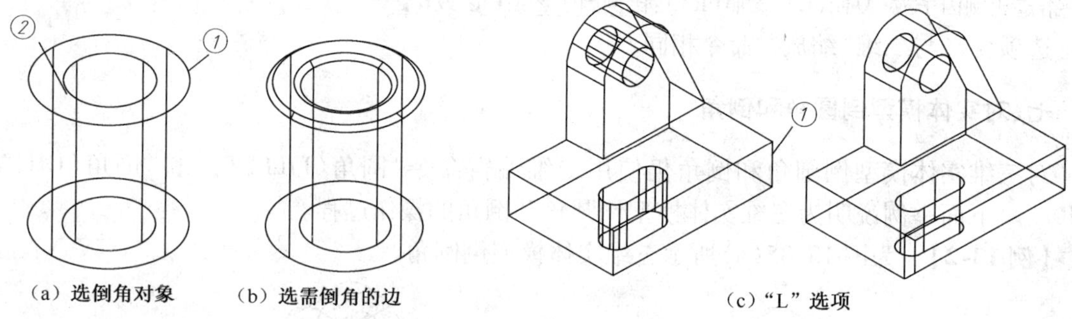

图 13-36　为实体模型倒角

第八节　三维模型造型综合举例

【例 13-4】 构造图 13-37 所示的三维实体模型。

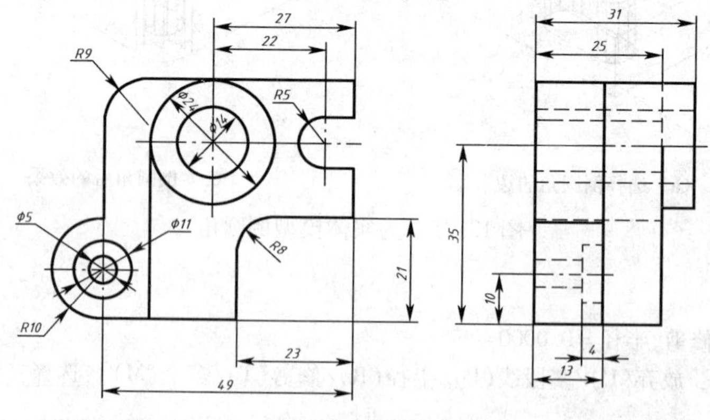

图 13-37　组合视图(二)

1. 建立图形文件

单击快速访问工具栏的（新建）按钮，从弹出的"选择样板"对话框中选择

“acadiso. dwt”样板文件,单击“打开”按钮。

2. 设置视点

单击功能区“常用”选项卡→“视图”面板→“未保存的视图列表→“西南等轴测”工具按钮。

3. 设置图层

单击功能区“常用”选项卡→“图层”面板的按钮。打开“图层特性管理器”对话框,本例中设置实体层(线型:Continuous,线宽:0.5 mm,黑色或白色)、辅助线层(线型:Continuous,线宽:默认,红色)。将实体层设置为当前层。

4. 绘制图形

(1)绘制二维图形,如图 13-38(a)所示。

(2)用“按住/拖动”(presspull)命令,按住并拖动拉伸厚度不同的区域,以生成区域不同,厚度不同的三维实体模型。单击功能区“常用”选项卡→“建模”面板→工具按钮。

命令:_presspull

单击有限区域以进行按住或拖动操作:选择图 13-38(a)点 1↙(将光标往上拖动,然后输入高度 31)

重复执行“presspull”命令,选择图 13-38(b)点 2,将光标往上拖动,然后输入高度 25。

重复执行“presspull”命令,选择图 13-38(c)点 3,将光标往上拖动,然后输入高度 13。

重复执行“presspull”命令,选择图 13-38(d)点 4,将光标往上拖动,然后输入高度 9。

结果如图 13-38(e)所示。

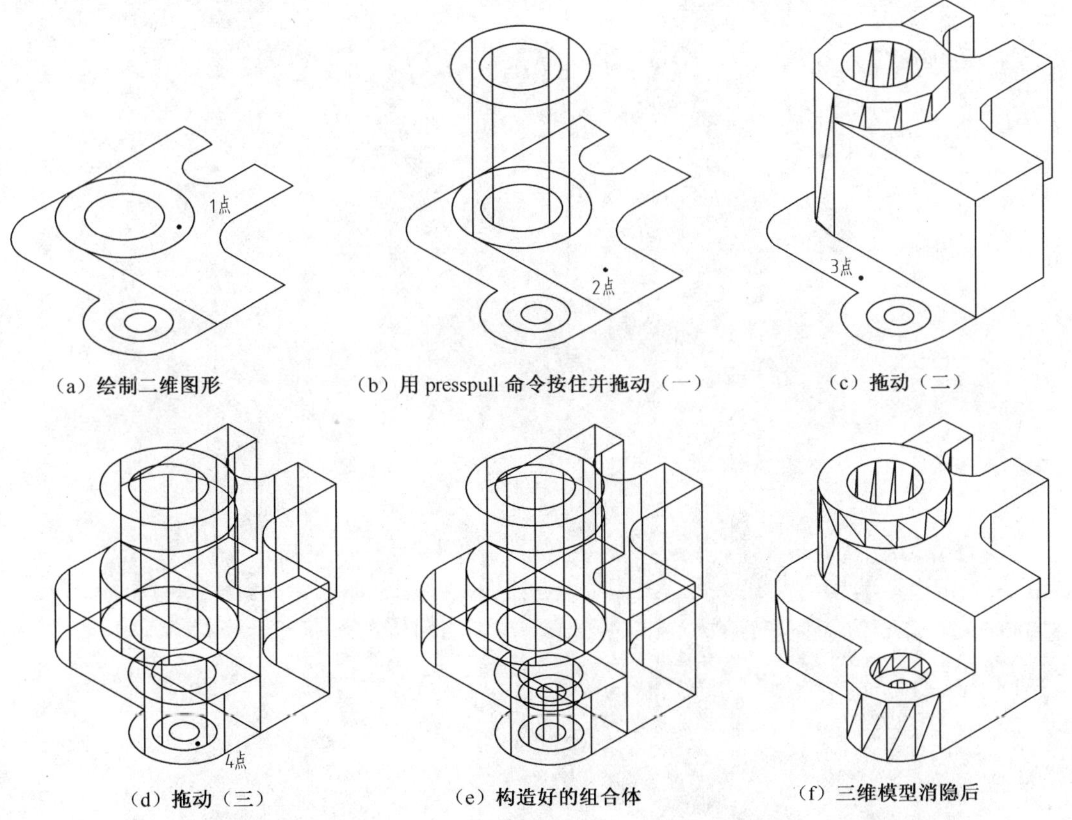

(a) 绘制二维图形　(b) 用 presspull 命令按住并拖动(一)　(c) 拖动(二)

(d) 拖动(三)　(e) 构造好的组合体　(f) 三维模型消隐后

图 13-38　构造三维模型举例(二)

(3)将前面用“presspull”命令构造的所有三维实体模型合并为一个三维实体模型,如图13-38(f)所示。

命令:union

选择对象:选择所有实体

选择对象:↙(结束选择)

复习思考题

1. 试述图纸空间和模型空间的区别。
2. 试述平铺视窗和浮动视窗的基本性质及其区别。

第十四章　三维模型转为二维多面投影图

第一节　概　　述

一、模型空间与图纸空间

模型空间是 AutoCAD 为用户提供的绘制二维对象和三维对象的工作环境。通常绘制图形、尺寸标注和文字注释的工作（不管是二维图形还是三维实体模型）都是在模型空间进行的。所以前面几章都是在模型空间讨论的。

图纸空间是 AutoCAD 为用户提供的规划图纸布局的二维工作环境，虽然在图纸空间作图时 AutoCAD 能接受用户输入的三维数据，但生成的仅是当时环境下向当前视图平面投影而得到的平面图形。图纸空间就是用户用来安排各种视图的图纸，可以实现在同一绘图页面上安排三维模型不同方向的视图。因此用户利用图纸空间布局可以把模型空间中绘制的三维实体模型转换为二维多面投影图，并可添加图形、尺寸标注、文字注释、图框、标题栏等，得到满意的图面布置后再打印图纸。在一个图形文件下，用户可设置的布局数不限，同一三维模型在图纸空间中可以创建不同的图纸布局显示模型不同的视图，形象地说，每个布局可以是三维模型的一个不同的表达方案，每个布局代表一张单独打印输出的图样。

AutoCAD 的绘图窗口下方有一个"模型"选项卡和默认的两个布局选项卡"布局 1"和"布局 2"。单击"模型"选项卡可切换到模型空间，单击"布局 1"或"布局 2"选项卡可切换到图纸空间中的相应布局下。将光标移到"模型"选项卡或"布局 1"或"布局 2"选项卡上，单击鼠标右键打开右键菜单，如图 14-1 所示。通过右键菜单用户可以创建新布局和管理布局。单击状态栏的"模型"或"图纸"按钮，可在某一布局下，使系统在模型空间和图纸空间中转换。

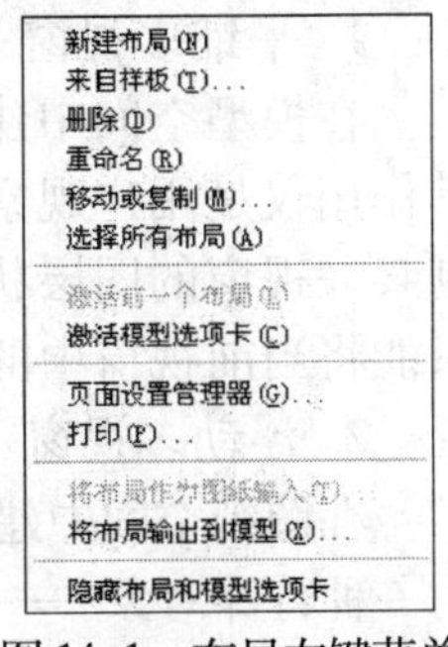

图 14-1　布局右键菜单

在 AutoCAD 中，模型空间和图纸空间都有各自独立的图形单位和绘图边界，或者说两种空间的绘图环境和图形对象是各自独立的，在某一空间中用户只能对本空间的对象进行操作。但不论是哪一个空间中产生的图形对象都在同一数据库中，即存放在同一图形文件中，所以无论在哪一个空间绘制的图形对象都同时显示在所有视窗中。但是在布局中绘制的图形在模型空间不显示。进入布局即进入了图纸空间，在图纸空间坐标系图标变为三角板形式，窗口中的虚线边界表示了图纸的可打印区域，实线框表示当前配置的打印设备下图纸的大小，如图 14-2 所示。

二、多视窗概念

默认状态下，AutoCAD 的一个视窗就是屏幕中的一个矩形区域，在模型空间和图纸空间中均可建立多视窗，但不同空间中所建立的多视窗性质不同。在 AutoCAD 2010 中可通过菜单栏→"视图"→"视口"→"创建多边形"选项或工具按钮创建多边形布局视窗；也可通过菜单栏→"视图"→"视口"→"对象"选项或工具按钮，根据所选对象（闭合的多段线、样条曲

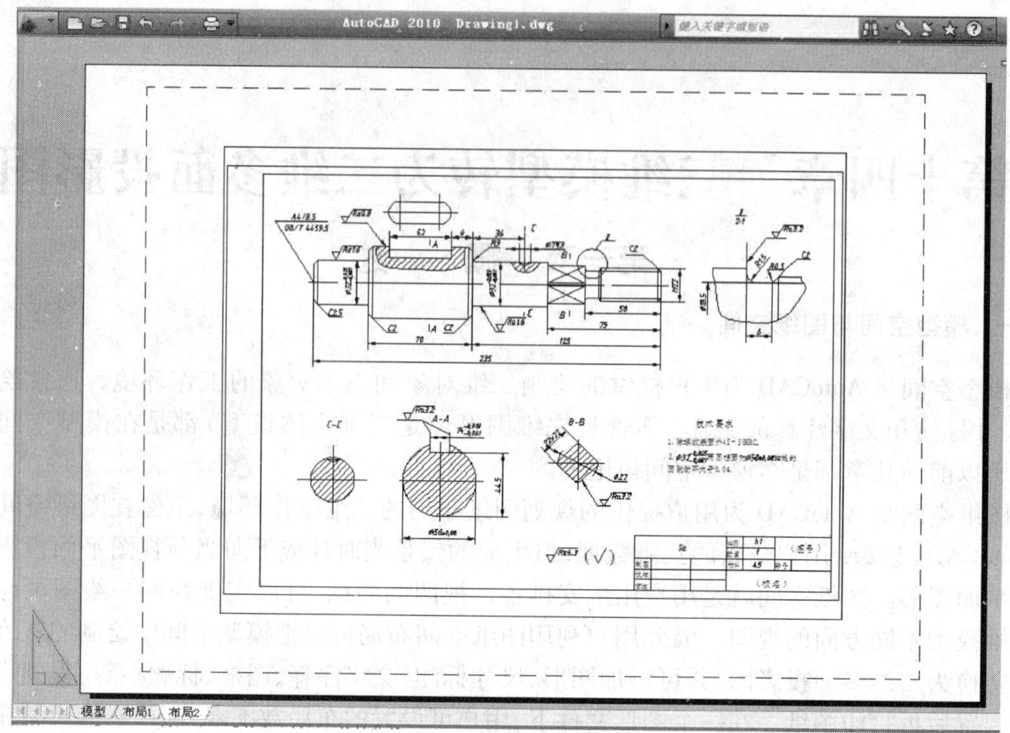

图 14-2 进入布局

线以及圆、椭圆、面域)创建非矩形布局视窗。

1. 平铺多视窗

在模型空间中建立的多视窗仅是划分当前视窗,不能重叠,也不能编辑,称作平铺多视窗,其作用仅是用户观察三维模型的工具。图层状态的控制对所有视窗有效,即用户不能单独控制某一视窗的图层状态。且用户只能在当前视窗中操作,不能同时在所有视窗中操作。而且只能将当前视窗中的对象输出到图纸上。

2. 浮动多视窗

在图纸空间中建立的多视窗可互相重叠,称作浮动多视窗。浮动多视窗实际上是 AutoCAD 的一种特殊对象——视窗对象,他有完整的数据结构,可用 AutoCAD 的一般编辑命令(如擦除、移动、复制等)对其进行编辑操作。用户可以通过状态栏中的“图纸”按钮切换到模型空间,在模型空间可分别控制各个浮动视窗的显示状态及图层状态;也可通过状态栏中的“模型”按钮切换到图纸空间,用户能同时对所有视窗进行操作,也能同时将所有视窗中的对象输出到图纸上。

三、新建视口(Vports)命令

1. 功能

在模型空间或图纸空间设置多视窗。在模型空间生成平铺多视窗,在图纸空间生成浮动多视窗。

2. 命令调用

命令:VPORTS。工具按钮:功能区“视图”选项卡→“视口”面板→□(新建)按钮。

3. 操作

执行 VPORTS 命令,AutoCAD 打开“视口”对话框,如图 14-3 所示,对话框中各选项功能如下:

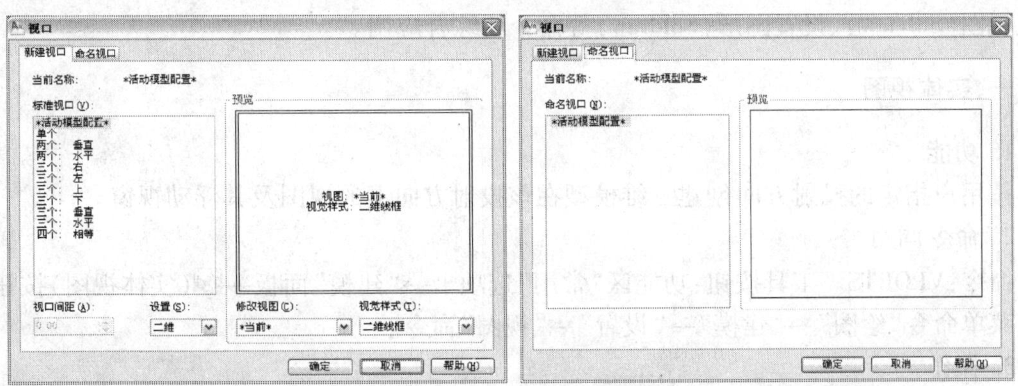

(a)“新建视口”选项卡　　　　(b)“命名视口”选项卡

图 14-3　多视窗

(1)“新建视口”选项卡[图 14-3(a)]

①“新名称”文本框,为当前多视窗命名,输入新建视窗名称后,单击“确定”按钮即完成新建视窗的命名和保存。通过“命名视口”选项卡可调用该视窗设置。

②“标准视口”列表框,列表显示 AutoCAD 预定义的标准多视窗设置。

③“预览”区,显示用户在“标准视口”列表框中所选的某一视窗设置的显示状态。

④“应用于”下拉列表框,指定平铺视窗的应用范围。选择“显示”选项,AutoCAD 将所选多视窗设置应用到整个绘图区域;选择“当前视口”选项,则将所选多视窗设置应用到当前视窗。必须在“标准视口”列表框中选择某一视窗设置后,该列表框才可用(即正常显示,否则灰显)。

⑤“设置”下拉列表框,确定多视窗的视图初始化方式。选择“二维”选项,AutoCAD 以当前视窗中的当前视图初始化所有视窗;选择“三维”选项,则按三视图的布局(第三角投影)初始化各视窗。

⑥“修改视图”下拉列表框,在“二维”方式下,该列表框中仅有“当前”一个选项;在“三维”方式下,有 6 个标准平面视图(仰视图、俯视图、主视图、后视图、左视图、右视图)和 4 个等轴测图等选项。用户在“预览”区中选择某一视窗,然后从该列表框中选择某一选项,即可改变所选视窗的视点(观察方向),从而修改所选视窗中的视图。

⑦“视觉样式”下拉列表框,在“预览”区中选择某一视窗,然后从该列表框中选择某一视觉样式选项,以改变所选视窗的视觉样式。

(2)“命名视口”选项卡[图 14-3(b)]。

①“当前名称”文本框,显示当前视窗名。

②“命名视口”列表框,显示当前图形文件中所有已命名和保存的视窗设置。在该列表框中选择某一视窗设置,预览框中即显示所选视窗设置的布局状态,然后单击“确定”按钮,绘图窗口显示所选视窗设置。

4. 说明

在模型空间,单击功能区“视图”选项卡→“视口”面板→▣▾工具按钮的箭头,根据其中的菜单选项也可完成平铺多视窗的设置。

第二节　生成三维实体模型的三视图

将三维实体模型转换为三视图,是 AutoCAD 的模型空间、图纸空间和多视窗的特性,以及设置视图(Solview)、设置图形(Soldraw)等命令的综合应用。

一、实体视图

1. 功能

按用户指定的投射方向创建三维模型在该投射方向上的视图及其浮动视窗。

2. 命令调用

命令:VPORTS。工具按钮:功能区"常用"选项卡→"建模"面板→(实体视图)按钮。菜单命令"绘图"→"建模"→"设置"→"视图"命令。

3. 操作

执行 VPORTS 命令,AutoCAD 提示:

输入选项 [UCS(U)/正交(O)/辅助(A)/截面(S)]:某选项↙

各选项功能及操作如下:

(1)"UCS(U)"选项,创建投射方向垂直于当前坐标系 *XOY* 面的视图所在的浮动视窗,后续提示:

输入选项 [命名(N)/世界(W)/? /当前(C)] <当前>:↙或某选项↙(N↙选择已命名的用户坐标系;W↙选择世界坐标系;?↙已命名的用户坐标系列表;C↙选择当前用户坐标系)。

输入视图比例 <1>:↙或输入三维模型与浮动视窗中视图间的比例因子↙(默认比例因子 =1)

指定视图中心:点↙(指定视图的中心)

指定视图中心 <指定视口>:点↙或↙(重新指定视图的中心或空回车确认前次输入)

指定视口的第一个角点:点↙(给出浮动视窗的第一角点)

指定视口的对角点:点↙(给出浮动视窗的另一角点)

输入视图名:为所创建的视图及其浮动视窗命名↙

(2)"正交(O)"选项,创建的视图及其浮动视窗的投射方向垂直于已创建的某一浮动视窗中视图的投射方向。后续提示:

指定视口要投影的那一侧:拾取已创建浮动视窗某边界的中点↙(以确定所创建视图的投射方向,系统自动打开中点捕捉功能并显示捕捉标记)

指定视图中心:点↙(指定视图的中心)

指定视图中心 <指定视口>:点↙或↙(重新指定视图的中心或空回车确认前次输入)

指定视口的第一个角点:点↙(给出浮动视窗的一个角点)

指定视口的对角点:点↙(给出浮动视窗的另一个角点)

输入视图名:为所创建的视图及其浮动视窗命名↙

(3)"辅助(A)"选项,创建的视图及其浮动视窗的投射方向,由用户在已创建的浮动视窗中指定,以生成斜视图浮动视窗。后续提示:

指定斜面的第一个点:点↙(确定斜视图投影面上的第一点)

指定斜面的第二个点:点↙(确定斜视图投影面上的另一点)

指定要从哪侧查看:点↙(确定斜视图的投射方向)

指定视图中心:点↙(指定斜视图的中心)

指定视图中心 <指定视口>:点↙或↙(重新指定斜视图的中心或空回车确认前次输入)

指定视口的第一个角点:点↙(给出浮动视窗的一个角点)

指定视口的对角点:点↙(给出浮动视窗的另一个角点)

输入视图名:为所创建的斜视图及其浮动视窗命名↙

(4)“截面(S)”选项,创建剖视图及其浮动视窗,剖切位置和剖视图投射方向由用户根据命令行提示在已创建的浮动视窗中指定。

指定剪切平面的第一个点:点↙(确定剖切位置平面上的第一点)

指定剪切平面的第二个点:点↙(确定剖切位置平面上的第二点)

指定要从哪侧查看:点↙(确定剖视图的投射方向)

输入视图比例 <1>:↙或输入三维模型与浮动视窗中剖视图间的比例因子↙(默认比例因子=1)

指定视图中心:点↙(指定剖视图的中心)

指定视图中心 <指定视口>:点↙或↙(重新指定剖视图的中心或空回车确认前次输入)

指定视口的第一个角点:点↙(给出浮动视窗的第一角点)

指定视口的对角点:点↙(给出浮动视窗的另一角点)

输入视图名:为所创建的剖视图及其浮动视窗命名↙

4. 说明

用“视图”命令创建视图浮动视窗时,系统自动定义 VPORTS、VIS、HID、DIM、HAT 等图层,分别用于放置视窗边框、可见轮廓线、不可见轮廓线、尺寸标注、剖面符号等对象。如果使用命令前加载了 Hidden(虚线)线型,系统自动将 HID 图层的线型置为 Hidden(虚线)。

二、实体图形

1. 功能

将用“视图”命令所创建的浮动视窗中不同投射方向的视图或剖视图转换为该视图的轮廓图,并为视图中的断面填充剖面符号,只能填充在“图案”命令中已定义的当前图案。

2. 命令调用

命令:SOLIDRAW。工具按钮:功能区“常用”选项卡→“建模”面板→(实体图形)按钮。

菜单命令:“绘图”→“建模”→“设置”→“图形”命令。

3. 操作

执行 SOLIDRAW 命令,AutoCAD 提示:

选择要绘图的视口...

选择对象:选择浮动视窗↙(拾取某一视窗的边界或用窗口选择多个浮动视窗)

选择对象:↙(结束选择)

三、实体轮廓

1. 功能

在浮动视窗的模型空间下,将选定的三维模型投射到与当前布局视窗平行的二维平面上,生成该平面上视图的二维轮廓图,并显示在布局的浮动视窗中。轮廓图中不可见的轮廓线处于系统自定义的独立图层上。

2. 命令调用

命令:SOLIDPROF。工具按钮:功能区“常用”选项卡→“建模”面板→(实体轮廓)按钮。

菜单命令:“绘图”→“建模”→“设置”→“轮廓”命令。

3. 操作

执行 SOLIDPROF 命令,AutoCAD 提示:

选择对象:选择对象所在的浮动视窗↙(拾取某一视窗的边界或用窗口方式选择多个浮动视窗)

选择对象:↙(结束选择)

是否在单独的图层中显示隐藏的轮廓线?[是(Y)/否(N)]<是>:↙

是否将轮廓线投影到平面?[是(Y)/否(N)]<是>:↙

是否删除相切的边?[是(Y)/否(N)]<是>:↙

4. 说明

用"轮廓"命令生成轮廓图时,系统自动定义 PV 和 PH 图层,分别放置可见轮廓线和不可见轮廓线。如果使用命令前加载了 Hidden(虚线)线型,系统自动将 PH 图层的线型置为 Hidden(虚线)。

四、将组合体的三维模型转换成三视图的方法举例

【例 14-1】 生成图 14-4 所示轴承座模型的三视图。

1. 构造模型

构造图 14-4 所示轴承座的三维模型,三维模型的视觉样式采用二维线框形式。

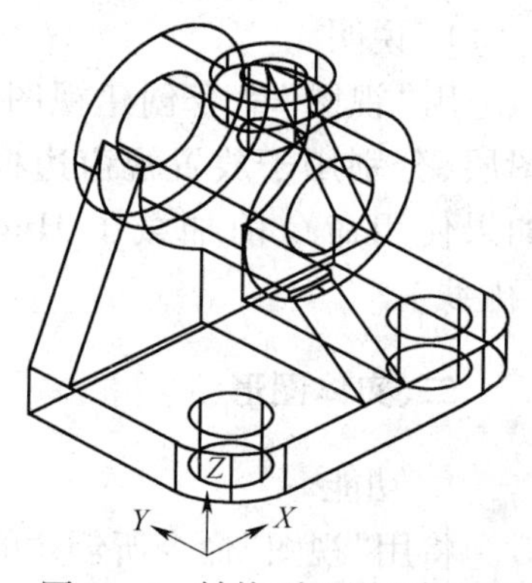

图 14-4 转换到通用坐标系

2. 设置绘图环境

(1)单击功能区"视图"选项卡→"坐标"面板→工具按钮,将当前用户坐标系转换为世界坐标系(图 14-4);单击功能区"视图"选项卡→"视图"面板→工具按钮,将三维模型的视点设为西南等轴测;并加载 Hidden(虚线)线型。

(2)单击绘图窗口"布局 1"选项卡,打开"页面设置管理器"对话框(图 14-5)设置布局的大小、打印比例等。单击"修改"按钮,进入"页面设置—布局1"对话框(图 14-6),在对话框"图纸尺寸"下拉列表中设置布局的大小为"ISO A3(420.00 × 297.00MM)";设置比例为1∶1;单击"确定"按钮,系统在布局 1 中自动生成一个默认的浮动视窗。用户需用"删除"命令删除此默认的浮动视窗,然后用"视图"命令按视图布局要求创建浮动视窗。

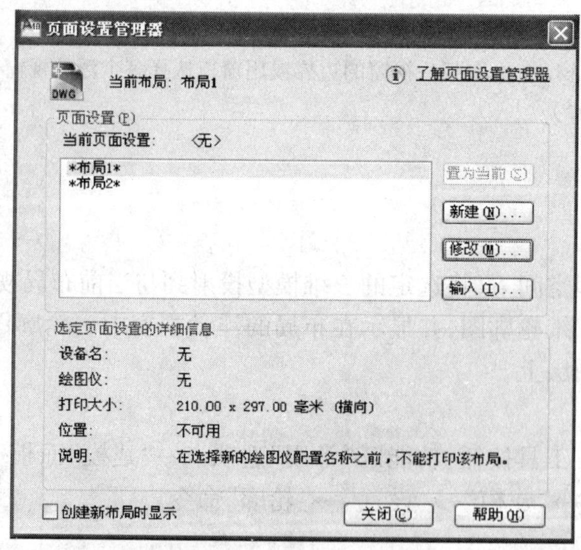

图 14-5 页面设置管理器

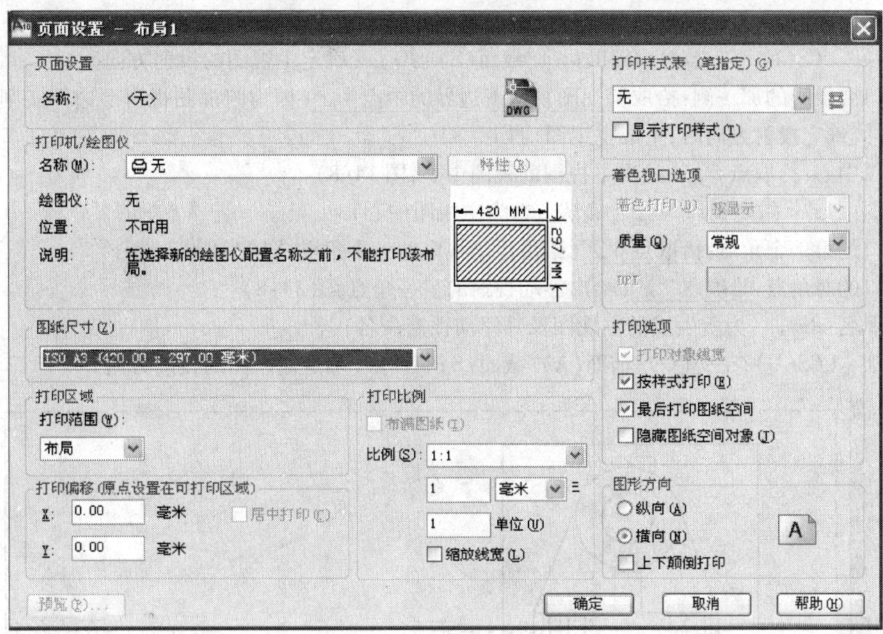

图 14-6　页面设置—布局

3. 用“视图”命令生成视图浮动视窗

单击功能区“常用”选项卡→“建模”面板→工具按钮

命令:_solview

输入选项［UCS(U)/正交(O)/辅助(A)/截面(S)］: U↙

输入选项［命名(N)/世界(W)/? /当前(C)］<当前>: ↙

输入视图比例 <1>: ↙

指定视图中心:拾取点1↙(指定俯视图的视图中心,图 14-7)

指定视图中心 <指定视口>:↙(确认1点为视图中心)

指定视口的第一个角点:拾取点2↙(给出浮动视窗的第一角点,图 14-7)

指定视口的对角点:拾取点3↙(给出浮动视窗的另一角点,图 14-7)

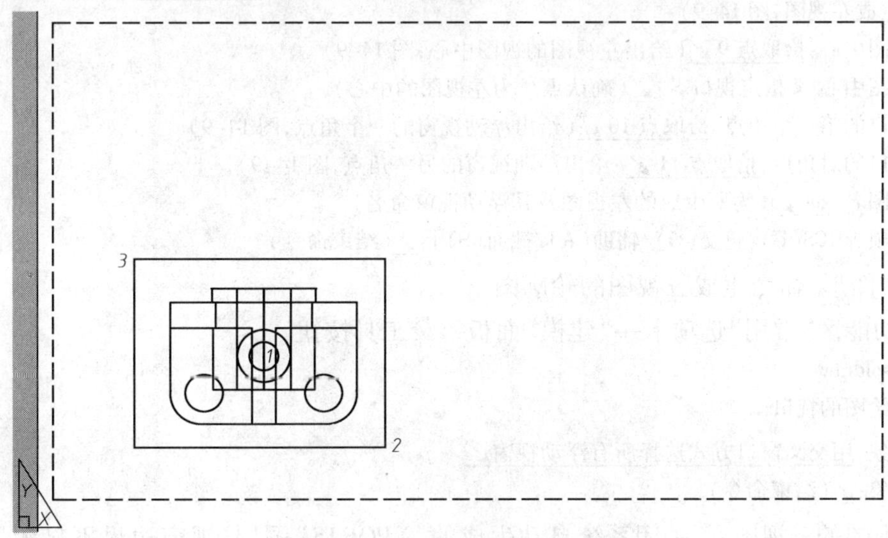

图 14-7　创建俯视图浮动视窗

输入视图名:fu↙(为俯视图及其浮动视窗命名)

输入选项 [UCS(U)/正交(O)/辅助(A)/截面(S)]:O↙(确定主视图的投射方向)

指定视口要投影的那一侧:拾取俯视图视窗下边界的中点4↙(因为俯视图视窗下边界实则是模型的前方,以正交方式确定投射方向后,生成主视图,图14-8)

指定视图中心:拾取点5↙(给出主视图的视图中心,图14-8)

指定视图中心 <指定视口>:↙(确认点5为主视图中心)

指定视口的第一个角点:拾取点6↙(给出浮动视窗的一个角点,图14-8)

指定视口的对角点:拾取点7↙(给出浮动视窗的另一角点,图14-8)

输入视图名:zhu↙(为所生成的主视图及其浮动视窗命名)

输入选项 [UCS(U)/正交(O)/辅助(A)/截面(S)]:O↙(确定左视图的投射方向)

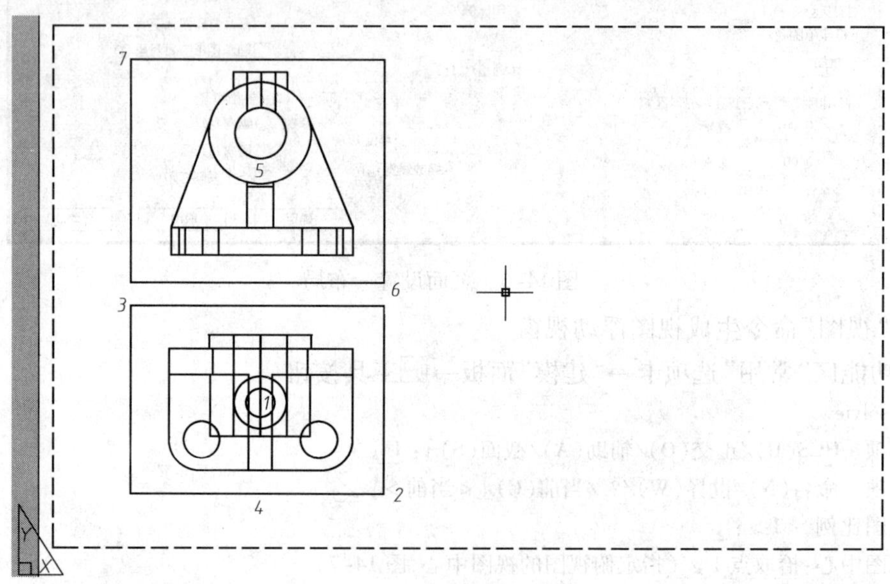

图14-8 创建主视图浮动视窗

指定视口要投影的那一侧:拾取点8↙(因为主视图视窗左边界实则是模型的左方,以正交方式确定投射方向后,生成左视图,图14-9)

指定视图中心:拾取点9↙(给出左视图的视图中心,图14-9)

指定视图中心 <指定视口>:↙(确认点9为左视图的中心)

指定视口的第一个角点:拾取点10↙(给出浮动视窗的一个角点,图14-9)

指定视口的对角点:拾取点11↙(给出浮动视窗的另一角点,图14-9)

输入视图名:zuo↙(为所生成的左视图及其浮动视窗命名)

输入选项 [UCS(U)/正交(O)/辅助(A)/截面(S)]:↙(结束命令)

4. 用"图形"命令生成三视图的轮廓图

单击功能区"常用"选项卡→"建模"面板→工具按钮

命令:_soldraw

选择要绘图的视口…

选择对象:用交叉窗口方式选择所有浮动视窗↙

选择对象:↙(结束命令)

生成视图的三视图后,关闭系统自动生成的"VPORTS"图层,视窗边界不显示,并设置适当的线型比例,屏幕显示如图14-10所示。

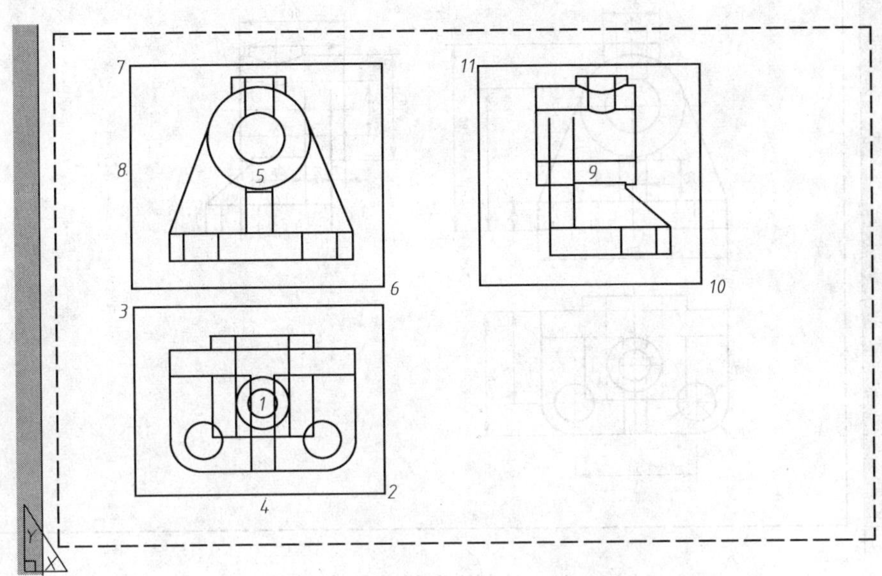

图 14-9　创建左视图浮动视窗

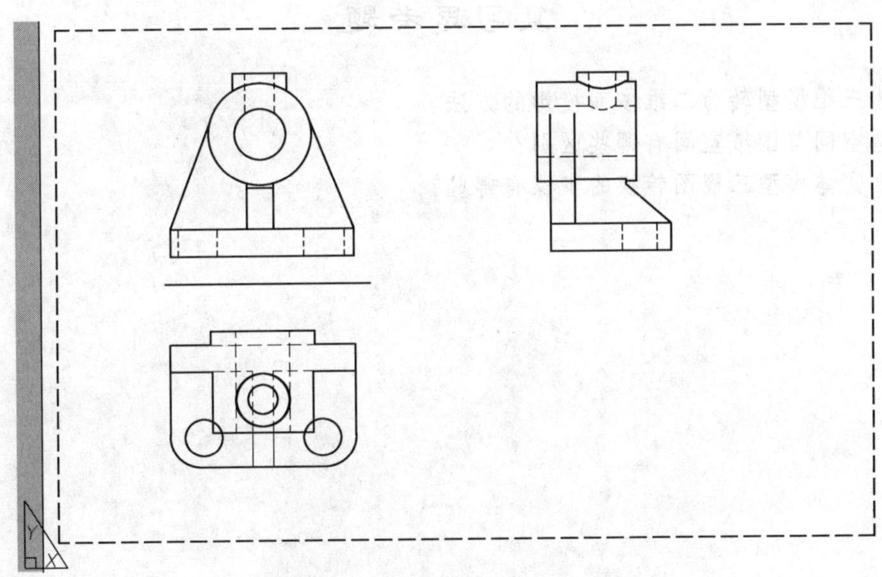

图 14-10　生成三视图

5. 画出点画线并标注尺寸

新建点画线层,在图纸空间画出三视图中的点画线;单击状态栏的“图纸”按钮,在模型空间下,分别在各个视窗的“DIM”层中标注尺寸;将 3 个可见轮廓线图层 fu-VIS、zhu-VIS、zuo-VIS 的线宽设置为 0.7,并单击状态栏的+按钮显示线宽,屏幕显示如图 14-11 所示。有时在布局中,即使打开+线宽显示按钮,线宽也不能按设置宽度显示,但打印时会按设置的线宽正确打印。

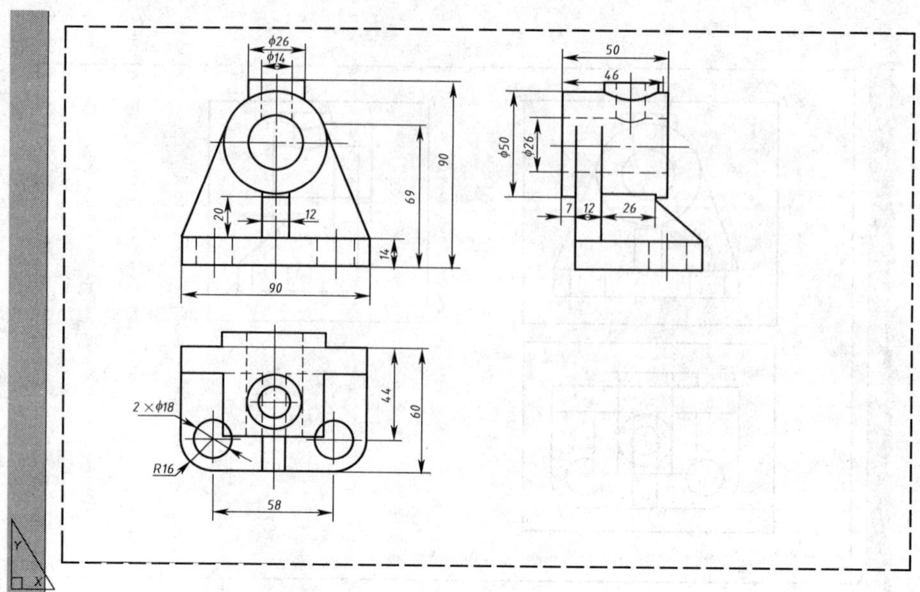

图 14-11　绘制点画线、标注尺寸等

复习思考题

1. 简述三维模型转为二维多面投影的方法。
2. 模型空间与图纸空间有哪些区别?
3. 三维实体模型三视图转换的步骤有哪些?

参考文献

[1] 杨裕根,诸世敏. 现代工程图学. 北京:北京邮电大学出版社,2007.
[2] 大连理工大学工程画教研室. 机械制图. 5 版. 北京:高等教育出版社,2003.
[3] 同济大学,上海交通大学等院校机械制图编写组. 机械制图. 5 版. 北京:高等教育出版社,2004.
[4] 佟国治,潘柏楷,等. 机械制图. 北京:北京航空大学出版社,1987.
[5] 武晓丽,邱泽阳. 现代工程图学——机械制图. 北京:中国铁道出版社,2006.
[6] 马香峰,李自治. 机械设计制图. 北京:高等教育出版社,1988.
[7] 何铭新,钱可强. 机械制图. 北京:高等教育出版社,2004.
[8] 陈士俊,阎祥安,谢庆森. 产品造型设计原理与方法. 天津:天津大学出版社,1994.
[9] 中国纺织大学工程图学教研室. 画法几何及工程制图. 上海:上海科学技术出版社,1986.
[10] 兰州交通大学工程图学教研室. 现代工程图学——基础制图. 兰州:甘肃教育出版社,2000.
[11] 兰州交通大学工程图学教研室. 现代工程图学——设计制图. 兰州:甘肃教育出版社,2001.
[12] 石光源. 机械制图. 北京:人民教育出版社,1981.
[13] 李伟,王祥仲. AutoCAD 2004 直通车. 北京:清华大学出版社,2003.
[14] 武晓丽,刘荣珍. AutoCAD 2010 基础教程. 北京:中国铁道出版社,2010.

附　　录

附录1　极限与配合

附表 1-1　标准公差数值(GB/T 1800.2—2009)

基本尺寸/mm		公差等级																	
		IT1	IT2	IT3	IT4	IT5	T56	IT7	IT8	IT9	IT10	IT11	IT12	IT13	IT14	IT15	IT16	IT17	IT18
大于	至	/μm											/mm						
—	3	0.8	1.2	2	3	4	6	10	14	25	40	60	0.1	0.14	0.25	0.4	0.6	1	1.4
3	6	1	1.5	2.5	4	5	8	12	18	30	48	75	0.12	0.18	0.3	0.48	0.75	1.2	1.8
6	10	1	1.5	2.5	4	6	9	15	22	36	58	90	0.15	0.22	0.36	0.58	0.9	1.5	2.2
10	18	1.2	2	3	5	8	11	18	27	43	70	110	0.18	0.27	0.43	0.7	1.1	1.8	2.7
18	30	1.5	2.5	4	6	9	13	21	33	52	84	130	0.21	0.33	0.52	0.84	1.3	2.1	3.3
30	50	1.5	2.5	4	7	11	16	25	39	62	100	160	0.25	0.39	0.62	1	1.6	2.5	3.9
50	80	2	3	5	8	13	19	30	46	74	120	190	0.3	0.46	0.74	1.2	1.9	3	4.6
80	120	2.5	4	6	10	15	22	35	54	87	140	220	0.35	0.54	0.87	1.4	2.2	3.5	5.4
120	180	3.5	5	8	12	18	25	40	63	100	160	250	0.4	0.63	1	1.6	2.5	4	6.3
180	250	4.5	7	10	14	20	29	46	72	115	185	290	0.46	0.72	1.15	1.85	2.9	4.6	7.2
250	315	6	8	12	16	23	32	52	81	130	210	320	0.52	0.81	1.3	2.1	3.2	5.2	8.1
315	400	7	9	13	18	25	36	57	89	140	230	360	0.57	0.89	1.4	2.3	3.6	5.7	8.9
400	500	8	10	15	20	27	40	63	97	155	250	400	0.63	0.97	1.55	2.5	4	6.3	6.7
500	630	9	11	16	22	32	44	70	110	170	280	440	0.7	1.1	1.75	2.8	4.4	7	11
630	800	10	13	18	25	36	50	80	125	200	320	500	0.8	1.25	2	3.2	5	8	12.5
800	1 000	11	15	21	28	40	56	90	140	230	360	560	0.9	1.4	2.3	3.6	5.6	9	14
1 000	1 250	13	18	24	33	47	66	105	165	260	420	660	1.05	1.65	2.6	4.2	6.6	10.5	16.5
1 250	1 600	15	21	29	39	55	78	125	195	310	500	780	1.25	1.95	3.1	5	7.8	12.5	19.5
1 600	2 000	18	25	35	46	65	92	150	230	370	600	920	1.5	2.3	3.7	6	9.2	15	23
2 000	2 500	22	30	41	55	78	110	175	280	440	700	1 100	1.75	2.8	4.4	7	11	17.5	28
2 500	3 150	26	36	50	68	96	135	210	330	540	860	1 350	2.1	3.3	5.4	8.6	13.5	21	33

注:1. 基本尺寸大于500 mm 的 IT1 ~ IT5 的标准公差数值为试行的

2. 基本尺寸小于或等于1 mm 时,无 IT14 ~ IT18

附表 1-2　常用及优先用途轴的极限偏差（GB/T 1800. 2—2009）

基本尺寸/mm		常用及优先公差带（带圈者为优先公差带）/μm												
		a	b		c			d				e		
大于	至	11	11	12	9	10	⑪	8	⑨	10	11	7	8	9
—	3	−270 −330	−140 −200	−140 −240	−60 −85	−60 −100	−60 −120	−20 −34	−20 −45	−20 −60	−20 −80	−14 −24	−14 −28	−14 −39
3	6	−270 −345	−140 −215	−140 −260	−70 −100	−70 −118	−70 −145	−30 −48	−30 −60	−30 −78	−30 −115	−20 −32	−20 −38	−20 −50
6	10	−280 −370	−151 −240	−150 −300	−80 −116	−80 −138	−80 −170	−40 −62	−40 −76	−40 −98	−40 −130	−25 −40	−25 −47	−25 −61
10 14	14 18	−290 −400	−150 −260	−150 −330	−95 −138	−95 −165	−95 −205	−50 −77	−50 −93	−50 −120	−50 −160	−32 −50	−32 −59	−32 −75
18 24	24 30	−300 −430	−160 −290	−160 −370	−110 −162	−110 −194	−110 −240	−65 −98	−65 −117	−65 −149	−65 −195	−40 −61	−40 −73	−40 −92
30	40	−310 −470	−170 −330	−170 −420	−120 −182	−120 −220	−120 −280	−80 −119	−80 −142	−80 −180	−80 −240	−50 −75	−50 −89	−50 −112
40	50	−320 −480	−180 −340	−180 −430	−130 −192	−130 −230	−130 −290							
50	65	−340 −530	−190 −380	−190 −490	−140 −214	−140 −260	−140 −330	−100 −146	−100 −174	−100 −220	−100 −290	−60 −90	−60 −106	−60 −134
65	80	−360 −550	−200 −390	−200 −500	−150 −224	−150 −270	−150 −340							
80	100	−380 −600	−220 −440	−220 −570	−170 −257	−170 −310	−170 −390	−120 −174	−120 −207	−120 −260	−120 −340	−72 −107	−72 −126	−72 −159
100	120	−410 −630	−240 −460	−240 −590	−180 −267	−180 −320	−180 −400							
120	140	−460 −710	−260 −510	−260 −660	−200 −330	−200 −360	−200 −450							
140	160	−520 −770	−280 −530	−280 −680	−210 −310	−210 −370	−210 −460	−145 −208	−145 245	−145 −305	−145 −390	−85 −125	−85 −148	−85 −185
160	180	−850 −830	−310 −560	−310 −710	−230 −330	−230 −390	−230 −480							
180	200	−660 −950	−340 630	−340 −800	−240 −355	−240 −425	−240 −530							
220	225	−740 −1 030	−380 −670	−380 −840	−260 −375	−260 −445	−260 −550	−170 −242	−170 −285	−170 −355	−170 −460	−100 −146	−100 −172	100 −215
225	250	−820 −1 110	−420 −710	−420 −880	−280 −395	−280 −465	−280 −570							
250	280	−920 −1 240	−480 −800	−480 −1 000	−300 −430	−300 −510	−300 −620	−190 −271	−190 −320	−190 −400	−190 −510	−110 −162	−110 −191	−110 −240
280	315	−1 050 −1 370	−540 −860	−540 1 060	−330 −460	−330 −540	−300 −650							
315	355	−1 200 −1560	−600 −960	−600 1170	−360 −500	−360 −590	−360 −720	−210 −299	−210 −350	−210 −440	−210 −570	−125 −182	−125 −214	−125 −265
335	400	−1350 −1710	−680 −1040	−680 −1250	−400 −540	−400 −630	−400 −760							
400	450	−1500 −1900	−760 −1160	−760 −1390	−440 −595	−440 −690	−440 −840	−230 −327	−230 −358	−230 −480	−230 −630	−135 −198	−135 −232	−135 −200
450	500	−1650 −2050	−840 −1240	−840 −1470	−480 −635	−480 −730	−480 −880							

续上表

基本尺寸/mm		常用及优先以公差带(带圈者为优先公差带)/μm															
		f					g			h							
大于	至	5	6	⑦	8	9	5	⑥	7	5	⑥	⑦	8	⑨	10	11	12
—	3	-6 -10	-6 -12	-6 -16	-6 -20	-6 -31	-2 -6	-2 -8	-2 -12	0 -4	0 -6	0 -10	0 -14	0 -25	0 -40	0 -60	0 -100
3	6	-10 -15	-10 -18	-10 -22	-10 -28	-10 -40	-4 -9	-4 -12	-4 -16	0 -5	0 -8	0 -12	0 -18	0 -30	0 -48	0 -75	0 -120
6	10	-13 -19	-13 -22	-13 -28	-13 -35	-13 -49	-5 -11	-5 -14	-5 -20	0 -6	0 -9	0 -15	0 -22	0 -36	0 -58	0 -90	0 -150
10 14	14 18	-16 -24	-16 -27	-16 -34	-16 -43	-16 -59	-6 -14	-6 -17	-6 -24	0 -8	0 -11	0 -18	0 -27	0 -43	0 -70	0 -110	0 -180
18 24	24 30	-20 -29	-20 -33	-20 -41	-20 -53	-20 -72	-7 -16	-7 -20	-7 -28	0 -9	0 -13	0 -21	0 -33	0 -52	0 -84	0 -130	0 -210
30 40	40 50	-25 -36	-25 -41	-25 -50	-25 -64	-25 -87	-9 -20	-9 -25	-9 -34	0 -11	0 -16	0 -25	0 -39	0 -62	0 -100	0 -160	0 -300
50 65	65 80	-30 -43	-30 -49	-30 -60	-30 -76	-30 -104	-10 -23	-10 -29	-10 -40	0 -13	0 -19	0 -30	0 -46	0 -74	0 -120	0 -190	0 -300
80 100	100 120	-36 -51	-36 -58	-36 -71	-36 -90	-36 -123	-12 -27	-12 -34	-12 -47	0 -15	0 -22	0 -35	0 -54	0 -87	0 -140	0 -220	0 -350
120 140 160	140 160 180	-43 -61	-43 -68	-43 -83	-43 -106	-43 -143	-14 -32	-14 -39	-14 -54	0 -18	0 -25	0 -40	0 -63	0 -100	0 -160	0 -250	0 -400
180 200 225	200 225 250	-50 -70	-50 -79	-50 -96	-50 -122	-50 -165	-15 -35	-15 -44	-15 -61	0 -20	0 -29	0 -46	0 -72	0 -115	0 -185	0 -290	0 -460
250 280	280 315	-56 -79	-56 -88	-56 -108	-56 -137	-56 -186	-17 -40	-17 -49	-17 -69	0 -23	0 -32	0 -52	0 -81	0 -130	0 -210	0 -320	0 -520
315 355	355 400	-62 -87	-62 -98	-62 -119	-62 -151	-62 -202	-18 -43	-18 -54	-18 -75	0 -25	0 -36	0 -57	0 -89	0 -140	0 -230	0 -360	0 -570
400 450	450 500	-68 -95	-68 -108	-68 -131	-68 -165	-68 -223	-20 -47	-20 -60	-20 -83	0 -27	0 -40	0 -63	0 -97	0 -155	0 -250	0 -400	0 -630

续上表

基本尺寸/mm		常用及优先公差带(带圈者为优先公差带)/μm														
		js			k			m			n			p		
大于	至	5	6	7	5	⑥	7	5	6	7	5	⑥	7	5	⑥	7
—	3	±2	±3	±5	+4 0	+6 0	+10 0	+6 +2	+8 +2	+12 +2	+8 +4	+10 +4	+14 +4	+10 +6	+12 +6	+16 +6
3	6	±2.5	±4	±6	+6 +1	+9 +1	+13 +1	+9 +4	+12 +4	+16 +4	+13 +8	+16 +8	+20 +8	+17 +12	+20 +12	+24 +12
6	10	±3	±4.5	±7	+7 +1	+10 +1	+16 +1	+12 +6	+15 +6	+21 +6	+16 +10	+19 +10	+25 +10	+21 +15	+24 +15	+30 +15
10 14	14 18	±4	±5.5	±9	+9 +1	+12 +1	+19 +1	+15 +7	+18 +7	+25 +7	+20 +12	+23 +12	+30 +12	+26 +18	+29 +18	+36 +18
18 24	24 30	±4.5	±6.5	±10	+11 +2	+15 +2	+23 +2	+17 +8	+21 +8	+29 +8	+24 +15	+28 +15	+36 +15	+31 +22	+35 +22	+43 +22
30 40	40 50	±5.5	±8	±12	+13 +2	+18 +2	+27 +2	+20 +9	+25 +9	+34 +9	+28 +17	+33 +17	+42 +17	+37 +26	+42 +26	+51 +26
50 65	65 80	±6.5	±9.5	±15	+15 +2	+21 +2	+32 +2	+24 +11	+30 +11	+41 +11	+33 +20	+39 +20	+50 +20	+45 +32	+51 +32	+62 +32
80 100	100 120	±7.5	±11	±17	+18 +3	+25 +3	+38 +3	+28 +13	+35 +13	+48 +13	+38 +23	+45 +23	+58 +23	+52 +37	+59 +37	+72 +37
120 140 160	140 160 180	±9	±12.5	±20	+21 +3	+28 +3	+43 +3	+33 +15	+40 +15	+55 +15	+45 +27	+52 +27	+67 +27	+61 +43	+68 +43	+83 +43
180 200 225	200 225 250	±10	±14.5	±23	+24 +4	+33 +4	+50 +4	+37 +17	+46 +17	+63 +17	+51 +31	+60 +31	+77 +31	+70 +50	+79 +50	+96 +50
250 280	280 315	±11.5	±16	±26	+27 +4	+36 +4	+56 +4	+43 +20	+52 +20	+72 +20	+57 +34	+66 +34	+86 +34	+79 +56	+88 +56	+108 +56
315 355	355 400	±12.5	±18	±28	+29 +4	+40 +4	+61 +4	+46 +21	+57 +21	+78 +21	+62 +37	+73 +37	+94 +37	+87 +62	+98 +62	+119 +62
400 450	450 500	±13.5	±20	±31	+32 +5	+45 +5	+68 +5	+50 +23	+63 +23	+86 +23	+67 +40	+80 +40	+103 +40	+95 +68	+108 +68	+131 +68

续上表

基本尺寸/mm		常用及优先公差带(带圈者为优先公差带)/μm														
		r			s			t			u		v	x	y	z
大于	至	5	6	7	5	⑥	7	5	6	7	⑥	7	6	6	6	6
—	3	+14 +10	+16 +10	+20 +10	+18 +14	+20 +14	+24 +14	—	—	—	+24 +18	+28 +18	—	+26 +20	—	+32 +26
3	6	+20 +15	+23 +15	+27 +15	+24 +19	+27 +19	+31 +19	—	—	—	+31 +23	+35 +23	—	+36 +28	—	+43 +35
6	10	+25 +19	+28 +19	+34 +19	+29 +23	+32 +23	+38 +23	—	—	—	+37 +28	+43 +28	—	+43 +34	—	+51 +42
10	14	+31 +23	+34 +23	+41 +23	+36 +28	+39 +28	+46 +28	—	—	—	+44 +33	+51 +33	—	+51 +40	—	+61 +50
14	18							—	—	—			+50 +39	+56 +45	—	+71 +60
18	24	+37 +28	+41 +28	+49 +28	+44 +35	+48 +35	+56 +35	—	—	—	+54 +41	+62 +41	+60 +47	+67 +54	+76 +63	+86 +73
24	30							+50 +41	+54 +41	+62 +41	+61 +48	+69 +48	+68 +55	+77 +64	+88 +75	+101 +88
30	40	+45 +34	+50 +34	+59 +34	+54 +34	+59 +43	+68 +43	+59 +48	+64 +48	+73 +48	+76 +60	+85 +60	+84 +68	+96 +80	+110 +94	+128 +112
40	50							+65 +54	+70 +54	+79 +54	+86 +70	+95 +70	+97 +81	+113 +97	+130 +114	+152 +136
50	65	+54 +41	+60 +41	+71 +41	+66 +53	+72 +53	+83 +53	+79 +66	+85 +66	+96 +66	+106 +87	+117 +87	+121 +102	+141 +122	+163 +144	+191 +172
65	80	+56 +43	+62 +43	+73 +43	+72 +59	+78 +59	+89 +59	+88 +75	+94 +75	+105 +75	+121 +102	+132 +102	+139 +120	+165 +146	+193 +174	+229 +210
80	100	+66 +51	+73 +51	+86 +51	+86 +71	+93 +71	+106 +91	+106 +91	+113 +91	+126 +91	+146 +124	+159 +124	+168 +146	+200 +178	+236 +124	+280 +258
100	120	+69 +54	+76 +54	+89 +54	+94 +79	+101 +79	+114 +79	+110 +104	+126 +104	+136 +104	+166 +144	+179 +144	+194 +172	+232 +210	+276 +254	+332 +310
120	140	+81 +63	+88 +63	+103 +63	+110 +92	+117 +92	+132 +92	+140 +122	+147 +122	+162 +122	+195 +170	+210 +170	+227 +202	+273 +248	+325 +300	+390 +365
140	160	+83 +65	+90 +65	+150 +65	+118 +100	+125 +100	+140 +100	+152 +134	+159 +134	+174 +134	+215 +190	+230 +190	+253 +228	+305 +280	+365 +340	+440 +415
160	180	+86 +68	+93 +68	+108 +68	+126 +108	+133 +108	+148 +108	+164 +146	+171 +146	+186 +146	+235 +210	+250 +210	+277 +252	+335 +310	+405 +380	+490 +465
180	200	+97 +77	+106 +77	+123 +77	+142 +122	+151 +122	+168 +122	+185 +166	+195 +166	+212 +166	+265 +236	+282 +236	+313 +284	+379 +350	+454 +425	+549 +520
200	225	+100 +80	+109 +80	+126 +80	+150 +130	+159 +130	+176 +130	+200 +180	+209 +180	+226 +180	+287 +258	+304 +258	+339 +310	+414 +385	+499 +470	+604 +575
225	250	+104 +84	+113 +84	+130 +84	+160 +140	+169 +140	+186 +140	+216 +196	+225 +196	+242 +196	+313 +284	+330 +284	+369 +340	+454 +425	+549 +520	+669 +640
250	280	+117 +94	+126 +94	+146 +94	+181 +158	+290 +158	+210 +158	+241 +218	+250 +218	+270 +218	+347 +315	+367 +315	+417 +385	+507 +475	+612 +680	+742 +710
280	315	+121 +98	+130 +98	+150 +98	+193 +170	+202 +170	+222 +170	+263 +240	+272 +240	+292 +240	+382 +350	+402 +350	+457 +425	+557 +525	+682 +650	+822 +790
315	355	+133 +108	+144 +108	+165 +108	+215 +190	+226 +190	+247 +190	+293 +268	+304 +268	+325 +268	+426 +390	+447 +390	+511 +475	+626 +590	+766 +730	+936 +900
355	400	+139 +114	+150 +114	+171 +114	+233 +208	+244 +208	+265 +208	+319 +294	+330 +294	+351 +294	+471 +435	+492 +435	+566 +530	+696 +660	+856 +820	+1 036 +1 000
400	450	+153 +126	+166 +126	+189 +126	+259 +232	+272 +232	+295 +232	+357 +330	+370 +330	+393 +330	+530 +490	+553 +490	+635 +595	+780 +740	+960 +920	+1 140 +1 100
450	500	+159 +132	+172 +132	+195 +132	+279 +252	+292 +252	+315 +252	+387 +360	+400 +360	+423 +360	+580 +540	+603 +540	+700 +660	+860 +820	+1 040 +1 000	+1 290 +1 250

附表 1-3　常用及优先用途孔的极限偏差(GB/T 1800. 2—2009)

基本尺寸/mm		常用及优先公差带(带圈者为优先公差带)/μm														
		A	B		C	D				E		F				G
大于	至	11	11	12	11	8	⑨	10	11	8	9	6	7	⑧	9	6
—	3	+330 +270	+200 +140	+240 +140	+120 +60	+34 +20	+45 +20	+60 +20	+80 +20	+28 +14	+39 +14	+12 +6	+16 +6	+20 +6	+31 +6	+8 +2
3	6	+345 +270	+215 +140	+260 +140	+145 +70	+48 +30	+60 +30	+78 +30	+105 +30	+38 +20	+50 +20	+18 +10	+22 +10	+28 +10	+40 +10	+12 +4
6	10	+370 +280	+240 +150	+300 +150	+170 +80	+62 +40	+76 +40	+98 +40	+170 +40	+47 +25	+61 +25	+22 +13	+28 +13	+35 +13	+49 +13	+14 +5
10	14	+400 +290	+260 +150	+330 +150	+205 +95	+77 +50	+93 +50	+120 +50	+160 +50	+59 +32	+75 +32	+27 +46	+34 +16	+43 +16	+59 +16	+17 +6
14	18															
18	24	+430 +300	+260 +160	+370 +160	+240 +110	+98 +65	+117 +65	+149 +65	+195 +65	+73 +40	+92 +40	+33 +20	+41 +20	+53 +20	+72 +20	+20 +7
24	30															
30	40	+470 +310	+330 +170	+420 +170	+280 +170	+119 +80	+142 +80	+180 +80	+240 +80	+89 +50	+112 +50	+41 +25	+50 +25	+64 +25	+87 +25	+25 +9
40	50	+480 +320	+340 +180	+430 +180	+290 +180											
50	65	+530 +340	+389 +190	+490 +190	+330 +140	+146 +100	+170 +100	+220 +100	+290 +100	+106 +60	+134 +80	+49 +30	+60 +30	+76 +30	+104 +30	+29 +10
65	80	+550 +360	+330 +200	+500 +200	+340 +150											
80	100	+600 +380	+440 +220	+570 +220	+390 +170	+174 +120	+207 +120	+260 +120	+340 +120	+126 +72	+159 +72	+58 +36	+71 +36	+90 +36	+123 +36	+34 +12
100	120	+630 +410	+460 +240	+590 +240	+400 +180											
120	140	+710 +460	+510 +260	+660 +260	+450 +200	+208 +145	+245 +145	+305 +145	+395 +145	+148 +85	+135 +85	+68 +43	+83 +43	+106 +43	+143 +43	+39 +14
140	160	+770 +520	+530 +280	+680 +280	+460 +210											
160	180	+830 +580	+560 +310	+710 +310	+480 +230											
180	200	+950 +660	+630 +340	+800 +340	+530 +240	+240 +170	+285 +170	+355 +170	+460 +170	+172 +100	+215 +100	+79 +50	+96 +50	+122 +50	+165 +50	+44 +15
200	225	+1 030 +740	+670 +380	+840 +380	+550 +260											
225	250	+1 110 +820	+710 +420	+880 +420	+570 +280											
250	280	+1 240 +320	+800 +480	+1 000 +480	+620 +300	+271 +190	+320 +190	+400 +190	+510 +190	+191 +110	+240 +110	+88 +56	+108 +56	+137 +56	+186 +56	+49 +17
280	315	+1 370 +1 050	+860 +540	+1 060 +540	+650 +330											
315	355	+1 560 +1 200	+960 +600	+1 170 +600	+720 +360	+299 +210	+350 +210	+440 +210	+570 +210	+214 +125	+265 +125	+98 +62	+119 +62	+151 +62	+202 +62	+54 +18
355	400	+1 710 +1 350	+1 040 +680	+1 250 +680	+760 +400											
400	450	+1 900 +1 500	+1 160 +760	+1 390 +760	+840 +440	+327 +230	+385 +230	+480 +230	+630 +230	+232 +135	+290 +135	+108 +68	+131 +68	+165 +68	+223 +68	+60 +20
450	500	+2 050 +1 650	+1 240 +840	+1 470 +840	+880 +480											

续上表

基本尺寸/mm		常用及优先公差带(带圈者为优先公差带)/μm																
		H								JS			K			M		
大于	至	⑦	6	⑦	⑧	⑨	10	11	12	6	7	8	6	⑦	8	6	7	8
—	3	+12 +2	+6 +0	+10 0	+14 0	+25 0	+40 0	+60 0	+100 0	±3	±5	±7	0 −6	0 −10	0 −11	−2 −8	−2 −12	−2 −16
3	6	−16 −4	+8 0	+12 0	+18 0	+30 0	+48 0	+75 0	+120 0	±4	±6	±90	+2 −6	+3 −9	+5 −13	−1 −9	0 −12	+2 −16
6	10	+20 +5	+9 0	+15 0	+22 0	+36 0	+58 0	+90 0	+150 0	±4.5	±7	±11	+2 −7	+5 −10	+6 −16	−3 −12	0 −15	+1 −21
10	14	+24 +6	+11 0	+18 0	+27 0	+43 0	+70 0	+110 0	+180 0	±5.5	±9	±13	+2 −9	+6 −12	+8 −19	−4 −15	0 −18	+2 −25
14	18																	
18	24	+28 +7	+13 0	+21 0	+33 0	+52 0	+84 0	+130 0	+210 0	±6.5	±0	±16	+2 −11	+6 −15	+10 −22	−4 −17	0 −21	+4 −29
24	30																	
30	40	+34 +9	+16 0	+25 0	+39 0	+62 0	+100 0	+160 0	+250 0	±8	±12	±19	+3 −13	+7 −18	+12 −27	−4 −20	0 −25	+5 −34
40	50																	
50	65	+40 +10	+19 0	+30 0	+46 0	+74 0	+120 0	+190 0	+300 0	±9.5	±15	±23	+4 −15	+9 −21	+12 −32	−5 −24	0 +30	+5 −41
65	80																	
80	100	+47 +12	+22 0	+35 0	+54 0	+87 0	+140 0	+220 0	+350 0	±11	±17	±27	+4 −18	+10 −25	+16 −33	−6 −28	0 −35	+6 −43
100	120																	
120	140																	
140	160	+54 +14	+25 0	+40 0	+63 0	+100 0	+160 0	+250 0	+400 0	±12.5	±20	±31	+4 −21	+12 −28	+20 −43	−8 −33	0 −40	+8 −55
160	180																	
180	200																	
200	225	+61 +15	+29 0	+46 0	+72 0	+115 0	+185 0	+290 0	+460 0	±14.5	±23	±36	+5 −24	+13 −33	+22 −50	−8 −37	0 −46	+9 −63
225	250																	
250	280	+69 +17	+32 0	+52 0	+81 0	+130 0	+210 0	+320 0	+520 0	±16	±26	±40	+5 −27	+16 −36	+25 −56	−9 −41	0 −52	+9 −72
280	315																	
315	355	+75 +18	+36 0	+57 0	+89 0	+140 0	+230 0	+360 0	+570 0	±18	±28	±44	+7 −29	+17 −40	+28 −61	−10 −46	0 −57	+11 −78
355	400																	
400	450	+83 +20	+40 0	+63 0	+97 0	+155 0	+250 0	+400 0	+630 0	±20	±31	±48	+8 −32	+18 −45	+29 −68	−10 −50	0 −63	+11 −86
450	500																	

续上表

基本尺寸/mm		常用及优先公差带(带圈者为优先公差带)/μm											
		N			P		R		S		T		U
大于	至	6	⑦	8	6	⑦	6	7	6	⑦	6	7	⑦
—	3	-4 -10	-4 -14	-4 -18	-6 -12	-6 -16	-10 -16	-10 -20	-14 -20	-14 -24	—	—	-18 -28
3	6	-5 -13	-4 -16	-2 -20	-9 -17	-8 -20	-12 -20	-11 -23	-16 -24	-15 -27	—	—	-19 -31
6	10	-7 -16	-4 -19	-3 -25	-12 -21	-9 -24	-16 -25	-13 -28	-20 -29	-17 -32	—	—	-22 -37
10	14	-9 -20	-5 -23	-3 -30	-15 -26	-11 -29	-20 -31	-16 -34	-25 -36	-21 -39	—	—	-26 -44
14	18												
18	24	-11 -24	-7 -28	-3 -36	-18 -31	-14 -35	-24 -37	-20 -41	-31 -44	-27 -48	—	—	-33 -54
24	30										-37 -50	-33 -54	-40 -61
30	40	-12 -28	-8 -33	-3 -42	-21 -37	-17 -42	-29 -45	-25 -50	-38 -54	-34 -59	-43 -59	-39 -64	-51 -76
40	50										-49 -65	-45 -70	-61 -76
50	65	-14 -33	-9 -39	-4 -50	-26 -45	-21 -51	-35 -54	-30 -60	-47 -66	-42 -72	-60 -79	-55 -85	-86 -106
65	80						-37 -56	-32 -62	-53 -72	-48 -78	-69 -88	-64 -94	-91 -121
80	100	-16 -38	-10 -45	-4 -58	-30 -52	-24 -59	-44 -66	-38 -73	-64 -86	-58 -93	-84 -106	-78 -113	-111 -146
100	120						-47 -69	-41 -76	-72 -94	-66 -101	-97 -119	-91 -126	-131 -166
120	140	-20 -45	-12 -52	-4 -67	-36 -61	-28 -68	-56 -81	-48 -88	-85 -110	-77 -117	-115 -140	-107 -147	-155 -195
140	60						-58 -83	-50 -90	-93 -118	-85 -125	-137 -152	-110 -159	-175 -215
160	180						-61 -86	-53 -93	-101 -126	-93 -133	-139 -164	-131 -171	-195 -235
180	200	-22 -51	-14 -60	-5 -77	-41 -70	-33 -79	-68 -97	-60 -106	-113 -142	-101 -155	-157 -186	-149 -195	-219 -265
200	225						-71 -100	-63 -109	-121 -150	-113 -159	-171 -200	-163 -209	-241 -287
225	250						-75 -104	-67 -113	-131 -160	-123 -169	-187 -216	-179 -225	-317 -263
250	280	-25 -57	-14 -66	-5 -86	-47 -79	-36 -88	-85 -117	-74 -126	-149 -181	-138 -190	-209 -241	-198 -250	-295 -347
280	315						-89 -121	-78 -130	-161 -193	-150 -202	-231 -263	-220 -272	-330 -382
315	355	-26 -62	-16 -73	-5 -94	-51 -87	-41 -98	-97 -133	-87 -144	-179 -215	-169 -226	-257 -293	-247 -304	-369 -426
355	400						-103 -139	-93 -150	-197 -233	-187 -244	-283 -319	-273 -330	-414 -471
400	450	-27 -67	-17 -80	-6 -103	-55 -95	-45 -108	-113 -153	-103 -166	-219 -259	-209 -272	-317 -357	-307 -370	-467 -530
450	500						-119 -159	-109 -172	-239 -279	-229 -292	-347 -387	-337 -400	-517 -580

附录2　螺　纹

附表 2-1　普通螺纹直径、螺距和基本尺寸(GB/T 193—2003,GB/T 196—2003)

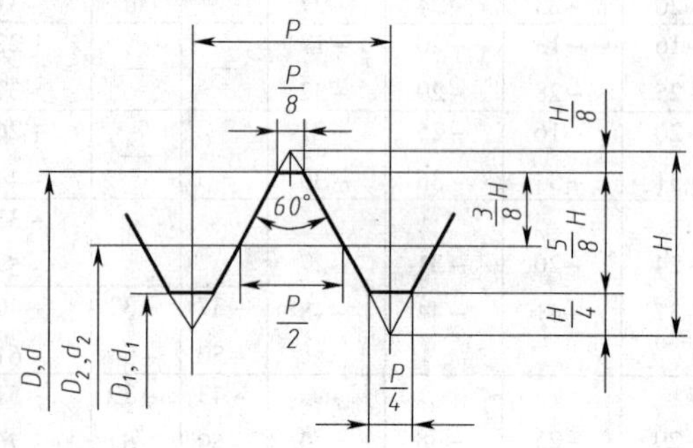

标记示例

粗牙普通螺纹,公称直径 $d=10$,中径公差带代号 5g,顶径公差带代号 6g,标记:

M10—5g6g

细牙普通螺纹,公称直径 $d=10$,螺矩 $P=1$,中径、顶径公差带代号 7H,标记:

M10×1—7H

表 A1

公称直径 D,d		螺距 P		螺纹小径 D_1,d_1
第一系列	第二系列	粗牙	细牙	粗牙
3		0.5	0.35	2.459
	3.5	0.6		2.850
4		0.7		3.242
	4.5	0.75	0.5	3.688
5		0.8		4.134
6		1	0.75	4.917
8		1.25	1,0.75	6.647
10		1.5	1.25,1,0.75	8.376
12		1.75	1.25,1	10.106
	14	2	1.5,1.25,1	11.835
16		2	1.5,1	13.835
	18	2.5	2,1.5,1	15.294
20		2.5		17.294
	22	2.5	2,1.5,1	19.294
24		3	2,1.5,1	20.752
	27	3	2,1.5,1	23.752
30		3.5	(3),2.1.5,1	26.211
	33	3.5	(3),2,1.5	29.211
36		4	3,2,1.5	31.670

注:1. 螺纹公称直径应优先选用第一系列,第三系列未列入

2. 括号内的尺寸尽量不用

附表 2-2　非螺纹密封管螺纹（GB/T 7307—2001）

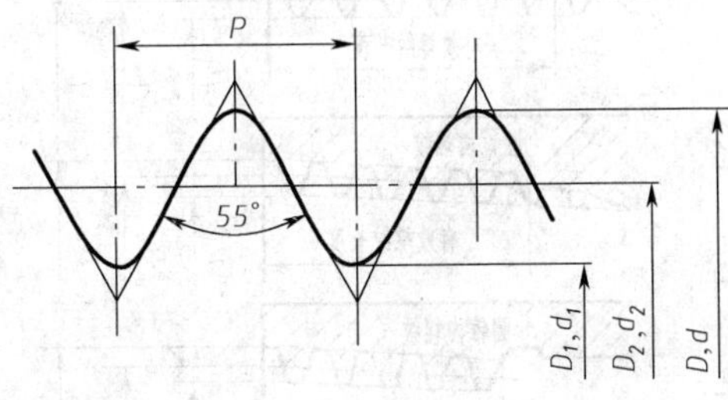

标记示例

G1 $\frac{1}{2}$-LH（右旋不标）　G1 $\frac{1}{2}$-B

1 $\frac{1}{2}$左旋内螺纹　1 $\frac{1}{2}$-B 级外螺纹

尺寸代号	第 25.4 mm 中的螺纹牙数	螺距 P	螺纹直径	
			大径 D,d	小径 D_1,d_1
$\frac{1}{8}$	28	0.907	9.728	8.566
$\frac{1}{4}$	19	1.337	13.157	11.445
$\frac{3}{8}$	19	1.337	16.662	14.950
$\frac{1}{2}$	14	1.814	20.955	18.631
$\frac{5}{8}$	14	1.814	22.911	20.587
$\frac{3}{4}$	14	1.814	26.411	24.117
$\frac{7}{8}$	14	1.814	30.201	27.887
1	11	2.309	33.249	30.291
1 $\frac{1}{8}$	11	2.309	37.897	34.939
1 $\frac{1}{4}$	11	2.309	41.910	38.952
1 $\frac{1}{2}$	11	2.309	47.803	44.845
1 $\frac{1}{4}$	11	2.309	53.746	50.788
2	11	2.309	59.614	56.656
2 $\frac{1}{4}$	11	2.309	65.710	62.752
2 $\frac{1}{2}$	11	2.309	75.184	72.226
2 $\frac{3}{4}$	11	2.309	81.534	78.576
3	11	2.309	87.884	84.926

附表 2-3　用螺纹密封螺纹（GB/T 7306.1—2000）

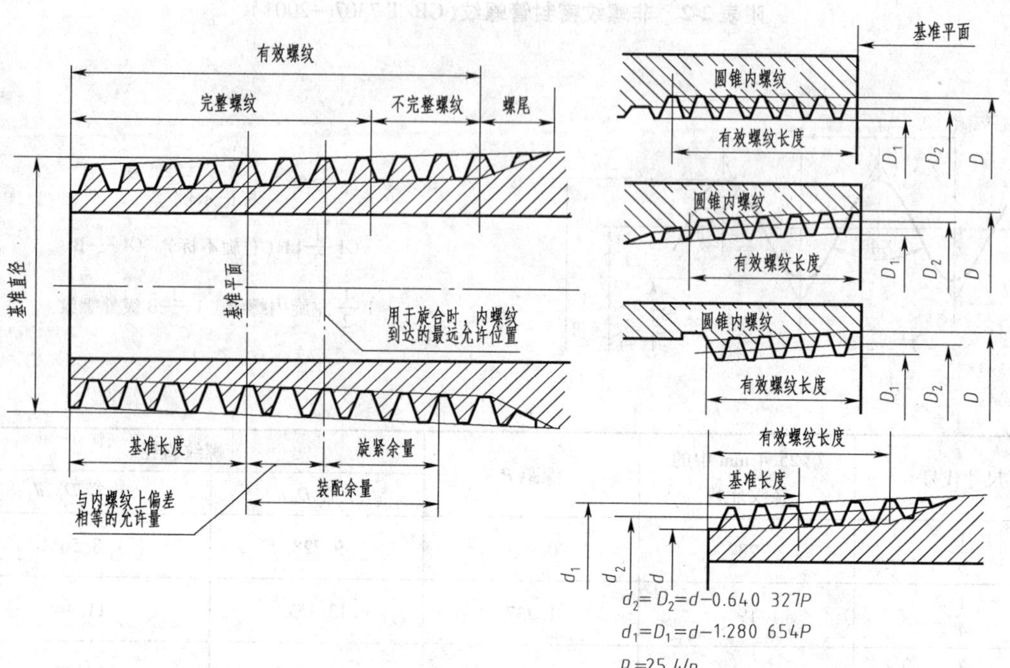

尺寸代号	第 25.4 mm 内螺纹牙数 n	螺纹 P /mm	基面上直径/mm			基准长度 /mm	有效螺纹长度/mm	装配余量	
			基本大径（基面直径）$d=D$	中径 $d_2=D_2$	小径 $d_1=D_1$			余量 /mm	圈数
1/16	28	0.907	7.723	7.142	6.561	4	6.5	2.5	2¾
⅛	28	0.907	9.728	9.147	8.566	4	6.5	2.5	2¾
¼	19	1.337	13.157	12.301	11.445	6	9.7	3.7	2¾
⅜	19	1.337	16.662	15.806	14.950	6.4	10.1	3.7	2¾
½	14	1.814	20.955	19.793	18.631	8.2	13.2	5	2¾
¾	14	1.814	26.441	25.279	24.117	9.5	14.5	5	2¾
1	11	2.309	33.249	31.770	30.291	10.4	16.8	6.4	2¾
1¼	11	2.309	41.910	40.431	38.952	12.7	19.1	6.4	2¾
1½	11	2.309	47.803	46.324	44.845	12.7	19.1	6.4	3¼
2	11	2.309	59.614	58.135	56.656	15.9	23.4	7.5	4
2½	11	2.309	75.184	73.705	72.226	17.5	26.7	9.2	4
3	11	2.309	87.884	86.405	84.926	20.6	29.8	9.2	4
3½ *	11	2.309	100.330	98.851	97.372	22.2	31.4	9.2	4
4	11	2.309	113.030	111.551	110.072	25.4	35.8	10.4	4½
5	11	2.309	138.430	136.951	135.472	28.6	40.1	11.5	5
6	11	2.309	163.830	162.351	160.872	28.6	20.1	11.5	5

注：1. 本表适用于管子、管接头、旋塞、阀门和其他螺纹连接的附件

2. 有 * 的代号限用于蒸汽机车

附录3　螺纹紧固件

附表 3-1　六角头螺栓　C 级(GB/T 5780—2000)、六角头螺栓　A 和 B 级(GB/T 5782—2000)

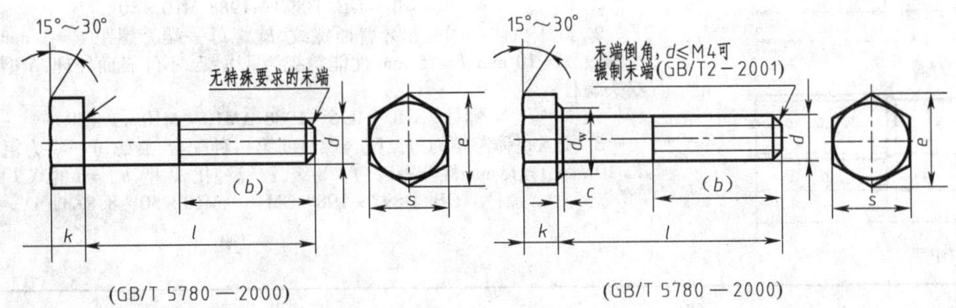

(GB/T 5780—2000)　　(GB/T 5780—2000)

标记示例

螺纹规格 d = M12、公称长度 l = 80、性能等级为 8.8 级、表面氧化、A 级的六角头螺栓标记:

螺栓 GB/T 5780—2000 M12 × 80

螺纹规格 d			M3	M4	M5	M6	M8	M10	M12	M16	M20	M24	M30
b 参考	l≤125		12	14	16	18	22	26	30	38	46	54	66
	125 < l≤200		18	20	22	24	28	32	36	44	52	60	72
	l≤200		31	33	35	37	41	45	49	57	65	73	85
c(max)			0.4	0.4	0.5	0.5	0.6	0.6	0.6	0.8	0.8	0.8	0.8
d_w	产品等级	A	4.57	5.88	6.88	8.88	11.63	14.63	16.63	22.49	28.19	33.61	—
		B	4.45	5.74	6.74	8.74	11.47	14.47	16.47	22	27.7	33.25	42.75
e	产品等级	A	6.01	7.66	8.79	11.05	14.38	17.77	20.03	26.75	33.53	37.98	—
		B	5.88	7.50	8.63	10.89	14.20	17.59	19.85	25.17	32.95	39.55	50.85
k 公称			2	2.8	3.5	4	5.3	6.4	7.5	10	12.5	15	18.7
r			0.1	0.2	0.2	0.25	0.4	0.4	0.6	0.6	0.8	0.8	1
s 公称			5.5	7	8	10	13	16	18	24	30	36	46
l(商品规格范围)			20～30	25～40	25～50	30～60	40～80	45～100	50～120	65～160	80～200	90～240	110～300
l 系列			12,16,20,25,30,45,40,45,50,55,60,65,70,80,90,100,120,130,140,150,160,180,200,220,240,260,280,300,320,340,360										

注:1. A 级用于 d≤24 和≤10d 或≤150 的螺栓;B 级用于 d > 24 和 l > 10d 或 > 150 的螺栓

2. 螺纹规格 d 范围:GB/T 5780—2000 为 M5～M64;GB/T 5782—2000 为 M1.6～M64

3. 公称长度 l 范围:GB/T 5780—2000 为 25～500;GB/T 5782—2000 为 12～500

附表 3-2 双头螺柱 $b_m = d$(GB/T 897—1988)、$b_m = 1.25d$(GB/T 898—1988)
$b_m = 1.5d$(GB/T 899—1988)、$b_m = 2d$(GB/T 900—1988)

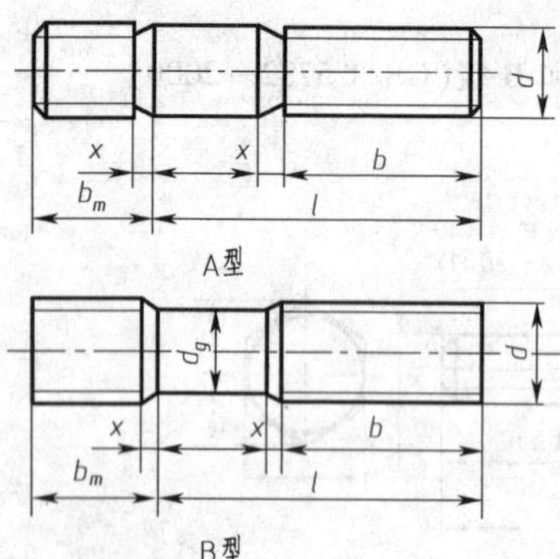

标记示例

1. 两端均为粗牙普通螺纹,$d = 10$ mm、$l = 15$ mm 性能等级为 4.8 级,不经表面处理,B 型、$b_m = d$ 的双头螺柱:

螺柱 GB/T 897—1988 M10×50

2. 旋入机体一端为粗牙普通螺纹,旋螺母一端为螺距 $P = 1$ mm 的细牙普通螺纹,$d = 10$ mm、$l = 15$ mm 性能等级为 4.8 级,不经表面处理,A 型、$b_m = d$ 的双头螺柱:

螺柱 GB/T 896—1988 AM10 - M10×1×50

3. 旋入机体一端为过渡配合螺纹的第一种配合,旋螺母一端为粗普通螺纹,$d = 10$ mm、$l = 15$ mm性能等级为 8.8 级,镀锌钝化,B 型、$b_m = d$ 的双头螺柱:

螺柱 GB/T 897—1988 GM10 - M10×50 - 8.8Zn·D

mm

螺纹规格 d	b_m				l/b
	GB/T 897—1988	GB/T 898—1988	GB/T 899—1988	GB/T 900—1988	
M2			3	4	(12~16)/6,(18~25)/10
M2.5			3.5	5	(14~18)/8,(20~30)/11
M3			4.5	6	(16~20)/6,(22~40)/12
M4			6	8	(16~22)/8,(25~40)/14
M5	5	6	8	10	(16~22)/10,(25~50)/16
M6	6	6	10	12	(18~22)/10,(25~30)/14,(32~75)/18
M8	8	10	12	16	(18~22)/12,(25~30)/16,(32~90)/22
M10	10	12	15	20	(25~28)/14,(30~38)/16,(40~120)/30,130/32
M12	12	15	18	24	(25~30)/16,(32~40)/20,(45/120)/30,(30~180)/36
(M14)	14	18	21	28	(30~35)/18,(38~45)/25,(50~120)/34,(130~180)/40
M16	16	20	24	32	(30~28)/20,(40~55)/30,(60~120)/38,(130~200)/44
(M18)	18	22	27	36	(35~40)/22,(45~60)/35,(65~120)/42,(130~200)/48
M20	20	25	30	40	(35~40)/25,(45~65)/38,(70~120)/46,(130~200)/52
M22	22	28	33	44	(40~45)/30,(50~70)/40,(75~120)/50,(130~200)/56
M24	24	30	36	48	(45~50)/30,(55~75)/45,(80~120)/54,(130~200)/60
(M27)	27	35	40	54	(50~60)/35,(65~85)/50,(90~120)/160,(130~200)/66
M30	30	38	45	60	(60~65)40,(70~90)/50,(95~120)/66,(130~200)/72,(210~250)/85
M36	36	45	54	72	(65~75)/45,(80~110)/60,120/78,(130~200)/84,(210~300)/97
M42	42	52	63	84	(70~80)/50,(65~110)/70,120/90,(130~200)/96,(210~300)/109
M48	48	60	72	96	(80~90)/60,(95~110)/80,120/120,(130~200)/108,(210~300)/121
l(系列)	12,(14),16,(18),20,(22),25,(28),30,(32),35,(38),40,45,50,55,60,65,70,75,80,85,90,95,100,110,120,130,140,150,160,170,180,190,200,210,220,230,240,250,260,280,300				

注:1. $b_m = d$ 一般用于旋入机体为钢的场合:$b_m = (1.25 \sim 1.5)d$ 一般用于旋入机体为铸铁的场合

$b_m = 2d$ 一般用于旋入机体为铝的场合

2. 不带括号的为优先系列,仅 GB/T 898—1988 有优先系列

3. b 不包括螺尾

4. $d_g \approx$ 螺纹基本中径

5. $x_{max} = 1.5P$(螺距)

附表 3-3　开槽圆头螺钉（GB/T 65—2000）

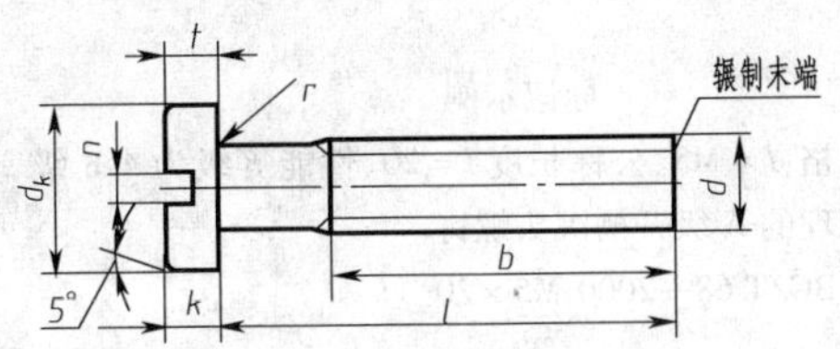

标记示例

螺纹规格 d = M5、公称长度 l = 20、性能等级为 4.8 级、不经表面处理的 A 级开槽圆柱头螺钉。

螺钉　BG/T 65—2000 M5 × 20

mm

螺纹规格 d	M4	M5	M6	M8	M10
螺距 P	0.7	0.8	1	1.25	1.5
b	38	38	38	38	38
d_k	7	8.5	10	13	16
k	2.6	3.3	3.9	5	6
n	1.2	1.2	1.6	2	2.5
r	0.2	0.2	0.25	0.4	0.4
t	1.1	1.3	1.6	2	2.4
公称长度 l	5 ~ 40	6 ~ 50	8 ~ 60	10 ~ 80	12 ~ 80
l 系列	5,6,8,10,12,(14),16,20,25,30,35,40,45,50,(55),60,(65),70,(75),80				

注：1. 公称长度 $l \leq 40$ 的螺钉，制出全螺纹

2. 螺纹规格 d = M1.6 ~ M10；公称长度 l = 2 ~ 80

3. 括号内的规格尽可能不采用

附表 3-4　开槽盘头螺钉（GB/T 67—2000）

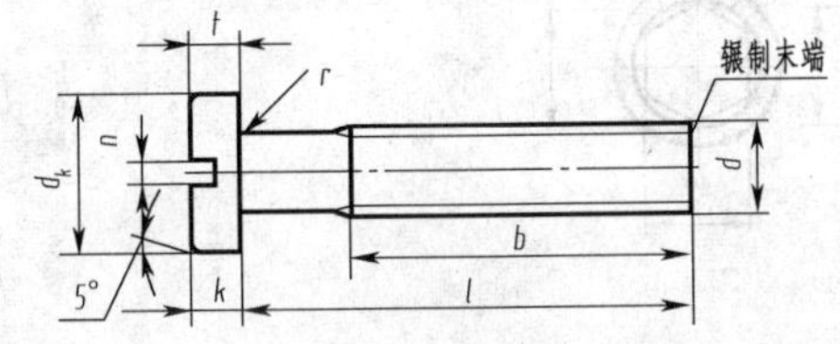

标记示例

螺纹规格 d = M5、公称长度 l = 20、性能等级为 4.8 级、不经表面处理的 A 级开槽盘头螺钉。

螺钉　BG/T 67—2000 M5 × 20

mm

螺纹规格 d	M1.6	M2	M2.5	M3	M4	M5	M6	M8	M10
螺距 P	0.35	0.4	0.45	0.5	0.7	0.8	1	1.25	1.5
b	25	25	25	25	38	38	38	38	38
d_k	3.2	4	5	5.6	8	9.5	12	16	20
k	1	1.3	1.5	1.8	2.4	3	3.6	4.8	6
n	0.4	0.5	0.6	0.8	1.2	1.3	1.6	2	2.5
r	0.1	0.1	0.1	0.1	0.2	0.2	0.25	0.4	0.4
t	0.35	0.5	0.6	0.7	1	1.2	1.4	1.9	2.4
公称长度 l	2 ~ 16	2.5 ~ 20	3 ~ 25	4 ~ 30	5 ~ 40	6 ~ 50	8 ~ 60	10 ~ 80	12 ~ 80
l 系列	2,2.5,3,4,5,6,8,10,12,(14),16,20,25,30,35,40,45,50,(55),60,(65),70,(75),80								

注：1. M1.6 ~ M3 的螺钉、公称长度 $l \leq 30$ 的，制出全螺纹；M4 ~ M10 的螺钉，公称长度 $l \leq 40$ 的，制出全螺纹

2. 括号内的规格尽可能不采用

附表 3-5 开槽沉头螺钉(GB/T 68—2000)

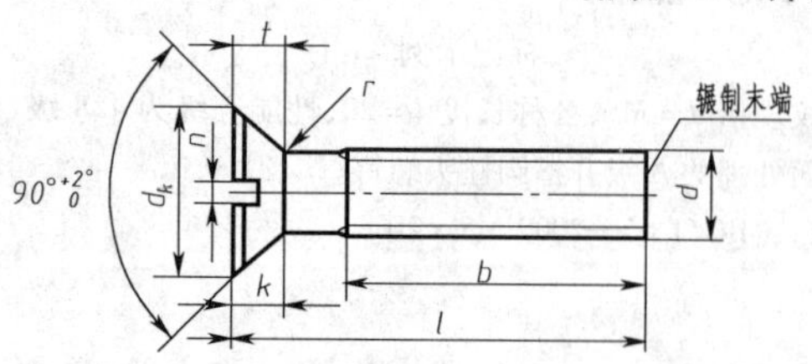

标记示例

螺纹规格 d = M5、公称长度 l = 20、性能等级为 4.8 级、不经表面处理的 A 级开槽沉头螺钉。

螺钉 BG/T 68—2000 M5×20

mm

螺纹规格 d	M1.6	M2	M2.5	M3	M4	M5	M6	M8	M10
P 螺距	0.35	0.4	0.45	0.5	0.7	0.8	1	1.25	1.5
b	25	25	25	25	38	38	38	38	38
d_k	3.6	4.4	5.5	6.3	9.4	10.4	12.6	17.3	20
k	1	1.2	1.5	1.65	2.7	2.7	3.3	4.65	5
n	0.4	0.5	0.6	0.8	1.2	1.2	1.6	2	2.5
r	0.4	0.5	0.6	0.8	1	1.3	1.5	2	2.5
t	0.5	0.6	0.75	0.85	1.3	1.4	1.6	2.3	2.6
公称长度 l	2.5~16	3~20	4~25	5~30	6~40	8~50	8~60	10~80	12~80
l 系列	2.5,3,4,5,6,8,10,12,(14),16,20,25,30,35,40,45,50,(55),60,(65),70,(75),80								
注:1. M1.6~M3 的螺钉,公称长度 l≤30 的,制出全螺纹,M4~M10 的螺钉,公称长度 l≤45 的,制出全螺纹 2. 括号内的规格尽可能不采用									

附表 3-6 内六角圆柱头螺钉(GB/T 70.1—2000)

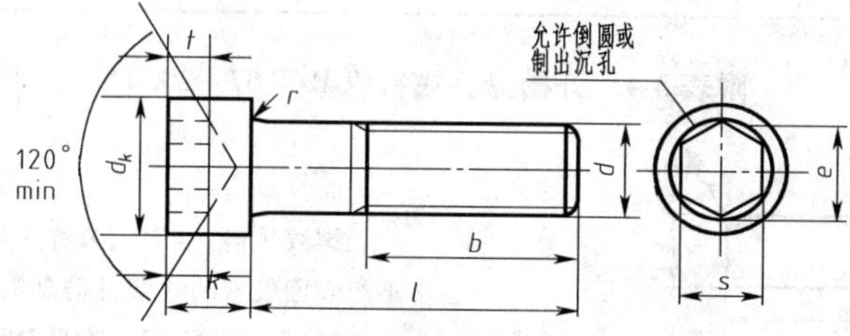

标记示例

螺纹规格 d = M5,公称长度 l = 200 mm,性能等级为 8.8 级,表面氧化的内六角圆柱头螺钉;

螺钉 GB/T 70.1—2000 M5×20

mm

螺纹规格 d	M1.6	M2	M2.5	M3	M4	M5	M6	M8	M10	M12	(M14)	M16	M20	M24	M30	M36
d_k	3	3.8	4.5	5.5	7	8.5	10	13	16	18	21	24	30	36	45	54
k	1.6	2	2.5	3	4	5	6	8	10	12	14	16	20	24	30	36
t	0.7	1	1.1	1.3	2	2.5	3	4	5	6	7	8	10	12	15.5	19
r	0.1	0.1	0.1	0.1	0.2	0.2	0.25	0.4	0.4	0.6	0.6	0.6	0.8	0.8	1	1
s	1.5	1.5	2	2.5	3	4	5	6	8	10	12	14	17	19	22	27
e	1.73	1.73	2.3	2.9	3.4	4.6	5.7	6.9	9.2	11.4	13.7	16	19	21.7	25.2	30.9
b(参考)	15	16	17	18	20	22	24	28	32	36	40	44	52	60	72	84
t	2.5~16	3~20	4~25	5~30	6~40	8~50	10~60	12~80	16~100	20~120	25~140	25~160	30~200	40~200	45~200	55~500

续上表

螺纹规格 d	M1.6	M2	M2.5	M3	M4	M5	M6	M8	M10	M12	(M14)	M16	M20	M24	M30	M36
全螺纹时最大长度	16	16	20	20	25	25	30	35	40	45	55	55	65	80	90	110
l 系列	2.5,3,4,5,6,8,10,12,(14),(16),20,25,30,35,40,45,50,(55),60,(65),70,80,90,100,110,120,130,140,150,160,180,200															
注:1. 尽可能不采用括号内的规格 2. b 不包括螺尾																

附表 3-7　内六角平端紧定螺钉(GB/T 77—2000)、
内六角平端紧定螺钉(GB/T 78—2000)

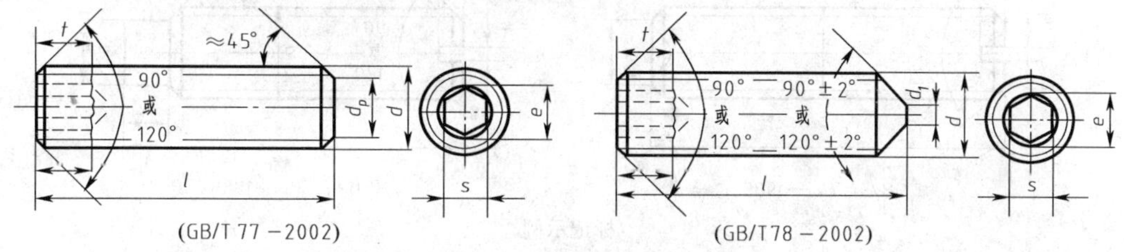

(GB/T 77 －2002)　　(GB/T78 －2002)

标记示例

螺纹规格 d = M6,公称长度 l = 12 mm,性能等级为 33H,表面氧化的内六角平端紧定螺钉:

螺钉　GB/T 77—2000　M6×12

mm

螺纹规格 d		M1.6	M2	M2.5	M3	M4	M5	M6	M8	M10	M12	M16	M20	M24
d_p		0.8	1	1.5	2	2.5	3.5	4	5.5	7	8.5	12	15	18
d_t		0	0	0	0	0	0	1.5	2	2.5	3	4	5	6
e		0.8	1	1.4	1.7	2.3	2.9	3.4	4.6	5.7	6.9	9.2	11.4	13.7
s		0.7	0.9	1.3	1.5	2	2.5	3	4	5	6	8	10	12
公称长度 l	GB/T 77	2~8	2~10	2~12	2~16	2.5~20	3~25	4~30	5~40	6~50	8~60	10~60	12~60	14~60
	GB/T 78	2~8	2~10	2.5~12	2.5~16	3~20	4~25	5~30	6~40	8~50	10~60	12~60	14~60	20~60
公称长度 l≤右表内值时,GB/T 78—2000 两端制成 120°,其他为端头制成 120°。公称长度 l>右表内值时,GB/T 78—2000 两端制成 90°,其他为端头制成 90°	GB/T 77	2	2.5	3	3	4	5	6	6	8	12	16	16	20
	GB/T 78	2.5	2.5	3	3	4	5	6	8	10	12	16	20	25
l 系列		2,2.5,3,4,5,6,8,10,12,(14),16,20,25,30,35,40,45,50,(55),60												
注:尽可能不采用括号内的规格														

附表 3-8　开槽锥端紧定螺钉(GB/T 71—1985)、开槽锥端紧定螺钉(GB/T 73—1985)、开槽凹端紧定螺钉(GB/T 74—1985)、开槽圆柱端紧定螺钉(GB/T 75—1985)

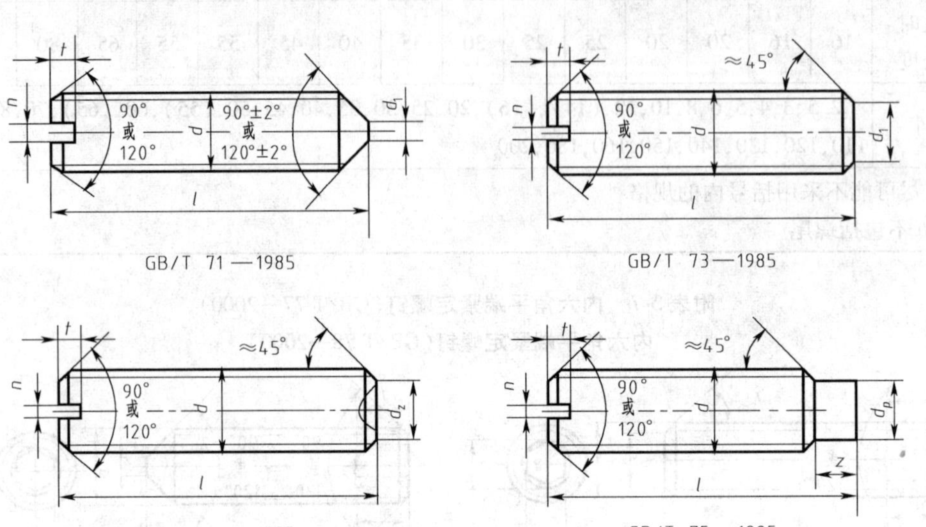

标记示例

螺纹规格 d = M5，公称长度 l = 12 mm，性能等级为 14H，表面氧化的开槽锥端定螺钉：

螺钉　GB/T 71—1985　M5 × 12

mm

螺纹规格 d		M1.2	M1.6	M2	M2.5	M3	M4	M5	M6	M8	M10	M12
n		0.2	0.25	0.25	0.4	0.4	0.6	0.8	1	1.2	1.6	2
t		0.5	0.7	0.8	1	1.1	1.4	1.6	2	2.5	3	3.6
d_z			0.8	1	1.2	1.4	2	2.5	3	5	6	8
d_t		0.1	0.2	0.2	0.3	0.3	0.4	0.5	1.5	2	2.5	3
d_p		0.6	0.8	1	1.5	2	2.5	3.5	4	5.5	7	8.5
z			1.1	1.3	1.5	1.8	2.3	2.8	3.3	4.3	5.3	6.3
公称长度 l	GB/T 71—1985	2 ~ 6	2 ~ 8	3 ~ 10	3 ~ 12	4 ~ 16	6 ~ 20	8 ~ 25	8 ~ 30	10 ~ 40	12 ~ 50	14 ~ 60
	BG/T 73—1985	2 ~ 6	2 ~ 8	2 ~ 10	2.5 ~ 12	3 ~ 1	64 ~ 20	5 ~ 25	6 ~ 30	8 ~ 40	10 ~ 50	12 ~ 60
	GB/T 74—1985		2 ~ 8	2.5 ~ 10	3 ~ 12	3 ~ 16	4 ~ 20	5 ~ 25	6 ~ 30	8 ~ 40	10 ~ 50	12 ~ 60
	GB/T 75—1985		2.5 ~ 8	3 ~ 10	4 ~ 12	5 ~ 16	6 ~ 20	8 ~ 25	8 ~ 30	10 ~ 40	12 ~ 50	14 ~ 60
公称长度 l≤右表内值时，GB/T 71 两端制成 120°，其他为开槽端制成 120°。公称长度 l > 右表内值时，GB/T 71 两端制成 90°，其他为开槽端制成 90°	GB/T 71—1985	2	2.5	2.5	3	3	4	5	6	8	10	12
	GB/T 73—1985		2	2.5	3	3	4	5	6	6	8	10
	GB/T 74—1985		2	2.5	3	3	4	5	6	8	10	12
	GB/T 75 1985		2.5	3	4	5	6	8	10	14	16	20
l 系列		2,2.5,3,4,5,6,8,10,12,(14),16,20,25,30,35,40,45,50,(55),60										

附表 3-9　Ⅰ型六角螺母—C 级（GB/T 41—2000）、Ⅰ型六角螺母—A 和 B 级（GB/T 6170—2000）、六角薄螺母—A 和 B 级—的倒角（GB/T 6172. 1—2000）

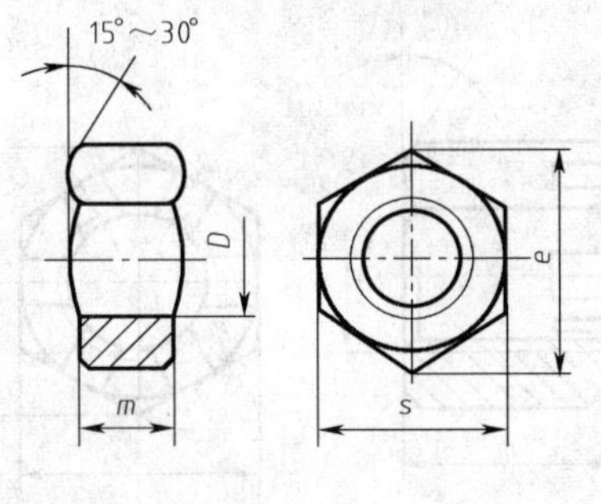

（GB/T 41—2000）

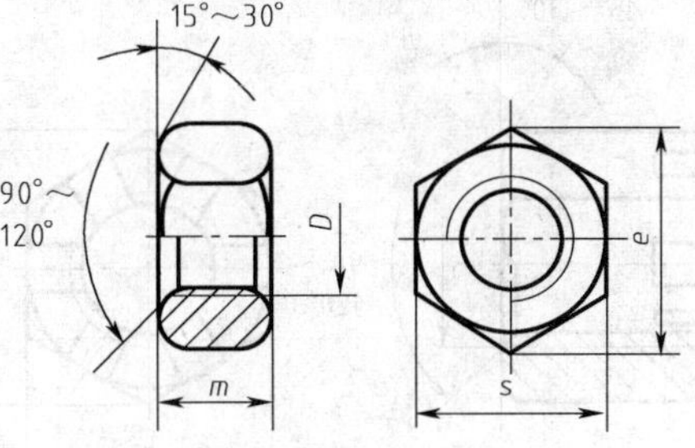

（GB/T 6170—2000），（GB/T 6172—2000）

标 记 示 例

螺纹规格 D = M12，性能等级为 5 级，不经表面处理，C 级的Ⅰ型六角螺母：

螺母　GB/T 41—2000　M12

标 记 示 例

螺纹规格 D = M12，性能等级为 10 级，不经表面处理，A 级的Ⅰ型六角螺母；

螺母　GB/T 6170—2000　M12

螺纹规格 D = M12，性能等级为 04 级，不经表面处理，A 级的六角薄螺母：

螺母　GB/T 6170—2000　M12

mm

纹路规格 D		M3	M4	M5	M6	M8	10	M12	（M14）	M16	（M18）	M20	（M22）	M24	（M27）	M30	M36	M42	M48	M56	M64
e		6	7. 7	8. 8	11	14. 4	17. 8	20	23. 4	26. 8	29. 6	35	37. 3	39. 6	45. 2	50. 9	60. 8	72	82. 6	93. 6	104. 9
s		5. 5	7	8	10	13	16	18	21	24	27	30	34	36	41	46	55	65	75	85	95
m	GB/T 6170—2000	2. 4	3. 2	4. 7	5. 2	6. 8	8. 4	10. 8	12. 8	14. 8	15. 8	18	19. 4	21. 5	23. 8	25. 6	31	34	38	45	51
	GB/T 6172—2000	1. 8	2. 2	2. 7	3. 2	4	5	6	7	8	9	10	11	12	13. 5	15	18	21	24	28	32
	GB/T 41—2000			5. 6	6. 1	7. 9	9. 5	12. 2	13. 9	15. 9	16. 9	18. 7	20. 2	22. 3	24. 7	26. 4	31. 5	34. 9	38. 9	45. 9	52. 4

注：1. 表中 e 为圆整近似值

2. 不带括号的为优先系列

3. A 级用于 $D \leqslant 16$ 的螺母；B 级用于 $D > 16$ 的螺母

附表 3-10　Ⅰ型六角开槽螺母—A 和 B 级(GB/T 6178—1986)、Ⅰ型六角开槽螺母—C 级(GB/T 6179—1986)、2 型六角开槽螺母—A 和 B 级(GB/T 6180—1986)六角开槽薄螺母—A 和 B 级(GB/T 6181—1986)

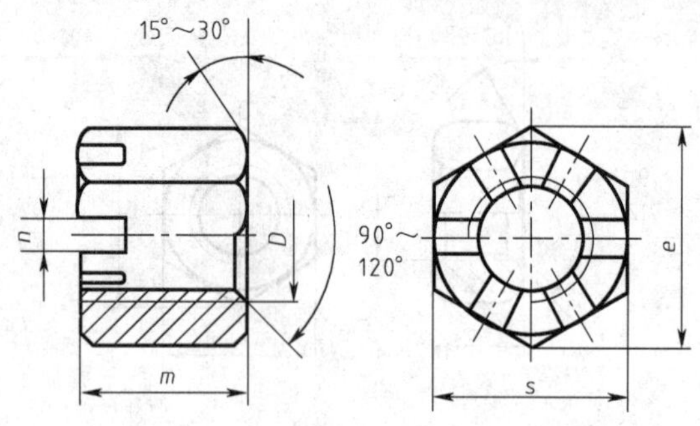

(GB/T 6178—1986)、(GB/T 6180—1986)

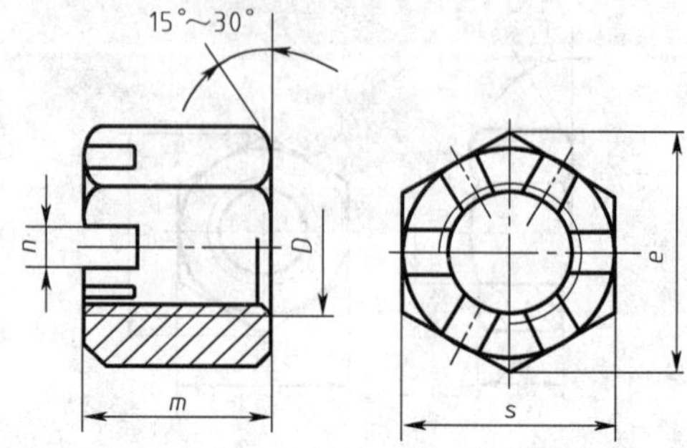

(GB/T 6179—1986)、(GB/T 6181—1986)

标记示例

螺纹规格 D = M5,性能等级为 8 级,不经表面处理,A 级的 1 型六角开槽螺母:

螺母　GB/T 6178—1986　M5

标记示例

螺纹规格 D = M5,性能等级为 5 级,不经表面处理,C 级的 1 型六角开槽螺母:

螺母　GB/T 6179—1986　M5

螺纹规格 D = M5,性能等级为 04 级,不经表面处理,A 级的六角开槽螺母:

螺母　GB/T 6181—1986　M5

mm

螺纹规格 D		M4	M5	M6	M8	M10	M12	(M14)	M16	M20	M24	M30	M36
n		1.8	2	2.6	3.1	3.4	4.3	4.3	5.7	5.7	6.7	8.5	8.5
e		7.7	8.8	11	14	17.8	20	23	26.8	33	39.6	50.9	60.8
s		7	8	10	13	16	18	21	24	30	36	46	55
m	GB/T 6178—1986	6	6.7	7.7	9.8	12.4	15.8	17.8	20.8	24	29.5	34.6	40
	GB/T 6179—1986		6.7	7.7	9.8	12.4	15.8	17.8	20.8	24	29.5	34.6	40
	GB/T 6180—1986		6.9	8.3	10	12.3	16	19.1	21.1	26.3	31.9	37.6	43.7
	GB/T 6181—1986		5.1	5.7	7.5	9.3	12	14.1	16.4	20.3	23.9	28.6	34.7
开口销		1×10	1.2×12	1.6×14	2×16	2.5×20	3.2×22	3.2×25	4×28	4×36	5×40	6.3×50	6.3×63

注:1. GB/T 6178—1986,D 为 M4 ~ M36;其余标准 D 为 M5 ~ M36

2. A 级用于 D≤16 的螺母,B 级用于 D>16 的螺母

附表 3-11　圆螺母(GB/T 812—1988)

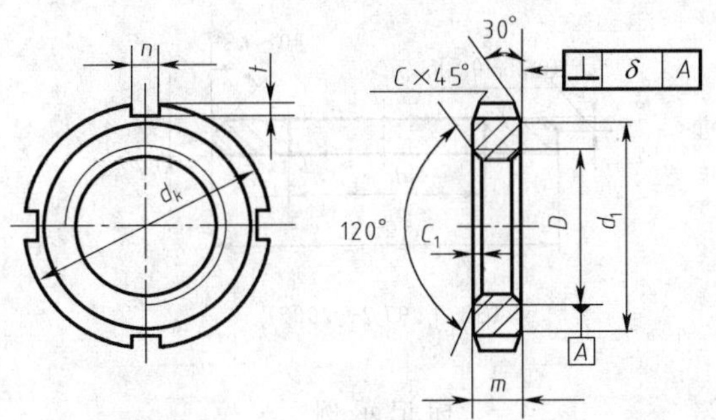

标记示例

螺纹规格 D = M16×1.5，材料为 45，槽或全部热处理后硬度 35～45HRC；表面氧化的圆螺母：

螺母　GB/T 812—1988　M16×1.5

mm

D	d_k	d_1	n	n	t	C	C_1	D	d_k	d_1	n	n	t	C	C_1
M10×1	22	16	8	4	2	0.5	0.5	M64×2	95	84	12	8	3.5	1.5	1
M12×1.25	25	19						M65×2 *	95	84					
M14×1.5	28	20						M68×2	100	88		10	4		
M16×1.5	30	22		5	2.5			M72×2	105	93	15				
M18×1.5	32	24						M75×2 *	105	93					
M20×1.5	35	27						M76×2	110	98					
M22×1.5	38	30	10					M80×2	115	103					
M24×1.5	42	34				1		M85×2	120	108					
M25×1.5 *	42	34						M90×2	125	112	18	12	5		
M27×1.5	45	37						M95×2	130	117					
M30×1.5	48	40						M100×2	135	122					
M33×1.5	52	43		6	3			M105×2	140	127					
M35×1.5 *	52	43						M110×2	150	135	22	14	6		
M36×1.5	55	46						M115×2	155	140					
M39×1.5	58	49				1.5		M120×2	160	145					
M40×1.5 *	58	49						M125×3	165	150					
M42×1.5	62	53						M130×2	170	155					
M45×1.5	68	59						M140×2	180	165	26	16	7		
M48×1.5	72	61	12	8	3.5			M150×5	200	180					
M50×1.5 *	72	61						M160×3	210	190				2	1.5
M52×1.5	78	67						M170×3	220	200					
M55×2 *	78	67						M180×3	230	210	30				
M56×2	85	74					1	M190×3	240	220					
M60×2	90	79						M200×3	250	230					

注：1. 槽数 n：当 $D \leqslant$ M100×2 时，$n=4$，当 $D \geqslant$ M105×2 时，$n=6$

2. 标有 * 者仅用于滚动轴承锁紧装置

附表 3-12　平垫圈—C 级(GB/T 95—2002)、大垫圈—A 级和 C 级(GB/T 96—2002)、平垫圈—A 级(GB/T 97.1—2002)、平垫圈—倒角型—A 级(GB/T 97.2—2002)、小垫圈—A 级(GB/T 848—2002)

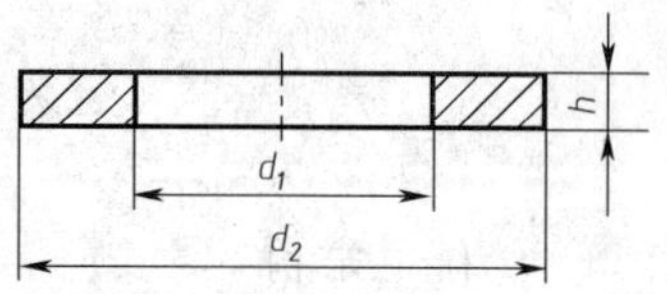

(GB/T 95—2002)*、(GB/T 96—2002)*
(GB/T 97.1—2002)*、(GB/T 848—2002)*
* 垫圈两端面无粗糙度符号

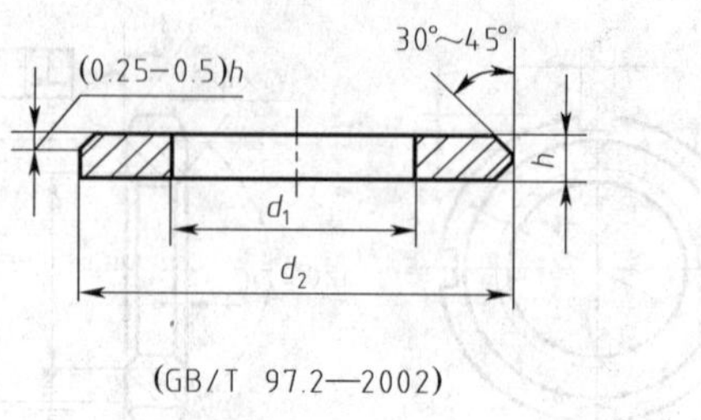

(GB/T 97.2—2002)

标记示例

标准系列、公称尺寸 $d = 8$ mm,性能等级为 100HV 级,不经表面处理的平垫圈:

垫圈　GB/T 95—2002　8

标记示例

标准系列、公称尺寸 $d = 8$ mm,性能等级为 140HV 级,倒角型不经表面处理的平垫圈:

垫圈　GB/T 97.2—2002　8

mm

公称尺寸(螺纹规格) d	标准系列 GB/T 95—2002、GB/T 97.1—2002、GB/T 97.2—2002				大系列 GB/T 96—2002			小系列 GB/T 848—2002		
	d_2	h	d_1(GB/T 95)	d_1(GB/T 97.1、GB/T 97.2)	d_1	d_2	h	d_1	d_2	h
1.6	4	0.3		1.7	—	—	—	1.7	3.5	0.3
2	5			2.2	—	—	—	2.2	4.5	
2.5	6	0.5		2.7	—	—	—	2.7	5	0.5
3	7			3.2	3.2	9	0.8	3.2	6	
4	9	0.8		4.3	4.3	12	1	4.3	8	
5	10	1	5.5	5.3	5.3	15	1.2	5.3	9	1
6	12	1.6	6.6	6.4	6.4	18	1.6	6.4	11	1.6
8	16		9	8.4	8.4	24	2	8.4	15	
10	20	2	11	10.5	10.5	30	2.5	10.5	18	
12	24	2.5	13.5	13	13	37	3	13	20	2
14	28		15.5	15	15	44		15	24	2.5
16	30	3	17.5	17	17	50		17	28	
20	37		22	21	22	60	4	21	34	3
24	44	4	26	25	26	72	5	25	39	4
30	56		33	31	33	92	6	31	50	
36	66	5	39	37	39	110	8	37	60	5

注:1. GB/T 95—2002、TB/T 97.2—2002 中,d 的范围为 5 ~ 36 mm;GB/T 96—2002 中,d 的范围为 3 ~ 36 mm;GB/T 848—2002、GB/T 97.1—2002 中,d 的范围为 1.6 ~ 36

2. 表列 d、d_2、h 均为公称值

3. C 级垫圈粗糙度要求为 √

4. GB/T 848—2002 主要用于带圆柱头的螺钉,其他用于标准的六角螺栓、螺钉和螺母

5. 精装配系列用 A 级垫圈,中等装配系列用 C 级垫圈

附表 3-13　标准型弹簧垫圈(GB/T 93—1987)、轻型弹簧垫圈(GB/T 859—1987)

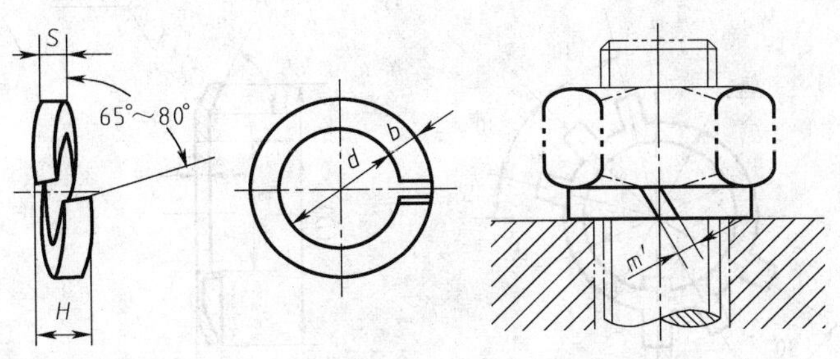

标记示例

规格 16 mm,材料为 65Mn,表面氧化的标准型弹簧垫圈:

垫圈　GB/T 93—1987　16

mm

规格(螺纹大径)	d	GB/T 93—1987		GB/T 859—1987		
		s = b	0 < m' ≤	s	b	0 < m' ≤
2	2.1	0.5	0.25	0.5	0.8	
2.5	2.6	0.65	0.33	0.6	0.8	
3	3.1	0.8	0.4	0.8	1	0.3
4	4.1	1.1	0.55	0.8	1.2	0.4
5	5.1	1.3	0.65	1	1.2	0.55
6	6.2	1.6	0.8	1.2	1.6	0.65
8	8.2	2.1	1.05	1.6	2	0.8
10	10.2	2.6	1.3	2	2.5	1
12	12.3	3.1	1.55	2.5	3.5	1.25
(14)	14.3	3.6	1.8	3	4	1.5
16	16.3	4.1	2.05	3.2	4.5	1.6
(18)	18.3	4.5	2.25	3.5	5	1.8
20	20.5	5	2.5	4	5.5	2
(22)	22.5	5.5	2.75	4.5	6	2.25
24	24.5	6	3	4.8	6.5	2.5
(27)	27.5	6.8	3.4	5.5	7	2.75
30	30.5	7.5	3.75	6	8	3
36	36.6	9	4.5	—	—	—
42	42.6	10.5	5.25	—	—	—
48	49	12	6	—	—	—

附表 3-14　圆螺母用止动垫圈(GB/T 858—1988)

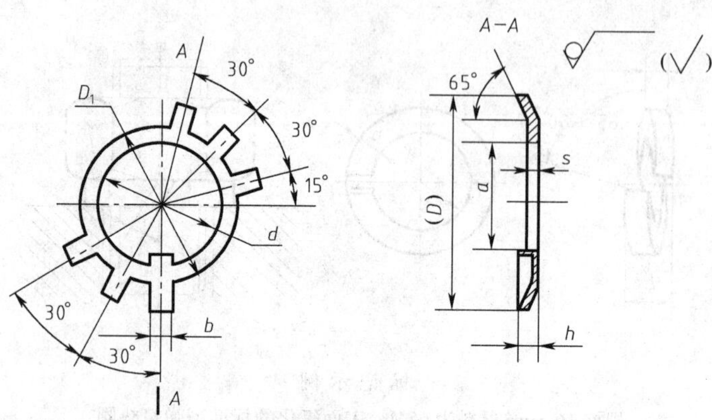

标记示例

规格 16 mm,材料为 Q235A,经退火表面氧化的圆螺母用止动垫圈:

垫圈　GB/T 858—1988　16

mm

规格(螺纹)基本大径	d	(D)	D_1	s	b	a	h	轴端 b_1	轴端 t	规格(螺纹)基本大径	d	(D)	D_1	s	b	a	h	轴端 b_1	轴端 t
14	14.5	32	20		3.8	11	3	4	10	55*	56	82	67			52			—
16	16.5	34	22			13			12	56	57	90	74			53			52
18	18.5	35	24			15			14	60	61	94	79		7.7	57		8	56
20	20.5	38	27			17			16	64	65	100	84			61	6		60
22	22.5	42	30	1		19	4		18	65*	66	100	84			62			—
24	24.5	45	34		4.8	21		5	20	68	69	105	88	1.5		65			64
25*	25.5	45	34			22			—	72	73	110	93			69			68
27	27.5	48	37			24			23	75*	76	110	93			71			—
30	30.5	52	40			27			296	76	77	115	98		9.6	72		10	70
33	33.5	56	43			30			29	80	71	120	103			76			74
35*	35.5	56	43			32			—	85	86	125	108			81			79
36	36.5	60	46			33			32	90	91	130	112			86			84
39	39.5	62	49		5.7	36	5	6	35	95	96	135	117			91	7		89
40*	40.5	62	49			37			—	100	101	140	122		11.6	96		12	94
42	42.5	66	53	1.5		39			38	105	106	145	127			101			99
45	45.5	72	59			42			41	110	111	156	135	2		106			104
48	48.5	76	61			45			44	115	116	160	140			111			109
50*	50.5	76	61		7.7	47		8	—	120	121	166	145		13.5	116		14	114
52	52.5	82	67			49	6		48	125	126	170	150			121			119

注:标有 * 者仅用于滚动轴承锁紧装置

附表 3-15　平键　键和键槽的剖面尺寸(GB/T 1095—2003)、普通平健的型式尺寸(GB/T 1096—2003)

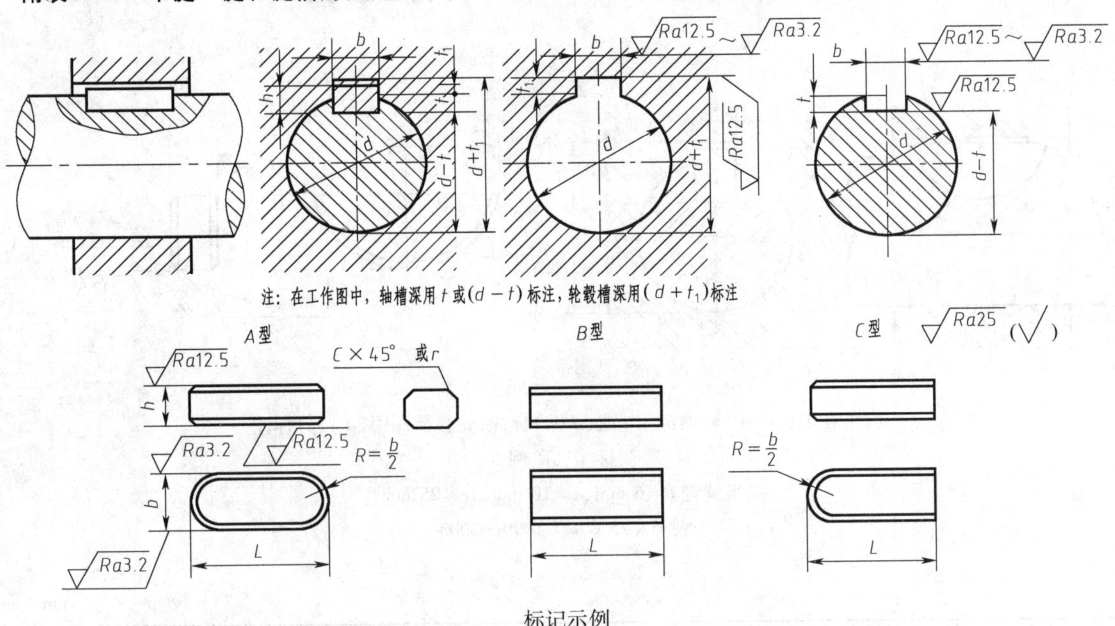

注:在工作图中,轴槽深用 t 或 $(d-t)$ 标注,轮毂槽深用 $(d+t_1)$ 标注

标记示例

圆头普通平键(A 型)$b=16$ mm、$h=10$ mm、$L=100$ mm　键　16×100 GB/T 1096—2003

平头普通平键(B 型)$b=16$ mm、$h=10$ mm、$L=100$ mm　键　B16×100 GB/T 1096—2003

单圆头普通平键(C 型)$b=16$ mm、$h=10$ mm、$L=100$ mm　键 C16×100 GB/T 1096—2003

mm

轴	键		键槽											
			宽度 b						深度				半径 r	
				极限偏差										
公称直径 d	公称尺寸 $b \times h$	长度 L	公称长度 b	较松键连接		一般键连接		较紧键连接	轴 t		毂 t_1			
				轴 H9	毂 D10	轴 N9	毂 Js9	轴和毂 P9	公称尺寸	极限偏差	公称尺寸	极限偏差	最大	最小
自 6~8	2×2	6~20	2	+0.025	+0.060	−0.004	±	−0.006	1.2		1			
>8~10	3×3	6~36	3	0	+0.020	−0.029	0.012 5	−0.031	1.8	+0.1	1.4	+0.1		
>10~12	4×4	8~45	4	+0.030	+0.078	0		−0.012	2.5	0	1.8	0	0.08	0.16
>12~17	5×5	10~56	5				±0.015	−0.042	3.0		2.3			
>17~22	6×6	14~70	6	0	+0.030	−0.030			3.5		2.8			
>22~30	8×7	18~19	8	+0.036	+0.098	0		−0.018	4.0		3.3			
>30~38	10×8	22~110	10	0	+0.040	−0.036	±0.018	−0.061	5.0		3.3		0.16	0.25
>38~44	12×8	28~140	12						5.0	+0.2	3.3	+0.2		
>44~50	14×9	36~160	14	+0.043	+0.120	0	±	−0.018	5.5	0	3.8	0		
>50~58	16×10	45~180	16	0	+0.050	−0.043	0.021 5	−0.061	6.0		4.3		0.25	0.40
>58~65	18×11	50~200	18						7.0		4.4			
>65~75	20×12	56~220	20						7.5		4.9		0.25	0.40
>75~85	22×14	63~250	22	+0.052	+0.149	0		−0.022	9.0	+0.2	5.4	+0.2		
>85~95	25×14	70~280	25	0	+0.065	−0.052	±0.026	−0.074	9.0	0	5.4	0	0.40	0.60
>95~110	28×16	80~320	28						10.0		6.4			
>110~130	32×18	80~360	32						11.0		7.4			
>130~150	36×20	100~400	36	+0.062	+0.180	0		−0.026	12.0		8.4			
>150~170	40×22	100~400	40	0	+0.080	−0.062	±0.031	−0.088	13.0	+0.3	9.4	+0.3	0.70	1.0
>170~200	45×25	110~450	45						15.0	0	10.4	0		

注:1. $(d-t)$ 和 $(d+t_1)$ 两组组合尺寸的极限偏差按相应的 t 和 t_1 的极限偏差选取,但 $(d-t)$ 极限偏差应取负号(−)

2. L 系列:6,8,10,12,14,16,18,20,22,25,28,32,36,40,45,50,56,63,70,80,90,100,110,125,140,160,180,200,220,250,280,320,330,400,450

附表 3-16　半圆键　键和键槽的剖面尺寸（GB/T 1098—2003）、半圆键的型式尺寸（GB/T 1099—2003）

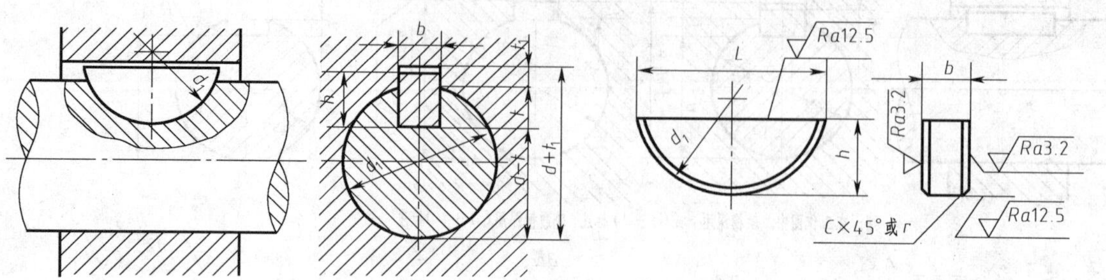

注：在工作图中，轴槽深用 t 或（$d-t$）标注，轮毂槽深用（$d+t_1$）标注

标 记 示 例

半圆键 $b=6$ mm、$h=10$ mm、$d_1=25$ mm

键 6×25 GB/T 1099—2003

mm

<table>
<tr><th colspan="2">轴径 d</th><th colspan="2">键</th><th colspan="10">键　槽</th></tr>
<tr><th rowspan="4">键传递扭矩</th><th rowspan="4">键定位用</th><th rowspan="4">公称尺寸 $b \times h \times d_1$</th><th rowspan="4">长度 $L\approx$</th><th colspan="4">宽度 b</th><th colspan="4">深度</th><th colspan="2" rowspan="3">半径 r</th></tr>
<tr><th rowspan="3">公称长度</th><th colspan="3">极限偏差</th><th colspan="2" rowspan="2">轴 t</th><th colspan="2" rowspan="2">轴 t_1</th></tr>
<tr><th colspan="2">一般键连接</th><th>较紧键连接</th></tr>
<tr><th>轴 N9</th><th>毂 Js9</th><th>轴和毂 P9</th><th>公称尺寸</th><th>极限偏差</th><th>公称尺寸</th><th>极限偏差</th><th>最小</th><th>最大</th></tr>
<tr><td>自 3～4</td><td>自 3～4</td><td>1.0×1.4×4</td><td>3.9</td><td>1.0</td><td rowspan="7">−0.004
−0.029</td><td rowspan="7">±0.012</td><td rowspan="7">−0.006
−0.031</td><td>1.0</td><td rowspan="5">+0.1
0</td><td>0.6</td><td rowspan="14">+0.1
0</td><td rowspan="6">0.08</td><td rowspan="6">0.16</td></tr>
<tr><td>>4～5</td><td>>4～6</td><td>1.5×2.6×7</td><td>6.8</td><td>1.5</td><td>2.0</td><td>0.8</td></tr>
<tr><td>>5～6</td><td>>6～8</td><td>2.0×2.6×7</td><td>6.8</td><td>2.0</td><td>1.8</td><td>1.0</td></tr>
<tr><td>>6～7</td><td>>8～10</td><td>2.0×3.7×10</td><td>9.7</td><td>2.0</td><td>2.9</td><td>1.0</td></tr>
<tr><td>>7～8</td><td>>10～12</td><td>2.5×3.7×10</td><td>9.7</td><td>2.5</td><td>2.7</td><td>1.2</td></tr>
<tr><td>>8～10</td><td>>12～15</td><td>3.0×5.0×13</td><td>12.7</td><td>3.0</td><td>3.8</td><td rowspan="7">+0.2
0</td><td>1.4</td></tr>
<tr><td>>10～12</td><td>>15～18</td><td>3.0×6.5×15</td><td>15.7</td><td>3.0</td><td>5.3</td><td>1.4</td><td rowspan="7">0.16</td><td rowspan="7">0.25</td></tr>
<tr><td>>12～14</td><td>>18～20</td><td>4.0×6.5×16</td><td>15.7</td><td>4.0</td><td rowspan="8">0
−0.030</td><td rowspan="8">±0.015</td><td rowspan="8">−1.012
−0.042</td><td>5.0</td><td>1.8</td></tr>
<tr><td>>14～16</td><td>>20～22</td><td>4.0×7.5×19</td><td>18.6</td><td>4.0</td><td>6.0</td><td>1.8</td></tr>
<tr><td>>16～18</td><td>>22～25</td><td>5.0×6.5×16</td><td>15.7</td><td>5.0</td><td>4.5</td><td>2.3</td></tr>
<tr><td>>18～20</td><td>>25～28</td><td>5.0×7.5×19</td><td>18.6</td><td>5.0</td><td>5.5</td><td>2.3</td></tr>
<tr><td>>20～22</td><td>>28～32</td><td>5.0×9.0×22</td><td>21.6</td><td>5.0</td><td>7.0</td><td>2.3</td></tr>
<tr><td>>22～25</td><td>>32～36</td><td>6.0×9.0×22</td><td>21.6</td><td>6.0</td><td>6.5</td><td rowspan="5">+0.3
0</td><td>2.8</td></tr>
<tr><td>>25～28</td><td>>34～40</td><td>6.0×10.0×25</td><td>24.5</td><td>6.0</td><td>7.5</td><td>2.8</td><td rowspan="4">0.25</td><td rowspan="4">0.40</td></tr>
<tr><td>>28～32</td><td>40</td><td>8.0×11.0×28</td><td>27.4</td><td>8.0</td><td rowspan="2">0
−0.036</td><td rowspan="2">±0.018</td><td rowspan="2">−0.015
−0.051</td><td>8.0</td><td>3.3</td><td rowspan="3">+0.2
0</td></tr>
<tr><td>>32～28</td><td>—</td><td>10.0×13.0×32</td><td>31.4</td><td>10.0</td><td>10.0</td><td>3.3</td></tr>
<tr><td colspan="14">注：（$d-t$）和（$d+t_1$）两个组合尺寸的极限偏差按相应的 t 和 t_1 的极限偏差选取，但（$d-t$）极限偏差值应取负号（−）</td></tr>
</table>

附表 3-17　圆柱销(GB/T 119.1—2000)

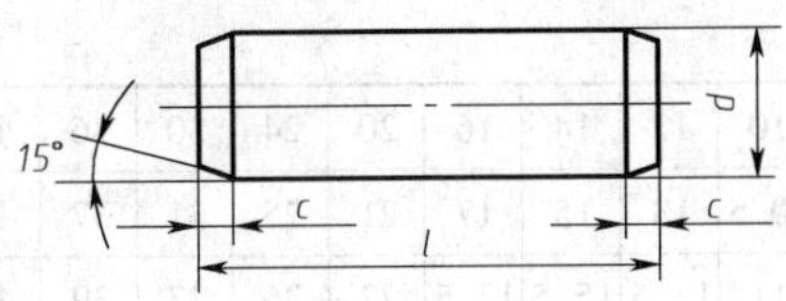

标记示例

公称直径 $d=8$ mm、长度 $l=30$ mm,材料为 35,热处理硬度 28~38HRC,表面氧化处理的 A 型圆柱销:

销　GB/T 119.1—2000　A8×30

mm

d(公称直径)	2.5	3	4	5	6	8	10	12	16	20	25	30
c≈	0.4	0.5	0.63	0.08	1.2	1.6	2.0	2.5	3.0	3.5	4.0	5.0
l	6~24	8~30	8~40	10~50	12~60	14~80	18~95	22~140	16~180	35~200	50~200	60~200
l 系列	6,8,10,12,14,16,18,20,22,24,26,28,30,32,35,40,45,50,55,60,65,70,75,80,85,90,95,100,120,140,160,180,200											

附表 3-18　圆锥销(GB/T 117—2000)

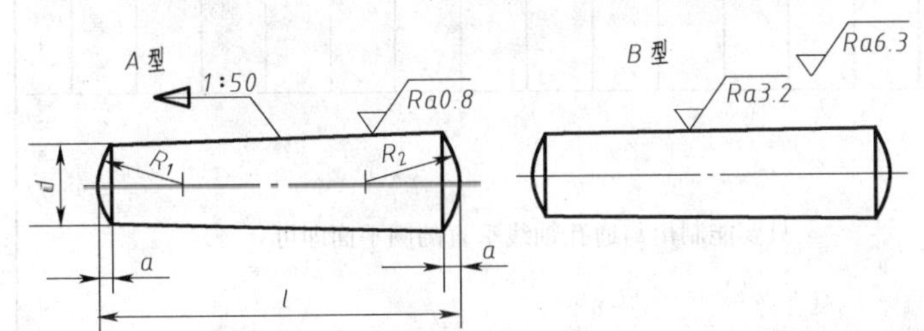

标记示例

公称直径 $d=10$ mm、公称长度 $l=60$ mm,材料为 35 钢,热处理硬度 28~38HRC,表面氧化处理的 A 型圆锥销:

销　GB/T 117—2000　A10×60

$$R_1 \approx d, R_2 \approx \frac{a}{2} + d + \frac{(0.021)^2}{8a}$$

mm

d(公称直径)	2.5	3	4	5	6	8	10	12	16	20	25	30
a≈	0.3	0.4	0.5	0.63	0.80	1.0	1.2	1.6	2	2.5	3.0	4.0
l	10~35	12~45	14~55	18~60	22~90	22~120	26~160	32~180	10~200	45~200	50~200	55~200
l 系列	10,12,14,16,18,20,22,24,26,28,30,32,35,40,45,50,55,60,65,70,75,80,85,90,95,100,120,140,160,180,200											

附表 3-19　开口销(GB/T 91—2000)

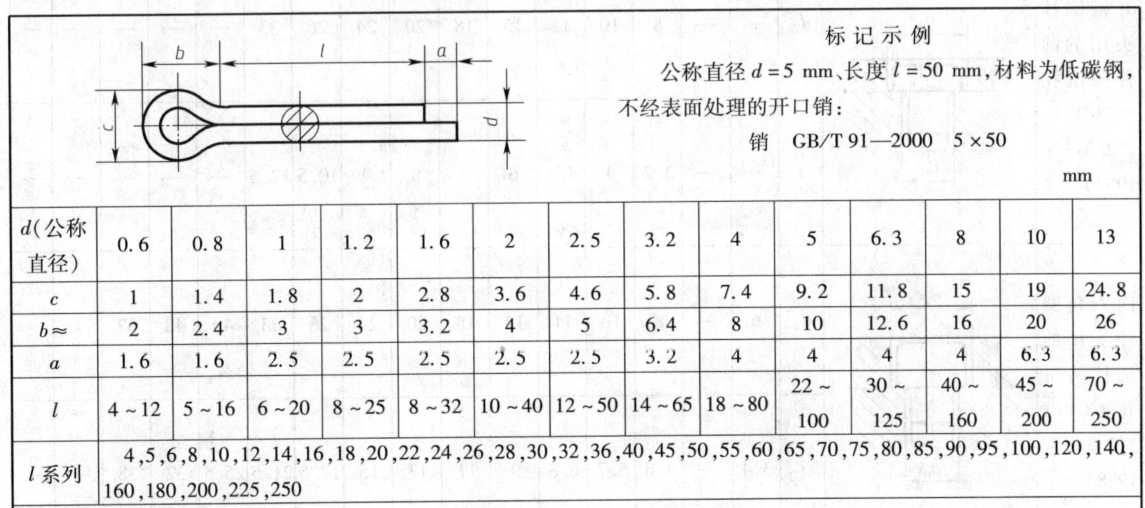

标记示例

公称直径 $d=5$ mm、长度 $l=50$ mm,材料为低碳钢,不经表面处理的开口销:

销　GB/T 91—2000　5×50

mm

d(公称直径)	0.6	0.8	1	1.2	1.6	2	2.5	3.2	4	5	6.3	8	10	13
c	1	1.4	1.8	2	2.8	3.6	4.6	5.8	7.4	9.2	11.8	15	19	24.8
b≈	2	2.4	3	3	3.2	4	5	6.4	8	10	12.6	16	20	26
a	1.6	1.6	2.5	2.5	2.5	2.5	2.5	3.2	4	4	4	4	6.3	6.3
l	4~12	5~16	6~20	8~25	8~32	10~40	12~50	14~65	18~80	22~100	30~125	40~160	45~200	70~250
l 系列	4,5,6,8,10,12,14,16,18,20,22,24,26,28,30,32,36,40,45,50,55,60,65,70,75,80,85,90,95,100,120,140,160,180,200,225,250													
注:销孔直径等于 d(公称直径)														

附表 3-20　紧固件通孔及沉孔尺寸（GB/T 5277—1985、GB/T 152.2 152.4—1988）

mm

螺栓或螺钉直径 d		3	3.5	4	5	6	8	10	12	14	16	20	24	30	36	42	48
通孔直径 d_h（GB/T 5277—1985）	精装配	3.2	3.7	4.3	5.3	6.4	8.4	10.5	13	15	17	21	25	31	37	43	50
	中等装配	3.4	3.9	4.5	5.5	6.6	9	11	13.5	15.5	17.5	22	26	33	39	45	52
	精装配	3.6	4.2	4.8	5.8	7	10	12	14.5	16.5	18.5	24	28	35	42	48	56
六角头螺栓和六角螺母用沉孔（GB/T 452.4—1988）	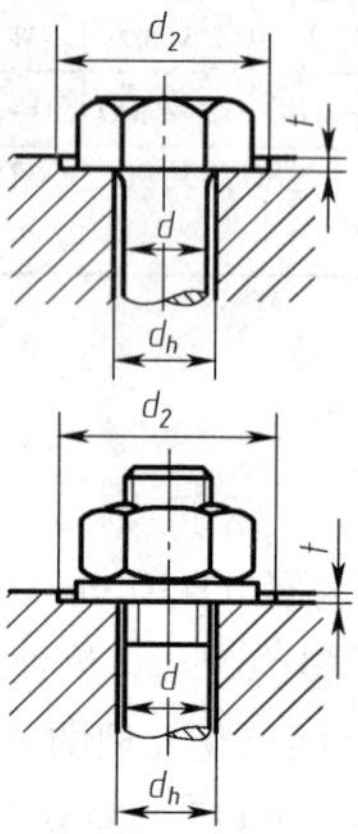 d_2	9	—	10	11	13	18	22	26	30	33	40	48	61	71	82	98
	t	只要能制出与通孔轴线垂直的圆平面即可															
沉头用沉孔（GB/T 152.2—1988）	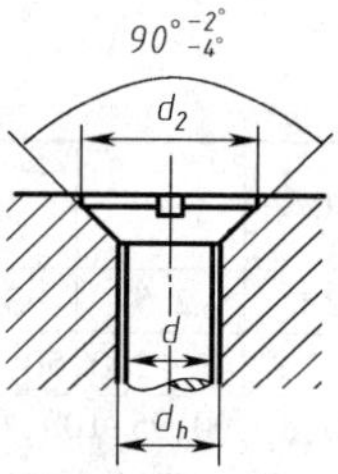 d_2	6.4	8.4	9.6	10.6	12.8	17.6	20.3	24.4	28.4	32.4	40.4	—	—	—	—	—
开槽圆柱头用的圆柱头沉孔（GB/T 152.3—1988）	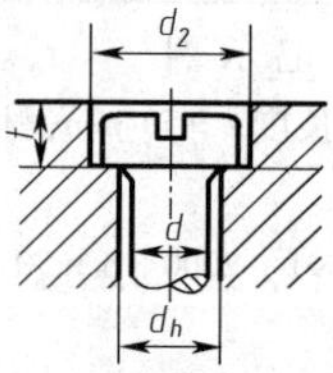 d_2	—	—	8	10	11	15	18	20	24	26	33	—	—	—	—	—
	t	—	—	3.2	4	4.7	6	7	8	9	10.5	12.5	—	—	—	—	—
内六角圆柱头用的圆柱头沉孔（GB/T 152.3—1988）	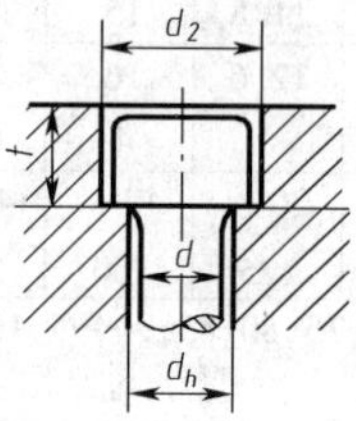 d_2	6	—	8	10	11	15	18	20	24	26	33	40	48	57		
	t	3.4	—	4.6	5.7	6.8	9	11	13	15	17.5	21.5	25.5	32	38	—	—

附录4　常用滚动轴承

附表4-1　沉沟球轴承(GB/T 276—1994)

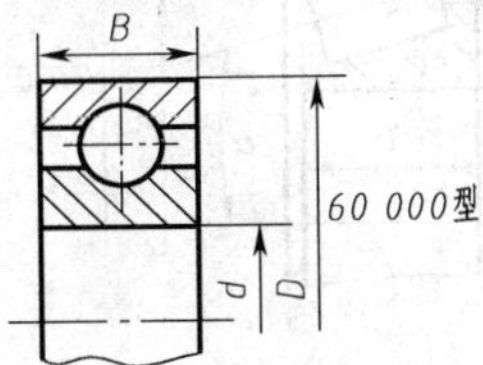

轴承编号	尺寸/mm		
	d	D	B
10 系列			
6 000	10	26	8
6 001	12	28	8
6 002	15	32	9
6 003	17	35	10
6 004	20	42	12
6 005	25	47	12
6 006	30	55	13
6 007	35	62	14
6 008	40	68	15
6 009	45	75	16
6 010	50	80	16
6 011	55	90	18
6 012	60	95	18
6 013	65	100	18
6 014	70	110	20
6 015	75	115	20
6 016	80	125	22
6 017	85	130	22
6 018	90	140	24
6 019	95	145	24
6 020	100	150	24
6 021	105	160	26
6 022	110	170	28
6 024	120	180	28
6 026	130	200	33
6 028	140	210	33
6 030	150	225	35
02 系列			
6 200	10	30	9
6 201	12	32	10
6 202	15	35	11
6 203	17	40	12
6 204	20	47	14
6 205	25	52	15
6 206	30	62	16
6 207	35	72	17
6 208	40	80	18
6 209	45	85	19
6 210	50	90	20
6 211	55	100	21
6 212	60	110	22
6 213	65	120	23
6 214	70	125	24
6 215	75	130	25
6 216	80	140	26
6 217	85	150	28
6 218	90	160	30
6 219	95	170	32
6 220	100	180	34
6 221	105	190	36
6 222	110	200	38
6 224	120	215	40
6 226	130	230	40
6 228	140	250	42
6 230	150	270	45
03 系列			
6 300		35	11
6 301	10	37	12
6 302	12	42	13
6 303	15	47	14
6 304	17	52	15
6 305	20	62	17
6 306	25	72	19
6 307	30	80	21
6 308	35	90	23
6 309	40	100	25
6 310	45	110	27
6 311	50	120	29
6 312	55	130	31
6 313	60	140	33
6 314	65	150	35
6 315	70	160	37
6 316	75	170	39
6 317	80	180	41
6 318	85	190	43
6 319	90	200	45
6 320		215	47
04 系列			
6 403	17	62	17
6 404	20	72	19
6 405	25	80	21
6 406	30	90	23
6 407	35	100	25
6 408	40	110	27
6 409	45	120	29
6 410	50	130	31
6 411	55	140	33
6 412	60	150	35
6 413	65	160	37
6 414	70	180	42
6 415	75	190	45
6 416	80	200	48
6 417	85	210	52
6 418	90	225	54

附表4-2 圆锥滚子轴承(GB/T 297—1994)

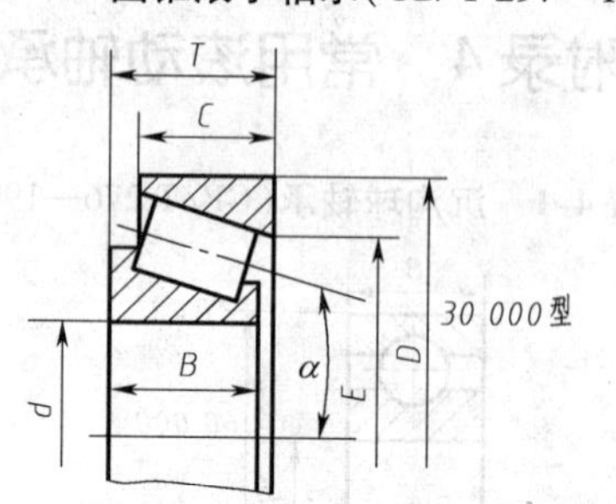

mm

轴承型号	d	D	B	C	T	E	α
20系列							
32 005	25	47	15	11.5	15	37.393	16°
32 006	30	55	17	13	17	44.438	16°
32 007	35	62	18	14	18	50.510	16°50′
32 008	40	68	19	14.5	19	56.897	14°10′
32 009	45	75	20	15.5	20	63.248	14°40′
32 010	50	80	20	15.5	20	67.84	15°45′
32 011	55	90	23	17.5	23	76.505	15°10′
32 012	60	95	23	17.5	23	80.634	16°
32 013	65	100	23	17.5	23	85.567	17°
32 014	70	110	25	19	25	93.633	16°10′
32 015	75	115	25	19	25	98.358	17°
02系列							
30 203	17	40	12	11	13.25	31.408	12°57′10″
30 204	20	47	14	12	15.25	37.304	12°57′10″
30 205	25	52	15	13	16.25	41.135	14°02′10″
30 206	30	62	16	14	17.25	49.990	14°02′10″
30 207	35	72	17	15	18.25	58.844	14°02′10″
30 208	40	80	18	16	19.75	65.730	14°02′10″
30 209	45	85	19	16	20.75	70.44	15°06′34″
30 210	50	90	20	17	21.75	75.078	15°38′32″
30 211	55	100	21	18	22.75	84.197	15°06′34″
30 212	60	110	22	19	23.75	91.876	15°06′34″
30 213	65	120	23	20	24.75	101.934	15°06′34″
30 214	70	125	24	21	26.75	105.748	15°38′32″
30 215	75	130	25	22	27.25	110.408	16°10′20″
30 216	80	140	26	22	28.25	119.169	15°38′32″
30 217	85	150	28	24	30.50	12.668 5	15°38′32″
30 218	90	160	30	26	32.50	134.901	15°38′32″
30 219	95	170	32	27	34.50	143.385	15°38′32″
30 220	100	180	34	29	37	151.310	15°38′32″
03系列							
30 302	15	42	13	11	14.25	33.272	10°45′29″
30 303	17	47	14	12	25.25	37.420	10°45′29″
30 304	20	52	15	13	16.25	41.318	11°18′36″
30 305	25	62	17	15	18.25	50.637	11°18′36″
30 306	30	72	19	16	20.75	58.287	11°51′35″
30 307	35	80	21	18	22.75	65.769	11°51′35″
30 308	40	90	23	20	25.25	72.703	12°57′10″
30 309	45	100	25	22	27.25	81.780	12°57′10″
30 310	50	110	27	23	29.25	90.633	12°57′10″
30 311	55	120	29	25	31.50	99.146	12°57′10″
30 312	60	130	31	26	33.50	107.769	12°57′10″
30 313	65	140	33	28	36	116.846	12°57′10″
30 314	70	150	35	30	38	125.244	12°57′10″
30 315	75	160	37	31	40	134.097	12°57′10″
30 316	80	170	39	33	42.50	143.174	12°57′10″
30 317	85	180	41	34	44.50	150.433	12°57′10″
30 318	90	190	43	36	46.50	159.061	12°57′10″
30 319	95	200	45	38	49.50	165.861	12°57′10″
30 320	100	215	47	39	51.50	178.578	12°57′10″

附表 4-3　单向推力球轴承(GB/T 301—1995)

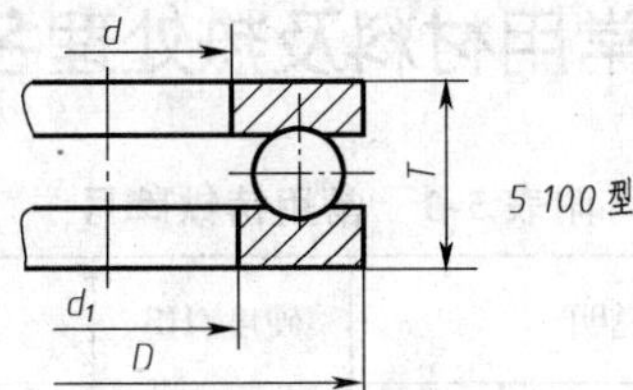

轴承型号	尺寸/mm			轴承型号	尺寸/mm		
	d	D	B		d	D	B
11 系列				51 216	80	115	28
51 100	10	24	9	51 217	85	125	31
51 101	12	26	9	51 218	90	135	35
51 102	15	28	9	51 220	100	150	38
51 103	17	30	9	51 222	110	160	38
51 104	20	35	10	51 224	120	170	39
51 105	25	42	11	51 226	130	190	45
51 106	30	47	11	51 228	140	200	46
51 107	35	52	12	51 230	150	215	50
51 108	40	60	13	13 系列			
51 109	45	65	14	51 305	25	52	18
51 110	50	70	14	51 306	30	60	21
51 111	55	78	16	51 307	35	68	24
51 112	60	85	17	51 308	40	78	26
51 113	65	90	18	51 309	45	85	28
51 114	70	95	18	51 310	50	95	31
51 115	75	100	19	51 311	55	105	35
51 116	80	105	19	51 312	60	110	35
51 117	85	110	19	51 313	65	115	36
51 118	90	120	22	51 314	70	125	40
51 120	100	135	25	51 315	75	135	44
51 122	110	145	25	51 316	80	140	44
51 124	120	155	25	51 317	85	150	49
51 126	130	170	30	51 318	90	155	50
51 128	140	180	31	51 320	100	170	55
51 130	150	190	31	51 322	110	190	63
12 系列				51 324	120	210	70
51 200	10	26	11	51 326	130	225	75
51 201	12	28	11	51 328	140	240	80
51 202	15	32	12	51 330	150	250	80
51 203	17	35	12	14 系列			
51 204	20	40	14	51 405	25	60	24
51 205	25	47	15	51 406	30	70	28
51 206	30	52	16	51 407	35	80	32
51 207	35	62	18	51 408	40	90	36
51 208	40	68	19	51 409	45	100	39
51 209	45	73	20	51 410	50	110	43
51 210	50	78	22	51 411	55	120	48
51 211	55	90	25	51 412	60	130	51
51 212	60	95	26	51 413	65	140	56
51 213	65	100	27	51 414	70	150	60
51 214	70	105	27	51 415	75	160	65
51 215	75	110	27	51 416	80	170	68

注：d_1——座圈公称内径

附录5　常用材料及热处理名词解释

附表 5-1　常用铸铁牌号

名称	牌号	牌号表示方法说明	硬度/HB	特性及用途举例
灰铸铁	HT100	"HT"是灰铸铁的代号,它后面的数字表示抗拉强度(MPa)。("HT"是"灰、铁"两字汉语拼音的第一个字母)	143～229	属低强度铸铁。用于盖、手把、手轮等不重要零件
	HT150		143～241	属中等强度铸铁。用于一般铸件,如机床座、端盖、带轮、工作台等
	HT200 HT250		163～255	属高强度铸铁。用于较重要铸件,如气缸、齿轮、凸轮、机座、床身、飞轮、带轮、齿轮箱、阀壳、联轴器、轴承座等
	HT300 HT350 HT400		170～255 170～269 197～269	属高强度、高耐磨铸铁。用于重要铸件,如齿轮、凸轮、床身、液压泵和滑阀的壳体、车床卡盘等
球墨铸铁	QT450-10 QT500-7 QT600-3	"QT"是球置铸铁的代号,它后面的数字分别表示强度和伸长率的大小。("QT"是"球、铁"两字汉语拼音的第一个字母)	170～207 187～255 197～269	具有较高的强度和塑性。广泛用于机械制造业中受磨损和受冲击的零件,如曲轴、凸轮轴、齿轮、气缸套、活塞环、摩擦片、中低压阀门、千斤顶底座、轴承座等
可锻铸铁	KTH300-06 KTH330-08 KTZ450-05	"KTH"、"HTZ"分别是黑心和珠光体可锻铁的代号,它们后面的数字分别表示强度和伸长率的大小,("KT"是"可、铁"两字汉的第一个字母)	120～163 120～163 152～219	用于承受冲击、振动等零件,如汽车零件、机床附件(如扳手等)、各种管接头、低压阀门、农机具等。珠光体可锻铸铁在某些场合可代替低碳钢、中碳钢及低合金钢,如用于制造齿轮、曲轴、连杆等

附表 5-2　常用钢材牌号

名称		牌号	牌号表示方法说明	特性及用途举例
碳素结构钢		Q215-AF	牌号由屈服点字母(Q)、屈服点(强度)值(MPa)、质量等级符号(A、B、C、D)和脱氧方法(F—沸腾钢,b—半镇静钢,Z—镇静钢,TZ—特殊镇静钢)等四部分按顺序组成。在牌号组成表示方法中"Z"与"TZ"符号可以省略	塑性大,抗拉强度低,易焊接。用于炉撑、铆钉、垫圈、开口销等
		Q235-A		有较高的强度和硬度,伸长率也相当大,可以焊接,用途很广,是一般机械上的主要材料,用于低速轻载齿轮、键、拉杆、钩子、螺栓、套圈等
		Q255-A		伸长率低,抗拉强度高,耐磨性好,焊接性不够好。用于制造不重要的轴、键、弹簧等
优质碳素结构钢	普通含锰钢	15	牌号数字表示钢中平均碳的质量分数。如"45"表示平均碳的质量分数为0.45%	塑性、韧性、焊接性能和冷冲性能均极好,但强度低。用于螺钉、螺母、法兰盘、渗碳零件等
		20		用于不经受很大应力而要求很大韧性的各种零件,如杠杆、轴套、拉杆等。还可用于表面硬度高而心部强度要求不大的渗碳与氰化零件
		35		不经热处理可用于中等载荷的零件,如拉杆、轴、套筒、钩子等;经调质处理后适用于强度及韧性要求较高的零件,如传动轴等
		45		用于强度要求较高的零件。通常在调质或正火后使用,用于制造齿轮、机床主轴、花键轴、联轴器等。由于它的淬透性差,因此截面大的零件很少采用

续上表

名称		牌号	牌号表示方法说明	特性及用途举例
优质碳素结构钢	较高含锰钢	60	牌号数字表示钢中平均碳的质量分数。如“45”表示平均碳的质量分数为0.45%	这是一种强度和弹性相当高的钢。用于制造连杆、轧辊、弹簧、轴等
		75		用于板弹簧、螺旋弹簧以及受磨损的零件
		15Mn		它的性能与15钢相似，但淬透性及强度和塑性比15钢都高些。用于制造中心部分的力学性能要求较高、且必须渗碳的零件。焊接性好
		45Mn		用于受磨损的零件，如转轴、心轴、齿轮、叉等。焊接性差。还可制造受较大载荷的离合器盘、花键轴、凸轮轴、曲轴等
		65Mn		钢的强度高，淬透性较大，脱碳倾向小，但有过热敏感性，易生淬火裂纹，并有回火脆性。适用于较大尺寸的各种扁、圆弹簧，以及其他经受摩擦的农机具零件
合金钢	锰钢	15Mn2	①合金钢牌号用化学元素符号表示； ②含碳量写在牌号之前，但高合金钢如高速工具钢、不透钢等的含碳量不标出； ③合金工具钢含碳量≥1%时不标出；<1%时，以千分之几来标出； ④化学元素的含量<1.5%时不标出；含量>1.5%时才标出；如Cr17，17是铬的含量约为17%	用于钢板、钢管。一般只经正火
		20Mn2		对于截面较小的零件，相当于20Cr，可作渗碳小齿轮、小轴、活塞销、柴油机套筒、气门推杆、钢套等
		30Mn2		用于调质钢，如冷镦的螺栓及断面较大的调质零件
		45Mn2		用于截面较小的零件，相当于40Cr，直径在50 mm以下时，可代替40Cr作重要螺栓及零件
	硅锰钢	27SiMn		用于调质钢
		35SiMn		除要求低温（-20℃）冲击韧性很高时，可全面代替40Cr作调质零件，亦可部分代替40CrNi，此钢耐磨、耐疲劳性均佳，适用于作轴、齿轮及在430℃以下的重要紧固件
	铬钢	15Cr		用于船舶主机上的螺栓、活塞销、凸轮、凸轮轴、汽轮机套环、机车上用的小零件，以及用于心部韧性高的渗碳零件
		20Cr		用于柴油机活塞销、凸轮、轴、小拖拉机传动齿轮，以及较重要的渗碳件
	铬锰钛钢	18CrMnTi		工艺性能特优，用于汽车、拖拉机等上的重要齿轮，和一般强度、韧性均高的减速器齿轮，供渗碳处理
		38CrMnTi		用于尺寸较大的调质钢件
	铬钼铝钢			用于渗氮零件，如主轴、高压阀杆、阀门、橡胶及塑料挤压机等
	铬轴承钢	GCr6	铬轴承钢，牌号前有汉语拼音字母“G”，并且不标出含碳量。含铬量以千分之几表示	一般用来制造滚动轴承中的直径小于10 mm的滚球或滚子
		GCr15		一般用来制造滚动轴承中尺寸较大的滚球、滚子、内圈和外圈
铸钢		ZG200-400	铸钢件，前面一律加汉语拼音字母“ZG”	用于各种形状的零件，如机座、变速器壳等
		ZG270-500		用于各种形状的零件，如飞轮、机架、水压机工作缸、横梁，焊接性尚可
		ZG310-570		用于各种形状的零件，如联轴器气缸齿轮，及重载荷的机架等

附表 5-3 常用有色金属牌号

名称		牌号	说明	用途举例
青铜	压力加工用青铜	QSn 4-3	Q表示青铜,后面加第一个主添加元素符号,及除基元素铜以外的成分数字组来表示	扁弹簧、圆弹簧、管配件和化工器械
		QSn 6.5-0.1		耐磨零件、弹簧及其他零件
	铸造锡青铜	ZQSn 5-5-5	Z表示铸造,其他同上	用于承受摩擦的零件,如轴套、轴承真料和承受1 MPa气压以下的蒸汽和水的配件
		ZQSn 10-1		用于承受剧烈摩擦的零件,如丝杆、轻型轧钢机轴承、蜗轮等
		ZQSn 8-12		用于制造轴承的轴瓦及轴套,以及在待别身重载荷条件下工作的零件
	铸造无锡青铜	ZQA 19-4		强度高,减磨性、耐蚀性、受压、铸造性均良好,用于蒸汽和海水条件下工作的零件,及受摩擦和腐蚀的零件,如蜗轮衬套、轧钢机压下螺母等
		ZQA 110-5-1.5		制造耐磨、硬度高、强度好的零件,如蜗轮、螺母、轴套及防锈零件
		ZQMn 5-21		用在中等工作条件下轴承的轴套和轴瓦等
黄铜	压力加工用黄铜	H 59	H表示黄铜,后面数字表示基元素铜的含量。黄铜系铜锌合金	热压及热轧零件
		H 62		散热器、垫圈、弹簧、各种网、螺钉及其他零件
	铸造黄铜	ZHMn 58-2-2	Z表示铸造,后面符号表示主添加元素,后一组数字表示除锌以外的其他元素含量	用于制造轴瓦、轴套及其他耐磨零件
		ZHA 166-6-3-2		用于制造丝杆螺母、受重载荷的螺旋杆、压下螺丝的螺母及在重载荷下工件的大型蜗轮轮缘等
铝	硬铝合金	LY1	LY表示硬铝,后面是顺序号	时状态下塑性良好,切削加工性在时效状态下良好;在退火状态下降低。耐蚀性中等。系铆接铝合金结构用的主要铆钉材料
		LY8		退火和新淬火状态下塑性中等。焊接性好,切削加工性在时效状态下良好;退火状态下降低。耐蚀性中等。用于各种中等强度的零件和构件、冲压的连接部件、空气螺旋桨叶及铆钉等
	锻铝合金	LD2	LD表示锻铝,后面是顺序号	热态和退火状态下塑性高;时效状态下中等。焊接性良好。切削加工性能在软态下不良;在时效状态下良好。耐蚀性高。用于要求在冷状态和热状态时具有高可塑性,且承受中等载荷的零件和构件
	铸造铝合金	ZL301	Z表示铸造,L表示铝,后面系顺序号	用于受重大冲击载荷、高耐蚀的零件
		ZL102		用于气缸活塞以及在高温工作下的复杂形状零件
		ZL401		适用于压力铸造用的高强度铝合金
轴承合金	锡基轴承合金	ZChSnSb9-7	Z表示铸造,Ch表示轴承合金,后面系主元素,再后面是第一添加元素。一组数字表示除第一个基元素外的添加元素含量	韧性强,适用于内燃机、汽车等轴承及轴衬
		ZChSnSb13-5-12		适用于一般中速、中压的各种机器轴承及轴衬
	铅基轴承合金	ZChPbSb16-16-2		用于浇注汽轮机、机车、压缩机的轴承
		ZChPbSb15-5		用于浇注汽油发动机、压缩机、球磨机等的轴承

附表 5-4　热处理名词解释

名　称	说　明	目　的	适用范围
退火	加热到临界温度以下，保温一定时间，然后缓慢冷却（例如在炉中冷却）	消除在前一工序（锻造、冷拉等）中所产生的内应力 降低硬度，改善加工性能 增加塑性和韧性 使材料的成分或组织均匀，为以后的热处理准备条件	完全退火适用于碳含量 0.8%以下的铸锻焊件；为消除内应力的退火主要用于铸件和焊件
正火	加热到临界温度以上，保温一定时间，再在空气中冷却	细化晶粒 与退火后相比，强度略有增高，并能改善低碳钢的切削加工性能	用于低、中碳钢。对低碳钢常用以低温退火
淬火	加热到临界温度以上，保温一定时间，再在冷却剂（水、油或盐水）中急速地冷却	提高硬度及强度 提高耐磨性	用于中、高碳钢。淬火后钢件必须回火
回火	经淬火后再加热到临界温度以下的某一温度，在该温度停一定时间，然后在水、油或空气中冷却	消除淬火时产生的内应力增加韧性，降低硬度	高碳钢制的工具、量具、刃具用低温（150～250 ℃）回火 弹簧用中温（270～450 ℃）回火
调质	在 450～650 ℃进行高温回火称"调质"	可以完全消除内应力，并获得较高的综合力学性能	用于重要的油、齿轮，以及丝杆等零件
表面淬火	用火焰或高频电流将零件表面迅速加热至临界温度以上，急速冷却	使零件表面获得高硬度，而心部保持一定的韧度，使零件既耐磨又能承受冲击	用于重要的齿轮以及曲轴、活塞销等
渗碳淬火	在渗碳剂中加热到 900～950 ℃，停留一定时间，将碳渗入钢表面，深度为 0.5～2 mm，再淬火后回火	增加零件表面硬度和耐磨性，提高材料的疲劳强度	适用于碳含量为 0.08%～0.25%的低碳钢及低碳合金钢
氮化	使工作表面渗入氮元素	增加表面硬度、耐磨性、疲劳强度和耐蚀性	适用于含铝、铬、钼、锰等合金钢，例如，要求耐磨的主轴、量规、样板等
碳氮共渗	使工作表面同时饱和碳和氮元素	增加表面硬度、耐磨性、疲劳强度和耐蚀性	适用于碳素钢及合金结构钢，也适用于高速钢的切削工具
时效处理	天然时效：在空气中长期存放半年到一年以上 人工时效：加热到 500～600 ℃，在这个温度保持 10～20 h或更长时间	使铸件消除其内应力而稳定其形状和尺寸	用于机床床身等大型铸件
冰冷处理	将淬火钢继续冷却至室温以下的处理方法	进一步提高硬度、耐磨性、并使其尺寸趋于稳定	用于滚动轴承的钢球、量规等
发蓝发黑	气化处理。用加热办法使工件表面形成一层氧化铁所组成的保护性薄膜	防腐蚀、美观	用于一般常见的坚固件
布氏硬度 HB	材料抵抗硬的物体压入零件表面的能力称"硬度"。根据测定方法的不同，可分布氏硬度、洛氏硬度、维氏硬度等	硬度测定是为了检验材料的力学性能——硬度	用于经退火、正火、调质的零件及铸件的硬度检查
洛式硬度 HRC			用于经淬火、回火及表面化学热处理的零件的硬度检查
维氏硬度 HV			特别适用于薄层硬化零件的硬度检查

附录 6　常用标准数据和标准结构

附表 6-1　回转面及端面砂轮越程槽的形式及尺寸(GB/T 6403.5—2008)

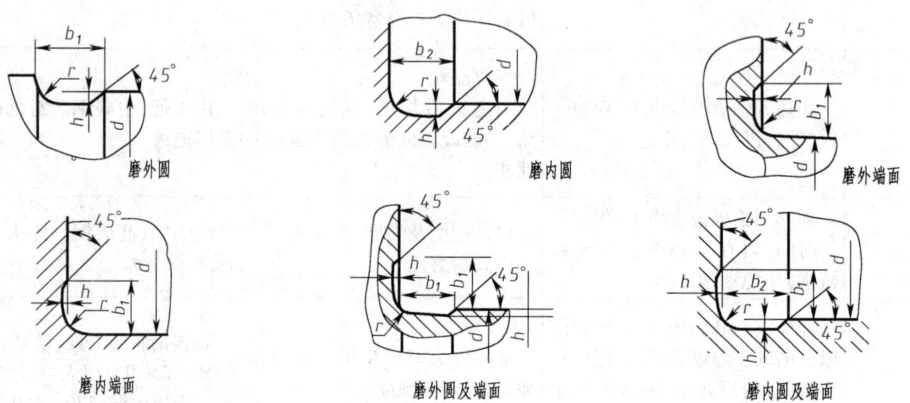

mm

b_1	0.6	1.0	1.6	2.0	3.0	4.0	5.0	8.0	10
b_2	2.0	3.0		4.0		5.0		8.0	10
h	0.1	0.2		0.3	0.4		0.6	0.8	1.2
r	0.2	0.5		0.8	1.0		1.6	2.0	3.0
d	~10			>10~50		>50~100		>100	

附表 6-2　与直径 d 或 D 相应的倒角 C、倒圆 R 的推荐值(GB/T 6403.4—1986)

d或D	~3	>3~6	>6~10	>10~18	>18~30	>30~50	>50~80	>80~120	>120~180
D或R	0.2	0.4	0.6	0.8	1.0	1.6	2.0	2.5	3.0
d或D	>180~250	>250~320	>320~400	>400~500	>500~630	>630~800	>800~1 000	>1 000~1 250	>1 250~1 600
C或R	4.0	5.0	6.0	8.0	10	12	16	20	25

附表 6-3　普通螺纹收尾、肩距、退刀槽、倒角

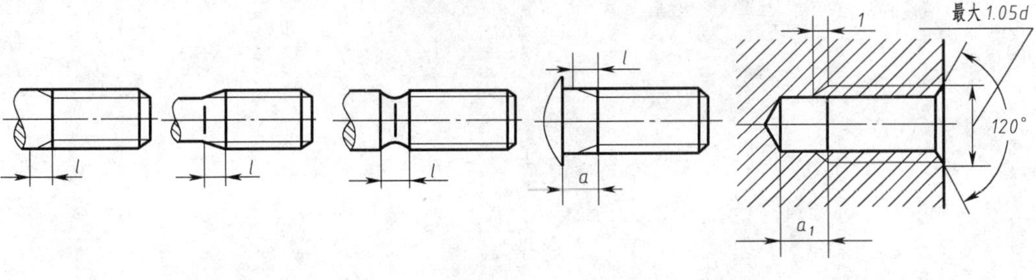

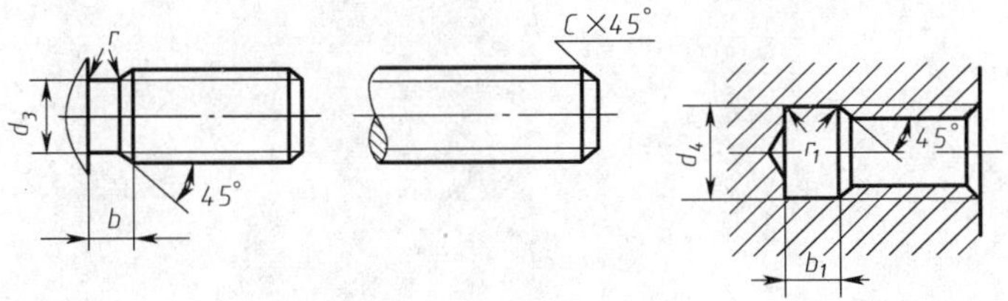

mm

螺距 P	粗牙螺纹大径 d	外螺纹						内螺纹				
		螺纹收尾 $l\leqslant$	肩距 $a\leqslant$	退刀槽			倒角 C	螺纹收尾 $l_1\leqslant$	肩距 $a_1\geqslant$	退刀槽		
				b	r	d_3				b_1	r_1	d_4
0.2	—	0.5	0.6	—	0.5P		0.2	0.4	1.2	—	0.5P	—
0.25	1,1.2	0.6	0.75	0.75				0.5	1.5			
0.3	1.4	0.75	0.9	0.9			0.3	0.6	1.8			
0.35	1.6,1.8	0.9	1.05	1.05		$d-0.6$		0.7	2.2			
0.4	2	1	1.2	1.2		$d-0.7$	0.4	0.8	2.5			
0.45	2.2,2.5	1.1	1.35	1.35		$d-0.7$		0.9	2.8	2		$d+0.3$
0.5	3	1.25	1.5	1.5		$d-0.8$	0.5	1	3			
0.6	3.5	1.5	1.8	1.8		$d-1$		1.2	3.2			
0.7	4	1.75	2.1	2.1		$d-1.1$	0.6	1.4	3.5	3		
0.75	4.5	1.9	2.25	2.25		$d-1.2$		1.5	3.8			
0.8	5	2	2.4	2.4		$d-1.3$	0.8	1.6	4			
1	6.7	2.5	3	3		$d-1.6$	1	2	5	4		$d+0.5$
1.25	8	3.2	4	3.75		$d-2$	1.2	2.5	6	5		
1.5	10	3.8	4.5	4.5		$d-2.3$	1.5	3	7	6		
1.75	12	4.3	5.3	5.25		$d-2.6$	2	3.5	9	7		
2	14,16	5	6	6		$d-3$		4	10	8		
2.5	18,20,22	6.3	7.5	7.5		$d-3.6$	2.5	5	12	10		
3	24,27	7.5	9	9		$d-4.4$		6	14	12		
3.5	30,33	9	10.5	10.5		$d-5$	3	7	16	14		
4	36,39	10	12	12		$d-5.7$		8	18	16		
4.5	42,45	11	13.5	13.5		$d-6.4$	4	9	21	18		
5	48,52	12.5	15	15		$d-7$		10	23	20		
5.5	56,60	14	16.5	17.5		$d-7.7$	5	11	25	22		
6	64,68	15	18	18		$d-8.3$		12	28	24		

注：1. 本表列入 l、a、b、l_1、a_1、b_1 的一般值；长的、短的和窄的数值未列入

2. 肩距 $a(a_1)$ 是螺纹收尾 $l(l_1)$ 加螺纹空白的总长

3. 外螺纹倒角和退刀槽过度角一般按 45°，也可按 60°或 30°，当螺纹按 60°或 30°倒角时，倒角深度约等于螺纹深度。内螺纹倒角一般是 120°锥角，也可以是 90°锥角

4. 细牙螺纹按本表螺距 P 选用

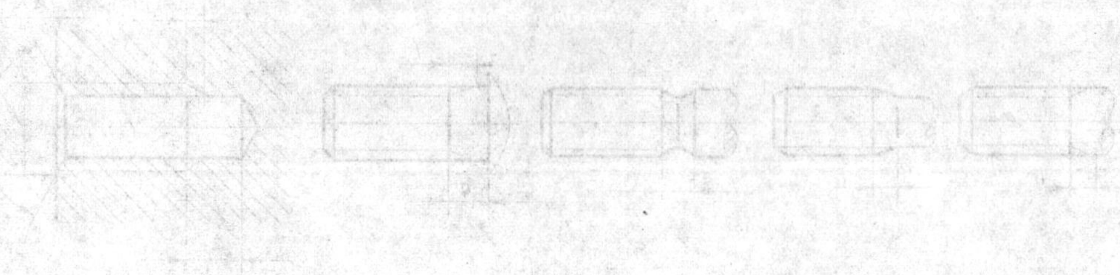